面向 21 世纪课程教材

普通高等教育土建学科专业"十五"规划教材

面 向 21 世 纪 课 程 教 材

高校土木工程专业指导委员会规划推荐教材

土 木 工 程 施 工

（下　册）

重庆大学　同济大学　哈尔滨工业大学　合编
天津大学　主审

中国建筑工业出版社

图书在版编目（CIP）数据

土木工程施工．下册/重庆大学，同济大学，哈尔滨

工业大学合编．—北京：中国建筑工业出版社，2003

面向 21 世纪课程教材．高校土木工程专业指导委员

会规划推荐教材

ISBN 7-112-04782-X

Ⅰ.土…　Ⅱ.①重…②同…③哈…　Ⅲ.土木工

程-工程施工-高等学校-教材　Ⅳ.TU74

中国版本图书馆 CIP 数据核字（2003）第 050143 号

面向 21 世纪课程教材

高校土木工程专业指导委员会规划推荐教材

土 木 工 程 施 工

（下　册）

重庆大学　同济大学　哈尔滨工业大学　合编

天津大学　主审

*

中国建筑工业出版社出版（北京西郊百万庄）

新华书店总店科技发行所发行

北京同文印刷有限责任公司印刷厂印刷

*

开本：787×960 毫米　1/16　印张：31¼　字数：646 千字

2003 年 8 月第一版　　2004 年 3 月第二次印刷

印数：5001—10000 册　　定价：**42.00** 元

ISBN 7-112-04782-X

TU·4271（10128）

本社网址：http：//www.china-abp.com.cn

网上书店：http：//www.china-building.com.cn

本教材以全国高校土木工程学科专业指导委员会组织制定《土木工程施工课程教学大纲》为依据编写的。分上下两册。本教材为下册，主要讲述土木工程施工基础理论，其内容满足 21 世纪高等土木工程专业的宽口径及建设人才培养目标的要求。为土木工程各专业方向所必修的施工基础知识。主要包括土方工程、桩基础工程、砌筑工程、混凝土结构工程、结构安装工程、脚手架工程、防水工程、装饰工程等专业工种工程施工技术和施工组织概论、流水施工基本原理、网络计划技术、单位工程施工组织设计、施工组织总设计等施工组织原理。

　　下册为土木工程施工专业理论与实践，从综合运用各工种工程的施工工艺及施工组织原理出发，详细介绍了土木工程的施工设计原理及应用方法。为适应土木工程各专业方向的教学需要，特将土木工程施工设计划分为建筑工程施工设计、道路工程施工设计、桥梁工程施工设计、地下工程施工设计等部分。

前　　言

　　"土木工程施工"是土木工程专业的一门主干课。其主要任务是研究土木工程施工技术和施工组织的一般规律；土木工程中主要工种工程施工工艺及工艺原理；施工项目科学的组织原理以及土木工程施工中的新技术、新材料、新工艺的发展和应用。

　　本教材是以高校土木工程专业指导委员会通过的"土木工程施工课程教学大纲"为依据组织编写的。本教材是面向21世纪课程改革研究成果，按照21世纪土木工程专业人才培养方案和教学要求，在原《建筑施工》（国家"九五"重点教材）基础上作了重大的调整、加工和修改。鉴于我国经济建设快速发展及西部大开发的需要，工程建设愈来愈需要宽口径、厚基础的专业人才。因此，本教材在内容上涵盖了建筑工程、道路工程、桥梁工程、地下工程等专业领域，力求构建大土木的知识体系。

　　本教材阐述了土木工程施工的基本理论及其工程应用，在内容上力求符合国家现行规范、标准的要求，反映现代土木工程施工的新技术、新工艺及新成就，以满足新时期人才培养的需要；在知识点的取舍上，保留了一些常用的工艺方法，注重纳入对工程建设有重大影响的新技术，突出综合运用土木工程施工及相关学科的基本理论和知识，以解决工程实践问题的能力培养。本教材力求层次分明、条理清楚、结构合理，既考虑了大土木工程的整体性，又结合现阶段课程设置的实际情况，在土木工程的框架内，建筑工程、道路工程、桥梁工程、地下工程等自成体系，便于组织教学。本教材文字规范、简练，图文配合恰当，图表清晰，准确，符号、计量单位符合国家标准，版面设计具有鲜明的时代特征。由于水平有限，本教材难免有不足之处，诚挚地希望读者提出宝贵意见，以便再版时修订。

　　本教材至此经历了三次修订，共四版，是从事土木工程施工教学、科研及出版工作的几代人不懈努力的结果。在此谨向参与前三版编写工作的卢忠政教授、毛鹤琴教授、赵志缙教授、江景波教授、关柯教授等致敬。

　　本教材由重庆大学、同济大学、哈尔滨工业大学三校合编，为保证教材编写质量，实行分主编负责制，全书由重庆大学林文虎教授、姚刚副教授统稿。具体分工如下：

　　重庆大学分主编：姚刚副教授。参与编写者有：姚刚、关凯（第1篇：第5、7章）；李国荣、张宏胜（第1篇：第4章）；华建民（第1篇：第8章）；华建民（第3篇：§1.1）、李国荣、张宏胜、姚刚、关凯（第3篇：§1.2）、姚刚（第3篇：§1.3）、胡美琳（第3篇：§1.4）、朱正刚（第3篇：第2章、

§3.4）；杨春（第3篇：§3.1、§3.2、§3.3）；华建民（第3篇：§4.1）、张利（第3篇：§4.2、§4.3）、王桂林（第3篇：§4.4）、刘新荣（第3篇：§4.5）。

同济大学分主编：应惠清教授。参与编写者有：应惠清（第1篇：第1、2、3章）；金瑞珺（第6章）。

哈尔滨工业大学分主编：张守健教授。张守健（第2篇：第1章）；许程杰（第2篇：第2章）；张守健、许程杰（第2篇：第3章）；杨晓林（第2篇：第4章）；李忠富（第2篇：第5章）；刘志才（第2篇：第6章）。

本教材由天津大学赵奎生教授主审。参加审稿的还有天津大学丁红岩副教授（第2篇），河北工业大学黄世昌教授（第3篇第2、3、4章）。

目　　录

第3篇　土木工程施工设计（按专业方向选修）

第3篇 土木工程施工设计
（按专业方向选修）

第1章 建筑工程施工设计

§1.1 混合结构房屋施工设计

混合结构房屋是指用两种或两种以上材料作承重结构的房屋。如梁、楼板用钢、木、钢筋混凝土，承重墙体、柱、基础用各种砌体或钢筋混凝土等建成的房屋。本节主要讨论其中应用最为广泛的的砖混结构房屋的施工设计。砖混结构房屋是指以砖（砌块）砌体和钢筋混凝土梁、楼板作承重构件的房屋。

1.1.1 砖混结构概述

砖混结构中，一般墙为主要的竖向承重构件，钢筋混凝土楼板（预制板或现浇板）为横向承重构件，现浇或预制的钢筋混凝土楼梯作为上下通道。其基础一般为条形砖石基础、条形素混凝土基础或条形钢筋混凝土基础。当有主大梁及柱作为部分承重构件时，柱下常有钢筋混凝土独立基础。砖混结构房屋如住宅、教学楼、办公楼、宿舍等还可有外挑的阳台或走廊兼通连式的阳台；外门口上有雨篷；门窗口上要设置过梁；墙体的某些部位还有圈梁和构造柱。

砖混结构房屋具有便于就地取材、便于施工、造价低廉、耐火、耐久、保温隔热性能好、能调节室内湿度等优点；但也具有自重大、强度低、砌筑工作量大、劳动强度高、抗震性能差、消耗土地资源等缺点。

砖混结构的未来发展，应尽量采用轻质高强材料，大力利用废渣制砖和发展水泥制品，也要注意改善砌体的受力性能，并提高其机械化施工水平。

1.1.2 混合结构房屋施工设计

房屋施工程序如图 3-1-1 所示。

1. 施工准备

施工准备是工程施工前必不可少的工作。施工准备工作的好坏直接影响到工程质量、施工安全、工程工期和经济效益等。施工准备工作的内容大致有：建立现场管理班子；签定各种合同；进行图纸会审；编制和完善施工组织设计；编制施工预算；翻样工作；勘察现场；确定并引测水准点；确定定位基准并进行定位放线；做好"五通一平"；搭建临时设施；组织机具、材料和人员进场等工作。

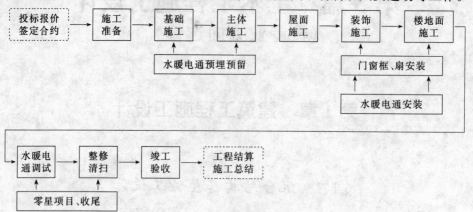

图 3-1-1　房屋施工程序

其中，编制和完善施工组织设计是非常重要的内容。

施工组织设计主要包括编制说明、工程概况、施工方案（包括施工流向、施工顺序、施工方法、施工机械及材料运输方案的选择、施工方案的技术经济分析、质量计划及措施、安全计划及措施、文明施工计划及措施的制定等）、施工平面图、施工进度计划及保证进度措施、机械设备需用量计划、劳动力需用量计划、主要材料需用量计划等方面。

施工方法部分中，要把砖混房屋各分部分项工程的施工方法都写清楚。如可按土方地基、基础、砌体、钢筋混凝土、预制板安装、屋面防水、内外抹灰、门窗、楼地面、油漆涂料等的顺序分段叙述，叙述的详略可根据工程量的多少和技术的难易而定。

（1）选择材料运输方案

选择运输方案是指选用什么机械和方法来进行材料、预制构件等的垂直运输及上下水平运输（指楼、地面上的水平运输）。

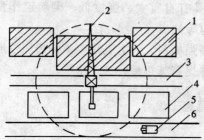

图 3-1-2　塔式起重机布置示意图
1—拟建建筑物；2—塔式起重机；
3—起重机轨道；4—构件、材料堆
场；5—汽车；6—道路

在一般砖混结构施工中，可采用塔式起重机或井架、龙门架加小车的方案。塔式起重机既可运输材料又宜于安装预制构件，如图 3-1-2 所示。起重机布置在拟建房屋的一侧，运到工地的材料和构件可由塔式起重机卸车，堆放在附近，再按施工需要将材料吊至使用地点或将预制构件安装就位。

塔式起重机的工作效率取决于垂直运输的高度、堆放场地的远近、场内布置的合理程度、起重机司机的技术熟练程度和装卸工配合默契程度等方面。

塔式起重机作综合利用（运输材料和安装预制构件）时，可以采取下述措施来提高工作效率：

1）充分利用塔式起重机的起重能力以减少吊次。如构件可多件一次吊运。

2）尽量减少二次搬运，减少总吊装次数。如预制构件组织随运随吊，脚手台做到一次即运到应安放的位置上，避免先吊运到地面或在楼板面上存放一次再就位。

3）合理紧凑的布置施工平面，减少起重机每次运转的时间。如砂浆搅拌站最好布置在拟建建筑物的适中位置，使起重机能直接吊到砂浆斗，砖的堆放尽可能放在最靠近拟建建筑物旁，构件、半成品全放在起重机的有效回转半径以内，而且应靠近使用地点。

4）合理安排施工顺序，保证起重机能连续均衡地工作。最好做到吊装工艺固定，每天每小时该吊哪些构件，数量多少，都事先安排好计划。

采用塔式起重机作综合利用这种施工方法时，房屋的施工速度往往是由起重机的运输能力所控制的，所以要详细计算每班的运输量，充分发挥起重机的效率，以提高施工速度。

使用井架或龙门架时，一般要有小推车配合作水平运输。

塔式起重机的竖立和井架、龙门架的搭设，一般可在地基与基础工程的后期，大量土方工程完工时才开始，不必太早进场，以免影响土方的施工和增加机械的租赁费用。一般要求在主体工程施工前三天装好即可。

（2）确定主体工程施工顺序

砖混结构房屋主体工程的施工顺序是：

检查验收基础→放线、验线→砌第一施工层墙（有构造柱应留出）→搭脚手架→砌第二施工层墙（有构造柱应留出）→圈梁、阳台、楼梯施工→安装楼板及灌缝→放线→砌上一层楼第一施工层墙→…→重复以上工序至屋顶→安装屋面板及灌缝。

（3）划分施工层、施工段

工人砌筑砖墙时，劳动生产率受砌筑高度的影响，在脚底以上 0.6m 时生产率最高，低于或高于 0.6m 时生产率均下降。工人可以达到的砌筑高度与本人的身高有关，而通常为从脚底以下 0.2m 处砌至 1.6m 高，超过这个范围就要搭脚手架，站在脚手架上继续向上砌。因此层高 3m 左右时，一般分两个施工层来砌筑（称两个可砌高度）。

施工层的高度还与天气和砂浆强度等级有关，雨天或采用低强度等级砂浆时，则相应减少施工层的高度，避免水平缝中砂浆受压流淌，使砌体自动发生歪斜变形。

施工中为保证主要工种的工作连续而有节奏，应将拟建工程在平面上划分为若干施工段。砖混结构房屋施工中，一般划分两个施工段（当建筑群施工时可将一个或几个建筑物作为一个施工段），即可保证砌筑和楼板安装两个工种的施工连续。

2. 施工组织

（1）基础施工

砖混结构房屋的基础可有多种型式，其中以砖砌大放脚的刚性基础和钢筋混凝土条形基础为主。砖砌基础的主要施工工序为：定位放线→土方开挖→地基处理→垫层施工→砖基础砌筑→地圈梁、防潮层施工→基础验收→回填。

（2）主体施工（以砖砌体为主）

1）放线和抄平

为了保证房屋平面尺寸以及各层标高的正确，要求非常细致地做好墙、柱、楼板、门窗等轴线、标高的放线和抄平工作。而且必须走在施工的前面，在施工到该部位时应做到标志齐全，以对施工起控制作用。

2）立门窗框

立门窗框有两种做法。一种是先立好门框再砌砖，亦称"立口法"，立好窗框再砌窗间墙，木门窗框，有条件的最好采用这种做法。另一种是留好洞口，以后将门窗框钉在洞口的木砖上（对木门窗框的做法），亦称"塞口法"，或焊在洞口预埋的钢筋上（对钢门窗框的做法），洞口尺寸每边比框至少大 20mm，钢门窗框通常采用这种做法。

3）摆砖

有的地方称为撂底，即砌筑前根据墙身长度和组砌方式，在基面上先用砖块试摆（干铺），以使墙体每一皮的砖块排列和灰缝宽度均匀，并尽可能少砍砖。摆砖的好坏，对墙身质量、美观、砌筑效率、材料节约都有很大影响，应组织有经验的工人进行。

4）砌砖

砌墙一般先从墙角开始，墙角的砌筑质量对整个房屋的砌筑质量影响很大。砖墙砌筑时，从结构整体性来看最好是内外墙同时砌筑，这样内外墙连接牢固，也能使墙体在上部荷载作用下压缩及灰缝本身干缩时砌体下沉均匀，避免产生裂缝。在实际施工中，有时受施工条件限制，内外墙不能同时砌筑，这时就要留槎，槎以斜槎较好，它能保证接槎中砂浆饱满、搭接严密，容易形成整体。施工中不能留斜槎时，除转角处外，可留直槎，但必须做成凸槎，并应加设拉结筋。在外墙转角处必须留槎时，从房屋整体性考虑必须留斜槎，以抵抗地基的不均匀沉降等不利因素。

一般的清水墙砌筑时，既要选尺寸均匀、棱角齐整的砖面砌在外侧，又要保持灰缝横平竖直而均匀，保证墙面整齐美观，因此砌清水墙时要注意选砖。清水墙砌筑结束后应清理勾缝。

5）脚手架搭设

脚手架有外脚手架和里脚手架两种。外脚手架搭在建筑物外围，从地面向上搭设，一般随墙体的不断砌高而逐步搭设。外脚手架适用于砌筑外墙与室外装饰施工合用的情况。里脚手架搭在房间内，砌完一个施工段的砖墙后，搬到下一施工段，安装完楼板后再搭到楼板上，里脚手架比较经济、方便（用里脚手架砌的外墙需要做室外装饰时，可用吊脚手等）。

脚手架要求牢固稳定，要有足够的宽度，便于工人在上面操作、行走和堆放砖及砂浆等材料，同时还要求构造简单，易于装拆及搬运，能多次周转使用，以降低工程成本。

6）楼板安装

预制构件安装前，应分型号集中在安装部位附近，为了节省预制构件的堆放面积，可以重叠堆放。

楼板安装前，应先对基面找平，以免楼板铺放不平。安装时，楼板缝亦应留设均匀，最好事先将楼板安放位置划好线。注意楼板支撑在墙上的尺寸和不要漏放构造筋（按设计图纸上规定）。

7）圈梁、构造柱、阳台、楼梯施工

在砖混结构房屋的墙体砌筑施工中，圈梁、构造柱、阳台（或外廊）和楼梯的施工也要随之进行，最后吊装楼板完成一层结构的施工，上一层再重复该施工顺序，直到主体结构施工完成。

8）门窗施工

木门窗的安装一般是先安框、后安扇。框的安装应在抹灰开始之前，抹灰及楼地面工程完成后，即可进行木门窗扇的安装。

钢门窗、铝合金门窗和塑钢门窗等均由加工厂制造，并由专业队伍到现场安装，现场主要是协作配合工作。

（3）屋面及装饰施工

屋面工程的施工，在屋面板安装完毕后即可进行，但最好错开雨期。由于各地屋面所用材料不一，构造处理也不相同。

装饰工程分为室内装饰及室外装饰，其方案有自上而下和自下而上两种。自下而上的方案使装饰工程与主体施工流向一致，可在主体工程施工的同时插入装饰工程，因而可以使建筑物及早的自下向上逐层交付使用，这种方法常用在高层建筑中。砖混结构房屋一般层数不多，为使施工方便和表面清洁，往往自上而下进行装饰施工。

附：某混合结构多层教学楼工程施工组织设计

1. 工程概况

本工程为 24 班中学建筑（图 3-1-3），总建筑面积 5286m²，其中包括四层教学楼 1 栋（5076m²），锅炉房 1 栋（90m²），传达室和自行车棚（120m²），以及砖砌围墙、上下水、暖气外线、院路等附属项目。

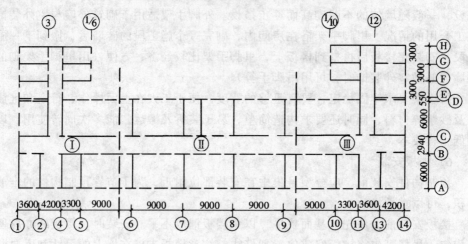

图 3-1-3   首层建筑平面图

教学楼长 67.68m，宽 24.97m，总高 15.13m，层高 3.60m。混合结构，天然地基，条形基础，层层设置圈梁加抗震组合柱，预应力圆孔楼板，平屋顶防水卷材屋面，外窗为钢窗，门为木门。

外墙一层为水刷石，二层以上除窗间墙为清水墙外，其余全部为干粘石。内墙为普通、中级抹灰，教室、办公室和通道加乳胶漆墙裙。门厅处雨篷做水刷石，花岗石台阶。

设备有上下水、暖气、照明和广播五个系统。在主楼东南角设单层锅炉房，附墙烟囱高 19.65m。

本工程为一般多层混合结构，由于采用墙加筋、组合柱、圈梁等抗震构造措施，施工工序较多，室内墙裙也多，故工期较长。

2. 施工部署

（1）按照先地下后地上的施工顺序组织施工。在基础回填土的同时完成室外管线工程，以免重复挖填土方。

（2）施工顺序为：先开挖教学楼，在教学楼挖槽的同时，组织力量完成围墙、自行车棚、传达室、锅炉房等，待教学楼进入装修阶段时施工。

（3）教学楼定额工期为 245 天。计划安排为 239 天，其中地基与基础工程 70 天，主体结构工程 95 天，装饰工程 74 天。按合同定于 9 月底开工。冬期施工前完成基础工程，冬期进行主体结构施工，当结构进入四层时插入装饰做地面，进入常温施工后全面进行装饰工程施工。

3. 进度计划施工

见表 3-1-1。

表 3-1-1

主要工程项目	单位	工程量	进度计划（日历天数）
机械挖土方	m³	2172	
人工挖槽	m³	384	
灰土垫层	m³	440	
基础圈梁	m³	114	
围墙	项	1	
基础砌砖	m³	496	
回填土方	m³	1498	
下水及化粪池	项	1	
结构砌砖	m³	2041	1层　2层　3层　4层
圈梁、组合柱支模混凝土	m³	479	1层　2层　3层　4层
预制构件安装	件	2091	1层　2层　3层　4层
屋面工程	m²	1559	
锅炉房结构砌砖	项	1	
豆石混凝土地面	m²	4110	
水泥墙裙	m²	2817	
内墙抹灰	m²	7581	
外墙水刷石	m²	340	
外檐干粘石	m²	1517	
台阶散水	m²	164	
门窗安装	项	1	
黑板等木装修	项	1	
水电配合	项	1	
锅炉安装	项	1	
油漆粉刷	项	1	
传达室、车棚	项	1	
室外道路及场平、竣工验收			

日历天数：10　20　30　40　50　60　70　80　90　100　110　120　130　140　150　160　170　180　190　200　210　220　230　240　250

4. 施工平面布置图

施工现场布置见图 3-1-4。

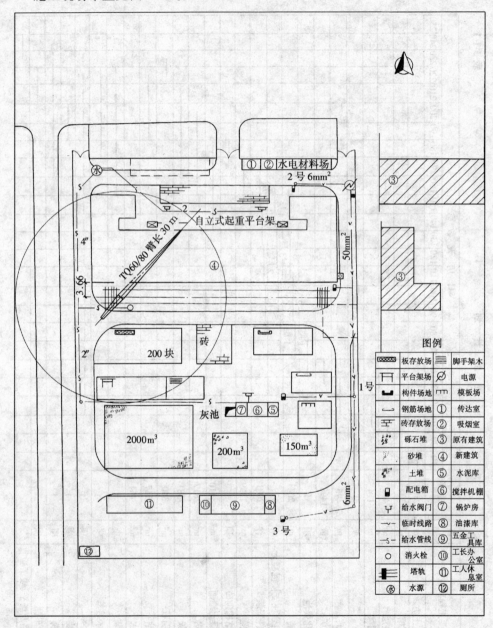

图 3-1-4　施工平面布置图

现场存砖 16 万块，为一层用量的半数以上，可使用 10 天，要求按计划上料。在起重半径内存放 200 块楼板，可供一层使用，要按层配套供应。现场有 4m 宽循环道路。上水作临时管线，并设消防栓 1 处。施工用电按计算配线，暂设工棚原则上利用活动工棚。

主体结构施工期间，在楼南侧安装 TQ60/80 塔吊 1 台。四层砌砖时，室内插入做地面，楼北侧安装 2 台自立式起重平台架。

5. 施工准备工作

（1）平整场地

教学楼南侧原有的机关食堂、家属宿舍、车间仓库等应在开工前全部拆迁完毕，并完成场地平整。

（2）修筑道路

在平整场地的同时，根据施工平面布置图完成道路施工。

（3）施工用水、用电计算

施工期间用水、用电应按计算确定。

（4）搭建临时设施

搭建临时设施按该工程直接费 2% 取费，为此临时设施费用必须控制在直接费的 2% 以内。

本工程临时设施控制在 330m² 以内。为降低成本，采用定型周转暂设用房，现场搭建活动工棚 2 栋，作为办公、五金、油料库及工人休息室。水泥库房、搅拌机棚、水房、锅炉房、传达室、吸烟室各一间，共计 284m²。

6. 主要项目施工方法

（1）地基与基础工程

1）条形基础坐落在老土上，埋深 2.95m。使用机械挖土至 -2.50m，-2.50m 以下用人工挖土。

2）基础施工顺序为：定位放线→机械挖土→人工挖土→清槽钎探→验槽处理→条槽灰土→基础圈梁→基础砌砖→暖气沟→回填土及室外管线。

3）教学楼挖土方 2556m³，除留回填用土 2000m³ 外，其余杂土均作为操场平整场地用，基本不外运。

4）组合柱生根在基础圈梁上。组合柱插铁按轴线固定在模板上或与基础圈梁钢筋点焊牢固，以防浇筑混凝土时移位。

5）基础砌砖 496m³，用 MU10 机砖、M5 砂浆砌筑。在组合柱两旁按设计留直槎，砌至 ±0.000 处抹 2cm 厚防潮层。

6）回填土方 1500m³。每步虚铺 30cm，分层夯实，干密度不得小于 1650kg/m³。条槽灰土 440m³，干密度按验收规范控制。

（2）主体结构工程

1）主体结构工程以瓦工砌砖为主，从中部门窗口处划分为 3 个流水段。Ⅰ段墙长 184m，Ⅱ段墙长 174m，Ⅲ段墙长 184m，每段砌砖量平均为 8.84 万块。按照 360mm 墙每人 9m、240mm 墙每人 10m 左右的工作面计算，配备瓦工 17 人，日平均砌砖 1.47 万块，每段工期 6 天，每层 18 天。每段施工顺序为：放线→砌砖（6天）→圈梁支模（1天）→圈梁钢筋（1天）→安装楼板等（1.5天）→板缝支模（0.5天）→板缝钢筋（1天）→组合柱、圈梁、板缝混凝土（1天）→养护。

2）结构工程砌砖使用 MU7.5 红机砖。除四层为 M5 砂浆外，其余均为 M10 砂浆。各层现浇混凝土均为 C20。

3）垂直运输利用教学楼南侧的 TQ60/80 塔式起重机，塔吊中心线距南墙外墙皮 3.6m，使用 30m 回转半径综合吊装，构件最大重量 1.8t，可基本满足施工需要。北外墙组合柱浇混凝土时，每吊只允许吊 0.5m³ 的混凝土，不得超过 60t·m 起重能力。

因采用硬架支模，楼板为长向板，每一吊次只允许吊装 1 块楼板，以防冲击模板。吊砖、砂浆、模板、钢筋、混凝土、楼板、过梁等，每台班约 80 吊左右，平均每小时 10 吊可满足使用要求，每天安排一个台班。

4）现场搅拌混凝土用 0.5m³ 的小翻斗车作水平运输，直接浇筑。砂浆使用铁制吊斗直接往大桶内投灰，不作二次倒运。

5）砌砖使用定型平台架子作里脚手。外墙使用单排钢管外脚手，随楼层升高，作为勾缝、外墙抹灰、挂安全网用。

6）设计要求在墙大角及纵横墙交接处、局部横墙、内外墙交接处等部位采取加筋抗震措施，施工时要严格按图纸要求施工，不得遗漏。360mm 墙双面挂线，240mm 墙外手挂线，采用满丁满条砌法，统一排砖摞底，经验收合格后方可开始砌筑。240mm 砖墙与外墙同时砌筑，120mm 内隔墙及加气墙后砌，不随结构层砌筑。

7）由于施工流水段的划分及操作顺序的安排使砖墙不能同时连通砌筑时，必须留斜槎交接。

8）为了保证组合柱不移位，砖墙在摞底排砖时要服从组合柱，砌砖时组合柱直槎要垂直，以保证组合柱位置准确。

9）砌墙到圈梁底时，最上一皮砖要砌条砖，以便圈梁模板贴紧墙面，减少跑浆现象。

10）圈梁支模采用硬架支模工艺。

11）楼板进场后，按规定作好板端堵孔。安板前弹好排板位置线，对号入座，确保板缝宽度不得小于 4cm，圆孔板按设计要求在跨中作好支顶。

12）组合柱、圈梁及板缝混凝土均为 C20。组合柱每层高分 3 次循环浇筑，以防砖墙外鼓。4cm 板缝浇筑豆石混凝土，并保证密实。组合柱采用工具式钢模板，支模要牢，防止外墙鼓胀。

（3）屋面工程

1）屋面用 1:6 水泥焦渣找坡，必须符合 2% 坡度的要求，要特别注意挑槽板上及雨水口的部位应有足够的泛水。屋面转角处、烟囱、出入孔等处阴阳角找平层要抹成平缓的半圆弧形。

2）防水层按屋面工程施工验收规范施工。沥青胶结材料按有关规定取样做试配。铺贴时在雨水口、檐沟、烟囱根、出入口等部位附加玻璃布油毡一层。防水层铺好后不应有积水。

3）豆石必须过筛（筛孔 0.5cm），清洗干净、干燥后使用。要摊铺均匀，粘结牢固。

（4）装饰工程

1）装饰阶段的施工，垂直运输利用 2 台自立式起重平台架。装饰程序为：先屋面后地面，先水泥活后石灰活，先外墙后室内，防止颠倒工序造成返工。

2）内装饰施工顺序：立门窗口→门窗洞口、墙面冲筋作口塞缝→清理地面→厕所间防水层→楼层地面→地面养护→水泥墙裙及踢脚→内墙砂子灰→石灰罩面→板底勾缝→安门窗扇、炉片→安玻璃→油漆粉刷→灯具→楼梯踏步。

3）外装饰施工顺序：屋面防水层→外墙干粘石及清水墙勾缝→一层水刷石→拆除外架→勒脚散水。

4）厕所间防水层及地面做好后，做厕所隔断板，之后方可做水泥墙裙。立管地漏和蹲坑做好后，用豆石混凝土把孔洞灌实堵严，找泛水抹找平层。对管根进行处理，加铺油毡。墙根防水层卷起 10cm，铺出门口 30cm。地面完成后不准有渗漏水现象发生，要做蓄水试验。

5）内墙面在抹灰前必须冲筋。门、窗框与墙面交接处缝隙用水泥砂浆堵严。墙面阳角做水泥包角。

6）为保证通道与各房间门口处地面平整，标高一致，宜先做通道地面后做房间地面。如先做房间地面时，必须事先定好标高以确保通道与房间标高一致。

为防止地面空鼓、裂缝，基层表面必须清理干净，提前一天浸水湿润，并弹好地面标高墨线，将地面标高控制准确，做水泥浆结合层后再做地面。

7）外墙施工前应安装好喇叭线、电铃箱、通风孔、垃圾道、出灰门等零星设施。室内抹灰前预埋好黑板、布告栏等木砖，以免事后剔凿。

8）外檐、挑檐、腰线、外窗台下的滴水线应按要求施工，不得遗漏。

（5）水暖、电气安装工程

1）在基础回填土的同时，完成下水及管沟内管线施工。楼层管道先行预制，按土建进度配合安装；电气管线立管随砌墙进度安装，水平管在安装楼板时配合埋设，避免剔墙凿洞。

2）厕所下水管穿过预制楼板时，凿洞要小心，严禁用大锤自上而下凿孔。每块圆孔板只允许损伤一根肋，严禁未经设计同意任意切断受力钢筋。

7. 主要机具需用计划（表 3-1-2）

表 3-1-2

机 具 名 称	数 量	机 具 名 称	数 量
TQ60/80 塔式起重机	1 台	0.4t/h立式横水管简易煤气锅炉	1 台
400L 混凝土搅拌机	1 台	0.5m³ 翻斗车	2 台
BX₃-300 电焊机	1 台	套管机	1 台
蛙式打夯机	1 台	脚手架钢管及扣件	40t
插入式振捣器	4 台	自立式起重机平台	2 台
0.6m³/min 空压机	1 台	喷浆机	2 台
定型平台架子	42 个		

8. 劳动组织

劳动组织按原施工队专业队组安排，不打乱工种界限，并根据进度计划安排用工。

1）瓦工：基础结构及围墙砌砖共计 2782m³，安排 2 个瓦工组砌砖，每组 17 人（包括普工）。

2）混凝土工：挖填土方及混凝土工程安排 1 个组。回填土方时因工作量较大，临时增加 1 个组。每组 18 人。

3）抹灰工：地面及外墙工程 1 个组，室内抹灰 2 个组，共需 3 个抹灰组，每组 14 人。

4）木工：结构施工 1 个木工组，装饰阶段增加 1 个组，每组 12 人。

5）钢筋工：安排 1 个组，共 7 人。

6）吊装工：构件吊装及信号指挥由 1 个吊装组负责。

9. 各项管理措施

（1）工程质量

1）基础、主体结构、地面、门窗、装饰、屋面、水暖、电气各分部及分项工程优良率要求达到 90% 以上。

2）施工前做好分工种书面技术交底，施工中认真检查执行情况，及时处理各道工序隐、预检。

3）推行样板制和瓦工、木工、抹灰工三大工种"三上墙"制度（名字、等级、质量挂牌上墙），贯彻自检、互检、交接检制度，分层分段进行验收评定。坚持按工序、程序组织施工，不得任意颠倒工序。

4）砂浆及混凝土要按配合比认真配料，保证计量准确。各种原材料及构件均应使用合格产品。

（2）安全生产

1）杜绝重大伤亡事故，减少轻伤事故，轻伤事故频率控制在 1.5‰ 以内。

2）一层固定一道 6m 宽双层安全网，南侧在单排外架子上立挂安全网。

3）进入现场要戴安全帽。出入口要搭设防护棚。教学楼东西两侧为居民道路，需搭设防护棚。

4）严格执行安全生产制度及安全操作规程的各项规定。

（3）成品保护

1）门口安装后，为防止手推车运料碰撞门口，在木制门口上应装钉护铁。

2）水泥地面完成后，严禁在其上拌灰，如需拌灰时，应在铁盘上进行。

（4）节约措施

1）做好土方平衡，如果槽内挖出的土符合使用要求，回填土和灰土均应利用。

2）砌筑砂浆掺塑化剂和粉煤灰，以增加和易性并节约水泥。

3）混凝土加减水剂，以节约水泥。

4）合理选用砂浆及混凝土配合比，充分利用水泥活性。

5）圈梁模板采用硬架支撑，重复使用，节约木材。

6）外墙脚手架使用单排钢管脚手架，重复使用。

7）严格要求墙面平整度，减少抹灰厚度。

8）控制计划进料，材料进场应量方点数。砂石清底使用，水泥等按限额领料，逐项结算。

9）各工种要活完脚下清，不再用工清理。

10.冬期施工

热源使用0.4t/h立式横水管简易煤气锅炉1台，用作加热水和砂子。

（1）砌筑工程

1）混合砂浆采用热砂浆，上墙温度不低于5℃，并掺氯化钠。

2）在正温度条件下，砖要适当浇水湿润。在负温条件下不浇水，适当加大砂浆稠度，一般控制在10~12cm。砖在砌筑前表面不得有冰霜。

3）严冬时期每日砌筑的砌体要覆盖保温。

4）砌体内加筋应涂刷防锈漆。

（2）钢筋混凝土工程

1）圈梁、组合柱及板缝混凝土采用复合防冻剂。

2）局部现浇混凝土楼板采用综合蓄热法，掺加早强减水抗冻复合外加剂，使用草帘覆盖保温，使混凝土在温度降到冰点前达到受冻临界强度。

3）复合外加剂由公司统一加工成袋包装。每袋水泥按要求掺量加入1小袋复合外加剂。混凝土搅拌时间不少于2min，使外加剂搅拌均匀。

§1.2 混凝土结构房屋施工设计

1.2.1 装配式结构施工设计

1.单层工业厂房

（1）结构安装方案

单层工业厂房结构安装方案的主要内容是：起重机的选择、结构安装方法、起重机开行路线及停机点的确定、构件平面布置等。

1）起重机的选择

起重机的选择直接影响到构件安装方法，起重机开行路线与停机点位置、构件平面布置等在安装工程中占有重要地位。起重机的选择包含起重机类型的选择和起重机型号的确定两方面内容。

A. 起重机类型的选择

单层工业厂房结构安装起重机的类型，应根据厂房外形尺寸、构件尺寸、重量和安装位置、施工现场条件、施工单位机械设备供应情况以及安装工程量、安装进度要求等因素，综合考虑后确定。对于一般中小型厂房，由于平面尺寸不大，构件重量较轻，起重高度较小，厂房内设备为后安装，因此以采用自行杆式起重机比较适宜，其中尤以履带式起重机应用最为广泛。

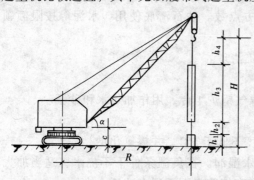

图 3-1-5 起重机工作参数的选择

对于重型厂房，因厂房的跨度和高度都大，构件尺寸和重量亦很大，设备安装往往要同结构安装平行进行，故以采用重型塔式起重机或纤缆式桅杆起重机较为适宜。

B. 起重机型号的确定

起重机的型号应根据构件重量、构件安装高度和构件外形尺寸确定，使起重机的工作参数，即起重量、起重高度及回转半径足以适应结构安装的需要（图 3-1-5）。以下主要讨论履带式起重机型号的选择。

（A）起重量

起重机的起重量必须满足下式要求：

$$Q \geqslant Q_1 + Q_2 \tag{3-1-1}$$

式中 Q——起重机的起重量（t）；

Q_1——构件重量（t）；

Q_2——索具重量（t）。

（B）起重高度

起重机的起重高度必须满足所吊构件的高度要求（图 3-1-5）。

$$H \geqslant h_1 + h_2 + h_3 + h_4 \tag{3-1-2}$$

式中 H——起重机的起重高度（m），从停机面至吊钩中心的垂直距离；

h_1——安装支座表面高度（m），从停机面算起；

h_2——安装间隙，一般不小于 0.3m；

h_3——绑扎点至构件底面的距离（m）；

h_4——索具高度，自绑扎点至吊钩中心的距离，视具体情况而定，不小于

1m。

（C）起重半径

起重机起重半径的确定可按以下三种情况考虑：

当起重机可以不受限制地开到构件安装位置附近安装时，对起重半径无要求，在计算起重量和起重高度后，便可查阅起重机起重性能表或性能曲线来选择起重机型号及起重臂长，并可查得在此起重量和起重高度下相应的起重半径，作为确定起重机开行路线及停机位置时参考。

当起重机不能直接开到构件安装位置附近去安装构件时，应根据起重量、起重高度和起重半径三个参数，查起重机起重性能表或性能曲线来选择起重机型号及起重臂长。

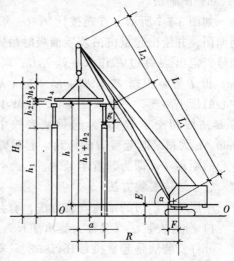

当起重机的起重臂需要跨过已安装好的结构去安装构件时（如跨过屋架或天窗架吊屋面板），为了避免超重臂与已安装结构相碰；或当所吊构件宽度大，为使构件不碰起重臂，均需要计算出起重机吊该构件的最小臂长及相应的起重半径。其方法有数解法（图 3-1-6）和图解法。

图 3-1-6 数解法求最小起重臂长

A）数解法

$$L = L_1 + L_2 = \frac{h}{\sin\alpha} + \frac{f+g}{\cos\alpha} \qquad (3\text{-}1\text{-}3)$$

式中 L——起重臂长度（m）；

h——起重臂底铰至屋面板安装支座的距离（m）；

$$h = h_1 - E$$

h_1——停机面至屋面板安装支座的距离（m）；

f——起重钩需跨过已安装好构件的距离（m）；

g——起重臂轴线与已安装好结构间的水平距离，至少取 1m；

α——起重臂的仰角；

E——起重臂底铰至停机面的距离（m）。

为求得最小起重臂长，可对式（3-1-3）进行微分，并令 $\mathrm{d}L/\mathrm{d}\alpha = 0$ 即：

$$\frac{\mathrm{d}L}{\mathrm{d}\alpha} = \frac{-h\cos\alpha}{\sin^2\alpha} + \frac{(f+g)\sin\alpha}{\cos^2\alpha} = 0$$

得
$$\alpha = \text{arctg} \sqrt[3]{\frac{h}{f + g}} \qquad (3\text{-}1\text{-}4)$$

将 α 值代入式（3-1-3），可求得所需起重臂的最小长度。据此，可选出适当的起重臂长。然后由实际采用的 L 及 α 值，计算出起重半径 R：

$$R = F + L\cos\alpha \qquad (3\text{-}1\text{-}5)$$

根据 R 和 L 查起重机性能表或性能曲线，复核起重量及起重高度，即可由 R 值确定起重机安装屋面板时的停机位置。

B）图解法

如图 3-1-7 所示，首先按比例（一般不小于 1:200）绘出厂房一个节间的纵剖面图，并绘出起重机吊装屋面板时吊钩需伸到处的垂线 $Y\text{-}Y$；根据初选起重机型号，定出 E 并过 E 作水平线 $H\text{-}H$；取屋架轴线距起重臂轴线的水平距离 $g =$ 1m，得 P 点。根据 $H_0 = h_1 + h_2 + h_3 + h_0 + d$（$d$ 为吊钩中心到起重臂顶端滑轮中心的最小高度，一般取 2.5m），在 $Y\text{-}Y$ 线上定出 G 点，连接 GP，并延长使之与 $H\text{-}H$ 线相交于 G_0 即为起重壁底铰中心，GG_0 则为起重机的最小起重臂长 Lmin，α 为吊装时起重臂的仰角。起重臂的水平投影加上起重底铰到起重机回转中心的距离 F，即为起重半径 R。

（2）结构安装方法

单层工业厂房的结构安装方法，有分件安装法和综合安装法两种。

1）分件安装法（又称大流水法）

分件安装法是起重机每开行一次只安装一种或几种构件。通常起重机分三次开行安完单层工业厂房的全部构件（图 3-1-8）。

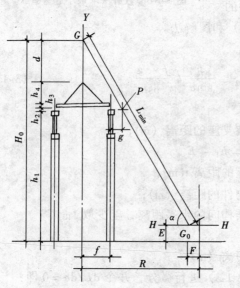

图 3-1-7　图解法求最小起重臂长

图 3-1-8　分件安装

1.2.3……为安装构件顺序

这种安装法的一般顺序是：起重机第一次开行，安装完全部柱子并对柱子进行校正和最后固定；第二次开行，安装全部吊车梁、连系梁及柱间支撑等；第三次开行，按节间安装屋架、天窗架、屋盖支撑及屋面构件（如檩条、屋面板、天沟等）。

分件安装法的主要优点是：构件校正、固定有足够的时间；构件可分批进场，供应较单一，安装现场不致过分拥挤，平面布置较简单；起重机每次开行吊同类型构件，索具勿需经常更换，安装效率高。其缺点是不能为后续工序及早提供工作面，起重机开行路线长。

2）综合安装法（又称节间安装法）

综合安装法是起重机每移动一次就安装完一个节间内的全部构件。即先安装这一节间柱子，校正固定后立即安装该节间内的吊车梁、屋架及屋面构件，待安装完这一节间全部构件后，起重机移至下一节间进行安装（图 3-1-9）。

综合安装的优点是：起重机开行路线较短，停机点位置少，可使后续工序提早进行，使各工种进行交叉平行流水作业，有利于加快整个工程进度。其缺点在于同时安装多种类型构件，起重机不能发挥最大效率；且构件供应紧张，现场拥挤，校正困难。故此法应用较少，只有在某些结构（如门式框架）必须采用综合安装时，或采用桅杆式起重机安装时，才采用这种方法。

（3）起重机的开行路线及停机位置

起重机的开行路线与停机位置和起重机的性能、构件尺寸及重量、构件平面位置、构件的供应方式、安装方法等有关。

1）安装柱子时，根据厂房跨度、柱的尺寸及重量、起重机性能等情况，可沿跨中开行或跨边开行（图 3-1-10）。

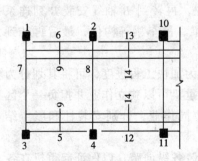

图 3-1-9　综合安装

1、2、3……为安装顺序

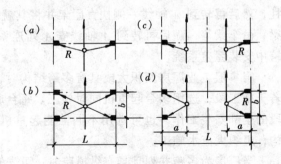

图 3-1-10　起重机安装柱时的开行

路线及停机位置

A. 若柱布置在跨内，起重机在跨内开行，每个停机位置可安装 1～4 根柱。

（A）当起重半径 $R \geqslant L/2$ 时，起重机沿跨中开行，每停机点可安装两根柱（图 3-1-10a）；

（B）当起重半径 $R \geqslant \sqrt{\left(\dfrac{L}{2}\right)^2 + \left(\dfrac{b}{2}\right)^2}$ 时，则可安装四根柱（图 3-1-10b）；

（C）当起重半径 $R < L/2$ 时，起重机沿跨边开行，每个停机位置可安装一根柱（图 3-1-10c）；

（D）当起重半径 $R \geqslant \sqrt{a^2 + \left(\dfrac{b}{2}\right)^2}$ 时，沿跨边开行，每个停机位置可安装两根柱（图 3-1-10d）。

式中　R——起重机的起重半径（m）；

　　　L——厂房跨度（m）；

　　　b——柱的间距（m）；

　　　a——起重机开行路线至跨边的距离（m）。

B. 若柱布置在跨外，起重机沿跨外开行，停机位置与沿跨内靠边开行相似。

2）屋架扶直就位及屋盖系统安装时，起重机在跨内开行。

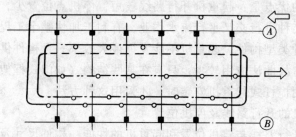

图 3-1-11　起重机开行路线及停机位置

图 3-1-11 所示为一单跨车间采用分件安装法起重机开行路线及停机位置图。起重机从 A 轴线进场，沿跨外开行安装 A 列柱，再沿 B 轴线跨内开行安装 B 列柱，然后再转到 A 轴线一侧扶直屋架并将其就位，再转到 B 轴线安装 B 列连系梁、吊车梁等，随后再转到 A 轴线安 A 列连系梁、吊车梁等构件，最后再转到跨中安装屋盖系统。

当单层工业厂房面积大或具有多跨结构时，为加快工程进度，可将其划分为若干施工段，选用多台起重机同时施工。每台起重机可以独立作业并担负一个区段的全部安装工作，也可选用不同性能起重机协同作业，分别安装柱和屋盖结构，组织大流水施工。

当厂房为多跨并列且具有纵横跨时，可先安装各纵向跨，以保证起重机在各纵向跨安装时，运输道路畅通。若有高低跨，则应先安高跨，后安低跨并向两边逐步展开安装作业。

（4）构件平面布置与安装前构件的就位、堆放

1）构件的平面布置

构件的平面布置是结构安装工程的一项重要工作，影响因素众多，布置不当

将直接影响工程进度和施工效率。故应在确定起重机型号和结构安装方案后结合施工现场实际情况来确定。单层工业厂房需要在现场预制的构件主要有柱和屋架，吊车梁有时也在现场制作。其他构件则在构件厂或预制场制作，运到现场就位安装。

A. 构件平面布置的要求

构件平面布置应尽可能满足以下要求：

（A）各跨构件宜布置在本跨内，如有困难可考虑布置在跨外且便于安装的地方；

（B）构件布置应满足其安装工艺要求，尽可能布置在起重机起重半径内；

（C）构件间应有一定距离（一般不小于 1m），便于支模和浇筑混凝土，对重型构件应优先考虑，若为预应力构件尚应考虑抽管、穿筋的操作场所；

（D）各种构件的布置应力求占地最少，保证起重机及其他运输车辆运行道路的畅通，当起重机回转时不致与建筑物或构件相碰；

（E）构件布置时应注意安装时的朝向，避免空中调头，影响施工进度和安全；

（F）构件应布置在坚实的地基上，在新填土上布置构件时，应采取措施（如夯实、垫通长木板等）防止地基下沉，以免影响构件质量。

B. 柱的布置

柱的布置按安装方法的不同，有斜向布置和纵向布置两种。

（A）柱的斜向布置　若以旋转法起吊，按三点共弧布置（图 3-1-12），其步骤如下：

首先确定起重机开行路线至柱基中心的距离 a，a 的最大值不超过起重机吊装该柱时的最大起重半径 R，也不能小于起重机的最小起重半径 R'，以免起重机离基坑太近而失稳。此外，应注意起重机回转时，其局部不与周围构件或建筑物相碰。综合考虑上述条件，即可画出起重机的开行路线。

随即，确定起重机的停机位置。以柱基中心 M 为圆心，安装该柱的起重半径 R 为半径画弧，与起重机开行路线相交于 O 点，该 O 点即为安装该柱的起重机停机位置。然后，以停机位置 O 为圆心，OM 为半径画弧，在靠近柱基的弧上选点 K 作为柱脚中心的位置，再以 K 为圆心，以柱脚到吊点的距离为半径画弧，与 OM 为半径所画弧相交于 S，连接 KS 得柱的中心线。据此画出预制位置图，标出柱顶、柱脚与柱到纵横轴线的距离 A、B、C、D，作为支模依据。

布置柱时尚应注意牛腿的朝向。当柱布置在跨内，牛腿应朝向起重机；当柱布置在跨外，牛腿则应背向起重机。

由于受场地或柱子尺寸的限制，有时难以做到三点共弧，则可按两点共弧布置，其方法有以下两种：

一种是将柱脚与柱基中心安排在起重半径 R 的圆弧上，而将吊点置于起重

半径 R 之外（图 3-1-13）。安装时先用较大的起重半径 R' 起吊，并起升起重臂，当起重半径变为 R 后，停止升臂，再按旋转法安装柱。另一种是将吊点与柱基安排在起重半径 R 的同一圆弧上，而柱脚斜向任意方向（图 3-1-14）。安装时，柱可按旋转法起吊，也可用滑行法起吊。

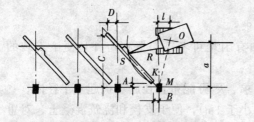

图 3-1-12　柱斜向布置方式
之一（三点共弧）

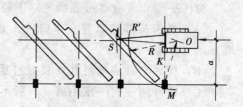

图 3-1-13　柱斜向布置方式之二
（柱脚、柱基中心两点共弧）

（B）柱的纵向布置　当采用滑行法安装柱时，可纵向布置，预制柱的位置与厂房纵轴线相平行（图 3-1-15）。若柱长小于 12m，为节约模板及场地，两柱可叠浇并排成两行。柱叠浇时应刷隔离剂，浇筑上层柱混凝土时，需待下层柱混凝土强度达到 5.0N/mm^2 后方可进行。

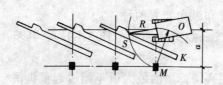

图 3-1-14　柱斜向布置方式之三
（吊点、柱基两点共弧）

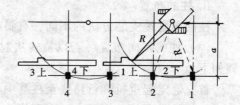

图 3-1-15　柱的纵向布置

C. 屋架的布置

屋架一般在跨内平卧叠浇预制，每叠 3～4 榀，其布置方式有三种：正面斜向布置、正反斜向布置和正反纵向布置（图 3-1-16）。因正面斜向布置使屋架扶直就位方便，故应优先选用该布置方式。若场地受限则可选用其他布置方式。确定屋架的预制位置，还要考虑屋架的扶直，堆放要求及扶直的先后顺序，先扶直者应放在上层。屋架跨度大，转动不易，布置时应注意屋架两端的朝向。图 3-1-16 中 $l/2 + 3$（m）表示提供预应力屋架抽管穿筋之用的最小距离。每两垛屋架间留有 1m 空隙，以便立模和浇混凝土。

D. 吊车梁的布置

若吊车梁在现场预制，一般应靠近柱基础顺纵轴线或略作倾斜布置，亦可插在柱子之间预制。若具有运输条件，可另行在场外集中预制。

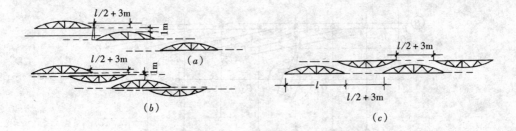

图 3-1-16　屋架预制时的布置方式

（a）正面斜向布置；（b）正反斜向布置；（c）正反纵向布置

2）构件安装前的就位和堆放

由于柱在预制阶段已按安装阶段的就位要求布置，当柱的混凝土强度达到安装要求后，应先吊柱，以便空出场地布置其他构件，如屋面板、屋架、吊车梁等。

A. 屋架的就位

屋架在扶直后，应立即将其转移到吊装前的就位位置，屋架按就位位置的不同，可分为同侧就位和异侧就位（图 3-1-17）。屋架的就位方式一般有两种：一种是斜向就位；另一种是成组纵向就位。

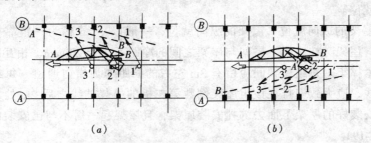

图 3-1-17　屋架就位示意图

（a）同侧就位；（b）异侧就位

（A）屋架的斜向就位　屋架的斜向就位（图 3-1-18），可按以下方法确定：

由于安装屋架时，起重机一般沿跨中开行，因此，可画出起重机的开行路线。停机位置的确定是以欲安装的某轴线与起重机开行路线的交点为圆心，以所选安装屋架的起重半径 R 为半径画弧，与开行路线相交于 O_1、O_2、O_3……如图 3-1-18 所示。这若干交点即为停机位置。

屋架靠柱边就位，但距柱边净距不小于 200mm，并可利用柱作为屋架的临时支撑。这样，便可定出屋架就位的外边线 P-P；另外，起重机在安装屋架和屋面板时，机身需要回转，若起重机机身回转半径为 A，则在距起重机开行路线 $A+0.5m$ 范围内不宜布屋架及其他构件，据此，可画出内边线 Q-Q，P-P 和 Q-Q 两线间即为屋架扶直就位的控制位置。当然，屋架就位宽度不一定这样大，可根据

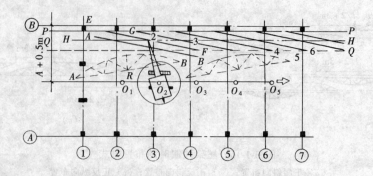

图 3-1-18   屋架斜向就位

实际情况缩小。

在确定屋架就位范围后，画出 $P\text{-}P$、$Q\text{-}Q$ 的中心线 $H\text{-}H$，屋架就位后其中点均在 $H\text{-}H$ 线上。这里以安②轴线屋架为例。以停机点 O_2 为圆心，R 为半径画弧交 $H\text{-}H$ 于 G 点，G 点即为②轴线屋架就位后的中点，再以 G 为圆心，以屋架跨度的 $1/2$ 为半径，画弧交 $P\text{-}P$、$Q\text{-}Q$ 两线交于 E、F 两点，连接 E、F 即为②轴线屋架的就位位置。其他屋架的就位位置均平行于此屋架，相邻两屋架中点的间距为此两屋架轴线间的距离。只有①轴线屋架若已安装抗风柱，需退到②轴线屋架的附近就位。

（B）屋架的纵向就位   屋架的纵向就位，一般以 4～5 榀为一组靠柱边顺纵轴线排列。屋架与柱之间，屋架与屋架之间的净距不小于 $200mm$，相互间用铁丝及支撑拉紧撑牢。每组屋架间应留有 3m 左右的间距作为横向通道。每组屋架的就位中心线，应大致安排在该组屋架倒数第二榀的吊装轴线之后 2m 处，这样可避免在已安装好的屋架下面去绑扎安装屋架，且屋架起吊后不与已安装的屋架相碰（图 3-1-19）。

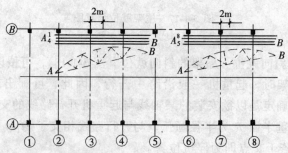

图 3-1-19   屋架成组纵向就位

B. 吊车梁、连系梁和屋面板的堆放

构件运到施工现场应按施工平面图规定位置，按编号及构件安装顺序进行就位或集中堆放。吊车梁、连系梁就位位置，一般在其安装位置的柱列附近，跨内跨外均可，有时对屋面板等小型构件可采用随运随吊，以免现场过于拥挤。梁式构件可叠放 2～3 层，屋面板的就位位置，可布置在跨内或跨外，根据起重机吊屋面板时所需要的起重半径，当屋面板跨内就位时，应退后 3～4 个节间沿柱边堆放；当跨外就位时，则应退 1～2 个节间靠柱边堆放。屋面板的叠放，一般为 6～8 层。

　　以上介绍的是单层工业厂房构件平面布置的一般原则和方法，但其平面布置，往往会受众多因素的影响，制定方案时，必须充分考虑现场实际，确定切实可行的构件平面布置图（图 3-1-20）。

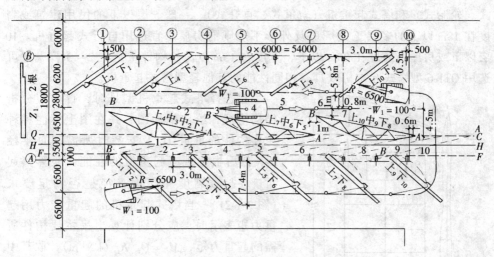

图 3-1-20　某车间预制构件平面布置图

2. 装配式框架结构安装

　　装配式钢筋混凝土框架结构是多层、高层民用建筑和多层工业厂房的常用结构体系之一，梁、柱、板等构件均在工厂或现场预制后进行安装，从而节省了现场施工模板的搭、拆工作。不仅节约了模板，而且可以充分利用施工空间进行平行流水作业，加快施工进度；同时，也是实现建筑工业化的重要途径。但该结构体系构件接头较复杂，结构用钢量比现浇框架约增加 10～20kg/m^2，工程造价比现浇框架结构约增加 30%～50%，并且施工时需要相应的起重、运输和安装设备。

　　装配式框架结构的型式，主要有梁板式和无梁式两种。梁板式结构由柱、主梁、次梁及楼板等组成。主梁多沿横向框架方向布置，次梁沿纵向布置。柱子长度取决于起重机的起重能力，条件可能时应尽量加大柱子长度（二、三层至四层一节），以减少柱子接头数量，提高安装效率。若起重条件允许，还可采用梁柱整体式构件（H 形、T 形的构件）进行安装。柱与柱的接头应设在弯矩较小的地方，也可设在梁柱节点处。无梁式结构由柱和板组成，这种结构多采用升板法施工。

多层装配式框架结构施工的特点是：高度大、占地少、构件类型多、数量大、接头复杂、技术要求高。为此，应着重解决起重机械选择、构件的供应、现场平面布置以及结构安装方法等问题。

（1）起重机械选择

起重机械选择主要根据工程特点（平面尺寸、高度、构件重量和大小等）、现场条件和现有机械设备等来确定。

目前，装配式框架结构安装常用的起重机械有自行式起重机（履带式、汽车式、轮胎式）和塔式起重机（轨道式、自升式）。一般 5 层以下的民用建筑或高度在 18m 以下的多层工业厂房及外形不规则的房屋，宜选用自行式起重机。10层以下或房屋总高度在 25m 以下，宽度在 15m 以内，构件重量在 2~3t，一般可选用 QT1-6 型塔式起重机或具有相同性能的其他轻型塔式起重机。

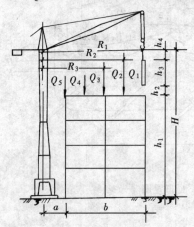

图 3-1-21　塔式起重机工作
参数计算简图

在选择塔式起重机型号时，首先应分析结构情况，绘出剖面图，并在图上标注各种主要构件的重量 Q_i 及安装时所需起重半径 R_i，然后根据现有起重机的性能，验算其起重量、起重高度和起重半径是否满足要求（图 3-1-21）。当塔式起重机的起重能力用起重力矩表示时，应分别计算出吊主要构件所需的起重力矩，$M_i = Q_i \cdot R_i$（kN·m），取其中最大值作为选择依据。

（2）起重机械布置

塔式起重机的布置主要应根据建筑物的平面形状、构件重量、起重机性能及施工现场环境条件等因素确定。通常塔式起重机布置在建筑物的外侧，有单侧布置和双侧（或环形）布置两种方案（图 3-1-22）。

1）单侧布置

当建筑物宽度较小（15m 左右），构件重量较轻（2t 左右）时常采用单侧布置。其起重半径应满足：

$$R \geq b + a \tag{3-1-6}$$

式中　R——起重机吊最远构件时的起重半径（m）；

　　　b——房屋宽度（m）；

　　　a——房屋外侧至塔轨中心线的距离（$a = 3~5$m）。

该布置方案具有轨道长度较短，构件堆放场地较宽等特点。

2）双侧布置

当建筑物宽度较大（$b > 17$m）或构件较重，单侧布置时起重力矩不能满足

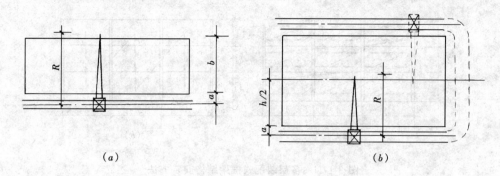

图 3-1-22　塔式起重机跨外布置

(a) 单侧布置；(b) 双侧（环形）布置

最远构件的安装要求，起重机可双侧布置，其起重半径应满足：

$$R \geqslant b/2 + a \qquad (3\text{-}1\text{-}7)$$

当场地狭窄，在建筑物外侧不可能布置起重机或建筑物宽度较大，构件较重，起重机布置在跨外其性能不能满足安装需要时，也可采用跨内布置，其布置方式有跨内单行布置和跨内环行布置两种（图 3-1-23）。该布置方式的特点是：

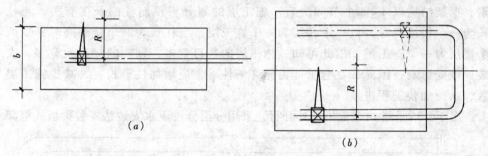

图 3-1-23　塔式起重机跨内布置

(a) 单行布置；(b) 环行布置

可减少轨道长度，节约施工用地，但只能采用竖向结合安装，结构稳定性差，构件多布置在起重半径之外，增加了二次搬运，对建筑物外侧围护结构安装较困难；同时，在建筑物的一端还应留 20～30m 长的场地，作为塔式起重机装卸之用。因此，应尽可能不采用跨内布置，尤其是跨内环行布置。

（3）结构安装方法

多层装配式框架结构的安装方法，与单层厂房相似，亦分为分件安装法和综合安装法两种（图 3-1-24）。

1）分件安装法

分件安装法根据流水方式的不同，又可分为分层分段流水安装法和分层大流水安装法两种。

分层分段流水安装法（图 3-1-24a）即是以一个楼层为一个施工层（若柱

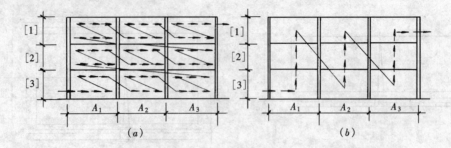

图 3-1-24　多层装配式框架结构安装方法

（a）分层分段流水安装法；（b）综合安装法

A_1、A_2、A_3—施工段；[1]、[2]、[3]—施工层（与楼层高度相同）

是两层一节，则以两个楼层为一个施工层），每一个施工层再划分为若干个施工段。起重机在每一段内按柱、梁、板的顺序分次进行安装，直至该段的构件全部安装完毕，再转向另一施工段。待一层构件全部安装完毕并最后固定后再安装上一层构件。施工段的划分，主要取决于建筑物的形状和平面尺寸，起重机的性能及其开行路线，完成各个工序所需的时间和临时固定设备的数量等因素，框架结构以 4~8 个节间为宜。施工层的划分与预制柱的长度有关，当柱长为一个楼层高时，以一个楼层为一个施工层；当柱长为两个楼层高时，以两个楼层为一个施工层。由此可知，施工层的数目愈多，则柱的接头就愈多，安装速度受影响，因此，在起重能力允许条件下，应增加柱子长度，减少施工层数，从而加快工程进度。

图 3-1-25 是塔式起重机跨外开行，采用分层分段流水安装法安装梁板式框架

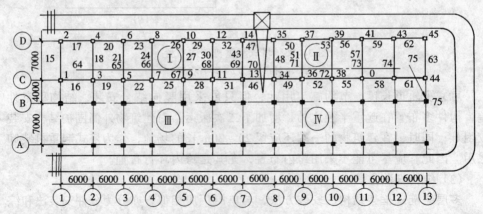

图 3-1-25　用分层分段流水安装法安装梁板结构

Ⅰ、Ⅱ、Ⅲ、Ⅳ—施工段编号；1、2、3…—构件安装顺序

结构一个楼层的施工顺序。该结构在平面内划分为 4 个施工段，起重机首先依次安装第Ⅰ施工段的 1~14 号柱，在这段时间内，柱的校正、焊接、接头灌浆等工

序亦依次进行。起重机在安完 14 号柱后，回头安装 15 ～ 33 号主梁和次梁，同时进行各梁的焊接和灌浆等工序。这样就完成了第Ⅰ施工段中柱和梁的安装并形成框架，保证了结构的稳定性，然后如法安装第Ⅱ施工段中的柱和梁。待第Ⅰ、Ⅱ施工段的柱和梁安装完毕，再回头依次安装这两个施工段中 64 ～ 75 号楼板，然后照此安装第Ⅲ、Ⅳ两个施工段。一个施工层完成后再往上安装另一施工层。

分层大流水安装法是每个施工层不再划分施工段，而按一个楼层组织各工序的流水，其临时固定支撑很多，只适用于面积不大的房屋安装工程。

分件安装法是装配式框架结构最常用的方法。其优点是：容易组织安装、校正、焊接、灌浆等工序的流水作业；便于安排构件的供应和现场布置工作；每次安装同类型构件，可减少起重机变幅和索具更换的次数，从而提高安装速度和效率，各工序的操作比较方便和安全。

2）综合安装法

综合安装法是以一个柱网（节间）或若干个柱网（节间）为一个施工段，以房屋的全高为一个施工层来组织各工序的流水。起重机把一个施工段的构件安装至房屋的全高，然后转移到下一个施工段。综合安装法适用于下述情况：当采用自行式起重机安装框架结构时；或用塔式起重机而不能在房屋外侧进行安装时；或房屋的宽度较大和构件较重以致只有把起重机布置在跨内才能满足安装要求时（图 3-1-24b）。

图 3-1-26 是采用履带式起重机跨内开行以综合安装法安装一幢两层装配式框

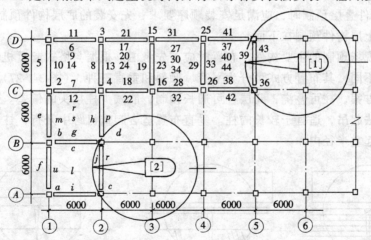

图 3-1-26　用综合安装法安装梁板结构

1、2、3…—［Ⅰ］号起置机安装顺序

a、b、c…—［Ⅱ］号起重机安装顺序

架结构的实例。该工程采用两台履带式起重机安装，其中［Ⅰ］号起重机安装 CD 跨构件，首先安装第一节间的 1 ～ 4 号柱（柱一节到顶），随即安装该节间的第一层 5~8 号梁,形成框架后,接着安装 9 号楼板;然后安装第二层 10~13 号梁和 14 号板。然后,起重机后退一个停机位置,再用相同顺序安装第二节间,余此类推,直至安装完 CD 跨全部构件后退场。[Ⅱ] 号起重机则在 AB 跨开行,负责安装 AB 跨的柱、梁和楼板,再加上 BC 跨的梁和楼板,安装方法与 [Ⅰ] 号起重机相同。

综合安装法在工程结构施工中很少采用,其原因在于:工人操作上下频繁且劳动强度大,柱基与柱子接头混凝土尚未达到设计强度标准值的 75%,若立即安装梁等构件,结构稳定性难于保证;现场构件的供应与布置复杂,对提高安装效率及施工管理水平有较大的影响。

(4) 构件的平面布置

装配式框架结构除有些较重、较长的柱需在现场就地预制外,其他构件大多在工厂集中预制后运往施工现场安装。因此,构件平面布置主要是解决柱的现场预制位置和工厂预制构件运到现场后的堆放。

构件平面布置是多层装配式框架结构安装的重要环节之一,其合理与否,将对安装效率产生直接影响。其原则是:

1) 尽可能布置在起重机服务半径内,避免二次搬运;

2) 重型构件靠近起重机布置,中小型构件则布置在重型构件的外侧;

3) 构件布置地点应与安装就位的布置相配合,尽量减少安装时起重机的移动和变幅;

4) 构件叠层预制时,应满足安装顺序要求;先安装的底层构件预制在上面,后安装的上层构件预制在下面。

柱为现场预制的主要构件,布置时应首先考虑。根据与塔式起重机轨道的相对位置的不同,其布置方式可分为平行、倾斜和垂直三种,(图 3-1-27)。平行布置为常用方案,柱可叠浇,几层柱可通长预制,能减少柱接头的偏差。倾斜布置可用旋转法起吊,适宜于较长的柱。垂直布置适合起重机跨中开行,柱的吊点在起重机的起重半径内。

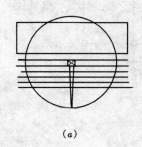
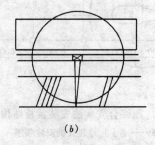
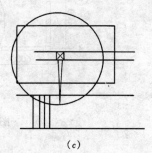

(a)   (b)   (c)

图 3-1-27 使用塔式起重机安装柱的布置方案

(a) 平行布置;(b) 倾斜布置;(c) 垂直布置

图 3-1-28 所示是塔式起重机跨外环行安装一幢五层框架结构的构件平面布置方案。全部柱分别在房屋两侧预制，采用两层叠浇，紧靠塔式起重机轨道外侧倾斜布置；为减少柱的接头和构件数量，将五层框架柱分两节预制，梁、板和其他构件由工厂用汽车运来工地，堆放在柱的外侧。这样，全部构件均布置在塔式起重机工作范围之内，不需二次搬运，且能有效发挥起重机的起重能力。房屋内部和塔式起重机轨道内不布置构件，组织工作简化。但该方案要求房屋两侧有较多的场地。

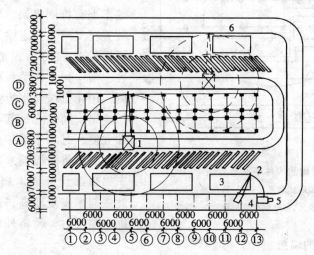

图 3-1-28　塔式起重机跨外环行时构件布置图
1—塔式起重机；2—柱子预制场地；3—梁板堆放场地；
4—汽车式起重机；5—载重汽车；6—临时通路

图 3-1-29 所示是采用自升式塔式起重机安装一幢 16 层框架结构的施工平面布置。考虑到构件堆放于房屋南侧，故该机的安装位置稍偏南。由于起重机起重半径内的堆场不大，因此，除墙板、楼板考虑一次就位外，其他构件均需二次搬运，在附近设中转站，现场用一台履带式起重机卸车。在这种情况下，当堆场较小，构件存放不大，为避免二次搬运，在条件允许时，最好采用随运随吊的方案。

图 3-1-30 所示是履带式起重机跨内开行安装一幢两层三跨框架的构件布置图。在此方案中柱斜向布置在中跨基础旁，两层叠浇。起重机在两个边跨内开行。梁板堆场布置在房屋两外侧，且位于起重机的有效工作范围之内。

3. 装配式大板建筑安装

装配式大板建筑有墙体承重的墙板和框架承重的挂板两种：前者主要由内、外墙板和楼板组成；后者是在承重框架上悬挂轻质外墙板。本节主要介绍墙体承重的墙板安装。

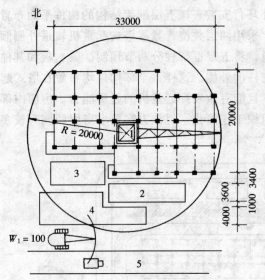

图 3-1-29　自升式塔式起重机安装框架
结构的构件平面布置图

1—自升式塔式起重机；2—墙板堆放区；
3—楼板堆放区；4—梁柱堆放区；5—履带吊

（1）墙板的制作、运输和堆放

墙板制作方法有台座法、机组流水法和成组立模法等三种。前者多为在施工现场进行生产，采用自然养护或蒸汽养护，后两者多为预制厂生产成批构件。

墙板的运输一般采用立放，运输车上有特制支架，墙板侧立倾斜放置在支架上。运输车有外挂式墙板运输车和内插式墙板运输车两种：前一种是将墙板靠放在车架两侧，用花篮螺丝将板上的吊环与车架拴牢，其优点是起吊高度低，装卸方便，有利于保护外饰面等；后一种则是将墙板插放在车架以利用车架顶部丝杆或木楔将墙板固定，此法起吊高度较高，采用丝杠顶压固定墙板时，易将外饰面挤坏，只可运输小规格的墙板。

大型墙板的堆放方法有插放法和靠放法两种：插放法是将墙板插在插放架上拴牢（图 3-1-31）。堆放时不受墙板规格的限制，可以按吊装顺序堆放，其优点是便于查找板号，但需占用较大场地。靠放法是将不同型号的墙板靠放在靠放架上（图 3-1-32），其优点是占用场地少，费用省。

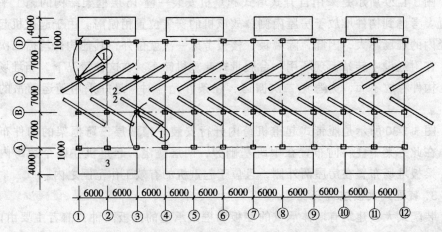

图 3-1-30　履带式起重机跨内开行构件平面布置

1—履带式起重机；2—柱预制场地；3—梁板堆场

（2）墙板的安装方案

1）安装机械的选择

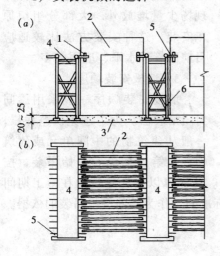

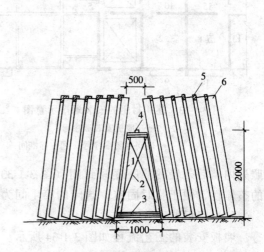

图 3-1-31 插放架示意图

（a）立面图；（b）平面图

1—木楔；2—墙板；3—干砂；4—铺
板；5—活动横档；6—梯子

图 3-1-32 靠放架示意图

1—斜撑；2—拉杆；3—下档；
4—吊钩；5—隔木；6—墙板

装配式大板建筑施工中，大板的装卸、堆放、起吊就位，操作平台和建筑材料的运输均由安装机械来完成。为此，安装机械的性能必须满足墙板、楼板和其他构件在施工范围内的水平和垂直运输、安装就位，以及解决构件卸车和其他材料的综合吊运问题。目前，常用的安装机械有 QT60/80 型和 QT1-6 型等塔式起重机，亦可用 W_1-100 型履带式起重机，但其起重半径小，需增加鸟嘴架，安装速度慢。

2）安装方案的确定

装配式大板建筑常用的安装方案有下述三种：

A. 堆存安装法

该法就是将预制好的大板，按吊装顺序运至施工现场，在安装机械的工作回转半径范围内，堆存一定数量构件（一般为 1～2 层全部配套的构件）的安装方法。其特点是：组织工作简便，结构安装工作连续，所需运输设备数量较少，安装机械效率高；但占用场地较多。

B. 原车安装法

该法是按照安装顺序的要求，配备一定数量的运输工具配合安装机械，及时将构件运抵现场，构件则直接从运输工具上进行吊装就位。其特点是：可减少装卸次数，节约堆放架和堆放场地；但施工组织管理较复杂，需要较多的运输车辆。

C. 部分原车安装法

该法介于上述两种方法之间。其特点在于构件既有现场堆放，又有原车安

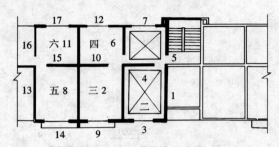

图 3-1-33 逐间封闭的安装顺序示意图

1、2、3……—墙板安装顺序号；

Ⅰ、Ⅱ、Ⅲ……—逐间封闭顺序号；⊠—标准间

装。一般是对于特殊规格、非标准构件现场堆放，而通用构件除现场少量堆放外，大部分组织原车安装。这种安装方法比较适应目前的管理水平，应用较多。

3）墙板安装顺序

墙板安装顺序一般采用逐间封闭吊装法。为了避免误差积累，一般从建筑物的中间单元或建筑物一端第二个单元开始吊装，按照先内墙后外墙的顺序逐间封闭（图 3-1-33）。这样可以保证建筑物在施工期间的整体性，便于临时固定，封闭的第Ⅰ间为标准间，作为其他墙板吊装的依据。

（3）墙板的安装工艺

墙板安装的工艺流程如图 3-1-34 所示。

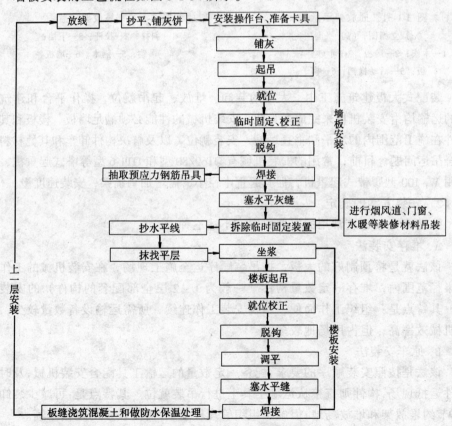

图 3-1-34 墙板安装的工艺流程

1）抄平放线

首先校核测量放线的原始依据，如标准桩和水平桩等。然后用经纬仪由标准桩定出控制轴线，不得少于 4 根。其他轴线根据控制轴线用钢尺量出，并标于基础上。由控制轴线和基础轴线，用经纬仪定出各楼层上的轴线，该轴线必须由基础轴线向上引。轴线标定后，用经纬仪四周封闭复核。再根据楼层轴线，定出墙板两侧边线，墙板节点线，异形构件和门口位置线等。楼板标高控制线用水准仪和钢尺根据基础墙上的水平线逐层标出，该标高控制线一般设在墙板顶面下 100mm 处，以便于抄平测量。

2）找平灰饼的设置和铺灰

墙板底部应安装在同一水平标高上，为此在每块墙板的位置线上，根据抄平的结果做两个控制墙板板底标高的 1:3 水泥砂浆灰饼，待灰饼具有足够强度后，进行墙板安装。墙板安装采用随铺灰随安装的方法，铺灰厚度要超过找平灰饼 20mm，且砂浆均匀密实。

3）墙板的安装

墙板的绑扎采取万能扁担（横吊梁带 8 根吊索），既能吊墙板又能吊楼板。吊装时，标准房间用操作平台来固定墙板和调整墙板的垂直度，楼梯间以及不宜安放操作平台的房间则用水平拉杆和转角固定器临时固定（图 3-1-35）。操作平

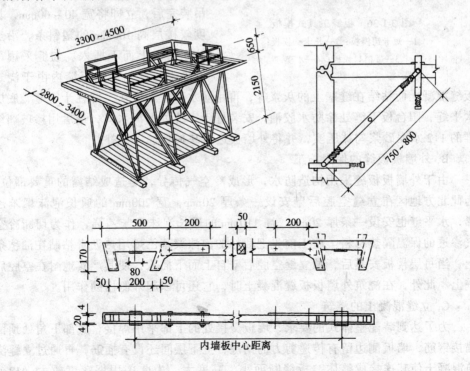

图 3-1-35　操作台、转角固定器、水平拉杆图

台根据房屋的平面尺寸制作。在其栏杆上附设墙板固定器，用来临时固定墙板。转角固定器用于不放操作台的房间内外纵墙和内外横墙的临时固定，与水平拉杆配套使用。水平拉杆的长度按开间轴线确定，卡头宽度按墙板厚度确定。墙板校正，以墙板两侧边线和内横墙间距为依据建筑物的四个角，须用经纬仪以底层轴线为准进行校正。当墙根底部和两侧边相符后，用靠尺检查垂直度。若墙板位置

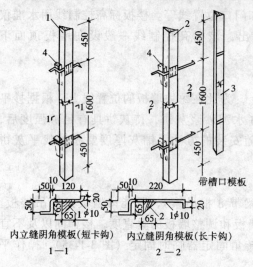

图 3-1-36　板缝工具式模板
1—短卡钩模板；2—长卡钩模板；
3—带槽口模板；4—木楔

误差小，可用撬棍拨动墙扳进行调整，误差大时，必须将墙板重新起吊进行调整。校正后立即进行墙板的最后固定，墙板间安设工具式模板进行灌浆（图 3-1-36）。

4) 板缝施工

A. 外墙板板缝的防水施工

外墙板板缝的防水有构造防水和材料防水两种，目前主要采取以构造防水为主材料防水为辅的方法。施工时，必须保证板缝构造完整，如有损坏，应认真修补，在每层楼吊装完后，立即将宽 40～60mm，长度较楼层高 100mm 的塑料条，沿空腔立槽由上而下插入。勾缝采用吊篮脚手，首先剔除板缝内由于浇筑板缝混凝土而粘结在缝壁上的灰浆等，再用防水砂浆勾底灰，并在十字缝、底层水平缝、阳台板下缝处涂防水胶油，安装好十字缝处的泻水口，最后用掺玻璃纤维的 1:2 水泥砂浆勾抹压实，并将外墙板边角缺损处加以修补。

B. 外墙板板缝的保温施工

由于外墙板板缝采用构造防水，形成冷空气传导，是造成结露的重要部位。为此北方地区在立缝空腔后壁安设一条厚 20mm，宽 200mm 的通长泡沫聚苯乙烯，水平缝也安设一条厚 20mm、高 110mm 的通长泡沫聚苯乙烯，作为切断冷空气渗透的保温隔热材料。施工前先把裁好的泡沫聚苯乙烯用热沥青粘贴在油毡条上，当每层楼板安装后，顺立缝空腔后壁自上而下插入，使其严实地附在空腔后壁上。此外，在浇筑外墙板板缝混凝土时，它还可以起外侧模的作用。

C. 立缝混凝土的浇筑

为了达到装配整体式的要求，墙板交接处的上部采用焊接，底部下角处预留锚接钢筋，墙板侧边留有传递剪力的销键，上下层间还设有插筋，再通过立缝浇筑混凝土使其连接成整体。板缝断面小、高度大，为此多用坍落度较大（12～15cm）的细石混凝土浇筑，并用细长杆件仔细加以捣实。

4. 升板法施工

升板法施工是多层钢筋混凝土无梁楼盖结构的一种施工方法。其基本原理是先吊装柱，再浇筑室内地坪，然后以地坪为胎模就地叠浇各层楼板和屋面板，待混凝土达到一定强度后，再用装在柱上的提升设备，以柱为支承通过吊杆将屋面板及各层楼板逐一交替提升到设计标高，并加以固定（图 3-1-37）。

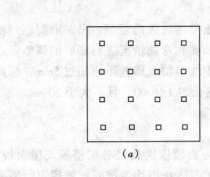 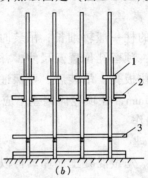

图 3-1-37　升板法施工示意图

（a）平面图；（b）立面图

1—提升机；2—屋面板；3—楼板

升板法施工的优点是：各层板叠层浇筑制作，可节约大量模板；高空作业少，施工安全；工序简便，施工速度快；不需大型起重设备；节约施工用地，特别适用于狭小场地或山区；柱网布置灵活；结构单一，装配整体式节点数量少。但存在着耗钢量大等问题。

（1）升板法施工工艺

升板法施工工艺过程：施工基础→预制柱→吊装柱→浇筑地坪混凝土→叠浇板→安装提升设备→提升各层板→永久固定→后浇板带→围护结构施工→装饰工程施工。

1）柱的预制和吊装

A. 柱的预制

升板结构的柱，多为施工现场就地预制。要求制作场地平整坚实，有足够的强度、刚度和稳定性，以防出现不均匀沉陷而使柱开裂变形。若柱采用叠浇时，应在柱间涂刷隔离剂，浇筑上层柱混凝土时，需待下层柱混凝土达到 $5N/mm^2$ 后方可进行。

升板结构的柱子不仅是结构的承重构件，而且在提升过程中还起着承重和导向的作用。因此对柱子除了满足设计强度要求外，还应对柱子的外形尺寸和预留孔的位置进行严格控制，一般柱的截面尺寸偏差不应超过 ±5mm，侧向弯曲不超过 10mm。柱顶与柱底表面要平整，并垂直于柱的轴线。柱的预埋件位置要准确，中心线偏差不应超过 5mm，标高允许偏差为 ±3mm。

柱上的预留就位孔位置是保证板正确就位的关键。孔底标高偏差不应超过±5mm，孔的尺寸偏差不应超过 10mm，轴线偏差不应超过 5mm。柱上除了预留就位孔外，还应根据需要按提升程序预留停歇孔，停歇孔的间距，主要根据起重螺杆一次提升高度确定，一般为 1.8m 左右，停歇孔应尽量与就位孔统一，否则，两者净距一般不宜小于 300mm，停歇孔的尺寸与质量要求与就位孔相同。

B. 柱的吊装

升板结构的柱一般较细长，吊装时要防止产生过大的弯矩。吊装前要逐一检查柱截面尺寸，预留孔位置及尺寸，并对总长度和弯曲情况进行必要的调整，以免在提升时卡住板孔。吊装后，要保证柱底中线与轴线偏差不应超过 5mm，标高偏差不超过 ±5mm，柱顶竖向偏差不应超过柱长的 1/1000，且不大于 20mm。

2）板的制作

A. 地坪处理

柱安装后，先做混凝土地坪。再以地坪为胎模依次叠浇各层楼板及屋面板，要保证板的浇筑质量，要求地坪地基必须密实，防止不均匀沉降；地坪表面要平整，特别是柱的周围部分要严格控制，以确保板底在同一平面上，减少搁置差异；地坪表面要光滑，减少与板的粘结。若地坪有伸缩缝时，应采取有效的隔离措施，以防止由于温度收缩而造成板开裂。

B. 板的分块

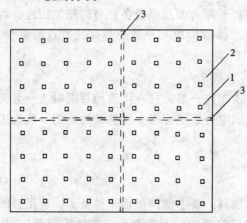

图 3-1-38　板分块示意图
1—柱；2—板；3—后浇板带

当建筑物平面尺寸较大时，可根据结构平面布置和提升设备数量，将板划分为若干块，每块板为一提升单元。每一单元宜在 20～24 柱范围，形状应尽量方正，避免阴角以防提升时开裂。提升单元间留有 1.0～1.5m 宽的后浇带（图 3-1-38），后浇带的底模可悬挂在两边的楼板上。

C. 板的类型

升板结构板的类型一般可分为：平板式、密肋式和格梁式。平板的厚度，一般不宜小于柱网长边尺寸的 1/35。这种板构造简单、施工方便，且能有效利用建筑空间，但刚度差、抗弯能力弱、耗钢量大。密肋板由于肋间放置混凝土空盒或轻质填充材料，近年来用塑料模壳，故能节约混凝土，并加大了板的有效高度而能显著降低用钢量。若肋间无填充物，施工时肋间空隙用特制的箱形模板或预制混凝土盒子，前者待楼板提升后可取下重复使用，后者即作为板的组成部分之一。若肋间有填充物，施工时肋间以空心砖，煤渣砖或其他轻质混凝土材料填充。格梁式结构是先就地叠层灌筑格梁，而将预制楼板在各层格梁提升前铺上，也可浇筑一层格梁即铺一层预制楼板，待格梁提升固定后，再在其上整浇面层。这种结构具有刚度大，适用于荷载、柱网大或楼层有开孔和集中荷载的房屋。但施工较复杂，需用较多的模板，且要有起重能力较大的提升设备。

3）板的提升

A．提升准备和试提升

板在提升时，混凝土应达到设计所要求的强度，并要准备好足够数量的停歇销、钢垫片和楔子等工具。然后，在每根柱和提升环上测好水平标高，装好标尺；板的四周准备好大线锤，并复查柱的竖向偏差，以便在提升过程中对照检查。

为了脱模和调整提升设备，让提升设备有一个共同的起点，在正式提升前要进行试提升。其具体方法是：在脱模前先逐一开动提升机，使各螺杆具有相等的初应力。脱模方法有两种，一是先开动四角处提升机（图 3-1-39 中的 1、4、13、16 四个点），使板离地 5～8mm，再开动四周其余提升机（图 3-1-39 中的 2、3、8、12、15、14、9、5 八个点），同样使板脱模，离地 5～8mm；最后，开动中间的提升机使楼板全部脱模，离地 5～8mm。另一种是从边排开始，依次逐排

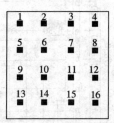

图 3-1-39 楼板
脱模顺序

使楼板脱模离地 5～8mm，而后起动全部提升机，提升到 30mm 左右停止，接着调整各点的提升高度，使楼板保持水平或形成盆状，并观察各提升点上升高度的标尺定至零点，同时检查提升设备的工作情况，准备正式提升。

B．提升程序的确定及吊杆长度排列

提升程序即是各层板的提升顺序，它关系到柱在施工阶段的稳定性，升板过程中由于柱的稳定性要求和操作方便等因素，一般不能将楼板一次提升到设计位置，而是采用各层楼板依次交替提升的方法。因此，确定提升程序必须考虑下列原则：提升中间停歇时，尽可能缩小板间距离，使上层板处于较低位置时将下层板在设计位置上固定，以减少柱的自由长度；螺杆和吊杆拆卸次数少，并便于安装承重销；提升机安装位置应尽量压低，以提高柱的稳定性。

由于起重螺杆长度有限，各层板在交替提升过程中，吊杆所需长度不一，因此要按照提升顺序，作出吊杆排列图。排列吊杆时，其总长度应根据提升机所在标高、螺杆长度、所提升板的标高与一次提升高度等因素确定。自升式电动提升机的螺杆长度为 2.8m，有效提升高度为 1.8～2.0m，除螺杆与提升架连接处及板面上第一吊杆采用 0.3～0.6m 及 0.9m 短吊杆外，穿过楼板的连接吊杆以 3.6m 为主，个别也采用 4.2、3.0、1.8m 等。

图 3-1-40 所示为某四层升板工程采用自升式电动提升机两点提升时的提升顺

序和吊杆排列图。从图中可以看出：板与板之间的距离不超过两个休息孔，插承重销较方便；吊杆规格少，除短吊杆外，均为 3.6m，吊杆接头不通过提升孔；屋面板提升到 12.6m 标高，底层板就位固定；提升机自升到柱顶后，需加工具式短钢柱，才将屋面板提升到设计标高。

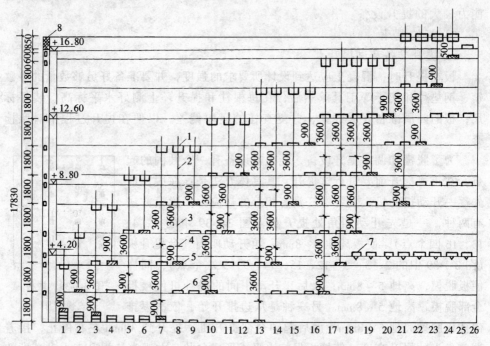

图 3-1-40   四层升板工程提升顺序和吊杆排列图

1—提升机；2—起重螺杆；3—吊杆；4—套筒接头；5—正在提升的板；6—已搁
置的板；7—已固定的板；8—工具式短钢柱（图中 1、2、3、…25 为提升次数）

C. 提升差异的控制

升板结构在提升过程中产生升差的主要原因有三个方面：调紧丝杆所产生的初始差异、群机工作不同步所产生的提升差异和板就位因孔底标高或承重销不在同一基准线上而产生的就位差异。规范规定，升板结构作一般提升时，板在相邻柱间的提升差异不应超过 10mm，搁置差异不超过 5mm。为了避免板在提升过程中由于提升差异过大而产生开裂现象，同时减小附加弯矩，以降低耗钢量，可采用盆式提升或盆式搁置的方法。所谓盆式提升或盆式搁置的方法，即是在板的提升或搁置时，使板的四个角点和四周的点都比中间各点高。如图 3-1-39 所示，若板在提升或搁置时，使 1、4、13、16 四个角点比板中央 6、7、11、10 四个点高 15mm；使四边的 2、3、8、12、15、14、9、5 八个点比 6、7、11、10 四个点高 10mm，这样板便自然形成盆状，而不致于产生附加弯矩而增大用钢量。

目前控制升差的方法多采用标尺法（图3-1-41)在柱上划好各层楼板和屋面板的标高及每隔 200～300mm 划一标志线(在柱吊装前划好)，并统一抄平；在柱边板面立上一个 1m 左右长的标尺；各根柱上的箭头标志若对准标尺上的同一读数时，则板是水平的；若在各标尺上的读数产生差异，表明板在提升过程中产生了升差。此方法简单易行，但精度较低，不能集中控制，施工管理不便。其他控制方法有机械同步控制，主要是控制起重帽的旋转圈数或控制起重螺杆上升的螺距数。此外，还可采用液位控制、数字控制、激光控制等控制方法。

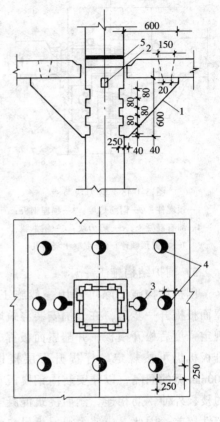

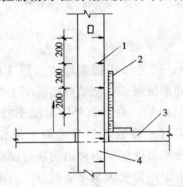

图 3-1-41　标尺控制提升差异（单位：mm）
1—箭头标志；2—标尺；
3—板；4—柱

图 3-1-42　后浇柱帽节点（单位：mm）
1—后浇柱帽；2—承重销；3—提升孔；
4—灌浆孔；5—柱上预埋件

4）板的固定

板的固定方法，取决于板柱节点的构造，目前常用的有后浇柱帽、剪力块、承重销节点等。

后浇柱帽节点（图 3-1-42），是升板结构常用的一种。板搁置在承重销上就位，通过板面灌浆孔灌混凝土（一般为 C30 混凝土），形成后浇柱帽。

剪力块节点（图 3-1-43）是一种无柱帽节点，先在柱面上预埋加工成斜口的承力钢板，待板提升到设计位置后，在钢板与板的提升环之间用楔形钢板楔紧。该节点耗钢量大，铁件加工要求高，仅在荷载较大且要求不带柱帽的升板结构中应用。

承重销节点（图 3-1-44），也是一种无柱帽节点。该节点用加强的型钢或焊接工字钢插入柱的就位孔内作承重销，销的悬臂部分支承板，板与板之间用楔块楔紧焊牢，使之传递弯矩。这种节点用钢量比剪力块节点少，且施工方便。

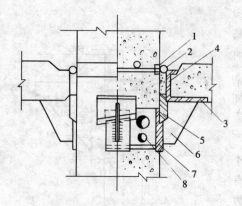

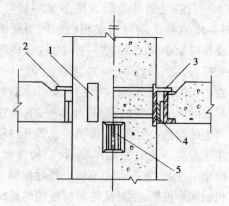

图 3-1-43　剪力块节点
1—预埋件；2—钢筋焊接；3—预埋钢板；
4—细石混凝土；5—剪力块；6—钢牛腿；
7—承剪预埋件；8—混凝土浇筑孔

图 3-1-44　承重销节点
1—预埋件；2—钢板焊接；3—混凝土；
4—钢楔块；5—承重销

5）围护结构施工

围护结构施工除可采用一般施工方法外，还可采用提模施工（图 3-1-45）。屋面板提升一步后，在外围安装浇筑墙板用的钢模板。在浇筑外墙混凝土并达到规定强度后松开模板，并随屋面板提升一步。以后，在浇筑外墙混凝土的同时，升板机仍可按规定顺序提升下层楼板。施工时，楼板与外墙之间一般留出约400mm 宽的间隔，以便安装内钢模板。外墙在每层处应向内伸出钢筋与以后就位的楼板外伸钢筋相连，然后浇筑混凝土。该方案不需要大型吊装机械，但墙体稳定性较差，因此，应使第一层板尽快就位与墙体连接。

（2）其他升板方法

1）升滑法施工

升滑法施工是将升板法与滑模法相结合的施工方法。其工艺原理为：在屋面板四周的墙体位置上安装一套滑模装置，在屋面板上每隔一定距离预埋 U 形螺栓，用来固定 10 号槽钢挑梁，使提升架、模板也随之向上滑升，利用屋面板作为操作平台，向模板内浇筑墙体混凝土（图 3-1-46）。

2）升层法施工

升层法施工的工艺原理为：在屋面板提升到足够高度后，将顶层预制墙板安装在该层楼板上，在内部作临时固定后，与屋面板交替提升。按此方法，从顶层向下逐层安装好墙板向上提升直到第一层墙板安装好为止。墙板与顶棚之间一般留有 50mm 空隙以便吊装，并留待以后作填补（图 3-1-47）。

3）集层升板法施工

集层升板法施工的工艺原理为：沿墙轴线在建筑物外侧安装两根用无缝钢管制成的工具柱，升板机沿工具柱向上爬升，将已叠浇好的各层板集层提升到第一

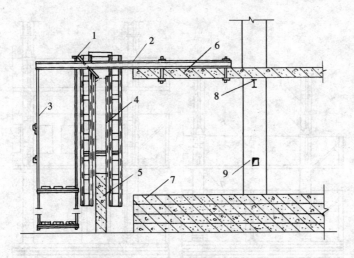

图 3-1-45 升板带墙体提模施工示意图

1—浇筑混凝土用滑板；2—悬臂钢梁；3—挂脚手架；4—钢模板；
5—混凝土墙体；6—屋面板；7—待升楼板；8—承重销；9—柱

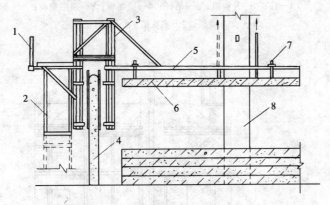

图 3-1-46 升板带墙体滑模施工示意图

1—栏杆；2—挂脚手架；3—提升架；4—混凝土墙体；
5—悬臂钢梁；6—屋面板；7—U 形螺杆；8—柱

层板的安装标高处并在工具柱上临时固定，然后安装和校正第一层板下面的承重墙板或砌筑承重砖墙使第一层楼板放下就位。此后再继续集层提升其余各层板，反复上述工序，由下向上逐层使各层板就位，直至将屋面板提升到设计标高固定。最后吊装楼梯和进行室内装饰（图 3-1-48）。各层承重墙板在该层的楼板上预制，即楼板与墙板交替预制。各块墙板间的空隙可用加气混凝土临时填充，供以后砌筑内墙用。外墙板在工具柱外侧，按其所在开间叠层预制，在各层板提升完毕后用起重机吊装。

升板法施工除了上述在工艺方面的改进之外，还在以下方面有待进行研究和改进：改进提升机具，提高其提升能力，使之耐用、易检修、定型化，

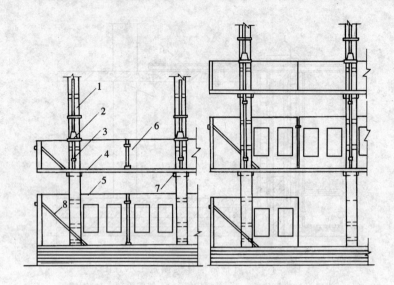

图 3-1-47   升层法施工示意图

1—柱；2—升板机；3—吊杆；4—屋面板；5—顶层墙板；

6—女儿墙板；7—承重销；8—临时支撑

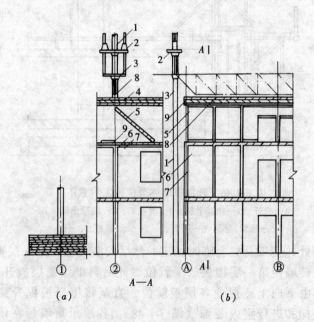

图 3-1-48   集层升板法施工示意图

（a）预制完毕；提升前；（b）提升过程中

1—工具柱；2—提升机；3—提升桁架；4—预制位置的

横墙板；5—正在转起的横墙板；6—已直力的横墙板；

7—已安装好的外墙板；8—吊杆；9—填料

并能自动控制提升差异；进一步改革施工工艺，使其更能保证提升阶段群柱的稳定性；进一步研究节点构造，试验研究装配节点或无柱帽节点，以减少节点的耗钢量和简化施工工艺；研究升板结构的抗侧力结构，例如利用楼梯、电梯井、剪力墙等抗侧力升板结构体系，为升板结构向高层方向发展创造了条件。

（3）提升阶段柱的稳定

升板结构在使用阶段类似现浇无梁楼盖结构，柱与板之间为刚接，其计算简图按等代框架确定。但在提升阶段，板通过承重销搁置在柱上，板与销之间的摩阻力只传递横向荷载，不能传递弯矩，因此，板柱节点在提升阶段只能视为铰接。柱在提升阶段成为一根独立而细长的构件，除承受全部结构自重与施工荷载外，还要承受水平风荷载。在提升阶段各层板就位临时固定后，群柱之间即由刚度很大的平板联系在一起，可以视为铰接排架结构。所以，升板结构在使用阶段和提升阶段的计算简图有着本质的差异，柱的长细比在提升阶段要比使用阶段大得多，而柱的截面和配筋则又主要根据使用阶段和吊装验算确定，因此稳定问题是提升阶段应该考虑的主要问题。

在提升阶段，一般中柱受荷载较大而边角柱受荷载较小，从单根柱分析，中柱会先于边角柱达到临界状态。但由于平板在平面内的刚度极大，承重销的摩阻力相当于与柱铰接的水平联杆，因此中柱的失稳要受到荷载较小的边角柱的约束，由于这种强大的平板联系，可以认为中柱和边角柱被迫同时失稳。由此可见，升板结构的柱在提升阶段不可能发生单柱失稳，而是群柱失稳。因此升板结构在提升阶段应分别按各提升单元进行群柱稳定性验算。其计算简图可取一等代悬臂柱，其惯性矩为该提升单元内所有单柱惯性矩的总和，并承受单元内的全部荷载（图 3-1-49）。

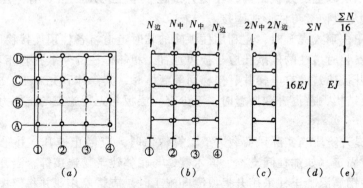

图 3-1-49　群柱稳定的计算简图

（a）提升单元平面图；（b）、（c）、（d）、（e）为简化过程

群柱的稳定性可通过等代悬臂柱的偏心增大系数 η 来验算。η 值按下式计

算：

$$\eta = \cfrac{1}{1 - \cfrac{\gamma_F F_C}{10\alpha_a \xi E_c^b I_c^b} l_0^2}\qquad(3\text{-}1\text{-}8)$$

式中　γ_F——折算荷载修正系数，宜取 1.10；

　　　l_0——计算长度，分别按搁置时柱的计算简图和正在提升时柱的计算简
图确定（按《钢筋混凝土升板结构技术规范》采用）；

　　　F_C——提升单元内等代悬臂柱总的折算垂直荷载；

　　　α_a——升板结构柱提升阶段实际工作状态系数；

　　　E_c^b——验算状态下柱底的混凝土弹性模量；

　　　I_c^b——提升单元内所有单柱柱底混凝土截面惯性矩总和；

　　　ξ——变刚度等代悬臂柱的截面刚度修正系数。

按式（3-1-8）求得的 η 值如为负值或大于 3 时，表明稳定性不足。

升板结构在提升阶段需要进行两种状态的稳定性验算：一是各层板均处于搁
置；二是其中一块板处于提升状态而其他各层板处于搁置状态。绝大多数情况下
前者为最不利，故一般只对各层板处于最不利搁置状态进行验算。

使偏心增大系数保持在有利于稳定的范围内的最有效措施，是尽早地使底层
楼板达到设计标高并与柱固定。若为后浇柱帽节点，在底层板到达设计位置后应
立即支模浇筑柱帽，待柱帽完全固结（混凝土强度达到 10N/mm² 以上时）再继
续上升。此时柱的计算长度不再从节点处算起，而是减少半层高度。若做一层节
点尚不满足 η 的要求，则做二层节点。若群柱在提升阶段的稳定性验算不符合
要求，或安全度过低，可从施工方面采取调整板的提升顺序或其他措施来提高其
稳定性。具体措施有：

1）对四层以上的升板结构，在提升过程中最上两层板至少有一层板交替与
柱楔紧，并尽量使板与柱形成刚接。

2）采用柱顶式提升时，应利用柱顶间的临时走道将各柱顶连接稳固。

3）柱安装时边柱的停歇孔应与板边垂直，相邻排柱的停歇孔宜相互垂直。

4）当升板建筑设有电梯井、楼梯间等筒体时，其筒体宜先施工。5 层或 20m
以上的升板结构，在提升和搁置时，至少有一层板与先行施工的抗侧力结构有可
靠的连接。

5）在提升阶段当实际风荷载大于验算取值时，应停止提升，并采取有效措
施将板临时固定，如加柱间支撑、嵌木楔、与相邻建筑物连接等；当升板结构的
墙体、劲性钢筋混凝土柱采用升提或滑升施工时，应暂停作业并将模板与墙或柱
加紧。

1.2.2　现浇混凝土结构房屋施工设计

采用钢筋混凝土作为多、高层建筑的结构材料，其施工技术方面，我国 20

世纪 80 年代以来有了很大的发展，在模板工程方面，定型组合模板、大模板、台模、筒子模、滑升模板等在多、高层建筑施工中已广泛应用，施工技术水平在不断提高。在混凝土工程方面，商品混凝土的泵送施工在建筑施工中已较为普遍应用，混凝土搅拌运输车也随着泵送混凝土施工的推广而增多。在垂直运输机械方面，我国自制的轨行式、附着式和爬升式塔式起重机已广泛使用。施工外用电梯在高层建筑施工中也已推广。

1. 混凝土结构房屋结构体系与施工方案

钢筋混凝土结构强度高、刚度大、抗震性能好、耐火性能好、材料来源丰富，与钢结构相比用钢量少、造价低。因此，在建筑工程中占据重要地位，应用十分广泛。近年来人造轻骨料和混凝土预应力技术的发展，可减轻钢筋混凝土结构的自重，使其获得更加显著的经济效果。到目前为止，我国所建的多、高层建筑，特别是高层建筑几乎全部是钢筋混凝土结构。

钢筋混凝土结构体系主要分为框架结构、框架-剪力墙结构和筒体结构等。

（1）框架结构体系

框架结构的优点是建筑平面布置灵活，可形成较大的空间，有利于布置餐厅、会议厅、休息厅等。因此在公共建筑中应用较多。是我国过去在多层和高层建筑中应用较多的结构型式之一。

框架结构仍属柔性结构，抗水平荷载的能力较弱，而且事实也证明其抗震性能较差。因此，其高度 H 不宜过高，一般 H 不宜超过 60m，且 H 与房屋宽度 B 之比不宜超过 5。否则为了同时满足强度和侧向刚度，就会出现肥梁胖柱，经济效果较差。

框架有现浇和预制装配之分。现浇框架目前多用组合式定型钢模板现场进行浇筑，为加快施工进度，梁、柱模板可预先整体组装然后进行安装。预制装配式框架多由工厂预制，用塔式起重机（轨行式或爬升式）或自行式起重机（履带式、汽车式起重机等）进行安装。装配式柱子的接头，有榫式、插入式、浆锚式等形式，接头要能传递轴力、弯矩和剪力。柱与梁的接头，有明牛腿式、暗牛腿式、齿槽式、整浇式等形式，可做成刚接（承受剪力和弯矩），亦可做成铰接（只承受垂直剪力）。装配式框架接头钢筋的焊接非常重要，要注意焊接变形和焊接应力。

框架结构的填充墙和隔墙，可为空心砖墙，亦可为泡沫水泥板、石膏板等轻板结构。我国曾建造了一批框架轻板结构，它对减轻结构的自重是非常有效的。

（2）剪力墙结构体系

这种结构体系是利用建筑物的内墙和外墙构成剪力墙来抵抗水平力。剪力墙一般为钢筋混凝土墙，厚度不小于 14cm。这种体系的侧向刚度大，可以承受很大的水平荷载，也可以承受很大的竖向荷载，但其主要荷载为水平荷载。

剪力墙结构适用于居住建筑和旅馆建筑，这类结构开间小、墙体多、变化少，用剪力墙结构非常适宜。

剪力墙结构体系的主要缺点是建筑物平面被剪力墙分隔成小的开间，使建筑布置和使用要求受到一定的限制。在宾馆建筑中，通常将要求较大空间的门厅、餐厅、会议厅等从高层部分中移出，另在高层建筑客房的周围布置较低的裙房来加以解决。或者建筑物的底层用框架结构体系，上部用剪力墙体系，这种结构称为框支剪力墙结构。这种结构底层柱的内力很大，柱子截面很大，用钢量也多，而且底层框架部分是结构的薄弱环节。

剪力墙结构体系可为全装配大板，亦可用大模板或滑升模板进行现场浇筑。用大模板或滑升模板现浇已形成成熟的建筑体系，有成熟的施工经验。用大模板浇筑，可以是内、外墙全用大模板浇筑，亦可以是内模外板（亦称内浇外挂），即内承重墙用大模板现浇，而外面的围护墙则用预制墙板，这是我国正在发展的建筑体系之一。

大模板可以是整间的钢模板，亦可以用组合式钢模板进行拼装。它的优点是拼装起来是大模板，拆卸后即为一块块的组合式钢模板，可用于其他结构的施工，而且大型起重设备即可进行垂直运输。

（3）框架-剪力墙体系

如上所述，框架结构的建筑布置灵活，可形成较大的空间，但侧向刚度较差，抵抗水平荷载的能力较小；剪力墙结构侧向刚度大，抵抗水平荷载的能力较大，但建筑布置不灵活，一般难以变成较大的空间。基于以上两种情况，将两者结合起来，取长补短，在框架的某些柱间布置剪力墙，与框架共同工作，这样就得到了一种承载水平荷载能力较大，建筑布置又较灵活的结构体系，即框架-剪力墙体系。在这种结构体系中，剪力墙可以是现浇钢筋混凝土墙板，亦可以是预制钢筋混凝土墙板，还可以是钢桁架结构。

这种结构体系的房屋高度 H，一般情况下不宜超过 120m，房屋高度与宽度的比值 H/B，一般不宜超过 6，如有可靠措施，上述限制亦可放宽。在我国，这种结构体系多用于 25 层以下的高层建筑中。

这种结构体系既然是由框架体系和剪力墙体系结合起来而形成的，则其施工方案就带有框架体系和剪力墙体系施工方案的色彩。一般情况下，剪力墙如为现浇钢筋混凝土墙板，多用大模板或组合式钢模板进行浇筑。框架部分以用组合式钢模板进行浇筑为宜。

（4）筒体体系

筒体体系是指由一个或几个筒体作为承重结构的高层建筑结构体系。水平荷载主要由筒体承受，具有很大的空间刚度和抗震能力。

这种结构体系抵抗水平荷载时，整个筒体就如一个固定于基础上的封闭的空心悬臂梁，它不仅可以抵抗很大的弯矩，也可以抵抗扭矩，是非常有效的抗侧力体系。采用这种结构体系，建筑布置灵活，单位面积的结构材料消耗量少，是目前超高层建筑的主要结构体系之一。

筒体体系最适用于建筑平面为正方形或接近正方形的建筑中。按其结构体系和布置方式的不同，筒体体系又分为下述几种形式：

1）核芯筒体系（或称内筒体系）

这种结构体系一般由设于建筑内部的电梯井或设备竖井的现浇钢筋混凝土筒体与外部的框架共同组成。筒体多位于建筑平面的中央，故称为核芯筒体系。在这种结构体系中，水平荷载主要由筒体承受，而且筒体又与电梯井等结合，因而经济效果较好。

2）框筒体系

这种结构体系由建筑物四周密集的柱子（钢筋混凝土或钢结构）与高跨比较大的横梁组成，乃一多孔的筒体，筒体的孔洞面积一般不大于筒壁面积的 50%。柱子较密集，中距一般为 1.2 ~ 3.0m，亦有较大者。横梁的高度一般为 0.60 ~ 1.20m。柱子可为矩形或 T 形截面，横梁多呈矩形截面。

3）筒中筒体系

这种结构体系由内筒与外筒组成。内筒为电梯井或设备竖井等，外筒多为框筒。楼板则支承在内外筒壁上，内外筒壁之间的距离一般为 10 ~ 16m。这种结构体系的刚度很大，能抵抗很大的侧向力，且室内又无柱子，故建筑布置灵活，经济效果较好，在超高层建筑中得到广泛的应用。

核芯筒的内筒多为现浇的钢筋混凝土墙板结构，如高度很大用滑升模板施工较为适宜，亦可用大模板施工。核芯筒体系的框架部分如为钢筋混凝土结构，用组合式钢模板施工较适宜。

筒中筒结构体系，采用混凝土结构，这种结构体系的建筑高度很大，用滑升模板施工是较好的施工方法，施工速度很快，质量亦好。

2. 全现浇大模板多层住宅楼施工组织设计

（1）工程概况

本工程建筑面积 3423.55m²，东西总长 64.80m，南北总宽 10.46m，共 5 层，每层由四个单元组成，层高 2.9m，室内外高差 0.6m，总高 15.26m。

基础埋深 2.6m，45cm 厚 3:7 的灰土上砌条形砖基础。条形基础的顶部和底部均设 18cm 厚钢筋混凝土圈梁，四个大角及丁字接头、十字接头处设有钢筋混凝土构造柱。

上部结构按 8 度抗震设防，外墙为 300mm 厚浮石混凝土墙，内墙为 160mm 厚、强度 C20 的钢筋混凝土墙。楼板采用预应力空心板，楼梯、阳台、雨篷、挑檐板均为标准预制构件。厨房、厕所隔墙采用轻型菱镁板。屋面防水为二毡三油上铺小豆石常规作法。外窗采用钢窗，内门为木门。室内楼、地面为豆石混凝土地面。水泥踢脚板高120mm。除厕所、厨房为乳胶漆墙面外,其他内墙面均为刮腻子、喷大白浆作法。顶板勾缝、喷浆。室外墙面除门头及屋顶挑檐为水刷石外,其他均做涂料。

采暖为热水供暖系统,管道采用焊接钢管,四柱式炉片散热器。厕所采用蹲式大便器。电气系统一律为暗线,进户线及各单元线采用厚铁管,其他线路为流体管。浮石混凝土所用浮石密度550~750kg/m³,浮石混凝土强度可达14.70MPa以上,干密度不大于1700kg/m³。用浮石混凝土后,墙体内、外两侧不再进行抹灰。

(2) 施工部署

1) 施工顺序

本工程建在已建的居民小区内,不考虑与其他工程进行流水作业,但总的原则仍按先地下、后地上的顺序。基础挖土在冻土开化后开始,在基础回填土时,要同时做完所有地下外线工程,然后立塔式起重机进行结构施工。拆除塔式起重机前应做完屋面工程,并利用吊车安装装修用的井架,然后做装修工程,最后做地上外线工程。

2) 流水段划分

结构施工阶段按单元分为四个流水段 (图 3-1-50)。因外墙需挂三角挂架子,要求外墙混凝土有一定的强度,混凝土浇筑施工顺序应先外墙,后内墙,最后板

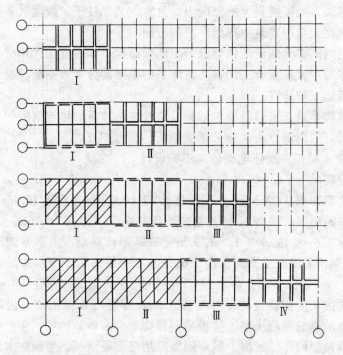

图 3-1-50   流水段划分示意图

缝、现浇板。

3）工艺流程

结构施工期间每一单元工艺流程如图3-1-51所示。

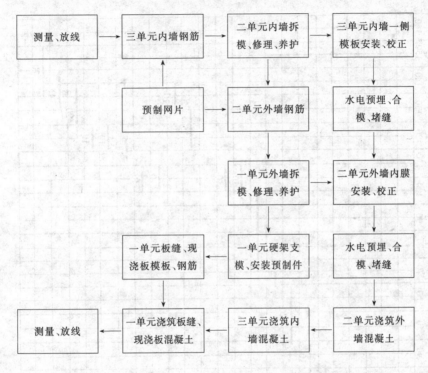

图 3-1-51 结构施工工艺流程图

（3）施工进度计划

基础施工在3月中旬开始，用两个多月完成全部基础及地下外线工程，安装好塔式起重机，6月初具备上结构条件。

结构施工时，每天完成一个单元，四天完成一层，全部结构在一个月内完成。结构完成后利用塔式起重机进行屋面施工。

为避免劳动力高峰极大值超出本单位现有职工总数，装修工程不考虑在结构施工阶段插入，全部安排在屋面工程完成后进行，但内墙轻质隔断、阳台栏板要在结构施工同时进行安装。施工进度如图3-1-52所示。

（4）施工总平面布置

本工程是在四周已建工程中插入施工的，场地比较狭小，搅拌机棚、砂石堆只能在已建工程间隙内堆放。浮石考虑四层用量，约 400m³，占地 180m²；石子备两层用量，约 220m³，占地 100m²；砂子备两层用量，约 280m³，占地 140m²，砂、石材料要按施工进度计划陆续进场。

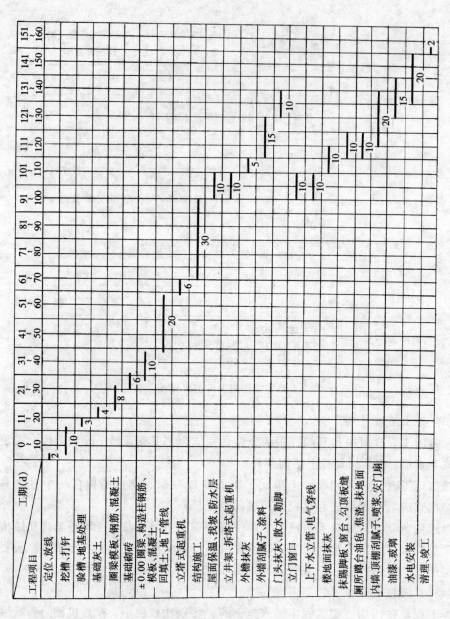

图 3-1-52　施工进度计划

空心板按两层用量进场，占地 115m²；预制阳台、楼梯、阳台分户板、栏板也考虑两层用量，占地约 70m²。

大模板仅考虑有一半在流水作业时落地，每块平均占地 4m²，包括钢平台总共占地 140m²。

现场道路按 4m 宽考虑，路基夯实，上铺 150mm 厚焦渣。

施工总平面布置如图 3-1-53 所示。

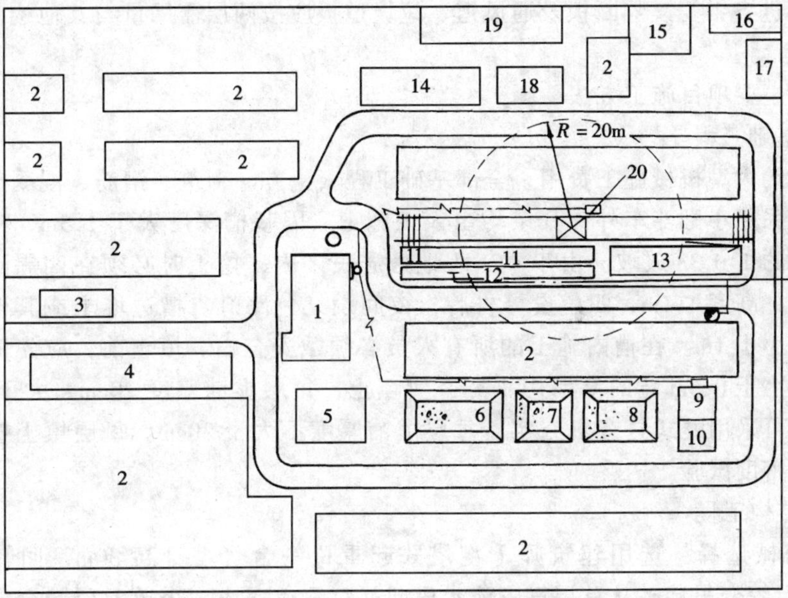

图 3-1-53　施工总平面布置图

1—已建锅炉房；2—已建其他建筑；3—办公室；4—钢筋半成品堆放区；5—轻型菱镁隔断板；6—浮石；7—石子；8—砂子；9—搅拌机棚；10—水泥库；11—空心板；12—楼梯、阳台等小型构件；13—大模板堆放场地；14—脚手架木；15—铁件；16—木工作业棚；17—木构件；18—水暖器材；19—钢窗；20—建筑师Ⅰ型塔式起重机 $H=30$m

（5）施工准备工作

1）场地及道路

现场原有建筑已拆迁完毕，尚存有一部分建筑垃圾。进场后应首先用推土机进行大规模平整、清运垃圾并与建设单位办理相应手续。现场施工循环道路按总平面布置图施工，路旁挖好排水沟。利用原有马路作场外道路。

2）施工用水、用电

施工期间现场用水、用电按有关要求计算。

3）临时设施

因本工程工期较短，距生活区近，现场不再搭设大量临时设施。办公室、少量更衣室采用 2 栋活动板房共 148m²；搅拌机棚、水泥库 94m²；简易仓库约 200m²。

4）各项物资准备

A. 模板：全部内、外墙模板在基础回填土完成后进场，然后进行清点、修补、重新编号。钢平台、三角挂架及所有零配件与大模板同时进场。

B. 构件：因场地狭小，所有混凝土预制构件先按两层需用量进场，以后陆续按计划进齐，菱镁隔断板及通风道、垃圾道板应按两层需用量与其他构件同时进场。

（6）主要项目施工方法

1）基础工程

为节约大型机械施工费用，全部基础工程（土方、砌筑、钢筋、混凝土）除水平运输采用小翻斗车外，其余均由人工施工。因基槽深度大于 1.5m，挖土时应按规定的 1:0.33 放坡。由于本工程地处居民区内，挖土时必须在四周圈起钢管护身栏，高度 1.1m，四角设警告牌，夜间设红色路灯。槽边堆土或其他材料距槽边不小于 1m。在槽内施工的所有人员必须戴安全帽。填土前，应先清理槽内杂物，小于 0.6m 宽的基槽用木夯夯实填土，每层虚铺厚度 20cm，大于 0.6m 宽的基槽可采用蛙式打夯机夯实，每层虚铺厚度不大于 30cm。每层填土按规范取样做干密度试验。

2）结构工程

A. 机械选择：选用建筑师 I 型塔式起重机一台（塔身高 30m，回转半径 20m）进行综合吊装，从首层第三流水段起，每昼夜完成一个单元层的全部吊装工作。每单元层工作量需 183 吊次，按每台班 80 吊次计，塔吊需开 2 ~ 2.5 台班，才能满足需要。

本工程楼面采用预应力空心板，最大吊运物品是钢制大模板（重 1.5t），选用建筑师 I 型塔吊可满足需要。

B. 钢筋绑扎：墙板及其他钢筋均由加工厂配料，现场点焊成网片。为减轻白天塔吊压力，绑扎钢筋一般在夜间进行。网片筋绑好后，网片间应用钢筋垫架，以保证保护层厚度。因内、外墙分开浇筑，内墙钢筋在绑扎时，尽端尚无外墙钢筋连接，应采用临时支撑措施，合模板时将支撑拆除。楼板安装完后，应仔细清理锚固筋。浇筑混凝土时，必须留专人整理钢筋。

C. 模板安装：模板安装全部在日班进行。支模前需抹好板底找平层。

内墙模板应先支横墙板，待门、洞口及水电预埋件完成后合另一侧模板。门口采用先立口方法，在模板上打眼，用角钢及花篮螺栓固定。最后立内纵墙模板。为使内、外墙连接牢固，内、外墙丁字接头处内墙须伸入外墙 60mm；外端头设活动堵头模板。内墙模板支完后满铺钢平台，这样既可解决施工安全问题又能减少浇筑混凝土时的浪费。

外墙应先支里侧模板，里侧模板立在下层楼板上。窗洞口模板用合页固定在里模板上，待里模板与窗洞模板支完后合外侧模板。外侧模板立在外墙悬挂三角平台架上。

模板拆除顺序与上述相反，应注意拆模前拔掉所有穿墙螺栓，以免塔吊吊起模板时将墙拉坏。拆模后应及时修补墙面。

D. 混凝土浇筑：外墙混凝土中的粗骨料浮石表面带有大量开放性气孔，为保证搅拌时坍落度均匀，应在施工前半天派专人浇水湿透。

混凝土必须分层浇捣。为避免将门口挤歪，门口两侧应同时下料浇筑。外墙浇筑时应从窗口模板振捣孔观察、补振，防止窗口下部混凝土出现空洞或漏振。

混凝土各项材料（包括早强减水剂）都必须严格按照配合比施工。应留有供拆模、安装楼板时参考的混凝土试块。

E. 构件吊装：楼板安装前墙体混凝土强度应不低于4MPa，因楼板搭墙尺寸较小，应按图3-1-54做硬架支模。阳台、雨篷根部甩出的尾筋是焊接施工中易出事故的部位，必须指派专人施工。阳台栏板、垃圾道、通风道随楼层安装。楼梯安装前，板底必须坐浆，安装后及时用4mm厚钢板将楼梯板与休息平台焊接牢固。

F. 脚手架支搭：内墙模板顶部满铺钢平台，用塔吊吊运。外墙采用三角挂架上铺钢平台作为施工作业面，外绑护身栏。三角挂架挂在下层外墙伸出的螺栓上（图3-1-55）。挂架数量按一层楼配齐（阳台处除外），用塔吊提升。挂三角挂架时，外墙混凝土强度应不小于7.5MPa。

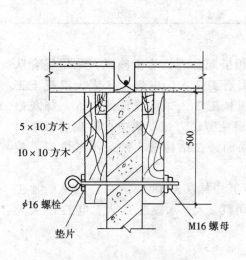

图 3-1-54　硬架支模图

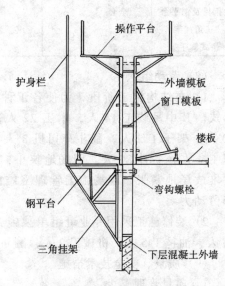

图 3-1-55　三角挂架示意图

3) 装修工程

A. 垂直运输：装修材料垂直运输采用钢管井架，结构施工期间应在相应位置施工洞。选用一台 JJK-1A 型卷扬机，牵引力为 10kN。

B. 脚手架搭设：外装修采用桥式脚手架，脚手架搭设方法与施工注意事项参见有关的建筑安装工程脚手架安全技术操作规程。

C. 外墙涂料施工：首先用乳液水泥腻子对蜂窝、麻面及不平处进行修理（浮液约占水泥重量 15%）。喷涂时将喷斗用高压皮管接在空压机上，随喷随往喷斗内加涂料。空气压缩机压力保持在 0.7MPa 左右，根据涂料稠度和喷嘴口径随时调整喷斗进气裁门。喷斗距墙 500~700mm。喷涂时一旦出现流坠应立即铲掉，漏喷、发花处应及时补喷。喷涂期间为防止污染外墙门窗，应随时用定型遮挡板盖住门窗。

（7）工具、机械、设备计划

本工程主要施工机具、设备见表 3-1-3。

表 3-1-3

名　称	规格或性能	单位	数量	名　称	规格或性能	单位	数量
塔式超重机	2-6t	台	1	钢管井架	高 25m	个	1
搅拌机	400L	台	1	倒　链	3t	台	6
装载机	0.6m³	台	1	空气压缩机	0.6m³	台	2
翻斗车	400L	辆	4	涂料喷斗		个	4
电焊机	BX3-330	台	2	电缆	50mm²	m	140
卷扬机	JJK-1A	台	1	电焊把线		m	120
振捣器	TZ-50、TZ-30	台	5、2	照明电缆	(2×1.5) mm²	m	80
大钢模及钢平台、三角挂架	全套			钢丝绳	φ12.5mm	m	230
桥式脚手架	全套			安全网	4m×6m	块	40
				推土机	65马力	台	1

（8）劳动组织

1）在结构施工阶段，为使各工种互相搭配合理，均衡施工，采用混合队形式。其中吊装工 14 人，木工 22 人，钢筋工 7 人，电焊工 3 人，混凝土工 20 人，架子工 2 人，翻斗车司机 3 人，机械工 2 人，测量放线 3 人，抹灰修理工 4 人，共计 80 人。因场地狭小，为避免劳动力过度集中，给现场带来料具堆放场地紧张、现场施工管理困难的局面，在结构施工阶段不考虑安排装修劳动力。

2）装修施工采用专业班组单独施工。其中抹灰工 18 人，木工 12 人，油工 16 人，油毡工 5 人，机械工 2 人，翻斗车司机 2 人，水暖工 12 人，电工 16 人。

（9）质量、安全技术措施

1）质量管理

A. 施工管理人员必须认真熟悉图纸，对进场的各工种进行详细的技术、安全书面交底，没有接受交底的工人不应进行操作。

B. 建筑物每个流水段都应设置标准轴线控制桩，用经纬仪从标准桩将线引至楼上，放线误差控制在每个单元之内。

C. 钢筋保护层垫架措施应牢固。

D. 合模前应认真检查预埋件、水电管线、门窗洞口是否安装牢固，位置是否正确，并将杂物清理干净。浇筑混凝土时，应派专人看护模板，及时处理跑浆部位。拆模时混凝土强度不应低于 1MPa。拆模后须将模板清理干净，才能刷隔离剂。

E. 为防止出现烂根现象，混凝土浇筑前，应先在模板内浇 50mm 厚同等级砂浆。搅拌混凝土时粗细骨料须每车过磅。拆模后应在混凝土强度较低时用水泥砂浆将跑浆、蜂窝、麻面等处补好。各部位的混凝土采用喷水养护，至少不低于 3 昼夜。

F. 楼板搭墙尺寸应均匀，如出现搭接少于 20mm 的情况，应通知技术部门研究处理，不得自行继续施工，板下缝隙应及时用干硬性豆石混凝土捻实，小于 20mm 的缝隙，可用 1:2 水泥砂浆塞实。

G. 上、下水管道的坡度不应小于规定的最小坡度。管道焊接处咬肉、气孔、砂眼不能超过 0.5mm。卡件必须与墙体连接牢固，与管道接触紧密。管道丝扣连接处麻头应及时清理干净。各种管道及附件的防锈漆由水暖工涂刷，刷油前注意将铁锈、污垢清除干净。

H. 卫生器具安装应顺直，蹲坑后尾中心与下水管及下水管与高水箱中心应一致。水箱零件应齐全，制动灵活。大便器皮碗的胶管连接必须用不小于 14 号的铜丝绑扎。安装镀铬零件，必须采用平口扳子，严禁使用管钳子。

I. 各种管道、卫生器具都必须在喷浆前做好试水工作，防止一旦出现渗漏而造成污染。

J. 电气暗敷、拉线开关、导线连接均应按有关规定执行。

K. 各种灯具安装均应与房间对称，潮湿处安装的灯具应加石棉垫。灯具安装应在土建油漆、喷浆后进行。工序排不开时，需在安装完毕的灯具外侧包纸保护。

L. 加强成品保护，防止施工过程中碰撞损坏成品。

2）安全管理

A. 大模板的安装、拆除、吊运及堆放必须接照有关安全条款执行。

B. 首层平支一道安全网（重网），除南侧塔道处可适当减窄外，其他三面一律为 6m 宽。

C. 首层进入洞口应搭宽 3m、长 2m 的保护棚，其上满铺 50mm 厚木板。其他洞口一律封死。

D. 利用正式工程楼梯栏杆随层焊接以代替防护栏。垃圾道、通风道应随层安装，以尽量减少施工层的孔洞口。

E. 阳台栏板随层焊接、安装，以代替护身栏，减少装修时的工作量。

F. 大模板堆放时要面对面堆放，堆放坡度 75°~80°并临时拴牢，在楼层堆放时应有可靠的防风、防碰撞措施。

G. 桥式脚手架基础要平整、夯实，立柱全高垂直偏差小于 50mm。四角柱必须在两个方向和建筑物固定，其他柱必须与建筑物刚性联结固定。

H. 井架缆风绳应齐全牢固，钢丝绳尽端卡扣不少于 3 个。靠建筑物一侧要层层与建筑物拉顶牢固。

I. 电焊机上应有防雨罩，下有防潮垫，电源接头设防护装置。

J. 所有振捣器、打夯机、电锤等手持电动工具，电闸箱要安装灵敏有效的漏电保护装置。

K. 所有电气焊工、信号工、架子工、暂设电工，必须持有上级单位考试的合格证方能操作。

L. 现场施工应遵守有关消防规定及用火申请制度，现场消防道路应随时保证畅通。

（10）雨季施工方案

1）现场道路两侧挖明排水沟，纵向坡度 0.3%。道路上铺 150mm 厚焦渣，用钢辊碾实。

2）塔吊及井架安装避雷装置，接地电阻不应大于 10Ω。塔道、桥式脚手架、井架下部均应在搭设时高出自然地坪 100mm，以防雨水浸泡造成悬空或下陷。

3）外线工程管道沟槽应严格按规定放坡，施工前准备 2 台潜水泵，雨后及时抽水。

4）所有堆放构件处支座必须坚固，雨后变形的支座不得堆放构件，经处理后才能重新使用。

5）现场中、小型机械必须按规定加防雨罩或搭防雨棚。闸箱防雨漏电接地保护装置应灵敏有效。每星期检查一次线路绝缘情况。

6）雨天浇灌混凝土时应减小坍落度，必要时可将水泥单方用量提高一级。暴雨时应停工。

7）外檐涂刷遇雨停工，雨后及时修补冲坏的墙面。墙面基层含水量超过 20%时，应待墙面干燥后再刷涂料。

（11）人工、材料预算

根据本工程特点，参考同类型其他建筑物施工经验，预计主要材料及人工如下：

1）基础用工 1600 工日，结构用工 2400 工日，装修及屋面 3900 工日，水电用工 1660 工日。

2）钢筋总计 56t。每平方米用量 16.6kg。

3）水泥用量 613t。每平方米用量 179.08kg。

4）结构工期 30 天，用塔式起重机 75 台班，台班产量为 45.6m³／台班。

3．滑升模板高层住宅楼施工组织设计

（1）工程概况

某高层住宅建筑面积 11916m²，每层建筑面积 483m²。平面形状为 120°正交三叉形。地下两层为人防（层高 5.03m）及设备层（层高 2.5m）。地上 24 层，首层和标准层共 22 层，层高 2.7m。顶部中间有电梯机房和水箱间两层，总高 67.58m。楼中部设有剪刀形、单跑双楼梯和电梯两部。南面全部及东、西局部设有挑阳台。除楼梯踏步板和隔墙板采用预制混凝土构件外，其余均为现浇钢筋混凝土结构。楼板为大开间双向板，厚 130mm。

外墙饰面为干粘石，内墙中级抹灰，水泥地面，木门、钢窗。设有暖、卫、煤气，共用电视天线等。

本工程由设备层开始采用液压滑模施工。外墙厚 300mm，设备层用 C30 普通混凝土，上部均采用 C20 陶粒混凝土。内承重墙厚 200mm，10 层以下为 C30，10 层以上为 C20 普通混凝土。全楼滑升墙体混凝土量约为：陶粒混凝土 1600m³，普通混凝土 1400m³，平均含钢量 105kg/m³。现浇楼板用 C20 普通混凝土 1450m³，平均含钢量 92kg/m³。

（2）施工部署

本工程因地势较低，在主体结构完成后尚需室外填土近 3m 厚，故室外管线及锅炉房等工程，待主体结构完成后再施工，配电室利用原有建筑，不需新建。基础及地下室顶板完成后，即可进行滑升模具组装。主要工程工艺流程如图 3-1-56 所示。

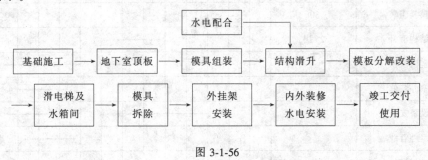

图 3-1-56

（3）施工进度计划

1）本工程计划工期 24 个月（日历天），于本年度 10 月开工，第三年度 10 月竣工。根据条件作如下安排：

A．基础：因基础较深，地下水位高，土质差，需人工降水及回填 2.7m 厚的级配砂石，同时考虑冬期施工等因素，故安排到第二年度 6 月底以前具备组装模具条件。

基础与组装模具工期共计安排 180 天。

基础施工 160 天，其中挖土及下井点 40 天，回填级配砂石 20 天，底板以下 25 天，地下室 45 天，窗井、回填土等 30 天。组装模具 20 天。

B. 结构：第二年度 7 月组装模具，8 月初开始滑升，按 3 天一层结构，在 11 月上旬全部滑完。11 月中旬拆模，冬季不安排施工，仅安排外挂架等施工准备工作。

结构工期安排共 90 天。其中设备层及首层 8 天，2～22 层 70 天（包括滑完 10 层后清理模板一周），女儿墙以上 12 天。拆模具 10 天。

C. 装修及室外配套工程：第三年度 3 月开始室内外全面装修工作以及室外管线和锅炉房等配套工程施工，于第三年度 10 月前竣工。

装修工期安排共计 150 天。其中拆塔吊，做屋面，安装吊架 35 天，内外装修 75 天，拆吊架及修补收尾 40 天。

具体计划见表 3-1-4。

表 3-1-4

项　　目	数　　量	第 1 年		第 2 年						第 3 年					
		10	12	2	4	6	8	10	12	2	4	6	8	10	12
机械挖土	11000m³	—	—												
井点降水			—												
回填砂石	3300m³		—												
基础施工						—									
模具组装	80t						—								
结构滑升	25 层						—								
室内装修										—		—			
室外装修											—				
设备安装							—								
室外管线											—				
锅炉房											—				
零星首尾													—		
竣工验收															—

2）结构滑升采用液压滑模二层空滑现浇楼板并进施工工艺，安排 3 天一层，层周期作业计划见表 3-1-5。

表 3-1-5

工程项目	数量	第 1 天		第 2 天		第 3 天	
		白班	夜班	白班	夜班	白班	夜班
滑升墙体	128m²	──					
空滑		──					
模板支模	520m²		──				
楼板钢筋	5t		──				
浇混凝土	60m³			──			
清理刷油		──					
吊楼梯隔墙板			──				
平台板吊出			──				
平台板吊入						──	
接墙立筋						──	
接支承杆						──	

（4）施工总平面布置图

本工程因现场较狭小，钢筋加工及土方存放场地另作安排。水、电源均由建设单位就近提供。地面以上施工阶段总平面如图 3-1-57 所示。

（5）施工准备工作

滑模施工具有机械化程度高，多工种协同工作和强制性连续作业的特点，任何一环脱节都会影响全盘。因此，周密地做好准备工作是搞好滑模施工的关键。

1）技术准备

A. 依据国家有关规范及规定进行滑升模板的设计。

B. 提升架采用"Π"形，立柱用 2 根 L63×6 角钢组合，横梁用 2 根 12.6 槽钢，围圈用 10 槽钢，围梁用 12.6 槽钢，模板采用定型钢模。为保持空滑后平台的稳定，在无阳台处外墙的外侧模板和电梯间等处采用 1.2m 长的模板，其余均采用 900mm×300mm 钢模。为减少支承杆自由长度，防止失稳，在提升架横梁下部加套管支托（图 3-1-58）。

C. 本工程因采用自动限位调平器，采用整体滑升，故采用两级并联油路系统。即由控制台分油管出来的 8 个接头，用 $\phi22×2.5mm$ 无缝钢管作干管，由三通接头通过 $\phi6\sim\phi8$ 高压胶管直接将各千斤顶并联。

D. 施工用水要求要根据生产和生活用水及满足消防用水的要求进行计算，一般只要满足消防用水要求，干管不小于 $\phi100mm$ 即可。

施工用电，对全部机械电动机总功率及电焊机、照明等进行计算后表明，本工程设一台 320kVA 变压器已满足要求。

2）现场准备

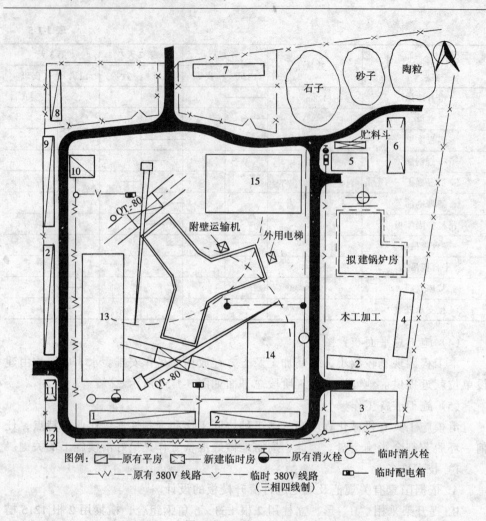

图 3-1-57 施工总平面

1—工地办公室；2—工人休息室；3—食堂；4—木工加工棚；
5—搅拌站；6—水泥库；7—机工用房；8—水电用房；9—库房；
10—原有配电室；11—门卫室；12—厕所；13—钢筋堆放场；
14—模板堆放场；15—预制构件堆放场

A. 三通一平（水通、电通、道路通和场地平整及拆迁等）工作必须在第一年度 10 月中旬前完成。

B. 大型临时设施（搅拌站，钢筋加工棚、水泥库、工棚、食堂、围墙等）在第一年度 11 月中旬前完成。

C. 开工前，按照 6 个大角的轴线做好测量标准桩和水准点，并打桩、钉木板保护。

（6）主要项目施工方法

1）滑升模板和液压系统安装调试

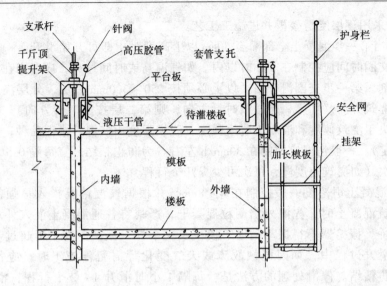

图 3-1-58　滑升模板示意图

A．在地下室顶板上按照模板和液压系统图进行组装，其工艺流程如下：

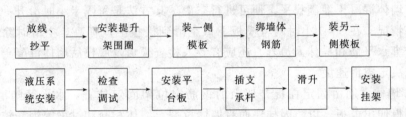

B．模板必须认真按图纸要求组装，如有尺寸不符或和墙体钢筋相碰等问题，应和技术部门协商解决。模板允许偏差按有关施工规范规定执行。检查时，除注意中心线等尺寸外，应严防倒锥度（即上口大，下口小）。

C．液压系统在现场安装前，应将各零部件及油管逐件试压，可组装一个试验台，将千斤顶油管分批接入试压，合格后再安装。油管安装前应先用空压机吹干净，并将两头堵好备用。液压油根据气温选择，气温低时用 10 号机油，气温高时用 20 号或 30 号机油。

D．液压系统全部安装完后，应进行排气。即将管路加压后，逐个将千斤顶丝堵拧松，待漏出的油不带气泡时即可。放气时可用小桶接油以免浪费。然后进行全系统耐压试验，开动油泵加压至 10～12MPa，每次持压 5min，重复三次，各密封处均无渗漏为合格。再插入支承杆即可滑升。

E．支承杆长 1～3m，分 5 种规格，插支承杆时必须长短错开排列，严防相邻几根支承杆在同一水平面上接头。支承杆必须插到底，并墩实在下端混凝土上。

2）滑升阶段

A. 采用逐层空滑楼板并进施工工艺。

B. 当第一步混凝土全部灌至 50cm 以上高度时，即可开始滑升。一般从开始浇筑到交圈时间应控制在 3 小时以内。如气温高或时间过久，应考虑在混凝土中掺缓凝剂。第一步交圈滑升后，以上必须按 250～300mm 一层，分层浇筑，应不断调换浇筑方向（如第一层按顺时针方向，则第二层按逆时针方向）。滑升速度主要取决于浇筑速度和混凝土脱模强度（脱模强度由气温、水泥品种，外加剂等因素决定）。一般情况宜控制在 30cm/h 左右。为防止粘结，宜每隔 0.5 小时左右提升一次（如浇筑速度慢，每次可少提几个行程）。

C. 混凝土坍落度一般控制在 4～8cm，并根据气温情况掺入早强剂或缓凝剂。浇筑混凝土时，先灌外墙陶粒混凝土，严禁将普通混凝土灌入外墙，以免形成冷桥。振捣器不得振动钢筋、模板及支承杆，振捣深度不得超过新灌混凝土层。滑升过程中，如因机械故障或天气变化等需暂停施工时，应作停滑处理，以防粘结。停滑处理的方法是：每隔 1 小时滑升 1～2 个行程，滑动 5～6次即可。

D. 每层滑到墙顶时，应用限位挡环将全部模板上口调平在一个水平面上，然后将墙体混凝土灌满找平，便可进行空滑。其方法是每隔半小时滑升一次，根据气温情况，在 5～7 小时内将模板下口空滑到楼板上皮标高。空滑时除设钢筋工配合绑水平筋和搓抹人员外，还应有专人检查模板及脱模后墙体混凝土强度情况，以决定空滑速度。

E. 墙体立筋由固定在提升架上的钢筋定位架固定位置。水平筋随滑随绑。钢筋不得伸出模板，以防因挂住而将墙体拉裂，墙体相交和过梁等钢筋较密处更应经常检查，以防造成事故。

F. 为保持整个滑升平台水平上升，以防止滑歪，必须利用自动限位调平器分步调平，每步 500～600mm。当全部千斤顶都顶住（必须全部顶死）调平器限位挡环后，再将限位挡环挪上一步（按支承杆上抄平线位置），并认真拧紧顶丝。每次全部挪完后，还必须仔细检查，防止漏挪限位挡环，造成局部模板不升和变形事故。

G. 滑升平台上的液压操作人员，必须坚守岗位，认真负责，保证提升系统正常工作。一般可通过控制台油压表判断液压系统的工作情况，例如：平常油压在 5MPa 左右时，全部千斤顶就都已开始上升。当发现油压超过 5MPa 很多，而千斤顶仍不动作（或部分不动作），则可能是油管堵塞，混凝土粘结或模板变形等，必须停泵并查找原因，不得任意加大压力。当开泵很久油压仍上不去，则可能是管路或千斤顶漏油，应立即停泵，经检查处理后再提升。不工作的千斤顶（可由支承杆上卡珠凹痕判断）应及时更换。否则会加大相邻千斤顶荷载，造成支承杆失稳顶坍墙体。给油、回油时间因设备而异，但必须给足、回够，再进行下一行程。

H. 门、窗洞口模板宽度应小于滑升模板上口宽度 10mm 左右，以防升模时带起。门、窗洞口模板应和两侧立筋用卡子固定（立筋接头应焊接），上下各层平面均相同（如标准层）时，可在滑升墙模上焊钢筋头定位，以免每层都放线。墙上电线管位置可在滑升模板上焊角钢（或将管子剖成两半），滑升时可直接在墙上滑出凹槽。

I. 楼板、阳台支模采用定型小钢模，牵杠、搁栅用方木，支柱采用定型钢支柱。楼板模板需配 5 层，如果气温高或掺三乙醇胺等早强剂，也可配 4 层。拆模后，模板通过悬挑平台（图 3-1-59），用塔式起重机吊到上部使用。

J. 随滑随搓抹是滑模施工中提高质量，加快进度、节省工料的一项重要措施。因此在提升模板后露出墙体约 300mm 时，即应派抹灰工随滑升将滑出的墙面抹平找宜，达到中级抹灰底子灰的标准。因模板有 2‰ 斜度及模板变形等因素，根据滑模工艺的实际情况，参

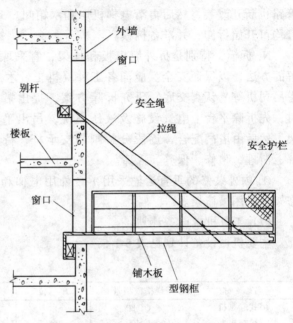

图 3-1-59　悬挑平台

照有关规范，将表面平整允许偏差定为 5mm，立面垂直允许偏差为 8mm。对于拉裂和坍塌及阳角保护层脱落等问题，搓抹人员应在混凝土尚未凝固前及时修补。

K. 为保持滑模平台水平上升，必须严格按 500～600mm 一步分步调平。空滑后，由于大部分模板脱离墙面，仅少量加长模板下口接触墙面作水平约束，而且模板有倾斜度，下口大，使模板下口和墙面形成空隙，很容易在外力作用下使平台倾向一面，因此滑升前应用经纬仪校核各控制轴线，用倒链校正平台，然后开始浇筑混凝土。待混凝土灌至 500mm 高以上，并开始升模前，即可撤除倒链（升模前须松开倒链）。滑升过程中可用经纬仪校核 2～3 次垂直度（场地狭小处可用激光经纬仪），并做好记录。发现垂直偏差过大时，应采用按百分之一倾斜平台法逐渐调整。如发生扭转偏差时，应采用局部垫斜千斤顶的办法调整。消除偏差后应立即恢复水平滑升。可在楼梯间逐层引线，进行水平测量，并在平台上设观测台，将水准标高抄在支承杆上，按分步调平高度及墙顶限位高度和空滑限位高度（即墙模板下口，在空滑后恰好停在楼板上平面）等控制高度处，用油漆画出明显标志，并向有关人员交待清楚。

L.女儿墙及电梯机房下部滑升时，因大部分支承杆脱空，故应及时用 100mm×50mm 方木和 10 号铁丝加固支承杆。并绑水平杆将各支承杆相连结，以防支承杆失稳弯曲。

M.顶层顶板做完滑女儿墙前，应将女儿墙及屋顶机房和各墙交接处加闸板隔断后再继续滑升。待女儿墙滑到顶后，将机房和各处相连模板分解开，把液压管路也断开改装，然后再滑电梯机房和水箱间。此时其他部分的电气设施及模板等均可开始拆卸，并准备拆模。

N.拆模，特别是拆外墙模板和挂架，宜采取整体逐段拆模，各部件地面分解的方法，以保证安全。应向各工种（机工、木工、气焊工，架子工、起重工、塔吊司机等）认真交底，研究拆除方案，提出措施，并由专人负责指挥。拆模时，先拆除平台上电气设施及液压系统，吊出平台板及模板等。外墙先拆除挂架，然后由塔吊配合，逐段分解割断支承杆，待吊到地面后，再将各零部件分解、清理、整修、保养、入库。

O.内外装修的垂直运输采用 1 台外用电梯和 1 台附壁式垂直运输机。外装修架子采用吊篮架。

(7) 工具机械设备计划

主要机械设备计划见表 3-1-6：

表 3-1-6

名　　称	规格或型号	单　位	数　量	需用日期
塔式起重机	QT-80	台	2	第 2 年度 7 月
搅拌机	J_1-400	台	3	第 1 年度 11 月
机动翻斗车	1000kg	台	4	第 1 年度 11 月
钢筋切断机	GJ5-40	台	1	第 1 年度 11 月
钢筋弯曲机	WJ40-1	台	1	第 1 年度 11 月
慢速卷扬机	JJM-5	台	1	第 1 年度 11 月
外部振动器	HZ_2-5	台	2	第 1 年度 11 月
插入式振动器	HZ_6-50	台	5	第 1 年度 11 月
外用电梯	1t 载人	台	1	第 2 年度 8 月
电焊机	BX_1-330	台	5	第 1 年度 11 月
装载机	Z_4-2	台	1	第 1 年度 11 月
附壁运输机	自制	套	1	第 2 年度 8 月
柴油发电机组	$50GF_3$	台	1	第 2 年度 7 月
液压控制台	YK-40	台	2	第 2 年度 3 月
液压千斤顶	GYD-35	台	250	第 2 年度 3 月
倒　链	3-6t	个	6	第 2 年度 7 月
混凝土吊斗	容量 1m³	个	4	第 2 年度 7 月
悬挑平台		个	3	第 2 年度 8 月
高压水泵	4B91	台	1	第 2 年度 8 月

(8) 劳动组织

结构滑升阶段工种配备及工作内容见表 3-1-7：

表 3-1-7

工　种	人数	工　作　内　容
木　工	34	安装模板、安铁件、检查整修、零星修理
钢筋工	24	钢筋绑扎，配合滑升检查和修整钢筋，帮助配料
混凝土工	34	混凝土搅拌，下料、振捣、清模扳、刷油及坍塌拉裂的修补处理等
架子起重工	14	塔吊指挥挂钩，搭全部架子及安全防护设施，安装预制构件等
机　工	14	全部机械的运转和维修，液压系统的操作维修和管理，安装支承杆和限位卡环等
电焊工	14	配合钢筋工焊接钢筋，其他工种所需的电焊加工或修理等全部焊接工作
电　工	3	负责现场全部施工用电气设施的安装，维修和管理，检查处理电气设施的安全问题
放线工	4	测量放线，滑升垂直度检查及配合纠偏
试验工	2	检查原材料质量、监督搅拌站配合比及试验工作
装载机司机	2	砂石装料
抹灰工	16	配合滑升及时将墙面搓抹平整，修补小裂缝及坍塌处

如在现场配制钢筋，则还需增加配料钢筋工 14 人。

滑模施工是多工种协同工作的连续作业，中间一般不得停歇，各工序间环环相接，任何一环脱节都会影响全盘。因此，组织管理工作直接影响滑模施工的成败。

为保证滑升顺利进行，各工种都应订出岗位责任制，将责任落实到每个人，制定出奖惩办法并遵照执行。

(9) 质量问题及防治措施

本工程要求优良品率在 80% 以上，消灭次品。要达到这一指标，施工过程中必须认真执行有关施工及验收规范的规定，加强组织管理工作，建立明确的岗位责任制，并在各班组设兼职质量检查员，贯彻班组、工长、检验科三级质量检验制度。

高层住宅滑模施工中经常发生的质量问题主要有以下几方面：

1) 拉裂

原因：①提升模板时间相隔过久，混凝土与模板粘结；②模板未清理干净（尤其是阴角模板下口）；③隔离剂未刷好或隔离剂质量有问题；④模板变形或有倒锥现象；⑤钢筋挂住模板；⑥钢模板面凹凸不平，摩阻力增大；⑦初滑升时，第一层混凝土高度太小，混凝土自重小于摩阻力。

防治措施：①升模间隔时间由气温、水泥品种、外加剂等因素决定，但一般情况下，隔半小时左右应提升一次模板；②每层滑升后必须及时清理模板，并刷好隔离剂，滑完8～10层后，应将全部围板拆下彻底清理一遍并刷好油再用；③每层都应检查模板变形情况并及时修正，如发现某处经常拉裂，应重点检查处理；④滑升时应设专人检查钢筋，尤其是过梁等水平筋较密处；⑤钢模应妥善保管，清理时不得用铁锤敲击面板，以保持板面平整；⑥初滑时混凝土厚度不得小于500mm，从开始浇筑到升模不得超过3h，气温高时应加缓凝剂。

一般较小裂缝可由搓抹人员及时堵抹。如裂缝过大，则应经有关技术人员检查后处理。

2）坍落

原因：①滑升过快，混凝土脱模强度低；②振捣时碰钢筋、模板、支承杆或振动棒插入过深；③支承杆失稳顶坍；④混凝土搅拌不匀或有一部分坍落度太大。

防治措施：①控制滑升速度，保证墙体混凝土脱模强度在0.05MPa以上。如无贯入阻力仪，也可以用手按有指印但砂浆不粘手，滑升时能听到"沙沙"声的实践经验来判断；②振捣时严禁振动棒振钢筋、模板、支承杆，振动棒的插入深度不得超过新灌混凝土层；③不直的支承杆不得使用，支承杆接头处必须拧紧，平台上荷载应均匀分布，发现已损坏的千斤顶应及时更换，以防相邻千斤顶荷载加大，造成支承杆失稳；④混凝土搅拌必须均匀，坍落度大小应一致。

3）出裙

原因：①模板设计问题，如提升架、围圈刚度小，变形大和模板倾斜度过大等；②模板加工和组装质量不合要求，局部模板倾斜度过大，围圈接头不合格等；③模板在使用过程中产生变形，倾斜度加大或倾向一侧；④浇筑混凝土分层过厚，振捣时过振，加大了模板侧压力。

防治措施：①设计模板时适当加大刚度，将倾斜度尽量缩小，组装时必须加强检查，严防倒锥；②组装和使用过程中，经常用带斜度的托线板检查模板，并及时修整，保持倾斜度准确一致；③必须按250～300mm一层分层浇灌，并严防过振。

4）门窗口模板位移

原因：①门窗口模板加工过宽或木模遇水胀大，升模时被夹起或带歪；②门窗口模板单片宽度虽符合要求，但组装后翘曲不平；③一侧下料过高和过振，使侧压力过大，模板歪向另一侧。

防治措施：①门窗口模板应比墙模上口缩小约10mm，加工尺寸应准确，组装后保持平整，并尽量采用钢模；②安装时应用卡子和两侧立筋固定好（立筋接头应焊接）；③浇筑混凝土时应在门、窗口两侧同时下料，并注意分层浇筑。

5）门窗口处阳角脱落，露筋

原因：①门窗口模板太窄，与墙模板间缝隙太大或墙模板倾斜度太大，下部和门窗口模板间的斜缝过宽，漏浆太多；②浇筑混凝土时过振，或混凝土坍落度太大，灰浆从按缝处漏掉；③门窗口模板拆模太早或太晚，拆模时用力敲击，振掉阳角处保护层；④门窗口模板表面不平或未刷隔离剂。

防治措施：①门窗口模板不宜太窄，墙模倾斜度不宜大于 0.3%；②混凝土坍落度不宜超过 8cm，并应有较好和易性，门窗口处不得过振，更不得振钢筋；③拆模时混凝土强度宜控制在 1～1.5MPa；④保持门窗口模板平整、干净，使用前刷好隔离剂。

6）水平和垂直度偏差

原因：①平台歪斜过大，主要是用调平器分步调平时分步过大，使各千斤顶行程差异积累太大或平台荷载不均；②垂直度偏差：一般是观测检查不够，待滑模偏差较大时再纠正，就较困难了。

防治措施：①必须严格按 500～600mm 一步分步调平，固定限位挡环时必须将顶丝拧紧，防止打滑；②平台荷载应尽量均匀分布，如确有困难，应考虑在荷载过大处增加千斤顶；③按前述要求，每层至少应用经纬仪检测三次垂直度，当发现垂直偏差超过 1‰高度时，应及时采取纠偏措施。

7）污染钢筋

原因：①液压系统接头和千斤顶漏油或管路炸裂；②模板涂刷隔离剂时污染钢筋。

防治方法：①液压零部件在安装前应逐件试压检验，合格后再组装；②各连接处螺丝必须拧紧，密封垫圈必须完好放正；③发现漏油千斤顶或接头，必须及时更换或修理；④墙模板刷隔离剂时，应先把墙两侧立筋用卡子拢在中间，然后再仔细沿模板涂刷。

（10）安全、消防措施

本工程工伤事故频率不得大于 3‰，严防发生重大人身和设备事故及火灾。

根据以上要求，施工过程中必须严格遵守安全操作规程和建筑防火方面的有关规定。结合高层滑模施工和本工程特点，提出如下安全消防措施：

1）大型临时设施及消火栓等必须符合防火要求。在建筑物中部安装 Φ75mm 立管，隔层留口，并通过高压水泵供水，以满足消防及施工用水需要。

2）现场用火须经有关部门批准。使用电气焊时必须设专人看火。现场准备消防器材，并定期培训义务消防员。

3）定期组织群众性安全活动（每周一次），充分发挥安全网，安全帽、安全带的作用。

4）滑模施工机械用电要设漏电保护器，同时定好责任制，使每台机电设备都有专人负责使用、维修、检查、保管，以防机械和触电事故发生。

5）滑模外墙挂架必须用安全网全部封闭。平台四周设 1.5m 高钢板网护栏，阳台、楼梯要随滑升绑好护身栏，电梯间隔 3 层设一道安全网。楼板上大于 200mm 的预留孔必须及时盖好。底层主要出入口要搭设护头棚。

6）塔吊、外用电梯必须做好地基和基础，并按要求与建筑物锚固拉结。本工程在 8 月份开始滑升，还应做好防雷设施。

7）加强现场平面管理，保持施工场地清洁整齐，搞好文明施工。

（11）节约措施

本工程要求按工程预算造价降低成本 6%。

主要措施如下：

1）结构施工时机械设备和人力占用量最大，因此应尽量压缩结构施工阶段工期，按 3 天完成一层结构，则可节省结构施工的机械和人工费用近一半。

2）坚持随滑随搓抹工艺，以压缩工期，节约剔凿用工，节省底子灰的找平材料。

3）混凝土中掺加减水剂，坍落度控制在 4～6cm 以下。

4）全部钢筋采用冷拉调直，合理下料，避免长料短用。

5）加强对模板及液压设备的维修管理，以延长设备使用寿命。

（12）冬雨期施工措施

根据进度安排，本工程结构施工阶段，正值雨季后期和临近冬季，故提出以下措施：

1）雨期施工措施

A．本工程基地地势较低，必须认真做好"挡"、"排"工作，即将西面地势较高处缺口筑土堤挡好，将水引到南面河道，并在现场东西边缘挖排水沟引向南面河道。

B．塔基及道路两侧挖排水沟。地下室入口及窗井等处砌砖挡水。水泥库应垫高 300mm 以上，周围挖排水沟，屋顶应检修防漏。

C．机电设备必须加防雨罩，以免因漏水而损坏设备。做好接地保护，以防漏电伤人。雨后应对电气设施进行检查。

D．大雨后应对塔基道路、外用电梯基础和外架子等进行全面检查，确认无沉陷和松动方可使用。雨后还应测定砂、石含水量，保持水灰比准确。

E．滑升前应和气象部门联系，尽量避开雨天滑升。应准备塑料薄膜，以备在滑升中突然遇大雨时覆盖，防止冲坍墙体。

2）冬期施工措施

A．10 月下旬后，在滑升前加强和气象部门联系，尽量避开在寒流和大风天气施工。

B．在 -5～+5℃ 天气滑升时，在西北面设置挡风墙（用芦席等在挂架上围护）。混凝土中掺入亚硝酸钠 3%、硫酸钠 3%、三乙醇胺 0.03%。-5℃ 以下时一般应停止滑升。

（13）工期分析

1）按进度安排，施工期安排 21 个月（按日历天共 2 年，扣除冬季停工 3 个月）。考虑现有条件、季节影响和不可预见停工等主客观因素，做到留有余地。

如果不考虑上述因素，同时组织管理工作合理，则本工程工期可压缩到 430 个工作日。

2）根据竣工即应交付使用的原则，本工程除安排住宅主体施工外，还应在装修阶段插入外线和配套工程（锅炉房等）施工。

3）滑模施工在基础和装修阶段，和其他施工工艺基本相似。因此；压缩工期的关键在结构施工阶段，而这一阶段正是机械设备和人力等投入量最大的时期。当结构滑升到 5 层以上时应插入内装修，并应组织人员随滑随搓抹，以缩短装修阶段工期。

§1.3　钢结构房屋施工设计

钢结构房屋施工设计主要包括工程概况简介，施工方案设计，施工进度计划编制，施工平面图设计等内容。本节将重点介绍钢结构单层工业厂房安装、高层钢结构安装、钢网架结构安装等内容。

1.3.1　工　程　概　况

1．工程建设概况

工程建设概况主要介绍拟建工程的业主、设计单位、施工单位、监理单位；工程名称、性质、用途、作用；资金来源及工程投资额、开竣工日期、图纸情况；施工合同、主管部门有关文件或要求；组织施工的指导思想等。并拟附主要分部分项工程量一览表。

2．工程施工概况

（1）建筑设计特点

主要应包括拟建钢结构工程的建筑面积、层数、高度、平面形状和平面组合情况及室内外装修情况，并附平、立、剖面简图。

（2）结构设计特点

主要应包括钢柱、钢梁、压延型钢板、钢屋盖等构件的类型及主要截面形式、主要构件的安装位置等。

（3）建设地点特征

主要应包括拟建钢结构工程的位置、工程地质和水文地质条件、气温、冬雨季施工起止时间、主导风向及风力等。

（4）施工条件

主要应包括三通一平情况、现场临时设施及环境情况、交通运输条件、钢构件制作及供应情况、钢结构安装公司机械设备和施工队伍情况、劳动组织形式和内部承包方式等。

3．工程施工特点

简要指出钢结构工程的安装施工特点及施工中的构件吊装、连接、校正等关键问题，以便正确选择施工方案、组织资源供应技术力量配备及施工准备上采取有效措施，保证施工的顺利进行。

1.3.2 施工进度计划编制及施工平面图设计

施工进度计划编制及施工平面图设计参见第2篇§4.3、§4.4有关内容。

1.3.3 施工方案设计

钢结构安装施工方案设计主要包括选择吊装机械、确定流水程序、确定构件吊装方法、规划钢构件堆场、确定质量标准及安全措施和特殊施工技术等。

1. 钢结构单层工业厂房安装

钢结构单层工业厂房安装主要包括钢构件堆放场、钢结构吊装准备、钢结构吊装等内容。

（1）钢结构堆放场

钢结构受构件制作精度、设备条件及运输等因素的制约，通常在专门的构件加工厂制作，然后运抵施工现场按设计要求经组装后进行吊装。为适应钢结构进场堆放、检验、油漆、组装和配套供应，对规模较大的工程需设立钢结构堆放场。

堆放场的面积，可按下式估算：

$$F = QK/q_0 \tag{3-1-9}$$

式中　F——堆放场地的面积（m^2）；

Q——同时堆放的钢结构重量（kN）；

q_0——包括通道在内的堆放场的平均单位负荷（kN/m^2）（表3-1-8）。根据不同钢结构构件的重量 Q_1、Q_2……Q_n，（$Q_1 + Q_2 + \cdots\cdots + Q_n = Q$）和不同钢结构构件堆放场的单位负荷 q_1、q_2、……q_n 按式（3-1-10）计算：

$$q_0 = \frac{Q_1 q_1 + Q_2 q_2 + \cdots\cdots + Q_n q_n}{Q_1 + Q_2 + \cdots\cdots + Q_n} \tag{3-1-10}$$

K——考虑装卸等因素的面积计算系数，一般取 1.10 ~ 1.20。

钢结构构件堆放场的平均单位负荷　　　　　　　　　　　表 3-1-8

类　　别	钢结构构件及堆放方式	计入通道的单位负荷（kN/m^2）
柱	5t 以内的轻型实体柱	6.00
	15t 以内的格构状中型柱	6.25
	15t 以上的重型柱	6.50
吊车梁	10t 以内的（竖放）	5.00
	10t 以上的（竖放）	10.00

类　别	钢结构构件及堆放方式	计入通道的单位负荷（kN/m²）
桁　架	3t 以内的（竖放）	1.00
	3t 以内的（平放）	0.60
	3t 以上的（竖放）	1.30
	3t 以上的（平放）	0.70
其　他	檩条、构架、连接杆体（实体）	5.00
	格构状檩条等	1.70
	储液池钢板	10.00
	煤气罐的节段	3.00

钢结构运抵堆放场，经过检验后分类配套按堆垛堆放。堆垛高度一般不大于2m，以保证安全。堆垛之间需留有通道，一般宽度为2m。柱子应放在木垫板上，并分层堆放，木垫板的位置和间距以保证不产生过大的变形为原则，桁架和桁架梁多斜靠立柱堆放，立柱间约为 2～3m。钢结构堆放场需临近铁路或公路设置，通常需配备必要的装卸机械如门架式起重机、塔式起重机、汽车式起重机和轮胎式起重机等。此外，还必须保证水、电、压缩空气的供应。若要在堆放场内进行部分组装，则需设置拼装台。

（2）钢结构吊装准备

1）选择吊装机械　选择吊装机械是钢结构吊装的关键。选择吊装机械的前提条件是：必须满足钢构件的吊装要求；机械必须确保供应；必须保证确定的工期。单层工业厂房面积大，宜用移动式起重机，对重型钢结构厂房，也可采用起重量大的履带式起重机。如上海宝山钢铁总厂 300t 转炉炼钢主厂房的钢结构安装。即选用 CC2000-300t 履带式起重机和 IHI1495-100t 履带式起重机等。

2）确定流水程序及吊装顺序　确定吊装流水程序主要应考虑每台吊装机械的工作内容和各台吊装机械之间的相互配合。其内容深度，要达到关键构件反映到单件，竖向构件反映到柱列，屋面部分反映到节间。因重型钢结构厂房的柱子重量大，一般情况下应分节吊装。确定钢结构吊装顺序的一般原则是：符合施工工艺程序的要求；要与结构吊装方法及施工机械协调一致；满足施工组织、质量、安全的要求；考虑气候条件的影响。

3）基础准备和钢构件检验

基础准备包括轴线误差量测、基础支承面的准备、支承面和支座表面标高与水平度的检验、地脚螺栓位置和伸出支承面长度的量测等。柱子基础轴线和标高的正确与否是保证钢结构安装质量的关键，应根据基础验收资料复核各项数据，并标注在基础表面上。基础支承面的准备有两种做法：一种是基础一次浇筑到设计标高，即基础表面先浇到设计标高以下 20～30mm 处，然后在设计标高处设角钢或槽钢制导架，测定其标高，再以导架为依据用水泥砂浆仔细铺筑支座表面；

另一种是基础预留标高，安装时做足。即基础表面先浇筑至距设计标高 50 ~ 60mm 处，柱子吊装时，在基础面上放置钢垫板以调整标高，待柱子吊装就位后，再在钢柱脚底板下浇筑细石混凝土。基础支承面、地脚螺栓（锚栓）的允许偏差见表 3-1-9。

基础支承面、地脚螺栓（锚栓）的允许偏差（mm）　　表 3-1-9

项　　目		允　许　偏　差
支承面	标高	± 3.0
	水平度	$l/1000$
地脚螺栓（锚栓）	螺栓中心偏移	5.0
	螺栓露出长度	+ 30.0 0
	螺纹长度	+ 30.0 0
预留孔中心偏移		10.0

在钢结构吊装之前应根据《钢结构工程施工质量验收规范》（GB 50205—2001）中的有关规定，仔细检验钢构件的外形和几何尺寸，将超出规范的偏差消除在吊装之前。此外，尚需在钢柱的底部和上部标出两个方向的轴线，在钢柱底部适当高度处标出标高准线，以便于校正钢柱的平面位置和垂直度、桁架和吊车梁的标高等。同时，应标出吊点位置，便于钢构件的吊装绑扎。

4）钢桁架吊装稳定性验算

吊装桁架时，若上、下弦角钢的最小规格能满足表 3-1-10 的规格，则不论绑扎点位于桁架上的何处，桁架在吊装过程中均能保持稳定。

保证桁架吊装稳定性的弦杆最小规格　　表 3-1-10

弦杆断面	桁架跨度（m）						
	12	15	18	21	24	27	30
上弦杆⊤（mm）	90 × 60 × 8	100 × 75 × 8	120 × 80 × 8			150 × 100 × 12 120 × 80 × 12	200 × 120 × 12 180 × 90 × 12
上弦杆⅃（mm）	65 × 6	75 × 8	90 × 8	90 × 8	120 × 80 × 8	120 × 80 × 10	150 × 100 × 10

注：分数形式表示弦杆为不同的断面。

吊装桁架时，若上、下弦角钢的最小规格不能满足表 3-1-10 的规格，则应进行稳定性验算。

A. 当弦桁的断面沿高度方向无变化时，其吊装稳定性可按下式验算：

$$q_\phi \cdot A \leqslant I \qquad (3\text{-}1\text{-}11)$$

式中　q_ϕ——桁架单位长度重量（kg/m）；

　　　A——系数，其值根据 $a = l/L$（l 为两吊点之间的距离，可查施工手册相关表格获得 L 为桁架跨度）确定；

I——弦杆两角钢对垂直轴的惯性矩（cm^4）。

B. 当弦杆的断面沿高度方向有变化时，其吊装稳定性可按下式验算：

$$q_\phi \cdot A \leqslant \phi_1 I_1 \qquad (3\text{-}1\text{-}12)$$

式中　I_1——断面较小的弦杆两角钢对垂直轴的惯性矩（cm^4）；

ϕ_1——考虑弦杆惯性矩变化的计算系数，其值根据 $\mu = I_2/I_1$ 和 $\eta = b/L$，可查施工手册相关表格获得。

C. 若上述条件均不能满足，桁架在吊装之前需要进行加固。加固的方法是根据弦杆的受力情况将原木绑于弦杆上，使原木和弦杆同时受力，其吊装稳定性可按下式验算：

$$q_\phi \cdot A \leqslant I_1 + I_2/2 \qquad (3\text{-}1\text{-}13)$$
$$q_\phi \cdot A \leqslant \phi_1 I_1 + I_2/2 \qquad (3\text{-}1\text{-}14)$$

式中　I_2——原木的惯性矩（cm^4），其他符号同前。

（3）钢结构吊装

钢结构单层工业厂房主要由柱、吊车梁、桁架、天窗架、檩条、支撑及墙架等构件组成，其形式、尺寸、重量、安装标高各不相同，因此所采用的起重设备、吊装方法等亦应随之而变化，以满足工程技术及经济需要。

1）钢柱吊装与校正

钢结构单层工业厂房占地面积大，多采用自行杆式起重机或塔式起重机进行吊装作业。钢柱的吊装方法与装配式钢筋混凝土柱子相似，亦有旋转法和滑行法两种吊装方法，根据柱子重量情况，可选择单机起吊或双机抬吊。图 3-1-60 所示为上海宝山钢铁总厂施工中用 CC2000-300t 和 IHI1495-100t 履带式起重机抬吊 73t 重的双肢钢柱。起吊时，双机同时将钢柱平吊起来，离地一定高度后暂停，使运输钢柱的平板车移开，然后双机同时打开回转刹车，由主机单独起吊，当钢柱吊装回直后，拆除辅机下吊点的绑扎钢丝绳，由主机单独将钢柱插进锚固螺栓加以

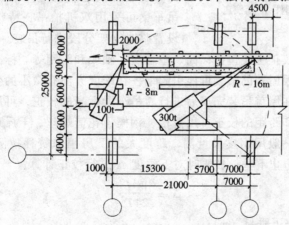

图 3-1-60　钢柱双机抬吊示意图

固定。

钢柱经过初校，待垂直度偏差控制在 20mm 以内方可使起重机脱钩。钢柱的垂直度用经纬仪检验，如有偏差，用千斤顶进行校正（图 3-1-61），在校正过程中，随时观察柱底部和标高控制块之间是否脱空，以防校正过程中造成水平标高的误差。对于重型钢柱还可用螺旋千斤顶加链条套环托座（图 3-1-62），沿水平方向顶校钢柱，为防止钢柱校正后的位移，需在柱四边用 10mm 厚的钢板定位，并及时采用电焊固定。待钢柱复校后，再紧固锚固螺栓，并将承重块上下点焊固定，防止走动。

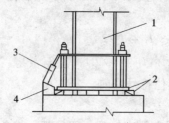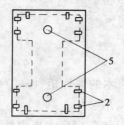

图 3-1-61　钢柱垂直度校正及承重块布置
1—钢柱；2—承重块；3—千斤顶；4—钢托座；5—标高控制块

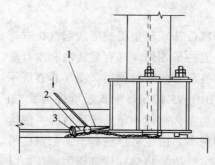

图 3-1-62　钢柱位置校正
1—螺旋千斤顶；2—链条；3—千斤顶托座

2）吊车梁吊装与校正

钢吊车梁均为简支梁，两端之间留有 10mm 左右的空隙。梁的搁置处与牛腿面之间留有空隙，设置钢板。梁与牛腿用螺栓连接，梁与制动架之间用高强度螺栓连接。

用于吊装钢吊车梁的吊装机械主要有履带式起重机、塔式起重机、桅杆式起重机等，其中以履带式起重机应用最为广泛。对重型吊车梁可采用双机抬吊，特殊情况下，还可设置临时支架分段进行吊装。

钢吊车梁的校正主要包括标高、垂直度、轴线和跨距等。标高的校正可在屋盖吊装前进行，因屋盖的吊装可能引起钢柱在跨度方向有微小的变动，所以，其他项目的校正宜在屋盖吊装完成后进行。吊车梁标高的校正，可用千斤顶或起重机等设备；轴线和跨距的校正可用撬棍、钢楔、花篮螺丝、千斤顶等设备。吊车梁跨距的检验，一般用钢皮尺量测，跨度大的厂房用弹簧秤拉测（拉力一般为 100～200N），以防止下垂，必要时对下垂度 Δ 进行校正计算：

$$\Delta = \frac{W^2 L^3}{24T^2} \qquad (3\text{-}1\text{-}15)$$

式中　Δ——中央下垂量（m）；

W——单位长度钢皮尺重量（N/m）；

L——钢皮尺长度（m）；

T——量距时的拉力（N）。

吊车梁轴距的检验以跨距为准，通常是在吊车梁上面沿车间长度方向拉通钢丝，再用垂球检验各根吊车梁的轴线。亦可用经纬仪在柱子侧面放一根吊车梁轴线的校正基线，作为校正吊车梁轴线的依据。

3）钢桁架的吊装与校正

钢桁架可用自行杆式起重机、塔式起重机和桅杆式起重机等进行吊装。吊装机械和吊装方法的选择主要应考虑桁架的跨度、重量和安装高度等因素。由于桁架尺寸和重量均较大，为保持其在吊装过程中的稳定性或避免在空中与其他构件相碰撞，需在桁架的适当节点处绑扎绳索，随吊随放松。此外，因钢桁架的侧向稳定性较差，常采用地面组合吊装法或空中单元组装法进行安装作业。地面组合吊装法即是在地面上将两榀桁架及其上的天窗架、檩条、支撑等拼装成整体后，一次进行吊装。空中单元组装法即是当所有柱均吊装完毕后，先在厂房的适当位置处搭设胎架，然后在胎架上将工厂制作的钢桁架拼装单元进行组拼，待一个屋盖节间的所有构件组装完成后，方可利用动力设备将屋盖节间整体平移到设计位置固定。

钢桁架临时固定如需临时螺栓和冲钉，则每个节点处应穿入的数量必须由计算确定，并应符合如下规定：①不得少于安装孔总数的确1/3；②至少应穿两个临时螺栓；③冲钉穿入数量不宜多于临时螺栓的30%；④扩钻后的螺栓孔（A级、B级）不得使用冲钉。钢桁架的最后固定通常采用焊接连接和高强螺栓连接，若焊接宜用对称焊。

钢桁架的检验校正项目主要是整体垂直度和整体平面弯曲。钢桁架的整体垂直度可用挂线锤球检验，而整体平面弯曲则可用经纬仪、全站仪等进行检验。

2．高层钢结构安装

（1）结构安装前的准备工作

高层钢结构安装前的准备工作主要有：编制施工方案，拟定技术措施，构件检查，安排施工设备、工具　材料，组织安装力量等。

1）制定钢结构安装方案

在制定钢结构安装方案时，主要应根据建筑物的平面形状、高度、单个构件的质量、施工现场条件等来确定安装方法、流水段的划分、起重机械等。

钢框架结构的安装方法有分层安装法和分单元退层安装法两种（图 3-1-

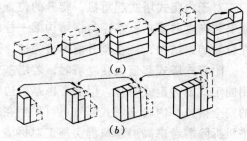

图 3-1-63　钢框架安装方法示意图

（a）分层安装法；（b）分单元退层安装法

63）。分层安装法即是按结构层次，逐层安装柱梁等构件，直至整个结构安装完毕，这种方法能减少高空作业量，适用于固定式起重机的吊装作业。分单元退层安装法是将若干跨划分成一个单元，一直安装到顶层，后逐渐退层安装。这种方法上下交叉作业多，应注意施工安全，适用于移动式起重机的吊装作业。

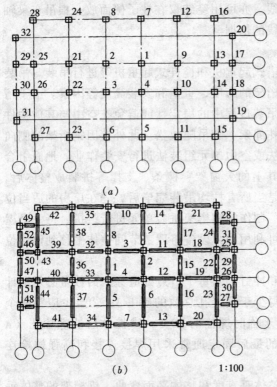

图 3-1-64　北京长富宫钢结构安装平面流水段划分
（a）柱子安装顺序图；（b）主梁安装顺序图

高层钢结构安装的平面流水段划分应考虑钢结构在安装过程中的对称性和整体稳定性。其安装顺序一般应由中央向四周扩展，以利焊接误差的减少和消除（图 3-1-64）。立面流水以一节钢柱（各节所含层数不一）为单元，每个单元以主梁或钢支撑、带状桁架安装成框架为原则；其次是次梁、楼板及非结构构件的安装（图 3-1-65）。

高层钢结构安装皆用塔式起重机，要求塔式起重机有足够的起重能力和起重幅度及起重高度；所用钢丝绳容易要满足起吊高度要求；其起吊速度应能满足安装要求。在多机作业时，臂杆要有足够的高差且塔机之间应保持足够的安全距离，以保证施工安全。

对于外附式塔式起重机要根据塔身允许的自由高度来确定锚固次数，塔机的锚固点应选择有利于钢结构加固，并能先形成框架整体结构以及有利于幕墙安装的部位，且应对锚固点进行计算。

对于内爬式塔式起重机，爬升的位置应满足塔身自由高度和钢结构每节柱单元安装高度的要求；基座与钢结构梁—柱的连接方法，应进行计算确定；塔机所在位置的钢结构，应在爬升前焊接完毕，形成整体。

附着式塔式起重机在立塔时，若塔基位于深基坑边坡处，应根据具体情况选用固定式或行走式塔基，但要考虑基坑边坡的稳定，即要考虑最大轮压值及相应的安全措施。内爬式塔式起重机可采用在建筑物内部设钢平台进行立塔。附着式塔机拆除需考虑高层建筑群房施工对拆塔的影响；内爬式塔机的拆除要靠屋面吊车进行解体，因此要考虑屋面吊最大轮压值和轨道的埋设不得大于钢结构的承载能力。

2）高层钢结构构件质量检查

高层钢结构构件数量多，制作精度要求高，因此，在构件制作时，安装单位应派人参加构件制作过程及成品的质量检查工作；构件成品出厂时，各项检验数据应交安装单位，作为采取相应技术措施的依据。其内容包括：施工图中设计变更修改部位；材质证明和试验报告；构件检查记录；合格证书；高强螺栓摩擦系数试验；焊接无损伤检查记录及试组装记录等技术文件。

高层钢结构的柱、主梁和支撑等主要构件，在中转库进行质量复检。其复检的主要内容是：

A. 构件尺寸与外观检查。根据施工图，测量构件长度、宽度、高度、层高、坡口位置与角度、节点位置，高强螺栓或铆钉的开孔位置、间距、孔数等，应以轴线为基准一次检查符合验收标准。外观检查内容为：构件弯曲、变形、扭曲和碰伤等。

B. 构件加工精度的检查。切割面的位置、角度及粗糙度、毛刺、变形及缺陷；弯曲构件的弧度和高强螺栓摩擦面等。

C. 焊缝的外观检查和无损探伤检查。

当焊缝有未焊透、漏焊和超标准的夹渣、气孔等缺陷，必须待清除缺陷后重焊；对焊缝尺寸不足、间断、弧坑、咬边等缺陷应补焊，

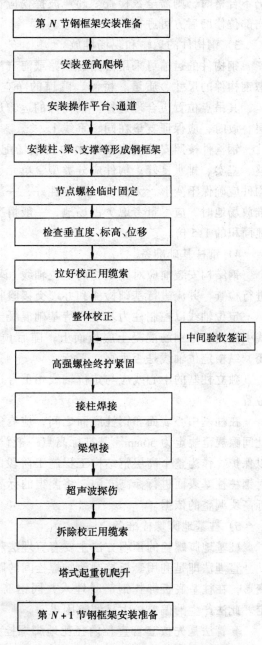

第 N 节钢框架安装准备

安装登高爬梯

安装操作平台、通道

安装柱、梁、支撑等形成钢框架

节点螺栓临时固定

检查垂直度、标高、位移

拉好校正用缆索

整体校正

中间验收签证

高强螺栓终拧紧固

接柱焊接

梁焊接

超声波探伤

拆除校正用缆索

塔式起重机爬升

第 N＋1 节钢框架安装准备

图 3-1-65 一个立面安装流水段内的安装程序

补焊焊条直径一般不宜大于 4mm；焊缝中出现裂缝时，应分析原因后再采取适当措施予以处理。

对于全部熔透焊缝的超声波探伤，抽检为 30％。若不合格，应再加倍检查；

仍不合格时，则需全数检查。超声波探伤应在焊缝外观检查合格，并对超声波探伤部位修磨后方可进行。

3）钢构件的运输和现场堆放

钢构件的运输可采用公路、铁路或海（河）运等方式，运输工具的选用需考虑钢构件的尺寸、质量、桥涵、隧道的净空尺寸等因素。钢构件一般宜采用平运，其吊点位置应合理选择。钢构件的运输过程中的支垫应受力合理且牢固，多层叠放时，应保证支垫在同一垂线上。

钢构件按照安装流水顺序由中转堆场配套运入现场堆放。其堆放场地应平整、坚实、排水良好；构件应分类型、单元、型号堆放，便于清点和预检。堆放构件应确保不变形，无损伤，稳定性好，一般梁、柱叠放不宜超过6块。在布置堆放场地时，应尽量考虑少占场地，一般情况下，结构安装用地面积宜为结构占地面积的1.5倍。

4）钢柱基础准备

钢结构安装前应对建筑物的定位轴线、基础中心线和标高、地脚螺栓位置等进行检查，并应进行基础检测和办理交接验收。

定位轴线以控制柱为基准。待基础混凝土浇筑完毕后根据控制标桩将定位轴线引测到柱基钢筋混凝土底板面上，随后预检定位线是否同原定位线重合、封闭，纵横定位轴线是否垂直、平行。

独立柱基的中心线应与定位轴线相重合，并以此为依据检查地脚螺栓的预埋位置。

在柱基中心表面和钢柱底面之间，应有安装间隙作为钢柱安装的标高调整，此间隙规范规定为50mm。基准标高点一般设置在柱基底板的适当位置，四周加以保护，作为整个高层钢结构工程施工阶段的标高依据。以基准标高点为依据，对钢柱柱基表面进行标高实测，将测得的标高偏差用平面图表示，作为临时支承标高块调整的依据。

5）柱基地脚螺栓准备

柱基地脚螺栓的预埋方法主要有直埋法和套管法两种。

直埋法即是利用套板控制地脚螺栓间的距离，立固定支架控制地脚螺栓群不变形，在柱基底板绑扎钢筋时埋入并同钢筋连成一体，然后浇筑混凝土一次固定。此法产生的偏差较大且调整困难。

套管法是先按套管直径内径比地脚螺栓大2～3倍制作套管，并立固定架将柱基埋入浇筑的混凝土中，待柱基底板的定位轴线和柱中心线检查无误后，再在套管内插入螺栓，使其对准中心线，通过附件和焊接加以固定，最后在套管内注浆锚固螺栓。此法能保证地脚螺栓的施工质量，但费用较高。

6）标高块设置

在钢柱吊装之前，应根据钢柱预检（实际长度、牛腿间距离、钢柱底板平整度等）结果，在柱子基础表面浇筑标高块（图 3-1-66），以精确控制钢结构上部结构的标高。标高块采用无收缩砂浆并立模浇筑，其强度不宜小于 $30N/mm^2$，标高块面须埋设厚度为 $16 \sim 20mm$ 的钢面板。浇筑标高块之前应凿毛基础表面，以增强粘结。

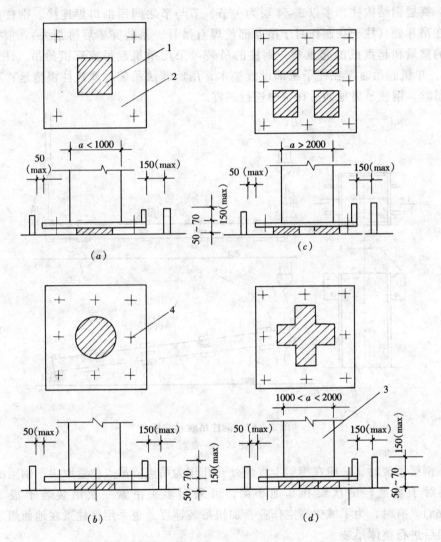

图 3-1-66　标高块的设置示意图（单位：mm）
（a）单独一方块形；（b）单独一圆块形；（c）四块形；（d）十字形
1—标高块；2—基础表面；3—钢柱；4—地脚螺栓

（2）钢结构构件的安装

钢结构安装时，先安装楼层的一节柱，随即安装主梁，迅速形成空间结构单元，并逐步扩大拼装单元。柱与柱、主梁与柱的接头处用临时螺栓连接，临时螺栓数量应根据安装过程所承受的荷载计算确定，并要求每个节点上临时螺栓不应少于安装孔总数的 1/3 且不少于 2 个，待校正结束后，再按设计所要求的连接方式进行连接。

1）钢件的起吊

高层钢结构柱，多以 3～4 层为一节，节与节之间用剖口焊连接。钢柱的吊点在吊耳处（柱子在制作时于吊点部位焊有吊耳，吊装完毕后再割去）。根据钢柱的重量和起重机的起重量，钢柱的吊装可采用单机起吊或双机抬吊（图 3-1-67）。单机起吊时需在柱子根部设置垫木，用旋转法吊装，严禁柱根拖地；双机抬吊时，钢柱吊离地面后在空中进行回直。

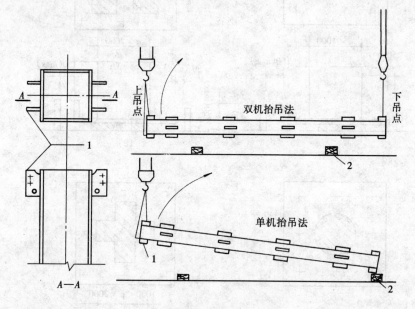

图 3-1-67　钢柱吊装示意图
1—吊耳；2—垫木

钢梁吊装时，一般在钢梁上翼缘处开孔作为吊点。吊点位置取决于钢梁的跨度。对于重量轻的次梁和其他小梁，可采用多头吊索一次吊装若干根（图 3-1-68）。有时，为了减少高空作业，加快吊装速度，也采用将柱梁在地面组装成排架后进行整体吊装。

2）钢构件的校正

A. 柱的校正

柱的校正包括标高、轴线位移、垂直度等。钢柱就位后，其校正顺序是：先调整标高，再调整轴线位移，最后调整垂直度。柱要按规范要求进行校正，标准柱的垂直偏差应校正到零。当上下节柱发生扭转错位时，可在连接上下柱的耳板处加垫板予以调整。

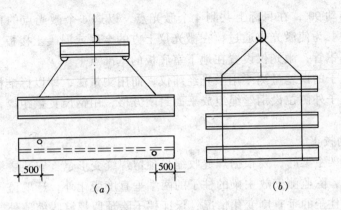

图 3-1-68 钢梁吊装示意图（单位：mm）

（a）单根梁起吊；（b）多根梁起吊

高层钢结构安装中，建筑物的高度可以按相对标高控制，也可以按设计标高控制。采用相对标高安装时，不考虑焊缝收缩变形和荷载对柱的压缩变形，只考虑柱全长的累计偏差不大于分段制作允许偏差再加上荷载对柱的压缩变形值和柱焊接收缩值的总和。用设计标高控制安装时，每节柱的调整都要以地面第一节柱的柱底标高基准点进行柱标高的调整，要预留焊缝收缩量、荷载对柱的压缩量。同层柱顶标高偏差不超过 5mm，否则，需进行调整，多用低碳钢板垫到规定要求。如误差过大（大于 20mm），不宜一次调整到位，可先调整一部分，待下次再调整，以免调整过大会影响支撑的安装和钢梁表面标高。

高层钢结构每节柱的定位轴线，一定要从地面的控制轴线直接引上来，标注在下节柱顶。作为下节柱顶的实际中心线。安装上节柱只需柱底对准下节钢柱的实际中心线即可。应特别注意不得用下节柱的柱顶位置线作为上节柱的定位轴线。校正轴线位移时应考虑钢柱的扭转，钢柱扭转对框架安装十分不利。

高层钢结构柱垂直度校正直接影响到结构安装质量与安全，为了控制误差，通常应先确定标准柱。所谓标准柱即是能够控制框架平面轮廓的少数柱子，一般情况下多选择平面转角柱为标准柱。通常，取标准柱的柱基中心线为基准点，用激光经纬仪以基准点为依据对标准柱的垂直度进行观测（图 3-1-69）。在安装观测时，为了纠正因钢结构振动产生的误差和仪器安置误差、机械误差等，激光仪

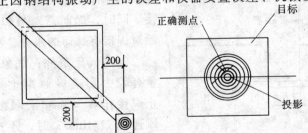

图 3-1-69 钢柱顶的激光测量目标（单位：mm）

每测一次转动90°，在目标上共测4个激光点，以这4个激光点的相交点为准量测安装误差。为使激光束通过，在激光仪上方的金属或混凝土楼板上皆需固定或埋设一个小钢管，激光仪设置在地下室底板的基准点上。

其他柱子的误差量测不用激光经纬仪，而用丈量法，即以标准柱为依据，在角柱上沿柱子外侧拉设钢丝绳组成平面封闭方格，用钢尺丈量距离，超过允许范围则需调整。

B．梁的校正

安装框架主梁时，要根据焊缝收缩量预留焊缝变形量。安装主梁时对柱子垂直度的监测，除监测安放主梁的柱子的两端垂直度变化外，还要监测相邻与主梁连接的各根柱子的垂直度变化情况，保证柱子除预留焊缝收缩值外，各项偏差均符合规范的规定。框架梁应注意梁面标高的校正，在测出梁两端标高误差后，偏差超过允许误差，可通过扩大端部装连接孔的方法予以校正。

3）高层钢结构的焊接施工

A．焊接准备工作

（A）检验焊条、垫板和引弧板：焊条必须符合设计要求的规格，应存放在仓库内并保持干燥。焊条的药皮如有剥落、变质、污垢、受潮生锈等均不准使用。垫板和引弧板均用低碳钢板制作，间隙过大的焊缝宜用紫铜板。垫板尺寸为：厚6～8mm，宽50mm；长度应与引弧板长度相适应。引弧板长50mm左右，引弧长30mm。

（B）焊接工具、设备、电源准备：焊机型号正确且工作正常，必要的工具应配备齐全，放在设备平台上的设备排列应符合安全规定，电源线路要合理且安全可靠，要装配稳压电源，事先放好设备平台，确保能焊接到所有部位。

（C）焊条预热：焊条使用前应在300～350℃的烘箱内焙烘1小时，然后在100℃温度下恒温保存。焊接时从烘箱内取出焊条，放在具有120℃保温功能的手提式保温桶内带到焊接部位，随用随取，在4小时内用完，超过4小时则焊条必须重新焙烘，当天用不完者亦应重新烘焙，严禁使用湿焊条。焊条烘焙预热的温度和时间，应取决于焊条的种类，应根据工程实际情况确定。

（D）焊缝剖口检查：柱与柱、柱与梁上下翼缘的剖口焊接，电焊前应对坡口组装的质量进行检查，若误差超过图3-1-70所示的允许范围，则应返修后再焊接。同时，焊前需对坡口进行清理，去除对焊接有妨碍的水分、油污、锈等。

（E）气象条件：气象条件对焊接质量有较大影响。原则上雨雪天气应停止焊接作业（除非采取相应措施），当风速超过10m/s时，不准焊接，若有防雨雪及挡风措施，确认可保证焊接

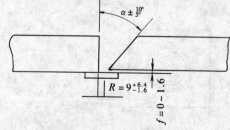

图3-1-70　坡口允许误差

质量，亦可进行焊接。在 - 10℃气温条件下，焊缝应采取保温措施并延长降温时间。

B. 焊接顺序

高层钢结构焊接顺序的正确与否，对焊接质量关系重大。一般情况下应从中心向四周扩展，采用结构对称、节点对称的焊接顺序（图 3-1-71）。一节柱（三层）的竖向焊接顺序是：

（A）上层主梁→压型钢板支托→压型钢板点焊；

（B）下层主梁→压型钢板支托→压型钢板点焊；

（C）中层主梁→压型钢板支托→压型钢板点焊；

（D）上柱与下柱焊接。

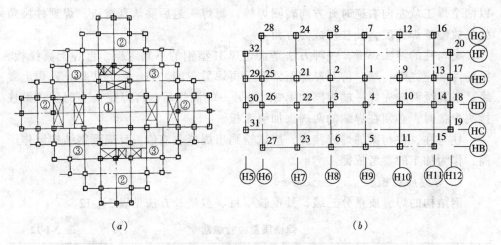

（a）　　　　　　　　　　　　　　　　（b）

图 3-1-71　高层钢结构的焊接顺序

（a）京城大厦的焊接顺序；（b）长富宫柱子的焊接顺序

C. 焊接工艺流程

柱与柱、柱与梁之间的焊接多为坡口焊，其工艺流程如图 3-1-72 所示。

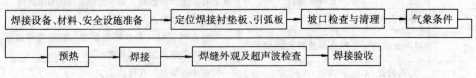

图 3-1-72　焊接工艺流程

D. 焊接工艺

（A）预热：普通碳素结构钢厚度大于 50mm 和低合金结构钢厚度大于或等于 36mm，工作地点温度不低于 0℃时，应进行预热。由于焊接时局部的激热速冷在焊接区可能产生裂缝，预热可以减缓焊接区的激热和速冷，避免产生裂纹。对约束力大的接头，预热后可减小收缩应力。预热还可排除焊接区的水分和湿气，从而避免产生氢气。不同材质钢材需要的预热温度参见表 3-1-11，对于具体的钢材，宜用试验确定。

不同材质钢材需要的预热温度　表 3-1-11

钢材品种	含碳量（%）	预热温度（℃）
碳素钢	< 0.20	不预热
	0.20 ~ 0.30	< 100
	0.30 ~ 0.45	100 ~ 200
	0.45 ~ 0.80	200 ~ 400
低合金钢		100 ~ 150

（B）焊接：柱与柱的接头焊接，应由两名焊工在相对两面等温、等速对称施焊。加引弧板时，先焊第一个两相对面，焊层不宜超过 4 层，然后切除引弧板，清理焊缝表面，再焊第二个两相对面，焊层可达 8 层，再换焊第一个两相对面，如此循环直至焊满整个焊缝。不加引弧板焊接时，一个焊工可焊两面，也可以两个焊工从左向右逆时针方向转圈焊接。每焊一遍后要认真清渣。焊到柱棱角处要放慢施焊速度，使柱棱成为方角。

梁与柱的接头焊缝，一种方法是：先焊 H 型钢的下翼缘板，再焊上翼缘板，梁的两端应先焊一端，待其冷却至常温后再焊另一端。另一种方法是：先焊上翼缘，下翼缘两端先焊一端板厚的 1/2，待另一端满焊后，再焊完余下部分。梁柱接头焊接时，必须在焊缝的两端头加引弧板。

柱与柱，柱与梁的焊缝接头，应试验测出焊缝收缩值，反馈到钢结构制作厂商，作为加工的参考依据。

E. 焊缝质量检验

钢结构的焊缝质量分三级，其检验项目、数量及方法见表 3-1-12。

焊缝质量检验级别　　　　　　　　　　　　　　　　表 3-1-12

级　别	检验项目	检查数量	检查方法
1	外观检查	全部	检查外观缺陷及几何尺寸，有缺点时用磁粉复验
	超声波检验	全部	
	X 射线检验	检查焊缝长度的 2% 至少应有一张底片	缺陷超过《超声波探伤和射线检验质量标准》规定时，应加倍透照，如不合格，应 100% 透照
2	外观检查	全部	检查外观缺陷及几何尺寸
	超声波检验	检查焊缝长度的 50%	有疑点时，用 X 射线透照复验，如发现有超标缺陷，应用超声波全部检查
3	外观检查	全部	检查外观缺陷及几何尺寸

（A）外观检查：普通钢结构在焊完冷却后进行，低合金钢在 24 小时后进行。焊缝金属表面焊波应均匀，不得有裂缝、夹渣、焊瘤、烧穿、弧坑和气孔，焊接区不得有飞溅物。

（B）无损伤检验：无损伤检验包括 X 射线检验和超声波检验两种方法。X 射线检验焊缝缺陷分两级，应符合《超声波探伤和射线检验质量标准》的规定。检验方法应按照《焊缝射线探伤标准》（GB 3323—82）的规定进行。超声波检验的质量标准见《钢制压力容器对接焊缝超声波探伤》(JB1152—82)的有关规定。

4) 高层钢结构的高强螺栓连接施工

高强螺栓连接是目前建筑钢结构最主要的连接方式之一，在国内许多著名的超高层建筑中，均大量采用。高强螺栓连接具有传力均匀、接头承载能力大、疲劳强度高、结构安全可靠、施工方便等特点。我国还编制了《钢结构高强度螺栓连接的设计、施工及验收规程》(JGJ 82—91)。

A. 高强螺栓的连接方法

高强螺栓的连接方法分为摩擦型连接、承压型连接和张拉型连接三种。在建筑钢结构中，还经常采用混用连接和并用连接。

(A) 摩擦型连接：摩擦型高强螺栓连接的传力特点是拧紧螺母后，螺栓杆产生强大拉力，把接头处各层钢板压紧，以巨大的抗滑移力来传递内力。摩擦力的大小是由钢板表面的粗糙程度和螺栓杆对钢板施加压力的大小来决定的。钢板表面的粗糙程度与摩擦面处理方法有直接关系。在高层钢结构中都采用摩擦型连接，摩擦型连接在环境温度为 100 ~ 150℃时，设计承载力应降低 10%。

在抗剪连接中，一个摩擦型高强螺栓的抗剪承载力设计值，应按下式计算：

$$N_r^b = 0.9 n_f \mu p \qquad (3\text{-}1\text{-}16)$$

式中　n_f——传力摩擦面数目；

p——每个高强螺栓的设计预应力，按表 3-1-13 取值。

μ——摩擦面的抗滑移系数，按表 3-1-14 取值。

每一个高强螺栓的设计预拉力 p（kN）　　　　表 3-1-13

螺栓的性能等级	螺栓公称直径（mm）					
	M16	M20	M22	M24	M27	M30
8.8s	70	110	135	155	205	250
10.9s	100	155	190	225	290	355

摩擦面的抗滑移系数 μ 值　　　　表 3-1-14

连接处构件接触面的处理方法	构件钢号		
	Q235 钢	16Mn 钢或 16Mnq 钢	15Mnv 钢
喷砂（喷丸）	0.45	0.55	0.55
喷砂后涂无机富锌漆	0.35	0.40	0.40
喷砂后生赤锈	0.45	0.55	0.55
用钢丝刷涂除浮锈或未经处理的干净轧制表面	0.30	0.35	0.35

注：当连接构件采用不同钢号时 μ 值按较低值取用。

在螺栓杆轴方向受拉连接中，每个摩擦型高强螺栓的抗拉承载力设计值，应按下式计算：

$$N_t^b = 0.8p$$

或 $N_t^b \leqslant 0.6p$（直接承受动荷载时）   (3-1-17)

式中 p——高强螺栓的设计预拉力，按表 3-1-13 取值。

在同时承受剪切和螺栓杆轴方向受拉的连接中，每个摩擦型高强螺栓的抗剪承载力设计值，应按下式计算：

$$N_v^b = 0.9n_f\mu(p - 1.25N_t)$$ (3-1-18)

式中 n_f, μ, p——同前；

N_t——每个螺栓承受的外拉力，其值不大于 $0.8p$。

（B）承压型连接：高强螺栓的承压型连接，是在螺栓拧紧后所产生的抗滑移力及螺栓杆在螺孔内和连接钢板间产生的承压力来传递应力的一种连接方法。在一般荷载作用下，其受力机理和摩擦型高强螺栓相同。当产生特殊荷载（如地震荷载）作用时，摩擦承载力和螺栓杆与钢板间的承压力共同作用，从而提高了接头的承载能力。

（C）张拉型连接：高强螺栓接头受外力作用时，螺栓杆只承受轴向拉力。在螺栓拧紧后，钢板间产生的压力使板层处于密贴状态，螺栓在轴向拉力作用下，板层间压力减小，外力完全由螺栓承担。当外力作用超过螺栓的预拉力时，板层间就相互离开，此时的荷载称为离间荷载。高强螺栓的张拉连接，其外力应小于离间荷载。

（D）混用连接和并用连接：在高强螺栓的接头中，同时有几种方法承受外力，这些连接中有高强螺栓的摩擦型连接和承压型连接并用；有高强螺栓连接和焊接混用等。混用连接为一个接头中几种外力由各自的连接分别承受；并用连接为一个接头中几种连接承受一种外力。在高层建筑钢结构施工中，梁和柱的接头，梁的翼缘板和柱用焊接连接来承受弯矩；梁的腹板和柱用高强螺栓连接来承受剪力和轴力。

B. 高强螺栓连接副

高强螺栓连接副有扭矩型和扭剪型两类。高强螺栓连接副由螺栓杆、螺母和垫圈组成（图 3-1-73）。螺栓用 20MnTiB 钢制作；螺母用 15MnVB 或 35 号钢制作；垫圈用 45 号钢制作。

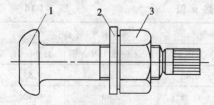

图 3-1-73   高强螺栓连接

1—螺栓；2—垫圈；3—螺母

扭矩型高强螺栓连接副由一个螺栓杆、一个螺母和两个垫圈组成。用定扭矩扳手进行初拧和终拧。扭剪型高强螺栓连接副由一个螺栓杆、一个螺母和一个垫圈组成。用定扭矩扳手初拧，用扭剪型高强螺栓扳手终拧。高强螺栓的等级和材料选用见表 3-1-15。

高强螺栓的等级和材料选用表　　　　　表 3-1-15

螺栓种类	螺栓等级	螺杆材料	螺母	垫圈	适用规格（mm）
扭剪型	10.9s	20MnTiB	35 号钢 10H	45 号钢 HRC35～45	$d = 16$，20，（22），24
大六角头型	10.9s	35VB	45 号、35 号钢 15MnVTi 10H	45 号、35 号钢 HRC35～45	$d = 12$，16，20，（22），24，（27），30
		20MnTiB			$d \leqslant 24$
		40B			$d \leqslant 24$
	8.8s	45 号钢	35 号钢 8H	45 号、35 号钢 HRC35～45	$d \leqslant 22$
		35 号钢			$d \leqslant 16$

C. 高强螺栓连接的施工

（A）一般要求：高强螺栓使用前，应按有关规定对高强螺栓的各项性能进行检验。运输过程中应防止损坏。螺栓有污染等异常现象，应用煤油清洗，并按高强螺栓验收规程进行复验，经复验扭矩系数合格后方能使用。高强螺栓应放在干燥、通风、避雨、防潮的仓库内；并不得污损。安装时，应按当天需用量领取，当天没用完的螺栓，必须装回容器内加以妥善保管。安装高强螺栓时，接头摩擦面上不允许有毛刺、铁屑、油污、焊接飞溅物，摩擦面应干燥，无结露、积霜、积雪，并不得在雨天进行安装。使用定扭矩扳手紧固高强螺栓时，应班前对其进行校核，合格后方能使用。

（B）高强螺栓的安装顺序：一个接头上的高强螺栓，应从螺栓群中部开始安装，逐个拧紧。大型节点的拧紧应分为初拧、复拧、终拧。初拧扭矩为施工扭矩的 50% 左右，复拧扭矩等于初拧扭矩，终拧扭矩等于施工扭矩，施工扭矩按下式计算：

$$T_c = kp_c d = k(p + \Delta p)d \qquad (3\text{-}1\text{-}19)$$

式中　T_c——终拧扭矩值（N·m）；

　　　k——扭矩系数平均值（按出厂批复验连接副的扭矩系数，每批复检 5 套，5 套扭矩系数的平均值应在 0.11～0.15 之内，其标准偏差 $\leqslant 0.01$）；

　　　p_c——施工预拉力（kN）；

　　　d——高强螺栓公称直径（mm）；

　　　p——设计预拉力（kN），见表 3-1-13；

　　　Δp——预拉力损失值，一般取 $0.05p \sim 0.1p$。

当接头既有高强螺栓连接又有电焊连接时，是先紧固还是先焊接，应按设计要求规定的顺序进行。当设计无规定时，按先紧固后焊接的施工工艺顺序进行，即先终拧完高强螺栓再焊接焊缝。

高强螺栓应自由穿入螺栓孔内，当板层发生错孔时，应用铰刀扩孔修整，修整后孔的最大直径不得大于原孔径再加 2mm；扩孔数量不得超过一个接头螺栓孔的 1/3。严禁用气割进行高强螺栓孔的扩孔修整工作。

一个接头多颗高强螺栓穿入方向应一致，垫圈有倒角的一侧应朝向螺栓头和螺母，螺母有圆台的一面应朝向垫圈、螺母和垫圈不应装反。在槽钢、工字钢翼缘上安装高强螺栓时，其斜面应使用斜度相协调的斜垫圈。

（C）高强螺栓的紧固方法

高强螺栓的紧固是采用专门扳手拧紧螺母，使螺栓杆内产生要求的拉力。工程上，常用的大六角头高强螺栓一般用扭矩法和转角法拧紧。

扭矩法一般可用初拧和终拧两次拧紧。初拧扭矩用终拧扭矩的 60% ~ 80%，其目的是通过初拧，使接头各层钢板达到充分密贴。再用终拧扭矩将螺栓拧紧。若板层较厚或叠层较多，初拧后板层达不到充分密贴，还需增加复拧，复拧扭矩和初拧扭矩相同。

转角法也是以初拧和终拧两次进行。初拧用定扭矩扳手以终拧扭矩的 30% ~ 50% 进行，使接头各层钢板达到充分密贴，再在螺母和螺栓杆上面通过圆心画一条直线，然后用扭矩扳手转动螺母一个角度，使螺栓达到终拧要求。转动角度的大小在施工前由试验确定。转角法拧紧高强螺栓为：初拧用扭矩法，终拧用转角法。因转角法拧紧高强螺栓时，其轴力的离散性很大，所以，目前已很少采用转角法紧固高强螺栓。

扭剪型高强螺栓紧固也分初拧和终拧两次进行。初拧用定扭矩扳手，以终拧扭矩的 50% ~ 80% 进行，使接头各层钢板达到充分密贴，再用电动扭剪型扳手把梅花头拧掉，使螺栓杆达到设计所要求的轴力。

（D）高强螺栓连接的检查

对于大六角头高强螺栓，先用小锤（0.3 ~ 0.5kg）逐个敲检，如发现欠拧、漏拧，应及时补拧；超拧应更换。然后对每个节点螺栓数的 10%（不少于 1 个）进行扭矩检查，即先在螺母与螺杆的相对应位置划一细直线，然后将螺母退回约 30° ~ 50°，再拧至原位并测定扭矩，该扭矩与检查扭矩的偏差应在检查扭矩的 ±10% 以内。检查扭矩应按下式计算：

$$T_{ch} = k \cdot p \cdot d \qquad (3\text{-}1\text{-}20)$$

式中　T_{ch}——检查扭矩（N·m）；

　　$k \cdot p \cdot d$——同前。

若有不符合规定的，应再扩大检查 10%，如仍有不合格者，则整个节点的高强螺栓应重新拧紧。扭矩检查应在终拧后 1 小时以后，24 小时之前完成。

扭剪型高强螺栓可采用目测法进行检查，即目测检查螺栓层部梅花头是否拧掉。

5）高层钢结构安装的安全措施

A. 高层钢结构安装时，应按规定在建筑物外侧搭设水平和垂直安全网。第一层水平安全网离地面 5 ~ 10m，挑出网宽 6m，先用粗绳大眼网作支承结构，上铺细绳小眼网。在钢结构安装工作面下设第二层水平安全网，挑出网宽3m。第一、二层水平安全网应随钢结构安装进度向上移动，即两者相差一节柱距离，网下层已安装好的钢结构的各层外侧，设置垂直安全网，并沿建筑物外侧封闭严密。同时，在建筑物内部的楼梯、各种洞口位置，均应设置水平防护网、防护挡板或防护栏杆。

B. 网附在柱、梁上的爬梯、走道、操作平台、高空作业吊篮、临时脚手架等，应与钢构件连接牢靠。

C. 操作人员需在水平钢梁上行走时，必须配戴安全带，安全带要挂在钢梁上设置的安全绳上，安全绳的立杆钢管必须与钢梁连接牢固。

D. 高空操作人员携带的手动工具、螺栓、焊条等小件物品，必须放在工具袋内。

E. 随着安装高度的增加，各类消防设施应及时上移，一般不得超过两个楼层。

F. 各种用电设备要有接地装置，地线和电力用具的电阻不得大于4Ω。各种用电设备和电缆，要经常检查，以保证其绝缘性。进行电、气焊、柱钉焊等明火作业时，应配备专职人员值班。

G. 风力大于5级的雨、雪天气和构件有积雪、结冰、积水时，应停止高空钢结构的安装作业。

3. 钢网架结构安装

钢网架结构安装根据结构形式和施工条件的不同常采用高空散装法、分条或分块安装法、高空滑移法、整体吊装法、整体提升法、整体顶升法等。

(1) 高空散装法

高空散装法即是将小拼单元或散件（单根杆件及单个节点）直接在设计位置进行总拼的方法，通常有全支架法和悬挑法两种。全支架法尤其适用于以螺栓连接为主的散件高空拼装。全支架法拼装网架时，支架顶部常用木板或其他脚手板满铺，作为操作平台，焊接时应注意防火。由于散件在高空拼装，无需大型垂直运输设备。但搭设大规模的拼装支架需耗用大量的材料。悬挑法则多用于小拼单元的高空拼装，或球面网壳三角形网格的拼装。悬挑法拼装网架时，需要预先制作好小拼单元，再用起重机将小拼单元吊至设计标高就位拼装。悬挑法拼装网架搭设支架少，节约架料，但要求悬挑部分有足够的刚度，以保证其几何尺寸的不变。

1) 吊装机械的选择与布置

吊装机械的选择，主要应根据结构特点、构件重量、安装标高以及现场施工与现有设备条件而定。高空拼装需要起重机操作灵活和运行方便，并使其起重幅度覆盖整个钢网架结构施工区域。工程上多选用塔式起重机，当选用多台塔式起重机，在布置时还应考虑其工作时的相互干扰。

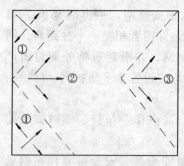

图 3-1-74   网架的拼装顺序

2）拼装顺序的确定

拼装时一般从脊线开始，或从中间向两边发展，以减少积累偏差和便于控制标高。其具体方案应根据建筑物的具体情况而定。图 3-1-74 所示是某工程的拼装顺序（大箭头表示总的拼装顺序，小箭头表示每榀钢桁架的拼装顺序），总的拼装顺序是从建筑物一端开始向另一端以两个三角形同时推进，待两个三角形相交后，即按人字形逐拼向前推进，最后在另一端的正中闭合。每榀屋架的拼装顺序，在开始的两个三角形部分由屋脊部分开始分别向两边拼装，两个三角形相交后，则由交点开始同时向两边拼装。

3）标高及轴线的控制

大型网架为多支承结构，支承结构的轴线和标高是否准确，影响网架的内力和支承反力。因此，支承网架的柱子的轴线和标高的偏差应小，在网架拼装前应予以复核（要排除阳光温差的影响）。拼装网架时，为保证其标高和各榀屋架轴线的准确，拼装前需预先放出标高控制线和各榀屋架轴线的辅助线。若网架为折线型起拱，则可以控制脊线标高为准；若网架为圆弧线起拱，则应逐个节点进行测量。在拼装过程中，应随时对标高和轴线进行测量并依次调整，使网架总拼装后纵横总长度偏差、支座中心偏移、相邻支座高差、最低最高支座差等指标均符合网架规程的要求。

4）支架的拼装

网架高空散装法的支架应进行专门设计，对重要的或大型工程还应进行试压，以保证其使用的可靠性。首先要保证拼装支架的强度和刚度以及单肢及整体稳定性要求。其次支架的沉降量要稳定，在网架拼装过程中应经常观察支架的变形情况，避免因拼装支架变形而影响网架的拼装精度，必要时可用千斤顶进行调整。

5）支架的拆除

网架拼装完毕并进行全面检查后，拆除全部支顶网架的方木和千斤顶。考虑到支架拆除后网架中央沉降最多，故按中央中间和边缘三个区分阶段按比例下降支架，即分六次下降，每次下降的数值，三个区的比例是 2:1.5:1。下降支架时要严格保证同步下降，避免由于个别支点受力而使这些支点处的网架杆件变形过大甚至破坏。

（2）分条或分块安装法

分条或分块安装法是指将网架分成条状或块状单元，分别由起重机吊装至高空设计位置就位搁置，然后再拼装成整体的安装方法。条状单元即是网架沿长跨方向分割为若干区段，而每个区段的宽度可以是一个网格至三个网格，其长度则为短跨的跨度。块状单元即是网架沿纵横方向分割后的单元形状为矩形或正方形。当采用条状单元吊装时，正放类网架通常在自重作用下自身能形成稳定体系，可不考虑加固措施，比较经济；而斜放类网架分成条状单元后需要大量的临时加固杆件，不太经济。当采用块状单元吊装时，斜放类网架则只需在单元周边加设临时杆件，加固杆件较少。

分类或分块安装法的特点是：大部分焊接拼装工作在地面进行，有利于提高工程质量；拼装支架耗用量极少；网架分单元的重量与现场起重设备相适应，有利于降低工程成本。

1）网架单元划分

网架分条分块单元的划分，应以起重机的负荷能力和网架结构特点而定。其划分方法主要有下述几种：

A. 网架单元相互紧靠，可将下弦双角钢分开在两个单元上。此法多用于正放四角锥网架（图 3-1-75）。

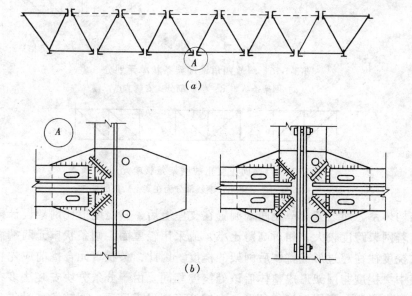

图 3-1-75　正放四角锥网架条状单元划分

（a）网架条状单元；（b）剖分式安装节点

B. 网架单元相互紧靠，单元间上弦用剖分式安装节点连接。此法多用于斜放四角锥网架（图 3-1-76）。

C. 单元之间空一节间，该节间在网架单元吊装后再在高空拼装，此法多用于两向正交正放等网架（图 3-1-77）。

2）网架挠度的调整

网架条状单元在吊装就位过程中的受力状态为平面结构体系，而网架结构是

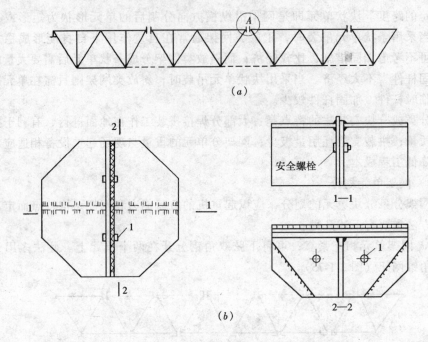

图 3-1-76   斜放四角锥网架条状单元划分

(a) 网架条状单元；(b) 剖分式安装节点

图 3-1-77   两向正交正放网架条状单元划分

注：实线部分为条状单元，虚线部分为在高空后拼的杆件。

空间结构体系，所以条状单元两端搁置在支座上后，其挠度值比网架设计挠度值要大。若网架跨度较大，相对高跨比小，或采用轻屋面，则条状单元两端搁置后的中央挠度往往超过形成整体后网架的挠度。因此，条状单元合拢前应先将其顶高，使中央挠度与网架形成整体后该处挠度相同。由于分条分块安装法多在中小跨度网架中应用，可用钢管作顶撑，在钢管下端设千斤顶，调整标高时将千斤顶顶高即可。如果在设计时考虑到分条安装的特点而加高了网架高度，则分条安装时就不需要调整挠度。

3）网架尺寸控制

分条或分块网架单元尺寸必须准确，以保证高空总拼时节点吻合和减少偏差。一般可采用预拼装或套拼的办法进行尺寸控制。同时，还应尽量减少中间转运，如需运输，应用特制专用车辆，防止网架单元变形。

（3）高空滑移法

高空滑移法是指分条的网架单元在事先设置的滑轨上单条滑移到设计位置拼

接成整体的安装方法。此条状单元可以在地面拼成后用起重机吊至支架上，亦可用小拼单元或散件在高空拼装平台上拼成条状单元。高空支架一般设在建筑物的一端。高空滑移法由于是在土建完成框架或圈梁后进行，网架的空中安装作业可与建筑物内部施工平行进行，缩短了工期；拼装支架只在局部搭设，节约了大量的支架架料；对牵引设备要求不高，通常只需卷扬机即可。高空滑移法适用于现场狭窄的地区施工；也适用于车间屋盖的更换、轧钢、机械等厂房设备基础、设备

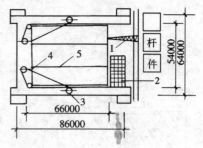

图 3-1-78 网架高空滑移
施工的平面布置图
1—拼装用塔式起重机；2—拼装平台；
3—绞磨；4—滑轮；5—滑移轨道

与屋面结构平行施工或开口施工方案等的跨越施工；体育馆、影剧院等建筑物的屋盖网架施工（图 3-1-78）。

1）挠度控制

当单条滑移时，施工挠度情况与分条安装法相同。当逐条积累滑移时，滑移过程中仍呈两端自由搁置的立体桁架。若网架设计未考虑施工工况，则在施工中应采取增加起拱高度、开口部分增设三层网架、在中间增设滑轨等措施。一般情况下应按施工工况（滑移和拼装阶段）进行网架挠度验算，其验算内容是：当跨度中间无支点时，杆件内力和跨中挠度值；当跨度中间有支座时，杆件内力、支点反力和挠度值。

2）网架单元的滑移

网架单元拼装工作完成后，即可进行滑移。通常是在网架支座下设滚轮，使滚轮在滑动轨道上滑移（图 3-1-79）；亦可在网架支座下设支座底板，使支座底板沿预埋在钢筋混凝土框架梁上的预埋钢板滑移（图 3-1-80）。网架滑移可用卷扬机或手扳葫芦牵引。根据牵引力的大小及网架支座之间的系杆承载力，可采用

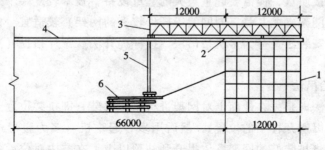

图 3-1-79 滑移轨道和滑移程序
1—拼装平台；2—杆件；滚轮；3—网架；4—主滑
动轨道；5—格构式钢柱；6—辅助滑动轨道

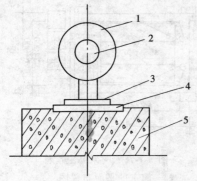

图 3-1-80　钢板滑动支座

1—球节点；2—杆件；3—支座钢板；
4—预埋钢板；5—钢筋混凝土框架梁

一点或多点牵引。牵引速度不宜大于 1.0m/min，牵引力可按滑动摩擦或滚动摩擦进行计算。

滑动摩擦的总起动牵引力：

$$F_t = \mu_1 \cdot \xi \cdot G_{ok} \qquad (3-1-21)$$

式中　F_t——总起动牵引力；

　　　G_{ok}——网架总自重标准值；

　　　μ_1——滑动摩擦系数，在自然轧制表面、经初除锈充分润滑的钢与钢之间可取 0.12 ~ 0.15；

　　　ξ——阻力系数，当有其他因素影响牵引力时，可取 1.3 ~ 1.5。

滚动摩擦的总起动牵引力：

$$F_t \geqslant (K/r_1 + \mu_2 r/r_1) \cdot G_{ok} \qquad (3-1-22)$$

式中　F_t——总起动牵引力；

　　　G_{ok}——网架总自重标准值；

　　　K——滚动摩擦系数，钢制轮与钢之间可取 0.5mm；

　　　μ_2——滚轮与滚动轴之间的滚动摩擦系数，对经机械加工后充分润滑的钢与钢之间的摩擦系数，可取 0.1；

　　　r_1——滚轮的外圈半径（mm）；

　　　r——轴的半径（mm）。

(4) 整体安装法

整体安装法即是先将网架在地面上拼装成整体，然后用起重设备将其整体提升到设计标高位置并加以固定。该施工方法不需要高大的拼装支架，高空作业少，易保证焊接质量，但需要起重量大的起重设备，技术较复杂。因此，此法对球节点的钢管网架（尤其是三向网架等杆件较多的网架）较适宜。根据所用设备的不同，整体安装法又分为多机抬吊法、拔杆提升法、千斤顶提升法和千斤顶顶升法等。

1) 多机抬吊法

多机抬吊法即是先在地面上对网架进行错位拼装（即拼装位置与安装轴线错开一定距离，以避开柱子的位置），然后用多台起重机（多为履带式起重机或汽车式起重机）将拼装好的网架整体提升到柱顶以上，在空中对位后落于柱顶并加以最后固定。多机抬吊法适用于高度和重量都不大的中、小型网架结构。

A. 网架的拼装

为防止网架整体提升时与柱子相碰，错开的距离取决于网架提升过程中网架与柱子或柱子牛腿之间的净距，一般不得小于 10～15cm，同时要考虑网架拼装的方便和空中移位时起重机工作的方便。需要时可与设计单位协商，将网架的部分边缘杆件留待网架提升后再焊接，或变更部分影响网架提升的柱子牛腿（图 3-1-81）。

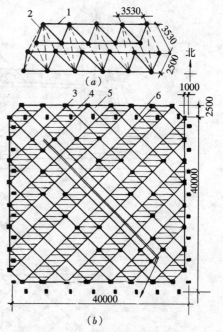

图 3-1-81　网架的地面拼装
（a）工厂拼成的立体桁架；
（b）网架拼装平面图
1—平面桁架；2—连接平面桁架的钢管；3—砖墩；4—工厂拼成的立体桁架；5—现场拼装的构件；6—柱子

钢网架在构件厂加工后，将单件拼成小单元的平面桁架或立体桁架运至工地，再在拼装位置将小单元桁架拼成整个网架。工地拼装可采用小钢柱或小砖墩（顶面做 10cm 厚的细石混凝土找平层）作为临时支柱。临时支柱的数量及位置，取决于小单元桁架的尺寸和受力特点。为保证拼装网架的稳定，每个立体桁架小单元下设四个临时支柱。此外，在框架轴线的支座处必须设临时支柱，待网架全部拼装和焊接之后，框架轴线以内的各个临时支柱先拆除，整个网架就支承在周边的临时支柱上。为便于焊接，框架轴线处的临时支柱高约 80cm，其余临时支柱的高度按网架的起拱要求相应提高。

网架的尺寸应根据柱轴线量出（要预放焊接收缩量），标在临时支柱上。网架球形支座与钢管的焊接，一般采用等强度对接焊，为保证安全，在对焊处增焊 6～8mm 的贴角焊缝。管壁厚度大于 4mm 的焊件，接口宜做成坡口。为使对接焊缝均匀和钢管长度稍可调整，应加用套管。拼装时先装上下弦杆，后装斜腹杆，待两榀桁架间的钢管全部放入并矫正后，再逐根焊接钢管。

B. 网架的吊装

中小型网架多用四台履带式起重机（或汽车式起重机、轮胎式起重机）抬吊，亦可用两台履带式起重机或一根拔杆吊装。

图 3-1-82 所示为某体育馆 40m×40m 钢网架用四台履带式起重机抬吊的情况。该网架连同索具的总重约 600kN，所需起吊高度至少 21m。施工时选用两台 L-952、一台 W-1001 和一台 W-1252 型起重机，每台起重机负荷 150kN。L-952 型起重机，用 24m 长的起重杆，起重高度和起重量均可满足要求；W-1001 和 W-1252 型起重机，为满足起重高度要求需用 25m 长的起重杆，但此时起重量不够，为提高其起重能力，各加用两根缆风绳于起重杆，以满足 150kN 吊装荷载的提升需要，起重杆在加了两根缆风绳后不能回转，只能靠调整缆风绳来改变其俯仰

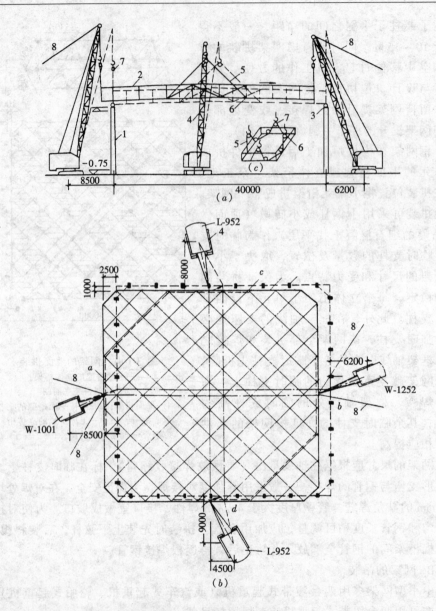

图 3-1-82   多机抬吊钢网架

（a）立面图；（b）平面图；（c）吊装吊索穿通方法

1—柱子；2—网架；3—弧形铰支座；4—起重机；5—吊索；6—吊点；7—滑轮；8—缆风绳

角。在布置起重机时，W-1001 和 W-1252 型起重机的纵向中心线必须与拼装和就位的网架边线中点的连线重合（图 3-1-82b 中的 b、a 点）；L-952 型起重机满负荷吊装，起重杆不能俯仰只能回转，故该机的回转中心必须处于上述两位置（图 3-1-82b 中的 c、d 点）连线的垂直平分线上。

多机抬吊中应特别注意各台起重机的起吊速度一致，以避免起重机超负荷，网架受扭，焊缝开裂等事故发生。通常，起吊前要测量各台起重机的起吊速度，供吊装选用；亦可将两台起重机的吊索用滑轮穿通（图 3-1-82c）。

当网架抬吊到比柱顶标高高出 30cm 左右时，进行空中移位，将网架移至柱顶之上。网架落位时，为使网架支座中心线准确地与柱顶中线吻合，事先在网架四角各拴一根钢丝绳，利用倒链进行对线就位。

若网架重量较小，或四台起重机的起重量都满足要求时，宜将四台起重机布置在网架两侧（图 3-1-83），网架安装时只需四台起重机同时回转即完成网架空中移位的要求。

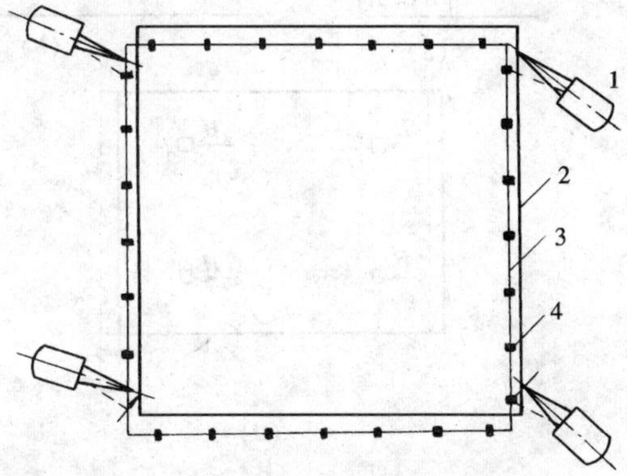

2）拔杆提升法

拔杆提升法即是先在地面上错位拼装网架，然后用多根独脚拔杆将网架整体提升到柱顶以上，再空中移位，就位安装。此法多用于大型钢管球节点网架的安装。

A. 网架空中移位

图 3-1-83　起重机在两侧抬吊屋架
1—起重机；2—网架拼装位置；
3—网架安装位置；4—柱子

网架空中移位是利用每根拔杆两侧起重滑轮组中的水平力不等而使网架水平移动。网架提升时（图 3-1-84a），每根拔杆两侧滑轮组夹角相等，上升速度一致，两侧滑轮组受力相等 $T_1 = T_2$，其水平分力亦相等 $H_1 = H_2$，此时网架以水平状态垂直上升。滑轮组内拉力及其水平力按下式求得：

$$\left.\begin{array}{l} T_1 = T_2 = G/(2\sin\alpha) \\ H_1 = H_2 = T_1\cos\alpha \end{array}\right\} \tag{3-1-23}$$

式中　G——每根拔杆所负担的网架重量；

　　　α——起重滑轮组与网架间的夹角（此时 $\alpha_1 = \alpha_2 = \alpha$）。

网架在空中移位时（图 3-1-84b），每根拔杆同一侧的滑轮组钢丝绳缓慢放松，而另一侧则不动。放松的钢丝绳因松弛而使拉力 T_2 变小，这就形成钢丝绳内力的不平衡（$T_1 > T_2$），因而 $H_1 > H_2$，也使网架失去平衡，使网架向 H_1 所指方向移动，直至滑轮组钢丝绳不再放松又重新拉紧时为止，即此时有恢复了水平力相等（$H_1 = H_2$），网架也就又恢复了平衡状态（图 3-1-84c）。网架在空中移位时，拔杆两侧起重滑轮组受力不等，可按下式计算：

$$\left.\begin{array}{l} T_1\sin\alpha_1 + T_2\sin\alpha_2 = G \\ T_1\cos\alpha_1 = T_2\cos\alpha_2 \end{array}\right\} \tag{3-1-24}$$

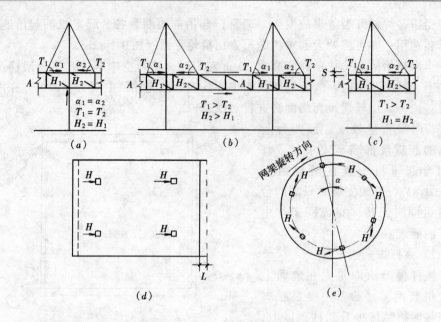

图 3-1-84　拔杆提升法的空中移位

（a）网架提升时平衡状态；（b）网架移位时不平衡状态；（c）网架
移位后恢复平衡状态；（d）矩形网架平移；（e）圆形网架旋转

S—网架移位时下降距离；L—网架水平移位距离；α—网架旋转角度

由于 $\alpha_1 > \alpha_2$，所以 $T_1 > T_2$。

网架在空中移位时，要求至少有两根以上的拔杆吊住网架，且其同一侧的起重机滑轮组不动，因此在网架空中移位时只平移而不倾斜。由于同一侧滑轮组不动，所以网架除平移外，还产生以 O 点为圆心，OA 为半径的圆周运动，而使网架产生少量的下降。

网架空中移位的方向，与拔杆的布置有关。图 3-1-84（d）所示矩形网架，4根拔杆对称布置，拔杆的起重平面都平行于网架一边。因此，使网架产生位移的水平分力 H 亦平行于网架的一边，因而网架便产生平移运动。图 3-1-84（e）所示圆形网架，用 6 根均布在圆周上的拔杆提升，拔杆的起重平面垂直于网架半径，因此，水平分力 H 是作用在圆周上的切向力，使网架产生绕圆心的旋转运动。

B. 起重设备的选择与布置

网架拔杆提升施工起重设备的选择与布置的主要工作包括：拔杆选择与吊点布置、缆风绳与地锚布置、起重滑轮组与吊点索具的穿法、卷扬机布置等。图3-1-85所示为某直径 124.6m 的钢网架用 6 根拔杆整体提升时的起重设备布置情况。

拔杆的选择取决于其所承受的荷载和吊点布置。网架安装时的计算荷载为：

$$Q = (K_1 Q_1 + Q_2 + Q_3)K \tag{3-1-25}$$

式中　Q——计算荷载（kN）；

　　　K_1——荷载系数 1.1（如网架重量经过精确计算可取 1.0）；

　　　Q_1——网架自重（kN）；

　　　Q_2——附加设备（包括脚手架、通风管等）自重（kN）；

　　　Q_3——吊具自重（kN）；

　　　K——由提升差异引起的受力不均匀系数，如网架重量基本均匀，各点提升差异控制在 10cm 以下时，此系数取 1.30。

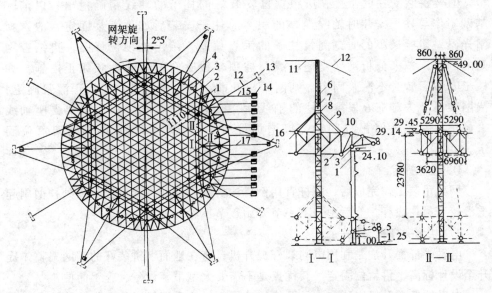

图 3-1-85　直径 124.6m 的钢网架用拔杆提升时的设备布置

1—柱子；2—钢网架；3—网架支座；4—提升后再焊的杆件；5—拼装用钢支柱；6—独脚拔杆；7—滑轮组；8—铁扁担；9—吊索；10—吊点；11—平缆风绳；12—斜缆风绳；13—地锚；14—起重卷扬机；15—起重钢丝绳（从网架边缘到拔杆底座一段未画出）；16—校正用卷扬机；17—校正用钢丝绳

　　网架吊点的布置不仅与吊装方案有关，还与提升时网架的受力性能有关。在网架提升过程中，不但某些杆件的内力可能会超过设计时的计算内力，而且对某些杆件还可能引起内力符号改变而使杆件失稳。因此，应经过网架吊装验算来确定吊点的数量和位置。当起重能力、吊装应力和网架刚度满足要求时，应尽量减少拔杆和吊点的数量。

　　缆风绳的布置，应使多根拔杆相互连成整体，以增加整体稳定性。每根拔杆至少要有 6 根缆风绳（有平缆风绳与斜缆风绳之分，用平缆风绳将几根拔杆连成整体），缆风绳要根据风荷载、吊重、拔杆偏斜、缆风绳初应力等荷载，按最不利情况组合后计算选择，地锚要可靠，缆风绳的地锚可合用，地锚也应计算确定。

起重滑轮组的受力计算可按式（3-1-23）、式（3-1-24）进行，根据计算结果选择滑轮的规格，大吨位起重滑轮组的钢丝绳穿法，有顺穿和花穿两种，如用一台卷扬机牵引，宜采用花穿法（钢丝绳单头从滑轮组中间引出）。

卷扬机的规格，要根据起重钢丝绳的内力大小确定。为减少提升差异，尽量采用相同规格的卷扬机。起重用的卷扬机宜集中布置，以便于指挥和缩短电气线路。校正用的卷扬机宜分散布置，以便就位安装。

C. 轴线控制

网架拼装支柱的位置，应根据已安装好的柱子的轴线精确量出，以消除基础制作与柱子安装时轴线误差的积累。柱子安装后如先灌浆固定，应选择阳光温差影响最小的时刻测量柱子的垂直偏差，绘出柱顶位移图，再结合网间的制作误差来分析网架支座轴线与柱顶轴线吻合的可能性和纠正措施。如柱子安装后暂时不灌浆固定，则网架提升前，将6根控制柱先校正灌浆固定，待网架吊上去对准6根控制柱的轴线后，其他柱顶轴线则根据网架支座轴线来校正，并先及时吊柱间梁，以增加柱子的稳定性，然后再将网架落位固定。

D. 拔杆拆除

网架吊装工作完成后，拔杆宜用倒拆法拆除。即在网架上弦节点处挂两副起重滑轮组吊住拔杆，然后由最下一节开始逐节拆除拔杆。

3）电动螺杆提升法

电动螺杆提升法是利用电动螺杆提升机，将在地面上拼装好的钢网架整体提升至设计标高，再就位固定。其优点是不需要大型吊装设备，施工简便。

电动螺杆提升机安装在支承网架的柱子上，提升网架时的全部荷载均由这些柱子承担，且只能进行垂直提升，设计时要考虑在两柱间设置托梁，网架的支点座落在托梁上。网架拼装不需要错位，可在原位进行拼装。提升机设置的数量和位置，既要考虑吊点反力与提升机的提升能力相适应，又要考虑使各提升机的负荷大致相等，各边中间支座处较大，越往两端反力越小。网架提升过程中要特别重视结构的稳定性（图3-1-86），结构设计要考虑施工工况，施工时还应有保证稳定的措施。通常，为设置提升机，在柱顶上设置短钢柱，短钢柱上设置钢横梁，提升机则安装在横梁跨度中间（图3-1-87）。提升机的螺杆下端连接吊杆，吊杆下端连接横吊梁，在横吊梁中部用钢销与网架支座钢球上的吊环相连。在上横梁上用螺杆吊住下横梁，便于拆卸吊杆时工人的操作。提升网架要注意同步控制，提升过程中要随时纠正提升差异。待网架提升到托梁以上时安装托梁，待托梁固定后网架即可下落就位。

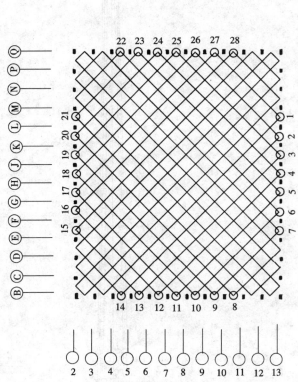

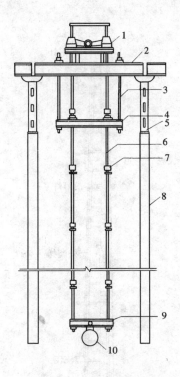

图 3-1-87　网架提升设备
1—提升机；2—上横梁；3—螺杆；
4—下横梁；5—短钢柱；6—吊杆；
7—接头；8—框架柱子；9—横吊
　　梁；10—支座钢球

图 3-1-86　网架提升时吊点布置（标○处为吊点位置）

§1.4　特殊构筑物施工设计

　　特殊构筑物区别于一般的建筑物，包括烟囱、水塔、筒仓、水池、油罐、冷却塔、电视塔等。它们有着各自的特点及施工方法。

1.4.1　烟　　囱

1. 烟囱概述

烟囱由主体构造和附属设施组成，如图 3-1-88 所示。

（1）烟囱主体构造

烟囱主体由筒壁、内衬及隔热层、基础组成。

筒壁按材料分为钢筋混凝土、砖和钢三种。高度在 50～60m 之间，且抗震设防在 8 度以下时，采用砖砌筒壁较经济；超出以上条件宜采用钢筋混凝土筒壁。

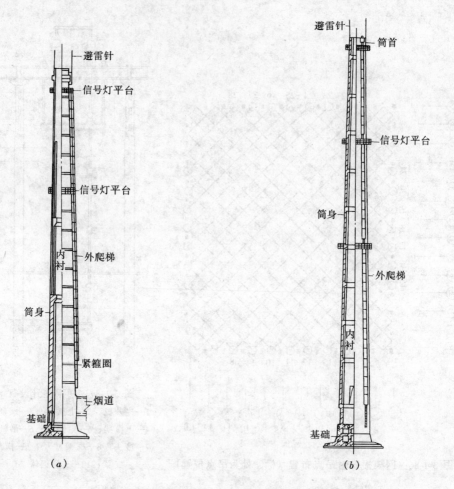

图 3-1-88　烟囱

（a）砖烟囱；（b）钢筋混凝土烟囱

钢筋混凝土筒壁一般设计成圆锥形，锥面坡度 2%，高度较大的筒壁也可设计成几种不同的坡度。筒壁厚可自上而下分段逐渐加大，但每段需等厚。一般钢筋混凝土筒壁为滑模施工，故最小厚度为 160mm，为支承筒壁内衬，每段筒壁内侧应设置环行悬臂支托（短牛腿）。为减少此处温度应力变化的影响，支托沿筒壁圆周应开设垂直的楔形缝。筒壁上开孔洞时，其圆心角不可大于 70°，同一截面上若开有两个孔洞时，应对称布置，且开洞口的圆心角之和不得超过 140°。以空气层隔热的烟囱，应在每段筒壁的上下端开设通气孔（孔径 50～100mm。间距 1.0～1.5m），筒壁上设有测温孔和沉降观测点、倾斜观测点。筒壁顶端称为筒首。由于排出烟气中的腐蚀介质对筒首破坏较严重，故为增强筒首的坚固性，可采取加厚筒壁、增加环向钢筋、筒首表面涂刷耐酸涂料或用耐酸砖砌筑等措施。

为防止高温及侵蚀性气体对筒壁的损害，在筒壁内表面应设置内衬及隔热层。内衬可由普通砖、耐火砖、硅藻土砖和钢制作,隔热层有空气隔热层(一般 50mm)和填保温散料隔热层(厚 80~200mm)。填保温散料隔热层中,为防止散料因自重压实,其内衬外表面应设防沉带,防沉带沿内衬高度每隔 1.5~2.5m 设一道,防沉带与筒壁应留有 10mm 宽的温度缝。内衬有单层和双层两种,如图 3-1-89所示。

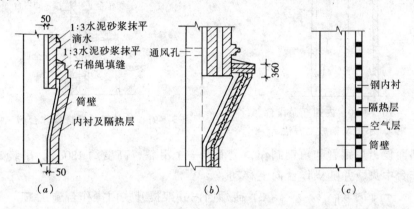

图 3-1-89 烟囱内衬及隔热层

(*a*)单层内衬;(*b*)双层内衬;(*c*)独立的钢内衬

烟囱基础与水塔基础的结构型式相同,有环行及圆形刚性基础、环行及圆形钢筋混凝土平板基础、壳式基础和桩基础等型式。

(2)烟囱附属设施

为便于检修、管理和保证安全,烟囱应设置爬梯、爬梯围栏及活动休息板平台(烟囱高大于 40m 时设置)、避雷装置及信号灯等。

2.烟囱施工方法及施工要点

(1)烟囱施工方法

烟囱施工方法常有以下几种:

1)砖烟囱无脚手架内插杆操作台施工

无脚手架内插杆操作台施工方法中采用的操作台是由钢管插杆插在筒壁中,上铺脚手板而成。每砌完一步架,倒换一次插杆,操作台向上移一步,如此循环,直至砖烟囱砌完为止。其上料方法有两种:一是利用操作台上小吊装架上料;二是用外井架上料。如图 3-1-90 和图 3-1-91 所示。这种施工方法,设备简单易行,适于小型建筑企业在设备缺乏的条件下施工中、小型烟囱用。

施工中采用的内插杆是用 $\phi73$ 及 $\phi60$ 的钢管各 8 根,每根大的套一根小的组成 8 根可以伸缩的插杆,分两组各 4 根,两组插杆交替使用。施工时,每向上移动一次操作台,只安装一组插杆,待砖砌到适当高度,把第二组插杆安装上,再将下面的脚手板移上来,然后拆去第一组插杆,以便移到更上一层使用。插杆安入墙内约 10cm 左右为宜,不要过紧或过松,以便保证安全和拆卸方便。吊装架

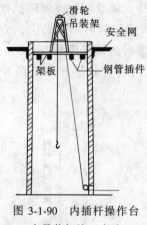

图 3-1-90　内插杆操作台
小吊装架施工方法

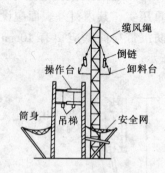

图 3-1-91　外井架内插杆操作台施工方法

为上料而设，用钢管和角钢制作，上面装一个滑轮，高度约 180cm。吊装架安装在操作台中央，并随操作台向上移动。

图 3-1-92　内井架提升式
内操作台施工方法

2）砖烟囱内井架提升式内操作台施工

这种方法是在烟囱筒身内架设竖井架，用倒链将可收缩的内吊盘操作台悬挂在井架上，根据施工需要沿着井架向上移挂提升。垂直运输是在井架内安装吊笼上料。内井架提升式内操作台如图 3-1-92 所示。此法适用于上口内径在 2m 以上的较大烟囱施工。

竖井架孔数应根据烟囱内径大小选用。如烟囱下部内径较大，可采用多孔竖井架，而上部内径较小可改用单孔竖井架，但不论用哪一种组合形式，都应保证在竖井架周围有一定的工作面。

内吊盘操作台一般由三圈 10 或 12 号槽钢圈及方木辐射梁、铺板组成。内钢圈的大小以能套住竖井架为准，中钢圈应比烟囱上口内径稍小些，外钢圈直径约等于烟囱上、下口径平均值。施工中采用收缩或锯短辐射梁、拆除外钢圈等方法使操作台随烟囱直径逐渐缩小。

操作台一般用 8 ~ 12 个倒链和直径为 12 ~ 16mm 的钢丝绳悬挂在井架上，操作台安装完毕后，应以二倍的荷重进行荷载试验，以保证施工的安全。操作台上的材料不宜堆置过多，随用随运。且操作台应均匀提升，保持水平。在靠竖井架的里圈，应钉防护板，以免砖头掉落。

筒身下部如果筒壁较厚，可搭设一段外脚手架，以便内外同时砌筑，加快进度。

3）砖烟囱外井架升降操作台施工

砖烟囱外井架升降操作台施工是在烟囱旁边架设一座矩形井架，并围绕烟囱筒身和井架用架杆绑一个升降台架，台上铺设架板。用一台慢速卷扬机控制操作台升降，并另用一台卷扬机提升装设在井架外侧的托盘进行垂直运输。外井架升降操作台如图 3-1-93 所示。这种施工方法适用于一般小型烟囱施工，优点是操作人员可以保持平身砌砖，并且还避免了搬移操作台、翻架等工序。

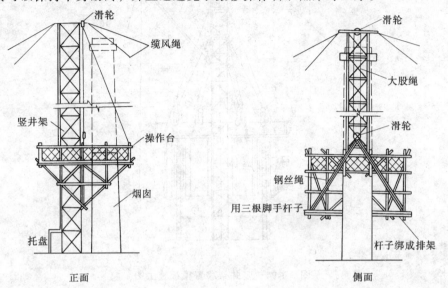

图 3-1-93　外井架升降操作台施工方法

这种方法施工时应注意的是，竖井架高度是根据烟囱的高度而定，一般高出烟囱 4 ~ 6m。烟囱砖砌到 3m 左右时，开始架设升降台架、铺板及悬挂安全网。继续施工就用托盘上料。平台根据施工需要提升，保持瓦工平身砌砖的高度。竖井架揽风绳要拉紧，任何一角都不可松紧不等，以防发生井架扭转现象。升降台上砖的储备量一般保持 250 ~ 300 块。且升降台要做好施工前各部位的周密检查，并进行不上人的空车升降及安全荷载试验。

4）钢筋混凝土烟囱竖井架移置模板施工

钢筋混凝土烟囱竖井架移置模板施工是将竖井架置于烟尘筒身内，再将操作台悬挂在内井架上，沿着井架向上移挂提升。竖井架承受操作台的全部施工荷重，并兼用于垂直运输。模板采用多节模板循环安装拆卸的方法，将烟囱筒身混凝土逐节浇筑上去。如图 3-1-94 所示。

钢管竖井架由支承底座、立管与套管、横管、斜管、滑道管及滑道卡子等组成。其中立管是井架的立柱；套管是井架的连接管；横管是井架的水平连接管；斜管是井架的斜向连接管；滑道管是吊笼升降的轨道；滑道卡子是将滑道固定于粗横管上的零件。钢管竖井架安装时可根据施工需要装配成 1 ~ 9 孔。图 3-1-95 及图 3-1-96 分别是 9 孔、5 孔竖井架的安装图。竖井架的各孔竖井，应明确规定其用途，以便各项工作有秩序地进行，如图 3-1-97 所示。

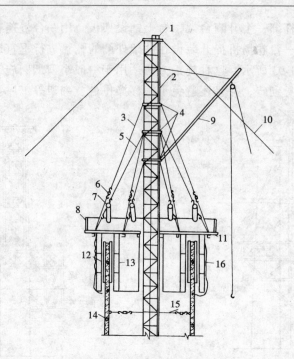

图 3-1-94   竖井架移置模板施工图

1—滑轮；2—竖井架；3—保险钢丝绳；4—加固箍；5—提升钢丝绳；6—花篮螺丝；7—倒链；
8—栏杆；9—拔杆；10—缆风绳；11—操作台；12—模板；13—吊梯；14—筒壁；15—柔性联结
器；16—安全网

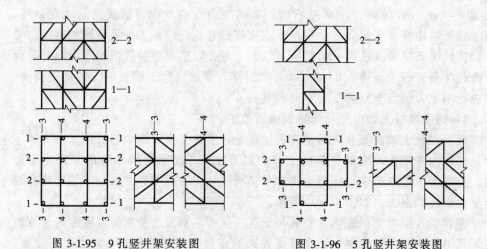

图 3-1-95   9 孔竖井架安装图   图 3-1-96   5 孔竖井架安装图

竖井架为 1、3、5、9 孔时，其中心应与烟囱的中心重合；若为 2、4、6 孔
时，可以与烟囱中心偏 200～300mm，以便于施工中筒身中心线的测定。支承底
座必须保持水平，基础底板表面不平处须以铁板垫平。竖井架第一次安装高度一

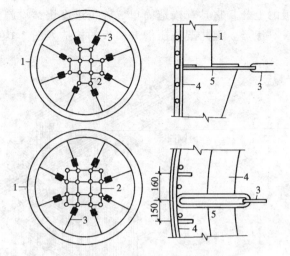

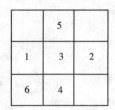

图 3-1-97　各孔竖井分工图

1—混凝土吊笼升降竖井；2—乘人吊笼
升降竖井；3—中心线竖井；4—人行爬
梯竖井；5—信号、照明、动力、电话
等线路竖井；6—养护水管竖井

图 3-1-98　柔性联结器设置图

1—筒壁；2—竖井架；3—柔性
联结器；4—钢筋；5—钢筋埋设件

般为 30 ~ 40m，以后再分段增高。每隔 15 ~ 20m 高度四角用钢丝绳缆风拉稳。紧固缆风绳时，可用两台经纬仪成十字方向校正井架垂直度。筒身施工到一定高度，每隔 10 ~ 20m 设一组柔性联结器，将竖井架固定在筒身上，如图 3-1-98 所示。

操作台的提升常采用卷扬机。浇筑烟囱筒身的模板可采用木模板及钢模板。混凝土浇灌可分两组，从一点开始沿圆周相反方向进行，在相对一点汇合；然后再从汇合点开始，反向进行，如此往复分层浇灌与捣固；每层厚度为 250 ~ 300mm。混凝土养护常用喷水法，即采用高压水泵，利用井架，用胶水管向筒壁喷水；也可不用水泵，将水箱提升到上部操作台上，利用水压通过胶水管向筒壁喷水。

5）钢筋混凝土烟囱无井架液压滑升模板施工

无井架液压滑升模板施工是将操作平台和模板等重量由支承杆承受，利用液压千斤顶来带动操作平台和模

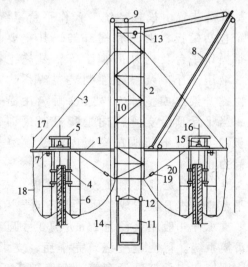

图 3-1-99　无井架液压滑升模板构造示意图

1—辐射梁；2—随升井架；3—斜撑；4—模板；
5—提升架；6—吊架；7—调径装置；8—拔杆；
9—天滑轮；10—柔性滑道；11—吊笼；12—安
全抱闸；13—限位器；14—起重钢丝绳；15—千
斤顶；16—支承杆；17—栏杆；18—安全网；
19—花篮螺丝；20—悬索拉杆

板的上升。它具有构造简单，施工进度快，设施费用低，保证施工安全与工程质量等优点。无井架液压滑升模板的构造如图3-1-99所示。

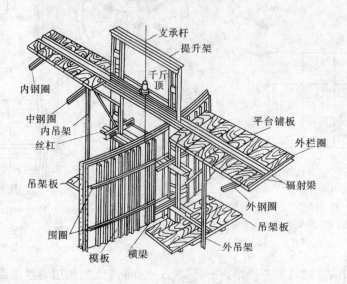

图 3-1-100　提升架、模板、操作平台组装图

滑模装置由模板系统、操作平台系统和液压滑升系统三部分组成。模板系统包括模板、围圈和提升架，其主要作用是成型混凝土，操作平台系统包括操作平台及内外吊脚手等，是施工操作场所；液压滑升系统包括支承杆、液压千斤顶及操作控制装置等，作用是提供滑升动力。模板和操作平台由提升架连成整体，再通过固定在提升架上的液压千斤顶支承在支承杆上；当千斤顶沿支承杆向上爬升时，即带动整个滑模装置一起上升；随着模板的上升，不断地在模板内浇筑混凝土并绑扎钢筋，直到设计所要求的标高为止。

操作平台是绑扎钢筋、支设模板、安装预埋件和浇筑混凝土的场地。操作平台应与提升架连成整体。提升架与模板、操作平台的组装如图3-1-100所示。支承杆一般用直径为25mm的3号圆钢制成，放置在混凝土中，支承大部分滑模系统。待混凝土浇筑完毕后，支承杆可不拔出，也可拔出。若需要拔出，则应在支承杆外设套管，套管随千斤顶和提升架同时上升，在混凝土内形成管孔，以便最后拔出支承杆。柔性滑道是设置在随升井架上，装置吊笼进行垂直运输的钢丝绳；其一端固定在烟囱下部的预埋铁件上，另一端通过随升井架顶部柔性滑轮又返回烟囱下部通过导向滑轮，用放置在筒壁内侧的卷扬机收紧。

无井架液压滑升模板在组装操作时应注意的问题见表3-1-16。

表 3-1-16

序号	项　目	操　作　要　点
1	组装的准备及组装架的搭设	1. 组装前应对各部件的质量、规格和数量，进行详细检查校对及编号 2. 组装架的搭设高度，应比内、外钢圈或辐射梁的安装标高略低，便于安装时垫平找齐
2	内、外钢圈辐射梁提升架安装	1. 内、外钢圈及辐射梁安装前，应先在组装架平台上放出位置线 2. 各构件安装位置应准确，并保持水平 3. 提升架应同时保持垂直
3	模板的安装	1. 内外模板安装顺序一般为：内模→绑扎钢筋→外模 2. 模板各部件安装顺序：固定围圈调整装置→固定围圈→固定模板→活动围圈顶紧装置→活动围圈→活动模板及收分模板 3. 模板安装完毕后，应对其半径、坡度、壁厚、钢筋保护层等进行检查校正，合格后方可进行下一工序
4	随升井架吊笼及拔杆的安装	1. 随升井架垂直偏差应不大于 1/200，井架中心应与筒身圆心一致 2. 井架安装后随之安装斜撑、滑轮座、柔性滑道、吊笼急拔杆等 3. 拔杆一般安装在平台内钢圈近侧，底板应大一些，能将荷载分布在四根以上的辐射梁上。拔杆位置应避开吊笼的出料口，并应使烟囱永久性爬梯在拔杆半径之内
5	平台铺板吊架的安装	1. 铺板按平台尺寸配制为定型板，安装时按编号铺设于辐射梁之间 2. 吊架铺板应环向搭接铺设，便于随吊架内移调整其周长 3. 内、外吊架安装好后，随之安装外侧围栏及悬挂安全网

模板提升前，应放下吊笼，放松导索，检查支承杆有无脱空现象，结构钢筋与操作平台有无挂连之处，然后提升。每次提升高度为 250～300mm。掌握好提升的时间和进度，是保证滑出模板的混凝土不流淌、不塌落，表面光滑的关键。

（2）烟囱施工要点

1）基础

烟囱基础施工时，应注意以下问题：

烟囱基坑开挖后，应立即进行验槽。检查基坑的尺寸、地基表面的标高和水平度、基坑中心坐标是否符合设计要求；地基的土质、地下水位状况以及其侵蚀性是否符合设计时所采用的勘探资料。对于高度大于 50m 的烟囱的基础，地基土质应做验证试验；对于高度为 50m 或更小的烟囱，在土质实际情况不符合设计所采用的情况时，也应做验证试验。

基坑检查完后，应立即进行基础施工。如果停顿时间过长，应重新复查无误后才能进行施工。如基坑表面被水浸泡、扰动时，被浸泡、扰动的土必须除尽，并采取加厚垫层的办法，使其达到设计标高。浇灌钢筋混凝土基础时，不得在混凝土中填充大石块。

基础完成后，应立即进行基础的验收和基坑的回填。填土应分层仔细夯实，每层厚度不宜大于 200mm。回填土应稍高于地面，以利于排水。填土夯实后，再做排水护坡，其坡度不应小于 2%。

高度大于 50m 的烟囱，应在散水标高以上 500mm 处的筒身上，埋设 3~4 个水准观测点，进行沉降观测。建筑在湿陷性黄土上的烟囱，不论其高度如何，均应埋设水准观测点，按规定进行观测。

2）砖烟囱

砖烟囱筒身应用异型砖或普通红砖砌筑。砖的强度等级要符合设计要求。凡外形尺度、强度、抗冻性、火候、裂缝等不符合国家标准一等砖的要求时，不得使用。砌筑在筒身外表面的红砖，应没有裂缝，棱角至少有一端是完整的。使用前要浇水润湿。

砌筑砖筒身时，灰缝必须用砂浆填充饱满，外部砖缝均应勾缝，内部砖缝均应刮平。砖的砌筑方法一般应采用顶砌法，当烟囱直径较大时，也可采用顺砖和顶砖交错砌筑。当砌体厚度大于 2½ 砖时，允许使用半截砖，但其数量不应多于30%。为了保证正常的错缝，允许在厚度 2½ 砖或更薄墙的内外砖层使用半截砖。小于 1/2 砖的碎砖块，不得用砌筑砖烟囱。

筒身可采用刮浆法或挤浆法砌筑。砂浆强度等级应按设计规定采用，其流动性应符合标准圆锥体沉入度 8~10cm。筒身砌筑时，砖层应砌成水平；或者向烟囱中心砌成倾斜，其倾斜度应同筒身外表面倾斜度相等。砖层的倾斜度应经常用水平尺检查。

对于砖缝，垂直环缝应交错 1/2 砖，放射状缝应交错 1/4 砖。异型砖应交错其宽度的 1/2。砌体的垂直缝宽度应为 8~12mm，水平缝厚度应为 8~10mm。在 $5m^2$ 的砌体表面上取 10 处检查，只允许其中有 5 处砖缝厚度增大至多 5mm。

烟囱筒身中心线的垂直度，应每隔 5m 高用线锤或激光铅直仪检查一次，在用线锤检查中心线的同时，应检查筒身水平截面的尺寸。筒身的倾斜度，可用坡度尺、中心轮杆或吊盘挂线等方法控制。

3）钢筋混凝土烟囱

钢筋混凝土烟囱筒身的模板，当采用金属模板施工时，每节高度为 2.5m；当采用木模板施工时，每节高度为 1.25m。移置式模板的中心对烟囱几何中心的误差不超过 10mm。金属模板的下缘应与下一节混凝土搭接约 100mm。模板应捆紧，缝隙应堵严，以防止漏浆或错台；内模板应支牢顶紧，防止变形。模板接触混凝土的一面，在每次拆移时，应及时清除灰浆，并涂刷脱模剂。

筒身的垂直钢筋，应沿圆周均匀分布。垂直钢筋的接头应交错分布，在每一水平截面内不应多于钢筋总数的 25%，但直径为 18mm 以上的，可以有 50% 的接头。筒身水平钢筋的接头亦应交错分布，每一垂直截面内应不多于水平钢筋总数的 25%。钢筋保护层应用钢筋支承器或水泥砂浆垫块来保持，沿模板周长每米长度内不少于一个，筒身保护层的误差不得超过 ±5mm。

筒身混凝土浇筑时，应沿整个截面均匀地分层浇筑，每层厚度为 200~300mm，并应用振动器捣实。筒身每节 2.5m 高度内应制取混凝土试块一组，以检验 28 天龄期的强度。混凝土材料应采用普通硅酸盐水泥，石子粒径不应超过筒壁厚度的 1/5 和钢筋间距的 3/4，同时最大粒径不得超过 60mm，并不宜用石灰石做骨料。

筒身内外模板的拆除，应在混凝土的强度足以承受上部荷重而不变形时才可进行。此时混凝土的强度一般不小于 0.8MPa，但烟道口和施工出入口等处的承重模板，最早应在混凝土强度达到 50% 后才允许拆除。拆模后，应浇水养护，保持经常湿润，并不少于 7 昼夜。

4）烟囱内衬

烟囱内衬材料的选用，一般当废气温度高于 500℃ 时，用耐火粘土砖或耐热混凝土预制块砌筑；当废气温度低于 500℃ 时，用不低于 MU7.5 的红砖砌筑；当废气有较强的侵蚀性时，用抗侵蚀性的材料，如耐酸砖等砌筑。

砌筑红砖内衬，当废气温度在 400℃ 以下时用 M2.5 混合砂浆；当废气温度在 400℃ 以上时，用黏土和砂子配制成的砂浆，其配合比为 1:1 或 1:1.5。砌筑耐火黏土砖内衬用耐火生黏土和黏土熟料粉配制的泥浆，其配合比为 1:2；耐热混凝土预制块用上述的泥浆加入 20% 的水泥砌筑。砌筑耐酸砖内衬用掺有水玻璃的耐酸泥浆。

内衬砌筑时，应采用分层流水作业，不允许留槎。内衬厚度为 1/2 砖时，应顺砖砌筑，互相交错半砖；厚度较大时，可顺砖和顶砖交替砌筑，互相交错 1/4 砖。砌筑时应注意不要将泥浆或砖屑落入内衬与筒身之间的空隙内。如空隙中需填隔热材料时，应在内衬每砌好 4~5 层砖后填入一次。

5）烟囱附件

砖烟囱的爬梯、围栏及其他埋设件，应在筒身砌筑过程中安装，其埋设深度不应少于一砖长。钢筋混凝土烟囱的爬梯和信号台用的暗榫，应在浇筑混凝土之前，固定在筒身的钢筋上，其位置应正确，螺纹应妥为保护，勿使污损。

烟囱的爬梯、信号台和钢箍等，应在安装前将外露部分涂刷防侵蚀剂。砖烟囱上的钢箍应安装成水平并箍紧。钢箍的接头应沿烟囱圆周均匀分布。避雷器安装完成后，应用电阻测定器检查电阻，其数值不得大于设计规定。

6）烟囱烘干和加热

烟囱砌筑后，应在正式使用前进行加热烘干。先用煤炭在灰坑或烟道内燃烧，然后逐渐地利用烘烤烟道或炉子的热源来进行。只有在烘干初期，才允许燃料直接在灰坑底上燃烧。如需长期在灰坑底上进行燃烧时，必须事先采取措施，防止基础混凝土过热。

烟囱的烘干时间根据烟囱高度、烟囱筒身材料、建筑的季节的不同及有无内衬等而不同，约为 3~15 昼夜。烟囱烘干时，应逐渐地、均匀地升高温度。烘干的温度曲线应根据具体条件。在开工生产阶段总的烘烤时间范围内确定，其最高温度见表 3-1-17。

表 3-1-17

烟 囱 分 类	砖 烟 囱		钢筋混凝土烟囱
	无内衬的	有内衬的	有内衬的
烘干最高温度（℃）	250	300	200

1.4.2 水   塔

1. 水塔概述

（1）水塔主体构造

水塔是给水工程中常见的构筑物，由水箱、塔身和基础三部分组成。

水箱是水塔的容水部分，按构筑材料分为砖、钢、钢筋混凝土和钢丝网水泥等几种类型，应用最广泛的是钢筋混凝土水箱。钢筋混凝土水箱按结构型式分有平底式、英兹式和倒锥壳式，如图 3-1-101 所示。

平底式水箱由正锥壳顶、圆柱壳壁、平底板和环梁组成，如图 3-1-101（c）所示。正圆锥壳顶坡度一般为 1/3~1/4，厚度不小于 60mm。壳顶应做防水层，寒冷地区还需做保温层，壳顶开设供检修和通风用的洞口。水箱竖壁系圆柱薄壳，厚度不小于 120mm，竖壁上端用上环梁相联。平底水箱多适用于容积在 100m³ 以下时。

英兹式水箱由正锥壳顶、圆柱壳壁、倒锥壳底或球面壳底组成，如图 3-1-101（a）所示。正锥壳顶及圆柱壳壁的构造与平底式水箱相同，而球面壳底做为水箱底板比平底板受力合理，一般用于容积大于 100m³ 时。倒锥壳底的锥面坡度通常为 1:1，球壳矢高与直径之比一般为 1/6~1/8。

倒锥壳式水箱由正锥壳顶、倒锥壳底和环梁组成，如图 3-1-101（b）所示。此种水箱的受力特点是：直径最大处水压力最小，而水压力最大处水箱直径最小，其结果是水箱壳底各处的环拉力均匀，受力合理，节省材料。同时还具有造型美观和塔身直径较小等优点。

塔身是水箱的支承结构，按其型式分为支架式和筒壁式。支架式塔身可由钢制空间桁架或钢筋混凝土空间桁架制作，支架可由四柱、六柱或八柱组成，可用直柱亦可用斜柱，多采用坡度为 1/20~1/30 的斜柱支架。筒壁式塔身可用砖砌或滑模混凝土制作。砖筒壁不小于一砖厚，并沿高度每隔 4~6m 设圈梁一道，可用钢筋混凝土圈梁或钢筋砖圈梁。钢筋混凝土筒壁厚不小于 100mm，用滑模施工时厚度不小于 160mm。

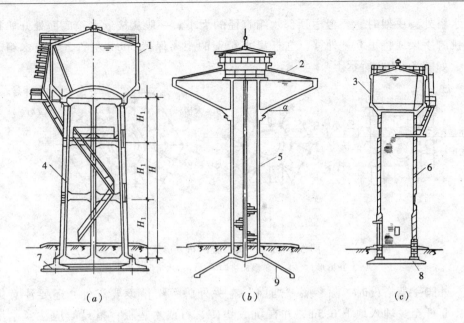

图 3-1-101　水箱的形式

（a）英兹式水箱；（b）倒锥壳式水箱；（c）平底式水箱

1—英兹式水箱；2—倒锥壳式水箱；3—平底式水箱；4—钢筋混凝土支架；5—钢筋混凝土支筒；

6—砖支筒；7—环板式基础；8—圆板式基础；9—M 式薄壳基础

　　水塔基础的型式与水塔容量、塔身结构和地基承载力有关。常见的型式有刚性基础、钢筋混凝土圆板基础、壳体基础和柱下独立基础。应优先选用刚性基础，一般为环板式，当地耐力较小时可用圆板式或壳式基础。

　　（2）水塔附属设施

　　水塔的附属设施有爬梯（或螺旋体）、平台、栏杆、检修孔、进出水管、防雷设施等，在严寒地区水箱水管应有保温措施。

　　2. 水塔施工方法及施工要点

　　（1）水塔施工方法

　　水塔的施工方法常有以下几种：

　　1）外脚手架施工

　　用外脚手架进行水塔施工，是在筒身外部搭设双排脚手架，操作人员在外架的脚手板上操作；水箱部分施工时可用挑脚手架或放里立杆的脚手架。这种施工方法，一般适用于砖或钢筋混凝土水塔的建造。垂直运输由塔外上料架上料。因此，需要大量的架杆木材或钢管，架子绑扎工作量也大，影响工程进度，故这种方法现已逐步被其他方法所代替。

　　外脚手架可搭设成正方形或多边形。正方形每边立杆一般为 6 根；六角形每边里排立杆一般为 3～4 根，外排立杆一般为 5～6 根，如图 3-1-102 所示。在布置水塔外脚手架时，要考虑顶部水箱直径的大小。一般从接近水箱底面处开始搭设挑脚手架或将里立杆外移，立杆离水箱壁的距离保持 50cm 左右，以便水箱施工，如图 3-1-103 所示。

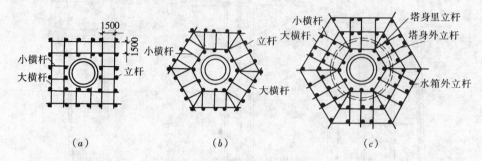

图 3-1-102　外脚手架的布置形式
（a）正方形；（b）六角形加挑脚手；（c）六角形放里立杆

外脚手架搭设时，除参照"烟囱"有关外脚手架搭设要点外，还要注意的是：立杆至少埋入地下 0.5m，并在坑底垫砖、石或木垫板；搭设时应注意水塔大门方向，给塔内进出材料创造条件；水塔四周应拉安全网，网与网之间必须连接牢固；脚手板宜使用 5cm 以上厚度的坚固木板。

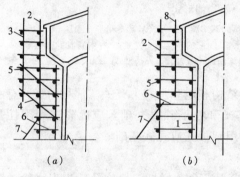

图 3-1-103　水箱施工
（a）挑脚手架；（b）放里立杆脚手架
1—筒身里立杆；2—筒身外立杆；3—水箱外立杆；4—斜挑杆；5—大横杆；6—小横杆；7—撑杆；8—水箱里立杆

2）里脚手架施工

用里脚手架进行水塔施工，是在塔身内搭设里脚手架，工人站在塔内平台上进行操作。塔身施工完毕后，利用里脚手架支水箱底模板，并在筒身上挑出三角形托架，进行下环梁的支模。水箱底、下环梁施工完后，再在水塔内搭里脚手架或由水箱下面搭设挑脚手架，进行水箱壁、护壁及水箱顶的施工。这种方法适用于砖筒身水塔的施工，上料架可设在筒身内，也可在筒身外搭设井架或在架顶挑横杆上料。施工安全可靠，水箱封底也较方便，比外脚手架节约脚手杆，因此应用也较普遍。

里脚手架的布置形式一般常见的有两种：其一是上料架设在塔内，筒身、水箱分别搭里脚手架。这种形式中，里脚手架及起重架分别支在已做完的钢筋混凝土地面及水箱底板上；水箱里脚手架上可设上料吊杆。如图 3-1-104 所示。其二是上料架设在塔外，筒身、水箱分别搭里脚手架。这种形式中，筒身及水箱分别搭设里脚手架，筒身、水箱底施工完后，再在水箱里搭设里脚手架，进行水箱壁及护壁施工,上料架搭在塔外,可搭单井架或双井架运送材料。如图 3-1-105 所示。

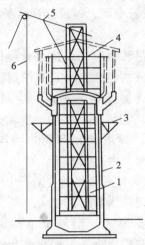 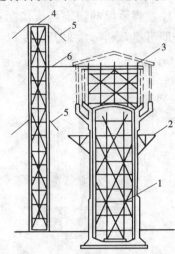

图 3-1-104　上料架设在塔内
1—筒壁井形上料架;2—筒壁里脚手架;3—三角
托架;4—水箱里脚手架;5—上料吊杆;6—钢丝绳

图 3-1-105　上料架设在塔外
1—筒壁里脚手架;2—三角托架;3—水箱里脚
手架;4—上料井架;5—缆风绳;6—跳板

3）无脚手架施工

无脚手架施工水塔,是利用建筑物本身作为高空支架,用四根(两套八根)活动套管插在筒身内墙面中,上铺脚手板而成操作平台,每砌完一步架,倒换一次操作台套管,继续砌上一步筒身。水箱底另外支模浇灌混凝土。这种方法与砖烟囱无脚手架内插杆操作台施工相似,可参阅有关内容。

4）提升式吊篮脚手施工

提升式吊篮脚手施工水塔,是先在筒身内架设好金属井架,利用井架做高空支架,将吊篮脚手悬挂在井架上,吊篮在塔身外,工人站在外吊篮脚手上操作。每施工完一步架,用两个 2t 倒链将吊篮提升一步,再继续进行施工。水箱底下环梁处留槎,最后进行池底混凝土施工。其上料架利用金属井架内设吊笼上料。因此,上料及操作平台可以用一个井架。这种施工方法适用于建造砖筒身水塔,具有施工方便、工人操作安全平稳、施工用地小、易于管理等优点。

提升吊篮脚手的组装示意如图 3-1-106。其施工顺序为:基础施工→搭设筒外脚手架→筒身砌砖高 4m→筒内设置塔架垫木、搭设井架到需要高度→安装套架及吊篮→挂倒链提升吊篮→筒身砌砖→环梁支模浇灌混凝土→池壁及护壁施工降低井架→封顶→落吊篮→拆部分井架→池底支模及浇灌混凝土(由池顶设临时拔杆运料)→拆除模板→拆井架。

架设塔架时,先安好底座,按分段(每段 2m)竖立角钢,并以水平支撑连接牢固。当砌筑高度超过外脚手架(4m)后,即用 $\phi6$ 钢筋与筒壁固定,一次架设到需要高度,然后拉好缆风绳。安装吊篮时,先利用 4m 高的外脚手在搭架上安好提升架,在提升架下端安置挑梁槽钢及拉杆,再安放吊篮吊杆,铺设操作平台,要注意脚手板的固定与搭接。安装好栏杆及安全网,铺设好接料平台后,挂好倒链即可提升,每次提升高度以 1.2m 为宜。

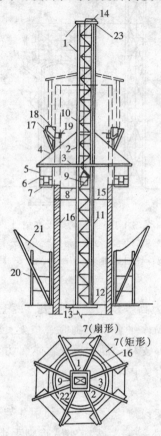

图 3-1-106　提升吊篮脚手的组装

1—塔架;2—提升架;3—挑梁;4—拉杆;5—吊杆;
6—栏杆;7—脚手板;8—接料台;9—吊笼;10—倒链;11—上料钢丝绳;12—地滑轮;13—塔架垫木;14—顶滑轮;15—(φ6)固定架子;16—筒身;17—环梁模板;18—环梁;19—池底留槎;20—4m 高脚手架;21—安全网;22—滑道;23—缆风绳

塔架及吊篮拆除的顺序是:操作平台板→吊杆→接料平台→〔8 槽钢挑梁→吊篮拉绳→提升架→塔架。其中拆塔架以上工序均利用塔架上增加滑轮分件由筒外卸下。拆塔架则利用本身架子做支架,在筒身内逐节卸下。

5) 装配式水塔施工

装配式水塔的施工方法是,基础部分采用梯形无筋混凝土预制块做加劲肋,并与现浇钢筋混凝土薄板组成板式基础,如图 3-1-107 所示。支架采用工厂预制的预应力钢筋混凝土抽孔杆件,现场拼装为吊装单体,然后用起重设备

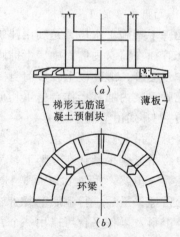

图 3-1-107　装配式水塔板式基础

(a) 剖面图;(b) 平面图

逐段吊装,加连接钢板焊接。水箱为现场就地预制,用起重机整体吊装就位,再与塔身支架焊接。

支架所用的柱及横梁,由预制厂预制成预应力钢筋混凝土抽孔柱及梁,运到施工现场拼装成吊装单体。在拼装吊装单体时,首先要布置好拼装场地,拼装场地设在水塔周围,起重设备能直接起吊的范围内。有几段吊装单体就应做几个拼装平台。拼装平台是按吊装单体平面尺寸,在四角上做四个砖或混凝土墩子,再

用角钢做一个拼装外套架，高与吊装单体同，净空宽度比吊装单体外边线每边略宽 5~6cm，以便拼装时加楔固定。

吊装单体的柱与柱的连接，是将柱端的预埋铁件互相对准，校正后，在四角侧面贴焊钢板，以连接上下两段。为防止吊装时变形，应设临时支撑，也可兼作操作平台。水箱的吊装，是将钢丝绳穿在四支预埋的吊环上，从水箱顶引出至起重吊钩。水箱与支架的连接方法，是在水箱环梁下预埋四块铁板，分别在支架顶端的预埋铁件焊接。所有焊缝均必须保证焊接质量。支架与水箱吊装就位后，须用两台经纬仪同时校正，如有偏差，可用铁楔子嵌入柱间调整。

6）倒锥壳水塔施工

倒锥壳水塔的施工工艺为：筒身混凝土浇灌→就地预制钢筋混凝土倒锥壳水箱→水箱提升→水箱就位固定→防水处理→顶盖施工→油漆收尾。筒身上料架可设在筒身内部，也可以设在外部。

钢筋混凝土倒锥壳水塔筒身的施工，一般采用滑模施工或提模施工。

当采用滑模施工时，其方法与烟囱滑模施工方法相似。其滑模设备的安装顺序为：组装骨架→安装内模及部分操作平台→液压系统的组装及试验→基层钢筋绑扎→安装外模及其他操作平台、对中装置等→当起滑到一定高度后安装吊篮、安全网及喷水装置。模板的滑升过程为：滑升前先在底层浇灌 80cm 高的混凝土，停歇 50~60min，才能起滑模板 3~6cm，观察下部混凝土出模时的凝结硬度，并浇灌混凝土 30cm 高，根据下部混凝土硬度，确定其停歇时间，一般为 30min；之后再滑起模板 3~6cm，同时，再浇灌混凝土 30cm（灌满模板），这时，模板的起滑过程才算结束。此后进入正常滑升状态，每次滑升高度为 30cm 左右，按工序在钢筋绑扎之后及浇灌混凝土之前进行。塔身滑模施工完毕，模板要拆除，大件用拔杆吊放下，小件用绳索放下，其拆除顺序为：对中装置、内模、内模支架→利用液压将骨架提升脱空后，拆除液压系统、电路系统和水平调整装置→外模、吊篮、操作平台→骨架。

当采用提模施工钢筋混凝土水塔筒身，先在筒身内架设好提升架，在架上挂好吊盘作操作平台；内外模板均各由四扇金属板组成；内模由绞车

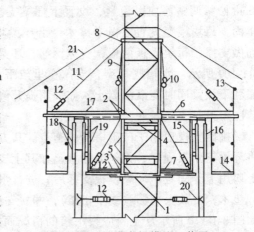

图 3-1-108 塔身提模施工装置

1—钢管井架；2—上吊盘；3—下吊盘；4、5—内吊篮连接件；6—操作平台铺板；7—内吊篮底板；8—滑轮；9—钢丝绳；10—倒链；11—操作平台吊绳；12—花篮螺丝；13—栏杆；14—外吊篮铺板；15—外吊篮框架；16—外模板；17—模板挂件；18—外模钢丝绳箍；19—内模楞木；20—筒体预埋环筋；21—缆风绳

提升（随吊盘上升），外模由 4 个 3t 倒链提升；提升一个浇筑高度，清刷、调整、固定模板，循环施工。其主要设备有：钢管井架、钢模板、倒链、吊篮、吊盘等，如图3-1-108所示。

水箱的安装是在筒身顶端设临时支撑架，安装提升设备，将水箱提升到设计规定的位置后，用钢梁支承，固定牢固。水箱的制作是在筒身施工完毕后，以筒身为基准，围绕筒身就地预制钢筋混凝土倒锥壳水箱。水箱一般分两次支模和浇筑混凝土。第一次支模主要完成下部支承环梁、水箱倒锥壳下部和中间直径最大处的中部环梁，然后绑扎钢筋，在中部环梁上预留出水箱顶部的钢筋接头，浇灌混凝土并达到一定强度后，再支水箱顶部和上环梁的模板，绑扎顶部和上环梁的钢筋，然后浇灌混凝土。水箱的提升方法有：千斤顶提升法、提升机提升法、倒置穿心千斤顶提升法和卷扬机提升法。

水塔的施工方法除以上所述外，还有钢筋三角架脚手施工等方法。

（2）水塔施工要点

在水塔施工中，有一些问题是比较特殊和重要的：

1）水箱底及护壁下环梁（大锥底）的支模方法

水塔施工中，水箱底及大锥底的支模方法，常有里架支模、挑砖支模、留孔支模、预埋铁件支模、水箱底预制钢筋混凝土板支模等。

里架支模是待筒壁混凝土强度达设计强度的 50% 后，其模型和松紧调整器保持不动，作为下环梁外模底端的支点；然后先将下环梁外模拼装成整体，并用 8mm 松紧调整器加以箍紧，设置下环梁支撑木，支撑的下端在筒壁模型带上支牢固，每块模型设置三根支撑木，沿环梁均匀分布；下环梁内模采用 $\Phi 22$ 短钢筋做支撑，每块模板两根，支撑钢筋与环梁内的钢筋绑扎在一起不再取出。如图3-1-109 所示。水箱底模型，支撑在里架平台上，可与下环梁模板同时支好，池底和下环梁同时浇灌混凝土。如采用提升倒伞形模板进行护壁下环梁支模时，水箱底可另行支模封底。

挑砖支模适用于砖砌塔身的施工。其方法是：环梁支模先由预留孔中用螺栓将环梁三角架固定，钢丝绳绷紧，在其上支环梁模板。环梁内模可用钢筋支起，上口用卡子固定。环梁模板支好后，进行水箱底支模，先在筒内壁挑出的砖上放好垫木，再放上搁栅（或小桁架），并立支柱及池底壳形搁栅，钉池底壳形模板，如图 3-1-110 所示。上料应视水箱的情况而定，如为带中心环的水箱，支水箱底模时留出上料孔；较小的无中心环的水箱，可将材料吊至水箱底下的平台上，再从外面的爬梯平台往上运送；若水箱较大、用料较多，则宜在水箱外另设一座上料架上料。

留孔支模是在筒身施工时，在离水箱底适当高度的筒壁上，留出若干个孔洞。在进行水箱底支模时，先将方木（或可伸缩的支模桁架）穿入预留孔洞中，

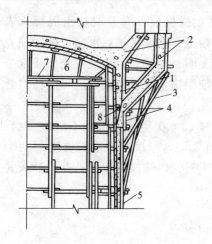

图 3-1-109

1—第一次立模灌筑；2—第二次立模灌筑；3—下环梁撑木；4—松紧调整器；5—筒壁已灌筑部分；6—水箱底伞形模型架；7—平台；8—钢筋支撑

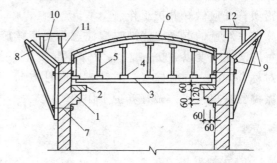

图 3-1-110

1—挑三行砖；2—60厚垫木；3—大搁栅；4—横楞；5—立柱；6—池底伞形模板；7—固定螺丝；8—环梁三角架；9—钢丝绳；10—环梁模板；11—支模钢筋撑；12—卡子

铺上跳板，成为操作或支承水箱底模立柱的平台，即可按以上介绍的几种方法，进行大锥底及水箱底的支模。

预埋铁件支模，适用于钢筋混凝土筒身水塔的施工。其方法是在施工筒身时，在离水箱底适当高度的筒壁上，预埋若干铁件（即埋置一些钢牛腿），在进行水箱底支模时，利用钢牛腿作支承点，放上方木或桁架，即可进行水箱底的支模工作。

水箱底预制钢筋混凝土板支模是在筒壁施工中预埋钢牛腿，牛腿上搁置预制的钢筋混凝土圈梁，然后在圈梁上搁置钢筋混凝土预制板，并将其当作水箱底模板，上面直接浇灌水箱底混凝土。

2）各种附属设备的检查

水塔地板以上的各种附属设备装置繁多复杂，如铁梯、溢水管、避雷针导线等设备的预定固定卡，窗口、门洞、泄水孔等的预埋孔，在安装各部位的内外模板时均应详加检查校核。

3）混凝土浇灌及特殊部位的处理

在水箱施工中，对各种管道穿过混凝土池壁处要认真处理，否则这个部位易发生渗漏。因此在施工时应注意：水箱壁混凝土浇灌到距离管道下面 20～30mm 时，将管下混凝土捣实、振平；再由管道两侧呈三角形均匀、对称地浇灌混凝土，并逐步扩大三角区，此时振捣棒要斜振，一直将混凝土继续填平至管道上皮 30～50mm；浇灌混凝土时，不得在管道穿过池壁处停工或接头。

水箱底与筒壁接槎处的处理，也是一个值得注意的问题，施工时应注意：筒壁环梁处与水箱底连接预留的钢筋，宜在混凝土强度较低时及时拉出混凝土表面；其接槎处的混凝土槎口，宜留毛槎或人工凿毛；浇灌水箱底混凝土前，须先将环梁上预留的混凝土槎口用水清洗干净，并湿润；旧槎先用与混凝土同强度等级的砂浆扫一遍，再铺新混凝土；接槎处要仔细振捣，使新浇混凝土与旧槎结合密实；并应做好养护工作。

水箱壁的混凝土浇灌时应注意：要连续施工，一次浇灌完成，不留施工缝；每层浇灌高度以 300mm 左右为宜；混凝土下料要均匀，最好由水箱壁上的两个对称点同时、同方向（顺时针或反时针方向）下料，以防模板变形；并用插入式振捣器振捣密实，做好养护工作。

1.4.3 水　　池

1. 水池概述

水池由底板、池壁和顶盖（可以没有）构成。其池壁可用砖或钢筋混凝土制作。根据池壁的材料和形状不同，水池可分为砖砌圆形水池、外置预应力钢筋砖砌水池、现浇钢筋混凝土圆形水池、钢筋混凝土矩形水池、钢筋混凝土预制装配式圆形水池和预应力钢筋混凝土水池等。

砖砌圆形水池的容量一般较小，常见的为 $300m^3$ 以下，适用于生活用的小型给水工程，以及一些临时性或半永久性的工程，不宜用于湿陷性黄土地区。其池壁厚一般为 370mm，用 MU10 红砖和 M5 水泥砂浆砌筑，在一定高度设置钢筋混凝土圈梁 1～2 道。水池底板为钢筋混凝土；水池顶盖可用 1/2 或 1/4 砖、水泥砂浆砌薄壳；也可用预制六角形 C20 素混凝土块拼砌，还可以在中间加预制柱及曲梁，上盖预制扇形板顶盖。砖砌圆形水池施工方便，技术要求简单，不需要特殊的施工设备，造价较低，但易发生渗漏。

外置预应力钢筋砖砌水池，是在砖砌水池的池壁外侧施加预应力，使其大于池内水体的侧压力，则可避免砖池壁开裂，增强了抗震能力，一般可用于 $500m^3$ 以下的永久性小型水池。其水池底板为钢筋混凝土，池壁用 MU10 红砖和 M10 水泥砂浆砌筑，壁内中部每隔 1～1.5m 设 Φ 16 的垂直拉筋，沿圆周等距分布，把池壁与底、盖联成一个整体，池壁内抹防水砂浆，池外壁垂直分布 $\phi 6@300$ 钢筋，再设置双股正反向交替绞扭的预应力钢箍，抹水泥砂浆保护层。外置预应力钢筋砖砌水池整体性能好，池壁不易开裂，抗震性能强，造价较低。

现浇钢筋混凝土圆形水池，一般常用作工业与民用建筑给水工程的中、小型永久性水池，容量较大，池中设置钢筋混凝土柱。这种水池池底及池壁均为现浇钢筋混凝土，强度等级不低于 C20，池壁厚度为 150～200mm；池顶盖可以支模现浇，也可以将柱子、曲梁及顶盖扇形板预制，在池壁施工完成后，进行池顶盖安装。现浇钢筋混凝土圆形水池施工较方便，不需要特殊的施工设备，整体性好，抗渗性强；但需耗用大量模板材料，施工周期长。

钢筋混凝土矩形水池可分为全现浇式和装配式，一般用于工业生产中生产工艺上要求与之相适应的矩形或超长型水池，如焦化水处理水池、清水池、吸水池等。全现浇矩形水池池壁厚度一般为 300～500mm，池身较长时，应配置温度应力钢筋，设置后浇缝，增加滑动层和压缩层，在容易开裂部位设置暗梁。装配式矩形水池底板为现浇，池壁做成 L 形壁板，厚 150～250mm，池壁与池底的接头留在池底板上，接头宽度一般为 400～500mm。钢筋混凝土矩形水池的施工方法较简单，但应精心操作，并在结构上采取各种行之有效的防裂措施，防止水池开裂。

钢筋混凝土预制装配式圆形水池，多用于一般中型的永久性给水工程。其水池底板及壁槽为现浇钢筋混凝土，强度等级不低于 C20。壁槽深度一般为 250mm，池壁为 180～250mm 厚的弧形预制板（宽度为 1～1.5m），两板接头侧面带凹形槽，用 C40 混凝土灌缝；柱子、曲梁、扇形板均为预制安装，有时为了增强整体性，池顶盖也可采用现浇钢筋混凝土。钢筋混凝土预制装配式圆形水池施工较简单，施工速度快，不需耗用大量的模板材料，但应认真处理池壁及其与池底板的接头部位，防止渗漏。

预应力钢筋混凝土水池，容量一般为 3000m³ 以上，适用与工业与民用建筑所需的永久性大型给水工程。采用装配式壁板和顶盖，壁外再作环向预应力钢筋和压力喷浆。水池底板及壁槽为现浇钢筋混凝土，强度等级不低于 C20；池壁可用 150～200mm 厚的预应力板或 200～250mm 厚的非预应力板，池顶盖构造同装配式水池。但在池壁外侧增加水平方向的预应力钢丝或钢筋，喷涂 40mm 厚的水泥砂浆后涂刷浮化沥青，顶板面上铺 35～40mm 厚的 C20 细石混凝土找平层，再铺二毡三油防水层。预应力钢筋混凝土水池施工较复杂，需要施加预应力的专用设备，预应力要严格控制，保证工程质量。这种水池具有整体性好，抗裂性强，不易漏水等特点。

2. 水池施工方法及施工要点

（1）水池施工方法

对不同类型的水池有不同的施工方法：

1）砖砌圆形水池施工

砖砌圆形水池的施工关键在于池壁与底板的结合、池壁的砌筑和顶盖的施工等方面。池壁与底板的结合，应在底板混凝土初凝之前，沿砖壁位置按设计要求尺寸，将底板表面拉毛，同时铺砌一皮湿润的砖，嵌入深度为 2～3cm，并用 1:2 水泥砂浆灌缝，再砌几皮砖作为环梁的砖模，随即浇灌环梁的混凝土。池壁的砌筑宜采用五顺一丁的砌法，顺砖的搭接长度不宜少于 10cm。径向竖缝应相互错开，不留通缝，并保证砂浆饱满。砌体砌好后，应用湿草袋覆盖。砌体中如配制构造钢筋时，宜环向均匀地放置在砖砌体上，钢筋表面应铺 2～3mm 砂浆层；钢筋搭接长度应不小于 24cm；同一层几根钢筋的接头应相互错开；若有竖向钢筋，应置于竖向砖缝里。砖壁上不得留脚手洞,一切预埋件、预留孔均应在砌筑时一次做好。砖壁砌筑过程中,必须顺着圆周和线杆一皮一皮往上砌筑,并经常用中心桩和导线板检查圆周和垂直的准确;不得采用踏步式及马牙接头砌筑的方法。

砖砌圆形水池的顶盖可采用砖薄壳顶盖和预制蜂窝式无筋混凝土球壳顶盖等。砖薄壳顶盖的施工可采用支模砌筑法或无支撑、无模板砌筑法。砌筑时,用弧形尺控制,由外向内一圈砖、一圈砖地环绕循序砌筑;每块砖用蚂蝗钉与上一皮砖挂住,一头与上皮砖灰缝挂钩,另一头搭在上一圈砖上。每天砌好的砖,当天即用C10水泥砂浆灌缝抹面,使砖缝之间紧密接触,增强砌体的整体性。预制蜂窝式无筋混凝土球壳顶盖施工时,首先要根据实际球壳尺寸,预制需要用量的六角形和非六角形的蜂窝状C20素混凝土块;待环行圈梁捣制后,按设计尺寸支好球壳的模板,球面可采用铺竹笆上抹草泥,草泥干后即开始拼装预制块。混凝土块开口向上,混凝土块之间用C20细石混凝土灌缝。球壳模板的拆除,由操作人员从人孔进入池内,按球壳拆模程序与要求进行拆模,材料由人孔运出。

2)外置预应力钢筋砖砌水池施工

外置预应力钢筋砖砌水池的施工,是先浇灌混凝土池底,再砌池壁砖墙,并按规定埋设垂直钢筋,按设计标高完成钢筋混凝土圈梁,然后在池外壁设垂直分布筋,再设置双股水平箍筋,并对水平箍筋施加预应力、锚固,抹水泥砂浆保护层。

3)现浇钢筋混凝土圆形水池施工

圆形混凝土水池施工中,常用的是立柱斜撑支模方法。

某水池内径10m,壁高4.6m,壁厚200mm,采用无支撑支模施工,如图3-1-111所示。先立内模,绑扎钢筋,再立外模。为了使模板有足够的强度、刚度和稳定性,内外模用拉结止水螺栓紧固,内模里圈用花篮螺丝、拉条拉紧。

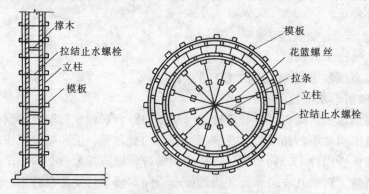

图3-1-111 某水池无支撑支模施工

浇筑混凝土时应沿池壁四周均匀对称地进行,每层高度约20~25cm,并设专人检查花篮螺丝、拉条的松紧,防止模板走动。

容量大、池壁高的混凝土池壁宜采用滑升模板施工。

4) 装配式钢筋混凝土圆形水池施工

装配式钢筋混凝土圆形水池的施工顺序是，先浇筑钢筋混凝土底板，制作预制构件（包括壁板、曲梁、扇形板），然后吊装就位固定，最后灌缝。浇筑钢筋混凝土底板时，留出池壁环槽杯口，以便安装柱子和壁板。

吊装预制构件前，应做好准备工作，如壁槽拆模后，将槽壁两侧的混凝土凿毛，并清除干净，测好杯底标高，将不平地方凿掉；并根据设计要求及预制壁板尺寸的排列，在壁槽上口弹出壁板安放线；同时将每块壁板两侧凿毛，以便灌缝后壁板之间连接牢固。

预制构件的吊装顺序是：

池内：柱子 $\xrightarrow{\text{校正}}$ 灌杯口 $\xrightarrow[\text{中部加临时支撑}]{\text{焊接}}$ 内部三圈扇形板

池壁：壁板 $\xrightarrow{\text{校正固定}}$ 灌环槽杯口 $\longrightarrow$ 最外一圈扇形板

吊装就位后应及时固定，柱子杯口灌缝混凝土可采用早强措施，三天即可进行上部结构吊装；壁板安装时下部外环槽杯口楔固定，上部则与外圈扇形板焊接，内环槽杯口浇灌 C30 细石混凝土。

壁板吊装校正固定后，将两块壁板之间的钢筋按设计要求进行连接，然后进行灌缝工作。要灌缝的地方一是池壁环槽杯口，二是壁板间竖缝。环槽杯口填灌细石混凝土时，应先将环槽清洗干净，在充分润湿状态下填灌杯口细石混凝土，并必须保持湿度养护一周以上。壁板间竖缝灌缝必须一次连续浇灌不留施工缝，以保证灌缝质量，防止水池渗漏。

装配式钢筋混凝土圆形水池，可在壁板外侧设锚固肋板，将钢筋穿入肋板中，并对钢筋施加预应力，成为预应力钢筋混凝土水池。常见的施加预应力的方法有：预应力绕丝法、粗钢筋电热张拉法、预应力钢筋径向张拉法。

5) 现浇钢筋混凝土矩形水池施工

现浇钢筋混凝土矩形水池的施工，是先浇筑钢筋混凝土底板，然后浇筑矩形钢筋混凝土池壁，最后浇筑钢筋混凝土顶盖（也可能没有顶盖）。

浇筑钢筋混凝土矩形池壁，有无撑及有撑支模两种方法。其中有撑支模是常用的方法。采用无撑支模时，要用止水螺栓拉结内外模板。当矩形池壁较厚时，内外模可在钢筋绑扎完毕后一次立好。浇捣混凝土时操作人员可进入模内振捣，或开门子板，将插入式振动器放入振捣。并应用串筒将混凝土灌入，分层浇捣。矩形池壁拆模后，应将外露的止水螺栓头割去。

矩形水池的施工，主要应防止变形裂缝的产生。施工时应采取相应措施，如下所列：

应采用强度等级 32.5 矿渣硅酸盐水泥，并尽量减小水灰比，使水灰比 < 0.55；

设置"后浇缝"。后浇缝宽度取 1.0～1.2m，两侧混凝土断口做成企口，后浇缝钢筋不断开。后浇缝必须贯通整个水池，即池底、池壁、顶板全部设缝。一般在池壁浇灌混凝土后 1.5～3 个月，且气温低于池壁浇灌的温度时，方可浇灌后浇缝混凝土。后浇缝应采用补偿收缩混凝土（微膨胀混凝土）浇筑。

混凝土的浇捣应确保足够的振动时间，使混凝土中多余的气体和水分排出，对混凝土表面的泌水应及时排干。并应加强混凝土的养护。

水池的施工缝均应留在池壁上受力较小的部位。且考虑到较长的水池受地基和桩基的约束，可在水池的垫层上表面和底板下表面间贴一毡一油作为滑动层。并在承台梁两侧和池内水沟的里侧设置 1～3cm 厚的聚苯乙烯硬质泡沫塑料压缩层，以减小地基对水池侧面的阻力。

6）装配式钢筋混凝土矩形水池施工

装配式钢筋混凝土矩形水池的施工，关键在于池底板施工、L 形壁板吊装、壁板与底板接头处理及壁板侧面板缝处理等方面。

池底板施工时，应事先按要求在池底垫层上弹出池底板与 L 形壁板的接头位置线，并按线支企口形的边模。连接用的钢筋要预留好。

L 形壁板吊装，一般采用 15t 履带吊将壁板就位，用钢管扣件固定，经校正后用木楔垫平底面，并支撑牢固。

壁板与底板的接头处，应先将壁板伸出的钢筋与底板预留出的钢筋焊牢，冲洗干净后用微膨胀混凝土浇灌并振捣密实，如图 3-1-112 所示。吊装壁板时所用木楔，应在混凝土初凝后拔出，待强度达到 70% 以上，用小型隔膜泵压浆灌满壁板底部与池底垫层间的空隙。压力浆的配合比为：水泥∶水∶铝粉 = 100∶45∶0.05。

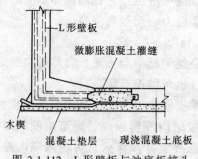

图 3-1-112 L 形壁板与池底板接头

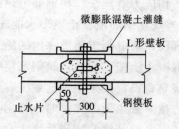

图 3-1-113 壁板侧面接头

对于壁板侧面的板缝，先焊接或绑扎侧面的锚固筋；内外模板用 M10mm 双头螺栓固定，螺栓中间焊 50×50×5 的钢板止水片，如图 3-1-113 所示；浇灌接头应用微膨胀混凝土。拆模后割去螺栓外露部分，并用水泥砂浆嵌补严密。

（2）水池施工要点

1）降低地下水措施

　　一般采用基坑排水，即在土方开挖过程中，沿基坑边挖成临时性的排水沟，相隔一定距离，在地板范围外侧设置集水井，用人工或机械抽水，使地下水位经常处于土表面以下 60cm 处。如地下水位较高，应采用轻型井点降水（见前面有关章节）。

　　2）底板施工要点

　　钢筋混凝土底板浇筑前，应当检查土质是否与设计资料相符或被扰动。如有变化时，应针对不同情况加以处理。

　　混凝土垫层浇完隔 1～2 天（视施工时的温度而定），在垫层面测定底板中心，然后根据设计尺寸进行放线，定出柱基以及底板的边线，画出钢筋分布线，依线绑扎钢筋，接着安装柱基和底板外围的模板。

　　在绑扎钢筋时，应详细检查钢筋的直径、间距、位置、搭接长度、上下层钢筋的间距、保护层及预埋件的位置和数量，均应符合设计要求。上下层钢筋应用铁撑（铁马凳）加以固定，使之在浇捣过程中不发生变位。

　　底板应一次连续浇完，不留施工缝。平底板浇捣的施工间隙时间不得超过混凝土的初凝时间。如混凝土在运输过程中产生初凝或离析现象，应在现场进行二次搅拌，方可入模浇捣。底板厚度在 20cm 以内，可采用平板振动器；当板的厚度较厚，则采用插入式振动器。

　　混凝土浇捣后，其强度未达 $1.2N/mm^2$ 时禁止振动，不得在底板上搭设脚手架、安装模板或搬运工具，并注意对混凝土的养护。

　　3）池壁抹灰施工要点

　　对于砖池壁抹灰时应注意：

　　内壁抹灰前两天应将墙面用水洗刷干净，并用铁皮将所有灰缝刮凹进 1～1.5cm。在抹第一层底层砂浆时，应用铁板用力将砂浆挤入砖缝内，增加砂浆与砖壁的粘结。底层灰不宜太厚，一般在 5～10mm；第二层将墙面找平，厚度为 5～12mm；第三层是面层，进行压光，厚度为 2～3mm。应加强砖壁与钢筋混凝土底板转角处的抹灰厚度，使呈圆角，防止渗漏。

　　钢筋混凝土池壁抹灰前，应将池内壁表面凿毛，不平处铲平，并用水冲洗干净；抹灰时，可在混凝土墙面上刷一遍薄的纯水泥浆，以增加粘结力；其他做法与砖池壁抹灰相同。预制池壁的抹灰关键在于预制构件的质量及灌缝质量。抹灰前，须将内壁表面凿毛，清扫干净，其操作方法与上述池壁抹灰相同。

1.4.4　油　　罐

　　1. 油罐概述

　　油罐由池壁、底板及顶板构成，与水池类同。油罐根据材料、型式的不同，可分为砖砌油罐、梁板式平顶盖油罐、无梁顶盖油罐、装配式球壳顶盖油罐和浮顶顶盖油罐。

砖砌油罐为圆形的地下式或半地下式，其底板与顶板，又可做成球面形或平面形，其结构与砖砌水池相同。一般适用于几百吨到千吨的中、小型油罐。

梁板式平顶盖油罐常见的有两种：一种是环行柱网，梁板式平顶盖，由预制扇形板、圆弧梁、中心圆板等组成；还有一种是方形或矩形柱网顶盖。壁厚一般采用 200 ~ 240mm，底板为 S8 级防渗钢筋混凝土，厚 200mm。一般适用于大、中型油罐。

无梁顶盖油罐的顶盖采用等厚度平板直接支承在正方形布置的柱网上，柱的上端放大，形成柱帽，用以作为板的支座，可以采用现浇，也可以采用预制装配式无梁楼盖。当油罐顶盖柱网跨度为 5 ~ 6m，有效荷载为 5000N/m² 以上时，采用无梁顶盖比梁板式平顶盖经济。

装配式球壳顶盖油罐罐底为凹形，罐壁为装配式壁板，顶盖采用钢筋混凝土薄壳，罐内无支柱，结构材料省，对清罐有利。采用现浇混凝土时，施工较麻烦。适用于容量 15000m³ 的大型油罐。

浮顶顶盖油罐的顶盖为浮船式，能随进油而浮升，卸油而降落，罐顶没有气体空间，可减少贮油损失。这种油罐可全部采用钢结构，为节约钢材，也可在罐底和罐壁用钢筋混凝土，顶盖采用钢结构。这种油罐施工要求较高，壁板垂直度的偏差不能太大，否则会影响浮顶顶盖的升降。

2.油罐施工方法及施工要点

（1）油罐施工方法

根据油罐的种类及特点的不同，其施工方法常有以下几种：

1）砖油罐施工

砖砌罐壁油罐的施工与砖砌水池的施工在砖与砂浆的强度等级、池壁与底板的结合、操作要求、现浇钢筋混凝土圈梁等方面基本相同。

在砌筑罐壁时应注意穿墙套管的处理。罐壁上穿墙套管位置处宜留成齿形方孔，放置带止水翼环的套管，然后放置必要的构造钢筋，并支模浇捣混凝土。混凝土强度等级宜用 C30（内掺占水泥用量万分之 1 ~ 4 的铝粉）。浇捣混凝土时应防止已砌的砖壁松动，并必须保证振捣质量，注意混凝土与两侧砖壁的紧密结合。

砖油罐顶盖，根据油罐的大小，有 1/4 及 1/2 砖球壳顶盖，有预制梁、板顶盖，有现浇梁、板顶盖，有预制柱、曲梁、扇形板顶盖等多种类型。其施工要点与砖壁水池、钢筋混凝土水池的顶盖相同。

2）预制装配式油罐施工

预制装配式油罐的现场施工顺序为：

土方开挖→浇灌混凝土垫层→绑扎底板钢筋→浇灌底板、环槽、柱基杯口混凝土→蓄水养护→就地预制柱、圆弧梁、中心圆板→环槽、柱基杯口找平→壁板、柱、圆弧梁、顶板吊装→壁板竖向灌缝→环槽内侧石棉水泥嵌缝→罐壁预应力绕丝→环槽外侧面石棉水泥嵌缝→油罐充水→罐外壁喷涂水泥砂浆→罐外防潮层涂刷→回填土到设计标高→罐顶找平层、防水层施工→罐顶复土→建成交付使用。

油罐的构件吊装，一般采用综合吊装法。吊装前应做好检查壁板、柱子、圆弧梁、中心圆板和预制扇形板尺寸、质量、预留孔、预埋件是否符合设计图纸及对预制构件进行弹线等准备工作。吊装时，一台起重机进入罐内进行吊装，另配备一台起重机在罐外，按照吊装需要随时配合供应构件。其吊装顺序是先外圈后内圈。一台起重机在罐外沿圆周开行吊装壁板，另一台起重机在罐内从圆形外圈开始，由一侧开行到另一侧，按螺旋形吊装的路线（如图

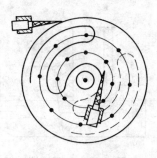

图 3-1-114　油罐吊装起重机开行路线

3-1-114 所示），进行柱子、圆弧梁、扇形板的综合吊装。也可只用一台起重机在罐内完成包括壁板在内的全部构件吊装工作。

构件吊装后，接着应做好壁板间竖缝灌缝及环槽填缝的工作，这是决定油罐渗漏与否的关键部位。

灌壁板间竖缝混凝土前，先进行支模，有三种支模方法，即花篮螺栓固定、防油渗螺栓固定及预埋钢筋环弯钩螺栓固定（图 3-1-115）。灌竖缝混凝土时，先将缝内清洗干净，浇水湿润，并绑扎好连接处的钢筋；灌缝用 C40 细石混凝土，水泥宜用强度等级 32.5 以上的普通硅酸盐水泥，最后选用膨胀水泥，石子粒径要求为 5~25mm，水灰比要小于 0.45，采用小型软轴振捣器振捣密实；待灌缝混凝土强度达到设计强度的 70% 时方可拆模，拆模后充分浇水养护。

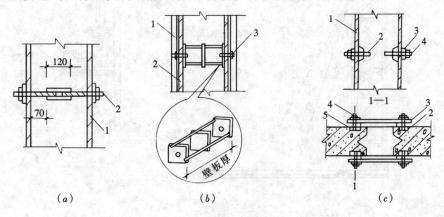

（a）　　　　　　　　（b）　　　　　　　　（c）

图 3-1-115　灌壁板间竖缝的支模方法

（a）花篮螺栓固定

1—模板；2—M12 螺栓

（b）防油渗螺栓固定

1—角钢；2—模板；3—M12 螺栓

（c）预埋钢筋环弯钩螺栓固定

1—模板；2—预埋钢筋环；3—方木；4—预应力绕丝；5—C30 细石混凝土

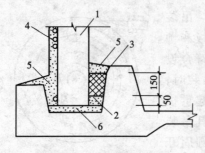

图 3-1-116　环槽填缝顺序

1—壁板；2—喷浆；3—石棉水泥，分三
层填筑；4—预应力绕丝；5—C30 细石混
凝土；6—水泥砂浆找平

环槽填缝一般分为两次进行，第一次是在罐壁绕丝前先进行环槽内侧灌缝；第二次待绕丝完后再进行环槽外侧灌缝。填缝的顺序和要求是：先清洗环槽，然后喷水泥砂浆 50mm，再填筑 3:7 的石棉水泥（石棉:水泥，要求用 3 级石棉），加水量约为石棉水泥总重量的 9% ~ 10%（一般夏季为 9%，冬季为 10%），然后每次虚铺 50mm，并用平头锤或手锤打筑，筑紧后为 20mm，填筑石棉水泥时，第一遍靠外侧打紧，第二遍靠内侧打紧，第三遍靠中间打紧，以表面打出浓浆为好。各遍之间相互搭接约 30mm。分三层填筑，总高度为 150mm，如图 3-1-116 所示。

预应力绕丝是预制装配式油罐施工中一道重要的工序。预应力绕丝采用的是绕丝机装置，该装置由四部分组成，分别是中心柱、绕丝机桁架、行走小车和绕丝机工作台。简图见图 3-1-117。

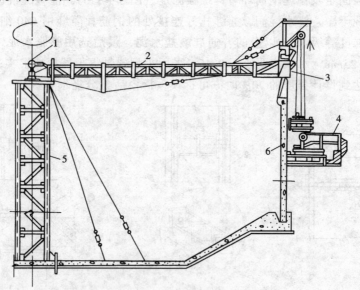

图 3-1-117　绕丝机安装剖面图

1—中心柱；2—绕丝机桁架；3—行走小车；4—绕丝机工作台；5—钢井字架；6—预制油罐壁板

中心柱位于罐中心井字架上，四周用缆风绳拉紧。动力电源从中心柱滑触电刷通向行走小车和绕丝机。绕丝桁架用型钢焊成；它的一端与中心柱连接，一端与行走小车连接；行走小车绕着中心柱，在罐壁顶钢轨上圆周运行。行走小车用型钢焊制，用电动机驱动；通过钢丝绳吊挂绕丝机，保持绕丝机和工作台贴罐壁水平前进；它是绕丝机垂直升降的主要设备。绕丝机工作时，将高强钢丝一端通过牵制器在应力盘上绕 3 圈，然后锚固在罐壁上；当机械开动后，钢丝即缠绕在罐壁上。预应力的产生是由于应力盘的周长略小于大链轮圆周长度，因而大链轮每转一圈所放出的链条长度就略长于应力盘放出的钢丝长度；二者之差，就使钢丝产生了预应力。

绕丝前，应做好准备工作，如检查罐体半径、壁板的垂直度，将外壁清理干净，壁缝混凝土的毛刺应铲平，并检查钢丝的强度是否符合要求；然后将绕丝机在地面组装安装好，并进行空车试转，检查运行是否正常。试车后，绕丝机已由罐底提升至罐顶，开始从上往下绕丝。绕丝过程中应注意钢丝的锚固、应力的测定、初拉力的调整、钢丝间距大小的控制、钢丝的接头等问题。同时，罐底周围的土方应事先挖低些，使绕丝机尽量缠到底部。

在绕丝过程中，除应注意高空作业、电器保障等一般安全措施外，要防止钢丝拉断打伤人。因此，围绕油罐罐壁外 2.5m 处，应搭设安全防护围栏，与罐同高；且非操作人员不得进入围栏以外 4m 处；绕丝机上也要搭设简单防护栏。

(2) 油罐施工要点

油罐施工要点与水池的施工要点基本相同，其特殊之处在于罐顶的施工。

对于装配式钢筋混凝土梁板式顶板，一般采用刚性防水层，即在顶盖上加一层钢筋网片，浇灌细石混凝土；沿板的支座或中心支柱处可做成柔性节点，以防止支座沉降或温度影响而产生裂缝。柔性节点的做法是，环向缝在板的分仓缝内嵌防水耐油油膏后，干铺一层 25cm 宽的再生橡胶防水层，再分别贴 50、100cm 宽的二层再生橡胶防水层；径向缝干铺一层 20cm 宽的再生橡胶防水层，再分别贴 50、100cm 宽的再生橡胶防水层。

刚性防水层面刷一层聚乙烯醇缩丁醛 7109 聚氨酯奶白漆，以防潮、防渗、防腐，刷前基层要干燥。

现浇油罐顶盖或壳顶，一般可采用自防水。

1.4.5 冷 却 塔

1. 冷却塔概述

有一些机械在运转中需采用大量冷水降温，除有充足的干净河水的地方可采用冷水冷却外，一般情况下，为了节约用水，常采用循环水法，通过喷水法或冷却塔法将水温降低到能够重复使用。冷却塔的型式有机械通风冷却塔与自然通风双曲线冷却塔两种。

机械通风冷却塔是将风机安装在冷却塔顶部，强制通风。图 3-1-118 是某石油化工厂的机械通风冷却塔的横向剖面。其下部是水池，上部是塔身和淋水装置。水池可以是地下式或半地下式的。装配式（机械通风）冷却塔的水池，由现浇钢筋混凝土底板和预制池壁板组成；塔身是由预制的墙板、梁、柱、顶板、风

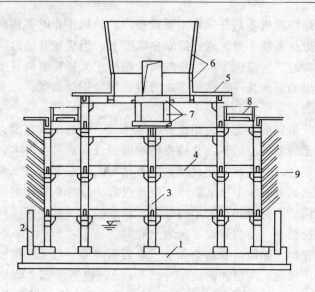

图 3-1-118　机械通风冷却塔

1—池底；2—池壁板；3—柱；4—梁；5—顶板；6—风筒板；7—风机基础；8—布水槽；9—挡水板

筒板、风机机座、布水槽等构件装配组成一个整体。这种类型的冷却塔的结构类似多层框架，预制构件的数量大，类型多，构件的运输、堆放工作量较大，且土建施工、结构吊装、设备安装等专业单位交叉施工，因此，施工时必须做好总体安排，统筹规划。

自然通风双曲线冷却塔一般在电厂中采用较多，采用自然通风。双曲线冷却塔由现浇钢筋混凝土蓄水池、筒身（包括人字柱、环梁、筒壁、刚性环）和塔芯淋水装置组成，如图 3-1-119 所示。其中蓄水池池壁与环形基础可一次分层浇筑，也可分两次浇筑，先基础，后池壁；筒身可采用预制装配式，也可采用整体现浇式施工；淋水装置是由基础、支柱、横梁、板框、支撑梁、配水槽、主水槽等预制构件现场安装组成。工程量大，施工较复杂，因此要根据筒壁的施工方法，综合考虑构件吊装顺序和吊装机具。

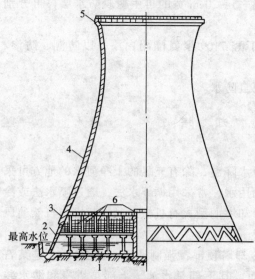

图 3-1-119　双曲线冷却塔剖面

1—蓄水池；2—人字柱；3—环梁；4—筒壁；

5—刚性环；6—塔芯淋水装置

2. 冷却塔施工方法及施工要点

（1）机械通风冷却塔施工

机械通风冷却塔的施工顺序是：

先施工水池钢筋混凝土底板，安装水池池壁板；然后吊装塔身钢筋混凝土预制构件；最后安装淋水装置。

1）水池钢筋混凝土底板施工

钢筋混凝土底板施工应先绑扎底板钢筋、支杯形壁槽模板，然后连续浇灌底板及壁槽的混凝土（不留施工缝），并进行养护。底板的钢筋为双层钢筋网，上下层之间应用钢筋铁马凳支承，以防止上表面保护层过大而产生表面裂缝。底板及壁槽均应采取防止裂缝的措施，如严格要求水泥品种；控制砂、石的含泥量，浇灌混凝土完毕后按规范要求认真进行养护等。

2）水池池壁板灌缝

池壁灌缝应灌杯形壁槽水平缝及壁板间竖缝。

当池壁板安装校正完后，应立即准备接榫灌杯形壁槽水平缝，灌缝前应认真将壁槽内的脏物清理干净，浇水湿润，按设计要求的混凝土浇灌，第一次罐至木楔子底，待混凝土强度达到70％时，才进行第二次浇灌，随灌随将楔子拔出。若用混凝土楔子则可一次浇灌完毕。

罐壁板间竖缝时，首先应将板与半伸出的钢筋按设计要求进行焊接而后支模。每条竖缝的混凝土应一次浇灌振捣密实，不允许间歇。板缝的质量是冷却池渗漏与否的关键，应特别注意。拆模后，应认真养护，有条件的情况下，可在池壁板上部铺水管（管上钻小孔）通水进行自喷，或用人工昼夜浇水养护，保持湿润状态。

3）塔身钢筋混凝土预制构件吊装

装配式（机械通风）冷却塔的结构类似多层框架，在吊装前应做好准备工作。其内容同前面结构安装工程有关章节内容。特殊的是，为了使杯口和柱子、壁槽和壁板连接较好，对杯口和壁槽要凿毛。壁板两侧大面插入壁槽部分也要凿毛，在构件进场后先凿一面，待吊装机械进场，把壁板翻身凿另一面。

预制构件的吊装方案有池内吊装和池外吊装两种。当采用池内吊装时，应在底板上铺设枕木或在吊车行驶路线上回填300mm厚土，防止对底板的破坏。当冷却塔的塔身较窄时，可在池的一侧立塔式起重机，或用履带吊或轮胎吊进行池外吊装。

预制构件的吊装顺序应按施工现场具体情况而定。针对图3-1-118，下列吊装顺序可作参考：

柱子安装 →（校正、接榫、养生）→ 池壁板安装 →（校正、壁缝钢筋焊接、壁槽和壁缝混凝土灌注）→ 一层梁安装 →（梁柱接头焊接、混凝土灌注）→ 一层间隔板和外墙板安装 →（焊接）→ 二层梁安装 →（梁柱接头焊接、混凝土灌注）→ 二层间隔板和外墙板安装 →（焊接、勾缝）→ 三层梁安装 →（梁柱接头焊接、混凝土灌注）→ 三层间隔板和外墙板安装 →（焊接、勾缝）→ 风机基础安装 →（焊接、部分现浇混凝土）→ 顶板梁和曲梁安装 →（接头焊接、混凝土灌注）→ 顶板安装 →（焊接）→ 风筒板安装 →（焊接、勾缝）→ 两侧布水槽安装──➤挡风板安装。

在吊装过程中，应注意土建、构件吊装、设备安装的配合。吊装和土建的配合，主要是接头灌缝，如柱子接榫、梁柱接头、池壁板灌缝等。给排水工艺和构件吊装的配合，主要是循环水管在冷却塔中纵横交叉，因此要求构件在吊装前，循环水管应分段预制，到一定标高随构件的吊装而吊装就位。风机设备可以在构件吊装完了以后再吊上去。

4）淋水装置的安装

淋水装置的装填是土建的最后一道工序。目前采用的工艺有两种：混凝土框架和水泥格网板；掀扣式改性聚氯乙烯菱形片。前者先组装格网架，后安装水泥格网板。后者先安淋水钢骨架，后安放改性聚氯乙烯菱形片。

（2）自然通风双曲线冷却塔施工（图 3-1-119）

自然通风双曲线冷却塔的蓄水池池壁与环形基础可一次分层浇筑，也可分两次浇筑，先基础，后池壁；筒身可采用预制装配式，也可采用整体现浇式施工；淋水装置在最后进行现场安装。因工程量大，施工较复杂，因此要根据筒壁的施工方法，综合考虑构件吊装顺序和吊装机具。

1）环行基础和池壁的施工

当环行基础和池壁采用一次分层浇筑时，应支好模板，浇灌混凝土时不宜留施工缝，应从两头向相反方向分层浇注。浇灌时，事先应根据每层混凝土数量和搅拌机供应能力来安排劳动组织，两层混凝土浇灌间隔时间不应超过初凝时间，否则应留设施工缝。

当环行基础和池壁采用两次浇筑时，基础和池壁在结构上就是分开的，浇注混凝土时，分两次进行，先基础，后池壁。

2）整体现浇筒身的施工

整体现浇筒身的施工方法有：里脚手外吊笼施工，如图 3-1-120 所示；外脚手里吊笼施工，如图 3-1-121 所示；无脚手架施工；滑模施工或用液压提升模板施工。在无脚手架施工方法中，附着式三角架施工已是较成熟的施工方法。

附着式三角架施工是将型钢制作的三角架固定在已浇灌混凝土的筒壁上作为承重骨架，在其上铺设操作平台和设置安全网进行施工。三角架一般为三层，在下层的混凝土达到 $6N/mm^2$ 时即可拆除翻至上层，逐层周转使用。三角架之间上下和环向要稳固联系，每层联成整体，成为一个环向刚性结构，使上层的施工荷载和混凝土自重能传递到下层的三角架和筒壁上。筒壁混凝土在浇筑时，只应在上下节模板接槎处留水平缝，每节浇筑高度低于模板 8cm，水平缝在浇注中应随即压成毛面凹槽；在浇注上节混凝土时应先铺一层与混凝土同配比的水泥砂浆。

滑模施工也是整体现浇筒身常采用的方法，其具体施工方法与烟囱滑模施工类同。

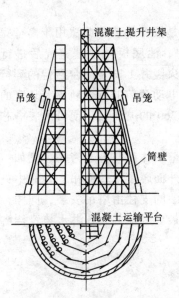

图 3-1-120 里脚手外吊笼

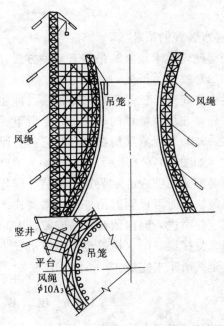

图 3-1-121 外脚手里吊笼

3）预制装配式筒壁施工

自然通风冷却塔具有高、大的特点，可采用履带吊和在中央竖井上立塔吊相配合吊装的方案进行施工。在履带吊高度和回转半径范围内可以用履带吊吊装风筒板块体等构件；超出其范围，上部风筒板块体和淋水构架可由中央竖井顶部竖立的塔吊进行安装。塔吊是将底盘焊固在中央竖井顶部的。

预制构件块体安装时，应用木工靠尺和花篮螺栓对块体进行校正和固定；并在每层吊装交圈后用水准仪控制标高，每隔两层用水准仪找平一次，误差要调整（用垫铁片）；半径的控制除安装时用靠尺已作校正外，再由塔中搭设平台引上中线用钢尺拉测复核，也可用块体长度尺寸的排分来校核安装误差；块体的安装不能向里偏。安装块体的操作平台是用三角

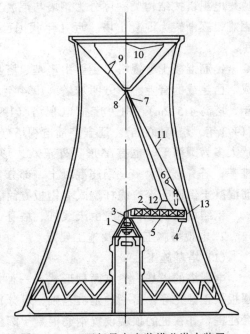

图 3-1-122 环行吊车安装塔芯淋水装置

1—立架；2—拔杆；3—拔杆转轴；4—电动葫芦；5—电动葫芦轨道；6—倒链；7—5t 转轴吊钩；8—悬挂盘；9—悬挂盘悬挂绳；10—预埋吊钩；11—拔杆悬吊绳；12—绳扣；13—拔杆沿筒壁转动回转装置

挂架。

4）淋水装置的吊装

现浇筒壁内淋水装置的吊装有三种方法：一是拔杆吊装，此法用于筒壁完成后进行；二是履带吊吊装，在人字架、梁、竖井、池底板及柱基完成后进行吊装，最后施工筒壁；三是环行吊车吊装，即在中央竖井上安装一台悬臂的环行吊车，悬臂悬挂在塔顶特设的转盘上，悬臂下固定电动葫芦的行走轨道，悬臂的另一端，装一转动装置紧顶筒壁，利用它具有回转360°的灵活性，便可吊装塔芯的全部构件，如图 3-1-122 所示。

预制装配式筒壁内淋水装置的吊装，应与筒壁块体吊装一起考虑，例如：当吊一层风筒块体时可以同时吊外第一圈支柱，由外面履带吊转圈吊；紧靠中央竖井的里圈支柱由进入池内的履带吊安装；中间各圈的支柱由塔吊安装，同样，横梁、板框、支撑梁、配水槽等也可由塔吊安装，最后剩下的 1/6 淋水装置待塔吊拆除后由走线滑车来完成。

1.4.6 电 视 塔

1. 电视塔概述

电视塔按结构类型可分为钢塔与混凝土塔。早期基本上是钢塔，因防锈维护困难，逐渐转为混凝土塔。近几年我国已有长效防腐措施，钢塔的兴建又增多了。

钢筋混凝土电视塔，主要由塔基、塔身、塔楼、桅杆、梯井及塔座等部分组成。已建成的有上海东方明珠塔（1994 年，塔高 468m）、天津广播电视塔（1991年，塔高 415.2m）、中央广播电视塔（1990 年，塔高 405m）、江苏广播电视塔（1993 年，塔高 303m）、辽宁广播电视塔（1989 年，塔高 305.5m）等。其塔身形状大多为圆筒形，也有 Y 形、外正八边形内圆形；塔基可采用天然地基基础或桩基；塔身材料大多是钢筋混凝土，部分含预应力；塔楼支承体可为钢桁架或钢筋混凝土倒锥壳等；桅杆型式有钢板方筒、圆钢板筒和四边形钢桁架。

钢结构电视塔，一般由天线杆、塔身、塔楼与塔脚等 4 部分组成。

2. 电视塔施工方法及施工要点

（1）塔基施工

电视塔的塔基一般有两种形式：一种是采用天然地基，基础分别采用环板、圆板及正锥壳等；另一种是桩基础，可分别采用钢筋混凝土预制桩或大直径扩底灌注桩，并在桩的顶端设置钢筋混凝土圆板或其他形式的板状承台。

塔基施工的要点为：

1）由于塔基一般为深基础，而且又是大体积混凝土，所以在施工前必须制定具体的施工方案，施工方案应包括的内容是：土方开挖和基坑边坡支护方案；降、排地下水的措施；桩基础施工方法和设备选用；基础底板或壳板结构施工方法；垂直与水平运输方法；土方回填施工方法；施工质量要求和安全保证措施。

2）当基础混凝土较厚时，应分层进行灌筑，每层混凝土应一次浇灌完毕，不得留施工缝。每层混凝土间应按设计要求和施工规范规定进行处理。

3）基础底板应按大体积混凝土的施工技术要求组织施工，关键是防止混凝土产生温度裂缝和收缩裂缝。因此，应通过计算确定混凝土的浇筑方案、入模温度、养护方法和养护时间，并采取有效措施使混凝土的内外温差、混凝土外表面与环境的温差小于或等于25℃。

4）应采取有效措施确保混凝土塔基内的钢筋位置准确，尤其是从底板上伸出的竖向钢筋，由于要与上部塔身钢筋相连接，所以应采取有效固定措施，防止钢筋位移。当为预应力钢筋混凝土时，尤其注意水平环向预应力埋管位置的准确；埋管一般采用镀锌钢管，水平埋管亦可采用波纹管。

（2）塔身施工

塔身是电视塔的主体，塔身高度一般占总高度的2/3～3/4，采用现浇钢筋混凝土或预应力钢筋混凝土，混凝土用量一般为总量的50%～70%。因此，塔身施工的速度与质量，直接关系到整个电视塔的进度和质量。

塔身施工要点如下：

1）施工方法选择：塔身施工方法常见的有滑模、倒模、爬模、升模等几种。具体选用哪种施工方法，要根据塔身设计型式、高度、施工设备条件，以能满足建筑、结构的功能要求及综合效益为主要原则。应尽量采用成熟的施工工艺，当采用新工艺和新方法时，应先作好技术论证和必要的试验，取得可靠的数据后方可实施。目前国内一些电视塔的施工方法见表 3-1-18。

表 3-1-18

名　　称	高　度（m）	施 工 方 法
天津广播电视塔	415.2	液压滑模工艺
中央广播电视塔	405	液压滑模工艺和倒模工艺
辽宁广播电视塔	305.5	液压滑模工艺
江苏广播电视塔	303	电动和手动爬架倒模工艺
陕西广播电视塔	248	电动提模工艺
湖北广播电视塔	221.2	倒模（移置式模板）工艺
徐州广播电视塔	199.5	液压滑模工艺

对于圆形塔身宜用滑模及滑框倒模工艺；对于多边形、肢腿式塔身，为保证菱形的直线度及外表平整，宜采用提模、爬模工艺。

2）模板和平台系统设计：塔身施工的模板系统设计应包括模板、支撑约束、连接件、提升架等，并应符合以下原则：强度可靠，刚度符合设计要求；安装简便、连接紧密，收分灵活；易于加工制作，便于维修。

平台系统设计包括操作平台、料台、吊脚手架、随升垂直运输设施等，并应符合以下原则：整个系统布局合理，便于施工操作；整体刚度好，承载力强，利于纠偏和调平；在塔身变直径或变截面时适应性强，拆改方便，拆改后全系统仍具有足够的整体刚度、承载力和安全保证。

3）提升系统设计：模板和平台的提升系统，应采用机械化程度较高的液压爬升千斤顶或提升机为主，简易提升机为辅。对于整体操作平台的模板或操作架的提升，可采用塔吊、拔杆等起重设备。

4）塔身钢筋及预埋件施工：塔身内的竖向钢筋下料长度控制在 4～6m 范围内，竖向钢筋的连接可优先采用冷挤压套管、锥螺纹管等机械连接接头。当塔身为连续变截面圆形筒壁时，竖向钢筋向圆心的倾斜角应有限位措施。水平环筋的间距应按设计要求设置，且在每层混凝土浇灌面上至少有一道绑扎好的水平环筋。为保持筒壁中内、外排钢筋的排距尺寸，应设置钢筋支架（铁马凳），间距不大于 1m。

预埋件的锚固钢筋应避开塔体结构的主筋和预应力埋管。当塔身采用滑升模板施工时，预埋件的设置应符合有关规范的规定。

5）塔身混凝土施工：应采用同一厂家的水泥和同一砂场的同种砂配制混凝土，以保证塔身混凝土颜色均匀一致。混凝土的强度、抗渗性、耐久性应经试配确定，并应符合设计要求。混凝土强度增长和施工速度的关系，应根据所采用的施工方法经计算或试验确定。

混凝土应沿塔身高度分层、对称、均匀连续浇捣。每层混凝土的厚度应根据所采用的施工方法而定，滑模时宜为 200～300mm，其他移置式模板以小于 500mm 为宜。浇捣混凝土时应匀称地变换混凝土浇灌的起点和方向，以免引起塔身扭转。塔身混凝土宜连续浇灌，在同一模板高度内一般不留置施工缝，特殊或重要部位的水平施工缝应按设计要求处理。要注意限制施工缝的静停时间，一般应控制在 24 小时以内。

6）测量系统控制：包括建立平面控制网、塔身结构施工放样、垂直度与扭转监测、标高控制、平台水平度的观测和调平、沉降观测、日照变形观测等，其中：

平面控制网：应采用独立坐标系统，根据设计定位条件、施工方案和场地情况综合考虑，控制网应包括塔的主要轴线，网的中心就是塔的中心，并从已知水准点引测三个深埋的水准点供施工使用。

塔身结构施工放样：根据平面控制网按设计尺寸通过测量手段，放样在任何高度的施工面上，并保证要求的精度，重点是塔身中心点、任意标高处的筒体半径以及主要轴线角度等的控制点。

垂直度与扭转监测：塔身垂直度和扭转的监测是施工的主要环节，常用的方法有：激光铅直仪法、光学铅直仪法、线锤法、塔外经纬仪法（在地面主控轴线上安置 3～4 台经纬仪或激光经纬仪，仪器安设点至塔中心的水平距离宜为塔高的 1.5～2 倍）等。

标高控制：在塔身内 +1.00m 标高处设水准基点，用钢尺向上量度，每 40m 设置一换尺寸，各段采取综合累计读数。

平台水平度的观测和调平：可采用 FA-32 型自动安平水准仪找平；也可用 BJ-84 激光铅直仪加水平扫描头找平；还可用连通水管找平。找平时在所有承重杆上找出一条水平线，以此为依据校准限位卡挡体的标高，从而控制平台水平度。

沉降观测：在施工中或竣工后要对电视塔进行系统沉降观测。沉降观测点埋于塔身上，为便于施工期间观测，沉降点应埋在 +0.000 以下，塔座装修完后，将沉降点移到 +0.000 以上，供竣工后长期观测用。

塔身施工日照变形观测：应根据不同季节、不同时间、不同部位条件下的日照变形规律，指导塔身及其上部结构施工和放样工作。观测内容包括：混凝土塔身温度分布值、大气温度及风速值、记录塔中心点在各时间段内偏离中心线的位移值和方向，提出观测报告，绘制塔身日照变形曲线，即位移—时间曲线。

7）垂直运输：塔身及混凝土桅杆施工一般采用内爬塔随升式平台、金属起重扒杆。当采用内爬塔式起重机安装于塔身内时，必须进行结构验算，并征得设计单位同意；当其支承于筒壁时，宜采用预留洞的方法。

当垂直运输机械设备拆除前，应编制专门的拆除方案，经主管技术负责人审批，并对参与拆除的有关人员进行技术、安全交底后方可实施。

8）预应力施工：有的塔身采用预应力钢筋混凝土，施工方法请参见第一篇有关内容，同时还应注意：

埋管：宜用镀锌钢管，水平埋管也可使用波纹管。埋管位置应正确，水平埋管在任意 10m 长度内的偏差值不得大于 ±20mm；竖向埋管每段的垂直度应控制在 5% 以内；端部承压板应垂直预埋管中心线。

预应力孔道摩阻损失试验：应在预应力筋正式张拉前进行，并按照《混凝土结构设计规范》中的有关规定进行孔道摩阻损失计算，摩阻损失值需经设计认可后方可正式进行钢筋张拉。

张拉：预应力钢筋的张拉应按对称的原则进行，并应以应力控制为准。张拉控制应力由设计给定，同时进行伸长值校核。

灌浆：灌浆前应通过优化确定水泥浆的配合比和灌浆参数。灌浆用的水泥强度等级不应低于 32.5，宜选用硅酸盐水泥或普通硅酸盐水泥；水泥浆 28 天的强度不应低于 M30 或设计规定，水泥浆的流动度应满足工艺要求，水灰比最大不得超过 0.45，搅拌 3 小时的泌水率宜控制在 1% 以内，最大不超过 2%。水泥浆应用机械搅拌，搅拌时间不得少于 60s，搅拌好的水泥浆停放时间一般不超过 30min。竖向孔道灌浆应由下向上进行，即可接力灌浆，也可分段灌浆。水平孔道灌浆时，应一次连续灌浆完成，待另一端冒出浓浆后，封闭出浆口，继续加压，稍后再关闭灌浆机。

封头：预应力钢筋应在灌浆结束后进行封头，封头用 C30 以上混凝土或按设计要求。

（3）塔楼施工要点

1）塔楼的施工方案内容：塔楼的支承结构形式有钢筋混凝土倒锥壳支承结构和钢桁架支承结构，但不论何种支承结构均为高空悬挑作业，必须单独编制施工方案。塔楼施工方案应包括的内容有：设计的结构形式、几何尺寸和对施工的要求；混凝土倒锥壳支承结构的模板及支架的安装方法、程序、安全性和拆除方法（或钢桁架支承结构的制作、安装工艺，包括改样、下料、矫正、钻孔、校正、试拼装等技术要求）；工程进度要求：垂直运输设备的各项性能。

2）支承结构施工时，对模板支撑、钢架设计应考虑五类荷载，即风荷载、施工荷载（包括人员、机具重量、混凝土倾倒荷载等）、新浇筑的混凝土重量、钢筋重量、模板和钢支架自重。

3）当支承结构为钢筋混凝土倒锥壳结构时，倒锥壳与筒壁混凝土应连续施工，壳体和水平壳体可分段施工，所有施工缝的留置都必须与设计单位商定。

4）塔楼钢结构施工，可选用内爬塔、桅杆起重机，构件吊装可利用钢筋混凝土塔身作为竖桅杆，在外平台上架设组合扒杆，可沿水平向周围移动，用中速卷扬机起吊构件、慢速卷扬机做扒杆变幅。安装时，钢三角桁架支承结构可采用平面安装，商埠结构应采用单元立体作业，以减少扒杆移位次数，节约时间和用工。

5）塔楼钢结构安装，应由专业技术队伍施工，从事安装的工人必须进行有关专业的培训，电焊工必须持有合格证。并在施工前编制出施工方案。

6）塔楼钢结构采用的钢材、连接材料和涂料均应符合设计要求，材质要符合有关现行国家标准的规定。钢结构材料进场后，应取样进行机械性能和化学成分的检验，合格后方可使用。安装时用的专用机具、设备、以及通讯、监控设施和检测设备，也应满足施工要求，并应定期进行检验。

7）构件安装前必须取得安装接合部位的实测偏差资料，检查核对安装部位的轴线、标高等是否符合设计要求，并进行塔楼钢结构试拼装。结构构件运输时应防止变形，运到安装现场后，应按构件分层分类编号，并按吊装顺序清点、堆放。

8）塔楼钢结构的安装偏差及钢构件成品的允许偏差应符合现行的国家规范《钢结构工程施工质量验收规范》的规定，并按现行相关质量检验评定标准进行检查验收。

（4）桅杆施工要点

1）混凝土桅杆支承结构：一般为厚大体积混凝土结构，截面变化大、钢筋密集，应单独编制施工方案。混凝土桅杆支承结构的施工方法是，外模板可采用单侧滑模、爬模或其他移置式模板；内模板及支架宜采用预制拼装，但需通过计算确定，并考虑对下层结构的影响。

2）桅杆支承结构混凝土应分层浇筑，分层高度应根据结构截面尺寸、模板高度、内模板与支架的承载力、振捣方法和混凝土运输能力等综合确定。同一层的混凝土应连续浇筑，不得留施工缝，各层间的施工缝设置，应会同设计人员商定。

3）桅杆钢结构的制作与安装，除参照塔楼钢结构的有关要求外，还要注意钢桅杆的安装、校正应选择风力、日照最小的时间进行。

4）钢桅杆的安装方法有：竖井架、扒杆、多台卷扬机配合安装；分段起吊、高空组装，整体或分段顶升与提升；分段组装、整体提升就位。

钢桅杆的安装可采用液压顶升或其他提升设备。钢桅杆分段起吊，整体吊装，宜采用机械提升或液压提升设备，并根据单件重量配置相应的自行式起重机。

（5）安全注意事项

1）安全基本要求

电视塔施工时必须严格遵守现行的国家规范《施工现场临时用电安全技术规范》、《建筑机械使用安全技术规程》、《建筑施工安全检查评分标准》等有关规定。

施工前应针对结构和施工特点、地理环境、气候条件等编制切实可行的安全技术组织措施，纳入电视塔施工组织设计中，并报请上级安全和技术主管部门审批后实施。

凡参加高空作业的人员，均应事先进行身体检查，凡不适合高空作业的人员，一律不得从事高空作业的工作，严禁酒后上塔作业。

施工现场应和当地气象部门建立专业天气预报联系，遇雷雨或六级以上大风天气，必须采取措施，防止事故发生。

2）地面安全措施

施工现场应根据电视塔的形状、地形和周围环境条件等因素，确定和划分危险警戒区，并用明显标志标出。危险区的等级和半径范围可参考表 3-1-19。

表 3-1-19

危险区半径(m)　　塔体高度(m)　　危险区等级	≤100	≤200	≤300	>300
一	20	20～30	30～40	≥45
二		40～50	60～70	≥80
三			80～90	≥100

现场供电、办公及生活设施等暂设工程和大宗材料堆放场，应布置在二级危险区以外；垂直运输用卷扬机棚、混凝土搅拌棚等也应布置在二级危险区以外。

一、二级危险区内的建筑出入口、上塔通道等，应搭设高度不低于 2.5m 的安全防护棚；塔吊设在一、二级危险区内时，司机室顶上应用木板密铺搭设一层防护棚罩。

地面施工作业人员在一级危险区防护棚外工作时，应与高空财政普通上的人员取得联系，并指定专人负责警戒。

3）操作安全要点

操作平台和吊脚手架的外边应设置钢制防护栏杆，高度不小于 1.2m，下面设挡脚板，架上的铺板必须严密平整、防滑、固定可靠。平台上的孔洞应设盖板封严，内外脚手架应兜底满挂安全网。

所有垂直运输设备，均必须经过安全、技术部门检查合格后方可使用，每天作业前还应有专人负责班前检查。通讯、联络信号应灵敏可靠，并设专人管理。塔顶和井架顶部应按规定设置信号灯。

施工现场和操作部位必须有符合规定的电气照明；动力和照明应分路供电，同时必须有备用电源。施工操作的最高位置，应设有符合标准的防雷接地装置。

应严格控制操作平台上人员、材料堆放、施工设备等的数量和分布位置；大风天气时，应将操作平台上的易动物件予以固定，避免被大风吹落。

垂直运输及操作平台等的拆除，应编制详细的拆除方案，并经有关部门批准后方可组织实施。

4）消防安全设施

施工现场应设置健全的消防组织，并有专职消防员负责日常工作。并应按消防要求设置消火栓，场内应有畅通的道路，以保证消防车能顺利通行。

塔上操作平台上应设有足够数量的消防器材，并配有干粉灭火机，用于电气防火。当在塔上进行电焊、气焊时，应配专人看守。塔上操作平台与结构楼梯之间，应设置疏通通道；结构楼梯间，应设置专线安全照明。

思 考 题

1.1　在砖混房屋结构施工中，如何提高塔机工作效率？

1.2　试述砖混结构主体施工顺序及主要施工工艺。

1.3　起重机安装柱、屋架、屋面板时，其工作参数及起重机的型号应如何确定？

1.4　现场预制有几种平面布置方法？如何确定起重机开行路线、停机位置和柱的预制位置？

1.5　屋架的预制和安装就位有几种布置方式？如何确定其位置？

1.6　装配式框架结构安装如何选择起重机械？塔式起重机的平面布置方案有哪几种？

1.7　试述装配式框架结构柱的安装、校正和接头方法。

1.8　简述装配式墙板的制作、运输、堆放以及吊装工艺过程。

1.9　试述墙板安装的工艺流程。

1.10　吊装过程中应注意哪些安全事项？

1.11　升板法施工工艺包括哪些施工过程？

1.12　升板法施工中的柱子预制，应注意哪些技术要求？

1.13　试分析升板在提升过程中造成升差的原因。

1.14　升板的提升程序应如何合理确定？

1.15　如何验算升板法施工的柱子稳定性？

1.16　试述升滑施工、升层施工、集层升板施工的工艺原理。

1.17　试述现浇混凝土结构体系的类型及其特点。

1.18　钢结构堆放场地面积如何确定？

1.19　试述钢结构吊装的准备工作内容。

1.20　试述钢柱、钢桁架及吊车梁的吊装方法及校正方法。

1.21　何谓钢结构安装的分层安装法和分单元退层安装法？

1.22　试述钢结构的安装顺序。

1.23　试述高层钢结构构件的质量检验内容。

1.24　试述钢柱基础的准备工作内容。

1.25　试述地脚螺栓的预埋方法。

1.26　试述高层钢结构的焊接顺序及焊缝质量检验方法。

1.27　试述高强螺栓连接施工顺序及高强螺栓连接质量检验方法。

1.28　试述钢网架的高空散装法、分条或分块安装法、高空滑移法、整体提升法、整体顶升法的基本原理及特点。

1.29　分别简述烟囱、水塔、水池、油罐、冷却塔、电视塔等构筑物的组成。

1.30　烟囱筒壁按材料分为哪几种？若烟囱高度超过 60m，其筒壁应采用哪一种材料？

1.31　钢筋混凝土烟囱有哪几种施工方法？分别简述其施工工艺过程。

1.32　烟囱筒壁内设置内衬及隔热层的作用是什么？其内衬和隔热层分别有哪几种类型？

1.33　砖烟囱有哪几种施工方法？分别简述其施工工艺过程。

1.34　烟囱基础施工应注意哪些问题？

1.35　水塔水箱按构筑材料分为哪几种类型？

1.36　钢筋混凝土水箱按结构型式分为哪几种类型？

1.37　水塔塔身有哪几种型式？其构筑材料分别是什么？

1.38　水塔基础常见的有哪几种型式，其与哪些因素有关？常优先选用哪一种型式？

1.39　水塔有哪几种施工方法？分别简述其施工工艺过程（注意水塔施工中的支模方法）。

1.40　水池池壁可用什么材料制作？根据池壁的材料和形状不同，水池可分为哪几种，其适用范围如何？针对不同的型式，其采用什么样的施工方法？

1.41　水池底板施工时应注意哪些要点？

1.42　油罐根据材料和型式不同，有哪些种类？其施工方法分别是怎样的？

1.43　冷却塔有哪两种类型？这两种冷却塔的施工方法分别是怎样的？

1.44　电视塔按结构类型可分为哪两种型式？其分别有什么组成部分？

1.45　电视塔塔身施工时，为保证其施工质量，采用的测量控制系统包括什么内容？

1.46　电视塔塔楼的施工方案包括什么内容？

第2章 道路工程施工设计

§2.1 施 工 机 械

2.1.1 施工机械的分类、选型和组合

施工机械是用来实现土石方工程、路面工程施工的一种技术设备，是公路建设能够科学地进行机械化组织与管理、保证工程质量、加快工程进度的重要施工工具。

施工机械的类型和规格繁多，施工性能也各有差异，根据路基路面工程的施工对象、施工要求的不同，主要的施工机械包括铲土运输机械、挖掘机械、路面摊铺机械、拌和机械、碾压机械等。

在工程上必须根据工程量的大小、施工进度计划、施工条件、现有机械的技术状况和新型机械的拥有情况等，选择既满足技术上先进、经济上合理、使用上安全可靠，又能保质保量完成施工作业的各种机械设备和最佳的组合方案。因此，在选择施工机械时，应遵循的原则是：能适应施工现场的地质、地形、地貌等施工条件；能充分发挥施工机械的效率；技术上先进，自动化程度高，易于检查维修、操作和环保性能好，能源消耗低，便于转移；能满足工程质量要求等。

能否发挥机械设备性能的重要因素是合理地组合机械，根据施工工艺、施工组织，合理地选定主导机械，并按需配置辅助机械，使之成为综合施工机械。机械的组合原则是：充分发挥主导机械的生产率，尽量减少机械的组合数，力求机械统一，以便于维修和管理；应进行技术上和经济上的分析和比较，确定组合机械的最低经营费用，以便于降低施工成本。

2.1.2 土（石）方工程机械

土（石）方工程机械是完成土（石）方施工过程的施工机械。常用的铲土运输机械有推土机、铲运机和平地机等；常用的挖掘机械有正铲挖掘机、反铲挖掘机、拉铲挖掘机、抓铲挖掘机；常用的工程运输机械有公路型和非公路型车辆；常用的石方工程机械有松土器和各种凿岩钻孔机械。

2.1.3 压 实 机 械

1. 压实机械的分类

（1）按压实作用原理分类

压实机械按压实作用原理可分为静作用碾压机械、振动碾压机械和夯实机械三种类型。

（2）按行走方式分类

压实机械按行走方式可分为自行式碾压机械和拖式碾压机械。

（3）按碾轮形状分类

压实机械按碾轮的材质和表面形状可分为钢制光轮、钢制羊足（或凸）轮、充气胎轮和联合轮（由 1 个振动钢轮和 3～5 个充气胎轮的联合构成）等压路机械。

2. 压实机械的主要性能

表 3-2-1 所列各种压实机械的使用技术性能。表 3-2-2 所列压实机械的主要技术性能。

压路机的使用技术性能 表 3-2-1

压路机类型	使用技术性能		
	最佳压实厚度（cm）	碾压次数	适用范围
自行式光轮压路机			
5t	10～15	12～16	各类土及路面
10t	15～25	8～10	各类土及路面
12t	20～30	6～8	各类土及路面
拖式光轮压路机			
5t	10～15	8～10	各类土
拖式轮胎压路机			
10t	15～20	8～10	各类土
25t	25～45	6～8	各类土
50t	40～70	5～7	各类土
振动压路机			
0.75t	50	2	非黏性土
6.50t	120～150	2	非黏性土

国外自行式振动压路机主要技术性能 表 3-2-2

生产厂家	型号	型式	自重（t）	振频（n/min）	激振力单轮	轴距	最小转弯半径（m）	滚轮直径×宽度（mm）	额定功率（kW）	速度范围（km/h）
酒井重工业	SV90	组合	9.7	2400	170	2800	5.6	1500×2100	98	0～28
	PV100	组合（全驱动）	9.6	1600	310			1620×2050	76	4.6～6.8
Raygo	510A	单滚轮铰接转向	17	1100/1500	225	2781	6.17	1524×2032	88	4.0～6.8
	2-84	双滚轮串联铰接转向	15	1200/2300	260	4267	2.25	1524×2133	131	1.6～12

续表

生产厂家	型 号	型 式	自重(t)	振频(n/min)	激振力单轮	轴距	最小转弯半径(m)	滚轮 直径×宽度(mm)	额定功率(kW)	速度范围(km/h)
Bomag	BW160A	双滚轮串联铰接转向	7.9	1800/2700	652	2900	5.67	1200×1650	60	0~9
	BW220A	全振动、驱动铰接转向	12.2	1700/2400	136	3505	4.32	1219×2032	112	0~9.7
	BW211A	轮胎（光）铰接转向	8.95	1740/2520	193	2850	5.86	1500×2100	82	0~20
	BW212	轮胎（光）铰接转向	9.22	1860	169	3000	4.9	1500×2100	82	0~20
	BW215D	轮胎全驱动铰接转向	17.7	1650	245	3030	4.57	1500×2100	110	0~14
Dynapac	CA25	轮胎光轮铰接转向	10.4	1680	163	2845	5.i	1525×2130	92	0~12
	CA25PD	轮胎捣实轮铰接转向	12.2	1680	200	2845	5.1	1730×2130	92	0~6
	CA51P	轮胎捣实轮铰接转向	15	1500	220	3036	5.1	1740×2130	192	0~7
Ingersoll-Rand	DA50	双滚轮全驱动铰接转向	10.8	1600/2400	118		4.04	1270×1905	77	0~9.6
	SPF-60	轮胎捣实轮铰接转向	19.3	1000~1500	395	3683	5.94	1524×2540	155	0~11.6
Vibromax	W751	双滚轮串联铰接转向	9.3	2000~3000		2890	4.2	1200×1400	55	0~13
	W1101	轮胎铰接转向	16.2	1500	247	2880	4.2	1600×2150	118	0~18
ABG	PUMA181V	轮胎光轮铰接转向	14.5	1750/2500		2875	4.3	1506×2100	88	0~7.5
	PUMA179	轮胎光轮铰接转向	12.8	1750/2500		2875	4.3	1506×2100	82	0~10

2.1.4　路面工程施工机械

1. 半刚性基层材料拌和机械

半刚性基层材料拌和机械可分为路拌机械和厂拌设备两大类。

（1）路拌机械

稳定土拌和机能把土、无机结合料和矿料等材料按施工配合比，在路上直接拌和。这种路拌机械占地小，机动灵活，所需配套设备少，其拌和质量好。

稳定土拌和机械按行走方式可分为履带式和轮胎式两种。履带式拌和机的附着力大，整体稳定性好，但机动性差，不便于运输。轮胎式拌和机由于采用了低压宽基轮胎，其整体稳定性和附着力都很好，且机动性也好，因而在施工中广泛采用。

稳定土拌和机械按工作装置在拌和机上的位置可分为前置式、后置式和中置式三种。前置式拌和机在作业面上会产生轮迹，逐渐被淘汰。后置式拌和机在作业面上不会产生轮迹，维修、保养方便，转弯半径小，是目前应用最为广泛的路拌机械。中置式拌和机稳定性好，但维修、保养不方便，且转弯半径大。

稳定土拌和机按转子的旋转方向可分为正转和反转两种。反转拌和机的切削方向是转子由下向上切削（即逆切），其拌和质量好，但拌和阻力大，消耗的功率也大；正转拌和机的切削方向是转子由上向下切削（即顺切），由于拌和阻力小，其拌和宽度和深度均较大，但只适用于拌和松散的稳定材料。

（2）厂拌设备

稳定土厂拌设备是将土、碎石、砾石或碎砾石、水泥 石灰、粉煤灰和水等材料按照施工配合比在固定的地点拌和均匀的专用生产设备。

稳定土厂拌设备由供料系统（包括各种料斗）、拌和系统、控制系统（包括各种计量器和操作系统）、输送系统和成品储存系统五大系统所组成（图3-2-1）。

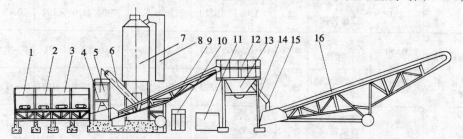

图 3-2-1 稳定土厂拌设备结构示意图

1—配料斗；2—皮带供料机；3—水平皮带输送机；4—小仓；5—叶轮供料器；
6—螺旋送料器；7—大仓；8—垂直提升机；9—斜皮带输送机；10—控制柜；
11—水箱水泵；12—拌和筒；13—混合料储仓；14—拌和筒立柱；15—溢料管；
16—大输料皮带机

2．水泥混凝土路面施工机械

水泥混凝土路面的施工机械主要有水泥混凝土搅拌和水泥混凝土摊铺成型两大类机械设备，直接影响着水泥混凝土路面的浇筑质量和成型质量。

（1）搅拌设备

水泥混凝土搅拌设备，可分为水泥混凝土搅拌机和水泥混凝土搅拌站（楼）两大类。水泥混凝土搅拌机按其搅拌原理分为自落式和强制式两大类。

（2）摊铺设备

水泥混凝土摊铺设备按其施工方法可分为轨道式和滑模式两大类。

1）轨道式摊铺机

轨道式摊铺机是支撑在平底型轨道上的，它既可以固定在宽基钢边架上，也可以安放在预制的混凝土板上或补强处理后的路面基层上。轨道式摊铺机是由轨道的平整度来控制水平调整，而垂直调整则根据摊铺机的类型，采用不同的调整控制方式。

轨道式摊铺设备主要由进口料器、摊铺机、压实机和修整机、传力杆和拉杆放置机、路面纹理加工机等机械组成。

2）滑模式摊铺机

滑模式摊铺设备是 20 世纪 60 年代初发展起来的一种新型水泥混凝土路面施工机械。滑模式摊铺设备是安装在履带底盘上，行走装置在模板外侧移动，支撑侧边的滑动模板沿机械长度方向安装。机械的方向和水平位置靠固定在路面两侧桩上拉紧的导向钢丝和高强尼龙绳来控制。机械底层的水平位置靠与导向钢丝相接触的传感装置来自动控制。附设的传感器也同时制约摊铺机的转向装置，以使导向钢丝和滑模之间保持一定的距离。滑模式摊铺机作业时，不需要另架设轨道和模板，能按照要求使路面板挤压成型。

滑模式摊铺设备主要由摊铺机、传力杆或拉杆放置机、路面纹理加工机、养生剂洒喷机、切缝机等机械组成。

3．沥青路面施工机械

沥青路面施工机械主要有沥青洒布机、沥青混合料拌和设备和沥青混合料摊铺设备等。

（1）沥青洒布机

沥青洒布机是将热态沥青（工作温度在 120～180℃）洒布到碾压好的碎（砾）石基层上的一种施工机械。

沥青洒布机根据施工时的使用情况，可分为手动式和自动式两大类。

（2）沥青混合料拌和设备

沥青混合料拌和设备是将骨料相配、烘干加热筛分称量，而后加入矿粉和热沥青进行强制搅拌成沥青混合料的拌和设备。按施工特点可分为传统式和滚筒式；按生产能力可分为超大型（生产能力 >400t/h）、大型（生产能力 150～350t/h）、中型（生产能力 50～100t/h）和小型（生产能力 <50t/h）。

1）传统式拌和设备

传统式拌和设备根据混合料的拌和是否连续，又分为传统连续式沥青混合料拌和设备和传统间歇式（或周期式、或循式）沥青混合料拌和设备。

传统连续式沥青混合料拌和设备中，各骨料的定量加料烘干与加热混合料的拌和与出料都是连续进行的；传统循环式沥青混合料拌和设备中，各骨料的定量加料、烘干与加热是连续进行的，而混合料的拌和与出料则是按一定的间歇周期进行的，即是按份数拌和的。

2）滚筒式拌和设备

由于传统式沥青混合料拌和设备在生产过程中会产生大量的粉尘，造成环境的严重污染，需增加大量的除尘设施，且设备的组成部分较多，结构复杂，设备庞大，能耗高。滚筒式沥青混合料拌和设备是骨料烘干、加热与沥青的拌和同在一个滚筒内进行，从而避免粉尘的飞扬和逸出。具有结构简单、磨耗低和污染小等优点。

（3）沥青混合料摊铺设备

沥青混合料摊铺设备是用来将拌和好的沥青混合料均匀摊铺在已整修好的路面基层上的专用设备。沥青混合料摊铺设备的工作装置主要有螺旋摊铺器、振捣梁和熨平装置三大组成部分。

沥青混合料摊铺设备按行走方式分为自行式（高等级路面施工常用）和拖式两种，而自行式摊铺机又分为履带式、轮胎式和复合式三种。

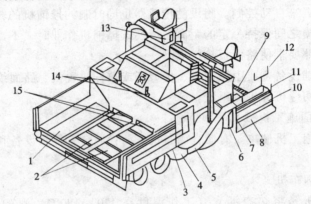

图 3-2-2　轮胎式沥青混合料摊铺机

1—受料斗；2—刮板输送器；3—牵引臂端提升液压缸；4—牵引臂端头；5—牵引臂；6—熨平装置提升液压缸；7—螺旋摊铺器；8—纵坡调节传感器；9—振动-熨压板；10—熨平端板；11—熨平端板调节手柄；12—铺层厚度调节器（手柄）；13—横坡调节传感器；14—左右闸门标高；15—左右闸门

轮胎式摊铺机的前轮为一对或两对实心小胶轮（图 3-2-2 所示），这样既可增强承载力，又可避免因受荷载变化而变形，后轮大多为较大尺寸的充气轮胎。这种摊铺机具有行驶速度快（可达 20km/h），自由转移工地，费用低；机动性和操纵性能好；对单独的小面积高堆或深坑适应性较好，不致过分影响铺层的平整度；弯道摊铺质量好；结构简单，造价低；对路面不平度的敏感性较强；受料斗内的材料多少会改变后驱动轮的变形量，从而影响铺层质量（可采用自卸汽车分次卸料来避免，但又会影响汽车的周转）等特点。

履带式摊铺机的履带，大多装有橡胶垫块，以避免对地面造成压痕，降低对地面的压力。这种摊铺机具有牵引力与接地面积都较大，减少对下层的作用力；

对下层的不平度不太敏感；行驶速度低，不能很快地自行转移工地；对地面较高的凸起点适应能力差；机械传动式摊铺机在弯道上作业时会使铺层边缘不整齐；制造成本较高等特点。这种摊铺机是目前生产和使用得较多的机械，尤其是大型机械。

复合式沥青混合料摊铺机作业时，利用履带行走装置；运输时，采用充气轮胎装置。广泛应用于小型沥青混合料摊铺施工。

§2.2　路基工程施工

路基是道路的主体和路面的基础，承受着岩、土自身和路面的重力，它应为路面提供一个平整层，且在承受路面传递下来的荷载和水、气温等自然因素的反复作用下，具有足够的强度和整体稳定性，满足设计和使用要求。

2.2.1　路基的类型

路基主要是用土、石修建的一种线性结构物，工艺较为简单，但土石方工程量甚大，往往是控制道路施工工期的关键。路基通常分为一般路基和特殊路基。凡在正常的地质与水文条件下，路基填挖高度不超过设计规范或技术标准所允许的范围，称为一般路基；凡超过规定范围的高填或深挖路基，以及地质与水文等特殊条件地区的路基，称为特殊路基，为保证路基具有足够的强度和稳定性，并具有经济合理的横断面形式，特殊路基需要进行个别的设计与施工。

路基的几何尺寸是由宽度、高度和边坡坡度组成，根据路基设计标高和原地面的关系，路基可分为路堤、路堑和填挖结合路基。填方路基称为路堤，图 3-2-3 为路堤的几种常见的横断面形式；低于原地面的挖方路基称为路堑，图 3-2-4 为路堑的几种常见的横断面形式；位于山坡上的路基，设计上常采用道路中心线标高作为原地面标高，这样，可

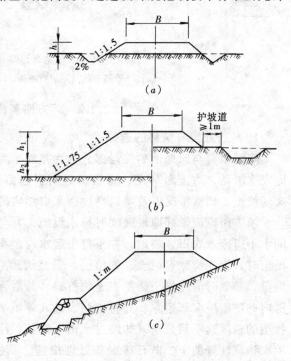

图 3-2-3　路堤常用的横断面形式
（a）矮路堤；（b）一般路堤；（c）护脚路堤

以减少土石方工程量，避免高填深挖和保持横向填挖平衡，形成填挖结合（或半填半挖）路基，图 3-2-5 为填挖结合路基典型横断面形式。

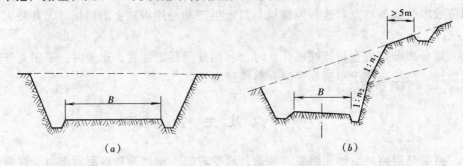

图 3-2-4   路堑的横断面形式

（a）平地路堑；（b）斜坡路堑

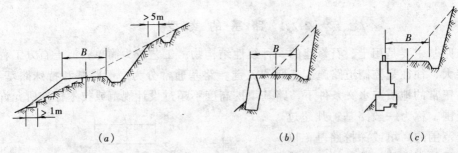

图 3-2-5   填挖结合路基典型断面

（a）一般路基；（b）护墙路基；（c）挡土墙路基

2.2.2   填方路基施工

1. 基底处理与填料的选择

路堤填料与原地面的接触部分称为基底，为使两者结合紧密，避免路堤沿基底发生滑动，防止因草皮、树根腐烂而引起路堤沉陷，应根据基底的土质、水文、坡度、植被情况以及填筑高度，采取相应的处理措施。

填方路段应做好原地面临时排水设施，并与永久性排水设施相结合，且排走的水不得流入农田、耕地，亦不得引起水沟淤积和路基冲刷。路堤基底为耕地或松土时，应先清除有机土、种植土，平整清理后应予以压实；在深耕（>30cm）地段，必要时应将松土翻挖、土块打碎，然后再回填、整平、压实。路堤修筑范围内的树根应全部挖除，并将坑洞、墓穴等填平，按规定进行压实。路堤基底原状土的强度达不到要求（如经过水田、池塘、洼地等）时，应采取排水疏干、换填水稳定性好的土、抛石挤淤等处理措施，其换填深度应不小于 30cm，并予以分层压实，压实度应符合《公路路基施工技术规范》中的规定。

如果填方路堤基底为坡面时，在荷载作用下，坡面极易失稳而滑移，因此，在施工前必须对基底坡面进行处理后方能填筑。当坡度在 1:5 ~ 1:10 范围内时，可采取清除坡面上的树、草杂物，将翻松的表层压实的措施；当坡度在 1:2.5 ~ 1:5 范围内时，应将坡面做成台阶形，台阶宽度不宜小于 2m，最小高度应为 1m；当坡度大于 1:2.5 时，应采取修筑护墙、护脚等措施，对外坡脚进行特殊的处理。

一般的土石都可以作为填料，用透水性较好的填料，只需要分层填筑分层压实；用透水性不良的填料，应在接近最佳含水量情况下分层填筑分层压实。一般情况下，路堤填料应符合表 3-2-3 中的规定。淤泥、沼泽土、冻土、有机土、含草皮土、生活垃圾、树根和含有腐朽物质的土不得作为填筑路堤的填料。液限大于 50、塑性指数大于 26 的土，以及含水量超过规定的土，一般不直接作为填筑路堤的填料，若需要应用时，必须采取设计要求的技术措施，经检查合格后方可使用。捣碎后的种植土，可用于路堤边坡表层，以利于植物生长，起到保护边坡的作用。钢渣、粉煤灰等材料可作为填筑路堤的填料，但钢渣至少应放置一年，必要时应予以破碎。其他工业废渣，在使用前应进行有害物质的含量试验，避免有害物质超标，污染环境。

路基填方材料最小强度和最大粒径 表 3-2-3

项目分类 （路面底面以下深度）		填料最小强度（CBR）（%）		填料最大粒径 （cm）
		高速公路及一级公路	二级及二级以下公路	
路 堤	上路床 （0 ~ 30cm）	8.0	6.0	10
	下路床 （30 ~ 80cm）	5.0	4.0	10
	上路堤 （80 ~ 150cm）	4.0	3.0	15
	下路堤 （>150cm）	3.0	2.0	15
零填及路堑路床 （0 ~ 30cm）		8.0	6.0	10

注：1. 二级及二级以下公路作高级路面时，应按高速公路及一级公路的规定；
　　2. 表列强度按《公路土工试验规程》，对试样浸水 96h 的 CBR 试验方法测定；
　　3. 黄土、膨胀土及盐渍土的填料强度，分别按规定办理。

2. 路堤填筑施工

（1）土方路堤

填筑路堤时，宜采用水平分层填筑法进行施工，即按照横断面全宽分成水平层次逐层向上填筑。如原地面不平，应由最低处分层填起，每填一层，经过压实符合规定要求后，再填上一层。原地面纵坡大于 12% 的地段，可采取纵向分层法施工，即沿纵坡分层，逐层填压密实。若填方分成几个作业段进行施工，当两段交接处不在同一时间填筑时，则先填地段应按 1:1 坡度分层留台阶；当两段交接处同时施工时，则应分层相互交叠衔接，其搭接长度不得小于 2m。

当采用不同土质进行路堤填筑时，应分层填筑，层次应尽量减少，每层厚度不宜小于50cm，不得将各种土质混杂乱填，以免出现水囊或滑动面；透水性较差的土质填筑在下面时，其表面应作成4%的双面横坡，以保证水分及时排出；路堤不宜被透水性较差的土层封闭，也不应覆盖在透水性较好的土层所填筑的下层边坡上，以保证水分蒸发和排出；在填筑时，应将不受潮湿及冻融而变更其体积的优质土填在上层，而强度（或形变模量）较小的土质填筑在下层。

（2）土石路堤

土石路堤是指利用砾石土、卵石土、块石土等天然土石混合材料填筑而成的路堤。在填筑施工时，当天然土石混合材料中所含石料强度大于20MPa时，由于不易被压路机压碎，石块的最大粒径不得超过压实层厚2/3，否则应清除；当所含石料强度小于15MPa的软质岩时，石料的最大粒径不得超过压实层厚。

土石路堤不允许采用倾填方法，均应分层填筑、分层压实，每层铺填厚度应根据压实机械类型和规格确定，一般不宜超过40cm。其施工方法为：

按填料渗水性能来确定填筑方法　即压实后渗水性较大的土石混合填料，应分层分段填筑，如需纵向分幅填筑，则应将压实后渗水性较好的土石混合填料填筑于路堤两侧。

按土石混合料不同来确定填筑方法　即当所有土石混合料岩性或土石混合比相差较大时，应分层分段填筑。如不能分层分段填筑时，应将硬质石块混合料铺筑于填筑层下面，且石块不得过分集中或重叠，上面再铺含软质石料混合料，然后整平碾压。

按填料中石料含量来确定填筑方法　即当石料含量超过70%时，应先铺填大块石料，且大面向下，放置平稳，再铺填小块石料、石渣或石屑嵌缝找平，然后碾压；当石料含量小于70%时，土石可以混合铺填，且硬质石料（特别是尺寸大的硬质石料）不得集中。

（3）高填方路堤

水稻田或长年积水地带，用细粒土填筑路堤高度在6m以上，其他地带填土或填石路堤高度在20m以上时，则属于高填方路堤。

高填方路堤在施工前应检查地基土是否满足设计所要求的强度，如不满足，则应按特殊路基要求进行加固处理。在施工时，如填土来源不同、性质相差悬殊时，应分层填筑，而不应分段或纵向分幅填筑；如受水浸淹没部分，应采用水稳定性好以及渗水性好的填料填筑，其边坡不宜小于1:2。

3. 桥涵及其他构造物处的填筑

桥涵及其他构造物处的填筑，主要包括桥台台背、涵洞两侧及涵顶、挡土墙墙背的填筑。在施工过程中，既要保证不损坏构造物，又要保证填筑质量，避免由于路基沉陷而发生跳车，影响行车安全、舒适和速度。因此，必须选择合理的施工措施和施工方法。

（1）填料

桥涵端头产生跳车的主要原因是由于路基压缩沉陷和地基沉降而引起的。为了保证台背处路基的稳定，填料除设计文件另行规定外，应尽可能采用砂类土或透水性材料。如果选用非透水性材料时，则要对填料进行处理。另外，可以采用换土或掺入石灰、水泥等稳定性材料进行处理。特别注意的是，不要将构造物基础挖出的土混入填料中。

（2）填土范围

台背后填筑不透水材料，应满足一定长度、宽度和高度的要求。一般情况下，台背填土顺路线方向长度，顶部为距翼墙尾端不小于台高加 2m，底部距基础内缘不小于 2m，拱桥台背填土长度不小于台高的 3 ~ 4 倍，涵洞每侧不小于 2 倍孔径长度；填筑高度应从路堤顶面起向下计算，在冰冻地区一般不小于 2.5m，无冰冻地区填至高水位处。

（3）填筑

桥台背后填土宜与锥形护坡同时进行；涵洞缺口填土应在两侧对称均匀分层回填压实；分层松铺厚度宜小于 20cm；当采用小型夯实设备时，松铺厚度不宜大于 15cm；涵洞顶部的填土厚度小于 50 ~ 100cm 时，不得允许重型机械设备通过。

（4）挡墙背面填料宜选用砾石或砂类土。墙趾部分的基坑应及时回填压实，并做成向外倾斜的横坡。在填土过程中，应防止水的侵害，回填完成后，顶部应及时封闭。

2.2.3　挖 方 路 基 施 工

低于原地面的挖方路基称为路堑，路堑开挖施工，就是按设计要求进行挖掘，将挖掘出来的土方运输到路堤进行填筑或运输到场外进行堆弃。由于挖方路堑是由天然地层所构成的，而天然地层在生成和演变过程中，具有较为复杂的地质结构。处于地壳表层的挖方路堑边坡，在施工过程中会受到自然和人为因素等影响，具有比路堤边坡更容易发生变形和破坏。

1. 土方路堑的施工

土方路堑的开挖方式，应根据路堑的深度、纵向长度、现场施工条件和开挖机械等因素来确定。其开挖方式有横挖法、纵挖法和混合式开挖法。

（1）横挖法

横挖法就是对路堑整个横断面的宽度和深度从一端或两端逐渐向前开挖的方式。适用于开挖较短的路堑。

单层横向全宽挖掘法　即一次挖掘到设计标高，逐渐向纵深挖掘，挖出的土方向两侧运送，如图 3-2-6（a）所示。这种开挖方式适用于开挖深度小且较短的路堑。

多层横向全宽挖掘法　即从开挖的一端或两端按横断面分层挖至设计标高，如图 3-2-6（b）所示。这种开挖方式适用于开挖深度大且较短的路堑。每层挖

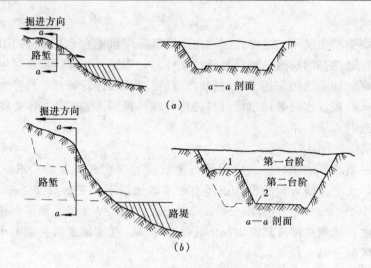

图 3-2-6 横向全宽挖掘法

(a) 单层横向全宽挖掘法；(b) 多层横向全宽挖掘法

1—第一台阶运土道；2—临时排水沟

掘深度可根据施工安全和方便而定。人工横挖法施工时，深度为 1.5~2.0m；机械横挖法施工时，每层台阶深度为 3.0~4.0m。

(2) 纵挖法

纵挖法就是沿路堑的纵向，将高度分成不大的层次进行挖掘的方法。适用于较长的路堑。

分层纵挖法 即沿路堑全宽，以深度不大的纵向分层挖掘前进的施工方法。如图 3-2-7 (a) 所示。

通道纵挖法 即沿路堑纵向挖掘一通道，然后将通道向两侧拓宽，上层通道

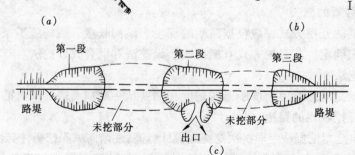

图 3-2-7 纵向挖掘法

(a) 分层纵挖法 (图中数字为挖掘顺序)；(b) 通道纵挖法 (图中数字为拓宽顺序)；(c) 分段纵挖法

拓宽至路堑边坡后，再开挖下层通道，按此方向直至开挖到路基顶面标高。如图 3-2-7（b）所示。适用于较长、较深且两端地面纵坡较小的路堑。

分段纵挖法　即沿路堑纵向选择一个或几个适宜处，将较薄一侧路堑横向挖穿，将路堑在纵方向上按桩号分成两段或数段，各段再纵向开挖的方式，如图 3-2-7（c）所示。适用于路堑过长，弃土运距过远的傍山路堑，或一侧的堑壁不厚的路堑开挖。

（3）混合式开挖法

混合式开挖法是将横挖法和通道纵挖法混合使用的挖掘方法，如图 3-2-8 所示。当路堑纵向长度和开挖深度都很大时，为了扩大工作面，先将路堑纵向挖通后，然后沿横向坡面挖掘，以增加开挖坡面。每一个坡面应安排一个机械化施工班组进行施工作业。

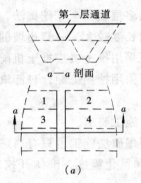
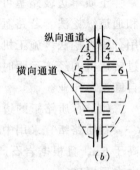

图 3-2-8　混合挖掘法
（a）横面和平面；（b）平面纵、横通道示意
图中：箭头表示运土与排水方向，
数字表示工作面号数。

2. 岩石路堑的施工

在路基工程中，当线路通过山区、丘陵及傍山沿溪地段时，往往会遇到集中或分散的岩石区域，因此，就必须进行石方的破碎、挖掘作业。开挖石方时，应根据岩石的类别、风化程度和节理发育程度等，确定开挖方式。对于软岩和强风化岩石，均宜采用人工开挖或机械开挖，否则，应采用爆破法开挖和松土法开挖。

爆破法开挖就是利用炸药爆炸时产生的热量和高压，使岩石或周围介质受到破坏或移动，其特点是施工速度快，减轻繁重的体力劳动，提高生产率，但需要有充分的爆破知识和必要的安全措施。松土法开挖就是利用松土器耙松岩土后，利用铲运机装运的施工方法。一般松土深度可达 50cm 以上。其特点是避免了爆破施工所带来的危险性，对原有地质结构破坏性小，有利于开挖边坡的稳定性和保护既有建筑物的安全，作业过程较为简单。

3. 深挖路堑的施工

路堑边坡高度等于或大于 20cm 时，称为深挖路堑。

（1）土质路堑的边坡及施工要求

深挖路堑的边坡应严格按照设计坡度施工。若边坡实际土质与设计勘探的地质资料不符，特别是土质较设计松散时，应向有关方面提出修改设计意见，经批准后方能实施。

在施工深挖路堑边坡时，应在边坡上每隔 6～10m 高度处设置平台，平台最好设置在地层分界处，平台宽度：人工施工不应小于 2m，机械施工不应小于 3m。平台表面横向坡度应向内倾斜，坡度为 0.5%～1%；纵向坡度宜与路线平行。平台上的排水设施应与排水系统相通。在施工过程中如修建平台后边坡仍不能保持稳定或因大雨后立即坍塌时，采取修建石砌护坡、在边坡上植草皮或做挡土墙等防护措施。如边坡上有地下水渗出时，应根据地下水渗出位置、流量，修建地下水排除设施。

土质单边坡路堑可采用多层横向全宽挖掘法，双边坡路堑可采用分层纵挖法和通道纵挖法。若路堑纵向长度较大，一侧边坡的土壁厚度和高度不大时，可采用分段纵挖法。施工机械可采用推土机或推土机配合铲运机。当弃土运距较远超过铲运机的经济运距时，可采用挖掘机配合自卸汽车作业或推土机、装载机配合自卸汽车作业。

(2) 石质路堑的边坡及施工要求

石质路堑宜采用中小型爆破法施工，只有当路线穿过独山丘，开挖后边坡不高于 6m，且根据岩石产状和风化程度，确认开挖后能保持边坡稳定时，才能考虑大型爆破。

单边坡石质路堑的施工宜采用深粗炮眼，分层、分排、多药量、群炮、光面、微差爆破法。双边坡石质路堑首先需用纵向挖掘法在横段面中部每层开挖一条较宽的通道，然后横段面两侧按单边坡石质路堑的方法施工。

2.2.4　特殊地区路基施工

1. 软土地基路基施工

软土在我国滨海平原、河口三角洲、湖盆地周围及山涧谷地均有广泛分布。在软土地基上修筑路基，若不加以处治或处治不当，往往会导致路基失稳或过量沉陷，造成公路不能正常使用。

软土从广义上说，就是强度低、压缩性高的软弱土层。软土可划分为软黏性土、淤泥、淤泥质土、泥炭、泥炭质土五大类。习惯上常把淤泥、淤泥质土、软黏性土总称软土，而把有机质含量很高的泥炭、泥炭质土总称泥沼。软土的物理力学特性可见表 3-2-4。

软土分类及物理力学特性度　　　　　　　　　　　　　表 3-2-4

类型	天然密度 γ	含水量 w（%）	孔隙比 e	有机质含量（%）	压缩系数 $\alpha_{0.1-0.3}$（MPa^{-1}）	渗透系数 k（cm/s）	标准贯入值 $N_{63.5}$	单位黏聚力 C_u（kPa）	内摩擦角 φ_u
软黏性土			>1.0	<3					
淤泥质土	16～19	$w_L < w$ <100	1.0～1.5	3～10	>0.3	<10^{-6}	<2	<20	<10
淤泥			>1.5						
泥炭质土	10～16	100～300	>3	10～50	>0.2	<10^{-3}			<20
泥炭	10	>300	>10	>50		<10^{-2}		<10	

当路堤经稳定性验算或沉降计算不能满足设计要求时，必须对软土地基进行加固。加固的方法很多，就一些常用的方法阐述如下：

（1）砂垫层法

砂垫层法就是在软湿地基上铺 30～50cm 厚的排水层，有利于软湿表层的固结，并形成填土的底层排水，可以提高地基强度，使施工机械通行，改善施工时重型机械的作业条件。

砂垫层材料，一般采用透水性较好的中砂及粗砂，为了防止砂垫层被细粒土所污染造成堵塞，在砂垫层上下两侧应设置反滤层。砂垫层不宜采用细砂及粉砂，材料的含泥量不超过 3%，且无杂物和有机物混入。

排水砂垫层的施工方法：

1）当地基表层具有一定厚度的硬壳层，其承载力较好，能行使一般运输机械时，一般采用机械分堆摊铺法，即先堆成若干砂堆，然后用机械或人工摊平。

2）当硬壳层承载力不足时，一般采用顺序推进摊铺法。

3）当软土地基表面很软，首先要改善地基表面的持力条件，使其能供施工人员和轻型运输工具行走。

A. 地基表面铺荆芭，搭接处用铅丝绑扎，搭接长度为 20cm。当采用两层荆芭时，应将搭接处错开，错开距离以搭缝之间间距的一半为宜。

B. 表面铺设塑料编织网或尼龙编织网，编织网上再作砂垫层。

C. 表面铺设土工合成材料，在土工合成材料上再作排水垫层。

（2）排水固结法

排水固结法就是在地基中设置砂井等竖向排水体，然后利用自身重力分级逐渐加载，或在场地先行加载预压，使土体中的孔隙水排出，逐渐固结，地基发生沉降，同时，强度逐步提高的方法。

1）竖向排水体

A. 砂井

砂井就是利用各种机械在地基中获得一定直径的孔眼，灌以中、粗砂，形成砂柱。它是排水固结法竖向排水体中的一种最为基本的形式。在软土地基中设置砂井后，改善了地基的排水条件，缩短了排水途径，在地基承受附加荷载后，排水固结过程大大加快，从而地基强度得以提高。

砂井的布置主要根据对地基的固结率、固结速度的要求，确定出砂井的直径、间距、深度。砂井的直径，应根据排水固结的要求，以便于施工和保证质量，一般为 30～50cm；砂井的间距是指两相邻砂井中心间的距离，一般为井径的 8～10 倍，常用 2～4m；砂井的深度，应根据软土的地质情况，经稳定性分析来确定。当软土层较薄或底层为透水层时，砂井应贯穿整个层厚；当软土层较厚时，路堤高用较深的砂井，路堤低用较浅的砂井。

砂井的施工应考虑保证砂井连续、密实，不出现颈缩现象；尽量减少对周围土的扰动；砂井的直径、间距、深度等应满足设计的要求。砂井的施工主要有套管法、水冲成孔法、爆破法等。

套管法   将带有活瓣管尖或套有混凝土端靴的套管沉到预定的深度，然后在管内灌砂，并以 4～6m/min 的速度拔出套管形成砂井。

水冲成孔法   通过专用喷头，在水压力作用下进行冲孔，成孔后经清孔，再向孔内灌砂形成砂井。

B. 袋装砂井

袋装砂井的直径为 7～12cm，间距为 1.0～2.0cm。袋装砂井的编织袋，根据排水要求，应具有透水性好，不易漏砂，具有足够的抗拉强度、抗老化性能、耐环境水腐蚀性能，同时，又具有便于加工制作、价格低廉。目前常用聚丙烯编织袋。

袋装砂井的成孔方法，常有锤击沉入法、射水法、压入法、钻孔法、振动贯入法等。一般采用导管式振动打设施工，其施工步骤为：施工设备的准备；沉入套管到预定的深度（套管的内径略大于砂袋直径）；编织袋灌砂压重沉放在管内，扎好砂袋下口后，在砂袋下端放入 20cm 左右高的砂作为压重，将袋子放入套管内沉到设计要求的深度；就地填砂入袋成井，将袋口固定在装砂用的漏斗上，通过振动将砂填满袋中，装实装满为止；边把压缩空气送入套管，边提升套管至地面。

C. 塑料板排水法

塑料板排水法就是将塑料排水板打入或用插板机插入土中，作为垂直排水通道。塑料排水板是由芯板和滤膜组成的带有孔道的板状物体，芯板是由聚丙烯或聚乙烯塑料加工而成，两面有间隔沟槽的板体。塑料排水板具有单孔过水断面大、排水畅通、强度高、质量轻、耐久性好等特点。

由于塑料排水板所使用的材料不同，其结构型式也各有差异，结构型式主要有多孔单一型和复合型两大类（图 3-2-9）。

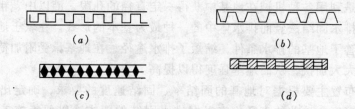

(a)   (b)

(c)   (d)

图 3-2-9   塑料排水板结构

(a) 方形槽塑料板；(b) 梯形槽塑料板；
(c) 三角形槽塑料板；(d) 硬透水膜塑料板

塑料板排水法的施工，通常采用专用插板机将塑料排水板插入土中，就插设方法而言，分为有套管式插入法和无套管式插入法两大类。有套管式插入法是将卷筒通过井架上方的滑轮，插入套管内；将塑料排水板由排水板被套管的输送滚轴夹住，一起压入土中；达到预定的深度后，输送滚轴反转松开排水板，上拔套管，塑料排水板便被留在土中；在地面以上 20cm 左右将排水板切断。无套管式插入法是用钻杆直接将塑料排水板压入土中。无套管式插入法虽然简单，但容易损伤排水板。

塑料排水板在插入过程中，应防止淤泥进入板芯，堵塞输水通道，影响排水效果；上拔套管时要避免将塑料排带出，凡塑料排带上 2m 的应作废补插，并严格控制间距和深度；塑料排需接长时，应采用滤水膜内平行搭接的连接方法，为了保证输水畅通且具有足够的搭接强度，搭接长度不小于 20cm。

2）预压

预压是指在软土地基上修筑路堤，可以通过填料自身的重力，或施加预压荷载，或减小地基土的孔隙压力等措施来增加固结压力，加速地基固结下沉。

A. 自重预压法

在软土地基上修筑路堤，如果工期不紧，先填筑一部分或全部路堤，使地基经过一段时间的固结沉降，最后填完全部路堤或铺筑路面。这是一种经济有效的施工方法。

B. 超载预压法

在修筑路堤时，预先把填土填得比设计高度高一些，或加宽填土宽度，这样可以加速地基固结下沉，最后再挖除超填部分。超载预压法的预压加荷速率，应保证地基只产生沉降而不丧失稳定，当路堤较高时，可采取分级加荷，且第一级加荷应尽量大。预压期一般需要半年至一年时间。

（3）土工合成材料法

用土工合成材料加固软土地基是 20 世纪 80 年代中后期发展起来的一种新技术。在软土地基表层铺设一层或多层土工合成材料具有以下特点：

排水　土工合成材料能够形成一个水平向的排水面，起到排水通道的作用。在淤泥等高含水量的超软弱地基中，土工合成材料的铺垫可以作为前期处理，以便于施工的可能性。

隔离　利用土工合成材料直接铺在软土面上，起到隔离的作用。如在砂垫层施工中，在砂垫层上面增铺土工合成材料，可以防止填土污染砂垫层。

应力分散　利用土工合成材料的高韧性，能与地基组合形成一个整体，限制地基的侧向变形，分散荷载，减少路堤填筑后地基的不均匀沉降，提高地基的承载力。

加筋补强　土工合成材料与土体组合形成复合地基，增强了地基的抗剪力。

土工合成材料在施工时应着重考虑由于铺设土工合成材料而带来施工上的特殊要求，并保证设计要求的断面和施工质量。在施工上应注意：

1）铺设时应均匀、平整，在斜坡上铺设时应保持一定松紧度，以避免石块使其变形超出土工合成材料的弹性极限；

2）铺设时应比路堤底宽长 4～6m，并顺路堤坡脚回折 2～3m，以保证端头位置和锚固；

3）铺设时应保证连续性，不至出现扭曲、折皱、重叠，并应避免过量拉伸而超过其强度和变形，从而产生破坏、撕裂、局部顶破等现象，连接方式有搭接和缝接；

4）铺设和堆放过程中应避免长时间暴露或曝晒，以免损坏其性能。

（4）粉喷桩

粉喷桩即粉体喷射搅拌桩加固软土地基，是以粉体物质作为加固料与原状软土进行强力搅拌，经过物理-化学反应生成一种特殊的、具有较高强度、较好变形特性和水稳定性的混合柱体。它可以增加软土地基的承载力；减少软土地基的压缩量；加快软土地基的沉降速率；作侧向支护以增加开挖边坡的稳定性。粉喷桩所使用的加固料有水泥粉、石灰粉、钢渣粉等，根据不同的土质条件及设计要求分别选择加固料种类以及合理的配合比。

粉喷桩施工工艺流程如图 3-2-10 所示。

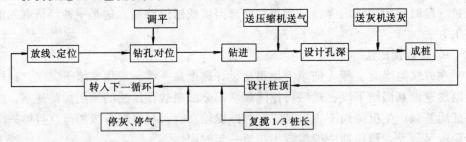

图 3-2-10　粉喷桩施工工艺流程

（5）反压护道法

反压护道法是在路堤两侧填筑一定宽度和高度的护道，控制路堤下的淤泥或淤泥质土向两侧隆起而平衡路基的稳定。反压护道法加固路基虽然施工简便，不需要特殊的机械设备，但占地较多，用土量大，后期沉降量大，且只能解决软土地基路堤的稳定。

反压护道一般采用单级形式，由于反压护道本身的高度不能超过极限高度，一般适用于路堤高度不大于（5/3～2）倍极限高度的软土处理，且泥沼不宜采用。反压护道的高度一般为路堤高度的 1/2～1/3，且不得超过天然地基所允许的极限高度。反压护道的宽度一般用稳定分析法通过稳定性验算确定。

2．其他特殊地区路基施工

（1）滑坡地区路基施工

山坡地段，大量土体或岩石在重力作用下，沿着一定的软弱面、带整体向下滑动的现象，称为滑坡。滑坡是山区公路的主要病害之一。发育完整的滑坡，主要由滑坡体、滑动面、滑坡周界、滑坡壁、滑坡台阶、滑坡洼地、滑坡舌、滑坡裂缝（包括剪切裂缝、膨胀裂缝、拉张裂缝、扇形张裂缝）等要素所组成。由于滑坡体的形成主要是由水引起的，因而在处治过程中都必须做好地下水和地表水的处理。滑坡的影响因素有地貌、岩层、构造和水等。滑坡的形式主要有浅层流动性滑坡、小规模的圆形滑动、大规模的圆形滑动和岩石滑坡四大类。

滑坡地区路基在施工前，应对滑坡地区做详细的调查、分析，并结合路基通过滑坡体的位置及水文、地质条件，选定处理措施和方法。在防治措施中以排水、力学平衡和改善滑带土的工程性质为主。处理措施可参见表 3-2-5。

防治滑坡的施工措施　　表 3-2-5

主要原因	滑坡的形式	施工措施
河流的纵横侵蚀	浅层流动性的滑坡	BCDE
	小规模的圆形滑动	ABCDG
	大规模的圆形滑动	ABCEG
	岩石滑坡	BCGD
降雨、表面流水侵蚀	浅层流动性的滑坡	BCDFG
	小规模的圆形滑动	ABCDG
	大规模的圆形滑动	ABCDEG
	岩石滑坡	CEG
浅层地下水增加或由其他地区流入的地下水	浅层流动性的滑坡	BCDFG
	小规模的圆形滑动	ABCDFG
	大规模的圆形滑动	CBDEFG
深层地下水增加	大规模的圆形滑动	ABCEG
	岩石滑坡	ABCEG

注：A—刷土方、台阶开挖（包括边坡防护）；

　　B—水土保持堤坝等调水构造物；

　　C—表面排水；

　　D—排除浅层地下水；

　　E—排除深层地下水；

　　F—地下水截面；

　　G—挡土墙、排桩、钢筋混凝土锚固桩、预应力锚索。

（2）黄土地区路基施工

黄土是一种特殊的粘性土，主要分布在昆仑山、秦岭、山东半岛以北的干旱和半干旱地区。黄土根据沉积的时代不同，可分为新黄土、老黄土和红色黄土。黄土遇水后会膨胀，干燥后又会收缩，多次反复容易形成裂缝和剥落。各类黄土的崩解性不同，新黄土遇水后会全部崩解，老黄土则要经过一段时间后才会全部崩解，红色黄土基本不崩解。

黄土浸水后在外荷载或自重的作用下发生下沉的现象，称为湿陷，其本身结构破坏，强度降低。湿陷性黄土又可分为自重湿陷（指土层浸水后仅由于土的自重而发生的湿陷）和非自重湿陷（指土层浸水后由于土的自重和附加压力共同作用而发生的湿陷）两类。

在黄土地区路基施工中，基底处理应按照设计要求和黄土的湿陷类型进行。当基底为非湿陷性黄土且无地下水活动时，按一般黏性土的要求进行施工，并做好排水、防水措施；当基底土具有强湿陷性时，除采取排水、防水措施外，还应考虑地基加固措施，以提高基底土层的承载力。

1）路堤施工

黄土地区的路堤填筑与一般地区路堤填筑基本相同，但由于黄土地区的地形以及黄土的特殊工程性质，特别是高路堤、湿陷性黄土路堤的填筑，应采取特殊的施工方法。

填料　新老黄土均可作为路堤填筑的填料，以选新黄土为宜，但黄土的透水性差，干湿程度难以调节，且大块土料不易破碎，因此，在使用前应通过试验决定施工措施。黄土中的黏粒含量不宜超过 25%，砂粒含量不宜超过 20%，塑性指数为 10~14。不得用黄土填筑浸水路堤，且不得用老黄土作为路床填料。

填筑施工   由于黄土的含水量随施工季节的不同，而有所差异。多数情况下，填料的含水量小于最佳含水量，黄土处于较干燥状态，摊铺在路基上会形成土块状，施工时应每铺一层均需洒水（洒水量应根据天然含水量与最佳含水量之差以及蒸发情况等因素，由现场试验而定），待土体吸收水分后，反复掺拌，最后整平压实；当含水量大于最佳含水量（如在低阶地或灌溉区内）时，常采用添加石灰的方法，用稳定土拌和机拌和后摊铺到路基上，其摊铺厚度不宜大于 20cm。

压实   黄土地区路堤的压实是一项非常关键的工作，多采用重型（>15t）压实机械设备，松铺厚度为 25~30cm；采用特重型（>50t）压实机械设备时，松铺厚度可达 40cm。在压实时应严格掌握土的含水量，要求在最佳含水量的 -3%~+1% 之间，一般情况下，老黄土的含水量在 15%~20%，新黄土的含水量在 10%~15%。如含水量过大，可采用翻松晾晒至需要的含水量后再碾压，也可采用掺入适量的石灰，以降低含水量；如含水量过小，可适量加水或改进压实机械和操作方式等措施，以保证压实质量。

排水   黄土地区应特别注意路基排水，对地表水应采取拦截、分散、防冲、防渗、远接远送的原则，根据设计及时做好综合排水设施，将水迅速引离路基。在填挖交界处引出边沟水时，要尽量远离路基坡角，边沟要及时砌筑，出口要加固。湿陷性黄土路基的地下排水管道与地面排水设施，应按设计要求加固并采取防渗措施。黄土陷穴对路基有很大的危害性，应进行处理，处理时首先要查清陷穴的供给来源、水量、发展方向及对路基可能造成的危害；施工中，应首先追踪发源地点，在发源地把陷穴进口封好，并引排周围地表水，使其不再向陷穴进口流入，具体的处理方法有回填法、灌砂（浆）、开挖回填等，开挖可采用导洞、竖井、明挖等方法。

2）路堑施工

由于黄土有直立的特性，当坡度为 80°~90°、高度为 10~15m 时，边坡较为稳定。黄土路堑的边坡应严格按设计坡度开挖，如设计坡度是陡坡（如 1:0.1）时，施工中不得放缓，以免引起边坡冲刷。

当路堑挖到接近设计标高时，应对上路床部分的土基整体强度和压实度进行检测。如路堑路床土质不符合设计规定，则应将其挖除，另行取土分层摊铺、碾压至规定的压实度。挖除厚度应根据道路的等级对路床的要求而定，高速公路、一级公路宜挖除 50cm，其他公路可挖除 30cm。如路堑路床的密实度不足，但土质符合设计规定，则视含水量情况，经洒水或翻松晾晒至要求的含水量再进行整平碾压至规定的压实度。

(3) 膨胀土地区路基施工

膨胀土是指土中黏粒成分主要由亲水性矿物组成,同时具有吸水膨胀、失水收缩两种变形的高液限黏土。凡液限大于或等于 40% 的黏土,都可判断为膨胀土。膨胀土根据其膨胀率可分为强、中、弱三级,一般在设计文件中有规定;若无规定,则可取样通过土工试验确定。

弱性膨胀土:	40% ≤ 自由膨胀率 < 65%
中性膨胀土:	65% ≤ 自由膨胀率 < 90%
强性膨胀土:	自由膨胀率 ≥ 90%

膨胀土就其黏土矿物成分划分为以蒙脱石为主和以伊利石为主两大类。膨胀土具有土的黏土矿物成分中含有亲水性矿物成分;有较强的胀缩性;有多裂隙性结构;有显著的强度衰减性;含有钙质或铁锰质结构;呈棕、黄、褐、红和灰白等色;自然坡度平缓,无直立陡坡;对路基及工程建筑物有较强的潜在破坏作用等特性。

1) 路堤填筑

膨胀土地区路堤施工前,应按规定做试验路段,为路基正式施工提供数据资料和积累经验。膨胀土地区路基施工时,应尽量避开雨季,并加强现场排水,以保证地基和已填筑的路基不被水浸泡。

强膨胀土难以捣碎压实,其稳定性差,不应作为路堤填料;中等膨胀土宜经过加工、改良处理(一般掺石灰)后作为填料;弱膨胀土可根据当地气候、水文情况及道路的等级加以应用。对于直接使用中、弱膨胀土填筑路堤时,应及时对边坡及坡顶进行防护。

高速公路、一级公路、二级公路等采用中等膨胀土作路床填料时,应掺灰进行改性处理。改性处理后,要求胀缩总率接近于零。而限于条件,高速公路、一级公路用中等膨胀土填筑路堤时,路堤填成后应立即作浆砌护坡封闭边坡。当填土填至路床底面时,应停止填筑,改用符合规定强度的非膨胀土或改性处理的膨胀土填至路床顶面设计标高并严格压实,如当年不能铺筑路面,应作封层,封层的填筑厚度不宜小于 30cm,并做成不小于 2% 的横坡。高速公路、一级公路路堤原地面应进行处理,当填高不足 1m 的路堤,必须挖去 30~60cm 的膨胀土,换填非膨胀土并按规定压实;当地表为潮湿土时,必须挖去湿软土层换填碎、砂砾或挖去坚硬岩石碎渣,或将土翻开掺石灰稳定并按规定压实。

2) 路堑开挖

路堑施工前,应先开挖截水沟并铺设浆砌圬工,其出口应延伸至桥涵进出口。

膨胀土地区路堑开挖应按下列规定处理:

A. 挖方边坡不要一次挖到设计线,应沿边坡预留一层厚度为 30~50cm,待路堑挖完时,再削去边坡预留部分,并立即浆砌护坡封闭。

　　B. 对于高速公路、一级公路的路床应超挖 30 ~ 50cm，并立即用粒料或非分层回填或用改性土回填，按规定压实；对于二级及二级以下公路，当挖到距路床顶面以上 30cm 时，应停止向下开挖，做好临时排水沟，待做路面时，再挖至路床以下 30cm，并用非膨胀土回填，按要求压实。

　　3）碾压

　　膨胀土遇水易膨胀，因此碾压时，应在压实最佳含水量时进行。自由膨胀率越大的土层采用的压实机械越重。为了使土块中水分易于蒸发，减少土块自身的膨胀率，有利于提高压实效率，土块应击碎至 50cm 粒径以下。压实土层厚度不宜大于 30cm。

　　路堤与路堑交界处，两者土内的含水量不一定相同，原有的密实度也不相同，压实时应使其压实得均匀、紧密，避免发生不均匀沉陷，因此，填挖交界处 2m 范围内的挖方地基表面的土应挖台阶翻松，并检查其含水量是否与填土的含水量相近，同时采取适宜的压实机械将其压实到规定的压实度。

　　由于膨胀土路基压实后的密实程度比一般土填筑的路段更重要，因此，压实度的检验频率应增加一倍，即每 2000m² 检查 16 点。

　　(4) 盐渍土地区路基施工

　　当地表土层 1m 内的土易溶盐含量大于 0.5% 时称为盐渍土，这时土的性质开始受到盐分的影响而发生改变。因此，盐渍土地区路基施工应根据盐渍土的工程性质及其对路基稳当的危害和应采取的防治措施来制订施工方案。盐渍土易溶盐类有氯化钠、氯化镁、氯化钙、硫酸钠、硫酸镁、碳酸钠、碳酸氢钠，有时也含有不易溶解的硫酸钙和碳酸钙等。

　　盐渍土按盐渍土含盐性质分为氯盐渍土、亚氯盐渍土、硫酸盐渍土、亚硫酸盐渍土和碳酸盐渍土；按盐渍化程度分为弱盐渍土、中盐渍土、强盐渍土和过盐渍土；按盐渍土的形成条件分为盐土、碱土和胶碱土（即龟裂黏土）。

　　在盐渍土地区施工时，盐渍土作为路堤填料的适用性，首先与所含易溶盐的性质和数量有关，其次与所在自然区域的气候、水文和水文地质条件有关，最后与土质道路技术等级和路面结构类型有关。路堤填料的含盐量不得超过规范中所规定的允许值，且不得夹有盐块和其他杂物。对填料的含盐量及其均匀性应加强施工控制检测，路床以下每 1000m³ 填料、路床部分每 500m³ 填料应至少做一组试件，每组取 3 个土样，取土不足上列数量时，亦应做一组试件；在内陆盆地干旱地区，如当地无其他适用的填料，需用易溶盐含量超过规定允许值的土、砾等作为填料时，应根据当地气候、水文地质等条件，通过试验决定填筑措施；用石膏土作填料时，应首先破坏其蜂窝状结构，石膏含量一般不予限制，但应控制压实度。

　　盐渍土地区路基基底的处理应根据基底的地表含盐量和地下水位而定。由于一般盐渍土地区含盐量最大的土层多分布于地表，因此，当路堤基底的含盐量超过允许值或表土层松软有盐壳时，在填筑前应将路堤基底与取土坑范围内的表层盐渍土挖除，挖除深度应根据土的试验资料而定，一般不应小于 0.1m，如路堤高度小于 1.0m 时，除将基底含盐量较重的表土挖除外，应换填渗水性土，其厚度对高度公路、一级公路不应小于 1.0m，其他公路不应小于 0.8m。原基底土的含水量如超过液限的土层厚度在 1.0m 以内时，必须全部换填渗水性土；如含水量界于液限和塑限之间时，应铺 10 ~ 30cm 渗水性土后再填黏性土；如含水量在塑限之下时，可直接铺填黏性土。由于盐渍土地区的地下水位一般离地表比较近，如果地下水的毛细水能进入路堤内，则土体的含盐量将逐渐增加，产生次盐渍化，因此应铺填渗水性强的大颗粒土或铺隔离层来隔断毛细水，不使其进入路堤土体。

盐渍土地区路基排水是一项非常重要的工作，由于水对盐渍土所造成的溶蚀作用是影响路基稳定的主要因素，它可以使路基土体聚积过量的含盐水分而导致路基失稳破坏，因此在施工时应及时合理地做好排水系统，不致使路基及其附近有积水现象。盐渍土地区的地下排水管与地面沟渠之间，必须采用防渗措施，且不宜采用渗沟。当路基一侧或两侧有取土坑时，取土坑底部距离地下水位不应小于 15 ~ 20cm 且底部应向路堤外有 2% ~ 3% 的排水横坡和不小于 0.2% 的纵坡，在排水困难地段或取土坑有被水淹没的可能时，应在路基一侧或两侧取土坑外设置高 0.4 ~ 0.5m、顶宽 1.0m 的纵向护堤，当路基两侧无取土坑时，应设置纵向和横向排水沟，两排水沟的间距不宜大于 300 ~ 500m、长度不超过 2000m；当地下水位较高的地段，除挡、导表面水外，应加深两侧边沟或排水沟，以降低路基下的地下水位。

盐渍土在压实时，其压实度应尽可能提高一些，以防止盐分的转移和保证路基的稳定。盐渍土路堤应分层铺填分层压实，限制压实层松铺厚度是保证压实度的重要措施，要求每层松铺厚度不大于 20cm，砂类土松铺厚度不大于 30cm。碾压方式坚持"先轻后重，先慢后快，先两侧后中间"的原则，并严格控制含水量，且含水量不应大于最佳含水量的 1%，雨天不得施工。由于密实度对盐胀量有一定的影响，密实度大的路基对水和盐分的上升起阻碍减缓作用，可使次生盐渍化大为减轻，因此采用重型压实标准，可以增大填筑土的密实度。在压实时，应控制含水量，含水量宜略小于最佳含水量。在缺水干旱地区，由于含水量不足，在压实时应争取加水达到 60% ~ 70% 以上的最佳含水量，也可采取增大压实功能的方法来达到要求的压实度，特别是对路基最上一层的填料，一定要在最佳含水量时压实。

(5) 岩溶地区路基施工

石灰岩、白云岩、泥灰岩、大理石、岩盐、石膏等可溶性岩层，在流水的长期溶解和剥蚀作用下，产生特殊的地貌形态和水文地质现象，总称为岩溶，岩溶主要分布在西南地区，面积可达 56 万平方公里。岩溶的形态主要有漏斗、溶蚀洼地、坡立谷和溶蚀平原、槽谷、落水洞和竖井、溶洞、暗河和天生桥、岩溶泉、岩溶湖、土洞。

根据可溶性岩层的出露情况、岩溶水的特征、岩溶的形成作用和岩溶的形态类型，岩溶的几种形态断面如图 3-2-11 所示。

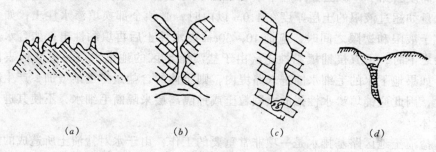

(a) (b) (c) (d)

图 3-2-11   溶岩几种形态断面图
(a) 溶沟及溶槽；(b) 落水洞；(c) 竖井；(d) 漏斗

影响路基稳定的溶洞，无论采取何种方法处理，在施工中均不应堵塞溶洞水路。对于路基基底的岩溶泉或冒水，无论采取何种方法排出，均应保证路床范围内的土石方不受侵蚀，当路面为高级或次高级时，应保证不因温差作用而使水汽上升，聚集在路面基层下。对于路基上方岩溶泉或冒水，可采取排水沟将水引离路基；对于路基基底的岩溶泉或冒水，宜设涵洞（管）将水排除，针对流量较大的暗河及消水洞，可采用桥涵跨越通过。

对于路堑边坡上危及路基稳定的干溶洞，可采取干砌片石堵塞。对于路基基底的干溶洞，当洞口不大时，可采用砂砾石，碎石，干、浆砌片石回填密实；当洞口较大且较深时，应采用桥涵跨越。如果路基基底干溶洞的顶板太薄或顶板较破碎时，可采用加固或将顶板炸除后，用桥涵跨越；如果路基基底干溶洞的顶板太厚、较完整时，可按路基设计规范给出的路基基底溶洞顶板安全厚度，予以检验，并根据验算结果，确定处治方案。对于影响路基稳定的人工坑洞（如煤洞、古墓、枯井、掏砂井、防空洞等），经查明后，参照岩溶处治方法进行处理。

（6）路基的季节性施工

由于公路是修筑在地表之上，暴露于大汽之中的线状结构物，且施工多在露天作业，受气候条件的影响大，季节性强。因此，必须根据冬、雨季施工的特点，采取相应的施工技术措施。

1）冬季施工

在反复冻融地区，昼夜平均温度在 $-3℃$ 以下，连续 10 天以上时，进行路基施工则称为路基冬季施工。当昼夜平均温度虽然上升到 $-3℃$ 以上，但冻土未完全融化时，亦按冬季施工处理。一般情况下，路基工程可进行冬季施工和不宜进行冬季施工的项目见表 3-2-6。

路基工程冬季施工项目表 表 3-2-6

适宜冬季施工的项目	不适宜冬季施工的项目
1. 泥沼地带河湖冻结到一定深度后，可利用冻结后的一定承载力修筑施工便道，运输所需的机具、设备和材料。如需换土时可趁冻结期挖去原地面的软土、淤泥层换填合格的其他填料	1. 高速公路、一级公路的土路堤和地质不良地区二级以下公路路堤
2. 含水量高的流动土质、流砂地段的路堑可利用冻结期开挖	2. 铲除原地面的草皮，挖掘填方地段的台阶
3. 河滩地段可利用冬季水位低，开挖基坑修建防护工程，但应采取加温保温措施，并注意养护	3. 整修路基边坡
4. 岩石地段的路堑或半挖半填地段，可进行开挖作业	4. 在河滩低洼地带将被水淹没的填土路堤
5. 其他情况的二级以下公路路基可在冬季施工，但融冻后必须按规定重新整修边坡，对填方路堤应进行补充压实达到规范要求	
6. 砍伐用地界内不需刨根的树木，清除用地界内的杂物	

2）雨季施工

雨季施工的项目可参见表 3-2-7。

雨季施工的项目表 表 3-2-7

适宜雨季施工的项目	不适宜雨季施工的项目
1. 路基石方的填挖	1. 重黏土、膨胀土和盐渍土地段
2. 碎（砾）石土、砂类土路堤的填筑和路堑的开挖	2. 平原地区排水困难
3. 挖方高度小、运输距离较短的土质路堑开挖	
4. 各种路基排水、防护和加固工程	

2.2.5 路 基 压 实

路基压实是保证路基质量的重要环节，对路堤、路堑和路堤基底均应进行压实。通过压实，使土颗粒重新排列，彼此紧密，孔隙减少，形成新的密实体，这样可以提高路堤的强度、稳定性和承载力、降低渗透系数和沉降。

1. 土质路基的压实

（1）土质路基的压实的一般要求

1）密实度和压实度

密实度又称为理论密实度，是指单位土体内，固体颗粒排列的紧密程度，有时也用干密度来表示土的密实度。当土的固体体积率越大，土的干密度也越大。

压实度有称干密度系数，是指土体压实后的干密度与标准的最大干密度之比，用百分率表示。而标准的最大干密度是指用标准击实试验方法，在最佳含水量条件下的干密度。

2）影响路基压实质量的主要因素

影响路基压实的主要因素有土的性质、压实机械所做的功（简称压实功）、土的含水量、铺土厚度、土的级配及底层的强度和压实度。

3）路基压实标准

路基压实标准主要有确定标准干密度的方法和要求的压实度这两方面。在路基施工中，由于有气候、土的天然含水量等各种因素的影响和限制，路基的实际干密度不能达到室内重型击实试验所得到的最大干密度，因此衡量路基压实标准必须是以土基压实度为技术标准。土质路堤（含土石路堤）的压实度不能低于规范允许值。

4）含水量的检验与控制

含水量是影响压实效果的主要因素，当含水量达到最佳含水量才能取得最大干密度，只有有效地控制含水量，才能保证达到压实度的标准范围内。含水量的检验应在路基修筑半个月前，在取土地点选取具有代表性的土样进行击实试验确定。击实试验方法应按现行部颁《公路土工试验规程》进行，且每一种土至少应取一组土样试验。如施工中发现土质有变化，应及时补做全部土工试验。

控制路基土的含水量（w）是确保正常施工的首要条件。当 $w > w_0$（w_0 为最佳含水量）时，表明土中含水量过大，在施工中应翻晒晾干或加入一些干土；当 w 接近 w_0 时，所得的压实效果最好；当 $w < w_0$ 时，表明土中含水量过小，难以达到压实度要求，在施工中可采取人工加水的方法来达到最佳含水量。加水量可按下式计算：

$$m = (w - w_0) Q / (1 + w_0)$$

式中　m——所需加水量（kg）；

　　　Q——需要加水的土的质量。

需要加的水宜在取土的前一天浇洒在取土坑内的表面，使其均匀渗透入土中，也可将土运到路堤上后，用水车均匀、适量地浇洒在土中，并用拌和设备拌和均匀。

5）选择压实机械

由于各种压实机械的性能不同，其压实效果也有差异，因此，必须根据工程规模、场地大小、填料种类、压实度要求、气候条件、压实机械效率等因素综合考虑确定压实机械。在正常情况下，碾压砂性土采用振动式压实机械效果最好，夯击式次之，碾压式最差；压实黏性土采用夯击式和碾压式效果较好，振动式较差。

（2）压实方法

1）填方地段基底的压实

填方地段基底应在填筑前压实。高速公路、一级公路和二级公路路堤基底的压实度不应小于 93%；当路堤填土高度小于路床厚度（80cm）时，基底的压实度不宜小于路床的压实度标准（即 95%）。

2）填方路堤的压实

碾压前，应对填土层的松铺厚度、平整度和含水量进行检查，符合要求后方可进行碾压。高速公路、一级公路路基填土压实宜采用振动式压路机或采用 35～50t 轮胎式压路机；当采用振动式压路机碾压时，第一遍应静压，然后先慢后快，先弱振后强振。碾压机械的行驶速度，开始时宜慢速，最大速度不宜超过 4km/h；碾压时直线段由两边向中间，小半径曲线段由内侧向外侧，纵向进退式进行；横向接头对振动式压路机一般重叠 0.4～0.5m；对三轮压路机一般重叠后轮宽的 1/2，前后相邻两区段（碾压区段之前的平整预压区段与其后的检验区段）宜纵向重叠 1.0～1.5m。应达到无漏压、无死角，确保碾压均匀。

用铲运机、推土机和自卸汽车推运土料填筑时，应平整每层填土，且自中线向两边设置 2%～4% 的横向纵坡，并及时碾压，特别注意雨季施工。

3）桥涵及其他构造物处填土的压实

桥涵及其他构造物处填土的压实，应尽量采用小型手扶式振动夯或手扶式振动压路机，但涵顶填土 50cm 内，应采用轻型静载压路机压实。

4）路堑路基的压实

零星及路堑路床的压实，应符合压实度标准。换填超过 30cm 时，按压实度标准的 90% 执行。

2. 填石路堤的压实

填石路堤在压实前，应用大型推土机摊铺平整，个别不平处，应用人工配合以细石屑找平。

由于压实施工是将各石块之间的松散接触状态改变为紧密咬合状态，因此，应选择工作质量在 12t 以上的重型振动压路机、工作质量在 2.5t 以上的重锤或 25t 以上的轮胎式压路机压（夯）实。

填石路堤在压实时，应先碾压两侧（即靠近路肩部分）后碾压中间，压实路线对于轮碾应纵向平行，反复碾压。对夯锤应成弧形，当夯实密实程度达到要求后，再向后移动一夯锤位置。行与行之间应重叠 40～50cm；前后相邻区段应重叠 100～150cm。其余注意事项与土质路基相同。

3. 土石路堤的压实

土石路堤的压实方法与技术要求，应根据混合料中巨粒土含量多少来确定。当巨粒土的含量大于 70% 时，应按填石路堤的方法和要求进行压实；当巨粒土的含量小于 50% 时，应按填土路堤的方法和要求进行压实。

4. 高填方路堤的压实

由于高填方路堤的的基底承受很大的荷载，因此应对高填方路堤的的基底进行场地清理，并按照设计要求的基底承压强度进行压实，如设计无要求时，基底的压实度宜不小于 90%。当地基松软仅依靠对原土压实不能满足设计要求的承压强度时，应进行地基改善加固处理，以达到设计要求。

高填方路堤的的基底处于陡峭山坡或谷底时，应按规定进行挖台阶处理，并严格分层填筑分层压实。当场地狭窄时，压实工作宜采用小型手扶式振动压路机或振动夯进行。当场地较宽广时，宜采用自行式 12t 以上的振动压路机碾压。

5. 压实质量检查与评定

(1) 压实质量的检查

土质路基的压实度检查方法，可采用灌砂法、灌水法（或水袋法）、环刀法、蜡封法和核子密度湿度仪（简称核子仪）法。采用核子仪法时，应先与灌砂法、环刀法进行标定和对比试验后方可应用。每一压实层均应检验压实度，合格后方可填筑其上一层。检验频率每 2000m^2 检验 8 点，不足 200m^2 至少应检验两点，且每点必须符合压实度标准。必要时可增加检验点。

填石路堤的密实程度在规定深度范围内，以通过 12t 以上振动压路机进行压实试验。当压实层顶面稳定不再下沉（无轮迹）时，可判为密实状态对填石及土石路堤如设计规定需在路床顶面进行强度试验时，应按设计规定办理。

(2) 压实度评定

压实度评定以一个工班完成路段压实层为检验评定单元，检验评定段的压实度 K 按下式计算，若 K 大于等于 K_0（K_0 为压实度标准值），则认为合格。

$$K = \frac{\overline{K} - t_0 s}{\sqrt{n}} \geq K_0$$

式中　$\overline{K}$——检验评定段内各检验点压实度的算术平均值；

　　　t_0——t 分布表中随测点数和保证率（或置信率）而变化的系数，通常保证率为 95%；

　　　s——检验值的均方差；

　　　n——检验点数，应不少于 8~10 点，汽车专用公路取高限，一般公路取低限。

填筑碾压完成的路基，其路槽底面的回弹模量应满足设计要求，然而实测土基回弹模量 E_0 的操作比较复杂，费时较多，故可采用弯沉测试值 L_0 进行弯沉检验。弯沉值与土基回弹模量之间的相关关系应按路面设计规范规定的公式换算，当无规定时可参考下列回归方程换算：

$$L_0 = 9380 E_0$$

式中　L_0——路床顶面实测弯沉值，以黄河牌 JN150 型试验车测试值（1/100mm）为准。

注意：若弯沉检验时不是不利季节，应先将弯沉值换算的土基回弹模量值乘以季节影响系数换算为不利季节的土基回弹模量值。

填石及土石路堤一般不做弯沉值和回弹模量检验，特别是前者。

路基顶面的弯沉值反映路基上部的整体强度，而压实度反映路基每一压实层的密实程度，只有使每一压实层的密实程度都符合规范规定，才能使路基的整体强度、稳定性和耐久性满足要求。

2.2.6 路基排水设施施工

由于水是形成路基病害的主要因素之一，而水直接影响到路基的强度和稳定性。影响路基的水分为地面水和地下水，因此路基的排水工程可分为地面排水和地下排水。为了保持路基能处于干燥、坚固和稳定状态，将地面水予以拦截，并排除到路基范围之外，防止漫流、聚积和下渗；而将地下水予以截断、疏干、降低地下水位，并引导到路基范围之外。

路基排水工程应首先施工桥梁涵洞及路基施工场地范围以外的地面水和地下水排水设施，使地基和填土料不受水浸害，保证路基工程质量和进度。而施工场地的临时排水设施与路基永久性排水设施相结合。

1. 地面排水设施

地面水主要是指由降水形成的地面水流。地面水对路基既能形成冲刷和破坏，又能渗入路基，使土体软化。因此采用地面排水设施既能将可能停滞在路基范围内的地面水迅速排除，又能防止路基范围以外的地面水流入路基内。

地面排水设施主要有边沟、截水沟、排水沟、跌水和急流槽、拦水带、蒸发池等。

（1）边沟

边沟是设置在挖方路基的路肩外侧或低路堤的坡脚外侧，用于汇集和排除路基范围内和流向路基的小量地面水的沟槽。边坡的断面形式常采用梯形、三角形和矩形。如图3-2-12所示。一般情况下，土质边坡宜采用梯形；矮路堤或机械化

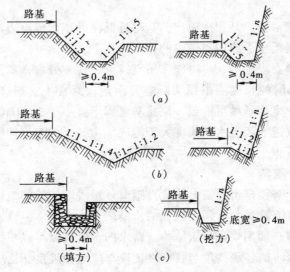

图 3-2-12 边沟断面形式

（a）梯形；（b）三角形；（c）矩形

施工时,采用三角形;当场地宽度受到限制时,可采用石砌矩形;石质路堑边沟多采用矩形。

(2) 截水沟

截水沟又称天沟,是设置在挖方路基边坡坡顶以外或山坡路堤上方,用以截引路基上方流向路基的地面径流,防止地表径流冲刷和浸蚀挖方边坡和路堤坡脚,并减轻边沟泄水负担的排水设施。

截水沟的位置在无弃土堆情况时,截水沟的边缘离开挖方路基坡顶的距离视土质而定,以不影响边坡稳定为原则,如系一般土质至少应离开 5m,对黄土地区不应小于 10m 并应进行防渗加固。而截水沟挖出的土,可在路堑与截水沟之间筑成土台并进行夯实,台阶应筑成 2% 倾向截水沟的横坡;路基上方有弃土堆时,截水沟应离开弃土堆坡脚 1 ~ 5m,弃土堆坡脚离开路基挖方坡顶不小于10m,弃土堆顶部应设 2% 倾向截水沟的横坡。

山坡上路堤的截水沟离开路堤坡脚至少 2m,用挖截水沟的土填在路堤与截水沟之间,修筑向沟倾斜度为 2% 的护坡道或土台,使路堤内侧地面水流入截水沟并排出。

截水沟长度超过 500m 时,应选择适当地点设出水口,将水引至山坡侧的自然沟中或桥涵进水口,截水沟的出水口必须与其他排水设施平顺衔接,必要时应设置排水沟、跌水和急流槽。

为了防止水流下渗和冲刷,截水沟应进行严密的防渗和加固,地质不良地段和土质松软、透水性较大或裂隙较多的岩石路段,对沟底纵坡较大的土质截水沟及截水沟的出水口,均应采用加固措施防止渗漏和冲刷沟底及沟壁。

(3) 排水沟

排水沟又称泄水沟,是用来引出路基附近低洼处积水或将边沟、截水沟、取土坑的集水引入就近桥涵或沟谷中去的排水设施。

排水沟的线形要求平顺,尽可能采用直线形,转弯处宜做成弧形,其半径不宜小于 10m,排水沟的长度应根据实际需要而定,通常不宜超过 500m。排水沟沿路线布置时,应离路基尽可能远,距路基坡脚不宜小于 3 ~ 4m。当排水沟、截水沟、边沟因纵坡过大产生水流速度大于沟底、沟壁土的容许冲刷流速时,应采取边坡表面加固措施。

(4) 跌水和急流槽

跌水是设置于需要排水的高差较大且距离较短或坡度陡峭地段的台阶形构筑物的排水设施。急流槽是具有很陡坡度的水槽。

跌水和急流槽必须用浆砌圬工结构。跌水的台阶高度可以根据地形、地质等条件决定,多级台阶的各级高度与长度之比应与原地面坡度相适应。急流槽的纵坡不宜超过 1:1.5,同时应与天然地面坡度相配合,当急流槽较长时,应分段砌筑,每段长度不宜超过 10m,接头应用防水材料填塞密实无空隙。

（5）拦水带

拦水带是为了避免高路堤边坡被路面汇集的雨水冲坏，在路肩上修筑的排水设施，可将水流拦截至挖方边沟或在适当地点设急流槽引离路基。

拦水带可用干、浆砌片石或混凝土修筑。拦水带高出路肩 15～20cm，埋入 25～30cm。拦水带顶宽：干、浆砌片石为 15～20cm，混凝土为 8～12cm。必须注意：设置拦水带路段的内侧路肩宜适当加固。

2．地下排水设施

地下水主要是指上层滞水（从地面渗入尚未深达下层的水）、层间水（在地面以下任何两个隔水层之间的水）、潜水（在地面以下第一个隔水层以上的含水层中的水）。公路上常用的地下排水设施有明沟与排水槽、暗沟、渗井、渗沟等。

（1）明沟与排水槽

当地下水位较高，潜水层埋藏不深时，可采用明沟与排水槽截断地下水及地下水位，沟底宜埋入不透水层内。明沟与排水槽兼排地面水和浅层地下水，但不宜排除寒冷地区的地下水。

明沟与排水槽的布置，当设在路基旁侧时，宜沿路线方向布置；当设在低洼地带或天然沟谷时，宜顺山坡的沟谷走向布置。明沟与排水槽采用混凝土浇筑或浆砌片石砌筑时，应在沟壁与含水地层接触面的高度处，设置一排或多排向沟中倾斜的渗水孔。沟壁外侧应填以粗粒透水材料或土工合成材料作反滤层。沿沟槽每隔 10～15m 或当沟槽通过软硬岩层分界处时，应设置伸缩缝或沉降缝。

（2）渗沟

为了切断、拦截有害的水流和降低地下水位，保证路基的稳定和干燥，需用渗沟将地下水排除。渗沟有填石渗沟（或暗沟）、管式渗沟和洞式渗沟三种形式，三种渗沟均应设置排水层（或管、洞）、反滤层和封闭层。对于渗沟的设置，当地下水位较高，路基边缘无法保证必要的高度时，可在边沟下设置纵向渗沟，这样可以防止毛细水上升，影响路基稳定；在路堑和路堤的交界处设置横向渗沟，这样可以防止路堑下含水层中的水沿路基纵向流入路堤，使路堤湿化、坍塌；在边坡上设置边坡渗沟，可以疏干潮湿的边坡和引排边坡上局部出露的上层滞水或泉水。

（3）渗井

当路基附近的地面水或浅层地下水无法排除，影响路基稳定时，可设置渗井，将地面水或地下水经渗井通过不透水层中的钻孔流入下层透水层中排除。

3．质量要求与检查验收

保证路基排水设施的施工质量，应做到：

（1）各类排水设施的位置、断面、尺寸、坡度、标高及使用材料，应符合设计的要求。

（2）沟渠边坡必须平整、稳定，严禁贴坡。

（3）排水设施要求纵坡顺适，沟底平整，排水畅通，无冲刷和阻水现象。

（4）边沟要求线形美观，直线线形顺直，曲线线形圆滑。

（5）各类防渗加固设施要求坚实稳定，表面平整美观。

2.2.7　路基防护与加固施工

路基防护与加固工程是公路路基工程的重要组成部分，是防治路基病害、保证路基、稳定、改善环境景观、保护生态平衡的重要设施。它除了能防止水流冲刷、免致路基水毁外，还对防止滑坡、岩堆、风沙流、雪崩和不良地质、土质等特殊土所引起的边坡不稳起到十分重要的作用。

1. 路基坡面防护

坡面防护主要是保护路基边坡表面免受降水、日照、气温、风力等自然力的破坏，从而提高边坡的稳定性，并兼顾路容美化，改善自然环境，保护生态平衡。坡面防护包括植物防护和工程防护。

（1）植物防护

植物防护是一种施工简便、费用低廉、效果良好的路基坡面防护措施。它能起到防止雨水冲刷、调节土的湿度、防止产生裂缝、固结土壤、避免坡面风化剥落、协调环境、美化路容等作用。植物防护适用于坡高不大、边坡较平缓的土质坡面。

植物防护一般采用铺草、种草和种灌木（树木）形式。植物防护的标准规模及检查项目等应按路基设计及环境保护设计规定执行。

（2）工程防护

在不宜使用植物防护的陡峭岩石边坡，常采用砂石、水泥、石灰等矿质材料进行坡面防护。工程防护方法包括灌浆及勾缝、抹面、捶面、喷浆及喷射混凝土、锚杆铁丝网喷浆喷射混凝土、坡面护墙等。

目前公路工程中对坡面防护普遍采用浆砌片石护墙。这种坡面防护适用各种土质边坡和易风化剥落的岩石边坡，其边坡坡度不大于 1:0.5。坡面护墙的型式有实体式、孔窗式和拱式三种。

实体式护墙多用等截面 0.5m 墙厚，墙高为 6～10m。孔窗式护墙常采用圆拱型，高 2.5～3.5m，宽 2～3m，圆拱半径 1.0～1.5m。拱式护墙适用于边坡下部岩层较完整而上部需防护的情况，拱跨 5m 左右。当护墙的高度大于或等于 6m 时，应设置检查梯和栓绳环，且各式护墙顶均应设置 25cm 厚的墙帽，并使其嵌入边坡 20cm，以防雨水从墙背灌入。

2. 路基冲刷防护

沿河路基必然经常或周期性地受到水流的冲刷作用。为了保证路基的稳定和安全，应按其环境条件，采取必要的冲刷防护措施。冲刷防护工程包括直接防护和间接防护。

（1）直接防护

直接防护是一种加固岸坡的防护措施。直接防护的工程通常有植物防护、干砌片石护坡、浆砌片石护坡、混凝土护坡、抛石、石笼、大型砌块、浸水挡土墙等类型。

（2）间接防护

间接防护就是采用导流调治构造物，使水流轴线方向偏离路基岸边或降低防护处的流速，甚至促使其调换淤积，从而起到对路基的防护作用。而导流调治构造物是以改变水流方向为主的水工建筑物，如丁坝、顺坝、格坝、拦河坝等。

3．路基加固

路基加固工程是用支挡构筑物支挡路基体，保证在自重及各种自然因素的作用下保持稳定。常用的支挡构筑物主要是挡土墙。

挡土墙是支承路基填土或山坡土体，以防止其变形失稳的结构物。挡土墙按其位置和作用的不同，可分为路堑式、路肩式、路堤式、山坡式等；按其结构特点的不同，可分为重力式、衡重式、悬臂式及扶壁式、锚固式和加筋土挡土墙。

（1）重力式挡土墙

重力式挡土墙是依靠墙身自重来平衡墙背侧向土压力的作用，因此墙身断面尺寸较大，对地基承载力要求高，但结构简单、施工简便，多用片石、块石或混凝土块砌筑。当墙高 6m 以下，地基良好，非地震和河滨、水库受水冲刷等地区，均采用干砌，其他情况宜采用浆砌。

（2）钢筋混凝土悬臂式及扶壁式挡土墙

悬臂式挡土墙是由立壁、趾板和踵板三个悬臂梁所组成，必要时可在底座下设置抗滑凸榫，如图 3-2-13（a）所示。为了便于施工，立壁的背坡一般为直立，胸坡为 1:0.02～1:0.05，墙顶最小宽度为 15cm。当悬臂式挡土墙高度超过 6m 时，由于立壁下部的弯矩大，耗钢量多，因此，沿悬臂式挡土墙的墙长，隔一定距离加设扶壁肋板，把立壁与踵板连接起来，这时也可称为扶壁式挡土墙，如图 3-2-13（b）所示，而扶壁的间距通常在（1/3～1/2）墙高范围内变化，每节段挡

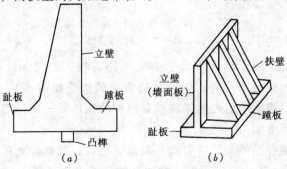

图 3-2-13　挡土墙示意图

（a）悬臂式；（b）扶壁式

墙长度不超过 20m，并宜设三个或三个以上的扶肋。

悬臂式和扶壁式挡土墙都是钢筋混凝土薄壁式结构，都适用于地基承载力较低或较缺乏石料的地区。悬臂式和扶壁式挡土墙墙身断面较小，自重轻，其结构稳定性主要靠踵板上的填土重力来保证，因此多用于浇筑施工方案。目前，多采用装配式钢筋混凝土扶壁式挡土墙，可加快施工速度。其施工过程为墙面板、扶壁为一体，与底板先预制，现场基础平整后，安装底板，将墙面板扶壁预制件插入榫口，用预埋钢板与底板连接，浇筑榫口混凝土，从而完成挡土墙结构的装配。

（3）锚固式挡土墙

在公路工程中常用的锚固式挡土墙有锚杆式和锚碇式两种挡土墙。它们都是由墙面板、肋柱、拉杆组成的锚固支挡建筑物，但其工作原理不同。

锚杆式挡土墙适用于岩石路堑地段，其结构类型有肋柱式和壁板式两种。锚杆式挡土墙的构造如图 3-2-14（a）所示。锚杆式挡土墙的工作原理是利用锚杆一端与面板（或肋柱）锚固，另一端锚固在稳定的岩层内，通过锚杆与填料的摩阻力产生抗拔力来达到壁板的稳定。

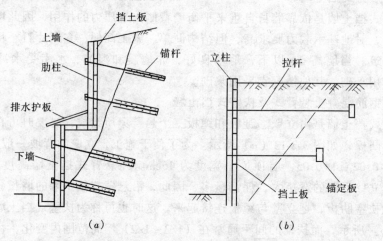

图 3-2-14　锚固式挡土墙构造图
（a）锚杆式；（b）锚碇式

锚碇式挡土墙适用于墙高不大于 10m 的路肩墙、坍塌和膨胀土地区，其结构类型有肋柱式和壁板式两种。锚碇式挡土墙的构造如图 3-2-14（b）所示。借助埋置在破裂面后稳定土层内的锚碇板和锚杆拉住墙面，保持墙身稳定。

（4）加筋土挡土墙

加筋土挡土墙有路堤式、路肩式、双面交错式、双面分离式、台阶式等类型（图 3-2-15）。加筋土挡土墙应用于一般地区的公路填方地段，但在滑坡、急流冲刷、崩坍等不良地段和 8 度及 8 度以上基本烈度的地震区不适用加筋土挡土墙。

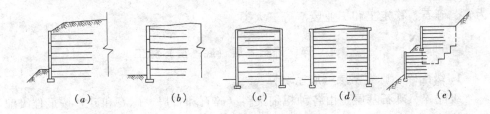

图 3-2-15　加筋土挡土墙形式

（a）路堤式；（b）路肩式；（c）双面交错式；（d）双面分离式；（e）台阶式

加筋土挡土墙由面板、拉筋（或筋带）、填料和基础所组成，依靠填料与拉筋的摩擦力来平衡面板所承受的水平土压力（即加筋土挡土墙的内部稳定），并抵抗拉筋尾部所产生的土压力（即加筋土挡土墙的外部稳定）。

面板是防止拉筋间填土从侧向挤出，保证拉筋、填料、墙面板组成一个具有一定形状的整体。面板的形状有十字形、六角形、矩形、槽形、L形、弧形等；面板的材料有金属、混凝土和钢筋混凝土，且面板应满足坚固、美观、运输和安装方便的要求，当采用混凝土结构时，其强度不应低于 20 号。

拉筋是通过与填料之间的摩擦作用而达到的外部稳定，并承受水平力和垂直力。拉筋有钢带、钢筋混凝土带、聚丙烯土工带、钢塑复合带、土工格栅等种类。

加筋体填料是加筋体的主体材料，选择时必须是容易填筑和压实，与拉筋之间有可靠的摩擦力，且对拉筋无腐蚀作用。加筋体填料最好采用有一定级配渗水性的砂类土、砾石类土、碎石土、黄土、中低限黏土以及满足质量要求的工业废渣。禁止使用泥炭、淤泥、冻结土、盐渍土、建筑垃圾等作为填料。在填料中不应含有大量的有机物及两价以上的铜、镁、铁离子和含有氧化钙、碳酸钠、硫化物等化学物质。浸水地区应采用透水性良好的土做填料，并在面板内侧设置反滤层或铺设透水的土工织物。

在加筋土挡土墙面板下应设基础。基础应采用混凝土或者浆砌片石砌筑，矩形宽为 0.3～0.5m，高为 0.25～0.4m，顶面应做榫槽以利于面板安装。设置在斜坡上的挡土墙，应有不小于 1m 的护脚。基础的埋深应满足冲刷、冻结深度的要求，在一般土质地基不应小于 0.6m，在岩石上时，应清除岩石表面的风化层，如风化层厚，则按土质地基处理。

§2.3　路面基层（底基层）施工

基层是指直接位于沥青面层（可以是一层、二层或三层）下用高质量材料铺筑的主要承重层，或直接位于水泥混凝土面板下用高质量材料铺筑的一层结构层。底基层是在沥青路面基层下铺筑的辅助层。基层（底基层）按组成材料可分为碎、砾石，稳定土和工业废渣等三大类。

2.3.1 碎、砾石基层（底基层）施工

1. 级配碎、砾石基层（底基层）

级配碎、砾石基层是由各种粗细集料（碎石和石屑、砾石和砂）按最佳级配原理修筑而成的，其强度和稳定性取决于内摩阻力和粘结力的大小，具有一定的水稳定性和力学强度。

（1）级配碎、砾石基层（底基层）材料要求

1）级配碎石

粗细碎石集料和石屑各占一定的比例的混合料，当其颗粒组成符合密实级配要求时，称为级配碎石。级配碎石可用未筛分碎石（指控制最大粒径后，由碎石机轧制的未经筛分的碎石料）和石屑（指碎石场孔径 5mm 筛下的筛余料，其实际颗粒组成为 0～10mm，并且有良好的级配）所组配成，未筛分碎石可直接用作底基层。在缺乏石屑时，也可添加细砂或粗砂，但其强度和稳定性不如添加石屑的级配碎石。也可以用颗粒组成合适的含细集料较多的砂砾与未筛分碎石配合成级配碎石砾石。

级配碎石用作基层时，在高速公路和一级公路上，最大粒径不应超过 30mm；在二级公路和二级以下公路上，最大粒径不应超过 40mm。

2）级配砾石

粗细集料砾石和砂各占一定比例的混合料，当其颗粒组成符合密实级配要求时，称为级配砾石。天然砂砾符合规定的级配要求，而且塑性指数在 6（潮湿多雨地区）或 9（一般地区）以下时，可以直接用作基层。级配不符合要求的天然砂砾，需要筛除超尺寸颗粒或掺加一定砂砾或砂，使其符合级配要求。在天然砂砾中掺加部分碎石或轧碎砾石，可以提高混合料的强度和稳定性。天然砂砾掺加部分未筛分碎石组成的混合料，称为级配碎石砾石，级配碎石砾石的强度和稳定性介于级配碎石和级配砾石之间。级配砾石可适用于二级轻交通和二级以下公路的基层以及各级公路的底基层。

级配砾石用作基层时，砾石的最大粒径不应超过 40mm；用作底基层时，最大粒径不应超过 50mm。砾石颗粒中细长及扁平颗粒含量不应超过 20%，形状不合格的颗粒含量超过 20% 时，应掺入部分符合规格的石料。同时级配曲线应接近圆滑，某种尺寸的颗粒不应过多或过少。

用作底基层的砂砾、砂砾土或其他粒状材料，应有好的级配。当底基层集料是在最佳含水量下制作，集料的干密度与工地规定达到的干密度相同时，浸水 4 天的承载比值应不少于 40%（轻交通道路）～60%（中级交通道路）。

（2）级配碎石基层（底基层）施工

1）路拌法施工

级配碎石基层（底基层）路拌法施工流程如图 3-2-16 所示。

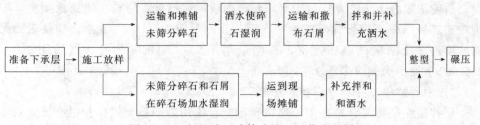

图 3-2-16　级配碎石路拌法施工工艺流程图

A．准备下承层　基层的下承层是底基层及其以下部分，底基层的下承层可能是土基也可能还包括垫层。下承层的表面应平整、坚实、具有规定的路拱，没有任何松散的材料和软弱地点。下承层的平整度和压实度弯沉值应符合规范的规定。土基不论是路堤或路堑，必须用 12 ~ 15t 三轮压路机或等效的碾压机械进行碾压检验(压 3 ~ 4 遍)。在碾压过程中，如发现土过干，表层松散，应适当洒水；如土过湿，发生"弹簧"现象，应采用挖开晾晒、换土、掺石灰或粒料等措施进行处理。

B．施工放样　在下承层上恢复中线，直线段每 15 ~ 20m 设一桩，平曲线段每 10 ~ 15m 设一桩，并在两侧路肩边缘外 0.3 ~ 0.5m 设指示桩。进行水平测量，在两侧指示桩上用明显标记标出基层或底基层边缘的设计高程。

C．计算材料用量　根据各路段基层或底基层的宽度、厚度及预定的干压实密度并按确定的配合比分别计算。如为级配碎石，则计算各段需要的未筛分碎石和石屑的数量或不同料级碎石和石屑的数量，并计算每车料的堆放距离；如为级配砾石，则分别计算各种集料的数量，根据料场集料的含水量以及所用车辆的吨位，计算每车料的堆放距离。

D．运输和摊铺集料　集料装车时，应控制每车料的数量基本相等。在同一料场供料路段内，由远到近将料按计算的距离卸置于下承层上，卸料距离应严格掌握，避免料不足或过多，且料堆每隔一定距离应留缺口，以便于施工。摊铺前应事先通过试验确定集料的松铺系数（或压实系数，压实系数是混合实干密度的比值）。人工摊铺混合料时，其松铺系数约为 1.40 ~ 1.50；平地机摊铺混合料时，其松铺系数约为 1.25 ~ 1.35。

E．拌和及整形　拌和级配碎、砾石应采用稳定土拌和机，在无稳定土拌和机的情况下，也可采用平地机或多铧犁与缺口圆盘耙相配合进行拌和。当采用稳定土拌和机进行拌和时，应拌和 2 遍以上，拌和深度应直到级配碎石层底，在进行最后一遍拌和之前，必要时先用多铧犁紧贴底面翻拌一遍；当采用平地机拌和时，用平地机将铺好的集料翻拌均匀，平地机拌和的作业长度，每段宜为 300 ~ 500m，并拌和 5 ~ 6 遍。

F．碾压　整形后，当混合料的含水量等于或大于最佳含水量时，立即用 12t 以上的三轮压路机、振动压路机或轮胎压路机进行碾压。直线段，由两侧路肩开始向路中心碾压；在有超高的路段上，由内侧路肩向外侧路肩进行碾压。碾压时，后轮应重叠 1/2 轮宽；后轮必须超过两段的接缝处。后轮压完路面全宽，即为一遍。碾压一直进行到要求的密实度为止。一般需碾压 6～8 遍，应使表面无明显轮迹。压路机的碾压速度，头两遍用 1.5～1.7km/h 为宜，以后用 2.0～2.5km/h。路面两侧应多压 2～3 遍。

2）中心站集中拌和（厂拌）法施工

厂拌法就是将混合料在中心站按预定配合比用诸如强制式拌和机、卧式双转轴桨叶式拌和机、普通水泥混凝土拌和机等多种机械进行集中拌和，然后运输、摊铺、整形、碾压。

摊铺时，可用摊铺机（沥青混凝土摊铺机、水泥混凝土摊铺机或稳定土摊铺机），在无摊铺机时，也可用自动平地机摊铺混合料。注意应消除粗、细骨料离析现象。

碾压时，可用振动压路机、三轮压路机进行碾压。其碾压方法与要求与路拌法相同。

横向接缝的处理，用摊铺机摊铺混合料时，靠近摊铺机当天未压实的混合料，可与第二天摊铺的混合料一起碾压，但应注意此部分混合料的含水量。用平地机摊铺混合料时，每天的工作缝可按路拌法的要求处理。

纵向接缝的处理，首先应避免出现纵向接缝。如摊铺机的摊铺宽度不够，必须分两幅摊铺时，宜采用两台摊铺机一前一后相隔约 5～8m 同步向前摊铺混合料；在仅有一台摊铺机的情况下，可先在一条摊铺带上摊铺一定长度后，再开到另一条摊铺带上摊铺，然后一起进行碾压。在不能避免纵向接缝时，纵缝必须垂直相连，不应斜接。

2. 填隙碎石基层（底基层）

用单一尺寸的粗碎石做主骨料，形成嵌锁作用，用石屑填满碎石间的孔隙，增加密实度和稳定性，这种结构称为填隙碎石。在缺乏石屑时，也可以添加细砂或粗砂等细集料，但其技术性能不如石屑。而填隙碎石的一层压实厚度，通常为碎石最大粒径的 1.5～2.0 倍，即 10～12cm。填隙碎石适用于各等级公路的底基层和二级以下公路的基层，其基层的施工方法有干法和湿法两种。

填隙碎石基层的强度主要依靠碎石颗料之间的嵌锁和摩阻作用所形成的内摩阻力，而颗粒之间的粘结力起次要作用，这种结构层的抗剪强度主要取决于剪切面上的法向应力和材料的内摩阻角，是由粒料表面的相互滑动摩擦、剪切时体积膨胀而需克服的阻力、粒料重新排列而受到的阻力这三项因素所构成。

（1）材料要求

填隙碎石用作基层时，碎石的最大粒径不应超过 60mm；用作底基层时，碎石的最大粒径不应超过 80mm。粗碎石可以用具有一定强度的各种岩石或漂石轧制，也可以用稳定的矿渣轧制。材料中的扁平、长条和软弱颗粒不应超过 15%。

粗碎石的颗粒组成应符合表 3-2-8 的规定。填隙料最好用轧制碎石时得到的 5mm 以下的细筛余料（即石屑）。当采用表 3-2-8 中的 1 号粗集料时，填隙料的标称最大粒径可为 10mm。

填隙碎石粗碎石的颗粒组成　　　　表 3-2-8

编号	标称尺寸 (mm)	通过下列筛孔（mm）的重量百分率（%）							
		80	60	50	40	30	25	20	10
1	40~80	100	25~60		0~15		0~5		
2	30~60		100		25~50	0~15		0~5	
3	25~50			100	35~70		0~15		0~5

（2）填隙碎石基层（底基层）施工

1）准备下承层　基层的下承层是底基层及其以下部分，底基层的下承层可能是土基也可能还包括垫层。下承层表面应平整坚实，具有规定的路拱，没有任何松散的材料和软弱地点。土基不论是路堤还是路堑，必须经过 12~15t 三轮压路机或等效的碾压机械进行碾压检验（压 3~4 遍）。在碾压过程中，如发现土过干、表面松散，应适当洒水；如土过湿，发生"弹簧"现象，应采取挖开晾晒、换土、掺石灰或集料等措施进行处理。

2）施工放样　同前。

3）备料　碎石料，根据各路段基层或底基层的厚度、宽度及松铺系数（1.20~1.30，碎石最大粒径与压实厚度之比为 0.5 左右时，系数为 1.30，比值较大时，系数接近 1.20），计算各段需要的粗碎石数量；根据运料车辆的体积，计算每车料的堆放距离。填隙料用量约为粗碎石重量的 30%~40%。

4）运输和摊铺粗碎石

5）撒铺填隙料和碾压

A. 干法施工

初压　用 8t 两轮压路机碾压 3~4 遍，使粗碎石稳定就位。

撒铺填隙料　用石屑撒铺机或类似的设备将干填隙料均匀地撒铺在已压稳的粗碎石层上，松厚约 2.5~3.0cm，必要时，用人工或机械扫进行扫匀。

碾压　用振动压路机或重型振动压路机慢速碾压，将全部填隙料振入粗碎石间的孔隙中。注意路面两侧应多压 2~3 遍。

再次撒铺填隙料　同第一次一样，但松厚约为 2.0~2.5cm。

再次碾压　填隙碎石表面孔隙全部填满后，用 12~15t 三轮压路机再碾压 1~2 遍。在碾压过程中，不应有任何蠕动现象。在碾压之前，宜在其表面先洒少量水（洒水量在 3kg/m² 以上）。

B. 湿法施工

初压、撒铺填隙料、碾压、再次撒铺填隙料、再次碾压施工过程同干法施工。

粗碎石层表面孔隙全部填满后，立即用洒水车洒水，直到饱和。但注意勿使多余的水浸泡下承层。用 12～15t 三轮压路机跟在洒水车后面进行碾压，在碾压过程中，将湿填隙料继续扫入所出现的孔隙中，如需要，再添加新的填隙料。洒水和碾压应一直进行到细集料和水形成粉砂浆为止。

干燥　碾压完成后的路段需要留待一段时间，让水分蒸发表干后扫除面上多余的细料。

设计厚度超过一层铺筑厚度，需在上面再铺一层时，应待结构层变干后，在上摊铺第二层粗碎石，并重复初压、撒铺填隙料、碾压、再次撒铺填隙料施工过程。

2.3.2　稳定土基层施工

采用一定的技术措施，使土成为具有一定强度与稳定性的筑路材料，以此修筑的路面基层称为稳定土基层。常用的稳定土基层有石灰土、水泥土和沥青土三种。稳定土的方法有许多种，按其技术措施的不同可分为：机械方法（如压实）、物理方法（如改善水温状况）、加入掺加剂（如粒料、黏土、盐溶液、有机结合料、无机结合料、高分子化合物及其他化学添加剂等）、技术处理（加热处理、电化学加固）等，详见表 3-2-9。

稳定土的主要方法 表 3-2-9

稳定的方法	使用的稳定材料	适宜稳定的土	稳定土的主要技术性质
压实		各类土	强度和稳定性略有提高
掺和粒料	对黏性土用砂、砾、碎石、炉渣等；对砂性土用黏性土	黏土、粉质黏土或砂、砾	强度和稳定性有所提高
盐溶液	氯化钙、氯化镁、氯化钠等盐类	级配改善后的土	减少扬尘与磨耗
无机结合料	各类水泥、熟石灰与磨细生石灰、硅酸钠（水玻璃）	黏土类、粉质黏土类、砂质粉土类、粉土类	有较高的强度、整体性和水稳性，以及一定的抗冻性，但不耐磨
综合法	以石灰、水泥、沥青中的一种为主，掺入其他结合料	各类土	有较高的强度和稳定性
有机结合料	黏稠或液体沥青、煤沥青、浮化沥青、沥青膏浆等	粉质黏土类、砂质粉土类	不透水，有一定的强度、水稳定性和抗冻性，但拌和稍困难
工业废料	炉渣、矿渣和粉煤灰等	黏土、粉质黏土、粉土类	较高的强度和稳定性
离子稳固剂	CON-AID 稳固剂及 NSC 硬化剂	黏土、粉质黏土、粉土类等	较高的强度和稳定性
高分子聚合物及合成树脂		各类土	较高的强度和稳定性

1. 水泥稳定土基层

在粉碎的或原来松散的土（包括各种粗、中、细粒土）中，掺入足量的水泥和水，经拌和得到的混合料在压实及养生后，当其抗压强度符合规定的要求时，称为水泥稳定土。用水泥稳定砂性土、粉性土和黏性土得到的混合料，简称水泥土；稳定砂得到的混合料，简称水泥砂。用水泥稳定粗粒土和中粒土得到的混合料，视所用原材料，可简称水泥碎石（级配碎石和未筛分碎石）、水泥砾石。

水泥稳定土的强度形成主要是水泥与细粒土的相互作用（包括离子交换及团粒化作用、硬凝反应、碳酸化作用等）。水泥稳定土具有较好的力学性能和板体性。其影响强度的主要因素有土质、水泥成分与剂量、含水量、成型工艺控制等。水泥稳定土可适用于各种交通类别道路的基层和底基层，但水泥土不应用作高级沥青路面的基层，只能用作底基层。在高速公路和一级公路上的水泥混凝土面板下，水泥土也不应用作基层。

（1）材料要求

1）土

A. 对于高速公路和一级公路

水泥稳定土用作底基层时，集料的最大粒径不应超过 40mm，适宜用水泥稳定的集料颗粒组成应在图 3-2-17 范围内，并应为较平顺的曲线。

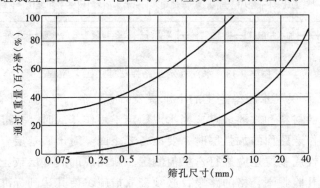

图 3-2-17　适宜用水泥稳定的集料的颗粒组成范围

在水泥稳定土用作基层时，集料的最大粒径不应超过 30mm。水泥稳定粒径较均匀的砂时，宜在砂中添加少部分塑性指数小于 10 的黏性土或石灰土，也可以添加部分粉煤灰；加入比例可按使混合料的标准干密度按近最大值确定，一般约为 20% ~ 40%。有机质含量超过 2% 的土，不应单用水泥稳定，如需采用这种土，必须先用石灰进行处理，闷料一夜后再用水泥稳定。硫酸盐含量超过 0.25% 的土，不应用水泥稳定。

B. 对于二级和二级以下的公路

水泥稳定土作底基层时，颗粒最大粒径不应超过 50mm，土颗粒组成应符合规定的范围，同时土的均匀系数应大于 5（通过量为 60% 与通过量为 10% 筛孔尺寸之比，称为土的均匀系数），细粒土的液限不应超过 40，塑性指数不应超过 17。塑性指数大于 17 的土，宜采用石灰稳定，或用水泥和石灰综合稳定。

水泥稳定土作基层时，土的最大粒径不应超过 40mm，土的颗粒组成应在图

3-2-17 曲线范围内，并应为较平顺的曲线。适宜做水泥稳定土基层的材料有：级配碎石、未筛分碎石、砂砾、碎石土、砂砾土、煤矸石和各种粒状矿渣等。碎石包括岩石碎石和矿渣碎石。

2）水泥、石灰、水

水泥可采用普通硅酸盐水泥、矿渣硅酸盐水泥和火山灰质硅酸盐水泥，但应选用终凝时间较长（宜在 6h 以上）和标号较低的水泥。石灰应采用消石灰粉或生石灰粉。凡人或牲畜的饮用水均可用于水泥稳定土施工，如遇有可疑水源时，应进行试验鉴定。

（2）施工

水泥稳定土基层施工方法有路拌法和厂拌法两种。

1）路拌法施工

路拌法施工工艺流程如图 3-2-18 所示。对于二级或二级以下的一般公路，水泥稳定土可以采用路拌法施工。

图 3-2-18   水泥稳定土路拌法施工工艺流程

A. 准备下承层   水泥稳定土的下承层表面应平整、坚实，具有规定的路拱，没有任何松散的材料和软弱地点。当水泥稳定土用作基层时，要准备底基层；当水泥稳定土用作老路面的加强层时，要准备老路面。对于底基层，应进行压实度检查，对于柔性底基层还应进行弯沉值测定。新完成的底基层或土基，必须按规定进行验收。凡验收不合格的路段，必须采取措施，使其达到标准后，方可铺筑水泥稳定土层。

B. 施工测量   首先在底基层或老路面或土基上恢复中线。直线段每 15～20m 设一桩，平曲线段每 10～15m 设一桩，并在两侧路肩边缘外设指示桩。进行水平测量时，应在两侧指示桩上用明显标记标出水泥稳定土层边缘的设计高程。

C. 备料   采集集料前，应先将树木、草皮和杂土清除干净。在预定的深度范围内采集集料，不应分层采集，也不应将不合格的集料采集在一起。集料中超尺寸颗粒应予以筛除，对于塑性指数大于 12 的黏性土，可视土质和机械性能确定土是否需要过筛。

D. 计算材料用量   根据各路段水泥稳定土层的宽度、厚度及预定的干密度，计算各路段的干燥集料数量；根据料场集料的含水量和所用运料车辆的吨位，计算每车料的堆放距离；根据水泥稳定土层的厚度和预定干密度及水泥量，计算每一平方米水泥稳定土需用的水泥用量，并计算每袋水泥的摊铺面积；根据水泥稳定土层的宽度，确定摆放水泥的行数，计算每行水泥的间距；根据每包水泥的摊铺面积和每行水泥的间距，计算每袋水泥的纵向间距。

E. 摊铺集料　首先应通过试验确定集料的松铺系数；其次摊铺集料应在摊铺水泥前一天进行，摊铺长度以日进度需要量为宜，其长度应满足次日一天内完成加水泥、拌和、碾压成型；最后应检验松铺材料层的厚度，其厚度（松铺厚度＝压实厚度×松铺系数）应符合预计的要求，必要时，应进行减料或补料工作。

F. 洒水闷料　如已平整的集料含水量过小，应在集料层上洒水闷料。细粒土应闷料一夜，而中粒土和粗粒土应视其中细土含量多少，来确定闷料时间。如为水泥和石灰综合稳定土，应先将石灰和土拌和后一起闷料。

G. 摆放和摊铺水泥。

H. 拌和　当用稳定土拌和机进行拌和时，其深度应达到稳定层底部，并应略为破坏（约1cm左右）下承层的表面，以利于上下层粘结，严禁在拌和层底部留有"素土"夹层。在没有专用拌和机械的情况下，可用农用旋转耕作机与多铧犁或平地机配合进行拌和，也可用缺口圆盘耙与多铧犁或平地机配合进行拌和，但应注意拌和效果与拌和时间不能过长。

I. 整型　用机械整型时，当混合料拌和均匀后，立即用平地机初步整平和整型。在直线段，平地机由两侧向路中心进行刮平；在平曲线段，平地机应由内侧向外侧进行刮平，必要时，再返回刮一次。在初平的路段上，用拖拉机、平地机或轮胎压路机快速碾压一遍，以暴露潜在的不平整。每次整型时都应按照规定的坡度和路拱进行，但特别注意接缝顺适平整。用人工整型时，应用锹和耙先把混合料摊平，用路拱板初步整型。用拖拉机初压1～2遍后，根据实测的压实系数，确定纵横断面标高，利用锹耙按线整型，并用路拱板校正成型。

J. 碾压　整型后，当混合料的含水量等于或大于最佳含水量时，立即用12t以上的三轮压路机、重型轮胎压路机或振动压路机在路基全宽内进行碾压。直线段，由两侧路肩向中心碾压；平曲线段，由内侧路肩向外侧路肩进行碾压。碾压时，应重叠1/2轮宽，一般需碾压6～8遍，其碾压速度，头两遍的碾压速度为1.5～1.7km/h，以后用2.0～2.5km/h的碾压速度。在碾压结束之前，用平地机再终平一次，使其纵向顺适，路拱和超高符合设计要求。终平时，应将局部高出部分刮除并扫出路外；局部低洼处，不再进行找补。

K. 接缝和"调头"处理　同日施工的两工作段的衔接处，应搭接拌和。第一段拌和后，留5～8cm不进行碾压。第二段施工时，前段留下未压部分，要加部分水泥，重新拌和，并与第二段一起碾压。工作缝（每天最后一段末端缝）和"调头"的处理为：在已碾压完成的水泥稳定土层末端，沿稳定土挖一条横贯全路宽的长约30cm的槽，直挖到下承层顶面。此槽应与路的中心线垂直，且靠稳定土的一面应切成垂直面。将两根方木（长度各为水泥稳定土层宽的一半，厚度与其压实厚度相同）放在槽内，并紧靠已完成的稳定土，以保证其边缘不致遭第二天工作时的机械破坏。用原挖出的素土回填槽内其余部分。如拌和机械或其他机械必须到已压成的水泥稳定土层上"调头"，应采取措施保护"调头"部分，一般可在准备于"调头"的约 8~10m 长的稳定土层上，先覆盖一张厚塑料布（或油毡纸），然后在塑料布上盖约 10cm 厚的一层土、砂或砂砾。第二天，摊铺水泥及湿拌后，除去方木，用混合料回填。靠近方木未能拌和的一小段，应人工进行补充拌和。整平时，接缝处的水泥稳定土应较完成断面高出约 5cm，以便将"调头"处的土除去后，能刮成一个平顺的接缝。整平后，用平地机将塑料布上大部分土除去（注意勿刮破塑料布），然后人工除去余下的土。在新混合料碾压过程中，将接缝修整平顺。

L. 纵缝处理   水泥稳定土层的施工应避免纵向接缝。在必须分两幅进行施工时，纵缝必须垂直相接，不应斜接。纵缝的处理方法为：在前一幅施工时，在靠中央一侧用方木或钢模板作支撑，方木或钢模板的高度与稳定土层的压实厚度相同。混合料拌和结束后，靠近支撑木（或板）的一部分，应人工进行补充拌和，然后整型和碾压。再铺筑另一幅时，或在养生结束后，拆除支撑木（或板）。第二幅混合料拌和结束后，靠近第一幅部分，应人工进行补充拌和，然后进行整型和碾压。

2）厂拌法施工

水泥稳定土可以在中心站用强制式拌和机、双转轴桨叶式（卧式叶片）拌和机等厂拌设备进行集中拌和，塑性指数小、含土少的砂砾石、级配碎石、砂、石屑等集料，也可以用自落式拌和机拌和。

摊铺时，可采用沥青混凝土摊铺机、水泥混凝土摊铺机或稳定土堆铺机。如下承层是稳定细粒土，应将下承层顶面拉毛，再摊铺混合料。在一般公路上没有摊铺机时，可采用摊铺箱摊铺混合料，也可采用自动平地机摊铺混合料。碾压时，采用三轮压路机或轮胎压路机、振动压路机紧跟在摊铺机后面及时进行碾压。

用摊铺机摊铺混合料时，中间不宜中断，如因故中断时间超过 2h，应设置横向接缝，摊铺机应驶离混合料末端。人工将末端混合料整齐，紧靠混合料放两根方木，方木的高度应与混合料的压实厚度相同。方木的另一侧用砂砾或碎石回填约 3m 长，高度应高出方木几厘米。将混合料碾压密实。在重新开始摊铺混合料之前，将砂砾或碎石和方木除去，并将下承层顶面清扫干净。摊铺机返回到已压实层的末端，重新开始摊铺混合料。

摊铺时，应尽量避免纵向接缝，高速和一级公路的基层应分两幅摊铺，采用两台摊铺机一前一后相隔约 5~8m 同步向前摊铺混合料，并一起进行碾压。在不能避免纵向接缝的情况下，纵缝必须垂直相接，严禁斜缝。处理方法为：在前一幅摊铺时，在靠后一幅的一侧用方木或钢模板做支撑，方木或钢模板的高度应与稳定土层的压实厚度相同，养生结束后，在摊铺另一幅之前，拆除支撑木（或板）。

（3）养生

养生时间应在每一段碾压完成并经压实检查合格后立即进行养生，不得延误。养生时的养生期为 7 天，如养生期少于 7 天，必须做上沥青面层时，则应限制重型车辆通行。水泥稳定土分层施工时，下层水泥稳定土碾压完成后，过一天就可以铺筑上层水泥稳定土，而不需养生 7 天。

养生方法宜采用不透水薄膜或湿砂覆盖。用湿砂覆盖时，砂层厚 7~10cm，并保持在整个养生期间砂处于潮湿状态。也可以用潮湿的帆布、粗麻布、草帘或其他合适的材料，但不得用湿黏性土覆盖。养生结束后，必须将覆盖物清除干净。

养生期结束后，应立即喷洒透层沥青或做下封层，并在 5~10 天内铺筑沥青面层。在喷洒透层沥青后，撒布 3~8mm 或 5~10mm 的小碎（砾）石。如为混凝土面层，也不宜让基层长期暴晒。

2. 石灰稳定土基层

在粉碎的或原来松散的土（包括各种粗、中、细粒土）中，掺入足量的石灰和土，经拌和、压实及养生后得到的混合料，当其抗压强度符合规定的要求时，称为石灰稳定土。用石灰稳定细粒土得到的混合料，简称石灰土。用石灰稳定粗粒土和中粒土得到的混合料，视听用原料而定，原材料为天然砂砾时，简称石灰砂砾土；原材料为天然碎石土时，简称石灰碎石土。用石灰稳定级配砂砾（砂砾中无土）和级配碎石（包括未筛分碎石）时，也分别简称石灰砂砾土和石灰碎石土。

石灰稳定土适用于各级公路路面的底基层，可用作二级和二级以下公路的基层，但不应用作高级路面的基层，也不应在冰冻地区的潮湿路段以及其他地区的过分潮湿路段的基层。

（1）材料要求

塑性指数 15~20 的黏性土以及含有一定数量黏性土的中粒土和粗粒土（如天然砂砾土和砾石土，旧级配砾石和泥结碎石路面等）均适宜于石灰稳定。塑性指数偏大的黏性土，要加强粉碎，粉碎后土块的最大尺寸不应大于 15mm。塑性指数 10 以下的砂质粉土和砂土，由于使用石灰较多，难于碾压成型，应采用适当的施工措施，或采用水泥稳定。塑性指数 15 以上的黏性土更适宜于用石灰和水泥综合稳定。

当石灰稳定土用作底基层时，颗粒的最大粒径不应超过 50mm；当用作基层时，其最大粒径不应超过 40mm。适宜做石灰稳定土基层的材料有：级配碎石、未筛分碎石、砂砾、碎石土、砂砾土、煤矸石和各种粒状矿渣等。碎石包括岩石碎石和矿渣碎石。硫酸盐含量超过 0.8% 的土和有机质含量超过 10% 的土，不宜用石灰稳定。

石灰质量应符合Ⅲ级以上的生石灰或消石灰的技术指标。

人或牲畜饮用的水源均可用于石灰土施工，遇有可疑水源时，应进行试验确定。

（2）石灰稳定土基层施工

石灰稳定土属于整体性半刚性材料，尤其在后期灰土的刚度很大，为了避免灰土层受弯拉而断裂，并能在施工碾压时有足够的稳定性和不起皮，灰土层不宜小于8cm。为了便于拌和均匀和碾压密实，其厚度又不宜大于15cm。压实厚度大于15cm时，应分层铺筑。石灰稳定土层上未铺封层或面层时，禁止开放交通。当施工中断，临时开放交通时，应采取封土、封油撒砂等临时保护措施，不使基层表面遭受破坏。

1）路拌法施工

路拌法施工石灰稳定土的工艺流程如图3-2-19所示。

图 3-2-19   石灰稳定土基层路拌法施工流程图

A. 准备下承层   当石灰稳定土用作基层时，要准备底基层；当石灰稳定土用作老路面的加强层时，要准备土基。对于土基不论是路堤还是路堑，必须用12～15t三轮压路机或等效的压路机械进行碾压检验（压3～4遍）；对于底基层应进行压实度检查，而柔性底基层还应进行弯沉测定。在槽式断面的路段，两侧路肩上每隔一定距离（如5～10m）应交错开挖泻水沟（或做盲沟）。

B. 施工放样   在底基层或老路面或土基上恢复中线，直线段每10～15m设一桩，并在两侧路肩边缘外设指示桩。进行水平测量，在两侧指示桩上用明显标记标出水泥稳定土基层边缘的设计高程。

C. 摊铺集料   用平地机或其他适合的机械将集料均匀地摊铺在预定的宽度上，其表面应力求平整，并有规定的路拱。对于集料的松铺系数应事先通过试验确定。

D. 拌和   拌和过程中，应及时检查含水量。拌和时，应采用稳定土拌和机进行拌和。在没有专用拌和机械的情况下，可用农用旋转耕作机与多铧犁或平地机相配合使用来拌和，也可采用缺口圆盘耙与多铧犁或平地机相配合来拌和。

E. 整型   用路拱板初步整型，对不符合要求的断面进行整修。

F. 碾压   应在最佳含水量时进行。当表面水分蒸发时，应补充洒水后进行碾压。碾压时，按先轻后重、由两侧至中央的顺序进行，直至无明显轮迹、压实度达到要求为止。

2）厂拌法施工

石灰稳定土厂拌法施工与水泥稳定土厂拌法施工基本相同。

3）养生

修筑好的石灰稳定土基层应经过7天的养生期。养生方法视不同情况，可采用洒水、覆盖砂或低黏性土或采用不透水薄膜和沥青膜等。

3. 沥青稳定土基层

以沥青（液体石油沥青、煤沥青、乳化沥青、沥青膏浆等）为结合料，将其与粉碎的土拌和均匀，摊铺平整，碾压密实成型的基层称为沥青稳定土基层。

各类土都可以用液体沥青来稳定。当采用较粘稠的沥青稳定时，只有低黏性的土才能取得良好的效果；粘性较大的土用黏稠沥青稳定时，由于沥青难于均匀分布于土中，其稳定效果较差，因而黏性较大的土，可采用综合稳定的方法，即在掺加沥青之前，向土中掺加少量活化剂，可取得显著的稳定效果。

由于沥青稳定土中的结合料与土粒表面黏着力不大，内聚力也不大，因此液体沥青稳定土的特征是强度形成较慢，并随含水量的增加，强度会显著下降。

通常采用慢凝液体石油沥青和低标号煤沥青作为制备沥青土的结合料，也有采用乳化沥青（由于液体沥青消耗大量有工业价值的轻质油分，强度形成缓慢）作为沥青土的结合料。沥青膏浆比较适用于稳定砂类土，使其具有较好的整体性；对于黏性土，可用机械对土与沥青膏浆进行强力搅拌，然后铺在路上碾压成型。

沥青土稳定土基层施工的关键在于拌和与碾压。结合料如采用液体石油沥青或低标号煤沥青时，一般采用热油冷料，油温约 120～160℃；如采用乳化沥青或沥青膏浆时，采用冷油冷料。沥青稳定土混合料的拌合有人工与机械两种。沥青稳定土基层的碾压可采用轮胎式压路机碾压，也可采用钢轮压路机进行碾压，但应选用轻型或中型，且只压一遍即可，否则可能会出现裂缝或推移。碾压后再过 2～3 天复压 1～2 遍效果最佳。如先用钢轮压路机碾压一遍后再用轮胎压路机碾压几遍，其平整度与密实度都较好。特别注意应加强初期养护，这样可以加速路面成型。

2.3.3　工业废渣基层施工

工业废渣包括粉煤灰、煤渣、高炉矿渣、钢渣（已经崩解达到稳定）、其他冶金矿渣、煤矸石等。

目前已广泛利用石灰稳定工业废渣混合料来代替路面工程中常用的基层。一定数量的石灰和粉煤灰或石灰和煤渣与其他集料相配合，加入适量的水（通常为最佳含水量），经拌和、压实及养生后得到的混合料，当其抗压强度符合规范规定的要求时，称为石灰工业废渣稳定土（简称石灰工业废渣）。石灰工业废渣材料可分为两大类，一类是石灰粉煤灰类，又可分为二灰土（石灰粉煤灰土）、二灰砂砾（石灰粉煤灰砂砾土）、二灰碎石（石灰粉煤灰碎石）、二灰矿渣（石灰粉煤灰矿渣）等；另一类是石灰其他废渣类，又可分为石灰煤渣土、石灰煤渣碎石、石灰煤渣砂砾、石灰煤渣矿渣等。

石灰工业废渣可适用于各级公路的基层和底基层。但二灰土不应用作高级沥青路面的基层，而只能用作底基层，也不能用作高速和一级公路上的水泥混凝土面板下的基层。

1. 工业废渣材料的要求

(1) 结合料

工业废渣基层所用的结合料是石灰或石灰下脚。石灰应符合《公路路面基层施工技术规范》的规定。石灰下脚是指含有氧化钙或氢氧化钙成分的各种工业废渣，常用的有电石渣、炼钢下脚、石灰窑下脚（大多数石灰窑下脚的活性氧化钙含量在 40% 以上，当含量较低时，应通过试验后采用）等。对于石灰粉煤灰混合料，所用石灰下脚的活性氧化钙含量不应低于 30%～40%；对于石灰水碎渣或石灰煤渣混合料，所用石灰下脚中活性氧化钙含量不应低于 20%。

(2) 活性材料

活性材料当有水份存在时，能在常温下与石灰起化学反应，使混合料的强度逐渐增高。在路面工程中应用得最为广泛的有煤渣、粉煤灰、石灰水碎渣、硫铁矿渣等。这些材料都具有一定的活性，在饱和的氢氧化钙溶液中会发生火山灰反应，能产生氢氧化钙结晶和硅酸钙、铝酸钙结晶，形成有一定强度和整体性的水硬性材料。

煤渣是煤经锅炉燃烧后的残渣，主要成分是二氧化硅和三氧化硅，它的松干密度为 $700～1100kg/m^2$，煤渣的最大粒径不应大于 30mm，颗粒组成宜有一定级配，大于 30mm 的颗粒事先应筛除，否则会被行车压碎，使结构层的强度降低。煤渣中含煤量最好不超过 20%。

粉煤灰是火力发电厂燃烧煤粉产生的粉状灰渣。粉煤灰中含有二氧化硅、三氧化二铝、三氧化二铁，其总含量应不大于 70%，烧失量不应超过 20%，粉煤灰的比面积宜大于 $2500cm^2/g$。粉煤灰由于细颗粒较多（粒径在 0.001～0.3mm间），颗粒锁结强度相对较差，粉煤灰与石灰混合后的初期强度低于煤渣石灰混合料的初期强度。所以，从施工方面看，粗颗粒材料对含水量的敏感性比细颗粒材料要小，因此宜尽量选用偏粗的粉煤灰。

(3) 集料

石灰稳定工业废渣中应掺入一些细粒土、中粒土、粗粒土和碎（砾）石、高炉重矿渣及性质坚韧、稳定、不再分解的其他废渣等集料。由于工业废渣初期的化学反应不显著，在石灰稳定工业废渣中掺入一些粗骨料，可以增加颗粒之间的锁结力，特别是需要早期开放重车交通的道路，以及雨、冬季施工。

对于细粒土宜采用塑性指数 12～20 的黏性土（亚粘土），土中土块的最大尺寸不应大于 15mm，有机质含量超过 10% 的土不宜选用；对于中粒土和粗粒土，如用作二灰混合料的集料，应少含或不含有塑性指数的土。用于高速公路和一级公路的二灰级配集料应符合下述要求：除直接铺筑在土基上的二灰稳定底基层的下层外，二灰集料作底基层时，集料的最大粒径不应超过 40mm；二灰稳定级配集料用作基层时，混合料中集料的重量应占 80%～85%，集料的最大粒径不应超过30mm，小于0.075mm颗粒含量接近零。用于二级及二级以下公路的二灰稳定土应符合下述要求：二灰集料混合料用作底基层时，集料的最大粒径不应超过50mm；如用作基层时，其最大粒径不应超过40mm，集料重量宜占80%以上。

2．工业废渣基层施工

石灰工业废渣基层的施工，可分为路拌法和中心站集中拌和（厂拌）法施工两种，施工工艺流程如图3-2-20所示。

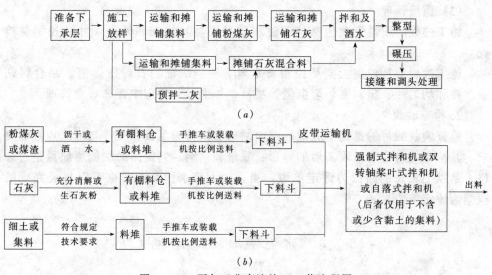

图3-2-20 石灰工业废渣施工工艺流程图
（a）路拌法；（b）厂拌法

2.3.4 质量控制和检查验收

基层（底基层）的质量验收和检查验收，主要是针对二级和二级以上公路工程为对象，其他等级公路可参照进行。

1．质量控制

基层（底基层）的质量控制包括所用材料的标准试验、铺筑试验段、施工过程中的质量管理这三个方面。

（1）材料的标准试验

在组织现场施工以前以及在原材料（包括土）或混合料发生变化时，必须对拟采用的材料进行规定的基本性质试验，以评定材料质量是否符合要求，以及某种土是否适宜水泥或石灰稳定。

（2）铺筑试验段

在基层（底基层）正式施工前，应铺筑试验段。铺筑无结合料的集料基层试验段所要决定的主要项目为：用于施工的集料配合比例；材料的松铺系数；确定标准施工方法（包括集料数量的控制；集料摊铺方法和适用机具；合适的拌和机械、拌和方法、拌和深度和拌和遍数；集料含水量的增加和控制方法；整平和整形的合适机具和方法；压实机械的选择和组合；压实的顺序、速度和遍数；拌和、运输、摊铺和碾压机械的协调和配合；密实度的检查方法，初定每一作业段的最小检查数量）；确定每一作业段的合适长度；确定每一次铺筑的合适厚度。铺筑水泥稳定土、石灰稳定土和石灰工业废渣稳定土基层试验段时，除所列项目外，还应包括控制结合料数量和拌和均匀性的方法。

（3）质量管理

施工过程的质量管理包括施工过程质量控制与检查和外形尺寸的控制与检查。

施工过程质量控制主要是控制含水量、集料级配、石粒压碎值、结合料剂量、拌和均匀性、压实度、弯沉值等项目；外形尺寸管理主要靠日常管理。

2. 检查验收

检查验收的目的是判定完成的路面结构层是否满足设计文件与施工规范的要求。其检查的内容包括竣工后的外形、质量和材料。判定路面结构层质量是否合格，是以 1km 长的路段为评定单位，当采用大流水作业时，也可以每天完成的段落为评定单位。

§2.4　水泥混凝土路面施工

水泥混凝土路面包括素混凝土、钢筋混凝土、连续配筋混凝土、预应力混凝土、装配式混凝土、纤维混凝土和混凝土小块铺砌等面层板和基（垫）层所组成的路面，目前采用最广泛的是就地浇筑的素混凝土路面，即是除接缝处和局部范围（边缘和角隅）外不配置钢筋的混凝土路面。

与其他类型路面相比，混凝土路面具有下列优点：

（1）强度高、刚度大　混凝土路面具有较高的抗压强度（30～40MPa）、抗弯拉强度（4.0～5.5MPa）抗磨耗能力。具有较高的刚度，弹性模量为 $2.5 \times 10^4 \sim 4 \times 10^4 MPa$。

（2）稳定性好　混凝土路面的水稳性、热稳性均较好。其强度能随时间的延长而逐渐提高，不存在沥青路面的"老化"现象。

（3）耐久性好　由于混凝土路面的强度和稳定性好，抗磨耗能力强，因而耐疲劳性强，一般可使用 20～40 年，而且能通过包括履带式车辆在内的各种运输工具。

（4）养护费用少、经济效益高　与沥青混凝土路面相比，混凝土路面的养护工作量和养护费用均少 1/3～1/4。

（5）抗滑性能好　由于混凝土路面表面粗糙，能保持车辆有较高的安全行驶速度，特别是雨季路滑。

（6）有利于夜间行车　混凝土路面色泽鲜明，能见度好，有利于夜间行车。

虽然混凝土路面有如此的优点，但也存在着自身的缺点：

（1）接缝多　一般混凝土路面都要建造许多接缝，接缝处是路面的薄弱处，一方面增加施工和养护的复杂性，另一方面容易引起行车跳动，影响行车舒适性。

（2）水泥和水的需求量大　据统计，修筑 20cm 厚、7m 宽的混凝土路面，每米要耗费水泥 0.4～0.5t，水约 0.25t（不包括养护用的水）。

（3）开放交通迟　修筑完工后的混凝土路面要经过 15～20 天的养生期才能开放交通，如需提前开放交通，则要采取特殊措施。

（4）对超载敏感　由于混凝土路面是脆性材料，一旦作用其上的荷载超出了混凝土的极限强度，混凝土板会出现断裂。

（5）修复困难　混凝土路面出现损坏后，修补工作较沥青路面困难，且影响交通，修补后路面的强度不如原来的整体强度高，特别是地下管网较多的城市道路，一旦管网损坏，破路困难。

（6）噪声大　在混凝土路面使用的中后期，其接缝易损坏变形而使平整度下降，增加车辆行驶时的噪声。

2.4.1　水泥混凝土路面的技术要求

1. 对土基和基层的技术要求

（1）土基

水泥混凝土面层板具有很高的刚度和扩散荷载的能力，因而通过刚性面层和基层传递到土基上的荷载压力很小，一般不超过 0.05MPa，这样水泥混凝土面板下不需要坚强的土基来支承。然而，如果土基的稳定性不足，在水温变化的影响下会出现较大的变形，特别是不均匀沉陷，仍将给混凝土面层带来不利的影响。实践证明，由于土基不均匀支承，使面板在受荷时底部产生过大的弯拉应力，导致混凝土路面产生破坏。

路基的不均匀支承，是由于填料的土质不均匀，湿度不均匀，膨胀土、冻胀、湿软地基未能充分固结，排水设施不良，压实不足或不当，新老路基交接处、填挖交界处处理不当等多种因素所造成的。处理的方法，把不均匀的土掺配成均匀的土；控制压实时的含水量接近于最佳含水量，并保证压实度满足要求；加强路基排水，对湿软地基，应采取加固措施；如设垫层，以缓和可能产生的不均匀变形对混凝土面层的不利影响。

（2）基层

混凝土面层下设置基层，其目的是防唧泥、防冰冻、减少路基顶面的压应力，并缓和路基不均匀变形对面层的影响、防水、为面层施工提供方便、提高路面结构的承载能力和延长路面的使用寿命等。因此，除非土基自身有良好级配的砂砾类土，而且有良好排水条件的轻交通道路外，都应设置基层。

1）刚度要求

在公路水泥混凝土路面设计规范中，按交通的分级分别提出了基层顶面当量回弹模量 E_t 的最低要求。在原有公路上铺筑混凝土面层时，原有公路路面顶层的当量回弹模量也应满足规范规定，如不满足时，应在原有路面上设置补强层，补强层的厚度不得小于结构层最小厚度的规定，且补强后的顶面当量回弹模量为：特重型：120MPa；重型：100MPa；中等型：80MPa；轻型：60MPa。

2）基层厚度

由于随着稳定类基层厚度的减少，基层底面的弯拉应力随之增大，因此，用厚基层来提高土基的支承力，或者借以降低面层应力或减薄面层厚度，一般是不经济的。基层的厚度不得小于15cm，而作为原有路面上的补强层的最小结构层厚度为 8 ~ 10cm。

3）基层宽度

基层的宽度应大于面层的宽度，以便施工时安装模板，并防止路面边缘渗水至土基而导致路面破坏。基层宽度应较混凝土面层两侧宽出 25 ~ 35cm（采用小型机具或轨道式摊铺机施工），或 50 ~ 60cm（采用滑模式摊铺机施工）。

2. 对混凝土组成材料的要求

组成混凝土的材料有水泥、细骨料、粗骨料、水和外加剂。

（1）水泥

路用水泥主要采用硅酸盐水泥、普通硅酸盐水泥、道路硅酸盐水泥。水泥强度等级：特重交通采用 42.5R；重、中交通和轻交通采用 32.5R。

路用水泥主要技术性质为：熟料中铝酸三钙含量不得超过 5%，铁铝酸四钙含量不得低于 18%，游离氧化钙含量不得超过 1.0%；碱含量应符合中热硅酸盐水泥的规定；细度为 0.08mm 方孔筛的筛余量不得超过 10%；初凝时间不得早于 1.5h，终凝时间不得迟于 10h；水泥胶砂试件 28 天龄期的干缩率不得大于 0.09%；砂浆磨耗率不得超过 1%。

（2）粗骨料

为了保证混凝土具有足够的强度，良好的抗滑、耐磨、耐久性，粗骨料（碎石与砾石）应质地坚硬、耐久、洁净以及有良好的级配。

（3）细骨料

细骨料的粒径在 0.15 ~ 5mm 范围内。细骨料可以是天然砂（如河砂、海砂和山砂），也可以是轧制石料得到的人工砂（如石屑等）。细骨料应具有较高的密度和小的比表面，才能保证新拌混凝土有适宜的和易性和硬化后混凝土具有足够的强度、耐久性，同时又达到节约水泥的目的，因此，细骨料应质地坚硬、耐久、洁净，并且有良好的级配。细骨料的技术要求为：含泥量≤3%；硫化物及硫酸盐含量≤1%；有机物含量采用比色法，其颜色不深于标准溶液的颜色。

（4）水

清洗骨料、拌和混凝土及养护所用的水，不应含有影响混凝土质量的油、酸、碱、盐类、有机物等。饮用水一般均适用。非饮用水经化验，硫酸盐含量（按 SO_4^{2-} 计）小于 $2.7mg/cm^3$、含盐量小于 $5mg/cm^3$；pH 值小于 4 时，也可使用。

（5）外加剂

为了改善混凝土的性能，在混凝土的制备过程中加入一定剂量的外加剂，外加剂的用量一般不超过水泥用量的 5%。外加剂主要有为改善新拌混凝土和易性的减水剂或塑化剂（如木质素、萘系、水溶性树脂类减水剂）；为调节水泥凝结时间的缓凝剂、速凝剂、早强剂；为增加耐冻性和结冰冻胀抵抗力的引气剂三类。

3. 接缝材料的要求

接缝处所用的材料是保证水泥混凝土路面正常使用和保证质量的关键，接缝处理不好，会出现渗水、填缝料外溢、杂物嵌入等质量事故。接缝材料按使用性能可分为接缝板和填缝料两大类，可作为接缝板的材料有杉木板、软木板、橡胶、海棉泡沫树脂等，对于接缝板应具有一定的压缩性和弹性，在水泥混凝土路面施工时不变形、耐腐蚀。填缝料按施工温度分为加热施工式和常温施工式两种，加热施工式填缝料主要有沥青橡胶类、聚氯乙烯胶泥类和沥青玛蹄脂类等；常温施工式填缝料主要有聚氨酯焦油类、氯丁橡胶类、乳化沥青橡胶类等。

4. 钢筋的要求

水泥混凝土路面所用的钢筋有拉杆、传力杆和补强钢筋等。钢筋的品种、规格应符合设计要求。所用钢筋强度及弹性模量应符合表 3-2-10 规定。

钢筋的强度与弹性模量　　　　　　　　　　表 3-2-10

钢　筋　种　类	屈服强度（MPa）	弹性模量 E_s（MPa）
Ⅰ级（Q235）	235	21×10^4
Ⅱ级（20MnSi、20MnNb）		20×10^4
钢筋直径 < 25mm	335	
钢筋直径 > 25mm	315	
Ⅲ级（20MnSi）	370	20×10^4
Ⅳ级（40SiMnV、45SiMnV、45SiMnTi）	540	20×10^4

2.4.2　轨道式摊铺机施工

1. 施工准备工作

施工前的准备工作包括选择拌和场地，材料准备及质量检验，混合料配合比检验与调整，基层的检验与整修等项工作。

　　材料准备及质量检验　根据施工进度计划，在施工前分别备好所需水泥、砂、石料、外加剂等材料，并在实际使用前检验核查。已备水泥除应查验其出厂质量报告单外，还应逐批抽验其细度、凝结时间、安定性及 3d、7d 和 28d 的抗压强度是否符合要求。为了节省时间，可采用 2h 压蒸快速测定方法。

　　混合料配合比检验与调整　主要包括工作性的检验与调整、强度的检验，以及选择不同用水量、不同水灰比、不同砂率或不同级配等配制混合料，通过比较，从中选出经济合理的方案。

　　基层检验与整修　主要包括基层质量检验和测量放样。基层的质量检查项目为基层强度（以基层顶面的当量回弹模量值或以标准汽车测定的计算回弹弯沉值作为检查指标）、压实度、平整度（以三米直尺量）、宽度、纵坡高程和横坡（用水准仪测量），这些项目均应符合规范的要求。基层完成后，应加强养护，控制行车，不使出现车槽。测量放样是水泥混凝土施工的一项重要工作，首先应根据设计图纸放出路中心线以及路边线，设置胀缝、缩缝、曲线起讫点和纵坡转折点等中心桩，同时根据放好的中心线和边线，在现场核对施工图纸的混凝土分块线，要求分块线距窨井盖及其他公用事业检查井盖的边线至少 1m 的距离，否则应移动分块线的距离。

　　2. 机械选型和配套

　　轨道式摊铺机施工是各工序由一种或几种机械按相应的工艺要求和生产率进行控制。各施工工序可以采用不同类型的机械，而不同类型的机械的生产率和工艺要求是不相同的，因此，整个机械化施工需要考虑机械的选型和配套。

　　主导机械是担负主要施工任务的机械。由于决定水泥混凝土路面质量和使用性能的施工工序是混凝土的拌合和摊铺成型。因此，通常把混凝土摊铺成型机械作为第一主导机械，而把混凝土拌合机械作为第二主导机械。在选择机械时，应首先选定主导机械，然后根据主导机械的技术性能和生产率来选择配套机械。

　　以 C-450X 机型为主导机械的配套机械的前方系统（最大铺筑宽度 4.5m）：

刮板式匀料机	1 台	养护剂喷洒器	2 台
纹理制作机	1 台	调速调厚切缝机	2 台
灌缝机	2 台	养护用洒水车	1 辆
移动电站（20kW）	1 台		

以双卧轴强制拌合配套机械的后方系统：

装载机	2 台	翻斗车	6~8 台
骨料箱	1~2 套	地磅	1~2 台
供水泵	1 台	计量水泵（外加剂用）	1 台
移动电站	1 台		

配合机械是指运输混凝土的车辆。选择的主要依据是混凝土的运量和运输距

离，一般选择中、小型自卸汽车和混凝土搅拌运输车。

机械合理配套是指拌合机与摊铺机、运输车辆之间的配套情况。当摊铺机选定后，可根据机械的有关参数和施工中的具体情况计算出摊辅机的生产率。拌合机械与之配套是在保证摊铺机生产率充分发挥的前提下，使拌合机械的生产率得到正常发挥，并在施工过程中保持均衡、协调一致。

3. 拌和与运输

拌和质量是保证水泥混凝土路面的平整度和密实度的关键，而混凝土各组成材料的技术指标和配合比计算的准确性是保证混凝土拌和质量的关键。在机械化施工过程中，混凝土拌和的供料系统应尽量采用自动计量设备。

在运输过程中，为了保证混凝土的工作性，应考虑蒸发水和水化失水，以及因运输颠簸和振动使混凝土发生混凝土离析等。因此，要缩短运输距离，并采取适当措施防止水分损失和混凝土离析。一般情况下，坍落度大于 5.0cm 时，用搅拌运输车运输，且运输时间不超过 1.5h；坍落度小于 2.5cm 时，用自卸汽车运输，且运输时间不超过 1h。若运输时间超过极限值时，可掺加缓凝剂。

卸料机械有侧向和纵向卸料机两种，如图 3-2-21 所示。侧向卸料机在路面铺筑范围外操作，自卸汽车不进入路面铺筑范围，因此要有可供卸料机和汽车行驶的通道；纵向卸料机在路面铺筑范围内操作，由自卸汽车后退卸料，因此在基层上不能预先安放传力杆及其支架。

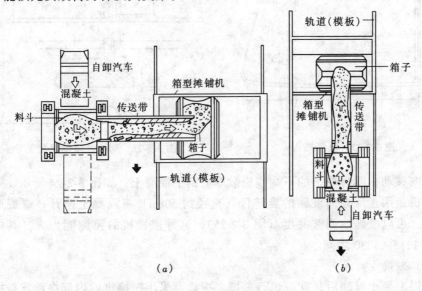

图 3-2-21　卸料机械
（a）侧向卸料机；（b）纵向卸料机

4. 混凝土的铺筑与振捣

（1）轨道模板安装

　　轨道式摊铺机施工的整套机械是在轨道上移动前进，并以轨道为基准控制路面表面高程。由于轨道和模板同步安装，统一调整定位，因此将轨道固定在模板上，既可作为水泥混凝土路面的侧模，也是每节轨道的固定基座，如图3-2-22所示。轨道的高程控制、铺轨的平直、接头的平顺，将直接影响路面的质量和行驶性能。

　　(2) 摊铺

　　摊铺是将倾卸在基层上或摊铺机箱内的混凝土按摊铺厚度均匀地充满模板范围内。摊铺机械有刮板式、箱式和螺旋式三种。

　　刮板式摊铺机本身能在模板上自由地前后移动，在前面的导管上左右移动。由于刮板自身也要旋转，可以将卸在基层上的混凝土堆向任意方向摊铺，如图3-2-23所示。箱式摊铺机是混凝土通过卸料机卸在钢制箱子内，箱子在机械前进

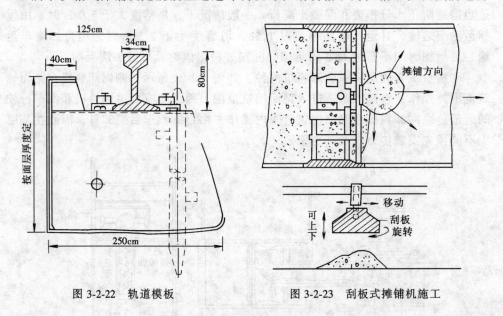

图 3-2-22　轨道模板　　　　　　图 3-2-23　刮板式摊铺机施工

驶时横向移动，同时箱子的下端按松散厚度刮平混凝土，如图3-2-24所示。螺旋式摊铺机是用正反方向旋转的旋转杆（直径约50cm）将混凝土摊开，螺旋后面有刮板，可以准确地调整高度（图3-2-25），这种摊铺机的摊铺能力大，其松铺系数在 1.15 ~ 1.30 之间。

　　(3) 振捣

　　水泥混凝土摊铺后，就应进行振捣。振捣可采用振捣机或内部振动式振捣机进行。

　　混凝土振捣机是跟在摊铺机后面，对混凝土进行再次整平和捣实的机械。内部振捣式振捣机主要是用并排安装的插入式振捣器插入混凝土中，由内部进行捣实。

　　5. 表面修整

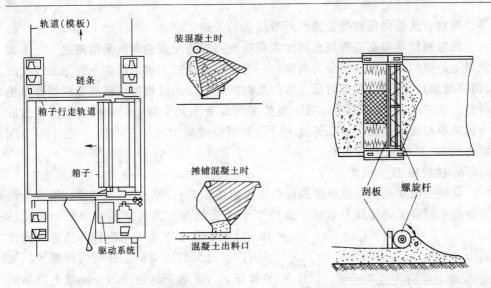

图 3-2-24 箱式摊铺机施工　　　　图 3-2-25 螺旋式摊铺机施工

振实后的混凝土要进行平整、精光、纹理制作等工序，以便获得平整、粗糙的表面。

采用机械修整时的表面修整机有斜向移动和纵向移动两种机械。斜向表面修整机（图 3-2-26a）是通过一对与机械行走轴线成 10°～13°的整平梁作相对运动来完成修整，其中一根整平梁为振动整平梁。纵向表面修整机的整平梁在混凝土表面作纵向往返移动，同时兼作横向移动，而机体的前进将混凝土板表面整平（图 3-2-26b）。施工时，轨道或模板的顶面应经常清扫，以便机械能顺畅通过。

精光工序是对混凝土表面进行最后的精细修整，使混凝土表面更加致密、平

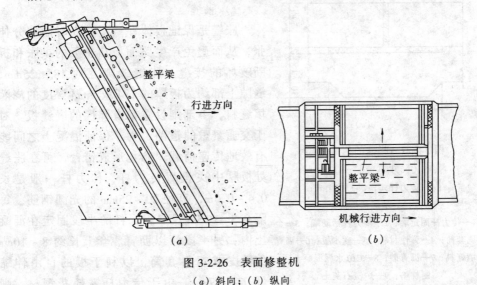

图 3-2-26 表面修整机

（a）斜向；（b）纵向

整、美观，这是保证混凝土路面外观质量的关键工序。

纹理制作是提高高等级公路水泥混凝土路面行车安全的抗滑措施之一。水泥混凝土路面的纹理制作可分为两类，一类是在施工时，水泥混凝土处于塑性状态（即初凝前），或强度很低时所采取的处理措施，如用纹理制作机或棕刷进行拉毛（槽）、压纹（槽）、嵌石等；另一类是水泥混凝土完全凝结硬化后，或使用过程中所采取的处理措施，如在混凝土面层上用切槽机切出深 5～6mm、宽 3mm、间距为 20mm 的横向防滑槽等。

6. 接缝施工

混凝土面层是由一定厚度的混凝土板组成，具有热胀冷缩的特性，混凝土板会产生不同程度的膨胀和收缩，这些变形会受到板与基础之间的摩阻力和粘结力，以及板的自重和车轮荷载的约束，致使板内产生过大的应力，造成板的断裂或拱胀等破坏。为了避免这些缺陷，混凝土路面必须在纵横两个方向建造许多接缝，把整个路面分割成许多板块。但在任何形式的接缝处，板体都不可能是连续的，其传递荷载的能力总不如非接缝处，而且任何形式的接缝都不免要漏水，因此，对各种形式的接缝，都必须为其提供相应的传荷与防水的设施。

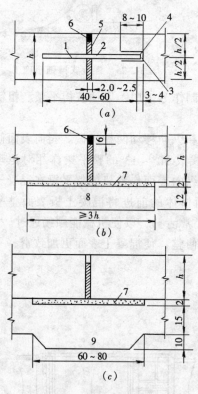

图 3-2-27   胀缝的构造形式
（尺寸单位：cm）
（a）传力杆式；（b）枕垫式；
（c）基层枕垫式
1—传力杆固定端；2—传力杆活动端；3—金属套筒；4—弹性材料；5—软木板；6—沥青填缝料；7—沥青砂；8—C10 水泥混凝土预制枕垫；9—炉渣石灰土

（1）横向接缝

横向接缝是垂直于行车方向的接缝，横向接缝有三种，即缩缝、胀缝和施工缝。

1）胀缝

胀缝是保证板体在温度升高时能部分伸张，从而避免产生路面板在热天的拱胀和折断破坏的接缝。胀缝缝隙宽约 18～25mm，缝隙上部约为板厚的 1/4 或 5mm 深度的浇灌填缝料，下部则设置富有弹性的嵌缝板。对于交通繁重的道路，为了保证混凝土之间能有效地传递荷载，防止形成错台，可在胀缝处板厚中央设置传力杆，传力杆一般是长 0.4～0.6m，直径 20～25mm 的光圆钢筋，每隔 0.3～0.5m 设一根，杆的半段固定在混凝土内，另半段涂以沥青、套上长约 8～10cm 的铁皮或塑料套筒，以利于板的自由伸缩（图 3-2-27a）。由于传力杆需耗费钢材，则有时不设传力杆，而在板下用 C10 混凝土或其他刚性较大的材料，铺成断面为梯形或矩形的垫枕（图 3-2-27b）。当用炉渣石灰土等半刚性材料作基层时，可将基层加厚形成垫枕（图 3-2-27c）。

胀缝的施工分浇筑混凝土完成时设置和施工过程中设置两种。浇筑完成时设置胀缝适用于混凝土板不能连续浇筑的情况，施工时，传力杆长度的一半穿过端部挡板，固定于外侧定位模板中，混凝土浇筑前先检查传力杆位置，浇筑时应先摊铺下层混凝土，用插入式振捣器振实，并校正传力杆位置后，再浇筑上层混凝土；浇筑邻板时，应拆除顶头木模，并设置下部胀缝板、木制嵌条和传力杆套筒。施工过程中设置胀缝适用于混凝土板连续浇筑的情况，施工时，应预先设置好胀缝板和传力杆支架，并预留好滑动空间，为保证胀缝施工的平整度和施工的连续性，胀缝板以上的混凝土硬化后用切缝机按胀缝板的宽度切二条线，待填缝时，将胀缝板上的混凝土凿去。

2）缩缝

缩缝是保证板因温度和湿度的降低而收缩时沿该薄弱断面缩裂，从而避免产生不规则裂缝的横向接缝。缩缝一般采用假缝形式，即只在板的上部设缝隙，当板收缩时将沿此薄弱断面有规则的自行断裂（图 3-2-28a）。缩缝缝隙宽 5～10mm，深度约为板厚的 1/3～1/4，一般为 4～6cm。假缝内亦需浇灌填缝料，以防地面水下渗及石砂杂物进入缝内。由于缩缝缝隙下面板断裂面凸凹不平，能起到一定的

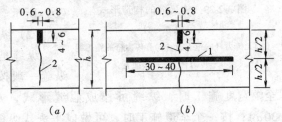

图 3-2-28 缩缝的构造形式

（尺寸单位：cm）

（a）无传力杆的假缝；（b）有传力杆的假缝

1—传力杆；2—自行断裂缝

传荷作用，一般不需设传力杆，但对交通繁重或地基水文条件不良的路段，也应在板厚中央设置传力杆，传力杆长度为 0.3～0.4m，直径 14～16mm，每隔 0.30～0.75m 设一根，一般全部锚固在混凝土内，以便缩缝下面凹凸面的传荷作用（图 3-2-28b）。

横向缩缝的施工方法有压缝法和切缝法两种。压缝法在混凝土捣实整平后，利用振动梁将"T"形振动压缝刀准确地按接缝位置振出一条槽，然后将铁制或木制嵌缝条放入，并用原浆修平槽边，待混凝土初凝前泌水后取出嵌条，形成缝槽。切缝法是在凝结硬化后的混凝土（混凝土达到设计强度等级的 25%～30%）中，用锯缝机（带有金刚石或金刚砂轮锯片）锯割出要求深度的槽口，这种方法可保证缝槽质量和不扰动混凝土结构，但要掌握好锯割时间。切缝时间过迟，因混凝土凝结硬化而使锯片磨损过大，而且更主要的是混凝土会出现收缩裂缝；切缝时间过早，混凝土还未终凝，锯割时槽口边缘会产生剥

落。合适的切缝时间应根据混凝土的组成和性质、施工时的气候条件等因素，依据施工技术人员的经验并进行试锯而定。

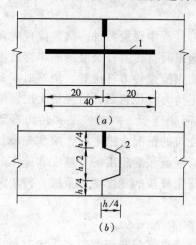

图 3-2-29　施工缝的构造形式
（单位：cm）
（a）无传力杆的施工缝；（b）有传力杆的施工缝
1—传力杆；2—涂沥青

3）施工缝

施工缝是由于混凝土不能连续浇筑而中断时设置的横向接缝。施工缝应尽量设在胀缝处，如不可能，也应设在缩缝处，多车道施工缝应避免设在同一横断面上。

施工缝应用平头缝或企口缝的构造形式。平头缝上部应设置深为板厚 $1/3 \sim 1/4$ 或 $4 \sim 6\text{cm}$，宽为 $8 \sim 12\text{mm}$ 的沟槽，内浇灌填缝料。为了便于板间传递荷载，在板厚中央应设置长约 0.4m、直径为 20mm 的传力杆，其半段锚固在混凝土中，另半段涂沥青或润滑油，允许滑动（图 3-2-29a）。企口缝如图 3-2-29（b）所示。

（2）纵缝

纵缝是指平行于混凝土行车方向的接缝。纵缝一般按 $3 \sim 4.5\text{m}$ 设置，当双车道路面按全幅宽度施工时，纵缝可作成假缝形式，并在板厚中央设置拉杆（图 3-2-30a）；按一个车道施工时，可做成平头式纵缝（图 3-2-30b）；为了便于板间传递荷载，可采用企口式纵缝（图 3-2-30c）；为了防止板沿两侧路拱横坡爬动拉开和形成错台，以及防止横缝搓开，有时在平头式及企口式纵缝设置拉杆（图 3-2-30c、d）。

纵向假缝施工应预先将拉杆采用门型式固定在基层上，或用拉杆旋转机在施工时置入，假缝顶面缝槽用锯缝机切成，深为 $6 \sim 7\text{cm}$，使混凝土在收缩时能从此缝向下规则开裂，防止因锯缝深度不足而引起不规则裂缝。纵向平头缝施工时应根据设计要求的间距，预先在横板上制作拉杆置放孔，并在缝壁一侧涂刷隔离剂，顶面用锯缝机切成深度为 $3 \sim 4\text{cm}$ 的缝槽，用填缝料填满。纵向企口缝施工时应在模板内侧做成凸榫状，拆模后，混凝土板侧面即形成凹槽，需设置拉杆时，模板在相应位置处钻圆孔，以便拉杆穿入。

（3）接缝填封

混凝土板养护期满后应及时填封接缝。填缝前，首先将缝隙内泥砂清除干净并保持干燥，然后浇灌填缝料。填缝料的灌筑高度，夏天应与板面齐平，冬天宜稍低于板面。

当用加热施工式填缝料时，应不断搅匀至规定的温度。气温较低时，应用喷灯加热缝壁。个别脱开处，应用喷灯烧烤，使其粘结紧密。目前用的强制式灌缝

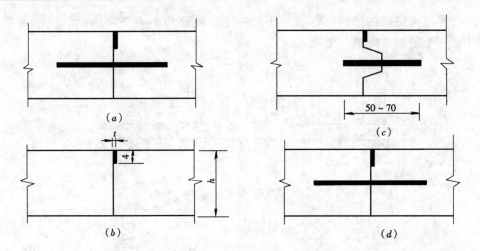

图 3-2-30　纵缝的构造形式（尺寸单位：cm）
（a）假缝带拉杆；（b）平头缝；（c）企口缝加拉杆；（d）平头缝加拉杆

机和灌缝枪，能把改性聚氯乙烯胶泥和橡胶沥青等加热施工式填缝料和常温施工式填缝料灌入缝宽不小于 3mm 的缝内，也能把分子链较长、稠度较大的聚氯酯焦油灌入 7mm 宽的缝内。

2.4.3　滑模式摊铺机施工

滑模式摊铺机是不需要轨道，用由四个液压缸支承腿控制的履带行走机构行走，整个摊铺机的机架是支承在四个液压缸上，可以通过控制机械上下移动，以调整摊铺机铺层厚度，并在摊铺机的两侧设置有随机移动的固定滑动模板。滑模式摊铺机一次通过就可以完成摊铺、振捣、整平等多道工序。

滑模式摊铺机的摊铺过程如图 3-2-31 所示。首先由螺旋摊铺器 1 把堆积在基层上的水泥混凝土向左右横向摊开，刮平器 2 进行初步刮平，然后振捣器 3 进行捣实，刮平板 4 进行振捣后整平，形成密实而平整的表面，再利用搓动式振捣板 5 对混凝土层进行振实和整平，最后用光面带 6 光面。

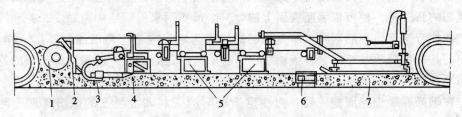

图 3-2-31　滑模式摊铺机摊铺过程示意图
1—螺旋摊铺器；2—刮平器；3—振捣器；4—刮平板；5—搓动式振捣板；
6—光面带；7—混凝土面层

滑模式摊铺机的整面工作（工作时各工作装置均由电子液压操纵机构来控制）由三个过程来完成，见图 3-2-32。

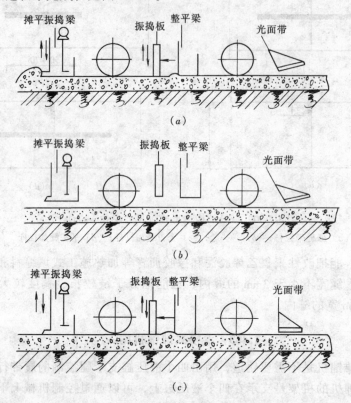

图 3-2-32 水泥混凝土整面机工作过程
（a）第一行程；（b）第二行程；（c）第三行程

2.4.4 钢筋混凝土路面施工

当混凝土板的平面尺寸较大，或预计路基或基层有可能产生不均匀沉陷，或板下埋有地下设施时，宜采用钢筋混凝土路面。钢筋混凝土路面是指板内配有纵横向钢筋（或钢丝）网的混凝土路面。钢筋混凝土路面设置钢筋网是主要控制裂缝缝隙的张开量，使板依靠断裂面上的骨料嵌锁作用来保证结构的强度，并非提高板的抗弯强度。钢筋混凝土路面面层的厚度与水泥混凝土路面面层厚度一样。其配筋是按混凝土收缩时，将板块拉在一起所需的拉力确定。钢筋混凝土板的缩缝间距一般为 13～22m，最大不宜超过 30m，在缩缝内必须设置传力杆。

在钢筋混凝土路面施工时，应注意钢筋网的安装和混凝土的振捣这两个环节。钢筋网的安装和混凝土的浇筑可采用两种施工方法：一是用钢筋骨架固定钢筋网的位置，混凝土混合料卸入模板内一次完成铺筑、振捣、做面等项工作；另一是以钢筋网位置为分界线，钢筋网以下的混凝土先浇筑振捣密实，再安装钢筋网，最后浇筑混凝土。

2.4.5 混凝土小块铺砌路面施工

块料是由高强的水泥混凝土预制而成，其抗压强度约为 60MPa，水泥含量 350～380kg/m³，水灰比为 0.35，最大骨料尺寸为 8～10cm。

混凝土小块铺砌路面结构由面层、砂整平层（厚 3cm）和基层组成，具有结构简单、价格低廉、能承受较大的单位压力等特点。较广泛地用于铺筑人行道、停车场、堆场（特别是集装箱码头堆场）、街区道路、一般公路等路面。

2.4.6 钢纤维混凝土路面施工

钢纤维混凝土是一种性能优良的新型路用材料。钢纤维混凝土是在混凝土中掺入一些低碳钢、不锈钢或玻璃钢纤维，形成的一种均匀而多向配筋的混凝土。试验表明，钢纤维与混凝土的握裹力为 4MPa，施工中掺入 1.5%～2.0%（体积比）的钢纤维，相当于每立方米混凝土中掺入 0.077t 水泥。钢纤维混凝土能显著提高混凝土的抗拉强度、抗弯拉强度、抗冻性、抗冲击性、抗磨性、抗疲劳性，但其造价明显高于普通混凝土路面。

钢纤维混凝土中钢纤维的掺率通常用体积率（即 1m³ 钢纤维混凝土所含钢纤维的体积百分率）来表示。路用钢纤维宜采用剪切型纤维或熔抽型纤维，其抗拉强度不应低于 550MPa，钢纤维直径一般为 0.25～1.25mm，长度一般为直径的 50～70 倍（如过长，则与混凝土拌合易成团；如过短，则混凝土强度增加不多）。粗骨料的最大粒径要求不超过纤维长度的 1/2，但不得大于 20mm，这是因为最大粒径对钢纤维混凝土中钢纤维的握裹力有较大的影响，粒径过大会对混凝土抗弯拉强度有较明显的影响。

钢纤维混凝土路面在施工过程中，为了保证钢纤维均匀分布，在搅拌过程中应按砂、碎（砾）石、水泥、钢纤维的顺序加入拌和机内，先干拌 2min 后，再加水湿拌 1min。其他施工工序可按普通水泥混凝土路面的施工方法来铺筑，不需另加特殊的施工机具设备。在抹面时，应将冒出混凝土表面的钢纤维拨出，否则应另加铺磨耗层。

2.4.7 质量控制与检查验收

工程质量应以设计文件要求为标准。为了保证混凝土路面的施工质量，要求在施工过程中对每一道工序进行严格的检查和控制。对已完成的路面要求进行外观检查，并量测其几何尺寸，根据设计文件进行核对。此外还要查阅施工记录，其中包括原材料试验和试件强度资料、配合比、隐蔽工程（各种钢筋位置等）等，作为工种质量鉴定的依据。

1. 质量控制

(1) 原材料质量检验

混凝土用水泥、砂、碎（砾）石、水、外加剂、钢筋和填缝材料等原材料，应按规定进行检查和试验，并做好记录。对水泥胶砂抗弯拉和抗压强度可采用 2h 压蒸法快速测定，并根据压蒸 2h 测得的抗弯拉和抗压强度，分别推算出 28d 的相应强度。

(2) 基层强度质量检查

基层强度应以基层顶面的当量回弹模量值或以标准汽车测得的回弹弯沉值作为强度指标，并不得小于设计规定。

(3) 钢筋安装质量检查

混凝土板钢筋网和传力杆的允许误差应符合《公路桥涵施工技术规范》的规定。

(4) 混凝土工作性测试

混凝土工作性测试有坍落度试验、维勃稠度试验和捣实因素试验三种。坍落度试验是目前世界各国普遍采用的混凝土工作性测试方法，它只对富水泥浆的新拌混凝土敏感，即适合于流动性混凝土；维勃稠度试验适合于坍落度小于 10mm 的稠硬性新拌混凝土；捣实因素试验是对新拌混凝土做标准数量的功后，测定密实度的改变程度，试验的特性是对低工作性的新拌混凝土反应较为敏感。

(5) 混凝土强度检测

混凝土强度检测应以 28d 龄期的抗弯拉强度为标准。一般采用梁式试件测定抗弯拉强度，也可用圆柱劈裂强度测定结果由经验公式推算小梁抗弯拉强度。当同时用钻芯劈裂试验的推算强度和小梁抗弯拉强度时，应同时符合规定的强度要求。

针对强度快速测定时的方法，主要有压蒸法和现场快速测定。

压蒸法　由于用 28d 强度试验来控制混凝土的质量很难满足现代施工的要求，近年来提出了水泥混凝土蒸 4h 的快速测定技术。其公式为：

$$f_c = 2.918 + 1.728 f_{c、4h}$$

$$R_c = 14.591 + 1.826 R_{c、4h}$$

式中　f_c——标准养生 28d 的抗弯拉强度（MPa）；

$f_{c、4h}$——压蒸养生 4h 的抗弯拉强度（MPa）；

R_c——标准养生 28d 的抗压强度（MPa）；

$R_{c、4h}$——压蒸养生 4h 的抗压强度（MPa）。

现场快速检测方法　常用的有超声—回弹法和射钉法两种。超声—回弹法是用超声仪测定在混凝土中的超声声速和利用回弹仪测定混凝土的回弹值，根据回归公式求得混凝土的强度。射钉法是用射钉枪，将射钉射入混凝土中，根据射钉的外露长度来估算混凝土的强度。

（6）表面功能测定

表面功能测定主要是针对抗滑性与舒适性、耐磨性检测。抗滑性与舒适性是参照国外有关标准同时兼顾我国目前施工工艺水平和实际交通量状况，采用表面构造深度来衡量其抗滑性，并用铺砂法进行检测。耐磨性是用磨耗机圆盘旋转1600 转后，混凝土表面环形轨道上均匀 6 点的平均磨耗深度作为磨耗指标来检测。

2. 检查验收

混凝土路面完工后，应根据设计文件、竣工资料和施工单位提供的竣工验收申请报告，按有关规定组织进行验收。

§2.5　沥青路面施工

2.5.1　沥青路面的特性和基本要求

1. 基本特性

沥青路面是采用沥青材料作结合料，粘结矿料或混合料修筑面层与各类基层和垫层所组成的路面结构。沥青路面结构层由面层、基层、底基层、垫层组成。面层是直接承受车轮荷载反复作用和自然因素影响的结构层，由一至三层组成，表面层应根据使用要求设置抗滑耐磨、密实稳定的沥青层；中、下面层应根据公路等级、沥青层厚度、气候条件等选择适当的沥青结构层。基层是设在面层之下，并与面层一起将车轮荷载的反复作用传布到底基层、垫层和土基，起主要承重作用的层次。底基层是在基层之下，并与面层、基层一起承受车轮荷载反复作用，起次要承重作用的层次。基层、底基层视公路等级或交通量的需要可设置一层或两层。垫层是设置在底基层和土基之间的结构层，起排水、隔水、防冻、防污等作用。

沥青面层使用沥青结合料，从而增强了矿料之间的粘结力，提高了混合料的强度和稳定性。与水泥混凝土路面相比，沥青路面具有表面平整、无接缝、行车舒适、耐磨、振动小、噪声低、施工工期短、养护维修简便、适宜分期修建等优点，因而获得越来越广泛的应用。

沥青混合料的强度是由矿料之间的嵌挤力与内摩阻力和沥青与矿料之间的粘结力这两部分组成。由于沥青路面属于柔性路面，其强度和稳定性在很大程度上取决于基层和土基的特性，而且沥青路面的抗弯强度较低，因此，要求路面的基础应具有足够的强度和稳定性。在施工时，必须掌握路基土的特性进行充分的碾压。

2. 沥青路面的分类

沥青路面可分为沥青混凝土、热拌沥青碎石、乳化沥青碎石混合料、沥青贯入式和沥青表面处治五种类型；按强度构成原理可将沥青路面分为密实类和嵌挤类两大类；按施工工艺的不同，沥青路面又可分为层铺法、路拌法和厂拌法三大类。

3. 对沥青路面材料的要求

组成沥青混合料的材料有沥青和矿料。

（1）沥青

沥青路面所使用的沥青有石油沥青、煤沥青、液体石油沥青和沥青乳液等。

高速、一级公路的沥青路面，应选用符合"重交通道路石油沥青技术要求"的沥青以及改性沥青。二级及二级以下公路的沥青路面可采用符合"中、轻交通道路石油沥青技术要求"的沥青或改性沥青。乳化沥青应符合"道路乳化石油沥青技术要求"的规定。煤沥青不宜用于沥青面层，一般仅作为透层沥青使用。

（2）矿料

沥青混合料所用的矿料有粗集料和细集料。

1）粗集料

沥青路面所用粗集料有碎石、筛选砾石、破碎砾石、矿渣，粗集料的粒径规格应符合规范要求。但确认与其他材料配合后的级配符合各类沥青面层的矿料使用要求时，也可使用。粗集料不仅应洁净、干燥、无风化、无杂质，而且应具有足够的强度和耐磨性以及良好的颗粒形状。

2）细集料

细集料时指粒径小于 5mm 的天然砂（河砂、海砂、山砂）、人工砂、石屑。

3）填料

填料一般采用石灰岩或岩浆岩等中强特性岩石等憎水性石料，经磨细而得到的矿粉，矿粉应干燥、洁净、无团粒，也可采用粉煤灰作为填料的一部分使用，但应经试验确认其属于碱性，与沥青有良好的粘结力。

2.5.2 施工前的准备工作

施工前的准备工作主要有确定料源及进场材料的质量检验、施工机具设备选型与配套、修筑试验路段等项工作。

1. 确定料源及进场材料的质量检验

对进场的沥青材料，应检验生产厂家所附的试验报告，检查装运数量、装运日期、定货数量、试验结果等，并对每批沥青进行抽样检测，试验中如有一项达不到规定要求时，应加倍抽样试验，如仍不合格时，则退货并索赔。沥青材料的试验项目有针入度、延度、软化点、薄膜加热、蜡含量、比重等。有时可根据合同要求，增加其他非常规测试项目。确定石料料场，主要是检查石料的技术标准，如石料等级、饱水抗压强度、磨耗率、压碎值、磨光值和石料与沥青的粘结力等是否满足要求。进场的砂、石屑、矿粉应满足规定的质量要求。

2. 施工机械检查

施工前应对各种施工机具进行全面的检查，包括拌和与运输设备的检查；洒油车的油泵系统、洒油管道、量油表、保温设备等的检查；矿料撒铺车的传动和液压调整系统的检查，并事先进行试撒，以便确定撒铺每一种规格矿料时应控制的间隙和行驶速度；摊铺机的规格和机械性能的检查；压路机的规格、主要性能和滚筒表面的磨损情况的检查。

3. 铺筑试验路段

在沥青路面修筑前，应用计划使用的机械设备和混合料配合比铺筑试验路段，主要研究合适的拌和时间与温度；摊铺温度与速度；压实机械的合理组合、压实温度和压实方法；松铺系数；合适的作业段长度等。并在沥青混合料压实12小时后，按标准方法进行密实度、厚度的抽样全面检查施工质量，系统总结，以便指导施工。

2.5.3 洒铺法沥青路面面层施工

用洒铺法施工的沥青路面面层有沥青表面处治和沥青贯入式两种。

1. 沥青表面处治路面

沥青表面处治是用沥青和细粒矿料按层铺施工成厚度不超过 30mm 的薄层路面面层。由于处治层很薄，一般不起提高路面强度的作用，主要是用来抵抗行车的磨损和大气作用，并增强防水性，提高平整度，改善路面的行车条件。

沥青表面处治通常采用层铺法施工。按照洒布沥青和铺撒矿料的层次多少，沥青表面处治可分为单层式、双层式和三层式三种。单层式是洒布一次沥青，铺撒一次矿料，厚度为 1.0 ~ 1.5cm；双层式是洒布二次沥青，铺撒二次矿料，厚度为 2.0 ~ 2.5cm；三层式是洒布三次沥青，铺撒三次矿料，厚度为 2.5 ~ 3.0cm。

沥青表面处治所用的矿料的最大粒径与所处治的层次厚度相当，矿料的最大粒径与最小粒径之比不宜大于 2，介于两筛孔之间颗粒含量应不少于 70% ~ 80%，其规格和用量按表 3-2-11 选定。

层铺法沥青表面处治施工，一般采用"先油后料"（即先洒布一层沥青，后铺撒一层矿料）法。双层式沥青表面处治路面的施工顺序为：备料→清理基层及放样→浇洒透层沥青→洒布第一次沥青→铺撒第一次矿料→碾压→洒布第二次沥青→铺撒第二次矿料→碾压→初期养护。单层式和三层式沥青表面处置的施工顺序与双层式基本相同，只是相应地减少或增加一次洒布沥青、铺撒一次矿料和碾压工作。

清理基层 在沥青表面处治之前，应将路面基层清扫干净，使基层矿料大部分外露，并保持干燥。对有坑槽、不平整的路段应先修补和整平。如基层强度不足，应先予以补强。

浇洒透层沥青 在沥青路面的级配砂砾、级配碎石基层和水泥、石灰、粉煤

沥青表面处治材料规格和用量　表 3-2-11

沥青种类	类型	厚度(cm)	集料 (m³/1000m²) 第一层 粒径规格	用量	第二层 粒径规格	用量	第三层 粒径规格	用量	沥青或乳液用量 (kg/m²) 第一次	第二次	第三次	合计
石油沥青	单层	1.0	S_{12}	7~9					1.0~1.2			1.0~1.2
		1.5	S_{10}	12~14					1.4~1.6			1.4~1.6
	双层	1.5	S_{10}	12~14	S_{12}	7~8			1.4~1.6	1.0~1.2		2.4~2.8
		2.0	S_9	16~18	S_{12}	7~8			1.6~1.8	1.0~1.2		2.6~3.0
		2.5	S_8	18~20	S_{12}	7~8			1.8~2.0	1.0~1.2		2.8~3.2
	三层	2.5	S_8	18~20	S_{10}	12~14	S_{12}	7~8	1.6~1.8	1.2~1.4	1.0~1.2	3.8~4.4
		3.0	S_6	20~22	S_{10}	12~14	S_{12}	7~8	1.8~2.0	1.2~1.4	1.0~1.2	4.0~4.6
乳化沥青	单层	0.5	S_{14}	7~9					0.9~1.0			0.9~1.0
	双层	1.0	S_{12}	9~11	S_{14}	4~6			1.8~2.0	1.0~1.2		2.8~3.2
	三层	3.0	S_6	20~22	S_{10}	9~11	S_{14}	3.5~4.5	2.0~2.2	1.8~2.0	1.0~1.2	4.8~5.4

注：1. 煤沥青表面处治沥青用量可较石油沥青用量增加 15%~20%；

2. 表中乳化沥青的乳液用量适用于乳液中沥青用量约为 60% 的情况；

3. 在高寒地区及干旱、风沙大的地区，可超出高限后再增加 5%~10%。

灰等无机结合料稳定土或粒料的半刚性基层上必须浇洒透层沥青。浇洒透层沥青是使沥青面层与非沥青材料基层结合良好，并透入基层表面。透层沥青宜采用慢裂的洒布型乳化沥青，也可采用中、慢凝液体石油沥青或煤沥青。各种透层沥青的品种和用量可按表 3-2-12 选用。

洒布沥青　当透层沥青充分渗透后，或在透层做好并开放交通的基层清扫后，就可以洒布沥青。沥青的洒布温度应根据气温及沥青标号选定，一般石油沥青为 130～170℃，煤沥青为 80～120℃，乳化沥青不得超过 60℃。洒布时要均匀，不应有空白或积聚现象。沥青的洒布可以采用汽车洒布机，也可采用手摇洒布机。

铺撒矿料　洒布沥青后，应趁热铺撒矿料，并按规定一次撒足。

碾压　铺撒矿料后立即用 60～80kN 双轮压路机或轮胎压路机碾压。碾压应从一侧路缘向路中心，每次碾压轮迹应重叠 30cm，碾压 3～4 遍，其行驶速度开始为 2km/h，以后可适当提高。

沥青路面透层及黏层材料的规格和用量　　　　　　　　　　　表 3-2-12

用　途		乳化沥青		液体石油沥青		煤　沥　青	
		规格	用量（L/m²）	规格	用量（L/m²）	规格	用量（L/m²）
透层	粒料基层	PC—2	1.1～1.6	AL(M)—1(2)	0.9～1.2	T—1	1.0～1.3
		PA—2		AL(S)—1(2)		T—2	
	半刚性基层	PC—2	0.7～1.1	AL(M)—1(2)	0.6～1.0	T—1	0.7～1.0
		PA—2		AL(S)—1(2)		T—2	
黏层	煤沥青	PC—3	0.3～0.6	AL(R)—1(2)	0.3～0.5	T—3、T—4	0.3～0.6
		PA—3		AL(M)—1(2)		T—5	
	水泥混凝土	PC—3	0.3～0.5	AL(R)—1(2)	0.2～0.4	T—3、T—4	0.3～0.5
		PA—3		AL(M)—1(2)		T—5	

第二层、第三层的施工方法和要求与第一层相同。

初期养护　碾压结束后即可开放交通，但应控制车速不超过 20km/h，并控制车辆行驶的路线。对局部泛油、松散、麻面等现象，应及时修整处理。

2. 沥青贯入式路面

沥青贯入式路面是在初步碾压的矿料层上洒布沥青，分层铺撒嵌缝料、洒布沥青和碾压，并借助于行车压实而成的沥青路面，其厚度一般为 4～8cm。沥青贯入式路面的强度构成主要是靠矿料的嵌挤作用和沥青材料的粘结力，因而具有较高的强度和稳定性。由于沥青贯入式路面是一种多孔隙结构，为了防止路表水的浸入和增强路面的水稳定性，在面层的最上层必须加铺封层。

沥青贯入式路面所用材料的用量及规格要求按表 3-2-13 选定。

沥青贯入式路面的施工程序为备料→整修、放样和清扫基层→浇洒透层或粘层沥青→铺撒主层矿料→第一次碾压→洒布第一次沥青→铺撒第一次嵌缝料→第二次碾压→洒布第二次沥青→铺撒第二次嵌缝料→第三次碾压→洒布第三次沥青→铺撒封层矿料→最后碾压→初期养护。

沥青贯入式面层的材料规格和用量　　　　　　　　　　表 3-2-13

沥青品种	石油沥青										乳化沥青			
厚度(cm)	4		5		6		7		8		4		5	
规格和用量	规格	用量	规格	用量	规格	用量	规格	用量	规格	用量	规格	用量	规格	用量
封层料	S_{14}	3~5	S_{14}	3~4	S_{13} S_{14}	4~6	S_{13} S_{14}	4~6	S_{13} S_{14}	4~6	S_{14}	4~6	S_{14}	4~6
第五遍沥青														0.8~1.0
第四遍嵌缝料													S_{14}	5~6
第四遍沥青												0.8~1.0		1.2~1.4
第三遍嵌缝料											S_{14}	5~6	S_{12}	7~9
第三遍沥青		1.0~1.2		1.0~1.2		1.0~1.2		1.0~1.2		1.0~1.2		1.4~1.6		1.5~1.7
第二遍嵌缝料	S_{12}	6~7	S_{11} S_{10}	10~12	S_{11} S_{10}	10~12	S_{10} S_{11}	11~13	S_{10} S_{11}	11~13	S_{12}	7~8	S_{10}	9~11
第二遍沥青		1.6~1.8		1.8~2.0		2.0~2.2		2.4~2.6		2.6~2.8		1.6~1.8		1.6~1.8
第一遍嵌缝料	S_{14} S_9	12~14	S_8	16~18	S_8 S_6	16~18	S_6 S_8	18~20	S_6 S_8	20~22	S_9	12~14	S_8	10~12
第一遍沥青		1.8~2.1		2.4~2.6		2.8~3.0		3.3~3.5		4.0~4.2		2.2~2.4		2.6~2.8
主层石料	S_5	45~50	S_4	55~60	S_3 S_2	66~76	S_3	80~90	S_1 S_2	95~100	S_5	40~45	S_4	50~55
沥青总用量	4.4~5.1		5.2~5.8		5.8~6.4		6.7~7.3		7.6~8.2		6.0~6.8		7.5~85	

注：1. 表中数据单位：集料为 m^3/km^2，沥青及沥青乳液为 kg/m^2；
　　2. 煤沥青贯入式的沥青用量可较石油沥青用量增加 15%~20%；
　　3. 表中乳化沥青用量是指乳液的用量，并适用于乳液浓度约为 60% 的情况；
　　4. 在高寒地区及干旱风沙大的地区，可超出高限再增加 5%~10%。

对沥青贯入式路面的施工要求与沥青表面处治路面基本相同。黏层是使新铺沥青面层与下层表面粘结良好的而浇洒的一层沥青薄层，主要适用于旧沥青路面作基层、在修筑沥青面层的水泥混凝土路面或桥面上、在沥青面层容易产生推移的路段、所有与新铺沥青混合料接触的侧面（如路缘石、雨水进水口、各种检查井）。黏层所采用的沥青材料宜选用快裂的洒布型乳化沥青，也可选用快、中凝液体石油或煤沥青，其用量为石油沥青 $0.4~0.6kg/m^2$，煤沥青应比石油沥青用量增加 20%。适度的碾压对沥青贯入式路面极为重要。碾压不足，会影响矿料嵌挤稳定，易使沥青流失，形成上下部沥青分布不均；碾压过度，矿料易被压碎，破坏嵌挤原则，造成空隙减少，沥青难于下渗，形成泛油现象。

2.5.4 热拌沥青混合料路面施工

热拌沥青混合料是由沥青与矿料在加热状态下拌和而成的混合料的总称，热拌沥青混合料路面是热拌沥青混合料在加热状态下铺筑而成的路面。

1. 沥青混合料的特性及基本要求

（1）沥青混合料的分类

1）按混合料的性质

沥青混合料按混合料的性质可分为沥青混凝土混合料、沥青碎石混合料和抗滑表层沥青混合料三大类。沥青混凝土混合料是由适当比例的粗、细集料和填料组成的符合规定级配的矿料与沥青拌和而成的符合技术标准的沥青混合料（用 AC 表示），用沥青混凝土混合料铺筑面层的路面，称为沥青混凝土路面。沥青碎石混合料是由适当比例的粗、细料和少量填料与沥青拌和而成的混合料（用 AM 表示），用沥青碎石混合料铺筑面层的路面，称为沥青碎石路面。抗滑表层沥青混合料是由适当比例的中、细集料和填料与沥青拌和而成的混合料（用 AK 表示），由抗滑表层混合料铺筑的符合宏观粗糙度、微观粗糙度和摩擦系数要求的沥青面层的上面层，称为抗滑表层（或抗滑磨耗层）。

2）按矿料的最大粒径

沥青混合料按矿料的最大粒径可分为砂粒式沥青混合料（或沥青砂）（最大粒径小于或等于 4.75mm）、细粒式沥青混合料（最大粒径为 9.5mm 或 13.2mm）、中粒式沥青混合料（最大粒径为 16mm 或 19mm）、粗粒式沥青混合料（最大粒径为 26.5mm 或 31.5mm）和特粗式沥青碎石混合料（最大粒径等于或大于 37.5mm）。

3）按矿料级配

沥青混合料按矿料级配可分为连续级配和间断级配沥青混合料两大类。而连续级配沥青混合料又可分为密级配和开级配沥青混合料。

4）按强度构成

沥青混合料按强度构成可分为嵌挤型和级配型两种。按密实级配原则又可分为悬浮密实结构、骨架空隙结构和骨架密实结构。

（2）沥青混合料适宜的路面结构

沥青混合料适宜的路面结构应根据不同地区道路等级以及所处层位的功能要求，见表 3-2-14。

（3）沥青混合料的技术要求

1）高温稳定性

沥青混合料的强度和抗变形能力是随温度的变化而变化的，温度升高时，沥青的黏滞度降低，矿料之间的粘结力下降，在行车荷载的反复作用下，路面会出现车辙、波浪、推移等病害，因此必须有好的高温稳定性。目前，我国评定高温稳定性是用马歇尔试验的稳定度和流值。但马歇尔稳定度和流值是一项经验性的混合料指标，它不能确切地反映永久性变形产生的机理，近年来国际上用蠕变试验来代替，蠕变是沥青混合料在一恒定荷载作用下变形随时间不断增长的特性。蠕变试验既可以判别混合料的稳定性，又可以指导混合料的组成设计。

沥青路面各层适用的沥青混合料类型

表 3-2-14

结构层次	高速、一级公路		其他等级公路	
	三层式沥青混凝土路面	两层式沥青混凝土路面	沥青混凝土路面	沥青碎石路面
上面层	AC—13	AC—13	AC—13	AM—13
	AC—16	AC—16	AC—16	
	AC—20			
中面层	AC—20			
	AC—25			
下面层	AC—25	AC—20	AC—20	AM—25
	AC—30	AC—25	AC—25	AM—30
		AC—30	AC—30	
			AC—25	
			AC—30	

注：当铺筑抗滑表层时，可采用 AK—13 或 AK—16 型热拌沥青混合料，也可在 AC—10 型细粒式沥青混凝土上嵌压沥青预拌单粒径碎石 S—10。

2）低温抗裂性

沥青混合料在温度降低时，其粘滞度增高，强度增大，但变形能力降低，并出现脆性破坏，因此，沥青混合料在低温时，应具有较低的劲度和较大的抗变形能力。目前对沥青混合料低温抗裂性采用开裂温度预估、变形对比和开裂统计法评定。

3）耐久性

在自然因素的长期作用下，要保证路面具有较长的使用年限，必须具备较好的耐久性。在应用石油沥青的情况下，应采用碱性矿料，碱性矿料与沥青发生化学吸附，产生坚强稳定的吸附力，如实际工程中遇有酸性矿料，应在沥青中掺加表面活性物质，或对矿料进行活化处理。耐久性要求沥青混合料空隙率尽量小，以防止沥青老化，但考虑热稳定，一般沥青混合料中均应残留 3%～6% 的空隙。耐久性采用空隙率（或饱水率）、饱和度（即沥青填隙率）和残留稳定度等指标来表示。

4）抗滑性

随着高等级公路的发展，对沥青混合料的抗滑性提出了更高的要求。沥青混合料的抗滑性与矿料的表面性质、混合料的级配组成以及沥青混合料的用量有关。在配料时应注意选择硬质有棱角的矿料。沥青用量不能超过最佳用量的0.5%，否则抗滑性会降低。

5）抗疲劳性

抗疲劳性是指沥青混合料抵抗荷载重复作用的能力。影响抗疲劳性能的主要因素有沥青的质量与含量、混合料的空隙率、矿料的性质及级配。

6）工作性

影响沥青混合料工作度的因素有当地气候、施工条件以及混合料的性质等。工作度良好的混合料容易进行摊铺和碾压。

2．施工准备及要求

施工准备工作包括下承层的准备和施工放样、机械选型和配套、拌和厂选址等多项工作。

（1）拌和设备选型

通常根据工程量和工期选择拌和设备的生产能力和移动方式，同时，其生产能力应与摊铺能力相匹配，不应低于摊铺能力，最好高于摊铺能力5%左右。高等级公路沥青路面施工，应选用拌和能力较大的设备。目前，沥青混合料设备种类很多，最大的可达800~1000t/h，但应用较多的是生产率在300t/h以下的拌和设备。

（2）拌和厂选址与布置

沥青混合料拌和设备是由一种或由若干能独立工作的装置所组成的综合性设备。沥青混合料拌和设备根据移动方式有固定式、半固定式和移动式三种，不论采用哪一种类拌和设备，其各个组成部分的总体布置都应满足紧凑、相互密切配合，又互不干扰各自工作的原则。

1）固定式沥青混合料拌和厂

固定式沥青混合料拌和厂包括原材料存放场地，沥青贮存、熔化及加热设备，搅拌设备，试验室及办公用房等。在设计时首先要选择厂址和确定场地面积。

在选择厂址时，由于沥青混合料拌和厂工作时会产生较多的粉尘和较大的噪声等污染，因此，厂址应远离目前和将来的居民区，但又要满足拌和时对供电、给排水的要求。厂址离施工工地2小时运距之内最佳，此外，还应处在主交通干线或至少7m宽路面道路旁。拌和厂场地形状以梯形（或矩形）为佳。场地布置可如图3-2-33所示。选择好厂址后，就要估算场地面积。该面积能容纳拌和厂的所有设施，并根据其生产能力来估算。

2）半固定式沥青混合料拌和设备

半固定式沥青混合料拌和设备主要由干燥机组、搅拌机和辅助机组三大部分所组成。设备总体布置的原则是将各个组成部分分别安装在多辆平板挂车上，能

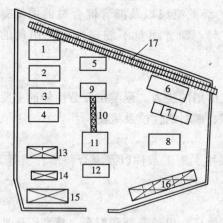

图 3-2-33　沥青混合料拌和
厂平面布置示意图

1—石料堆场；2—轧石车间；3—石料堆场；
4—石屑堆场；5—砂堆场；6—沥青储池；
7—沥青熬制锅；8—矿粉车间；9—漏斗；
10—传运带；11—烘干鼓；12—拌和机；
13—机修车间；14—试验室；15—食堂；
16—办公用房；17—专用线

够以最短的时间和最少的劳动力迅速拆卸、转运和重新组装，并投入生产。

3）移动式沥青混合料拌和设备

移动式沥青混合料拌和设备大多用来拌制沥青碎石混合料，各组成部分较为简单。

（3）准备下承层和施工放样

沥青路面的下承层是指基层、联结层或面层下层。下承层应对其厚度、平整度、密实度、路拱等进行检查。下承层表面出现的任何问题，都会对路面结构层的层间结合以及路面整体强度有影响，下承层处理完后，就可以洒透层、黏层或封层。

施工放样主要是标高测定和平面控制。标高测定主要是控制下承层表面高程与原设计高程的差值，以便在挂线时保证施工层的厚度。施工放样不但要保证沥青路面的总厚度，而且要保证标高不超出容许范围。注意，在放样时，应计入实测的松铺系数。

（4）机械组合

高等级公路路面的施工机械应优先考虑自动化程度较高和生产能力较强的机械，以摊铺、拌和机械为主导机械与自卸汽车、碾压设备配套作业，进行优化组合，使沥青路面施工全部实现机械化。

3. 拌和与运输

（1）拌和与运输的一般要求

1）试拌

沥青混合料宜在拌和厂制备。当拌制一种新配合比的混合料之前，或生产中断了一段时间后，应根据室内配合比进行试拌。通过试拌及抽样试验，确定施工质量控制指标。

2）沥青混合料的拌制

根据配料单进料，严格控制各种材料用量及其加热温度。拌和后的沥青混合料应均匀一致，无花白、无离析和结团成块的现象。每班抽样检查沥青混合料性能、矿料级配组成和沥青用量。不符合技术要求的沥青混合料严禁出厂。

3）沥青混合料的运输

沥青混合料用自卸汽车运至工地，车箱底板及周壁应涂一薄层油水（柴油：

水为 1:3）混合液。运至摊铺地点的沥青混合料温度不宜低于 130℃，运输中应量避免急刹车，以减少混合料离析。

（2）拌和与运输生产组织

沥青混合料的生产组织包括矿料、沥青供应和混合料运输两个方面，任何一方面组织不好都会引起停工。所用矿料应符合质量要求，贮存量应为日平均用量的 5 倍，堆场应加以遮盖，以防雨水。拌和设备在每次作业完毕后，都必须立即用柴油清洗沥青系统，以防止沥青堵塞管路。沥青混合料成品应及时运至工地，开工前应查明施工位置、施工条件、摊铺能力、运输路线、运距和运输时间，以及所需混合料的种类和数量等。运输车辆数量必须满足拌和设备连续生产的要求，不因车辆少而临时停工。

（3）拌和质量检测

1）拌和质量的直观检查

质检人员必须在料车装料过程中和开离拌和厂前往摊铺工地途中应注意目测混合料的情况，并有可能发现混合料中存在的某些质量问题，以便及时纠正。沥青混合料生产的每个环节都应注意温度控制，这时质量控制的首要因素，目测可以发现沥青混合料的温度是否符合规定的要求。

2）拌和质量测试

拌和质量测试包括温度测试和沥青混合料的取样与测试。沥青混合料的温度通常是在料车上测出。较理想的方法是使用有度盘和铠装枢轴的温度计，也可采用手枪式红外测温计，但只能测出材料表面温度。沥青混合料的取样与测试是拌和厂进行质量控制最重要的两项工作，所得到的数据，可以验证成品是否合格。取样与测试程序及要求一般由合同规范规定，主要包括抽样频率、规格和位置。以及要做的试验等方面的内容。取样时，首先应确保所取样品能够反映整批混合料的特性。测试的主要内容是马歇尔稳定度、流值、空隙率、饱和度、沥青抽提试验、抽提后的矿料级配组成，必要时进行残留稳定度测试（饱水 72 小时、60℃的稳定度与 60℃的稳定度之比乘以 100%）。

3）拌和质量缺陷及原因分析

造成沥青混合料拌和质量缺陷的原因十分复杂，表 3-2-15 列出了出现问题的现象及可能的原因。

4.沥青混合料摊铺作业

沥青混合料摊铺前，应先检查摊铺机的熨平板宽度和高度是否适当，并调整好自动找平装置。有条件时，尽可能采用全路幅摊铺，如采用分路幅摊铺，接茬应紧密、拉直，并宜设置样桩控制厚度，摊铺进，沥青混合料温度不应低于 100℃（煤沥青不低于 70℃）。摊铺厚度应为设计厚度乘以松铺系数，其松铺系数应通过试铺碾压确定，也可按沥青混凝土混合料 1.15～1.35，沥青碎石混合料 1.15～1.30 酌情取值。摊铺后应检查平整度及路拱。

沥青混合料拌和中可能出现的问题及原因　　　　表 3-2-15

原因	沥青含量不符合要求	集料等级不符合要求	混合料中细料过量	无法保持均匀的温度	料车载重与一拌重量不均匀	料车中沥青混合料呈游离状态	料车中混合料粉尘呈游离状态	大骨料未被沥青裹覆	料车内混合料不均匀	料车一边混合料沥青过重	料车内的混合料无光泽	混和料明显老化	混合料呈深褐色或深灰色	料车内沥青混合料冒烟	混和料中沥青过重	料车内沥青混合料冒水蒸汽	料车内沥青混合料色泽灰暗
	质量缺陷																
	适用设备类型																
矿料含水量过大					A			A					A		A		
料仓分隔不严		A	A														
矿料进料口设置不当	A	A	A														
烘干机超负荷运行					A			A					A		A		
烘干机位置太陡					A			A									
烘干机操作不当					A			A			A	A	A		A	A	A
温度指示器未调准					A			A				A	A				
矿料温度过高					A								A		A		A
筛网破损		B															
筛网工作故障		B	B						B				B				
溢料溜槽失灵		B	B						B								
料斗渗漏		B	B			B			A								
料斗内矿料离析		A	A						A								
筛网超载（料过满）		A	A						A								
矿料规格未作调整	B	B	B			B			B					B			
矿料不准	B	B	B			B	B		B					B			
矿料供料不均									B					B			
热料斗矿料不足		A	A						A					A			
称量次序不对								B		B	B						
沥青用量不足	A							A					A				A
沥青用量过多	A					A					A			A			
矿料中沥青分布不均	A					A		A	A	A	A			A			
沥青称量不准	B					B		B	B		B		B	B			
沥青计量器不准	C					C		C	C		C		C	C			
一拌数量过多或过少	B	B	B		B	B		B		B	B		B	B			

原　因	质　量　缺　陷																
	沥青含量不符合要求	集料等级不符合要求	混合料中细料过量	无法保持均匀的温度	料车载重与一拌重量不均匀	料车中沥青混合料呈游离状态	料中混合料粉尘呈游离状态	大骨料未被沥青裹覆	料车内混合料不匀	料车一边混合料沥青过重	料车内的混合料沥青无光泽	混和料明显老化	混合料呈深褐色或深灰色	料车内沥青混合料冒烟	混和料中沥青过重	料车内沥青混合料冒水蒸汽	料车内沥青混合料色泽灰暗
	适　用　设　备　类　型																
拌和时间不适	B		B					B	B	B							
出料口安装不当或叶片破损	B	B				B			B	B	B						
卸料口故障		B							B								
沥青和矿料供料不协调	C	C	C			C			C	C			C		C	C	
料斗中混入灰尘	B	B					B										A
拌和设备作业不稳定			A			A	A	A	A	A	A	A	A	A	A	A	A
取样错误	A	A	A														

注：A—适用于传统间歇式拌和设备和滚筒式拌和设备；

　　B—适用于传统间歇式拌和设备；

　　C—适用于滚筒式拌和设备。

（1）摊铺机作业

1）熨平板加热

由于 100℃以上的混合料遇到 30℃以下的熨平板底面时，将会冷粘于板底上，并随板向前移动时拉裂铺层表面，使之形成沟槽和裂纹，因此，每天开始施工前或停工后再工作时，应对熨平板进行加热，即是夏季也必须如此，这样才能对铺层起到熨烫的作用，从而使路表面平整无痕。

2）摊铺方式

摊铺时，应先从横坡较低处开铺，各条摊铺带宽度最好相同，以节省重新接宽熨平板的时间。使用单机进行不同宽度的多次摊铺时，应尽可能先摊铺较窄的那一条，以减少拆接宽次数；如单机非全幅宽作业时，每幅应在铺筑 100～150m 后调头完成另一幅，此时一定要注意接茬。使用多机摊铺时，应在尽量减少摊铺次数的前提下，各条摊铺带能形成梯队作业方式，梯队的间距宜在 5～10m 之间，以便形成热接茬。

3）接茬处理

A. 纵向接茬

两条摊铺带相接处，必须有一部分搭接，才能保证该处与其他部分具有相同的厚度。搭接的宽度应前后一致，搭接施工有冷接茬和热接茬两种。冷接茬施工是指新铺层与经过压实后的已铺层进行搭接。搭接宽度约为 3~5cm，在摊铺新铺层时，对已铺层带接茬处边缘进行铲修垂直，新摊铺带与已摊铺带的松铺厚度相同。热接茬施工一般是在使用两台以上摊铺机梯队作业时采用，此时两条毗邻摊铺带的混合料都还处于压实前的热状态，所以纵向接茬容易处理，而且连接强度较好。

B. 横向接茬

相邻两幅及上下层的横向接茬均应错位 1m 以上，横向接茬有斜接茬和平接茬两种。高速和一级公路中下层的横向接茬可采用斜接茬，而上面层则应采用垂直的平接茬，其他等级公路的各层均应采用斜接茬。处理好横向接茬的基本原则是将第一条摊铺带的尽头边缘锯成垂直面，并与纵向边缘成直角。横向接茬质量的好坏，直接影响路面的平整度。

(2) 摊铺过程的质量检验及控制措施

摊铺过程的质量检验主要有沥青含量的直观检查、混合料温度（通常在料车到达工地时测定，但有时也在摊铺后测定）、厚度检测（在摊铺过程中，经常检测虚铺厚度）和表观检查（未压实混合料的表面结构无论是纵向或横向是否均匀、密实、平整、撕裂、波浪、局部粗糙、拉沟等现象）。摊铺中常见的质量缺陷主要有厚度不准、平整度差（小波浪、台阶），混合料离析、裂纹、拉沟等。产生这些质量缺陷的原因有机械自身的调整、摊铺机的操作和混合料的质量等。

5. 沥青混合料的碾压

碾压是沥青路面施工的最后一道工序，要获得好的路面质量最终是靠碾压来实现。碾压的目的是提高沥青混合料的强度、稳定性和耐疲劳性。碾压工作包括碾压机械的选型与组合、压实温度、速度、遍数、压实方法的确定以及特殊路段的压实（如弯道与陡坡等）。

(1) 碾压机械的选型与组合

目前最常用的沥青路面压路机有静作用光轮压路机、轮胎压路机和振动压路机。静作用光轮压路机可分为双轴三轮式（三轮式）和双轴双轮式（双轮式）压路机，国外也有三轴三轮串联式光轮压路机。三轮式压路机适用于沥青混合料的初压；双轮式压路机通常较少，仅作为辅助设备；三轴三轮式压路机主要用于平整度要求较高的高等级公路路面的压实作业。轮胎式压路机主要用来进行接缝处的预压、坡道预压、消除裂纹、薄摊铺层的压实等作业。振动压路机可分为自行式单轮振动压路机、串联振动式压路机和组合式振动压路机三种。自行式单轮振动压路机常用于平整度要求不高的辅道、匝道、岔道等路面作业；如果沥青混合料的压实度要求较高时，采用串联振动式压路机；组合压路机是轮胎压路机和振动压路机的组合，但实践证明这一组合形式是失败的。

压路机的选型应考虑摊铺机的生产率、混合料的特性、摊铺厚度、施工现场的具体情况等因素。摊铺机的生产效率决定了压路机需要压实的能力，从而影响到压路机的大小和数量的选用，而混合料的特性为选择压路机的大小、最佳频率与振幅提供了依据。

（2）压实作业

1）压实程序

沥青路面的压实程序分为初压、复压、终压三个阶段。

初压是整平和稳定混合料，同时又为复压创造条件。初压时用 6～8t 双轮压路机或 6～10t 振动压路机（关闭振动装置）压两遍，压实温度一般为 110～130℃（煤沥青混合料不高于 90℃）。初压后应检查平整度、路拱，必要时进行修整。复压是使混合料密实、稳定、成型，而混合料的密实程度决于这道工序，因此，必须用重型压路机碾压并与初压紧密衔接。复压时用 10～12t 三轮压路机、10t 振动压路机或相应的重型轮胎压路机压不少于 4～6 遍直至稳定和无明显轮迹，压实温度一般为 90～110℃（煤沥青混合料不低于 70℃）。终压是消除轮迹，最后形成平整的压实面，这道工序不宜用重型压路机在高温下完成，并紧跟在复压后进行。终压时用 6～8t 振动式压路机（关闭振动装置）压 2～4 遍，且无轮迹，压实温度一般为 70～90℃（煤沥青混合料不低于 50℃）。

2）压实方法

碾压时，压路机应从外侧向中心碾压，这样就能始终保持压路机以压实后的材料作为支承边。当采用轮胎式压路机时，相邻碾压带应重叠 1/3～1/2 的碾压轮宽度；当采用三轮式压路机时，相邻碾压带应重叠 1/2 宽度；当采用振动压路机时，相邻碾压带应重叠 10～20cm 宽度，振动频率宜为 35～50Hz，振幅宜为 0.3～0.8mm。压路机应以慢而均匀的速度进行碾压，其碾压速度应符合表 3-2-16 的规定。

碾　压　速　度　　　　　　　　表 3-2-16

压路机类型	初压（km/h）		复压（km/h）		终压（km/h）	
	适 宜	最 大	适 宜	最 大	适 宜	最 大
钢筒式压路机	1.5～2	3	2.5～3.5	5	2.5～3.5	5
轮胎压路机	—	—	3.5～4.5	8	4～6	8
振动压路机	1.5～2.5（静压）	5（静压）	4～5（静压）	4～5（静压）	2～3（静压）	5（静压）

（3）压实质量控制与检测

1）提高压实质量的措施

A. 碾压温度

碾压温度的高低直接影响到沥青混合料的压实质量。混合料温度较高时，可用较少的碾压遍数，获得较高的密实度和较好的压实效果；温度较低时，碾压工作较为困难，而且不容易消除轮迹，造成路面不平整。一般来说，沥青混合料的最佳压实温度（即指在材料允许的温度范围内，沥青混合料能够支承压路机而不产生水平推移，且压实阻力较小的温度）为 110～120℃，最高不超过 160℃。

B. 选择合理的压实速度与遍数

合理的压实速度对减少碾压时间，提高作业效率有着十分重要的意义。选择压实度的基本原则是在保证沥青混合料碾压质量的前提下，最大限度地提高碾压速度，从而减少碾压遍数和提高工作效率。因此，在施工中一般将压实速度控制在 2～4km/h（轮胎压路机可适当提高），但最大不超过 5km/h。

C. 选择合理的振频与振幅

目前，振动压路机越来越多地运用于碾压沥青混合料，因此，合理地选择振频与振幅，可以获得最佳的碾压效果。振频主要影响沥青面层的表面压实质量，如果振动压路机的振频比沥青混合料固有的振频高，则可获得较好的压实效果，因此，碾压沥青混合料时，振频为 42～50Hz。振幅主要影响沥青混合料的压实深度，碾压沥青混合料时，振幅为 0.4～0.8mm。当碾压层较薄时，宜选用高振频、低振幅；当碾压层较厚时，则可在较低振频下，选取较大的振幅，以达到压实的目的。

D. 混合料特性

沥青混合料的特性对压实质量亦有较大的影响，表 3-2-17 列出了影响的原因、后果、及处理措施。

2）压实质量的检测

压实质量的检测应根据合同文件（技术规范）的规定及要求进行。主要检测项目有压实度、厚度、平整度、粗糙度，而且要求表观密实均匀。对于厚度不足或平整度太差的路段，则要求全面返工。厚度和压实度一般可通过钻取芯样的办法来检测，而核子密度仪目前仅作为辅助检测手段。

沥青混合料特性对压实作业的影响   表 3-2-17

原　　因		后　　果	处理措施
矿料	表面光滑	粒间摩擦力小	使用轻型压路机和较低的混合料温度
	表面粗糙	粒间摩擦力大	使用重型压路机
	强度不足	会被钢轮压路机压碎	使用坚硬矿料，使用充气轮胎压路机
沥青	黏度 高	限制颗粒运动	使用重型压路机，提高温度
	黏度 低	碾压过程中容易移动	使用轻型压路机，降低温度
	含量 高	碾压时失稳	减少沥青用量
	含量 低	降低了润滑性，碾压困难	增加沥青用量，使用重型压路机
混合料	粗矿料过量	不易压实	减少粗矿料，使用重型压路机
	砂子过量	工作度过高，不易碾压	减少砂用量，使用轻型压路机
	矿粉过量	混合料软粘，不易碾压	减少矿粉用量，使用重型压路机
	矿粉不足	黏性下降，混合料可能离析	增加矿粉用量

思　考　题

2.1　路基工程有何特点？路基工程与其他有关分项工程的关系是什么？

2.2　试述影响路基稳定的因素。

2.3　一般路基的典型横断面形式有哪几种类型？一般路基的基本构造是什么？

2.4　土方路堤填筑的方法有哪几种？各种方法的施工要求是什么？

2.5　土质路堑的开挖方法有哪几种？各种方法的施工要求是什么？

2.6　试述填方路堤压实的方法和要求。

2.7　试述挖方路基及其他路堤的压实要求。

2.8　杂填土路基施工的要求和处理方法是什么？

2.9　试述特殊路基划分的基本概念。各种特殊土路基划分的主要特征是什么？

2.10　盐渍土如何分类？盐渍土路基施工的规定和要求是什么？

2.11　试述软土、沼泽地区路基施工的有关规定和基本要求。

2.12　试述软土、沼泽地区路基施工常用的处理措施。

2.13　试述滑坡地区路基施工的有关规定、要求以及主要防治措施。

2.14　路面的功能对路面的要求是什么？路面的作用是什么？

2.15　路面结构的组成和层次的划分是什么？

2.16　路面如何分级与分类？

2.17　沥青路面有哪几种类型？各类路面的基本特征及其应用范围是什么？

2.18　水泥混凝土路面的构造由哪几部分组成？各种构造的基本要求是什么？

2.19　水泥混凝土路面的平面构造和要求是什么？

第3章 桥梁工程施工设计

§3.1 沉 井 施 工

3.1.1 沉 井 分 类

1. 按施工方法分类

（1）一般沉井　指就地制造下沉的沉井，这种沉井是在基础设计的位置上制造，然后挖土靠沉井自重下沉。如基础位置在水中，需先在水中筑岛，再在岛上筑井下沉。

（2）浮运沉井　在深水区筑岛有困难、不经济或有碍通航，当河流流速不大时，可采用岸边浇筑就位下沉的方法，这类沉井称为浮运沉井或浮式沉井。

2. 按平面、立面形状分类

（1）按沉井的平面形状　常用的有圆形、圆端形和矩形等。根据井孔的布置方式，又有单孔、双孔及多孔的分别（图 3-3-1）。

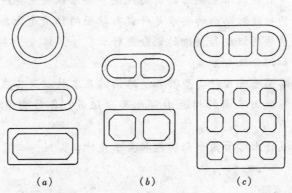

图 3-3-1　沉井平面形式

（a）单孔沉井；（b）双孔沉井；（c）多孔沉井

圆形沉井：沉井在下沉过程中易控制方向；使用抓泥斗抓土，要比其他类型的沉井更能保证其刃脚均匀的支撑在土层上；在侧压力的作用下，井壁只受轴向压力（侧向压力均匀分布时），或稍受挠曲（侧向压力非均匀分布时）；对水流方向或斜交均有利。

矩形沉井：具有制造简单，基础受力有利的优点，常能配合墩台（或其他结构物）底部平面形状。四角一般做成圆角，以减少井壁摩阻力和取土清孔的困难。矩形沉井在侧压力作用下，井壁受较大的挠曲力矩；在流水中阻水系数较大，冲刷较严重。

圆端形沉井：控制下沉、受力条件、阻水冲刷均较矩形有利，但沉井制造较复杂。

对平面尺寸较大的沉井，可在沉井中设隔墙，使沉井由单孔变成双孔或多孔。

（2）**按立面形状分类**　主要有竖直式、倾斜式及台阶式等（图 3-3-2）。采用形式应视沉井需要通过的土层性质和下沉深度而定。外壁竖直形式的沉井，在下沉过程中不易倾斜，井壁接长较简单，模板可重复使用。故当土质较松软，沉井下沉深度不大，可采用这种形式。倾斜式及台阶式井壁可以减小土与井壁的摩阻力，其缺点是施工较复杂，消耗模板多，同时沉井下沉过程中容易发生倾斜。故在土质较密实，沉井深度大，且要求在增加沉井本身重量不大的情况下沉至设计标高，可采用这类沉井。倾斜式的沉井井壁坡度一般为 1/20~1/40，台阶式井壁的台阶宽度约为 100~200mm。

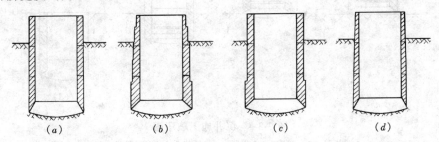

图 3-3-2　沉井剖面形式

（*a*）外壁垂直无台阶式；（*b*）台阶式；（*c*）台阶式；（*d*）外壁倾斜式

3. 按建筑材料分类

（1）**混凝土沉井**　混凝土的特点是抗压强度高，抗拉能力低，因此这种沉井宜做成圆形，并适用于下沉深度不大于 4~7m 的软土层中。

（2）**钢筋混凝土沉井**　这种沉井的抗拉及抗压能力较好，下沉深度可以很大（达到数十米以上）。当下沉深度不大时，井壁上不用混凝土，下部（刃脚）用钢筋混凝土的沉井，在桥梁工程中得到较广泛的应用。当沉井平面尺寸较大时，可做成薄壁结构，沉井外壁采用泥浆润滑套，壁后压气等施工辅助措施就地下沉或浮运下沉。此外钢筋混凝土沉井井壁隔墙可分段（块）预制，工地拼接，做成装配式。

（3）**竹筋混凝土沉井**　沉井在下沉过程中受力较大因而需配置钢筋，一旦完工后，他就不承受多大的拉力，因此，在南方产竹地区，可以采用耐久性差但抗拉力好的竹筋代替部分钢筋，我国南昌赣江大桥等曾用这种沉井。在沉井分节接头处及刃脚内仍用钢筋。

（4）**钢沉井**　用钢材制造沉井其强度高、重量轻、易于拼装、宜于做浮运沉井，但用钢量大，国内较少采用。

3.1.2　沉　井　施　工

沉井的施工方法与墩台基础所在地点的地质和水文情况有关。在水中修筑沉井时，应对河流汛期、通航、河床冲刷调查研究，并制定施工计划。尽量利用枯水季节进行施工。如施工需经过汛期，应有相应的措施。

沉井基础施工一般可分为旱地施工、水中筑岛施工及浮运沉井施工三种。现分别简介如下：

1. 旱地施工

桥梁墩台位于旱地时，沉井可就地制造、挖土下沉、封底、填充井孔以及浇筑顶板（图3-3-3）。这种情况下，一般较容易施工，工序如下：

（1）平整场地

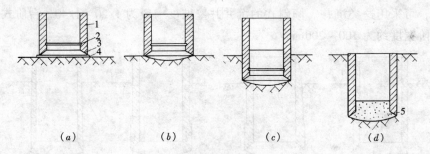

（a）　　　　　　（b）　　　　　　（c）　　　　　　（d）

图 3-3-3　沉井施工顺序图
1—井壁；2—凹槽；3—刃脚；4—承垫木；5—素混凝土封底

如天然地面土质较好，只需将地面杂物清除整平地面后，就可在其上制作沉井。如为了减小沉井的下沉深度也可在基础位置处挖一浅坑，在坑底制作沉井下沉，坑底应高出地下水面0.5～1.0m。如土质松软，应整平夯实或换土夯实。在一般情况下，应在整平场地上铺设不小于0.5m厚的砂或砂砾层。

（2）制作第一节沉井

由于沉井自重大，刃脚踏面尺寸较小，应力集中，场地土往往承受不了这样大的压力。所以在整平的场地上应在刃脚踏面位置处对称铺满一层垫木（可用200mm×200mm的方木）以加大支撑面积，使沉井重量在垫木下产生的压应力不大于100kPa。垫木的位置应考虑抽除垫木方便（有时可用素混凝土垫层代替垫木）。然后在刃脚位置处放上刃脚角钢，竖立内模，绑扎钢筋，立外模，最后浇灌第一节沉井混凝土（图3-3-4）。模板应有较大的刚度，以免发生挠曲变形，外模板应平滑以利下沉。钢模较木模刚度大，周转次数多，易于安装。在场地土质条件较好处，也可采用土模。

（3）拆模及抽垫

沉井混凝土达到设计强度的70%时可拆除模板，强度达到设计强度后才能抽拆垫木。抽拆垫木应按一定的顺序进行，以免引起沉井开裂、移动或倾斜。其顺序是：拆除内隔墙下的垫木，再拆沉井短边下的垫木，最后拆长边下的垫木。拆长边下的垫木时，以定位垫木（最后抽拆的垫木）为中心，由远而近对称拆除，最后拆除定位垫木。注意在抽垫木过程中，抽出一根垫木应立即用砂回填进去并捣实。

（4）挖土下沉

沉井下沉施工可分为排水下沉和不排水下沉。当沉井穿过的土层较稳定，不会因排水而产生大量流砂时，可采用排水下沉。土的挖除可采用人工挖土或机械挖土，排水下沉常采用人工挖土，它适用于土层渗水量不大且排水时不会产生涌土或流砂的情况；人工挖土可使沉井均匀下沉和清除井下障碍

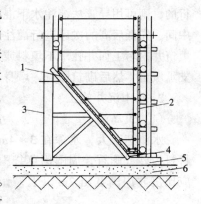

图 3-3-4　沉井刃脚立模
1—内模；2—外模；3—立柱；
4—角钢；5—垫木；6—砂垫层

物，但应采取措施，以确保施工安全。排水下沉时，有时也用机械挖土。不排水下沉一般都采用机械挖土，挖土工具可以是抓土斗或水力吸泥机，如土质较硬，水力吸泥机需配置水枪射水将土冲松。由于吸泥机是将水和土一起吸出井外，故需经常向井内加水，维持井内水位高出井外水位 $1 \sim 2m$，以免发生涌土和流砂现象。

（5）接高沉井

第一节沉井下沉至距地面还剩 $1 \sim 2m$ 时，应停止挖土，接筑第二节沉井。接筑前应使第一节沉井位置正直，凿毛顶面，然后立模浇筑混凝土。待混凝土强度达到设计要求后再拆模继续挖土下沉。

（6）筑井顶围堰

如沉井顶面低于地面或水面，应在沉井上接筑围堰，围堰的平面尺寸略小于沉井，其下端与井顶上预埋锚杆相连。围堰是临时性的，待墩台身出水后可拆除。

（7）地基检验和处理

沉井沉到设计标高后，应进行基底检验。检验内容是地基土质和平整度，并对地基进行必要的处理。如果是排水下沉的沉井，可以直接进行检查，不排水下沉的沉井由潜水工进行检查或钻取土样鉴定。地基为砂土或黏土，可在其上铺一层砾石或碎石至刃脚面以上 200mm。地基为风化岩石，应将风化岩层凿掉，岩层倾斜时，应凿成阶梯形。若岩层与刃脚间局部有不大的孔洞，由潜水工清除软层并用水泥砂浆封堵待砂浆有一定的强度后再抽水清基。不排水情况下，可由潜水工清基或用水枪和吸泥机清基。总之要保证井底地基尽量平整，浮土及软土清除干净，以保证封底混凝土、沉井及地基紧密连接。

（8）封底、充填井孔及浇筑顶盖

地基检验及处理符合要求后，应立即进行封底。如封底是在不排水情况下进

行的，则可用导管法灌注水下混凝土，若灌注面积大，可用多根导管，以先周围后中间，先低后高的次序进行灌注。待混凝土达到设计强度后，再抽干井孔中的水，填筑井内圬工如井孔中不填料或仅填以砾石，则井顶面应浇筑钢筋混凝土顶盖，以支承墩台，然后砌筑墩身，墩身出土（或水面）后可拆除临时性的井顶围堰。

2. 水中沉井施工

（1）筑岛法

水流速不大，水深在 3～4m 以内，可采用水中筑岛的方法（图 3-3-5）。筑岛材料为砂或砾石，周围用草袋围护，如水深较大可作围堰防护（图 3-3-5），岛面应比沉井周围宽出 2m 以上，作为护道，应高出施工最高水位 0.5m 以上。砂岛

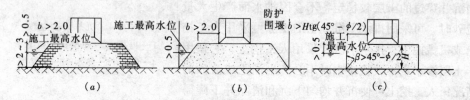

图 3-3-5　水中筑岛下沉沉井

地基强度应符合要求，然后在岛上浇筑沉井。如筑岛压缩水面较大，可采用钢板围堰筑岛，但要考虑沉井重力对其产生的侧向压力，为避免沉井的影响，可按下式确定围堰距井壁外缘的距离：

$$b > H\mathrm{tg}(45° - \phi/2)$$

式中　H——筑岛高度；

　　　ϕ——砂在水中的内摩擦角；

　　　b——距离，作为护道，一般 b 不小于 2.0m。

其余施工方法与旱地施工相同。

（2）浮运沉井施工

水深较大，如超过 10m 时，筑岛法很不经济，且施工困难，可改用浮运法施工。

沉井在岸边做成，利用在岸边铺成的滑道滑入水中（图 3-3-6），然后用绳索引到设计墩位。沉井井壁可做成空体形式或采用其他措施使沉井浮于水上，也可以在船坞内制成浮船定位和吊放下沉或利用潮汐，水位上涨浮起，再浮运至设计位置。

沉井就位后，用水或混凝土灌入空体，徐徐下沉至河底。或依靠在悬浮状态下接长沉井及填充混凝土使其逐步下沉，施工中的每个步骤均需保证沉井本身足够的稳定性。沉井刃脚切入河床一定深度后，可按前述下沉方法施工。

3. 沉井下沉遇到的问题及处理

沉井在利用自身重力下沉过程中，常遇到的主要问题有：

（1）沉井发生倾斜和偏移

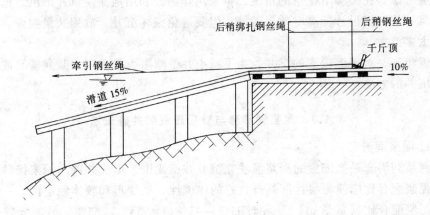

图 3-3-6　浮运沉井下水

在下沉过程中应随时观测沉井的位置和方向，发现与设计位置有过大的偏差应及时纠正。纠正前应分析偏斜的原因。偏斜原因主要有：土岛表面松软，使沉井下沉不均匀，河底土质软硬不均匀；挖土不对称；井内发生流砂，沉井突然下沉，刃脚遇到障碍物顶住而未及时发现；井内挖出的土堆压在沉井外一侧，沉井受压偏移或水流将沉井一侧土冲空等。沉井偏斜大多数发生在沉井下沉不深时，下沉较深时，只要控制得好，发生倾斜较少。

沉井如发生倾斜可采用下述方法纠正：在沉井高的一侧集中挖土；在低的一侧回填砂石；在沉井高的一侧加重物或用高压射水冲松土层；必要时可在沉井顶面施加水平力扶正。

纠正沉井中心位置发生偏移的方法是先使沉井倾斜，然后均匀挖土，使沉井底中心线下沉至设计中心线后，再进行纠偏。

在刃脚遇到障碍物的情况，必须予以清除后再下沉。清除方法可以是人工排除，如遇树根或钢材可锯断或烧断，遇大孤石宜用少量炸药炸碎，以免损坏刃脚。在不能排水的情况下，由潜水工进行水下切割或水下爆破。

(2) 沉井下沉困难

这主要是由于沉井自身重力克服不了井壁摩阻力，或刃脚下遇到大的障碍物所致。解决因摩阻力过大而使下沉困难的方法是从增加沉井自重和减少井壁摩阻力两个方面来考虑的。

1) 增加沉井自重　可提前浇筑上一节沉井，以增加沉井自重，或在沉井顶上压重物（如钢轨、铁块或砂袋等）迫使沉井下沉。对不排水下沉的沉井，可以抽出井内的水以增加沉井自重，用这种方法要保证土不会产生流砂现象。

2) 减小沉井外壁的摩阻力　可以将沉井设计成阶梯形、钟形，或在施工中尽量使外壁光滑；亦可在井壁内埋设高压射水管组，利用高压水流冲松井壁附近的土，且水流沿井壁上升而润滑井壁，使沉井摩阻力减小；以上几种措施在设计时就应考虑。在刃脚下挖空的情况，可采用炸药，利用炮振使沉井下沉，这种方法对沉井快沉至设计标高时效果较好，但要避免振坏沉井，放用药量要少，次数不宜太多。

近年来，对下沉较深的沉井，为了减小井壁摩阻力常采用泥浆润滑套或壁后压气沉井的方法。

3.1.3　泥浆润滑套与壁后压气沉井施工法

1. 泥浆润滑套

泥浆润滑套是把配置的泥浆灌注在沉井井壁周围，形成井壁与泥浆接触。选用的泥浆配合比应使泥浆性能具有良好的固壁性、触变形和胶体稳定性。一般采用的泥浆配合比（重量比）为黏土 35% ~ 45%，水 55% ~ 65%，另加分散剂碳酸钠 0.4% ~ 0.6%，其中黏土或粉质黏土要求塑性指数不小于 15，含砂率小于 6%（泥浆的性能指标以及检测方法可参见有关施工技术手册）。这种泥浆对沉井井壁起润滑作用，它与井壁间摩阻力仅 3 ~ 5kPa 大大降低了井壁摩阻力（一般黏性土对井壁摩阻力为 25 ~ 50kPa，砂性土为 12 ~ 25kPa），因而具有提高沉井下沉的施工效率，减少井壁的垮塌，加快沉井的下沉深度，施工中沉井稳定性好等优点。

泥浆润滑套的构造主要包括：射口挡板，地表围圈及压浆管。

射口挡板可用角钢或钢板弯制，置于每个泥浆射出口处固定在井壁台阶上（图 3-3-7），其作用是防止泥浆管射出的泥浆直接冲击土壁，避免土壁局部坍落堵塞射浆口。

地表围圈是埋设在沉井周围保护泥浆的围壁（图 3-3-8）。它的作用是沉井下沉时防止土壁坍落；保持一定数量的泥浆储存量以保证在沉井下沉过程中泥浆补充到新造成的空隙内；通过泥浆在围圈内的流动，调整各压浆管出浆的不均衡。地表围圈的宽度即沉井台阶的宽度，其高度一般在 1.5 ~ 2.5m 左右，顶面高出地面或岛面约 0.5m，圈顶面宜加盖。可用木板或钢板制作。

压浆管根据井壁的厚度有内管法和外管法两种。厚壁沉井多采用内管法（图 3-3-7），薄壁沉井宜采用外管法（图 3-3-9）。

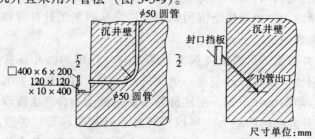

图 3-3-7　泥浆润滑套射口挡板与内管法压浆管

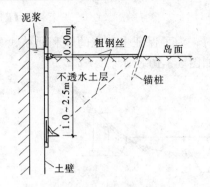

图 3-3-8　泥浆润滑
套地表围圈

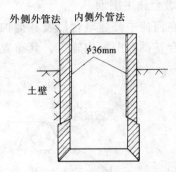

图 3-3-9　外管法压浆管道构造

沉井下沉过程中要勤补浆，勤观测，发现倾斜、漏浆等问题要及时纠正。当沉井沉到设计标高时，若基底为一般土质，因井壁摩阻力较小，会形成边清基边下沉的现象，为此，应压入水泥浆置换泥浆，以增大井壁的摩阻力。另外，在卵石、砾石层中采用泥浆润滑套效果一般较差。

2. 壁后压气沉井法

壁后压气沉井法也是减少下沉时井壁摩阻力的有效方法。它是通过对沿井壁内周围预埋的气管中喷射高压气流，气流沿喷气孔射出再沿沉井外壁上升，形成一圈气层（又称空气幕），使井壁周围土松动，减少井壁摩阻力，促使沉井顺利下沉。

施工时压气管分层分布设置，竖管可用塑料管或钢管，水平环管则采用直径25mm 的硬质聚氯乙烯管，沿井壁外缘埋设。每层水平环管可按四角分为四个区，以便分别压气调整沉井倾斜。压气沉井所需的气压可取静水压力的 2.5 倍。

与泥浆润滑套相比，壁后压气沉井法在停气后即可恢复土对井壁的摩阻力，下沉量易于控制，且所需施工设备简单，可以水下施工，经济效果好。在一般条件下较泥浆润滑套更为方便，它适用于细、粉砂类土和黏性土中。但设计方法和施工措施尚待进一步研究。

§3.2　围 堰 施 工

3.2.1　围堰施工概述

施工围堰属于临时性围堰范畴，其主要作用是确保主体工程及附属设施在修建过程中不受水流侵袭，保证正常施工条件。为此临时围堰的修筑，是根据主体工程所在的位置、现场情况和实际需要进行布置。围堰修筑还必须对施工期间各种影响（雨水、潮汐、风浪、季节等）和航行、灌溉等有关因素一并加以考虑。

围堰按主体工程所在的位置、现场情况和实际需要常见的有：墩台施工围堰、河宽限制上下游围堰以及驳岸挡墙施工围堰等几种。

1. 墩台施工围堰

当在河流中修建墩台以及其他构筑物时，为了保证主航道的顺利通航，一般采用墩台基础在围堰内施工，其布置简图如图 3-3-10 所示。

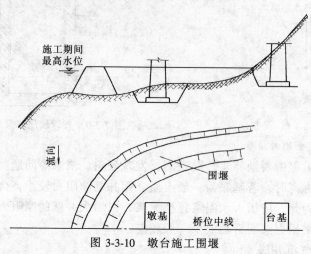

图 3-3-10 墩台施工围堰

2. 河宽限制上下游围堰

在河流宽度不大的河流上修建中、小桥梁时，由于地形受限，又要维持水流与正常通航。往往采用设置临时引渠的办法，将水流引开，以便于主要结构物所在位置处的施工。其布置简图如图 3-3-11 所示。

3. 驳岸挡土墙施工围堰

在沿河流修建挡土墙、驳岸时，为了防止水流的侵袭，以保证施工的顺利进

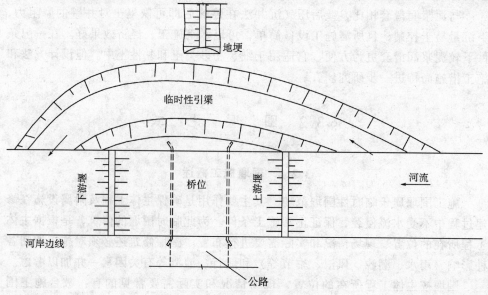

图 3-3-11 河流限宽上下游围堰

行，常在施工地段修建临时围堰。其布置简图如图 3-3-12 所示。

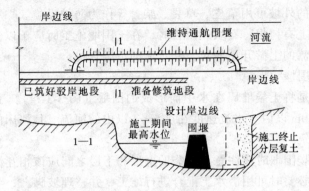

图 3-3-12　驳岸、挡土墙施工围堰

对围堰的一般规定和要求：

（1）围堰高度应高出施工期间可能出现的最高水位（包括浪高）50～70cm；

（2）围堰的外形应考虑河流断面被压缩后，流速增大引起水流对围堰、河床的集中冲刷及影响航道、导流等因素；

（3）围堰坑内面积应满足施工的需要（包括坑内的集水沟、排水井、工作预留空间等所必需的工作面）；

（4）围堰断面应满足围堰自身强度和稳定性（抗滑移、倾覆）的要求；

（5）围堰修筑要求防水严密，尽量减少渗漏，以减轻排水工作量，为此必须注意堰身的修筑质量；

（6）除工程本身需要外，一般情况下宜充分利用枯水期进行施工，如在洪水、高潮期施工应对围堰进行严密的防护。

3.2.2　围堰的分类和适用条件

围堰根据其不同条件，分为土围堰、土袋围堰、单行板桩围堰、双行板桩围堰、木桩土围堰、竹笼围堰以及钢板桩围堰等几种，以下分别对其进行介绍：

（1）土围堰

土围堰是用黏性土或砂夹黏土作为填土，在填土出水面后对土进行夯实，而形成的施工临时性构筑物（图 3-3-13）。土围堰适用于水深在 1.5m 以内、水流速

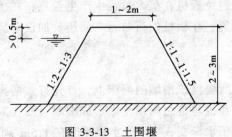

图 3-3-13　土围堰

在0.5m/s以内，且河床土质渗水性较小的地方。在土围堰坡面有被冲刷危险的时候，土围堰的外坡可用草皮、草袋、柴排等作为防护设施。

堰底河床上有树根、石块、杂物时，在土围堰施工时应予以清除。筑堰的顺序应该是由河流的上游开始修筑，到水流的下游合拢。

（2）土袋围堰

土袋围堰是将土袋堆码在水中而形成的围堰（图3-3-14）。土袋围堰适用于河流水深在3.0m以内、水流速度在1.5m/s以内的河流、且河床的土质渗水性较小的河床上修筑。

在修筑土袋围堰时应注意：土袋的上层和下层之间应该相互错缝，应尽量堆码整齐；在有必要时可用潜水工配合进行施工，并整理坡脚。

（3）单行板桩围堰

在河流水深达到3~4m的土质河床上，修筑围堰时可以采用打入单行木板桩，并且在河背的一边加设支撑，予以加固板桩，工程上称此围堰为单行板桩围堰（图3-3-15）。单行板桩围堰可以节省部分围堰用土量，但是增加了打、拔木桩的工作量。由于在板桩的外侧有了支撑，这样可以大大的增大坑内的工作面，利于施工。

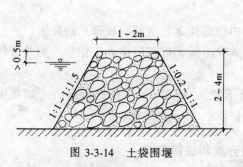

图3-3-14　土袋围堰

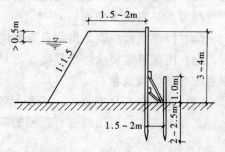

图3-3-15　单行板桩围堰

（4）双行板桩围堰

双行板桩围堰是在水深达到4m以上时，并且河床土质比较松软的情况下，为了保证围堰的牢固性，采用将两排木桩打入河床，并且在围堰的外侧临河面加设支撑（图3-3-16）。

双行板桩之间应尽可能的严密，要防止板之间漏水；在板桩沉入时，要注意板桩的垂直度，尽量避免板桩在沉入过程中产生歪斜，在沉入的同时要随时对板桩进行调整校正其位置；在板桩的行与行之间还要加设金属拉杆将两行板拉结牢固。

（5）木桩土围堰

木桩土围堰是在所要修筑围堰的河床上，首先打入两排木桩，在木桩的内侧设置一层竹笆，然后在桩与桩之间填土以形成围堰（图3-3-17）。

木桩土围堰适用于水深在3~5m，水流速度在1.5m/s以上的河床。

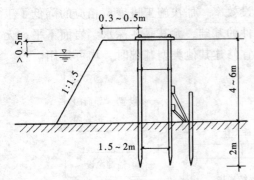

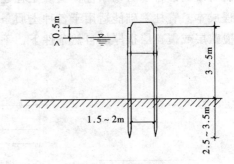

图 3-3-16 双行板桩围堰 　　　　　　图 3-3-17 木桩土围堰

木桩土围堰施工时应注意，桩与桩在一排中的间距一般不得大于 1.0 ~ 1.5m，排与排之间的间距也不得大于 1.5 ~ 2m，并且用金属螺栓或 8 号钢丝将两排木桩拉紧，然后再插入竹笆填土。

（6）竹笼围堰

竹笼围堰是用竹片编成长圆的竹笼，竹笼的直径一般为 80 ~ 120cm，并且在竹笼内装入卵石或石块，竹笼与竹笼之间，用钢丝绑扎，以使竹笼与竹笼形成十字形，将竹笼放到基坑上再在竹笼内填土形成竹笼围堰。

竹笼围堰适用于水深在 4 ~ 5m，水流速在 1.5 ~ 2.0m/s 左右，或风浪

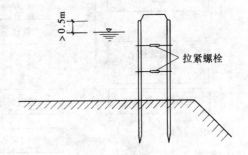

图 3-3-18 钢板桩围堰

较小时可用竹笼黏土填心围堰，有时竹笼也可以用铁丝笼代替，这时应注意加强纵向筋以保持其竖直。

（7）钢板桩围堰

钢板桩围堰是将钢板打入河床之中，然后在钢板之间填土形成的围堰（图 3-3-18）。

钢板桩围堰适用于水流速较大，水流较深的河床。钢板可以拔出另行使用，也可以作为结构工程的组成部分加以利用。

钢板桩围堰施工时应该注意，在施打钢板时要求板桩竖直，而且板桩之间的接缝应该严密，以减少和避免渗水，降低围堰内的排水工作量。

§3.3 管柱基础施工

3.3.1 管柱基础简述

管柱基础施工是使用机械设备，在水面上进行施工。它不受季节性限制，从

而有效的改善了劳动条件，提高工程建设效率，加快施工进度，相应的降低了工程成本。管柱基础能适用于各种土质条件的基础，尤其是在深水、岩面不平、无覆盖层或覆盖层很厚的自然条件下，不宜修建其他类型基础时，均可采用。

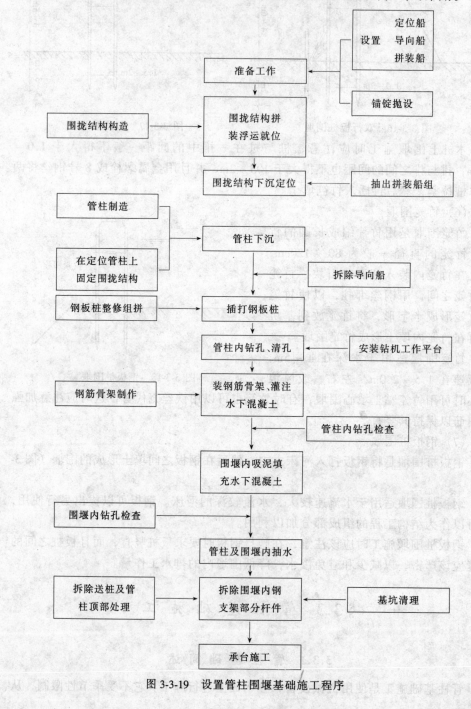

图 3-3-19　设置管柱围堰基础施工程序

管柱基础根据不同的自然条件可有不同的结构形式，可采用单根或多根形式，使之穿过覆盖层或溶洞、孤石，支撑于较密实的土壤或新岩面。

管柱基础按施工条件的不同，施工方法又可分为：需要设置防水围堰的低承台或高承台基础；不需要设置防水围堰的低承台或高承台基础。在两种施工方法中，前者比较复杂，其施工程序如图 3-3-19 所示。

管柱基础施工时，必须设置控制管柱倾斜和防止位移的导向结构，导向结构的布置应便于下沉和接高管柱。对于采用围笼式导向结构的，还应考虑其顶面便于安设钻机并兼作钢板围堰支撑。管柱在振动下沉时，应该考虑附近地面的可能沉陷和振动力对附近建筑物和相邻管柱的影响，并应随时观测。

水上施工时，施工结构和施工船只的锚锭设备的受力状态，要随时加以注意检查和调整，使锚系牢固，防止走动。

3.3.2 管柱的制作

管柱可分为：钢筋混凝土管柱、预应力钢筋混凝土管柱和钢管柱三种。管柱系预制装配式构件，其分节长度可由运输设备、起重能力及构件情况而定。

钢筋混凝土管柱适用于入土深度不大于 25m 的管柱基础，常用直径有 1.55m（分节长度为 3~9m）、3、3.6m 及 5.8m（分节长度 4~10m）。

预应力钢筋混凝土管柱可用于下沉深度大于 25m 的管柱基础，常用直径有 3.0m 及 3.6m 等几种（分节长度为 7.5、7.55m 等）。

钢管柱的直径有 1.4、1.6、1.8、3.0 及 3.2m 等几种，其分节长度为 12~16m。

管柱节间的连接一般采用法兰盘栓接，管柱最底一节下口设有刃脚，以便于管柱下沉时使其穿越覆盖层或切入基岩风化岩，故要求刃脚具有足够的强度和刚度。

对管柱制作的要求和容许偏差：

管柱可根据具体的管柱类型、施工条件，进行分节预制，可采用普通浇筑法和旋转浇筑法制作。

管柱节与节间的连接通常用法兰盘接头，法兰连接接头制作完成后的容许偏差为：法兰盘顶面任意两点的高差不得大于 2mm；螺栓孔中心与法兰中心径向长度容许偏差为 0.5mm；顺着圆周相邻两个孔间的长度容许偏差为 0.5mm；法兰盘的接头也不得突出管壁之外。

对于管柱基础中的钢筋骨架的安设，除了应按照有关钢筋规范的规定外，还必须符合以下的要求：预应力钢筋混凝土管节的预应力钢筋应该采用整根钢筋贯通管柱基础；预应力钢筋混凝土管节的预应力主筋与法兰盘焊接时，应尽量减少各主筋间的初应力差值；主筋与法兰盘连接部分，必须保证足够的焊接长度，并不得引起法兰盘的变形；不得在钢筋骨架上采用电弧焊。

在管柱浇筑与养护过程中为了提高管壁的抗裂性能,应该注意:粗骨料以碎石骨料为宜;竖立浇筑时,管壁顶部混凝土必须浇筑密实,并与法兰盘粘着好;每节管柱必须一次浇成;注意按有关规定严格进行养护。

对需要钻岩嵌固的管柱,在钻头冲击升降范围内的管柱内壁周围应用钢板保护。

管柱制成成品后,钢筋混凝土和预应力钢筋混凝土管柱的内径和外径容许偏差 20mm;管壁厚度偏差不得大于 10mm;管柱每节长度偏差不得大于 20mm;法兰盘平面对垂直于管柱轴线面的倾斜度不得大于 0.2%;预应力钢筋混凝土管柱的管壁不得有裂纹;钢筋混凝土管柱的管壁容许有局部裂纹,但其深度不得大于 20mm,宽度不得大于管壁厚的 2 倍。钢管柱的制作,除按照钢管桩制造的有关规定外,还应该符合以下要求:钢管柱上下两相邻壁板的竖直拼接缝应予以错开,其错开距离沿弧长不得小于 1m;成品管节的圆周长度偏差不得大于 1% 的圆周长;同一截面任意两直径差不得大于 6mm;长度、法兰盘平面倾斜度、管壁纵向弯曲矢高偏差同混凝土构件。

3.3.3　下沉管柱的导向设备

(1)导向设备及拼装

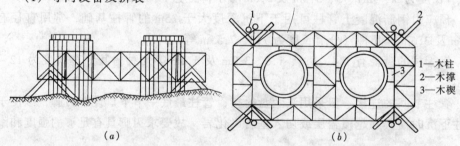

1—木柱
2—木撑
3—木楔

(a)　　　　　　　　　　(b)

图 3-3-20　导向框架示意图
(a) 立面;(b) 平面

在管柱的下沉过程中,为了使管柱固定于设计位置,须采用导向设备,导向设备是一种临时辅助结构,有不可忽视的作用。

导向设备的型式、高度应根据基础尺寸、管柱直径、管柱下沉深度、河水深度及流速等条件决定,通常可分为两类:一为浅水中的导向框架 (图 3-3-20);二为深水中的整体围笼结构。框架及围笼的一般杆件,多采用万能杆件拼装。

导向框架一般可一次拼装完成,运至墩位,起吊就位后予以固定;整体围笼一般宜采用一次拼装方案,即在岸边或船上将围拢一次拼装完成,运至墩位用多台浮吊(水上起重机)辅以平衡重起吊、下沉,就位后,用围拢托架支撑在导向船上。当限于条件,也可采用分层拼装方案,即在岸边拼装下部几层,运至墩位后,起吊下沉就位,支撑在导向船上,再接高以上各层。实践表明,常备式导向围笼，采用万能杆件拼装，无论在水中或陆地下沉各种直径的直管柱均为比较理想的导向设备，使用方便，仅在必要时增添少量新杆件即可。

围笼的拼装可按铺设工作平台、内芯桁架导环、托架等工序进行，拼装时应注意：

1）拼装准备工作，拼装码头的布置可如图 3-3-21 所示，即在拼装前将拼装船及导向船组靠泊于拼装码头，并用木撑架及钢丝绳固定其相对位置。

2）在拼装船工作平台上放样时，应使围笼中心与拼装船中心符合。

3）严格控制底层节点位置，确保节内芯桁架尺寸准确，必要时可加拼临时水平支撑，防止接高时变形，每接高 8m，应加设风缆，以策安全。

4）内芯桁架拼装时，严禁扩大杆件螺孔。

5）导环拼装时，必须保证其拼装位置正确，两导环外缘相对位置容许偏差为 $L/500$（L 为相邻导环间距）。

6）导向木的连接螺栓，严禁伸出木体外，以免挂住管柱的法兰盘。

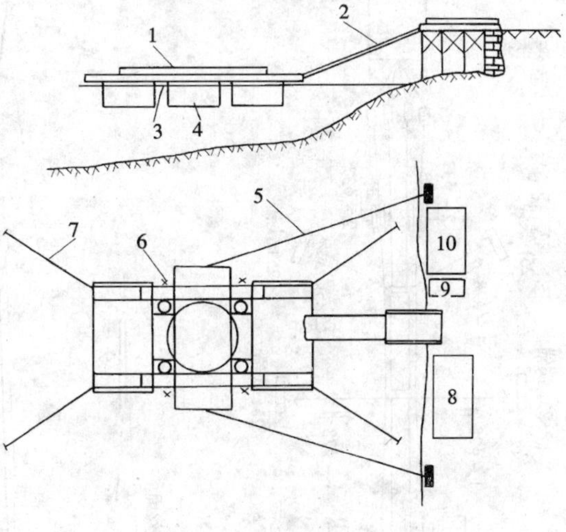

图 3-3-21　拼装码头布置
1—连结梁；2—跳板；3—导向船木撑架；4—浮子；
5—地锚缆绳；6—钢丝绳；7—锚缆；8—内外导环；
9—工具零件库；10—万能杆件

（2）导向设备的浮运和就位

在导向框架和围笼拼装完成后，就要将拼装好的导向框架和围笼浮运、就位。在浮运前应做好定位船、导向船、拖轮、锚锭设备和浮运的准备工作，定位船和导向船除了要考虑本身的结构强度外，还应该有足够的面积以供设备安置和操作之用。在浮运的现场，应根据情况配备必要的安全设备和备用船只，以利及时调用。浮运宜在白天良好天气下进行，潮汐河流宜选择在高低平潮前进行，争取浮运船组在平潮流速小时完成定位和连接工作，浮运速度不宜大于 3km/h。

水上定位设施的锚锭，在一般单向河流中主锚应在上游布置，其锚锭系统总体布置示意（图 3-3-22）。在潮汐河流中，水流为双向，其锚锭系统应上下游对称布置（图 3-3-23），应尽量与桥墩顺流向中轴线对称。在一般单向河流中，浮运船组靠近上游定位船后，即应将拉缆与定位船连接，然后将浮运船组溜放至墩位附近与已锚好的浮运船组的边锚拉缆连接，调整好浮运船组位置后，准备起吊围笼下沉；在潮汐河流中，应在墩位上下游分别对称设置定位船和主锚。

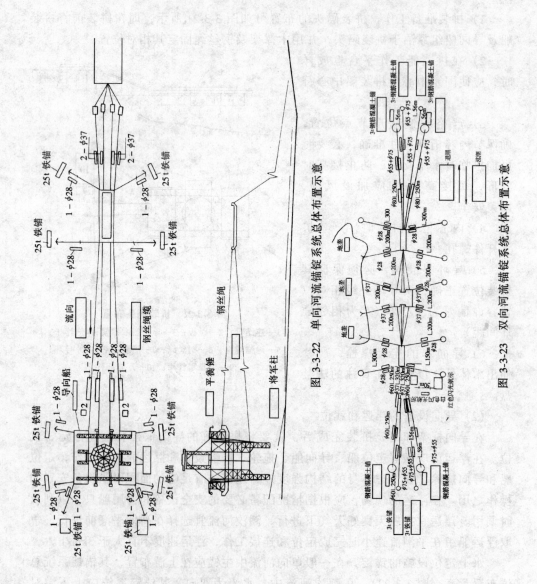

图 3-3-22 单向河流锚系统总体布置示意

图 3-3-23 双向河流锚系统总体布置示意

围笼下沉、定位施工中为确保安全，正常施工，围笼下沉起吊前应对起吊设备进行全面的检查；所有吊点（包括平衡重吊点）应互相配合同时起吊，并保持围笼重心在两个吊点连线上，待围笼吊高脱离拼装船后，即将拼装船撤出；所有吊点应同时降落，直至围笼托架稳固的支

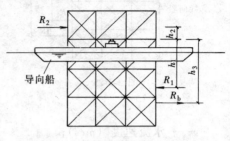

图 3-3-24

撑在导向船上时，方可卸脱主吊点，待围笼悬挂在定位管柱上后，撤去平衡重；围笼铁锚定位时，应随时松紧围笼的风缆；围笼悬挂在定位管柱上以前，应经常检查、调整锚缆受力情况，以保证围笼位置准确稳定，围笼悬挂在定位管柱上后，须尽快拆去围笼托架，解除与导向船之间的联系；围笼定位后，中心与墩位重心的容许偏差应符合设计规定，容许偏差不得大于 $H/100$（H 为围笼高度，单位为米），且不得大于 25cm（根据 JTJ041—89）。

（3）锚锭缆绳计算及拖轮选择

1）定位船拉围笼缆绳受力计算

计算简图（图 3-3-24）

$$R_b = (R_1 h_1 + R_2 h_2)/h_3$$

式中　h_1、h_2、h_3——图示各力点至围笼距离；

R_1——围笼入水部分所受水流冲击力：

$$R_1 = \xi \gamma F v^2/2g$$

ξ——挡水物形状系数（矩形为 1，流线形为 0.75）；

F——围笼挡水面积（m²）；

γ——水的容重（10kN/m³）；

v——水流速度（m/s）；

g——重力加速度（9.81m/s²）；

R_2——围笼水面上部分所受风力：

$$R_2 = k\Omega p \quad (kN)$$

k——阻力系数（在导向船上的围笼和连接梁用 0.4，实体部分取 1.0）；

Ω——围笼、导向船及各种设备的挡风面积（m²）；

p——单位面积上的风压力（kPa），一般可取 0.8kPa。

2）船只入水部分所受的水流冲击力

计算简图（图 3-3-25）

$$R_{a1} = R_1 + R_2 + R'_b \quad (kN)$$

$$R'_b = (R_1 h_1 - R_2 h_2)/h_3 \quad (kN)$$

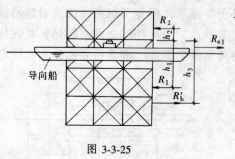

图 3-3-25

式中　　R_{a1}——有风力、水流冲击组合作用于围笼而引起的缆绳拉力；

R'_b——R_1、R_2 作用下围笼拉缆的拉力：

$$R_{a2} = v^2(fS + \psi F)\gamma/g \quad (\text{kN})$$

R_{a2}——船只入水部分所受的水流冲击力；

v——水流速度（m/s）；

f——摩擦系数（铁驳用 0.17，木船用 0.25）；

S——浸水面积：

$$S = L(2T + 0.85B) \quad (\text{m}^2)$$

L、T、B 分别为船长、吃水深度、船宽。

3）拖轮选择计算

拖轮牵引功率

$$E = Rv/1000 \quad (\text{kW})$$

式中　R——船组的航行总阻力（按计算锚锭受力计算方法计算）；

v——航行速度（m/s）。

换算为拖轮蒸汽指示功率

$$I = E/n \times n_w \times n_z \times n_m \quad (\text{kW})$$

式中　n——推进器推进系数 0.45 ~ 0.65，一般用 0.5；

n_w——轴系效率 0.96 ~ 0.98，一般用 0.96；

n_z——传动齿系效率 0.94 ~ 0.98，一般用 0.94；

n_m——机械效率 0.75 ~ 0.95，一般用 0.8。

3.3.4　管柱下沉与钻岩

（1）管柱下沉施工及质量要求

管柱下沉施工应根据覆盖层土质和管柱下沉的深度，用振动、管柱内除土（吸泥）和管柱内射水等方法交替进行使管柱下沉。必要时还可以采用管柱外射水、射风等措施。为做好下沉管柱的施工准备，除参考同类土质既有的实践经验外，重大工程可先进行试沉，用以探索最为经济而有效的采用方法及设备准备。

振动沉桩机的额定振动力应大于振动体系（包括管柱除去浮力的重力、振动沉桩机重力和钢底座重力）重力的 1.3 ~ 1.5 倍。振动沉桩机的额定振动力应大于土的动摩擦力，即：

$$p > f_\tau uH$$

式中 p——振动力（kN）；

  f_τ——动摩擦力值（kPa），见表 3-3-1；

  H——管柱入土深度（m）；

  u——管柱周长（m）。

动 摩 擦 力 值   表 3-3-1

土的名称	f_τ 值（kPa）		施工方法说明
	除土振动下沉管柱	除土外射水振动下沉管柱	
砂类土	9 ~ 10	7 ~ 9	
碎石土	8 ~ 11	—	除土至管柱刃脚以下
黏性土	10 ~ 12	8 ~ 9	射水、除土、振动交替进行

管柱下沉过程中，采用两台振动沉桩机并联使用时，要求使用同型号的沉桩机及电机，并同步运转。

管柱下沉应根据土质、下沉深度，结构特点，振动力大小及其对周围建筑设施的影响等具体情况，规定振动下沉的最低速度限值，按桥涵施工技术规范规定：每次连续振动时间不宜超过 5min。在沉管过程中，如遇到振动不下沉的情况时，应首先对管柱内进行除土，当管柱内除土后继续振动还不下沉，或振动明显回跳、倾斜加剧以及大量翻砂涌水时，应立即停止振动并查明原因进行处理。

管柱群下沉顺序要考虑悬挂围笼、下沉相互影响以及便于施工等因素确定，为避免相互干扰和保证顺利施工，必须在施工组织设计中标明。

管柱内除土时应注意的要点：随着管柱下沉、土层种类及深度的不同，取土机械和吸泥设备，要选用适宜，以免影响正常施工；在沙土层中采用吸泥机除土时，应尽量保持管柱内水位高于管柱外水位，防止管柱内发生大量翻砂，引起管壁受拉破裂或产生较大倾斜和位移；应均匀除土，防止管柱倾斜和位移；采用抓斗除泥时，随时防止抓斗碰损管壁。

管柱下沉的质量要求：

倾斜度的容许偏差：需钻岩的容许偏差为 1%；不需钻岩的容许偏差为 2%；单排管柱无论钻岩与否，顺桥方向（各管柱倾斜度不宜同一方向）1%。

位移的容许偏差：管柱顶面中心，顺桥和横桥方向不得大于 25cm；单排管柱顶面中心，顺桥方向不得大于 15cm，横桥方向不得大于 25cm；嵌岩管柱相邻两柱底平面中心间偏差，应满足相邻空间设计最小嵌壁厚度要求。

（2）管柱钻岩与清孔

在钻岩前应掌握基础范围内的岩石性质、岩面标高及其倾斜度、风化层厚度等有关地质资料，以便选择合适的钻岩设备和相应的技术措施。管柱刃脚接近岩面时，应查明刃脚周围与岩面接触情况，并采取必要的措施：若岩层为风化岩层，应尽量将管柱沉入风化岩层内，若岩面不平，对岩面与刃脚间可能引起翻砂的缝隙、空洞，应采取措施封堵，并适当加高管柱内水头；若沿岩面具有高差或倾斜度较大时，应用水下混凝土或黏土片石填平后再进行钻岩。

管柱群钻岩时，为了便于多机同时作业，互不干扰和防止破坏邻孔孔壁岩层与影响邻孔已经填充好的混凝土质量，在安排钻岩顺序时，应作合理部署并整体考虑确定。

当采用冲击式钻机钻岩时：应根据岩石的坚硬程度，尽量选用其中能力大、冲击速度快的钻机和较重的钻锥；钻锥刃脚底平面呈十字形，其端部应带有弧刃，刃脚尖宜用高硬度及耐磨的合金焊条堆焊或高硬度合金钢镶嵌；钻岩时，钻头中心应对准管柱底中心；钻进过程中，应经常检查钻头转向装置，使钻锥能顺利旋转，以提高钻进效率及防止钻孔出现十字槽，如果孔底出现十字槽时，可回填片石重钻；钻进过程中，应投入适量性能良好、能够浮悬钻渣的黏土，并应及时清出钻渣；严格防止打空锤，并在开钻时尤须注意。

当采用旋转式牙轮钻机钻岩时应注意：有倾斜管柱情况下钻岩，应先测定柱顶与柱底中心位置，并将钻锥中心对准柱底与柱顶中心平分点处；当采取减压钻进方式施钻，开钻时先空钻，后跟进，钻压应小，待钻头全面接触岩面进入正常钻岩后，才可将钻压逐步加大，但最大也不应超过钻具扣除浮力后总重量的 80%；采用反循环排渣钻进时，应保持管柱内水位高出管柱外施工水位一定高度，防止翻砂；如果遇到严重翻砂时，除采取封堵缝隙、空洞，提高管柱内水位外，并应控制排渣系统的风压、风量、缓慢排出水渣；应定期提升钻锥检查钻孔情况，防止卡钻；钻岩过程中，应严防铁件坠入孔内，严禁在孔底有铁件的情况下施钻。

管内钻岩成孔的孔径及有效深度均应符合设计要求。

管柱内清孔应注意的事项为：

在管柱钻孔完毕后，应将附着于管柱孔壁的泥浆清洗干净，并将孔底钻渣及泥沙等沉淀物取出；管柱下沉至岩面（不须钻岩）者，应对岩面风化层予以清除；清孔的方法可用吸泥机（空气或水力吸泥机），必要时辅以高压射水、射风；为防止翻砂，管柱刃脚上下 0.5m 范围内不得吸泥、射水、射风，且管柱内水位必须保持高出管柱外水面 1.5~2.0m；在有潮汐处施工时，必须采取稳定管柱内水头的措施；如果岩面局部高差或倾斜度较大时，则必须采取其他适当措施，防止流砂涌入管内；清孔结果应仔细检查，在不具备潜水直接检查的条件时，可用射水、射风冲起孔底残留物，使之沉淀在吊入孔底的圆盘内，按照取出沉淀物的数量进行鉴定，一般要求沉淀 1 小时后，孔底平面上沉淀物平均厚度（渣泥厚）不应大于 5cm（设计有明确要求的，应不大于设计要求）。

3.3.5　管柱内水下混凝土灌注

在灌注管柱内混凝土时，应先检查钢筋的埋置长度是否符合要求。管柱内钢筋骨架的埋设长度除了按灌注桩的有关要求外，还应符合设计要求。为防止孔壁坍塌或流砂涌入孔内，在每个孔钻孔完成后，应尽快进行清孔和灌注混凝土，故施工过程对此要作紧凑安排。

在清底与灌注混凝土过程中应注意：为保证混凝土与柱底岩层得以良好粘结，灌注混凝土前应先射水冲刷孔底，使泥浆和沉渣悬浮，然后立即开始灌注混凝土；灌注混凝土开始后，应连续进行，使导管下口以上的混凝土经常处于塑性状态，直至预定标高。

当管柱基底钻孔岩盘破碎时，为防止水下混凝土和砂浆流入相邻孔内，在已成孔未灌注混凝土前，相邻管柱不得钻孔；若邻孔已钻，应重新扫孔、清孔，孔深符合设计要求后，再下钢筋骨架、灌注水下混凝土。

灌注管柱水下混凝土的质量要求：

对管柱水下混凝土的质量要求除满足水下混凝土灌注的一般要求外，还必须符合下列规定：混凝土强度应满足设计要求；每管柱群基础，应至少有 5% ~ 10% 的管柱钻取混凝土芯样进行检查，钻取深度应至柱底以下不小于 0.5m，在混凝土芯样取出后，应立即用水泥浆封孔；柱底混凝土应与基底粘结良好；混凝土芯样外观应良好，各区段取样率一般宜达到 90% 以上。

§3.4　桥　梁　结　构　施　工

3.4.1　装配式桥梁施工

装配式桥梁施工包括构件的预制、运输和安装等各个阶段和过程。其特点为：

保证工程质量、有利于提高劳动生产率　由于构件是在工厂预制，运到桥位处进行安装，这样有利于保证构件质量和尺寸精确度。在运输、安装过程中尽可能采用机械化施工，有利于降低劳动强度，从而提高劳动生产率。

缩短工程进度及现场施工工期　构件可以根据全桥总体布置，提前进行预制工作，也可以在下部结构施工时，做到上、下部结构同时施工，其施工速度快，工期短。

节约支架、模板　由于装配式梁桥采用无支架或少支架施工，这样可节约大量的支架；在预制时采用的模板，容易做到简便合理、重复使用，从而降低工程造价。

减少混凝土收缩、徐变影响　构件预制好后，一般需要存放一段时间，以保证在安装过程中能够做到连续、均衡地施工，这样可以保证混凝土收缩、徐变充分发展，以减少由于混凝土收缩徐变而引起的变形。

需要大型吊装设备　由于梁体结构构件尺寸大、质量大，这样就需要大型设备与之相适应。目前吊运能力不断提高，预应力工艺不断完善，预制安装工艺也会得到充分的发展。

1. 支架便桥架设法

支架便桥架设法是在桥孔内或靠墩台旁顺桥向用钢梁或木料搭设便桥作为运送梁、板构件的通道，在通道上面设置走板、滚筒或轨道平车，从对岸用绞车将梁、板牵引至桥孔后，再横移至设计位置定位安装。如图 3-3-26 所示。

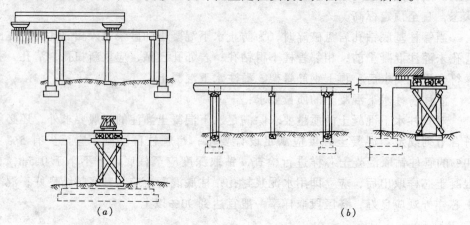

（a）　　　　　　　　　　　　　　　　（b）

图 3-3-26　支架便桥架设法

（a）设在桥孔内的支架便桥；（b）设在墩台旁的支架便桥

2. 自行式吊机架设法

由于自行式吊机本身有动力，不需要临时动力设备以及任何架设设备的工作准备，且安装迅速，缩短工期。适用于中小跨径的预制梁吊装。自行式吊机架设法可采用一台吊机架设、两台吊机架设和吊机与绞车配合架设三种情况。图 3-3-27 为吊机与绞车配合架设法示意图。

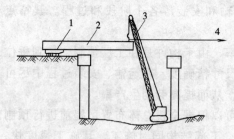

图 3-3-27　吊机和绞车配合架设法

1—走板滚筒；2—预制梁；

3—吊机起重臂；4—绞车

3. 移动式支架架设法

移动式支架架设法是在架设孔的地面上，沿顺桥轴线方向铺设轨道，在其上设置可移动的支架，梁的前端搭在支架上，通过牵引支架，将梁移运到要求的位置后，用龙门架或扒杆吊装，或在桥墩上组成枕木垛，用千斤顶卸下，再横移就位。如图 3-3-28 所示。

4. 人字扒杆悬吊架设法

人字扒杆悬吊架设法又称吊鱼架设法，是利用人字扒杆来架设梁桥上部结构构件，而不需要特殊的脚手架或木排架。

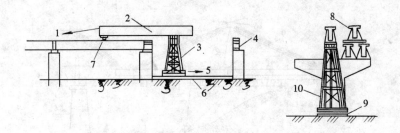

图 3-3-28　移动式支架架设法

1—后拉绳；2—预制混凝土梁；3—移动式支架；4—枕木垛；

5—拉绳；6—轨道；7—平车；8—临时放置的梁（支架拆除后

再架设）；9—平车；10—移动式支架

在吊装前应作周密检查，核算预制梁前吊点的负弯矩，以便掌握其容许的最大外悬长度；吊装架设时，应随时注意防止前扒杆后缆风索松动，以免发生事故。当构件悬吊出桥跨后，前扒杆上的吊鱼滑车应始终保持悬吊构件前端不下垂，牵引绞车紧密配合拖曳速度，同时，制动绞车紧密配合相应放松。

架设方法有人字扒杆架设法；人字扒杆两梁连接悬吊架设法；人字扒杆、托架架设法三种。人字扒杆又有一副扒杆和两副扒杆架设两种。两副扒杆架设中，一副是吊鱼滑车组，用以牵引预制梁悬空拖曳，另一绞车是牵引前进，梁的尾端设有制动绞车，起溜绳配合作用，后扒杆的主要作用是预制梁吊装就位时，配合前扒杆吊起梁端，抽出木垛，便于落梁就位，如图 3-3-29（a）所示。一副扒杆架设中，其基本方法同两副扒杆架设，是采用千斤顶顶起预制梁，抽出木垛，落梁就位，如图 3-3-29（b）所示。

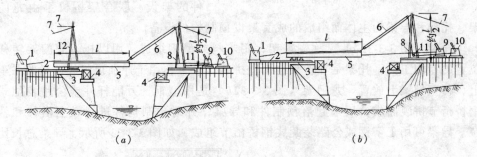

图 3-3-29　人字扒杆架设示意图

（a）两副扒杆；（b）一副扒杆

1—制动绞车；2—滑道木；3—滚轴；4—临时木垛；5—预制梁；6—吊

鱼滑车组；7—缆风索；8—前扒杆；9—牵引绞车；10—吊鱼用绞车；

11—转向滑车；12—后扒杆

人字扒杆两梁连接悬吊架设法是用两根梁拼连吊装，前梁为架设梁，后梁作平衡重。悬吊时，梁的平衡主要靠后梁及其尾部的压重，并通过后扒杆及其拉索构成的三角横架来控制，可吊装跨径为 16m 的装配式混凝土 T 形梁，如图 3-3-30

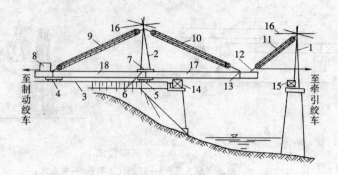

图 3-3-30　两梁连接悬吊架设法示意图

1—前扒杆；2—后扒杆；3—临时轨道；4、5—三号、二号平车；6—夹
板；7—钢丝绳绑扎点；8—压重；9、10、11—滑车组；12—吊环；
13—穿绳孔；14、15—临时木垛；16—缆风索；17—前梁；18—后梁

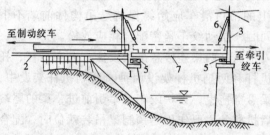

图 3-3-31　扒杆、托架架设法示意图

1—托板滚筒；2—道木；3—前扒杆；4—后扒杆；
5—临时木垛；6—滑车组；7—托架

所示。人字扒杆、托架架设法是在桥墩之间，先用吊鱼法悬吊托架，利用托板滚筒拖拉移运至桥孔位置，再以两副人字扒杆吊升降落就位，在吊升过程中，移开托架以便落梁，如图 3-3-31 所示。

5. 联合架桥机架设法

当桥面标高很高、水很深的情况下，优选联合架桥机进行预制构件的架设。联合架桥机系由龙门架、托架和导梁为主体而组成的成套架设预制构件设备。

托架（图 3-3-32a）又称蝴蝶架，用木料或型钢组成，用以托运龙门架转移位置的专用工具，托架是在桥头地面上拼装、竖直，用千斤顶顶起放在托架平车上，移至导梁上放置。龙门架（图 3-3-32b）是用型钢、万能杆件或公路装配式钢桥桁节拼装而成，用来起落预制件和导梁，并对预制构件进行墩上横移和就位。导梁可用工字钢或公路装配式钢桥桁节组成，如图 3-3-33 所示，导梁总长比

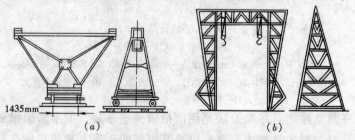

（a）　　　　　　　　　　（b）

图 3-3-32　托架、龙门架型式

（a）角钢托架；（b）角钢龙门架

桥跨跨径长两倍多，施工中，导梁后一孔承受预制构件的重量，中孔供托架、龙门架通过用，前段为导梁。

用联合架桥机架设预制构件的程序如下：

（1）安装导梁、托架、龙门架　在桥头路堤轨道上拼装导梁，纵移就位，如图 3-3-34（a）所示；在路堤上拼装托架，并将托架吊起固定在平车上，推入桥孔，如图 3-3-34（b）所示；在路堤上拼装龙门架，用托架运至墩台就位，如图 3-3-34（c）所示。

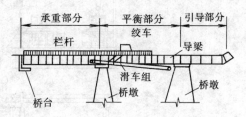

图 3-3-33　钢导梁组成示意图

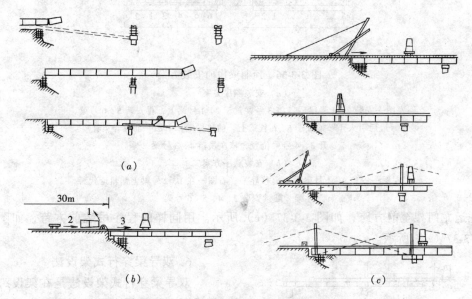

（a）

（b）　　　　　　　（c）

图 3-3-34　拼装导梁、托架、龙门架示意图

（a）拼装导梁；（b）拼装托架；（c）拼装龙门架

1—拼装托架；2—平车前移；3—托架吊上平车后推入桥孔

（2）用平车将预制梁运至导梁上面，预制梁两端放在龙门架下，如图 3-3-35 所示。

（3）用龙门架吊起预制梁，并横移下落就位。各预制梁横向安装顺序可按图 3-3-36 两种方案。

（4）预制梁纵向架设，如图 3-3-37 所示。托架后撤至导梁范围以外，撤开导梁与路基钢轨连接，将导梁牵引至前方跨，如图 3-3-37（a）所示。用龙门架将未安装到位的梁吊起安装就位，然后把各梁电焊连接起来，如图 3-3-37（b）所示。用托架

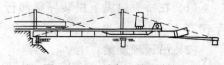

图 3-3-35　平车运输预制梁

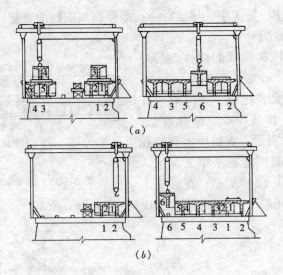

图 3-3-36 预制梁横向安装方案

(a) 安装顺序方案一

左图—安装 2、1 号梁后，将 3 号梁置于 2、1 号梁上，再安装 5、6 号梁，

最后引入 4 号梁置于 5、6 号梁上，前移导梁；右图—前移导梁让

开 3、4 号梁位置，依次吊落 4、3 号梁

(b) 安装顺序方案二

左图—安装 2、1 号梁后，前移导梁；右图—在 1、2 号梁上铺轨道代替

导梁，陆续安装 3、4、5、6 号梁

托运龙门架至前方跨，如图 3-3-37（c）所示。用同样的程序吊装前方跨，如图 3-3-37（d）所示。

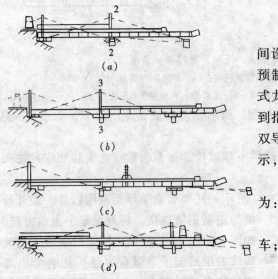

图 3-3-37 联合架桥机架设程序

6. 双导梁穿行式架设法

双导梁穿行式架设法是在架设跨间设置两组导梁，导梁上配置有悬吊预制梁的轨道平车和起重行车或移动式龙门架，将预制梁在双导梁内吊运到指定位置后，再落梁、横移就位。双导梁穿行式架设法如图 3-3-38 所示，其设备横断面如图 3-3-39 所示。

双导梁穿行式架设法的安装程序为：

（1）在桥头路堤上拼装导梁和行车；

（2）吊运预制梁；

（3）预制梁和导梁横移；

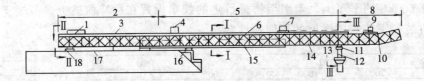

图 3-3-38 双导梁穿行式架设法

1—平衡压重；2—平衡部分；3—人行便桥；4—后行车；5—承重部分；
6—行车轨道；7—前行车；8—引导部分；9—绞车；10—装置特殊接头；
11—横移设备；12—墩上排架；13—花篮螺丝；14—钢桁架导梁；15—
预制梁；16—预制梁纵向滚移设备；17—纵向滚道；18—支点横移设备

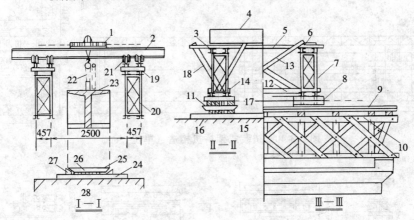

图 3-3-39 双导梁穿行式架设设备横断面图

Ⅰ—Ⅰ承重部分导梁断面；Ⅱ—Ⅱ平衡部分导梁断面及支点横移设备；
Ⅲ—Ⅲ引导部分导梁断面及墩上支点撑架

1—起重跑车；2—工字钢 2I300mm×126mm×500mm；3—横撑；4—尾部平衡压重；5—上横
撑；6—人行便道；7—导梁；8—横移设备；9—横移滚道；10—墩上支点排架；11—横移
时支点处临时横撑；12—下横撑；13—剪刀撑；14—连接横木；15—纵向滚道；16—横向
滚道；17—支点横移设备；18—倒人字斜撑；19—短枕木；20—导梁；21—两轴四轮小车；
22—链滑车；23—预制梁；24—滚道；25—滚筒；26—走板；27—保险木；28—墩台帽

（4）先安装两个边梁，再安装中间各梁。全跨安装完毕横向焊接联系后，将
导梁推向前进，安装下一跨。

7. 拼装式双导梁架桥机架设法

拼装式双导梁架桥机是用万能杆件拼装而成的，其三个支点下面均设有铰支
座，预制梁横移时，架桥机桁架不需移动，但桥墩应较桥面稍宽，以便搁置架桥
机桁架。拼装式双导梁架桥机架设法的安装程序与联合架桥机架设法和双导梁穿
行式架设法基本相同。

图 3-3-40、图 3-3-41 为一部安装 30m 预制梁，荷载 600kN 的架桥机构造和铰
结构构造图。架桥机全长 14m，高 2.4m，宽 14m，采用 16 锰钢万能杆件。根据
受力及构造要求，导梁以两跨中点对称，按不等刚度设计。中点和后端分别支承

在 4 部 600kN 的平车上，牵引架桥机行走的绞车设置在后端横梁上，前端支架用角钢拼装，下部与桥墩上的预埋螺栓联接。

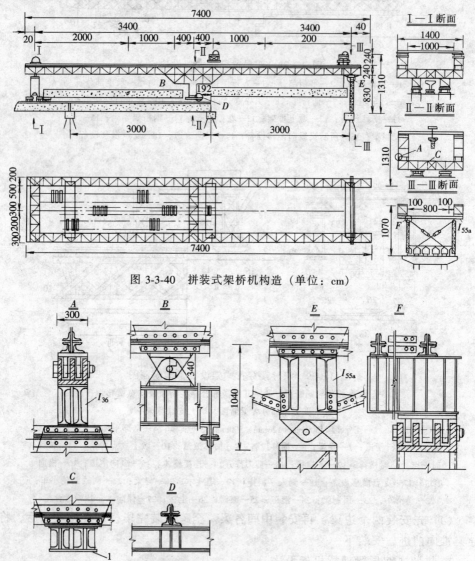

图 3-3-40　拼装式架桥机构造（单位：cm）

图 3-3-41　拼装式架桥机铰接构造（单位：cm）

1—600kN 平车纵梁

3.4.2　预应力混凝土梁桥悬臂施工

预应力混凝土梁桥悬臂施工分为悬臂浇筑（简称悬浇）法和悬臂拼装（简称悬拼）法两种。悬浇法是当桥墩浇筑到顶以后，在墩上安装脚手钢桁架并向两侧伸出悬臂以供垂吊挂篮，对称浇筑混凝土，最后合拢；悬拼法是将逐段分成预制块件进行拼装，穿束张拉，自成悬臂，最后合拢。悬臂施工适用于梁的上翼缘承受拉应力的桥梁形式，如连续梁、悬臂梁、T形钢构、连续钢构等桥型。采用悬臂施工法不仅在施工期间对桥下通航，通行干扰小，而且充分利用了预应力混凝土抗拉和承受负弯矩的特性。

1. 预应力混凝土梁式结构悬臂浇筑

预应力混凝土梁式结构悬臂浇筑施工法，包括移动挂篮悬臂施工法、移动悬吊模架悬臂施工法和滑移支架悬臂施工法。这里只介绍移动挂篮悬臂施工法。

移动挂篮悬臂施工法的主要工作内容包括，在墩顶浇筑起步梁段（0 号块），在起步梁段上拼装悬浇挂篮并依次分段悬浇梁段，最后分段及总体合拢。如图 3-3-42 所示。

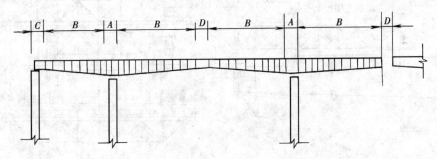

图 3-3-42　悬浇分段示意图

A—墩顶梁段；B—对称悬浇梁段；C—支架现浇梁段；D—合拢梁段

（1）施工挂篮的结构构造

挂篮是一个能沿梁顶滑动或滚动的承重构架，锚固悬挂在以施工的前端梁段上，在挂篮上可进行下一梁段的模板、钢筋、预应力管道的安设、混凝土浇筑、预应力筋张拉、孔道灌浆等项工作。完成一个节段的循环后，挂篮即可前移并固定，进行下一节段的施工，如此循环直至悬浇完成。

1）挂篮的分类

A. 按构造形式　可分为桁架式（包括平弦无平衡重式、菱形、弓弦式等。如图 3-3-43、图 3-3-44、图 3-3-45、图 3-3-46 所示）、斜拉式（包括三角斜拉式和预应力斜拉式）、型钢式和混合式四种。

B. 按抗倾覆平衡方式　可分为压重式、锚固式和半锚固半压重式三种。

C. 按行走方式　可分为一次行走到位和两次行走到位两种。

D. 按其移动方式　可分为滚动式、组合式（如图 3-3-47 所示）和滑动式（如图 3-3-48 所示）三种。

2）挂篮结构的主要特点

A. 平行桁架式挂篮

平行桁架式挂篮（又称吊篮式结构）的上部结构一般为一等高桁架，其受力

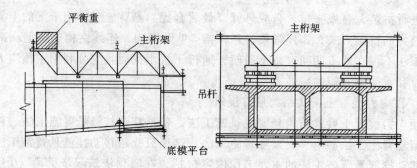

图 3-3-43 平行桁架式挂篮

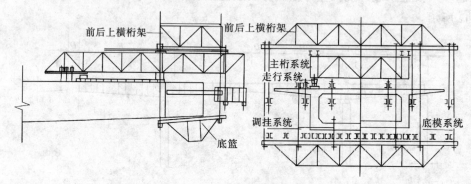

图 3-3-44 平弦无平衡重挂篮

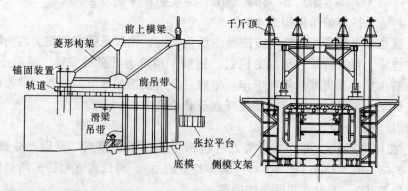

图 3-3-45 菱形桁架式挂篮

特点是底模平台及侧模支架所承荷载均由前后吊杆垂直传至桁架节点和箱梁底板上，桁架本身为受弯结构。

B.平弦无平衡重挂篮

平弦无平衡重挂篮是在平行桁架式挂篮的基础上，取消压重，在主桁架上部增设前后上横桁，根据需要可沿主桁纵向滑移，并在主桁横移时吊住底模平台及侧模架。主桁后端通过梁体竖向预应力筋锚固于主梁顶板上。

C.弓弦式挂篮

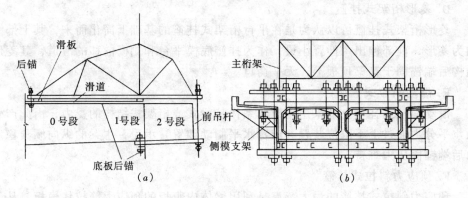

图 3-3-46　弓弦式挂篮

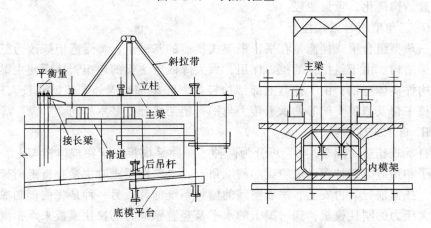

图 3-3-47　三角型组合梁式挂篮

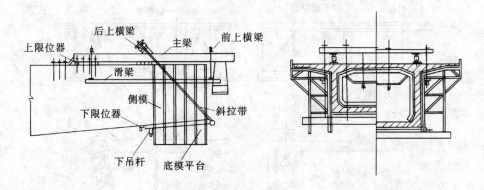

图 3-3-48　滑动斜拉式挂篮

弓弦式挂篮（又称曲弦式挂篮）的主桁外形似弓形，可以认为是从平行桁架式挂篮演变而来，除具有桁高随弯矩大小变化，受力合理的特点外，还可以在安装时在结构内部预施应力以消除非弹性变形。

D. 菱形桁架式挂篮

菱形桁架式挂篮可以认为是在平行桁架式挂篮的基础上简化而来，其上部结构为菱形，前部伸出两伸臂小梁，作为挂篮底模平台和侧模前移的滑道，其菱形结构后端锚固于箱梁顶板上，无平衡重。

E. 滑动斜拉式挂篮

滑动斜拉式挂篮上部采用斜拉体系代替梁式或桁架式结构的受力，由此产生的水平分力通过上下限位装置（或称水平制动装置）承受，主梁的纵向倾覆稳定由后端锚固压力维持。

F. 预应力斜拉式挂篮

预应力斜拉式挂篮的最大特点是利用梁体内腹板的预应力筋拉住模板，从而使挂篮结构简化，重量变轻。

G. 三角型组合梁式挂篮

三角型组合梁式挂篮是在平行桁架式挂篮的基础上，将受弯桁架改为三角形组合梁结构。由于斜拉杆的拉力作用，大大降低了主梁的弯矩，从而使主梁能采用单构件实体型钢；由于挂篮上部结构轻盈，除尾部锚固外，还需要较大压重。其底模平台及侧模支架等的承重传力与平行桁架式挂篮基本相同。

H. 自承式挂篮

自承式挂篮（图 3-3-49）可分为两种，一种是模板支承在整体桁架上，桁架用销子和预应力筋挂在已成箱梁的前端角上，浇筑混凝土时主梁和行走桁架移至一边，挂篮前行时再安上，吊着空载的模板系统前移；另一种是将侧模制成能承受巨大压力的刚性模板，通过梁上的水平及竖直预应力筋拉住模板来承担混凝土重，行走方法与前一种相同，由临时吊车悬吊模板系统前移到下一梁段。

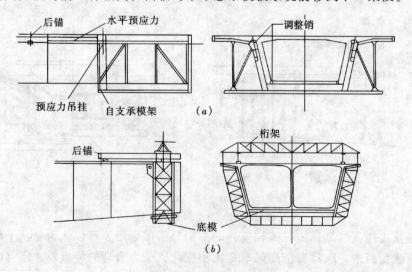

图 3-3-49　自承式挂篮

（2）分段悬浇施工

用挂篮逐段悬浇施工的主要工序为：浇筑 0 号段，拼装挂篮，浇筑 1 号（或 2 号）段，挂篮前移、调整、锚固，浇筑下一梁段，依次类推完成悬臂浇筑，挂篮拆除，合拢。

1）0 号段浇筑

0 号段位于桥墩上方，是给挂篮提供一个安装场地。0 号段的长度依两个挂篮的纵向安装长度而定，当 0 号段设计较短时，常将对称的 1 号段浇筑后再安装挂篮。0 号（1 号）段均在墩顶托架上现浇。

施工用托架有扇形和门式等形式，如图 3-3-50 所示。托架可用万能杆件、装

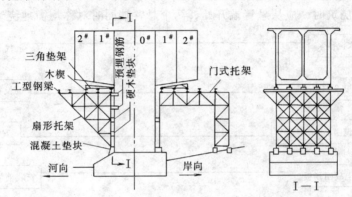

图 3-3-50　托架构造

配式公路钢桥桁节或其他装配式杆件组成，支撑在墩身、承台或经过加固的地基上。其长度视拼装挂篮的需要和拟现浇梁节段的长度而定，横向宽度一般比箱梁翼板宽 1.0 ~ 1.5m，顶面应与箱梁底面纵向线形变化一致。

采用悬浇施工的预应力混凝土连续梁桥或悬臂梁桥时，必须考虑施工期间结构的稳定性，因而连续梁桥在合拢前，应采取墩、梁临时固结的约束措施。

A. 利用悬浇时梁与墩的双排预应力锚杆和临时支座固结，即将锚杆的下端预埋在墩顶，浇筑梁部混凝土时，将其引伸至梁顶，混凝土达到设计强度等级后予以张拉锚固，形成约束。

B. 在墩顶和梁部预埋型钢固结，必要时可附设预应力筋锚固。如图 3-3-51 所示。

C. 将活动支座的顶、底板在顺桥向的两侧用钢板临时焊接，形成固结的约束，如图 3-3-52 所示。

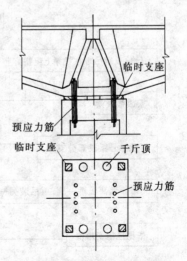

图 3-3-51　墩顶临时固结措施

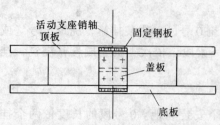

图 3-3-52 活动支座临时固结措施

2）拼装挂篮

挂篮运至工地时，应在试拼台上试拼，以便发现由于制作不精确及运输中变形造成的问题，保证在正式安装时的顺利及工程进度。图 3-3-53 是菱形挂篮拼装的施工流程图。

3）梁段混凝土浇筑施工

当挂篮安装就位后，即可进行梁段混凝土浇筑施工。其工艺流程见图 3-3-54 所示。

混凝土浇筑时，应从悬臂端开始，两个悬臂端同时对称均衡地浇筑，并在浇

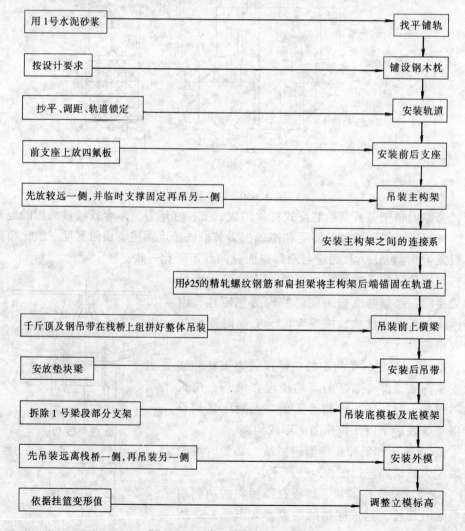

图 3-3-53 菱形挂篮施工流程图

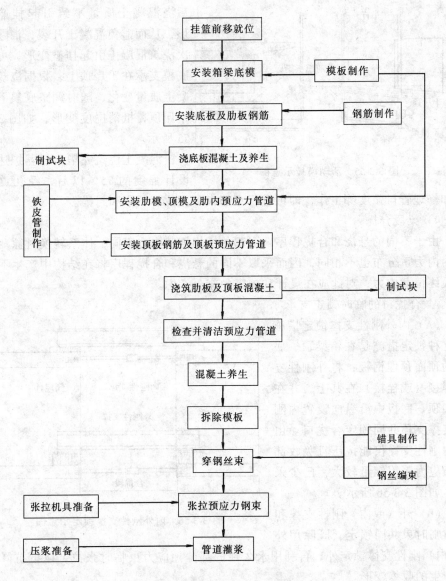

图 3-3-54　悬浇施工流程图

筑混凝土的同时，注意保护好预应力孔道，以利于穿束。箱梁混凝土的浇筑可分1 次或 2 次浇筑法。采用 1 次浇筑法时，可在顶板中部留洞口，以供浇筑底板混凝土，待底板混凝土浇筑好后，应立即封洞补焊钢筋，并同时浇筑肋板混凝土，最后浇筑顶板混凝土。

　　当箱梁截面较大，节段混凝土浇筑量较大时，每个节段可分 2 次浇筑，既先浇筑底板到肋板的倒角以上的混凝土，再浇筑肋板上段和顶板混凝土，其接缝按施工缝处理。由于第二次浇筑混凝土时，第一次浇筑的混凝土已经凝结，为了使

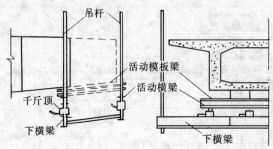

图 3-3-55　活动模板示意图

后浇混凝土质量不致引起挂篮变形，从而避免混凝土开裂，消除分次浇筑混凝土引起挂篮变形，可将底模支承在千斤顶上，根据浇筑混凝土质量变化，随时调整底模下的千斤顶，抵消挠度变形，如图 3-3-55 所示。

混凝土浇筑完毕，经养护达到设计强度的 75% 以后，经孔道检查和修理管口弧度等工作，即可进行穿筋束、张拉、压浆和封锚。

4）梁段合拢

由于不同的悬浇和合拢程序，引起的结构恒载内力不同，体系转换时徐变引起的内力重分布也不相同，因而采取不同的悬浇和合拢程序将在结构中产生不同的最终恒载内力，对此应在设计和施工中充分考虑。

A．合拢口的临时锁定支承

（A）内外刚性支撑锁定措施

这种锁定措施是在箱梁顶、底板的顶面预埋钢板，将外刚性支撑焊接（或栓接）在其上，并在箱梁顶、底板中沿纵向设置内刚性支撑支顶共同锁定合拢口。由于内刚性支撑仅能抗压且吸收部分预应力，用钢量较大，已少采用，如图 3-3-56 所示。

（B）外（或内）刚性支撑和张拉临时束共同锁定　既除用外

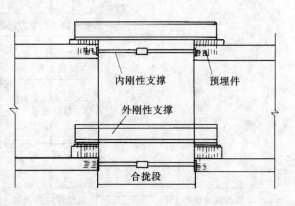

图 3-3-56　内外刚性支撑锁定示意图

（或内）刚性支撑锁定外，再利用永久性的部分预应力束临时张拉，以抵抗降温时产生的收缩变形。

（C）仅设外（或内）刚性支撑锁定　即根据实际受力要求，仅布置外（或内）刚性支撑既可满足要求时，仅用一种锁定措施。

B．合拢程序

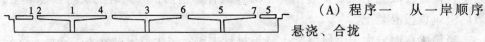

图 3-3-57　合拢程序一

（A）程序一　从一岸顺序悬浇、合拢

如图 3-3-57 所示，采用这种方法，施工机具、设备、材料可从一岸通过已成结构直接运输到作业面或其附近，由于在施工期间，单 T 构悬浇完后很快合拢，形成整体，因而在未成桥前结构的稳定性和刚度强，但作业面较少。

（B）程序二　从两岸向中间悬浇、合拢

采用这种方法较程序一可增加一个作业面，其施工进度可加快。

（C）程序三　按 T 构—连续梁顺序合拢

如图 3-3-58，采用这种方法是将所有悬臂施工部分由简单到复杂地连接起来，最后在边跨或次边跨合拢。其最大特点是由于

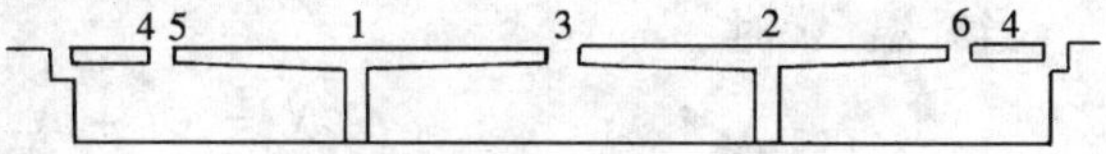

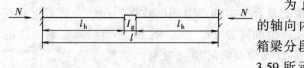

图 3-3-58　合拢程序三

对称悬浇和合拢，因而对结构受力及分析较为有利，特别是对收缩、徐变，但在结构总合拢前，单元呈悬臂状态的时间较长，稳定性较差。

C. 合拢时的力学分析

（A）温差产生的轴向力分析

图 3-3-59　温度应力计算图示

为了简化计算，将温差变化产生的轴向内力按线膨胀计算，并将截面箱梁分段按其平均截面计入。如图 3-3-59 所示，假定合拢口两侧支座处在温度变化时仍锁定。

设梁升温 Δt 时产生的自由伸长量为 Δl_t，由于两端约束产生的缩短为 Δl_N，则：

$$\Delta l_t = \alpha_g \Delta t l_g + 2 \Delta t \alpha_h l_h$$

因 $\alpha_g = \alpha_h$，则：

$$\Delta l_t = \alpha_h \Delta t (l_g + 2 l_h) = \alpha_h \Delta t l$$

又

$$\Delta l_N = \frac{N \cdot l_g}{E_g A_g} + 2 \sum_{i=1}^{n} \frac{N \cdot l_h^i}{E_h A_h} = N \left[\frac{l_g}{E_g A_g} + 2 \sum_{i=1}^{n} \frac{l_h^i}{E_h A_h^i} \right]$$

假设两端墩身无位移，则依变形协调原理：$\Delta l_t = \Delta l_N$ 得：

$$N = \frac{\alpha \Delta t l}{\left[\dfrac{l_g}{E_g A_g + 2 \sum\limits_{i=1}^{n} \dfrac{l_h^i}{E_h A_h^i}} \right]}$$

式中　N——梁因升温所受的轴向力；

　α_h、α_g——分别为混凝土和钢的线膨胀系数；

l、l_h、l_g——分别为合拢段总长及悬臂浇筑段长度和合拢口的钢支撑长度；

　E_g、E_h——分别为钢和混凝土的弹性模量；

　A_h^i——箱梁的第 i 段平均截面积；

　l_h^i——箱梁的第 i 段分段长度。

因为合拢期很短，在此期间混凝土发生徐变很小，可予以忽略，则刚性支撑上所受的压力即约等于 N。依一般情况，假定合拢期间的梁产生 15℃ 的温差，则对中、大跨的箱型梁来说，由于截面较大，将会产生数千吨的温度内力，如此大的力是一般刚性支撑杆件无论从本身和连接承力都难以承受的，故为了节省临时工程费用和方便施工，宜在合拢口锁定后立即释放一端的支座固结约束。

当升温 Δt 时：

$$N = Qf + N_y$$

式中　N——合拢口刚性支撑所受压力；

　　　Q——合拢跨半跨及相连自由伸缩段梁的自重；

　　　f——支座摩阻系数。对盆式橡胶支座取 0.06 左右；

　　　N_y——预应力临时张拉束提供的预应力。若仅设刚性支撑时，此项为零。

当降温时：

$$N = N_y - Qf$$

实际合拢时，可根据气候情况及合拢前的梁温测试数据，预估合拢锁定后至新浇混凝土达到足够强度前可能产生的降温 Δt，然后依 Δt 求得梁降温时产生的温度内力，若其小于 Qf，则可不设或少设临时预应力束，若其大于 Qf，依抗裂安全系数的要求，即可求出所需预应力临时束的张拉力，即：

令：$N = N_y - Qf = 0$

则：$N_y = Qf$

若设抗裂安全系数为 K_f，则：

$$N_y / Qf = K_f$$

$$N_y = K_f \cdot Qf$$

$$N = K_f Qf - Qf = (K_f - 1) Qf$$

相应地，升温时的轴向力则变为：

$$N = Qf + K_f Qf = (1 + K_f) Qf$$

（B）合拢口的弯矩

由于中跨梁合拢口两端悬臂部分长度和截面基本对称，在合拢时，两端悬臂因箱梁竖向温差产生的合拢口挠度基本相同，而合拢口刚性支撑仅承受角变位产生的弯矩。合拢口温差产生的弯矩的精确计算较为复杂，当需估算时，可假定两侧悬臂部分为共轭梁法或其他方法计算出各梁端的自由状态下的挠度和角变位，然后求出外刚性支撑所受弯矩，即可验算其强度。

合拢口也要承受剪力，由于其剪力较小，为抗弯而设的刚性支撑也可以抵抗此剪力，因而不需另行考虑。

D. 施工要点

（A）掌握合拢期间的气温预报情况，测试分析气温与梁温的相互关系，以确定合拢时间并为选择合拢口锁定方式提供依据；

（B）根据结构情况及梁温的可能变化情况，选定适宜的合拢口锁定方式并作力学验算；

（C）选择日气温较低、温度变化幅度较小时锁定合拢口并浇筑合拢段混凝土；

（D）合拢口的锁定，应迅速、对称地进行，先将外刚性支撑一端与梁端部预埋件焊接（或栓接），再将内刚性支撑顶紧并焊接，尔后迅速将外刚性支撑另一端与梁连接，临时预应力束也应随之快速张拉。在合拢口锁定后，立即释放一侧的固结约束，使梁一端在合拢口锁定的连接下能沿支座自由伸缩；

（E）合拢口混凝土宜比梁体提高一个等级，并要求早强，最好采用微膨胀混凝土，应作特殊配合比设计，浇筑时，应注意振捣和养生；

（F）为保证浇筑混凝土过程中，合拢口始终处于稳定状态，必要时浇筑之前可在各悬臂端加与混凝土重量相等的配重，加、卸载均应对称梁轴线进行；

（G）混凝土达到设计要求的强度后，解除另一端的支座临时固结约束，完成体系转换，然后按设计要求张拉全桥剩余预应力束，当利用永久束时，只需按设计顺序将其补拉至设计张拉力即可；

（H）若考虑梁在合拢后的收缩、徐变的影响，可采用两种方法来处理。其一，将梁收缩徐变值的影响视为梁降温来等效处理，即选择合拢温度时在原设计的基础上再降低一个 $\Delta t'$ 值，此 $\Delta t'$ 值即为梁收缩、徐变引起的缩短与梁降温产生的缩短的等效值；其二，在合拢锁定前将梁预顶一个 Δl 值，即可抵消梁体后期收缩、徐变产生的收缩影响。

2. 预应力混凝土梁式结构悬臂拼装

预应力混凝土梁式结构悬臂拼装（简称悬拼）施工法，是将主梁沿顺桥向划分成适当长度并预制成块件，将其运至施工地点进行安装，经施加预应力后使块件成为整体的桥梁施工方法。而预制块件的预制长度，主要取决于悬拼吊机的起重能力，一般为 2 ~ 5m。因而悬拼吊机的起重能力是决定悬拼施工法的前提条件。

悬臂拼装法的主要特点：

1）在跨间不需要搭设支架

在施工过程中，施工机具和人员的重量全部由墩台和已建的梁段承受，随着施工的进展，悬臂逐渐延伸，机具设备也逐步移置于梁端，始终无需用支架自下对称作支撑。

2）能减少施工设备，简化施工工序

应用悬臂拼装施工法易于做到施工阶段的受力与桥梁建成后运营期间受力尽量一致，T 形钢构桥最为典型。

3）多孔结构可同时施工，加快施工速度。

4）悬臂拼装施工法充分利用预应力混凝土悬臂结构承受负弯矩能力强的特点，将跨中正弯矩转移为支点负弯矩，使桥梁的跨越能力提高。

5）悬臂拼装施工可节约施工费用，降低工程造价。

6）悬臂拼装的节段预制工作是在预制场提前进行的，可与桥梁下部结构施工同时进行。拼装时占用施工周期的仅有吊装和穿束张拉等工序，一个节段的施工周期仅 1~1.5 天。

7）悬臂拼装法施工时，块件在预制场预制，浇筑、振捣、养护条件均较好，预制块的质量易于保证。

8）悬臂拼装时对施工变形不易控制，个别桥在拼装过程中，悬臂端上翘值达 30cm 以上。

9）悬臂拼装预制节段时，不受或少受气候的影响。拼装时若用干接缝结合，则不怕低温影响。即使是环氧树脂胶接缝，也可以在零下 15℃ 施工。

（1）混凝土块件的预制

混凝土块件在预制前应对其分段预制长度进行控制，以便于预制和安装。分段预制长度应考虑预制拼装的起重能力；满足预应力管道弯曲半径及最小直线段长度的要求；梁段规格应尽量少，以利于预制和模板重复使用；在条件允许前提下，尽量减少梁段数；符合梁体配束要求，在拼合面上保证锚固钢束对称性，以便在施工阶段梁体受力平衡等因素来确定。

混凝土块件的预制方法有长线预制、短线预制和卧式预制等三种。而箱梁块件通常采用长线预制或短线预制，桁架梁段可采用卧式预制。

1）长线预制法

长线预制法是在工厂或施工现场按桥梁底缘曲线制作固定式底座，在底座上安装模板进行块件混凝土浇筑工作。长线预制需要较大的场地，其底座的最小长度应为桥孔跨径的一半，并要求施工设备能在预制场内移动。固定式底座的形成可采用预制场的地形堆筑土胎，上铺砂石并浇筑混凝土而形成底座；也可在盛产石料的地区，用石料砌成所需的梁底缘形状；在地质情况较差的预制场地，还可采用桩基础，在基础上搭设排架而形成梁底缘曲线。如图 3-3-60 所示。

2）短线预制法

短线预制法是由可调整内、外模板的台车与端梁来进行的。当第一节段块件混凝土浇筑完毕，在其相对位置上安装下一节段块件的模板，并利用第一节段块件混凝土的端面作为第二节段的端模来完成第二节段块件混凝土的浇筑工作。如图 3-3-61 所示。这种预制方法适用于箱梁块件的工厂化生产，每条生产线平均五天生产四个节段。

3）卧式预制

当主梁为桁架梁，具有较大的桁高和节段长度，且桁架的桁杆截面尺寸不大时，可采用卧式预制法。块件的预制可直接在场地上进行，相同尺寸的节段可采

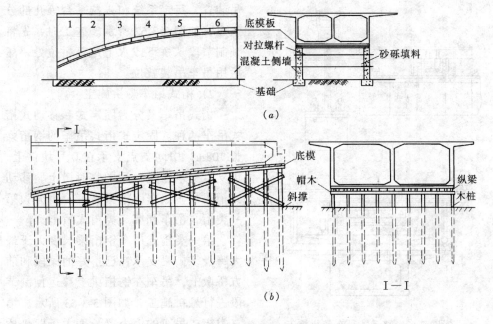

图 3-3-60 长线预制箱梁块件台座
（a）土石胎台座；（b）桩基础台座

用平卧叠层预制。

（2）分段吊装系统设计与施工

当桥墩施工完成后，先施工 0 号块件，0 号块件为预制块件的安装提供必要的施工作业面，可以根据预制块件的安装设备，决定 0 号块件的尺寸；安装挂篮或吊机；从桥墩两侧同时、对称地安装预制块件，以保证桥墩平衡受力，减少弯曲力矩。

0 号块件常采用在托架上现浇混凝土，待 0 号块件混凝土达到设计强度等级后，才开始悬拼 1 号块件。因而分段吊装系统是桥梁悬拼施工的重要机具设备，其性能直接影响着施工进度和施工质量，也直接影响着桥梁的设计和分析计算工作。常用的吊装系统有移动式吊车吊装、悬臂式吊车吊装、桁式吊车吊装、缆索吊车吊装、浮式吊车吊装等类型。

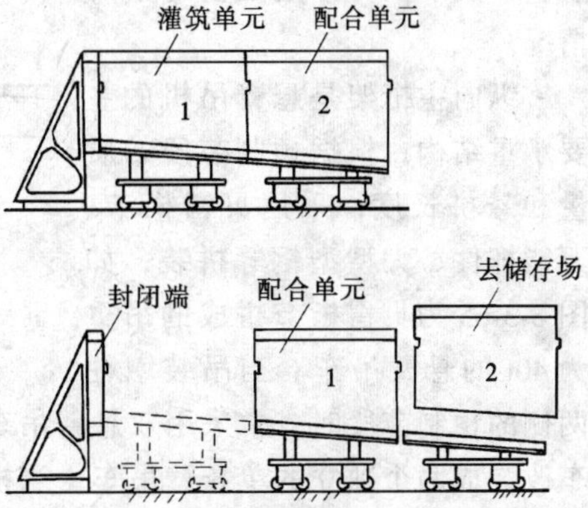

1）移动式吊车悬拼施工

移动式吊机外形相似于悬浇施工的挂篮，是由承重梁、横梁、锚固装置、起

图 3-3-61 短线预制法示意图

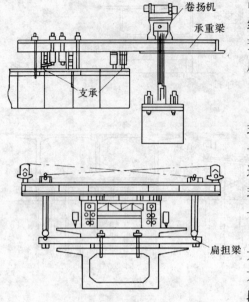

图 3-3-62   移动式吊车悬拼施工

吊装置、行走系统和张拉平台等几部分组成，如图 3-3-62 所示。施工时，先将预制节段从桥下或水上运至桥位处，然后用吊车吊装就位。

2）桁式吊车悬拼施工

桁式吊车又分为固定式和移动式桁式吊车两种。固定式桁式吊车的钢桁梁长 108m，中间支点支承在 0 号块件上，边支点支承在边墩后的临时墩上。移动式桁式吊车根据钢桁梁长度，可分为第一类桁式吊车和第二类桁式吊车。

第一类桁式吊车钢桁梁长度大于最大跨径，桁梁支承在已拼好的梁段和前方桥墩上，吊车在钢桁梁上移运预制节段进行悬拼施工，如图 3-3-63 所示。第二类桁式吊车的钢桁梁长度大于两倍桥梁跨径，钢桁梁均支承在桥墩上，在不增加梁段施工荷载的同时前方墩的 0 号块件可同时施工，如图 3-3-64 所示。

3）悬臂吊车悬拼施工

悬臂吊车由纵向主桁梁、横向起重桁架、锚固装置、平衡重、起重索、行走系和工作吊篮等部分所组成。适用于桥下通航，预制节段可浮运至桥跨下的情况。

纵向主桁架是悬臂吊机的主要承重结构，根据预制节段的质量和悬拼长度，采用贝雷桁节、万能杆件、大型型钢等拼装，如图 3-3-65 为贝雷桁节拼成的吊重为 40t 的悬臂吊车。当吊装墩柱

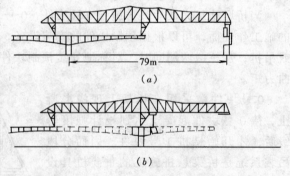

图 3-3-63   第一类桁式吊车悬拼施工
（a）拼装墩顶；（b）悬臂拼装

两侧的预制节段时，常采用双悬臂吊车，当节段拼装一定长度后，可将双悬臂吊车改装成两个独立的单悬臂吊车；当桥跨不大，且孔数不多的情况下，采用不拆开墩顶桁架而在吊车两端不断接长的方法进行悬拼，以避免每悬拼一对梁段而将对称的两个悬臂吊车移动和锚固一次。

（3）悬臂拼装接缝设计与施工

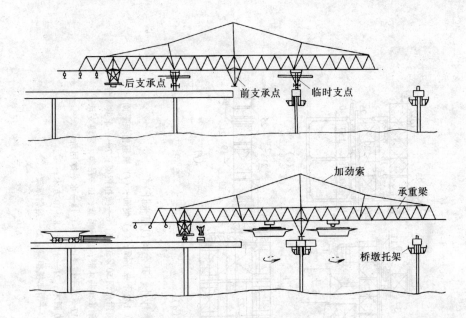

图 3-3-64　第二类桁式吊车悬拼施工

(a) 桁式吊前移；(b) 对称悬臂拼装

1) 悬臂拼装接缝的类型与技术处理

A. 悬臂拼装接缝的类型

悬臂拼装时，预制块件接缝的处理分湿接缝和胶接缝两大类。不同的施工阶段和不同的部位，交叉采用不同的接缝形式。湿接缝系用高强细石混凝土或高标号水泥砂浆，湿接缝施工占用工期长，但有利于调整块件的位置和增强接头的整体性，通常用于拼装与 0 号块联结的第一对预制块件。胶接缝采用环氧树胶为接缝料的接缝，胶接缝能消除水分对接头的有害影响。胶接缝主要有平面型、多齿型、单级型和单齿型等形式，如图 3-3-66 所示。齿型和单级型的胶接缝用于块件间摩阻力和粘结力不足抵抗梁体剪力的情况，单级型的胶接缝有利于施工拼装。

B. 技术处理

由于 1 号块件的施工精度直接影响到以后各节段的相对位置，以及悬拼过程中的标高控制，1 号块件与 0 号块件之间采用湿接缝处理，即在悬拼 1 号块件时，先调整 1 号块件的位置、标高，然后用高强细石混凝土或高标号水泥砂浆填实，待接缝混凝土或水泥砂浆达到设计强度以后，施加预应力，以保证 0 号块件与 1 号块件的连接紧密。为了便于进行接缝处管道接头操作、接头钢筋的焊接和混凝土施工，湿接缝宽度一般为 0.1～0.2m。

2) 接缝施工

A. 湿接缝施工

湿接缝施工程序可见图 3-3-67 所示。

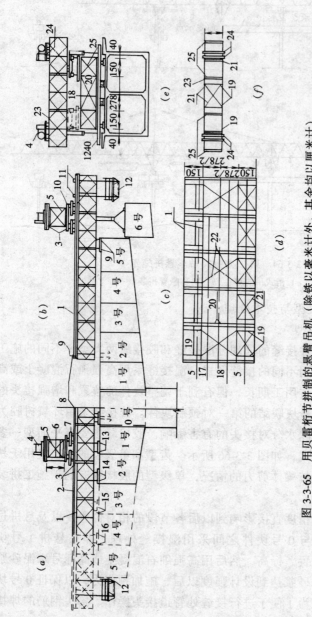

图 3-3-65 用贝雷桁节拼制的悬臂吊机（除铁以毫米计外，其余均以厘米计）

(a) 吊装 1～5 号块立面；(b) 吊装 6～9 号块立面；(c) 1/2 上弦平面；(d) 1/2 下弦平面；(e) 侧面；(f) 横担桁架平面

1—吊机主桁架单层双排共计贝雷 44 片；2—钢轨；3—枕木；4—卷扬机；5—撑架用角钢 50×50×5；6—横担桁架；7—平车共 8 台；
8—锚固吊环；9—工字钢 240；10—平车之间用角钢联结成一整体；11—工字钢 120 共 4 根；12—吊篮；13—吊装 1 号块支承；
14—吊装 3 号块支承；15—吊装 4 号块支承；16—吊装 5 号块支承；17—水平撑 φ15 圆木；18—水平撑用角
钢 120×1200×10 制；19—水平撑 8×10 圆木；20—十字撑 φ10 圆木；21—十字撑 8×10 方木；
22—十字撑 φ15 圆木；23—横担桁架单层贝雷共 6 片；24—滑车横担梁；25—角钢撑架

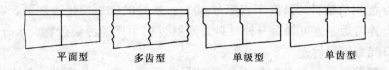

平面型　　多齿型　　单级型　　单齿型

图 3-3-66　胶接缝的形式

在拼装过程中，如拼装上翘误差过大，难以用其他方法补救时，可增设一道湿接缝来调整。增设的湿接缝宽度，必须用凿打块件端面的办法来提供。

B. 胶接缝施工

2 号块件以后各节段的拼装，其接缝采用胶接缝。胶接缝的施工程序如图 3-3-68 所示。

C. 胶粘料配制及涂胶操作要求

胶接缝中一般采用环氧树脂作为胶粘料，胶粘料厚 1.0mm 左右，在施工中起润滑作用，使接缝面密贴，完工后可提高结构的抗剪能力、整体刚度和不透水性。其配制及涂胶操作要求为：

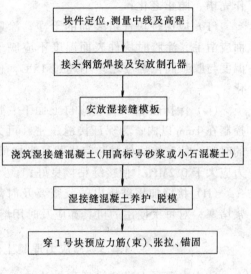

图 3-3-67　湿接缝施工程序

（A）环氧树脂粘料的配方，应作多种试配，然后根据接缝料所要求的物理力学性能，拼装时所要求操作时间以及施工温度等条件选择粘接强度、稠度和固化时间；

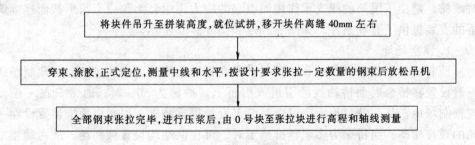

图 3-3-68　胶接缝施工程序

（B）在胶粘料操作过程中，应用防护设施，防止有害气体从口腔进入人体影响健康；

（C）配制胶粘料必须严格称量和搅拌顺序，已采用的配比，不得随意变动；

（D）配制胶粘料的温度不宜超过 30℃，加料时应边搅拌边加料，在前两种材料充分拌匀后，方可加后一种材料，配制过程中严禁污染杂物、水分等混入，并防止日光直接照射；

（E）胶粘料的配制量应根据接缝面积确定，并需一次拌成。在块体定位无误和涂胶操作各项准备工作就绪后，方可加入硬化剂充分拌匀，在规定时间内操作完毕，防止老化；

（F）应保持块件拼装面的干净，涂胶面须干燥，接缝如需承受拉力，其表面应凿毛，涂胶时块件表面温度不应底于 10℃；涂胶固化过程中，宜控制块件温度与胶浆固化温度之差不超过 15℃，使环氧树脂胶浆在稳定的温度环境中固化；

（G）涂抹胶粘料时，应自上而下、快速、均匀涂布，厚度宜薄，一般要求控制在 1mm 以内；为保证接缝压密，可先穿束再涂胶，缩短涂胶后至张拉开始的时间，使胶接块件拼装完毕即可张拉预应力筋，进行块件挤压，接缝处的挤压力应大于 0.2MPa，使接缝粘接良好；

（H）接缝加压被挤出的胶浆要及时清理刮净，防止预应力管道被挤出的胶浆堵塞；对每次使用的机具亦应及时用溶液清洗干净。

3.4.3 预应力混凝土连续梁桥顶推法施工

预应力混凝土连续梁桥顶推法施工是沿桥梁纵轴方向，在桥台后（或引桥上）设置预制场，浇筑梁段混凝土，待混凝土达到设计强度等级后，施加预应力，向前顶推，空出底座继续浇筑梁段，随后施加预应力与前一段梁联结，直至将整个桥梁梁段浇筑并顶推完毕，最后进行体系转换而形成连续梁桥。顶推法施工的实质是源于钢桥拖拉架设法在预应力混凝土梁桥的具体运用和发展，顶推法用千斤顶代替绞车和滑轮组，从而改善了绞车在起动时的冲力；用滑板、滑道代替滚筒，避免了滚筒的线支承作用而引起的应力集中，为预应力箱形截面连续梁桥的安装提供了有利条件。如图 3-3-69 和图 3-3-70 所示。

1. 预制场地

预制场地包括预制台座和从预制台座到标准顶推跨之间的过渡孔。预制场地一般设置在桥台后面桥轴线的引道或引桥上。桥跨为 50m 时，通常只在一端设置预制场地，从一端顶推，也可在各墩上设置顶推装置，以减少顶推装置设在一端的顶推功率；当桥梁为多联顶推施工时，可在两端均设置预制场，从两端相对顶推。为了避免天气影响，增加全年施工天数，便于混凝土的浇筑和养护，可在预制场搭设固定式或活动式有盖作业棚，其长度应为 2 倍预制梁段长度（图 3-3-71）。当桥头直线引道长度受到限制时，可在引桥、路基或正桥靠岸一孔设置预制台座（图 3-3-72）。

对于刚性预制台座的构造布置（图 3-3-73）分为两部分。一部分为箱梁预制

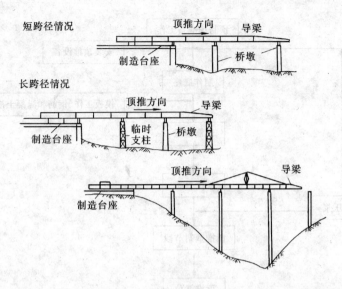

图 3-3-69　顶推法施工概貌及辅助设施

台座，即在基础上设置钢筋混凝土立柱或钢管立柱，立柱顶面用工字钢梁联成整体，直接承受垂直压力；另一部分为预制台座内滑道支承墩，即在基础上立钢管或钢筋混凝土墩身，纵向联成整体，顶上设滑道，梁体脱模后，承受梁体重力和顶推时的水平力。

　　2. 梁段预制

　　梁段预制方案可根据桥头地形、模板结构和混凝土浇筑、养护的机械化程度等，有两种方案可供选择：其一是在预制场内将准备顶推的梁段全断面整段浇筑完毕，再进行顶推；其二是将梁的底板、腹板、顶板在前后邻接的底座上分次浇筑混凝土并分次顶推，也就是分为几个连续的预制台座，在第一台座上立模、扎筋、浇底板混凝土，达到设计强度等级后，顶推到第二台座上，进行立模、扎筋、浇腹板混凝土，达到设计强度等级后，顶推到第三台座上，进行其余部分的施工，且空余的台座进行第二梁段的施工。

　　预制用模板宜采用钢模，为了便于底模面标高的严格控制，底模不与外侧模连在一起，而底模是由可升降的底模架（是在预制台座的横梁上，由升降螺旋千斤顶、纵梁、横梁、底钢板组成）和底模平面内不动的滑道支承孔两部分组成。

　　外侧模宜采用旋转式，主要由带铰的旋转骨架、螺旋千斤顶、纵肋、钢板等组成，如图 3-3-74 所示。

　　内模板包括折叠、移动式内模和支架升降式内模两种形式。折叠、移动式内模（图 3-3-75）是由定形组合模板、异形模板、钢架和丝杆等组成，内模的 A、B、C 型块件是由模板和钢架组成，其中 A 型块件对称地安装在箱梁底板的三角垫木上，每个块件下面安装 2 个丝杆，而丝杆既是内模支承，又可以调整内模高

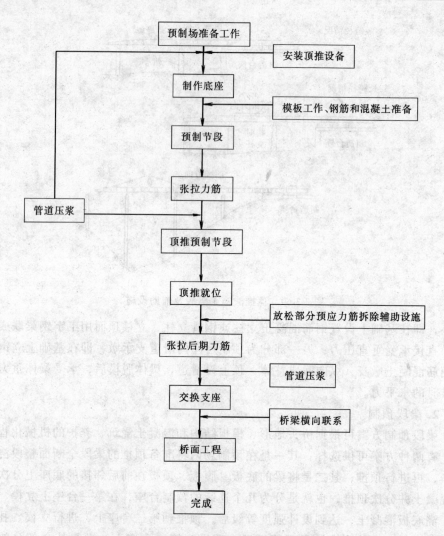

图 3-3-70　顶推法施工流程图

度；B 型块件对称地安装在 A 型块件上；C 型块件安装在 B 型块件之间。A、B 型块件用螺栓连接且不设铰；B、C 型块件用螺栓连接且另设铰，拆除螺栓后 B 型块件可沿铰转动，对于这种结构形式，适用于梁段较长，梁内构造简单，施工周期短的情况。支架升降式内模（图 3-3-76）主要是由门型支架、升降螺旋千斤顶、纵梁、方形横梁、组合钢模、转角模板、模板压杆等组成，对于这种结构形式，适用于梁内截面变化大，箱内横隔板、预应力齿板与整个箱梁一次浇筑成型，构造简单，造价比折叠、移动式内模要低，广泛地被应用。

　　封头端模（梁端及顶板翼板梁端头模板）因要设置通过预应力筋与接长力筋的孔道，故应按设计尺寸仔细放样凿孔，另应按设计位置准确安装。

　　3. 梁段预应力束

顶推法施工的预应力混凝土连续梁有永久束（完工后不拆除）、临时束（完工后便拆除）和后期束（全梁就位后的补充束）三类预应力束。预应力筋可采用高强钢丝、钢绞线或精轧螺纹钢筋等种类，锚具宜采用 $\phi 7$ 平行钢丝群锚体系。

施工中应注意：

（1）临时预应力束应在顶推就位后拆除，不应压浆；

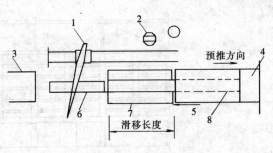

图 3-3-71　场地布置示意

1—塔吊；2—混凝土搅拌机；3—钢筋加工场；4—桥台；
5—移回内模车；6—底座；7—固定外模；8—完成块件

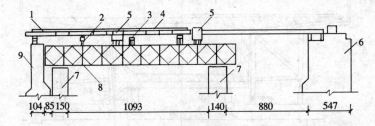

图 3-3-72　预制台座（单位：cm）

1—预制钢梁底模板；2—钢横梁；3—木楔；4—工字钢纵梁；5—滑块
支座；6—桥墩；7—预制台座的临时墩；8—贝雷大梁；9—桥台

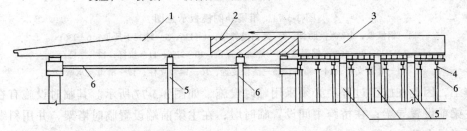

图 3-3-73　预制台座纵向布置图

1—钢导梁；2—顶推箱梁；3—顶推箱梁预制台座；4—千斤顶；
5—$\phi 120$cm 钢管临时滑道支承墩；6—$\phi 60$cm 钢管撑

（2）特别注意体外束的防腐与保护；

（3）纵向应设置备用孔道，以防施工中的不测；

（4）预应力束的张拉方法与一般预应力混凝土后张法相同，张拉的技术要求、质量控制标准等应严格按照现行施工技术规范和设计规定执行。

4. 顶推施工中的临时设施

由于施工过程中的弯矩包络图与成桥后运营状态的弯矩包络图相差较大，为了减少施工过程中的施工内力，扩大顶推施工的使用范围，保证安全施工和方便

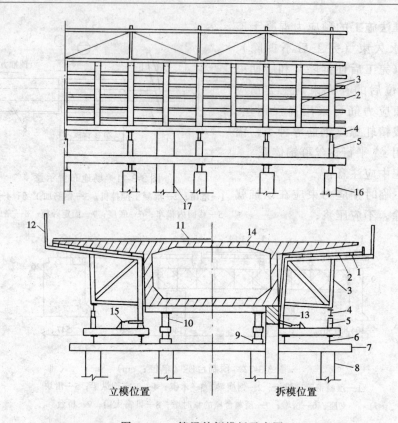

图 3-3-74   箱梁外侧模板示意图

1—钢模板；2—侧模肋骨；3—外侧模骨架；4—I36；5—螺旋千斤顶；6—I36；

7—2I32；8—φ60cm 钢管桩；9—螺旋千斤顶；10—2I56；11—拉杆；12—栏杆；

13—滑道支座；14—箱梁；15—横移装置；16—钢管立柱；17—滑道支承墩

施工，因此在施工过程中必须采用临时设施，如图 3-3-77 所示。其临时设施有在主梁前设置导梁；在桥跨中间设置临时墩；在主梁前端设置临时塔架，并用斜缆系于梁上等。

（1）导梁

导梁又称鼻梁，是设置在主梁的前端，长度为顶推跨径的 0.6 ~ 0.8 倍，刚度为主梁的 1/9 ~ 1/15。若刚度过小，主梁会引起多余的内力；若刚度过大，则在支点处主梁的负弯矩会急剧增加。为了减轻自重最好采用从根部到前端为变刚度的或分段变刚度的导梁。导梁底缘与箱梁底应在同一平面上，导梁前端底缘应呈向上圆弧形，以便于顶推时顺利通过桥墩。

导梁可采用等截面或变截面的钢板梁和钢桁架梁。钢板梁式钢导梁适用于顶推跨径较大的情况，这样可以减少导梁本身的挠度变形，导梁多采用变截面工字形实腹钢板梁（图 3-3-78），导梁由主梁和联系杆件组成，主梁的片数与箱梁腹板相对应，为了便于运输，钢导梁纵向分成许多块，用拼接板和精轧螺栓拼成整

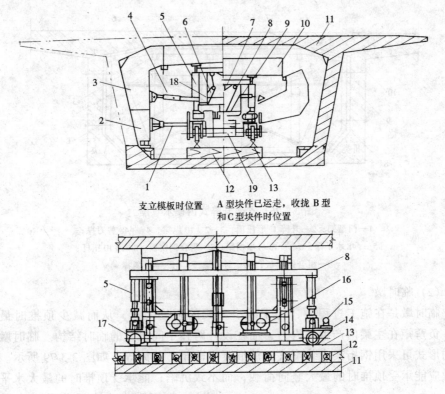

支立模板时位置　　　A 型块件已运走，收拢 B 型
　　　　　　　　　　和 C 型块件时位置

图 3-3-75　折叠、移动式内模示意图

1—水平丝杆；2—A 型块件；3—B 型块件；4—调整丝杆；5—立柱丝杆；
6—左摇臂；7—滑轮；8—台车上部；9—右摇臂；10—C 型块件；
11—箱梁；12—枕木；13—钢轨；14—主动轮；15—变速器；
16—卷扬机；17—从动轮；18—摇臂销子孔；19—台车下部

体，主梁之间用节点钢板、角钢组成 T 字形联系杆件联成整体。钢桁架梁式钢导梁一般采用贝雷桁架、万能杆件或六四军用桁架组拼成桁架梁，以减少其本身的挠曲变形，且便于周转，为了满足使用上的要求，可在导梁底部采用加劲旋杆或型钢分段加劲。由于桁架结构均由销栓或螺栓连接，当采用贝雷桁片时，节点多为销栓结合，其挠度较大，导梁通过桥墩时应需提梁；当采用万能杆件时，其节点多为普通螺栓连接，由于具有一定公差且导梁较长，会积累成非弹性挠曲，在桁架拼装成型后，可在导梁端设置横梁用中心预应力束进行张拉，以消除非弹性变形，满足使用要求。由于导梁在施工过程中，正、负弯矩反复出现，连接螺栓容易松动，因此在顶推过程中每经历一次反复，均需要检查和拧紧螺栓。

　　导梁与主梁端部的连接，一般采用先在主梁端的顶、底板内预埋厚钢板或型钢伸出梁端，再与拼装成型后的导梁连接。为了防止主梁端部接头混凝土在承受最大正、负弯矩时产生过大拉应力而产生裂缝，必须在接头附近施加预应力。

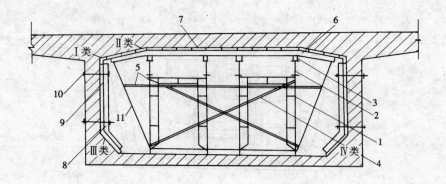

图 3-3-76   支架升降式内模示意图

1—门型架；2—升降 U 形托顶；3—2［10 纵梁；4—φ48 剪刀撑；
5—φ48 水平撑；6—［10 号型横梁；7—组合钢模板；8—［10 压杆；
9—组合钢模板；10—对拉螺杆；11—φ48 斜撑

（2）临时墩

临时墩是在施工过程中，为了减少主梁的顶推跨径，从而减少顶推时最大正、负弯矩在主梁内产生的内力，而在设计跨径中间设置的临时结构。临时墩的结构形式可采用钢桁架或装配式钢筋混凝土薄箱、井筒等，如图 3-3-79 所示。临时墩应能承受顶推时的最大竖向荷载，而不致沉陷；能承受顶推时的最大水平摩阻力，而不致发生水平位移。为了加强临时墩的抗推能力，可采用斜拉索或水平拉索锚固于永久墩下部或其墩帽，如图 3-3-80 所示。通常在临时墩上只设置滑移装置，而不设置顶推装置，但若必须加设置顶推装置时，必须通过计算确定。主梁顶推完成后落梁前，应立即取消临时支座，并拆除临时墩。

（3）斜拉索

用斜拉索加劲主梁前端，以减少悬臂弯矩。斜拉索系统由塔架、连接杆件、竖向千斤顶、钢索等组成，如图 3-3-81 所示。塔架支承于主梁腹板上，用钢绞连接，并在该截面处进行加固，以承受塔架的集中竖向力；拉索的范围为两倍顶推跨径；主梁前端

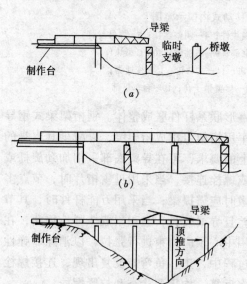

图 3-3-77   顶推施工的临时设施

（a）跨中设置临时支墩法；（b）梁前安装导梁法；
（c）梁上设置吊索架法

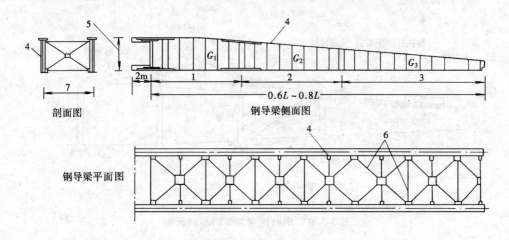

图 3-3-78 钢导梁示意图

L—跨径；G_1、G_2、G_3 为相应各节重力

1—第一节；2—第二节；3—第三节；4—导梁主桁；5—箱梁高；

6—钢管（型钢）横撑杆；7—主桁宽

设置短钢导梁。采用拉索加劲主梁，斜拉索范围内的主梁各截面内力以及拉力内力，将随顶推时悬臂位置不同而发生变化，因此，需要在塔底部放置两个竖向千斤顶来调整塔顶高度，以满足不同阶段的受力状态所需要的索力。

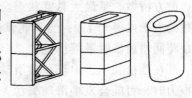

图 3-3-79 临时墩

（4）顶推施工验算

1）各截面的施工内力计算和强度验算

将每跨梁分为 10～15 等分，计算各截面在不同施工状态时所产生的内力，验算的荷载包括梁的自重、机具设备的重力、预应力、顶推力和地震力等，同时还需考虑对梁施加的上顶力、顶推时由于梁底不平以及临时墩的弹性压缩对梁产生的内力影响。但在验算时，可不考虑由于混凝土收缩、徐变而引起的二次力和温度应力等。如果导梁为钢导梁时，则按变刚度梁进行内力计算。

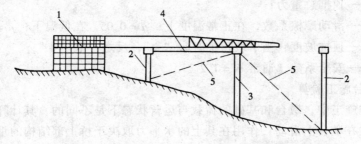

图 3-3-80 用斜拉索和水平索加强的临时设施示意图

1—工作平台；2—永久桥墩；3—临时墩；4—水平拉索；5—斜拉索

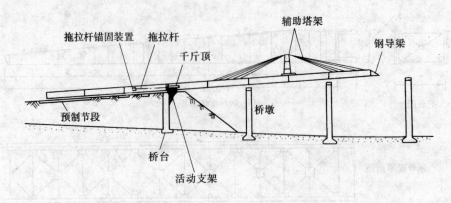

图 3-3-81　用斜拉索加劲的临时设施

2）顶推过程的稳定计算

顶推过程的稳定计算有主梁顶推时倾覆稳定计算和主梁顶推时滑动稳定计算。

顶推施工时，可能发生倾覆失稳的最不利状态是在顶推初期，且导梁尚未到达前方桥墩，呈最大悬臂状态。在验算时，所计算的最不利状态下的倾覆安全系数要大于或等于1.2；当不能保证安全系数情况下，则应考虑加大锚固长度，或在跨间增设临时墩等措施。

在顶推初期，由于顶推滑动装置的摩擦系数小，抗滑能力差，当梁受到水平推力时，可能会发生滑动失稳，在验算时，其安全系数应大于或等于1.2。

3）钢索伸长量的计算

在各施工阶段预应力筋都需要张拉，需要验算各钢索张拉后的伸长量，以便于控制钢索的张拉应力。

4）顶推力计算

顶推力可按实际的摩擦系数、桥梁纵坡和施工条件等因素来综合考虑。其计算公式为：

$$P = W(\mu \pm i)K$$

式中　　W——顶推总重力；

　　　　μ——滑动摩擦系数，在正常温度下：$\mu = 0.05$，在低温下：$\mu = 0.1$；

　　　　i——顶推坡度，当下坡顶推时取"$-$"，反之，取"$+$"；

　　　　K——安全系数，通常 $K = 1.2$。

5）墩台施工验算

在顶推施工中，墩台和基础的荷载与运营状态下是不同的，其计算方法也不相同，主梁在墩台上滑动，作用在其上的水平力取决于桥上部结构的重力、顶推坡度和滑动支座的摩擦系数。

当上坡顶推时，作用在墩台总的水平力 H 为：

$$H = Wtg(\theta + \varphi)$$

式中　　W——上部结构竖向分力之和；

　　　　θ——上部结构与水平面夹角；

　　　　φ——滑动支座的摩擦角。

当下坡顶推时：$H = Wtg(\theta - \varphi)$。

当采用多点顶推施工时，由于在每个墩上都布置千斤顶，因此，墩台在受力计算中还应考虑顶推时水平千斤顶对墩的反作用力。

（5）顶推施工

顶推施工的关键工作是如何顶推，核心问题是如何利用有限的推力将梁顶推就位。

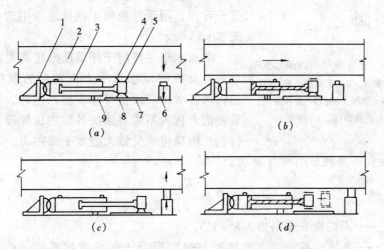

图 3-3-82　水平—竖向千斤顶顶推
（a）落梁；（b）梁前进；（c）升梁；（d）退回滑块
1—顶推后背；2—主梁；3—水平千斤顶；4—摩擦块；5—滑块；
6—竖向千斤顶；7—滑道；8—滑板；9—墩台座石

1）水平—竖向千斤顶顶推法

水平—竖向千斤顶顶推法的顶推力是由水平千斤顶和竖向千斤顶交替使用而产生的，是将顶推装置集中安置在梁段预制场附近的桥台或桥墩上，前方各墩顶只设置滑移装置。水平—竖向千斤顶顶推又分为单点顶推和多点顶推两种。其顶推施工程序如图 3-3-82 所示：

落梁：是全部梁顶推到位后安置在设计支座上的工作。施工时应按营运阶段内力将全部未张拉预应力束穿入孔道进行张拉和压浆，拆除部分临时预应力束，并进行压浆填孔。落梁由竖向千斤顶卸落，将主梁落在滑块上，滑块顶面安置有橡胶摩擦垫，下面垫有聚四氟乙烯滑板，滑板下有光滑的不锈钢板制成的滑道，滑道临时固定在墩台座石上。

梁前进：主梁底与滑块橡胶的摩擦系数为 $\mu_1 = 0.3 \sim 0.65$，滑块与滑道间的摩擦系数 $\mu_2 = 0.05 \sim 0.07$，因此，启动水平千斤顶，推动滑块前进，从而梁段也随之前进。

升梁：当水平千斤顶到达最大行程时，关闭水平千斤顶，启动竖向千斤顶将主梁提升约 $1 \sim 2\text{cm}$。

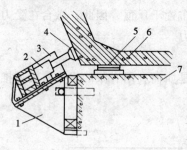

图 3-3-83   千斤顶导向纠偏示意图
1—悬臂装置；2—千斤顶；3—可拆支座；4—滑板支座；5—滑移装置；6—顶移梁体；7—桥墩

退回滑块：启动水平千斤顶，将滑块退回原处，从而完成一个循环。如此循环往复，完成整个顶推工作。

为了防止梁段在顶推时的偏移，通常在梁段两旁隔一定距离设置导向装置。在导向装置上设置千斤顶，用千斤顶纠正顶推过程中的偏移，如图 3-3-83 所示。

单点水平—竖向千斤顶顶推是需要两套顶推设备，全桥的顶推水平力由墩台的顶推设备承担，而各墩顶只设置滑移装置，这样，所需顶推设备能力较大不需要解决各墩的顶推设备同步进行，且墩顶将承受较大的水平摩擦力。设置顶推装置的墩台所需的最小反力 R 为：

$$R \geqslant \frac{K\mu_2}{\mu_1} R_1$$

式中 K——不均衡安全系数，$K = 1.3$；

μ_1——各墩台滑块顶上的橡胶与梁底混凝土间的摩擦系数，$\mu_1 = 0.32 \sim 0.65$，最小 $\mu_1 = 0.30$；

μ_2——各墩台梁底滑板与滑道间的起动摩擦系数，$\mu_2 = 0.07$；

R_1——除被顶推梁段（包括导梁）外，其余墩台的反力之和。

多点水平—竖向千斤顶顶推是在每个墩台上均设置千斤顶，将单点顶推的顶推力分散到每个桥墩上，且在各墩上及临时墩上设置滑动支承。在顶推时，应做到同时启动，同步前进。由于利用了千斤顶传递给墩顶的反力来平衡梁段在滑移时在墩上产生的摩擦力，从而使桥墩在顶推过程中承受很小的水平力，这样，可以在柔性墩上进行多点顶推。多点顶推同步既包括同一墩上顶推设备同步运行，也包括各个墩顶推设备纵向同步运行。同一桥墩两侧的两台水平千斤顶不同步将使盖梁受扭。任一墩上的水平千斤顶发生故障或推力减少，该桥墩将受到梁运行的水平推力，其力值 H 可按下式计算：

$$H = R\mu - F$$

式中 R——该墩上梁体荷载的反力；

μ——该墩上滑板与滑道间的摩擦系数；

F——该墩水平千斤顶发出的水平推力，当有故障时或为零，或为某个数值。

H 值可正可负，当 H 值比该墩能够承受的水平推力小，则该墩是安全的，否则，该墩可能发生过大变形而开裂。

2）拉杆千斤顶顶推法

拉杆千斤顶顶推的顶推水平力是由固定在墩台上的水平千斤顶通过锚固于主梁上的拉杆使主梁前进的，也可分为单点和多点拉杆千斤顶顶推。

单点拉杆千斤顶顶推是将顶推装置集中设置在梁段预制场附近的桥墩台上，其余墩只设置滑移装置，如图 3-3-84 所示。其顶推程序与单点水平—竖向千斤顶顶推法基本相似。所不同的是不需将梁段顶升一定高度。

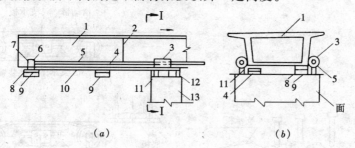

图 3-3-84　单点拉杆千斤顶顶推法

（a）正面；（b）Ⅰ—Ⅰ剖面

1—主梁；2—主梁工作缝；3—水平千斤顶；4—滑板；5—拉杆；
6—拉杆锚固架；7—拉杆锚固器；8—滑道；9—滑道底座；10—
预制台座；11—水平千斤顶支架；12—竖向千斤顶；13—桥台

多点拉杆千斤顶顶推是将水平拉杆千斤顶分散与各个桥墩上，免去了在每一循环顶推中，用竖向千斤顶顶升梁段，使水平千斤顶回位，简化了工艺流程，加快了顶推施工进度。

3）设置滑动支座顶推法

设置滑动支座顶推法有设置临时滑动支承和与永久性支座合一的滑动支承顶推两种。

设置临时滑动支承顶推是在施工过程中所用的滑道是临时设置的，用于滑移梁段和支承梁段，在主梁就位后，拆除墩上顶推设备，同时张拉后期力筋和孔道灌浆，然后用数只大吨位千斤顶同步将一联主梁顶升，拆除滑道和滑道底座混凝土垫块，安放正式支座而成。

使用与永久性支座合一的滑动支承顶推是一种将施工时的临时滑动支承与竣工后的永久支座兼用的支承进行顶推的方法，又称 RS 施工法。RS 施工法是将竣工后的永久支座安置在墩顶设计位置上，通过改造，可作为施工时的顶推滑道，主梁就位后，稍加改造即可恢复原支座状态。这种方法不需要拆除临时滑动支承，也不需要大吨位竖向千斤顶顶升梁段。

RS施工法的滑动装置由RS支承、滑动带卷绕装置组成。RS支承的下支座安放在墩上支座设计位置上，其上设置滚动板（起铰作用），滚动板上安装有上支座板，从而形成一个在运营状态下的支座形式。施工时，在上支座上临时安装支承板，支承板表面放置聚四氟乙烯滑动板，并与衬有橡胶板的不锈钢板组合滑动带形成滑动面，并用卷绕装置自动插入和卷绕滑动带。顶推完成后，拆除临时支承板和滑动装置，调换连接板，并与主梁上的上支座板联结形成正式支座。RS支承构造与顶推完成时调换连接板形成正式支座的施工程序如图3-3-85所示。

4）单向顶推法

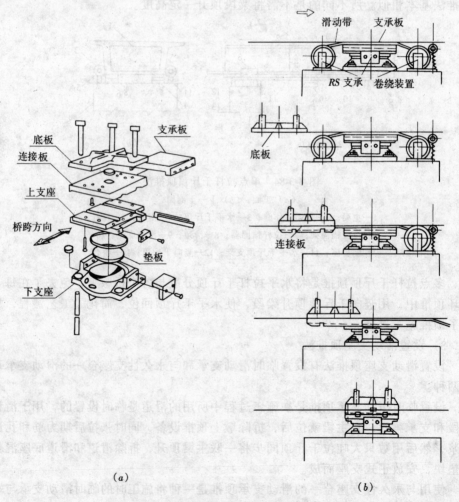

图 3-3-85 RS支承的构造与调换施工程序示意图
(a) RS支承构造；(b) 调换施工程序

单向顶推时，预制场设置在桥梁一端，从一端逐段预制，逐段顶推，直至对岸的方法。

5）双向顶推法

双向顶推时，预制场在桥梁两端设置，并在两端分段预制，分段顶推，最后在跨中合拢，如图 3-3-86 所示。对于多跨桥梁，当总长大于 600m 时，为了缩短工期和便于顶推施工时；当连续梁的中孔跨径较大而不宜设置临时墩时；当三跨连续梁由于梁段在顶推未达到前端桥墩前是单悬臂体系，为了使施工阶段和运营状态的工作状态相接近时等情况下，均可采用双向顶推。

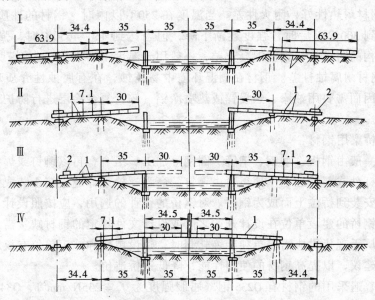

图 3-3-86　双向顶推示意图

1—主梁节段；2—附加荷载作平衡重

3.4.4　钢桥结构施工

1. 概论

钢桥是指主要上部结构由钢材组成的桥梁，如梁桥（板梁桥、桁梁桥）、拱桥（桁拱桥、箱拱桥）、悬索桥、斜拉桥等。钢材与混凝土构件形成整体共同受力的组合结构桥梁，称为钢与混凝土的组合结构桥梁（简称组合式桥），包括钢与混凝土组合梁桥、型钢混凝土结构桥、钢管混凝土结构桥等。

（1）钢桥的特点

钢桥与其他结构桥梁相比，具有以下几方面的特点：

1）钢材重量轻、强度高，因而便于运输和安装，特别适用于跨度大、高度高、承载力大、抗地震、可移动、易装拆的桥梁；

2) 钢材的塑性和韧性好，安全可靠。钢材质地均匀，各向同性，弹性模量大，有良好的塑性和韧性，是理想的弹性—塑性体，因而钢结构计算准确，安全可靠。由于塑性好，因而不会因偶然或局部超载而突然断裂破坏；由于韧性好，因而抗冲击和振动能力高；

3) 工业化程度高、施工速度快。上部结构需在专业化的钢结构工厂制造，虽然有较复杂的机械设备和严格的工艺要求，但其制作简便、精确度高、能批量生产，采用工厂制作、工地安装的施工方法，可缩短施工周期，降低造价，提高经济效益；

4) 钢材耐热性好，耐火性差。当温度在 250℃ 以内时，钢材的性质变化小；当温度达到 300℃ 以后时，强度逐渐下降，但当达到 450 ~ 650℃ 时，强度为零。因而钢结构的防火性较钢筋混凝土差，一般用于温度不高于 250℃ 的场所；

5) 钢材耐腐蚀性差。钢材在潮湿环境中易锈蚀，在有腐蚀性介质环境中更易锈蚀，因而需要用油漆、热浸锌或热喷涂铝（锌）复合涂层进行防护，其维护费用较高。

(2) 桥梁用钢材

钢桥一般由钢板、型钢、钢管、圆钢等加工、组合，再以铆钉或焊缝连接制成构件、杆件或部件运至工地，再由铆钉、高强螺栓或焊缝连接组装成整体钢结构，架设安装到桥位上而成为钢桥。对钢桥的钢种的选用，应按照设计文件规定办理。但钢桥的建设单位在设计开始之前或设计文件规定的钢材缺货需从国外进口或冶钢厂无现货供应需要单独冶炼轧制时，建设单位和施工单位有权对钢种的选择提出建议，以提高钢材的使用性能，降低钢桥造价。

目前普遍采用的钢材有 Q235 钢（屈服强度为 $f_y = 235N/mm^2$）、Q345 钢（屈服强度为 $f_y = 345N/mm^2$）、Q390 钢（屈服强度为 $f_y = 390N/mm^2$）和 Q420 钢（屈服强度为 $f_y = 420N/mm^2$）。Q235 钢是普通碳素结构钢，Q345 钢、Q390 钢和 Q420 钢是低合金高强度结构钢。钢材的设计强度可见表 3-3-2。

钢材的设计强度值（N/mm²）　　　　　　　　表 3-3-2

钢　　材		抗拉、抗压和抗弯 (f)	抗　剪 (f_v)	端面承压 (f_{ce})（刨平顶紧）
牌　　号	厚度或直径（mm）			
Q235 钢	≤ 16	215	125	325
	> 16 ~ 40	205	120	
	> 40 ~ 60	200	115	
	> 60 ~ 100	190	110	
Q345 钢	≤ 16	310	180	400
	> 16 ~ 35	295	170	
	> 35 ~ 50	265	155	
	> 50 ~ 100	250	145	

续表

钢　材		抗拉、抗压和抗弯	抗　剪	端面承压 (f_{ce})
牌　号	厚度或直径（mm）	(f)	(f_v)	（刨平顶紧）
Q390 钢	≤16	350	205	415
	>16~35	335	190	
	>35~50	315	180	
	>50~100	295	170	
Q420 钢	≤16	380	220	440
	>16~35	360	210	
	>35~50	340	195	
	>50~100	325	185	

注：表中厚度系指计算点的厚度。

（3）钢桥的组成和构件的连接

由于冶钢厂供应的钢材是钢板和各种形式的型钢，要将这些钢材组装成诸如钢板梁、钢箱梁、钢桁梁、钢吊桥、钢斜拉桥等不同结构形式的钢桥，并架设安装到桥位上去，总体上可分为钢桥制作和钢桥架设安装两大工序。钢桥制作是在钢桥制作工厂里进行，将冶钢厂生产的钢板和多种型钢经过多道工序制作成钢桥构件或杆件，然后发送出厂交送给施工单位；钢桥架设安装是将各种构件、杆件运往桥位工地，采用各种连接方式，将这些构件、杆件组装成钢桥，并架设安装到桥位上去。

钢桥构件、杆件的连接方法有铆钉连接、焊缝连接和高强度螺栓连接。

1）铆钉连接（铆接）

铆钉连接可分为热铆（温度为 700~1100℃）和冷铆两种连接方式。由于铆钉连接的构造复杂，铆钉用钢量增加很多，制造费工，在工地上热铆要准备加温炉、铆钉机械或铆钉枪，施工麻烦，劳动条件差，施铆时噪声大，因而在钢桥构件、杆件采用铆钉连接的方法已逐渐被淘汰，只有在跨径≤40m 的铁路上承式钢板梁桥还有采用铆钉连接。

2）焊缝连接

钢桥的构件、杆件在工厂里以焊缝连接法制造，在工地桥位上也可以焊缝法组装成的钢桥。其特点为：

A. 适用于任何形状的构件、杆件结构，构造简单，一般不需要拼接材料，省钢、省工；

B. 在工厂内焊接可实现自动化操作，生产效率高，焊接质量好，焊接结构材料连续，刚度较大；

C. 焊缝附近因焊接产生高温作用而形成的热影响区内，钢材的金相组织和机械性能（力学性能）发生变化，因而钢材质量变脆；

D. 由于焊接过程中不均匀的高温和不均匀的冷却使结构产生残余应力和残

余变形，从而影响到结构的承载力、刚度和使用性能；

　　E. 焊接时由于焊工技术、焊接参数（使用焊条粗细、电流大小、焊接速度、焊接层次等）的选用、未采取防护措施等各种原因，易使焊缝处发生裂纹，裂纹一旦发生，则容易延伸到钢材整体；

　　F. 目前在工厂里进行焊接工序一般都采用自动或半自动埋弧焊，只要焊接参数选用适当，其焊接质量是容易保证的。但仍有些构件、杆件的组成连接必须使用手工施焊和半自动埋弧焊，其焊接质量受到焊工的技术水平影响很大；

　　G. 为了保证焊缝质量符合设计要求，必须将所有焊缝进行质量检验，不仅要进行外观检查，还要对焊缝内部进行无损检验，因而焊缝的质量检验比较麻烦；

　　H. 焊缝的脆性较大，塑性、韧性较差，疲劳强度较差。

　　焊缝的强度设计值见表 3-3-3。

焊缝的强度设计值 （N/mm²）　　　　　　表 3-3-3

焊接方法和焊条型号	构件钢材		对接焊缝				角焊缝
	牌　号	厚度或直径（mm）	抗压 f_c^w	焊缝质量为下列等级时，抗拉 f_t^w		抗剪 f_v^w	抗拉、抗压和抗剪（f_f^w）
				一、二级	三级		
自动焊、半自动焊和 E43 型焊条的手工焊	Q235 钢	≤16	215	215	185	125	160
		>16～40	205	205	175	120	
		>16～40	200	200	170	115	
		>16～40	190	190	160	110	
自动焊、半自动焊和 E50 型焊条的手工焊	Q345 钢	≤16	310	310	265	180	200
		>16～40	295	295	250	170	
		>16～40	265	265	225	155	
		>16～40	250	250	210	145	
自动焊、半自动焊和 E55 型焊条的手工焊	Q390 钢	≤16	350	350	300	205	220
		>16～40	335	335	285	190	
		>16～40	315	315	270	180	
		>16～40	295	295	250	170	
自动焊、半自动焊和 E55 型焊条的手工焊	Q420 钢	≤16	380	380	320	220	220
		>16～40	360	360	305	210	
		>16～40	340	340	290	195	
		>16～40	325	325	275	185	

　　注：1. 自动焊和半自动焊所采用的焊丝和焊剂，应保证其熔敷金属抗拉强度不低于相应手工焊焊条的数值；

　　　　2. 焊缝质量等级应符合国家现行国家标准《钢结构工程施工及验收规范》的规定；

　　　　3. 对接焊缝抗弯受压区强度设计值取 f_c^w，抗弯受拉区强度设计值取 f_t^w。

焊缝连接的连接材料，配合高强度钢材的应用，钢结构设计规范规定了与 Q235 钢、Q345 钢、Q390 钢和 Q420 钢相匹配的 E43 型（$f_y = 330\text{N}/\text{mm}^2$）、E50 型（$f_y = 410\text{N}/\text{mm}^2$）和 E55 型（$f_y = 440\text{N}/\text{mm}^2$）型焊条。

3）高强度螺栓连接（栓接）

螺栓分为普通螺栓和高强度螺栓两大类。普通螺栓又分为 A 级、B 级（精制螺栓）和 C 级螺栓（粗制螺栓）两种。高强度螺栓按设计时受力情况的不同，可分为摩擦型螺栓和承压型螺栓两种。摩擦型高强度螺栓与普通螺栓相比，摩擦型高强度螺栓完全不靠螺栓的抗剪和承压来传递外力，而是靠被连接的板束间的接触面的摩擦阻力来传递外力；承压型高强度螺栓则是在设计时，考虑当外力超过板束间的摩擦阻力而钢板发生滑移时，可依靠螺栓杆的抗剪和承压来传力。无论是摩擦型高强度螺栓，还是承压型高强度螺栓，在节点连接的施工工艺基本上是相同的。

高强度螺栓应用 35 号钢、45 号钢（屈服强度为 $f_y = 660\text{N}/\text{mm}^2$）经热处理后制成 8.8 级螺栓，20MnTiB 钢（屈服强度为 $f_y = 940\text{N}/\text{mm}^2$）制成 10.9 级螺栓，还有尚未列入规范的 6.8 级高强度螺栓。

螺栓连接的强度设计值可见表 3-3-4 所示。螺栓连接的构造要求见表 3-3-5。

螺栓连接的强度设计值（N/mm²）　　　　　表 3-3-4

螺栓的钢材种类（或性能等级）和构件的钢材种类		普通螺栓					锚栓	承压型连接高强度螺栓	
		C 级螺栓		A 级、B 级螺栓					
		抗拉 f_t^a	抗剪 f_v^b	承压 f_c^b	抗拉 f_t^a	抗剪 f_v^b	承压 f_c^b	抗拉 f_t^a	抗剪 f_v^b	承压 f_c^b
普通螺栓	4.6 级、4.8 级	170	130	—	—	—	—	—	—	—
	8.8 级	—	—	—	350	250	—	—	—	—
锚栓	Q235 钢	—	—	—	—	—	—	140	—	—
	Q345 钢	—	—	—	—	—	—	180	—	—
承压型连接高强度螺栓	8.8 级	—	—	—	—	—	—	—	250	—
	10.9 级	—	—	—	—	—	—	—	310	—
构件	Q235 钢	—	—	305	—	—	400	—	—	465
	Q345 钢	—	—	385	—	—	510	—	—	590
	Q390 钢	—	—	400	—	—	530	—	—	615
	Q420 钢	—	—	425	—	—	560	—	—	655

注：1. A 级螺栓用于 $d \leqslant 24\text{mm}$ 和 $l \leqslant 10d$ 或 $l \leqslant 150\text{mm}$（按较小值）的螺栓；B 级螺栓用于 $d > 24\text{mm}$ 或 $l > 10d$ 或 $l > 150\text{mm}$（按较小值）的螺栓。D 为公称直径，l 为螺杆公称长度；

2. A 级、B 级螺栓孔的精度和孔壁表面粗糙度，C 级螺栓孔的允许偏差和孔壁表面粗糙度，均应符合现行国家标准《钢结构工程施工及验收规范》的要求。

螺栓连接的构造要求

表 3-3-5

钢板上螺栓容许距离

名称	位置或方向			最大容许距离	最小容许距离
中心间距	任意方向	外排		$8d_0$ 或 $12t$	$3d_0$
		中间排	构件受压力	$12d_0$ 或 $24t$	
			构件受拉力	$16d_0$ 或 $24t$	
中心至构件边缘的距离		顺内力方向		$4d_0$ 或 $8t$	$2d_0$
	垂直内力方向	切割边		$4d_0$ 或 $8t$	$1.5d_0$
		扎制边	高强度螺栓		$1.5d_0$
			其他螺栓		$1.2d_0$

注：1．最大容许距离取较小值；
　　2．d_0 为螺栓孔径，t 为外层较薄板件厚度；
　　3．钢板边缘与刚性构件（角钢、槽钢）相连的螺栓最大间距可按中间排采用。

角钢上螺栓容许最小距离

肢宽		40	45	50	56	63	70	75	80	90	100	110	125	140	160	180	200
单行	e	25	25	30	30	35	40	40	45	50	55	60	70				
	d_0	12	13	14	15.5	17.5	20	21.5	21.5	23.5	23.5	26	26				
双行错列	e_1												55	60	70	70	80
	e_2												90	100	120	140	160
	d_0												23.5	23.5	26	26	26
双行并列	e_1														60	70	80
	e_2														130	140	160
	d_0														23.5	23.5	26

工字钢和槽钢腹板上的螺栓容许距离 e_{min}

工字钢型号	12	14	16	18	20	22	25	28	32	36	40	45	50	56	63
线距 e_{min}	40	45	45	45	50	50	55	60	60	65	70	75	75	75	75
槽钢型号	12	14	16	18	20	22	25	28	32	36	40				
线距 e_{min}	40	45	50	50	55	55	55	60	65	70	75				

工字钢和槽钢翼缘上的螺栓容许距离 a_{min}

工字钢型号	12	14	16	18	20	22	25	28	32	36	40	45	50	56	63
线距 a_{min}	40	40	50	55	60	65	65	70	75	80	80	85	90	95	95
槽钢型号	12	14	16	18	20	22	25	28	32	36	40				
线距 a_{min}	30	35	35	40	40	45	45	45	50	56	60				

　　栓接与铆接相比，高强度螺栓使用强大的预拉力将板束压得极为紧密，在营运过程中，螺栓不会松动；更换容易，便于维修养护；螺栓孔旁局部应力很小，提高了杆件的疲劳强度。与铆钉孔相比，高强度螺栓孔可比螺栓杆大 $1 \sim 1.5\,mm$，降低了孔的加工精度和较高的对中要求，极大地便利了桥梁构件、杆件的加工和

安装。在受力相等的情况下，栓接所用的高强度螺栓数量比铆接所用的工地铆钉数量少，相应的接点板、拼装板的几何尺寸可以减少，故可以节约钢材。栓接比铆接安装施工快，工程质量高。工地栓接与工地焊接相比，栓接受作业环境、焊接条件、接点部位的约束等影响小，连接质量易于保证；施工时所需设备较少；劳动强度较低，要求工人的技术水平较低。

2. 钢结构的制作

（1）一般要求

钢桥施工通常是在钢桥制造前将钢材加工制造成桥梁构件、杆件，再运往桥位工地架设安装。在工厂加工时，需要经过钢材矫正、放样画线、加工切割、再矫正、制孔、边缘加工、组装、焊接、构件变形矫正、摩擦面加工、试拼装、工厂涂装、发送出厂等多种工序。因此，在工厂制造构件、杆件、制孔等各项工序都必须严格遵守国家规范《钢结构工程施工及验收规范》（GB 50205—95）、《建筑钢结构焊接规范》（JGJ 81—91）、《公路桥涵施工技术规范》（JTJ 041）及冶金部、机械部关于结构材料、辅助材料的有关标准等规定。

钢结构制作的基本流程如图 3-3-87 所示。

（2）钢材的准备

1）钢材材质的检验

对于结构用钢，化学性能对钢材的可加工性、韧性、耐久性等有影响，其中含碳量对钢材可焊性有影响；硫、磷等杂质的含量对钢材的低温冲击韧性、热脆、冷脆等性能有影响；合金元素的含量对材料的强度有影响。

钢材材质的检验应检查本批钢材的钢号、规格、数量（长度、根数）、生产单位、日期等，还应检查本批钢材的化学成分和力学性能（屈服点、抗拉强度、延伸率、冷弯试验、低温冲击韧性试验值等）。

钢结构用辅助材料，包括螺栓、电焊条、焊剂、焊丝等均应对其化学成分、力学性能及外观进行检验。

2）钢材外形的检验

钢材表面不得有气泡、结疤、拉裂、裂纹、褶皱、夹杂和压入的氧化铁皮。当钢材表面有锈蚀、麻点或划痕等缺陷时，其深度不得大于该钢材厚度负偏差值的 1/2。

3）堆放

检验合格后的钢材应按其品种、牌号、规格分类堆放，堆放场地应坚实平整，防止积水，不得因场地地基下沉而造成钢材永久变形。

（3）钢结构的制作

1）放样

钢材由于轧制后冷却不均匀和长途运输、装卸堆放的影响，会产生波浪、弯曲、翘曲等变形，因而在放样划线之前，必须对钢材进行矫正，消除各种变形，

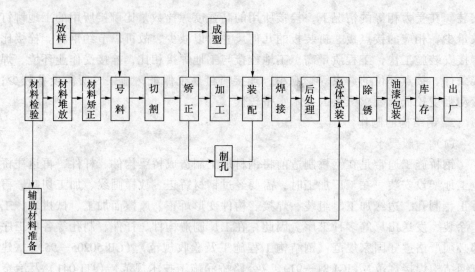

图 3-3-87   钢结构制作基本流程图

否则会影响划线的正确性。

在钢桥制造厂里将各种钢板、型钢等钢材加工成构件、杆件之前，要在钢材上放样，依照划的线进行切割、制孔。放样是根据设计、施工详图，在宽大的工作台钢板上按照 1:1 的比例画出构件或杆件的展开图，然后按照这个图来制成样板（样杆或样条），其产品称为套样板。

钻孔的套样板和胎具应具有足够的刚度，制造套样板的钢板厚度不得小于 12mm（大面积的机器样板宜采用 20mm 厚的钢板），这样可以保证构件、杆件和钻孔的尺寸及位置准确、加工操作方便。

在样板、样杆、样条上应标注：产品名称、构件或杆件编号、钢的牌号、规格、数量、栓孔直径、孔列轴线与基准面距离等，并注明是否已考虑了边缘加工切割和焊接收缩预留量。

2）号料、号孔

号料是在样板、样杆、样条制好以后，将其紧固在钢板或型钢等钢料上，将其所代表的构件、杆件或零件的边缘轮廓线在钢材上划出，作为切割线的工作。号料工作应在平坦的工作台上进行，号料前要检查钢料的牌号、规格、质量，确认无误后方可号料，并应注意在划线时考虑预留量。

号孔是将样板、样杆、样条紧固在钢材上面，再用样冲在钢材上打上孔眼中点，以示栓（铆钉）孔位置。号孔应在钢料切割、修边、调平直以后进行，以防止由于在切割和调直过程中钢材变形而影响栓（铆钉）孔位置的准确性。

3）加工

构件、杆件或零部件的放样画线工作完成后，下一步工作是加工。原始形状的钢料作样（制造样板、样杆、样条的工作）画线后，经过划切割加工，成为焊接或铆接前所需要的形状，并使其尺寸、边缘和精度均满足构造上的要求。加工按冷热成形可分为热加工和冷加工。热加工是将钢材加热到一定的温度后再进行加工，热加工的终止温度不得低于 700℃；冷加工是在常温下进行的加工，由于外力超出材料的屈服强度而使材料产生要求的永久变形，或由于外力超出材料的极限强度而使材料的某些部分按要求与材料脱离。加工包括切割、气割或精密气割、零件矫正和弯曲、制孔磨面处理等几道工序。

A. 切割

切割是将号后的钢板按要求的形状寸进行下料。常用的切割方法有机械切割、气割和等离子切割等种方法。

机械切割　使用机械力（剪切、锯割、磨削）进行切割，相应的机械有龙门剪切机、压力剪切机（这两种剪切机适用于剪切直线边缘）、园盘剪切机（适用于剪切曲线边缘）、锯床、联合剪冲机、砂轮机等几种。剪切机较适合于厚度在 12～16mm 以下的低碳钢和低合金钢，而型钢可采用锯床或联合剪冲机切割。

气割　使用氧—乙炔、丙烷、液化石油气等火焰加热融化金属，并用压缩空气吹去熔蚀金属液，从而使金属割离。气割分为普通气割、粉末气割和碳弧气割等。普通气割按操作方式，可分为手工气割、半自动或自动气割和数控气割等；普通气割按操作精密程度，可分为一般气割和精密气割等。普通气割采用的条件是基材的燃烧温度必须低于其熔化温度，而且燃烧产生的金属氧化物的熔化温度又必须低于基材的熔化温度，因而适用于切割一般低碳钢和低合金钢。粉末气割是在切割氧气中连续加入铁粉和熔剂，利用氧化反应热和熔剂的能量提高温度来进行切割，适用于切割高合金钢、铸铁和有色金属。碳弧切割是以磁棒为电极，通电时，磁棒尖端与基材间产生高温而将基件熔化，碳弧切割不仅适用于铸铁、高合金钢、不锈钢和各种金属如铝、铜、镍等及其合金，还可作为气刨使用，用以清理钢材边缘毛边、飞刺和开焊接坡口等。

等离子切割　利用等离子弧线流来实现切割，适用于切割不锈钢等高熔点材料。

B. 零部件矫正和弯曲

零部件切割后，难免会发生变形，因而必须矫正。矫正是通过外力和加热作用，迫使已发生变形的零部件反变形，以便零部件达到平直及设计的几何形状的工艺方法。矫正的主要形式有矫直（消除零部件的弯曲）、矫平（消除零部件的翘曲或凸凹不平）和矫形（对零部件一定的几何尺寸进行整形）等。矫正的方法根据外力来源的不同，有机械矫正（适用于批量较大、形状比较一致的零部件矫正）、火焰矫正（利用火焰产生的高温对矫正体变形的局部进行加热，以便矫正体达到平直或要求的几何形状）、手工矫正（采用简单的手工工具利用人力进行矫正，适用于少批量零部件的矫正）和高频热点矫正（以高频感应作为热源的热矫正）。

弯曲加工是根据设计要求，利用加工设备和一定的工具模具把零部件弯制成一定形状的工艺方法。弯曲加工有冷弯和热弯两种，冷弯适用于薄板、小型钢；热弯适用于较厚的板及较复杂的构件、型钢，温度应控制在 950~1100℃。

C. 边缘加工

切割并矫正后的零部件边缘，为了清除剪切产生的毛刺、气割产生的挂渣而将板刨去 2~4mm；准备焊接成构件、杆件的零部件，为了保证焊缝质量而将钢板边刨成坡口；为了保证组装成构件、杆件的精度及压应力的传递，而将钢板边缘刨直或铣平等，均为边缘加工。边缘加工可分为铲、刨、铣、碳弧气刨等多种方法。

D. 制孔

当零部件以铆钉在工厂或工地连接成构件、杆件及其构成的桥梁节点在工地以铆钉连接时，或在工厂焊接组成的零部件及构件、杆件组成桥梁节点需要以高强度螺栓在工地连接时，均应在零部件及构件、杆件上制孔。

制孔的成孔方法有钻孔、冲孔和扩孔等。钻孔是用一种金属工具制造的钻头，通过旋转和轴向前进而在钢板或型钢上成孔的方法，钻孔法适应性广，孔壁损伤小，孔的精度高；冲孔是用冲模和冲头配合，用机械或液压将冲头通过冲模压下，钢板板面受压剪而成孔的方法，用此法制成的孔，孔径较大（一般不小于钢材的厚度），但孔壁粗糙，有时有毛刺，一般只能在较薄的钢板和型钢上进行；扩孔是先钻小孔，待钻有小孔的部件多层组装后，再扩钻到规定的孔径的方法。

4）组装

将已加工、制孔的零部件或半成品按施工图的要求焊接或铆接装配成为独立的成品的方法，称为组装。在工厂里将多个成品构件设计要求的空间位置试装成整体，以检验各部分之间的连接状况的称为预总装。组装前必须进行预总装。

钢结构构件组装方法见表 3-3-6。

钢结构构件组装方法 表 3-3-6

名 称	装 配 方 法	适 用 范 围
地样法	用比例 1:1 在装配平台上放出构件实样，然后根据零件在实样上的位置，分别组装起来成为构件	桁架、框架等少批量结构组装
仿形复制装配法	先用地样法组装成单面（单片）结构，并且必须定位点焊，然后翻身作为复制胎模，在上装配另一单面结构，往返 2 次组装	横断面互为对称的桁架结构
立 装	根据构件的特点及其零件的稳定位置，选择自上而下或自下而上的装配	用于放置平稳，高度不大的结构或大直径圆筒
卧 装	构件放置平卧位置装配	用于断面不大但长度较大的细长构件
胎模装配法	把构件的零件用胎模定位在其装配位置上的组装	用于制造构件批量大精度高的产品

注：*在布置拼装胎模时，必须注意各种加工余量。

5）焊接

钢桥常用的焊接方法有手工电弧焊、埋弧压力焊、气体保护焊、电渣焊、电阻（点、缝）焊。对于特殊材料、构件或尺度的焊接，一般先要进行焊接工艺试验及评定，其中包括焊条和焊剂的选用、剖口形式的确定、焊接方式、电流大小、电压高低、焊接速度、焊接前后程序、焊前是否要预热、焊后是否要保温以及焊接变形的措施等，以确定最合适的材料、工艺措施及过程。

所有焊缝都要进行外观检查。外观检查的结果，不得有裂纹、未熔合、夹渣和未填满的弧坑等缺陷，其余缺陷的程度不得超过《公路桥涵施工技术规范》（JTJ 041）的规定。

6）节点枢孔和杆件接孔钻制

有些钢桥结构的节点设计不是板固接连接，而是用枢销连接，其枢孔应于矫正后再钻孔。如采用先在零、部件上钻孔，后焊接成杆件的方法，则钻孔胎型上各机器样板之间的距离，均应预留焊接收缩量。焊接收缩量大小与结构类型、焊件特征和板厚有关，可参考表 3-3-7。

7）构件验收发运

A．构件验收

整孔板梁构件、桁梁杆件和箱梁构件的基本尺寸允许偏差应符合《公路桥涵施工技术规范》（JTJ 041）的有关规定；构件、杆件涂装后应在规定位置处打上钢印并涂以标记；钢桥全部构件、杆件制造完成后，施工单位应会同工厂技术检查部门，按照有关规范进行全面验收，合格后由工厂填发钢桥构件、杆件合格证；钢桥验收合格后，由工厂出具包括产品合格证，钢材和其他材料质量证明书，施工图、拼装简图、发送杆件表等，焊缝重大修补记录，工厂试装记录，高强度螺栓孔眼部位摩擦系数出厂数值实测资料等出厂文件。

	焊 接 收 缩 余 量	表 3-3-7
结构类型	焊接特征和板厚	焊缝收缩量（mm）
钢板对象	各种板厚	长度方向每米焊缝 0.7，宽度方向每个接口 1.0
实腹结构及焊接 H 型钢	断面高 ≤1000mm 且板厚 ≤25mm	4 条焊缝每米共缩 0.6，焊透梁高收缩 1.0 每对加劲焊缝，梁的长度收缩 0.3
	断面高 ≤1000mm 且板厚 >25mm	4 条焊缝每米共缩 1.4，焊透梁高收缩 1.0 每对加劲焊缝，梁的长度收缩 0.7
	断面高 >1000mm 各种板厚	4 条焊缝每米共缩 0.2，焊透梁高收缩 1.0 每对加劲焊缝，梁的长度收缩 0.5

B．存放

钢桥构件、杆件包装待运存放时，其存放场地应坚实平整，附近应设排水沟；杆件应分类存放，杆件与地面的净空不宜小于 300mm；杆件支点的距离，应使杆件在自重的作用下，不致产生永久变形，主桁弦杆、斜杆、竖杆叠放时不宜超过3层（当截面小时最多不超过5层），且各层支点应在同一竖直面上；杆件间应留有适当空隙，以便吊装和查对杆号。

C. 发运

当采用铁路运输时，应按《铁路超限货物运输规程》和《铁路货物装载加固规则》等有关规定办理：构件、杆件的尺寸长度、宽度、高度不得超过铁路、公路、水路货轮运输有关规定；桥梁制造产品发运时，应将发运明细表随车、轮一并发运。

3. 钢桥架设安装

(1) 钢桥架设安装准备工作

钢桥在架设安装之前，必须具备包括钢桥结构设计图（注明钢梁设计标准温度）、杆件应力表、杆件质量表；桥梁平面、立面；桥址及其附近的地形、地质图；桥址水文气象资料；桥墩、桥台结构图；制造厂资料等技术资料。

1) 编制施工组织设计

钢桥在架设安装前应根据已批准的设计文件及有关的技术资料，桥址自然条件（包括水文、地形、地质等）、航运要求、结构类型、施工机具、施工工期等因素，编制实施性施工组织设计。如在施工结构设计中，应包括架梁布置总图（包括辅助结构与主梁结构的关系、架设方法、设备安排、主要工程项目等）、架梁辅助结构设计（包括钢梁杆件提升站、支墩、塔架、托架、吊索架、缆索吊机塔架等结构，拼栓钢梁脚手架，支点纵横移设施，跨河人行、材料、机械运输便桥等）以及架梁过程中主桁结构的稳定性、杆件安装应力、挠度曲线支点反力和施工荷载的计算、绘制、确定。

2) 复测墩台中线、标高、距离

钢桥拼装架设前，应对已建成的墩台顶面中线、标高、每孔跨径进行复测，其误差在允许范围内方可进行架梁工作。

3) 钢梁安装过程中的稳定

钢梁结构构件是在特定的状态下使用的，因而在安装过程中要充分考虑在各种条件下的构件单体稳定和结构整体稳定，以确保施工安全。

构件单体稳定是指一个构件在工地堆放、起扳、吊装就位过程中发生弯曲、弯扭破坏和失稳，因而对于较薄且大的构件均应考虑，必要时，可用临时支撑对构件的弱轴方向进行加固。结构整体稳定是指结构在吊装过程中支撑体系尚未形成，结构就要承受某些荷载（包括自重），因而在拟订吊装顺序时必须充分考虑，以确保吊装过程中结构的稳定，必要时，可加临时缆风等措施予以解决。

4) 施工准备

A. 架梁场地

架梁场地应按照全桥施工平面总布置图，结合桥位地形、钢梁运输方式、架设方法、架梁吊装机械等因素综合考虑。在场地布置时，场地位置宜尽量靠近桥位（可以减少钢桥杆件吊装搬运工作）；场地应有足够能容纳各种施工机械、临时设施、材料库、试验室、杆件堆置场、交通线路、发电机房（配电房）、空压机房、喷砂或喷丸场（棚）等的面积；场地应设在汛期洪水位以上，并有良好的排水系统（可以确保杆件、机具、材料、临时设施的安全）。

架梁场地应具备杆件堆放场、杆件预拼场、喷砂或喷丸场、油漆房或油漆棚、水（电、风压机、贮风罐）管线、临时生产房屋（还应包括材料库、螺栓库、工地试验室、车库、压缩空气站、变电站、木铁工车间、修理厂等）等。

B. 杆件运输

公路钢桥杆件可经铁路运到桥址附近的铁路货站，卸下后再用汽车平板车运到桥址杆件堆放场，用这种方法运输杆件，应尽量避免杆件多次装卸而造成的变形和涂装磨损；若钢桥所跨河流能通航大型船舶且钢梁制造厂距离港口不远，这样可考虑采用大节段拼装或整孔架设方案的桥梁杆件运输。

C. 杆件存放、检查和矫正

杆件运到桥址杆件存放场时，其存放的技术要求与在厂内发运前的存放要求相同。

施工单位对运来的杆件、零部件应按照设计文件和《公路桥涵施工技术规范》（JTJ 041），对工厂提供的技术资料和实物进行检查或抽样检验。钢结构加工和安装的检验项目及标准如表 3-3-8 所示。

观感质量检查项目表　　　　　　　　　　表 3-3-8

编号	钢 结 构 制 作	钢 结 构 安 装
1	切割缺陷：断面无裂纹、夹层和超过规定的缺口	高强度螺栓连接：螺栓、螺母、垫圈安装正确，方向一致，以做终拧标记
2	切割精度：粗糙度、不平度、上边缘熔化符合规定	焊接、螺栓连接：螺栓齐全或基本齐全，初次未安螺栓已按规定处理，补上螺栓
3	钻孔：成形良好，孔边无毛刺	金属压型板：表面平整清洁，无明显凹凸，固定螺栓牢固，布置整齐，密封材料敷设良好
4	焊缝缺陷：焊缝无致命缺陷、严重缺陷	焊缝缺陷：焊缝无致命缺陷、严重缺陷
5	焊渣飞溅：飞溅清除干净，表面缺陷已按规定处理	焊渣飞溅：飞溅清除干净，表面缺陷已按规定处理
6	结构外观：构件无变形，表面无焊疤、粘结泥沙	同左，且结构上的附加物已拆除
7	涂装缺陷：涂层无脱落和返修，无误涂、漏涂	涂装缺陷：涂层无脱落和返修，无误涂、漏涂
8	涂装外观：涂刷均匀，色泽无明显差异，无流挂起皱；构件因切割、焊接而烘烤变形的漆膜已处理	涂装外观：涂刷均匀，色泽无明显差异，无流挂起皱；构件因切割、焊接而烘烤变形的漆膜已处理
9	高强度螺栓摩擦面：无氧化铁皮、毛刺、焊疤、不该有的涂料和油污	梯子、拉杆、平台：连接牢固、平直、光滑
10	标记：杆件号、中心、标高、吊装标志齐全，位置准确，色泽鲜明	沉降观测点、构筑物中心标高和柱中心标志齐全

杆件因运输装卸而产生局部变形或缺陷，在不影响使用质量的前提条件下，可在工地按厂内矫形的方法进行矫正、修复，矫正后的容许误差应符合《公路桥涵施工技术规范》（JTJ 041）的规定；而在工地不能矫正时，要退回工厂进行处理。

D. 施工机械设备

架设安装钢桥的施工机械设备，要按架设方法、杆件大小、重量以及需吊装高度和工作半径等因素来选用。主要有装卸用机械（主要用于装卸或搬运杆件，也可参加吊装工作）、拼装用起重机械、顶升及水平顶移机械、卷扬机具、运输及其他机具。

E. 临时设施

根据架梁方法的需要，可设置如码头、便桥支架、临时墩、墩旁托架等临时设施。

（2）钢梁桥架设安装方法

钢梁桥的架设安装方法一般在设计中已有考虑，有些形式的钢梁桥设计，并不限于一种架设方法，施工时仍可对架设方法进行选择。其架设方法的选用，不仅要考虑桥梁的形式、跨度、宽度、桥位处的水文、地质、地形等条件，还要考虑交通条件、现有的机械设备条件、安全、工期、工程造价等方面的因素，经过技术经济分析比较后确定。钢梁桥的架设方法很多，主要有整孔架设法、支架架设法、缆索吊机拼装架设法、转体架设法、顶推架设法、拖拉架设法、浮运架设法和悬臂拼装架设法等，而拖拉架设法和悬臂拼装架设法应用得较多。

1）整孔架设法

整孔架设法主要有自行吊机整孔架设法和门式吊机整孔架设法两种。自行吊机整孔架设法主要用于河床或地面可行走吊机且起吊高度不大的跨径小的钢板梁桥，主要用于城市或高速公路的跨线立交桥。门式吊机整孔架设法主要用于地面或河床无水、少水，能修建低路堤、栈桥、上铺轨道的各种跨径及单孔或多孔的钢板梁桥、桁梁桥。

2）缆索吊机拼装架设法

缆索吊机拼装架设法是用缆索吊装设备（其系统是由主索、天线滑车、起重索、牵引索、起重及牵引绞车、主索地锚、塔架、风缆等主要部件组成）将钢梁杆件从两岸向跨中逐节拼装到中间合拢，此法适用于桥梁位于深水、深谷通航河道或限于工期必须在汛期进行施工的桥梁。

3）浮运架设法

浮运架设法是在江、河、海上用浮吊将在岸边拼装好的钢梁吊运到桥位处进行架设的方法。此法适用于水较深，备有大吨位浮吊的条件时采用。

4）转体架设法

转体架设法是在河岸上组装半孔或整孔钢梁，然后以转体形式将梁体旋转到桥轴位上与对岸半孔合拢成整孔的一种钢梁架设法。

钢梁转体架设法主要有平面转体法和竖向转体法两种。平面转体法是在钢梁结构组拼成形后，梁端设一旋转轴心，将梁体围绕轴心水平旋转架设，平面转体法主要用于架设桥下交通繁忙的斜拉桥或其他类型的桥梁；竖向转体法是在钢梁结构组拼成形后，以一端为轴心将桥梁结构围绕轴心旋转架设。

5）顶推架设法

顶推架设法是与预应力混凝土连续梁顶推施工法相似。一般适应于桥头路基或引桥能拼装钢梁的单跨或多跨简支梁、连续梁梁式等形式桥梁。

6）拖拉架设法

A．拖拉架设法的分类及适用范围

拖拉架设法是将钢梁在路堤上、支架上或已拼装的钢梁上进行拼装，并在钢梁下设置滑道，在路堤、支架和墩台顶面设置下滑道，在上、下滑道之间放置一定数量的滚轴、滚筒或四氟滑块，通过牵引设备，沿桥轴纵向将钢梁拖拉至预定的桥位上，最后落梁就位。

拖拉架设法的分类和适用条件可见表 3-3-9。

拖拉架设法分类及适用范围　　　　　　　　表 3-3-9

拖拉方法	特　征	适　用　范　围
全悬臂	桥孔内不设支墩	跨度较短桥、前端设导梁或桥面设临时塔架斜拉索的长桥
半悬臂	桥孔内设 1 个或几个临时支撑	较长跨度桥
移动墩架	孔内设轨道或移动墩架托住钢梁前端	跨线桥或桥下无水、浅水、地势平坦、可铺轨道
长导梁	导梁长度超过跨长 2/3 以上	较长跨桥，孔内不设支撑
短导梁	导梁长度在跨长 1/2 以下	半悬臂拖拉或多孔连接
无导梁	不设导梁，但设 1m 长鼻梁	两联以上多孔连拖或桥孔内设临时支撑
单孔拖拉	每次只拖 1 孔，前端设导梁后端压重	只有一孔时
多孔连拖	孔与孔间须用杆件临时连接	多孔桥用
纵梁上滑道	纵梁下设通长上滑道，路基和墩台面设间断下滑道	跨度 80m 以下桁梁
下弦节点滑道	大节点下设间断式上滑道，路基面设通长下滑道和墩台顶面设长度不小于 1.25 倍节间长的间断下滑道	跨度 80m 以上单孔全悬臂桁梁
通长式拖拉	用一个通长的牵引滑车组一拖到底	拖拉距离短时
接力式拖拉	全程分段用滑车组接力拖拉	长距离拖拉
往复式拖拉	两端路基上各设一个滑车组与一根贯通全桥的钢索，首尾相接，钢索前进时用夹具与钢索连接，拖拉钢梁前进；钢索后退时，放松夹具，钢梁不动，往复几次，即可拖拉到位	桥孔较多，需要多次长距离拖拉

拖拉方法	特　　征	适　用　范　围
高位拖拉	在已完工的桥头路基上设下滑道拖拉	路基已完工时
低位拖拉	桥头路基只填筑到墩台顶面时,设下滑道拖拉	桥头路基可待落梁后,继续填筑时
一次拖拉就位	拼装台位长,将梁拼装完后,一次拖拉就位	桥头路基长度够拼装全桥时
边拼边拖	拼装台位不够长,只能拼好一段,拖拉一段,让出台位后,再拼、再拖	桥台后有隧道或其他障碍物时
固定式压重	一次加足平衡重,不再调整和移动位置	一般拖拉架梁用
活动式压重	压重须根据平衡需要,随时调整和移动位置	边拼边拖用

B. 拖拉架设法施工

拖拉架设法施工主要包括导梁、支墩、压重等设置;上下滑道、滚滑等设施的设置;牵引设施等。

（A）导梁

导梁长度一般为主梁的 1/6～1/4,由板梁（长度一般为 6～30m,多数在10m 左右）桁梁或万能杆件（长度一般为 16m 左右）组拼成平行弦式、三角式或阶梯式桁架。导梁是由前端、主体结构和连接段组成。

前端　在设计时,可作成直接承受千斤顶顶力的牛腿式结构,或向上翘起的斜坡式结构,这样可使导梁上墩时,通过斜面自行升高。

主体结构　导梁的主体结构宜采用等宽形式,当采用万能杆件组装时,立面应拼成阶梯形。两片桁架之间,必须设置上、下平联和纵梁,以保证导梁结构的整体性。

连接段　连接段是将不同高度和不同宽度的主梁与导梁连接成整体的过渡段。连接段由于受到较大的弯矩和剪力,因而应有足够的强度和可靠的联结。连接段可分为板梁与板式（或桁式）导梁的连接和桁梁与桁式导梁的连接。

（B）支墩

支墩是由基础、墩身、顶面滑道等组成,支墩可分为路基面支墩（顺桥向长度必须满足反力分布的要求;横桥向宽度按滑道类型和基础承载力布置）、墩台面支墩（其布置见图 3-3-88）、桥孔内支墩（可用万能杆件或贝雷梁组拼成柱架或墩身,主要是减少钢梁拖拉时的悬臂长度）等形式。

导梁前端沿滑道逐渐上升时,支墩直接受到斜面的水平推力,而上升到滑道顶面后,反力增大,摩擦力作用也增大。这样支墩有沿桥墩前缘倾覆的可能,按下式验算支墩的稳定性

$$n = \frac{(P + 0.5W)B}{Hh}$$

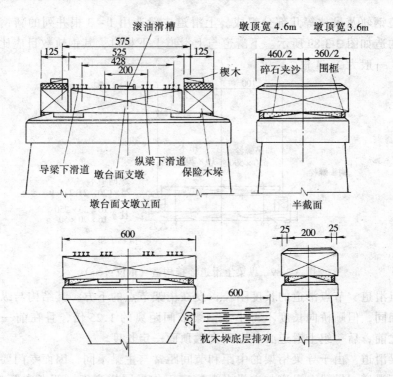

图 3-3-88 墩台面支墩布置图（单位：cm）

式中 n——倾覆系数，应大于 1.5；

　　　P——支墩所受竖直反力（kN）；

　　　H——水平推力（kN）；

　　　W——墩身重力（kN）；

　　　B——沿水平力作用的宽度（m）；

　　　h——验算断面至水平推力的距离（m）。

（C）压重

压重是保持钢梁的平衡稳定或减少支点反力的一种措施。压重应选择密度大、易装卸和就地取材的材料，以及暂不用的钢梁（应组拼在钢梁的尾部）。压重的重心距倾覆支点越远越好，但钢梁继续前进时，对其他支点可能产生不利的影响，因而在设计压重时，应考虑其调整方法。

（D）上下滑道和滚滑设施

Ⅰ　上下滑道

在钢梁底面和支墩顶面要设置上、下滑道，要求要有充分的长度，表面光滑平整，结构简单，刚度大，装拆方便，能均匀传布反力，与钢梁、支撑的连接要牢固可靠等。

纵梁滑道　在纵梁下要设置通长连续的上滑道。上滑道是由纵向垫木、枕木、滑道钢轨及吊枕等几部分组成。上滑道一般选用 1 ~ 3 根并列的新钢轨。上滑道的构造如图 3-3-89 所示。下滑道与上滑道上下相对，其钢轨数目应比上滑道多一根，一般为 2 ~ 4 根。

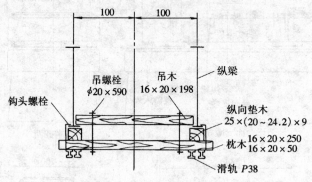

图 3-3-89　纵梁上滑道连接构造（单位：cm）

节点滑道　节点滑道的长度不长，设在桁架节点的下方。其结构与纵梁下滑道大致相同，但顺桥向长度不得小于钢梁节间距离的 1.25 倍，且在前一组上滑道下墩之前，后一组上滑道必须上到支墩顶面一定长度。

导梁滑道　由于导梁桁架的中距和节间距常与主梁不同，因而专门要为导梁设置上下滑道。导梁上滑道与主梁上滑道底面作成同样高度，两者中距相同时，可互相贯通；不同时，应在相接处有 30 ~ 100m 的重叠段，以便反力平稳地由一段过度到另一段，如图 3-3-90 所示。导梁下滑道与纵梁下滑道相同，只是比导梁上滑道多用一根钢轨。

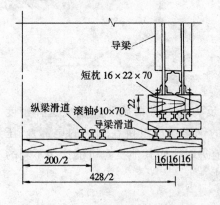

图 3-3-90　导梁上下滑道
构造（单位：cm）

碇等设备。

Ⅱ　滚滑设施

滚滑设施包括上下滑道间的滑板（包括普通钢滑板和硬质钢滑板）、走轮（是指可以随着钢梁移动的车轮，可以是固定在钢梁底面的个别车轮，也可以是一辆或几辆台车）、座轮（是指固定在支垛顶面不随钢梁移动的滚轮，分单式座轮和复式座轮）、滚轴、滚轮箱（是由箱体、滚轮、均衡系统和导向系统组成）和聚四氟乙烯滑块等。

（E）牵引设施及牵引方式

牵引设施主要包括绞车、牵引绳、锚碇等设备。

牵引方式有单级拖拉、多级接力拖拉、往复式拖拉、推进式拖拉和双头牵引拖拉等。

单级拖拉 适用于拖拉距离不长、一拖到底的钢梁，一般拖拉距离为500m。拖拉时，在钢梁前端布置牵引系统，而在钢梁后方布置制动系统。

多级接力拖拉 当拖拉距离较长时，可在拖拉过程中设置几个绞车站，每两个站之间设置一个滑车组互相接力，每一滑车组的拖拉距离约为200~300m，两相邻滑车组的端头应搭叠一定长度，以便钢梁拖到时可与下一段的动滑车栓系。

往复式拖拉 如图3-3-91所示。当绞动牵引滑车组时，放松制动滑车组，使中间的钢丝绳前进；当牵引滑车组全部收紧后，绞动制动滑车组，放松牵引滑车组，使钢丝绳后退，做前后往复运动。

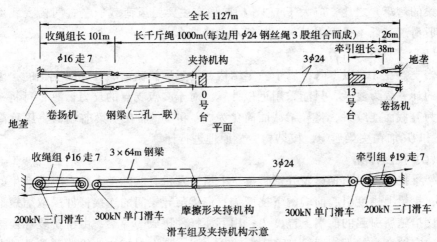

图 3-3-91 往复式拖拉布置

推进式拖拉 如图3-3-92所示。将动滑车组放置钢梁后端，定滑车组放置前方适当位置，当绞动牵引滑车组时，钢梁被推前进。

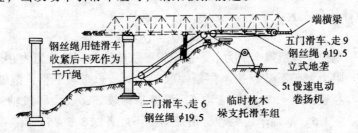

图 3-3-92 推进式拖拉布置

双头牵引滑车组 当需要很大的牵引力时，可将两台绞车共同牵引一个滑车组，这样牵引钢梁前进。

（F）拖拉方向控制

导向设备 在钢梁外侧安装导向角钢或竖直滚筒；在支墩两侧安装侧向支

架，内横置千斤顶调整钢梁横向位置。

滚轴方向控制　由于用滚轴移梁会作蛇形运动，因而必须随时纠正，其控制的方法是先使左右滑车拉力平衡、上下滑道平行、滚轴与滑道方向垂直；而在拖拉过程中，应随时纠正中线的偏移，其纠正的方法是打斜部分滚轴，使钢梁转移。

C. 拖拉架设的施工设计

（A）稳定计算

稳定计算包括在拖拉过程中钢梁的纵向稳定和横向稳定。纵向稳定是稳定力矩（支墩后方的锚固加上压重对支墩处的弯矩）与倾覆力矩（支墩前方悬出钢梁和导梁的弯矩）之比，应大于 1.3；横向稳定主要是风荷载、左右两桁受载不均和两股滑道高低不平而引起的，一般不做验算。

（B）支点反力计算

当支点在 3 个以上时，属于静定结构，由于导梁截面随长度而变化的，因而反力的计算较为复杂，只能采用近似计算。对于多点支点的反力计算，可将桁梁简化为等截面连续梁，将导梁截面简化为 W_d 和 M_d 加在主梁前端，将压重简化为 Q 和 Q_s 加在主梁后端，按结构力学原理进行计算。

（C）挠度计算

架梁挠度主要由钢梁及导梁自重、上滑道及机具、施工人员自重等产生的挠度 f_1；钢梁上拱度引起前端的下挠度 f_2；钢梁与导梁间的连接杆件采取缩短上弦杆长度措施所引起的前端上挠度 f_3；用万能杆件拼成的导梁，由于拼装螺栓与孔眼间的空隙产生的下挠度 f_4 等组成。将 f_1、f_2、f_3、f_4 相加的代数和就是最大挠度值，而钢梁在拖拉时，是以最大挠度值来控制的。

（D）牵引计算

Ⅰ　牵引力

牵引力计算公式为：

$$F = K\varphi Q \pm QG$$

式中　F——拖拉架设所需牵引力。一般取钢梁总重的 5%（坡度阻力在外）(kN)；

　　　K——阻力调整系数。按不同条件取 2～5。滑道坚实平整，滚轴坚硬，直径较大（ϕ120mm）者取 2；滑道基础较好，表面和滚轴一般者取 3～3.5；基础未经处理，滑道施工不好者取 3.5～5；

　　　φ——滑道摩阻系数。钢滑板：普通钢滑板取 0.12～0.25，一般可取 0.2，硬质钢滑板取 0.1，最小可取 0.03；滚轴：摩阻系数 $\varphi = \dfrac{f}{r}$，f 为滚动摩阻系数，取 0.05～0.10，可取 0.065，r 为滚轴半径，当 $r =$ 5cm 时，φ 约为 0.01～0.02，可取 0.015；滚轮箱：约与滚轴相同；走轮和座轮：约为 0.055；

Q——钢梁自重（kN）；

G——坡度（%）。

Ⅱ 制动牵引力

在下坡道上牵引钢梁，在坡度较大时，为了控制钢梁速度；在坡度较小时，为了防止因冲击振动、强风吹袭等原因而向前溜动；在平坡时，为了防止在施工过程中便于控制钢梁前进方向和速度，都应在钢梁的后方，安设制动设施。

制动设施所需牵引力的计算公式为：

$$F = K(0.4AW - \varphi Q + GQ)$$

式中 F——制动设施所需牵引力（kN）；

A——钢梁横向受风面积（m^2）；

W——风荷载强度（查《公路桥涵设计通用规范》）（MPa）；

0.4——将横向风力简化为纵向风力系数；

K——安全系数，一般取 3 ~ 5。

Ⅲ 牵引速度

由于滚轴填塞与校正跟不上，钢梁前进方向不易控制，在上墩时容易发生冲撞事故，因而拖拉速度不宜过快。一般控制在 60 ~ 80m/h，最高不超过 150m/h。

3.4.5 拱 桥 施 工

拱桥施工方法主要根据其结构形式、跨径大小、建桥材料、桥址环境的具体情况以及方便、经济、快捷的原则而定。

石拱桥根据采用的材料的不同可以是片石拱、块石拱或料石拱等；根据其布置形式可以是实腹式石板拱或空腹式石板拱和石肋（或肋板）拱等。对于石拱桥，主要采用拱架施工法。而混凝土预制块的施工与石拱桥相似。

钢筋混凝土拱桥包括钢筋混凝土箱板拱桥、箱肋拱桥、劲性骨架钢筋混凝土拱桥。拱桥从结构立面上可分上承式拱桥、中承式拱桥和下承式拱桥。对于钢筋混凝土拱桥的施工方法，可根据不同的情况来综合考虑。如在允许设置拱架或无足够吊装能力的情况下，各种钢筋混凝土拱桥均可采用在拱架上现浇或组拼拱圈的拱架施工法；为了节省拱架材料，使上、下部结构同时施工，可采用无支架（或少支架）施工法；根据两岸地形及施工现场的具体情况，可采用转体施工法；对于大跨径拱桥还可以采用悬臂施工法，即自拱脚开始采用悬臂浇筑或拼装逐渐形成拱圈至拱顶合拢成拱；必要时还可以采用组合法，如对主拱圈两拱脚段采用悬臂施工，跨中段先采用劲性骨架成拱，然后在骨架上浇筑混凝土后形成最后拱圈，或者先采用转体施工劲性骨架，然后在骨架上浇筑混凝土成拱。

桁架拱桥、桁式组合拱桥一般采用预制拼装施工法。对于小跨径桁架拱桥可采用有支架施工法，对于不能采用有支架施工的大跨径桁架拱桥则采用无支架施工法，如缆索吊装法、悬臂安装法、转体施工法等。

刚架拱桥可以采用有支架施工法、少支架施工法或无支架施工法。

1. 拱架

砌筑石拱桥或混凝土预制块拱桥，以及现浇混凝土或钢筋混凝土拱圈时，需要搭设拱架，以承受全部或部分主拱圈和拱上建筑的重量，保证拱圈的形状符合设计要求。拱架按其使用的材料可分为木拱架、钢拱架、竹拱架、竹木混合拱架、钢木组合拱架、土牛胎拱架等形式；拱架按其结构形式可分为排架式、撑架式、扇形式、桁架式、叠桁式、斜拉式等。

在设计和安装拱架时，应结合实际条件进行多方面的技术经济比较。主要原则是稳定可靠，结构简单，受力情况清楚，装卸便利和能重复使用。

(1) 拱架构造及安装

1) 工字梁钢拱架

A. 构造形式

工字梁钢拱架有两种形式，一是为有中间木支架的钢木组合拱架；二是为无中间木支架的活用钢拱架。钢木组合拱架是在木支架上用工字钢梁代替木斜撑，可以加大斜梁的跨度、减少支架，这种拱架的支架常采用框架式，如图 3-3-93 所示；工字梁活用钢拱架，构造形式如图 3-3-94 所示，是由工字钢梁基本节（分成几种不同长度）、楔形插节（由同号工字钢截成）、拱顶铰及拱脚铰等基本构件组成，工字钢与工字钢或工字钢与楔形插节可在侧面用角钢和螺栓连接，在上下面用拼接钢板连接，基本节一般用两个工字钢横向平行组成，用基本节段和楔形插节连成拱圈全长时即组成一片拱架。

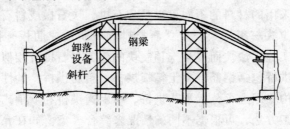

图 3-3-93　钢木组合拱架

B. 放样

以工字钢拱架顶拼接钢板底中点为原点作坐标轴 x-x，y-y，然后根据各节点的坐标将各节点放样于样台上，如图 3-3-95 所示。根据放出的拱架大样及拱脚铰位置，可以定出墩台缺口、模板、弧形木及横梁的位置和尺寸。应注意拼接板底面与拱圈内弧线间一般须留出 30~50cm 的间隙，以便放置弧形木及模板等构件。拱圈内弧线大样应预加建筑拱度，弧形木的分段应设在每个插节的中点。

C. 拱架安装

（A）组拼

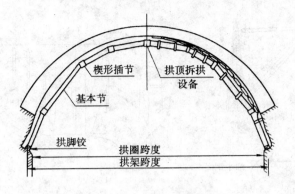

图 3-3-94　工字梁活用钢拱架

工字梁活用钢拱架一般是将每片拱架先组成两个半拱片，然后进行安装就位。半个拱片的拼装可在桥下的地面或驳船上进行，拱节间拼装螺栓应拧紧。插节应先安装在第一基本节上。拼装第二片拱架时，应附带把横向联结用的角钢装上并用绳子捆好。

（B）架设安装

架设工作应分片进行，在架设每个拱片时，应先同时将左半拱、右半拱两段拱片吊至一定高度，并将拱片脚纳入墩台缺口或预埋的工字梁支点上与拱座铰连接，然后安装拱顶卸顶设备进行合拢。用活动钢吊杆起吊拱架的方法，如图 3-3-96（a）所示。用架空缆索及扒杆联合安装拱架的方法，如图 3-3-96（b）所示。

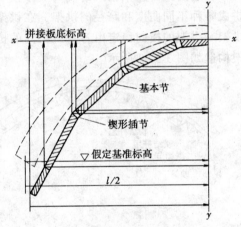

图 3-3-95　工字梁活用钢拱架放样示意

D. 横梁、弧形木及支撑木的安装

横梁、弧形木及支撑木应按大样统一制作，安装时，应先安装弧形木，其次安装支撑、横梁及模板。横梁应严格按设计位置安放。

2）钢桁架拱架

A. 结构形式

（A）常备拼装式桁架形拱架

常备拼装式桁架形拱架是由标准节段、拱顶段、拱脚段和连接杆等用钢销或螺栓联结的，拱架一般采用三铰拱，其横桥向由若干组拱片组成，每组的拱片数及组数由桥梁跨径、荷载大小和桥宽决定，每组拱片及各组间由纵、横联结系联成整体，如图 3-3-97 所示。

（B）装配式公路钢桥桁架节段拼装式拱架

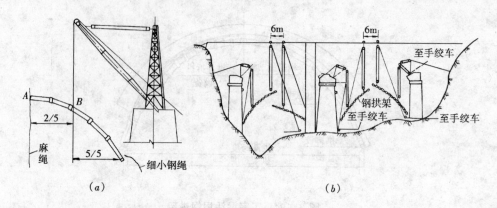

图 3-3-96   工字梁活用钢拱架安装示意图

(a) 活动扒杆安装；(b) 缆索及扒杆联合安装

在装配式公路钢桁架节段的上弦接头处加上一个不同长度的钢铰接头，即可拼成各种不同曲度和跨径的拱架，在拱架两端应另加设拱脚段和支座，构成双铰拱架。拱架的横向稳定由各片拱架间的抗风拉杆、撑木和风缆等设备来保证。拱架构造如图 3-3-98 所示。

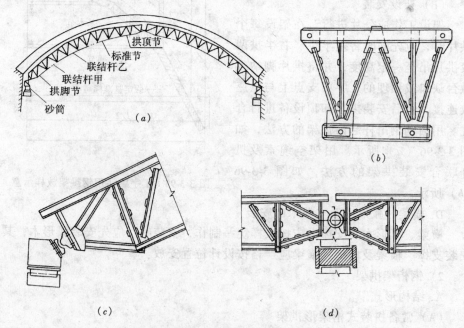

图 3-3-97   常备拼装式桁架形拱架

(a) 常备拼装式；(b) 标准节；(c) 拱脚节；(d) 拱顶节

(C) 万能杆件拼装式拱架

用万能杆件拼装拱架是用万能杆件补充一部分带铰的连接短杆。拼装时，先

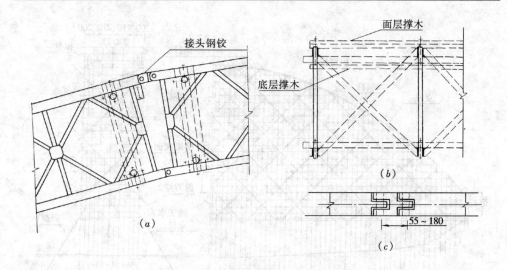

图 3-3-98　装配式公路钢桥桁架节段拼装式拱架（单位：mm）

(a) 桁节联结；(b) 拱架横向联结；(c) 钢铰接头平面

拼成桁架节段，再用长度不同的连接短杆连成不同曲度和跨径的拱架。

（D）装配式公路钢桥桁架或万能杆件桁架与木拱盔组合的钢木组合拱架

这种拱架是由钢桁架及其上面的帽木、立柱、斜撑、横梁及弧形木等杆件构成。

B. 钢桁架拱架的安装

钢桁架拱架的安装主要有半拱旋转法、竖立安装法、浮运安装法、悬臂拼装法和在高空缆索脚手架上拼装拱架等方法。

3）扣件式钢管拱架

A. 扣件式钢管拱架的构造形式

扣件式钢管拱架一般有满堂式、预留孔满堂式、立柱式扇形等几种形式。满堂式钢管拱架用于高度较小，在施工期间对桥下空间无特殊要求的情况，图 3-3-99 是满堂式钢管拱架构造示意。立柱式扇形钢管拱架是先用型钢组成立柱，以立柱为基础，在起拱线以上范围用扣件钢管组成扇形拱架。图 3-3-100 所示是一种组合钢管拱架，即在拱肋下用型钢组成的钢架（或用贝雷桁片组成）拼成 4 排纵梁，并置于万能杆件框架上，再在纵梁上用钢管扣件组成拱架，其横向两侧各拉两道抗风索，以加强拱架稳定性。

扣件式钢管拱架一般不分支架和拱盔部分，是一个空间框架结构，所有的杆件（钢管）通过各种不同形式的扣件来联结，也不需设置卸落拱架的设备。扣件式钢管拱架一般由立柱（立杆）、小横杆（桥横向）、大横杆（桥纵向）、剪刀撑、斜撑、扣件、缆风索等组成，并以扣件联结各杆件。立柱是承受和传递荷载给地基的主要受力杆件；顶端小横杆是将模板、混凝土构件的重量、施工临时荷载传

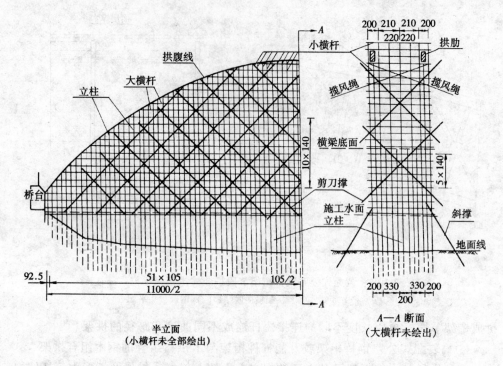

图 3-3-99   满堂式钢管拱架示意图（单位：cm）

给立柱的主要受力构件，而其余小横杆起横向连接立柱的作用；大横杆起纵向联结立柱的作用；扣件包括直角扣件、回转扣件、套筒扣件等，是把各杆件联结成

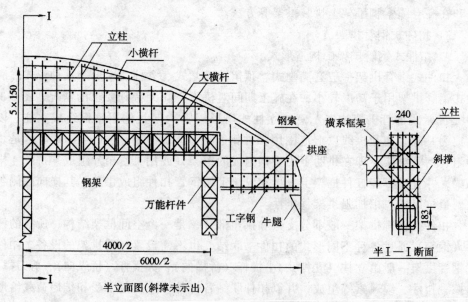

图 3-3-100   组合式钢管拱架

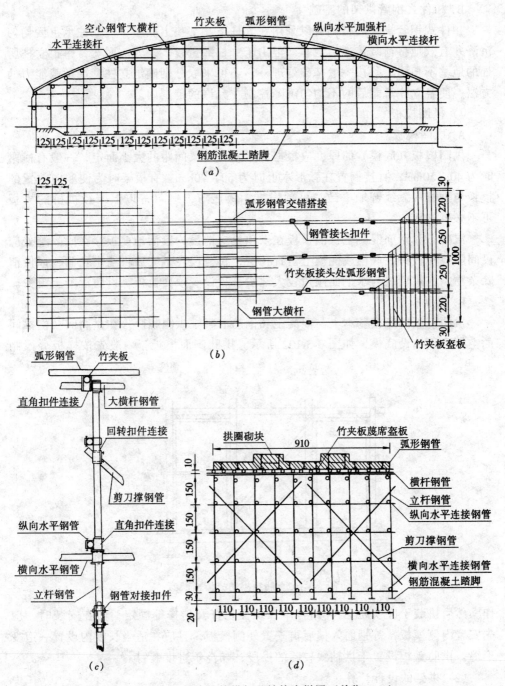

图 3-3-101 扣件式钢管拱架及结构大样图（单位：cm）；
（a）立面图；（b）俯视图；（c）主拱架结构大样图；（d）横断面图

整体钢管拱架。图 3-3-101 是一套钢管拱架及结构大样示意图。

B. 扣件式钢管拱架的基础

扣件式钢管拱架的基础可以采用在立柱下端部垫上底座，使立柱承重后均匀沉降并有效地将荷载传递给地基。但由于立柱数量较多，分散面宽，每根立柱所处的地基不相同，除按一般基础处理外，还可采取分别确定立柱管端承载能力的方法，使各立柱承载后的不均匀沉降控制在允许的范围内。

4）拱圈模板

A. 拱圈模板

拱圈模板（底模）的厚度应根据弧形木或横梁间距的大小而定，一般有横梁时为 40~50mm，直接搁置在弧形木上时为 60~70mm。有横架时为使顺向放置的模板与拱圈内弧线圆顺一致，可预先将木板压弯，但 40m 以上跨径拱桥的模板可不必事先压弯。

混凝土和钢筋混凝土拱圈模板在拱顶处应铺设一段活动模板，在间隔缝处应设间隔缝模板并在底模或侧模上留置孔洞，待分段浇筑完后再堵塞孔洞，以便清除杂物。在拱轴线与水平面倾角较大地段，须设置顶面盖板，以防混凝土流失。

B. 拱肋模板

拱肋模板的底模基本上与混凝土和钢筋混凝土拱圈相同，在拱肋间及横撑间的空档可不铺设底模，如图 3-3-102 所示。拱肋侧面模板，一般先按样板分段制

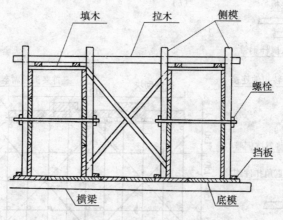

图 3-3-102 肋拱拱肋模板横断面

作，然后拼装于底模之上，并用拉木、螺栓拉杆及斜撑等固定，但在安装时，应先安置内侧模板，等钢筋入模后再安置外侧模板，且应在适当长度内设置一道变形缝。拱肋盖板设置于拱轴线较陡的拱段，随浇筑进度装钉。

（2）拱架的设计计算

1）计算荷载

拱圈圬工重量　在不分环砌筑拱圈时，按全部拱圈厚度计算拱圈圬工重量；

分环砌筑拱圈时，按实际作用于拱架的环层计算拱圈圬工重量，一般可计入拱圈总重量的 60% ~ 75%。

模板、垫木、拱架与拱圈之间各项材料的重量。

拱架自重　排架式木拱架包括铁件，按 6.5kN/m³ 估算；三铰木拱架，按 2.5kN/m ~ 3.5kN/m 估算。

施工人员、机具重量　一般按 2.0kN/m² 估算。

横向风力　验算拱架稳定时应考虑横向风力，其值可参考《公路桥涵设计通用规范》（JTJ 021）计算，也可假定横向风力为 1.0kN/m²。

2）拱架的计算

A. 有中间支架的拱架计算

（A）拱块的重力

当拱块作用于拱架的斜面时，如图 3-3-103 所示，在重力的作用下，产生垂直于斜面的正压力 N 和平行于斜面的切向力 T；由于正压力 N 的作用，拱块与模板间产生摩阻力 T_0，而切向力 T 的一部分传给拱架斜梁，其余部分切向力（$T - T_0$）则继续往下传给墩台或下一根斜梁。

因此：

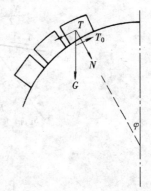

图 3-3-103　排架式及撑架式、叠桁式拱架计算图示

$$N = G\cos\varphi$$
$$T = G\sin\varphi$$
$$T_0 = \mu_1 N = \mu_1 G\cos\varphi$$

式中　G——拱块重力；

μ_1——拱块与模板间的摩擦系数，混凝土拱圈取 0.47，石砌拱圈取 0.36。

作用于拱架斜面上的拱块切向力，是随 φ 值的大小而变化的。计算拱架时，当 $T \leqslant T_0$ 时，一般取 T；当 $T > T_0$ 时，应取 T_0。

（B）拱架的内力分析

拱架各杆件的内力可用节点法逐次分析求得。为了避免繁琐的计算，一般用图解法，图 3-3-104 所示是拱架顶部 4 个不同节点的受力情况。

在图 3-3-104（a）中：

$\dfrac{N_n}{2}$、$\dfrac{N_{n+1}}{2}$ 为节点 n 及（$n+1$）的拱块正压力的一半；T_n、T_{n+1} 为节点 n 及

（$n+1$）的拱块的切向力；S_n 为上一节点的合力 R 的切向分力；R 为 $\dfrac{N_n}{2}$、$\dfrac{N_{n+1}}{2}$、

T_n、S_n 的合力（T_{n+1} 直接传至下一节点上）；S_{n+1} 为合力 R 的杆件（$n+1$）内的分力；S_n 为合力 R 在杆件 k 内的分力。

杆件 n 的内力 T_n 与 S_n 之和；杆件 k 的内力为 S_k；杆件（$n+1$）传至下一

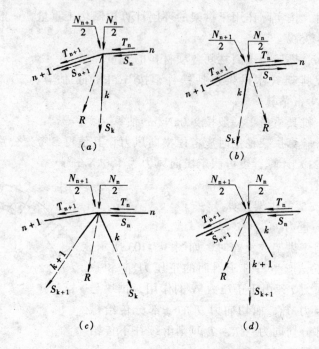

图 3-3-104   拱架顶部节点受力图示

节点的力为 T_{n+1} 及 S_{n+1}，其内力视下一节点受力分析而定。

在图 3-3-104（b）中：

杆件 n 的内力为 T_n、S_n 及合力 R 在 n 杆内的分力之和（R 指右方，其分力方向与 T_n、S_n 相反）；杆件 k 的内力为 R 在 k 杆内的分力 S_k；由于 R 指右方，它在（$n+1$）杆内没有分力，杆件（$n+1$）传至下一节点的力为 T_{n+1}。

在图 3-3-104（c）中：S_{k+1} 为合力 R 在（$k+1$）杆的分力。

杆件 n 的内力为 T_n、S_n；杆件 k 的内力为 S_k；杆件（$k+1$）的内力为 S_{k+1}；杆件（$n+1$）传至下一节点的力为 T_{n+1} 及 S_{n+1}。

在图 3-3-104（d）中：杆件 n 的内力 T_n 及 S_n；杆件（$k+1$）的内力为 S_{k+1}；杆件 k 不受力；杆件（$n+1$）传至下一节点的力为 T_{n+1} 及 S_{n+1}。

用节点法逐次分析杆件内力时，一般从拱顶节点开始，拱架顶部以外的其他节点也可以根据 k 及（$k+1$）杆件传递的力，逐一分析求得。

（C）拱架杆件的应力验算

拱架各杆件内力求得后，参照《公路桥涵钢结构及木结构设计规范》（JTJ 025）有关条文进行杆件应力验算。其主要公式为：

偏心受拉杆件：$\sigma_1 = \dfrac{N}{A_{ji}} + \dfrac{M}{W_{ji}} \times \dfrac{[\sigma_1]}{[\sigma_W]} \leqslant [\sigma_1]$

轴心受拉杆件：$\sigma_1 = \dfrac{N}{A_{ji}} \leqslant [\sigma_1]$

受弯杆件：$\sigma_{\mathrm{W}} = \dfrac{M}{W_{ji}} \leqslant [\sigma_{\mathrm{W}}]$　　　$\tau = \dfrac{QS_{\mathrm{m}}}{I_{\mathrm{m}}b} \leqslant [\tau]$

轴心受压杆件：强度验算：$\sigma_{\mathrm{a}} = \dfrac{N}{A_{ji}} \leqslant [\sigma_{\mathrm{a}}]$

稳定验算：$\sigma_{\mathrm{a}} = \dfrac{N}{\phi A_0} \leqslant [\sigma_{\mathrm{a}}]$

偏心受压杆件：$\sigma_{\mathrm{a}} = \dfrac{N}{\phi A_0} + \dfrac{M[\sigma_{\mathrm{a}}]}{W_{ji}[\sigma_{\mathrm{W}}]} \leqslant [\sigma_{\mathrm{a}}]$

式中　　σ_1——计算拉应力；

N——计算轴向力；

A_{ji}——受拉杆件的净截面积。计算时应减去邻近 15cm 长度范围内的所有削弱面积（缺孔、齿槽）在计算面上的投影之和，当两个以上的削弱面积在计算截面上的投影重合时，重合部分只计一个投影；

$[\sigma_1]$——木材的容许顺纹拉应力；

M——计算弯矩；

W_{ji}——计算截面的净截面抵抗矩；

$[\sigma_{\mathrm{W}}]$——木材的容许顺纹弯应力；

σ_{W}——计算弯应力；

τ——计算截面中和轴处的弯曲剪应力；

Q——计算剪力；

I_{m}——计算截面的毛截面惯性矩；

S_{m}——计算截面中和轴以上的毛截面积对中和轴的面积矩；

b——计算截面中和轴处的截面宽度；

$[\tau]$——木材的顺纹容许弯曲剪应力；

σ_{a}——计算压应力；

$[\sigma_{\mathrm{a}}]$——木材的容许顺纹压应力；

A_0——计算稳定时的计算面积。按下列方法确定，如图 3-3-105 所示。无削弱面积时，取 $A_0 = A_{\mathrm{m}}$，A_{m} 为毛截面面积；削弱面积不在边缘，如图 3-3-105（a），取 $A_0 = 0.9A_{\mathrm{m}}$；削弱面积在边缘且对称，如图 3-3-105（b），取 $A_0 = A_{ji}$；削弱面积在边缘且不对称，如图 3-3-105（c），则按偏心受压杆件计算；

ϕ——杆件的纵向弯曲系数，按下列公式计算：

当 $\lambda \leqslant 80$ 时：$\phi = 1.02 - 0.55\left(\dfrac{\lambda + 20}{100}\right)^2$

当 $\lambda > 80$ 时：$\phi = \dfrac{3000}{\lambda^2}$

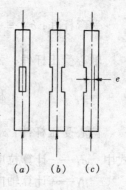

图 3-3-105 受压杆件削弱面积示意

λ——杆件长细比。$\lambda = \dfrac{L_0}{r}$；

r——计算截面回转半径。$r = \sqrt{\dfrac{I_m}{A_m}}$；

I_m——毛截面对其中和轴的惯性矩；

L_0——受压杆件的计算长度。它由杆件支点间的长度乘下列系数得出：两端铰接时，系数取 1；两端固定时，系数取 0.65；一端固定另一端自由时，系数取 2；一端固定另一端铰接时，系数取 0.8。

（D）拱架抗倾覆稳定系数

拱架横向抗倾覆稳定系数应不小于 1.3。

B. 无中间支架的拱架（拱式拱架）计算

无中间支架拱架包括工字梁活用钢拱架、钢桁架拱架、木桁架式拱架等。在不影响计算精度和使计算简便的条件下，采用下列的假定来进行拱架的受力分析：

Ⅰ 假定作用在拱架上的恒载和活载（当分环砌筑时为分配给拱架的环层）全部由拱架承担，并可将拱圈和拱架分成若干节段；

Ⅱ 假定恒载和活载均作用在每段的中心处。

作用在拱架上的恒载包括拱架自重、模板及运输设备的重力。按下式计算：

$$G = \frac{q_1 + q_2 + q_3}{n} S$$

式中 G——计算拱段拱架上的恒载（kN）；

q_1——拱架每延米重力（包括拱架间的联结系）（kN/m）；

q_2——每延米拱圈上的模板重力（kN/m）；

q_3——分布于每延米拱圈上的材料运输设备的重力（kN/m）；

S——计算拱段拱架轴线的长度（m）；

n——横向拱架片数（每片两行工字钢梁）。

作用在拱架上的活载为拱圈圬工重力及施工人员重力。按下式计算：

$$P = rh \cdot \Delta x \cdot b + q_A \cdot \Delta x \cdot b$$

式中 P——计算拱段拱架上的活载（kN）；

h——每段拱圈中心处垂直方向的厚度（m）；

r——拱圈圬工单位体积重（kN/m³）；

Δx——每段拱圈在水平投影上的长度（m）；

b——拱圈分布到每片拱架上的宽度（m）。$b = \dfrac{B}{n}$；

B——拱圈横桥向全宽（m）；

n——拱架横向片数；

q_A——计算拱段拱架上施工人员重（kN/m²）。

（A）拱架内力计算

以工字梁活用钢拱架为例，用图解法计算拱式拱架的内力，如图 3-3-106 所示。首先通过拱架的拱顶和拱脚绘制索多边形及力多边形，然后从图中量出计算截面的轴向力 N、偏心矩 e 和剪力 Q，计算截面的弯矩 $M = Ne$。计算时，由图中选取一个或两个控制截面作为计算截面，如图 3-3-106 中的 A-A 及 B-B 截面。

（B）拱架截面应力验算

应力按偏心受压杆件计算，其计算公式为：

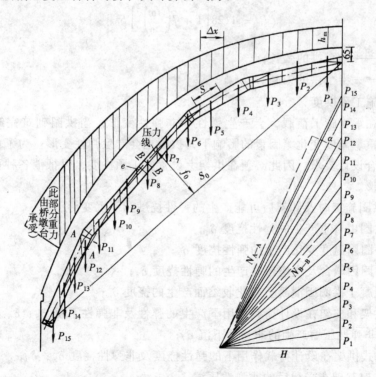

图 3-3-106　中间无支架的拱架内力计算图

强度验算：$\sigma = \dfrac{N}{A_{ji}} + \dfrac{M}{W_{ji}} \leqslant [\sigma]$

在挠曲力矩作用面内的稳定验算：$\sigma = \dfrac{N}{\phi_x A_m} + \dfrac{W}{W_m} \leqslant [\sigma]$

垂直于挠曲力矩作用面的稳定验算：$\sigma = \dfrac{N}{K\phi_y A_m} \leqslant [\sigma]$

式中 A_{ji}——偏心受压杆件净截面积；

W_{ji}——杆件净截面的截面模量；

A_m——杆件的毛截面面积；

W_m——杆件的毛截面模量；

ϕ_x——轴心受压杆件容许应力折减系数，按杆件在挠曲力矩作用面的长

细比 λ_x 计算：$\lambda_x = \dfrac{l_0}{i_x}$；

l_0——拱架在弯曲平面内的自由长度；

i_x——惯性半径。

拱架的长细比按三铰拱计算：

$$l_0 = 1.28\left[1 + 7\left(\frac{f_0}{S_0}\right)^2\right]S_0$$

式中 S_0——半个拱的弦长；

f_0——半个拱的矢高。

（3）施工预拱度

拱架在承受施工荷载，会产生弹性和非弹性变形；当拱圈砌筑完卸落拱架后，在自重、温度变化等因素的影响下，拱圈也会产生弹性变形。为了使拱圈的拱轴线符合设计要求，因此必须在拱架上设置施工预拱度，以抵消各种可能发生的竖直变形。

1）拱圈施工时及卸架后可能产生的弹性挠度和下沉变形

A. 拱圈由自重产生的弹性挠度 δ_1；

B. 拱圈因温度变化产生的弹性挠度 δ_2；

C. 拱圈因墩台及支座位移产生的弹性挠度 δ_3；

D. 混凝土拱圈因混凝土硬化收缩而产生的挠度 δ_4；

E. 拱架和支架在设计荷载作用下产生的弹性及非弹性下沉 δ_5、δ_6 及由于卸拱设备的非弹性压缩产生的非弹性下沉 δ_7；

F. 拱式拱架在设计荷载作用下的弹性挠度及非弹性挠度 δ_8、δ_9；

G. 支架基础在受载后的非弹性压缩 δ_{10}；

H. 无支架施工时的裸拱变形 δ_{11}。一般可预估为 $L/1000$，L 为拱圈的计算跨径；

I. 斜拉式贝雷平梁在设计荷载作用下的弹性及非弹性挠度 δ_{12}、δ_{13} 及由于不平衡加载引起的塔柱变形产生的挠度 δ_{14}。

拱架在拱顶处的总预拱度，可以根据各挠度的计算，并参考表 3-3-10 所列经

验值进行校核或估算，并按可能产生的各项挠度数值相加后得到。

拱顶预拱度经验值　　　　　　　　　表 3-3-10

桥　　　型	拱顶预拱度经验值	说　　　明
一般砖、石、混凝土拱桥	$\dfrac{L}{400} \sim \dfrac{L}{800}$	拱度小时，采用较大值，反之采用较小值
采用无支架施工	$\dfrac{L^2}{4000f} \sim \dfrac{L^2}{6000f}$	1. 拱度小时，采用较大值，反之采用较小值 2. 预拱度值中不包括拱架变形值
采用无支架施工或脱架施工	$\left(\dfrac{L^2}{4000f} \sim \dfrac{L^2}{6000f}\right) + \dfrac{L}{1000}$	

注：f 为拱圈计算矢高；L 为拱圈计算跨径。

2）预拱度的设置

设置预拱度时，拱顶处应按全部预拱度总值设置，拱脚处为零，其余各点按拱轴线坐标高度比例或按二次抛物线分配。按二次抛物线分配时的计算方法，可参考下式和图 3-3-107。

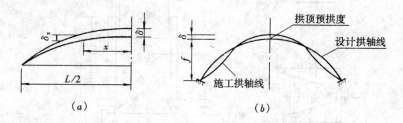

图 3-3-107　施工预拱度的设置方法

$$\delta_x = \delta\left(1 - \frac{4x^2}{L^2}\right)$$

式中　δ_x——任意点（距离为 x）的预加高度；

　　　δ——拱顶总预加高度；

　　　L——拱圈计算跨径；

　　　x——跨中至任意点的水平距离。

（4）拱架的卸落和拆除

由于拱上建筑、拱背材料、连拱等因素对拱圈受力有影响，因此应选择对拱体产生最小应力时来卸架，一般在砌筑完成后 20～30d，待砌筑砂浆强度达到设计强度的 70% 以后才能卸落拱架。一般情况，卸架应选择在下列阶段并符合下列规定：

①实腹式拱在护拱、侧墙完成后；②空腹式拱在拱上小拱横墙完成后、小拱圈砌筑前；③裸拱卸架时，应对裸拱进行截面强度及稳定性验算，并采取必要的稳定措施；④如必须提前卸架时，应适当提高砂浆（或混凝土）强度或采取其它措施；⑤较大跨径拱桥的拱架卸落，一般在设计文件中有明确规定，应按设计规

定进行。

1) 卸架设备

A. 木楔

木楔有简单木楔和组合木楔等不同构造，如图 3-3-108 所示。用木楔作为卸落设备，在满布式拱架中较常采用，但在拱式拱架中也有应用。简单木楔（图 3-3-108 a）是由两块 1:6～1:10 斜面的硬木楔形块组成，构造简单，在落架时，用锤轻轻敲击木楔小头，将木楔取出，拱架即可落下。组合木楔构造如图 3-3-108（b）所示，是由三块楔形木和一根对拉螺栓组成，在卸架时只需扭松螺栓，木楔便落下，拱架即可逐渐降落。组合木楔比简单木楔更为稳定和均匀。对拉螺栓所受拉力可按下式计算：

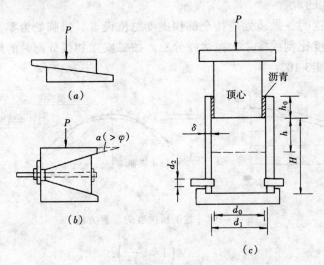

图 3-3-108　卸架设备

（a）简单木楔；（b）组合木楔；（c）砂筒

$$T = \frac{2P\cos\alpha\sin(\alpha - \varphi)}{\cos\varphi}$$

式中　T——螺栓所受拉力；

P——作用于木楔的荷载；

α——木楔斜面倾角。为使木楔滑动，应大于 φ；

φ——木楔块件间摩擦角。为了减少放松木楔时的摩阻力，木楔应刨光和涂油。

B. 砂筒

砂筒是由铸铁制成圆筒或用方木拼成方盒，砂筒的构造如图 3-3-108（c）所示。砂筒上面的顶心可用方材或混凝土制成，砂筒与顶心间的空隙应以沥青填塞，以免砂子受潮不易流出。卸架是靠砂子从砂筒下部的泄砂孔流出而实现的，因此要求砂筒内的砂子干燥、均匀、洁净，卸架时靠砂子的泄出量来控制砂筒顶心的降落量（即控制拱架卸落的高度）分数次进行卸落，这样能使拱架均匀下降而不受震动。

圆形砂筒的尺寸确定可参见图 3-3-108（c），而应力验算可按下式计算：

$$d_1 = d_0 + 2 = \sqrt{\frac{4P}{\pi[\sigma]}} + 2$$

$$\sigma = \frac{T}{\delta(H + h_0 - d_2)} = \frac{\frac{4P}{\pi d_0^2} d_1 H}{\delta(H + h_0 - d_2)}$$

式中　d_0——砂筒顶心直径（mm）；

$\quad\quad d_1$——砂筒内壁直径（mm）；

$\quad\quad d_2$——泄砂孔直径（mm）；

$\quad\quad h_0$——顶心放入砂筒的深度（mm），一般为 70～100mm；

$\quad\quad H$——降落高度（mm）；

$\quad\quad T$——筒壁受力（N）；

$\quad\quad \sigma$——筒壁应力（MPa）；

$\quad\quad [\sigma]$——筒内砂子的容许承压应力（MPa）。

2）拱架卸落的程序与方法

拱架卸落的过程，实质上是由拱架支承的拱圈（或拱上建筑已完成的整个拱桥上部结构）的重力逐渐转移给拱圈自身来承担的过程，为了使拱圈受力有利，而应采取一定的卸架程序和方法来进行。在卸架过程中，只有当达到一定的卸落量 h 时，拱架才能脱离拱圈体实现力的转移。

A. 满布式拱架的卸落

满布式拱架所需的卸落量 h，应为拱圈弹性下沉量及拱架弹性回升量之和，即：

$$h_d = \delta_1 + \delta_2 + \delta_3 + \delta_4 + \delta_5$$

为了使拱圈体逐渐均匀的降落和受力，各支点卸落量应分成几次和几个循环逐步完成，各次和各循环之间应有一定的间歇，间歇后应将松动的卸落设备顶紧，使拱圈体落实。

对于满布式拱架的卸落程序可根据算出和分配的各支点的卸落量，从拱顶开始，逐次同时向拱脚对称地卸落，如图 3-3-109 所示。

B. 工字梁活用钢拱架的卸落

工字梁活用钢拱架的卸落设备一般置于拱顶，卸落的布置如图 3-3-110 所示。卸落拱架时，先将 8 台卸落拱架的绞车绞紧，然后将拱顶卸拱设备上 4 个螺栓（组合木楔对拉螺栓）松几丝，即可放松绞车，敲松拱顶卸拱木，然后第二次绞

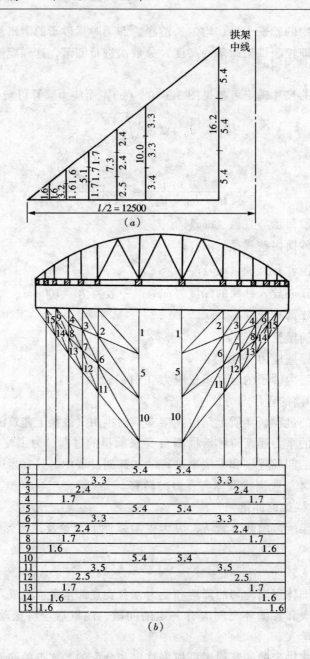

图 3-3-109 满布式拱架卸落程序（mm）

（*a*）满布式拱架各排架卸落量图解；（*b*）满布式拱架卸落程序

紧绞车，松螺栓，再次放松绞车，如此逐次循环松降，直至降落到一定的卸落量 *h* 后，拱架即可脱离拱圈体。

拱架脱离拱圈体后，即可撤除卸拱设备和拱顶一部分模板，然后将第 1 组轨

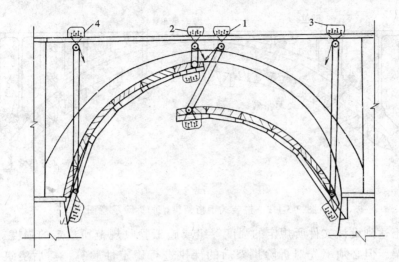

图 3-3-110　工字梁活用钢拱架的卸落布置

束松至与第 3 组轨束相平，并用另一绞车将拱脚自支座缺口中拉出，然后同时松动两组绞车，将拱架降落到地面拆除。第 1、3 组落地后，再落第 2、4 组。

C. 钢桁架拱架的卸落与拆除

钢桁架拱架也是一种拱式拱架，其卸落量 h 为 $h_d = \delta_1 + \delta_2 + \delta_3 + \delta_4 + \delta_5$。钢桁架拱架的卸落设备既可放置于拱顶，也可放置于拱脚。当卸架设备位于拱顶时可在支撑的情况下，逐次松动卸架设备，逐次卸落拱架，直至拱架脱离拱圈体后，拆除拱架。当卸架设备（一般为砂筒）位于拱脚时，为了防止拱架与墩台顶紧而阻止拱架下降，因而应在拱脚三角垫与墩台间设置木楔，如图 3-3-111 所示，卸架时，先松动木楔，再逐次对称泄砂落架。

当拱架与拱圈体之间有一定空间时，其卸架程序与方法同满布式拱架；对于拼装成钢桁架的拱架的卸落，可利用拱圈体进行拱架的分节拆除，拆除的拱架节段可用缆索吊车吊运，其拆除方法如图 3-3-112 所示。

D. 扣件式钢管拱架的卸落

由于扣件式钢管拱架没有卸落设备，因此卸落时只需用扳手拧松扣件，取走拱架杆件，卸架时以对拱圈受力有利为原则。卸架程序和方法可参照满布式拱架。

2. 现浇钢筋混凝土拱圈

（1）施工程序

1）上承式拱桥

上承式钢筋混凝土拱桥的施工程序为：先在拱架上现浇钢筋混凝土拱圈（或拱肋）以及拱上立柱的底座，

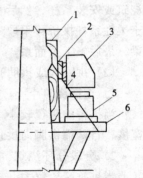

图 3-3-111　拱脚处卸架设备

1—垫木；2—木楔；3—混凝土三角垫；4—斜拉杆；5—砂筒；6—支架

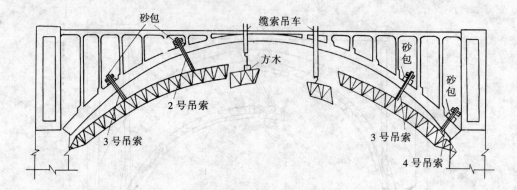

图 3-3-112　拼装式钢桁架拱架的拆除示意图

待混凝土达到设计文件所规定的强度等级或施工验收规范所规定的强度等级后，拆除拱架，但必须事先对拆除拱架后的裸拱进行稳定性验算，然后浇筑拱上立柱、联结系及横梁等，最后浇筑桥面系，完成整个拱桥施工。

2）中、下承式拱桥

中、下承式拱桥一般是按拱肋、桥面系、吊杆的施工顺序来进行施工。而桥面系可采用预制安装的方法进行施工，这样可以加快施工进度。吊杆分为刚性吊杆和柔性吊杆，刚性吊杆是在钢丝束或钢绞线束外包混凝土；柔性吊杆采用钢丝束或钢绞线束，防腐采用 PE 热挤防护套，而柔性吊杆一般在工厂热挤 PE 料制索，成捆运至工地安装。图 3-3-113 是一座采用柔性吊杆的中承式拱桥的浇筑程序示意图。

3）系杆拱桥

系杆拱桥的系杆分为刚性系杆和柔性系杆两种。对于刚性系杆拱桥可采取先浇筑或安装系杆，然后在系杆上安装拱架，浇筑拱肋混凝土，最后安装吊杆；对于柔性系杆拱桥可采取先安装拱架，浇筑拱肋混凝土，卸落拱架，安装吊杆、横梁，最后施工桥面系。

（2）拱圈（或拱肋）的浇筑

1）连续浇筑

当拱桥的跨径较小（一般小于 16m）时，拱圈（或拱肋）混凝土应按全拱圈宽度，自两端拱脚向拱顶对称地连续浇筑，并在拱脚混凝土初凝前浇筑完毕。

2）分段分环浇筑

当拱桥跨径较大（一般大于 16m）时，为了避免拱架变形而产生裂缝以及减少混凝土收缩应力，拱圈（或拱肋）应采取分段浇筑的施工方案。分段位置的确定是使拱架受力对称、均衡、拱架变形小为原则，一般分段长度为 6～15m。分段浇筑的程序应符合设计要求，且对称于拱顶，使拱架变形保持对称、均衡和尽可能地小。但应在拱架挠曲线为折线的拱架支点、节点　拱脚、拱顶等处宜设置分段点并适当预留间隔缝。

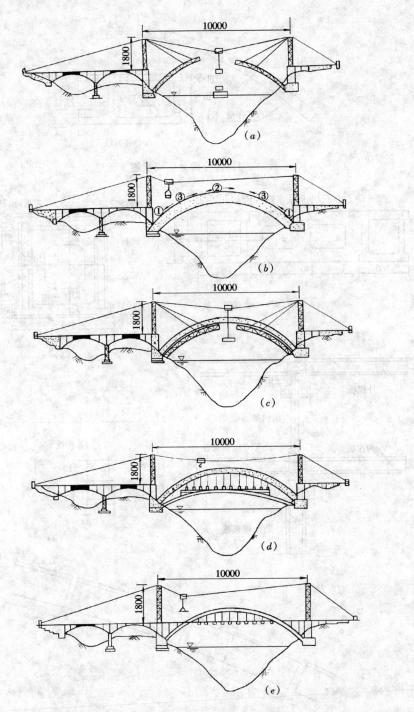

图 3-3-113　中承式拱桥浇筑程序示意图（cm）

（a）拱架安装合拢；（b）分环分段浇筑拱肋；（c）拱架卸落；（d）安装吊杆、横梁；（e）桥面系施工

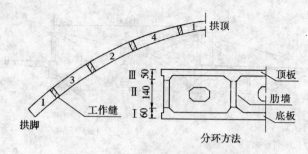

图 3-3-114 分段分环浇筑施工程序

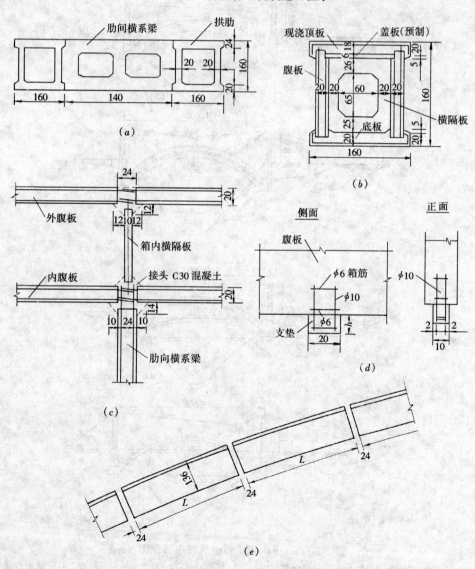

图 3-3-115 在拱架上组装箱肋拱桥构造示意图（单位：cm）

对于大跨径的箱形截面的拱桥，一般采取分段分环的浇筑方案。分环有分成二环浇筑和分成三环浇筑两种方案：分成二环浇筑是先分段浇筑底板（第一环），然后分段浇筑腹板、横隔板及顶板混凝土（第二环）；分成三环浇筑是先分段浇筑底板（第一环），然后分段浇筑腹板和横隔板（第二环），最后分段浇筑顶板（第三环）。图 3-3-114 是箱形截面拱圈采用分段分环浇筑示意图。

（3）在拱架上组装箱形截面拱圈

在拱架上组装箱形截面拱圈是一种预制和现浇相结合完成拱圈全截面的施工方法，主要适用于箱形板拱桥和箱形肋拱桥。箱形肋拱桥的施工程序与箱形板拱桥基本相似。针对箱形肋拱桥（图 3-3-115），在拱架上组装腹板时，应从拱脚开始，两端对称到拱顶，横向应先安装两箱肋的内侧腹板，后安装肋间横系梁，最后安装边腹板及箱内横隔板；每安装一块，应立即与已安装好的一块腹板及横隔板的钢筋焊接，接着安装下一块；预制块组装完后，应立即浇筑接头混凝土，以保证拱架的稳定，接头混凝土应由拱脚向拱顶对称浇筑；待接头混凝土达到设计强度等级后，从拱脚向拱顶浇筑底板，完成整个箱形拱肋的施工。

（4）钢管混凝土及劲性骨架拱圈

钢管混凝土作为大跨径中、下承式拱桥的拱肋，其拱肋有多种截面形式，如图 3-3-116 所示。施工时，首先制作、加工钢管、腹杆、横撑等，然后在样台上拼接钢管拱肋，做到先端段，后顶段逐段进行；其次吊装钢管拱肋就位、调整拱段标高及焊接接缝、合拢、封拱脚混凝土使钢管拱肋转化为无铰拱；第三步按设计程序浇灌管内混凝土；最后安装吊杆、纵横梁、桥面板，浇筑桥面混凝土。图 3-3-117 是一座集束钢管混凝土提篮拱。

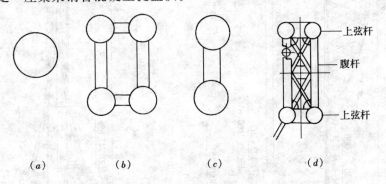

上弦杆

腹杆

上弦杆

（a） （b） （c） （d）

图 3-3-116 钢管混凝土拱桥的拱肋截面形式

（a）单管形；（b）矩形；（c）哑铃形；（d）桁架形

钢管混凝土拱肋的管内混凝土有泵送顶升、高为抛落和人工浇捣等三种浇筑方法。人工浇捣是用索道吊点悬吊活动平台，在平台上分两处向管内浇灌混凝土加载顺序是从拱脚向拱顶对称、均衡地浇灌，并可通过严格控制拱顶上帽及墩台位移来调整浇灌顺序，使施工中钢管拱肋的应力不超过规定值。泵送顶升是在两

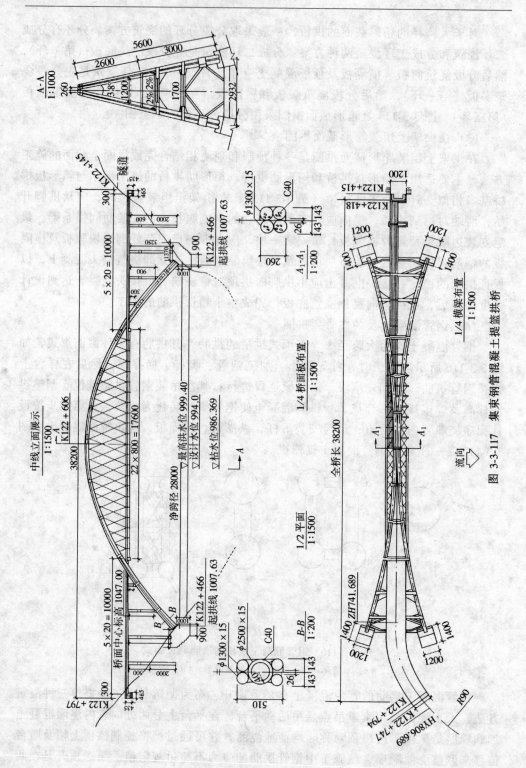

图 3-3-117 集束钢管混凝土提篮拱桥

拱脚设置输送泵，对称泵送混凝土；泵送时应在钢管上每隔一定距离开设气孔，以便减少管内空气压力；在泵送时应按设计规定的浇灌顺序浇灌，如设计无规定，应以有利于拱肋受力和稳定性为原则进行浇灌，并严格控制拱肋变形。图3-3-118 为桁式钢管混凝土拱肋采用泵送顶升浇灌法施工示例。

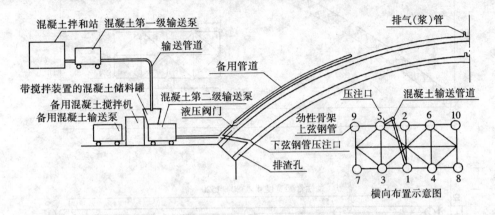

图 3-3-118　泵送顶升法浇灌管内混凝土示例

采用劲性骨架浇筑拱圈（肋）是先将拱圈的全部受力钢筋按设计要求的形状和尺寸制成，并安装就位合拢形成钢骨架，然后在钢骨架上逐段在钢骨架外浇筑混凝土而形成钢筋混凝土拱圈（肋）。钢骨架不仅能满足拱圈（肋）的要求，而且在施工中还起临时拱架的作用。作为劲性骨架的钢筋一般选用型钢（如工字钢、槽钢、角钢等）、钢管等作为拱圈（肋）的受力钢筋。采用型钢劲性骨架混凝土拱圈（肋）是用型钢作为弦杆、腹杆而组成空间桁架结构，分段制作成钢骨架，然后吊装合拢成拱，再利用钢骨架作为支架，按一定的浇筑程序分段分环（层）浇筑拱圈（肋）混凝土直至形成设计拱圈（肋）截面；采用钢管混凝土劲性骨架混凝土拱圈（肋）的施工程序与采用型钢劲性骨架混凝土拱圈（肋）相似，只是由钢管形成钢骨架后，即可浇灌管内混凝土而形成钢管混凝土劲性骨架。由于钢管混凝土劲性骨架中，先浇的混凝土凝结成形后可作为承重结构的一部分与劲性骨架共同承受后浇各部分混凝土的重力，同时，钢管中的混凝土也参与钢骨架共同承受钢骨架外包混凝土的重力，从而降低了钢骨架的用钢量，减少了钢骨架的变形，因此，利用钢管混凝土作为劲性骨架浇筑拱圈（肋）的方法比型钢作为劲性骨架浇筑拱圈（肋）的方法更具优越性。图3-3-119是一座主拱圈（肋）为单箱三室截面、采用钢管混凝土作为劲性骨架施工的上承式钢管混凝土拱桥的劲性骨架构造图。

3．装配式混凝土（钢筋混凝土）拱桥

装配式混凝土（钢筋混凝土）拱桥主要包括双曲拱、肋拱、组合箱形拱、悬砌拱、桁架拱、刚架拱和扁壳拱等。本书只介绍肋拱和组合箱形拱。

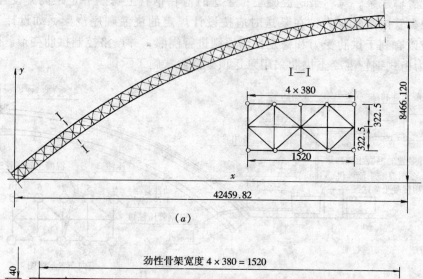

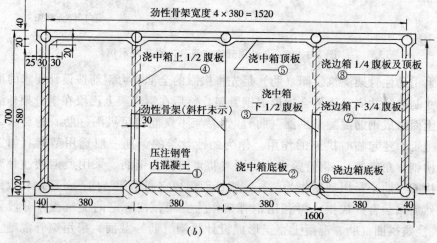

图 3-3-119　钢管混凝土劲性骨架构造及浇筑顺序图（单位：cm）

　　装配式混凝土（钢筋混凝土）拱桥的施工方案主要采用无支架或少支架施工，因而在无支架或少支架施工的各个阶段，对拱圈（肋）必须在预制、吊运、搁置、安装、合拢、裸拱及施工加载等各个阶段进行强度和稳定性的验算，以确保桥梁的安全和工程质量。对于在吊运、安装过程中的验算，应根据施工机械设备、操作熟练程度和可能发生的撞击等情况，考虑 1.2~1.5 的冲击系数。

　　（1）拱圈（肋）分段与接头

　　拱圈（肋）一般采用分段预制、分段吊装的，一般分为一段、三段和五段，因此理论上的接头宜选择在自重弯矩最小的位置及其附近，但一般为等分，这样各段的重力基本相同。

　　拱圈（肋）的接头形式一般有对接接头、搭接接头和现浇接头等种形式，如

图 3-3-120 所示。而用于拱圈（肋）接头的连接有型钢电焊、钢板（或型钢）螺栓、电焊拱圈（肋）钢筋、环氧树脂水泥胶等。

（2）拱座

拱座是拱圈（肋）与墩台的连接处。拱座的主要形式有图 3-3-121 所示的几种形式。

（3）无支架施工

肋拱、箱形拱的无支架施工包括扒杆、龙门架、塔式吊机、浮吊、缆索吊装等吊装方案，而缆索吊装是应用最为广泛的施工方案。本书主要阐述缆索吊装施工。

根据拱桥缆索吊装的特点，其一般的吊装程序为（针对五段吊装方案）：边段拱圈（肋）的吊装并悬挂，次边段的吊装并悬挂，中段的吊装及合拢，拱上构件的吊装等。

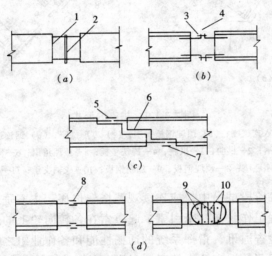

图 3-3-120　拱圈（肋）接头形式

（a）电焊钢板或型钢对接接头；（b）法兰盘螺栓对接接头；（c）环氧树脂
粘结及电焊主筋搭接接头；（d）主筋焊接或主筋环状套接绑扎现浇接头

1—预埋钢板或型钢；2—焊缝；3—螺栓；4、5—电焊；6—环氧树脂；

7—电焊；8—主筋对接和绑焊；9—箍筋；10—横向插销

1）吊装前的准备工作

缆索吊装前的准备工作包括预制构件的质量检查、墩台拱座尺寸的检查、跨径与拱圈（肋）的误差调整等工作。

2）缆索设备的检查与试吊

缆索吊装设备在使用前必须进行试拉和试吊。试拉包括地锚的试拉、扣索的试拉。

试吊只要是主索系统的试吊，一般分跑车空载反复运转、静载试吊和吊重运

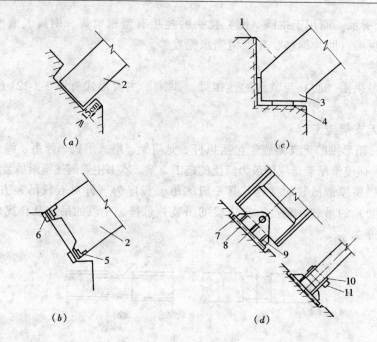

图 3-3-121   拱座的形式

（a）插入式拱座；（b）预埋钢板拱座；（c）方形拱座；（d）钢铰连接拱座

1—预留槽；2—拱肋；3—拱座；4—铸铁垫板；5—预埋角钢；6—预埋钢板；

7—铰座底座；8—预埋钢板；9—加劲钢板；10—铰轴支承；11—钢铰轴

行三个阶段。在各阶段试吊中，应连续观测塔架位移、主索垂度和主索受力的均匀程度；动力装置工作状态、牵引索、起重索在各转向轮上的运转情况；主索地锚稳固情况以及检查通讯、指挥系统的通畅性能和各作业组之间的协调情况。试吊后应综合各种观测数据和检查情况，对设备的技术状况进行分析和鉴定，提出改进措施，确定能否进行正式吊装。

3）缆索吊装观测

缆索吊装观测包括主索垂度观测、缆索拉力观测、塔架位移观测和拱圈（肋）高程观测等。主索垂度观测可以在跑车上安放吊绳直接观测和用经纬仪测仰角来计算。用经纬仪测仰角的测量和计算方法如图 3-3-122 所示。

图中 a——经纬仪架设位置至主索的垂直距离；

b_1——跑车跨中位置至 0 点的距离；

s_i——经纬仪至跑车的斜距离，$s_i = \sqrt{a^2 + b_i^2}$；

h_i——经纬仪至跑车间高程，$h_i = s_i \mathrm{tg}\alpha$；

$H\frac{1}{2}$——缆索弦长跨中高度，$H\frac{1}{2} = \dfrac{H_A + H_B}{2}$；

H_A、H_B——两塔顶高程；

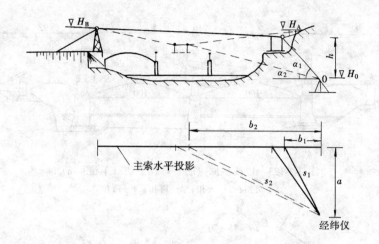

图 3-3-122　主索垂度测量

H——跑车高程，$H = H_0 + h$；

f——主索跨中垂度，$f = H\frac{1}{2} - h\frac{1}{2}$；

H_0——观测点高程。

4）拱圈（肋）缆索吊装

三段和五段缆索吊装螺栓接头拱圈（肋）吊装就位的方法基本相似，这里只阐述五段缆索吊装方案。首先是边段拱圈（肋）悬挂就位，在无支架施工中，边段拱圈（肋）和次边段拱圈（肋）的悬挂均采用扣索，扣索按支承扣索的结构物的位置和扣索本身的特点可分为天扣、塔扣、通扣和墩扣等类型，如图 3-3-123 所示，调整定位后接头标高应较设计标高高 15～20cm，如图 3-3-124（a）所示。第二步次边段拱圈（肋）吊装定位，由于次边段拱圈（肋）吊装定位于边段拱圈（肋）的端头上，次边段定位后，上、下接头处的预加高度应近似控制在 $\Delta y_{上} = 2\Delta y_{下}$（$\Delta y_{上}$、$\Delta y_{下}$ 分别指次边段定位后上、下端头的预加高度），如图 3-3-124（b）所示；次边段定位完成后，应使 $\Delta y_{下}$ 约为 5cm，$\Delta y_{上}$ 约为 10cm，中线偏差不超过 1～2cm，如果变化值超过 5～10cm 时，应及时调整，以防接头附近拱圈（肋）开裂。最后拱顶段拱圈（肋）定位，如图 3-3-124（c）所示，拱顶段就位时，需要用两部水准仪观测两测 4 个接头标高，并用经纬仪观测和控制拱圈（肋）中线。拱圈（肋）拱顶段定位后焊接接缝，其合拢可参见图 3-3-125 所示。

5）拱圈（肋）施工稳定措施

拱圈（肋）的稳定包括纵向稳定和横向稳定，拱圈（肋）的纵向稳定主要取决于拱圈（肋）的纵向刚度，在拱圈（肋）的结构设计中已考虑了裸拱状态下的纵向稳定，只要在吊装过程中控制好接头标高、选择合适单位接头形式、及时完成接头的连接工作，使拱圈（肋）尽快由铰接状态转化为无铰状态，就能满足纵向稳定。而拱圈（肋）的横向稳定，只有在拱圈（肋）形成无铰拱，并在拱圈（肋）之间用钢筋混凝土横

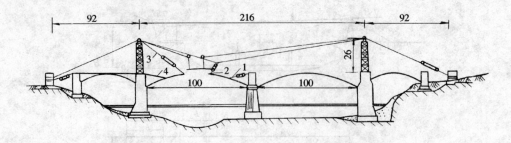

图 3-3-123　边段拱圈（肋）悬挂方法（单位：m）

1—墩扣；2—天扣；3—塔扣；4—通扣

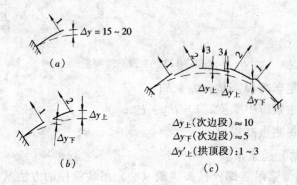

图 3-3-124　拱圈（肋）吊装定位示意图（单位：cm）

（a）边段定位；（b）次边段定位；（c）拱顶段定位

1—边扣索；2—次边扣索；3—起重索

系梁联结成整体后才能保证,但在施工过程中一片或两片拱圈(肋)的横向稳定,必须通过设置缆风索和临时横向联结等措施才能实现。

（4）施工验算

1）吊装过程中拱圈（肋）内力计算

拱圈（肋）的无支架施工中，应对各段拱圈（肋）、扣索、扣索排架等进行验算，在拱圈（肋）吊装就位后，其拱脚可视为铰接，按静力平衡条件求出拱圈（肋）和扣索内力。对于边段和次边段的拱圈（肋），除应考虑自重外，尚应考虑拱圈（肋）接头形式、吊装设备、操作熟练程度等具体情况来分别计算次边段拱圈（肋）质量作用于边段及拱顶段一部分拱圈（肋）质量作用于边段或次边段的悬臂端情况时的内力，以验算拱圈（肋）、扣索、扣索排架的强度。

A. 边段拱圈（肋）悬挂时自重内力计算

为了便于计算边段拱圈（肋）悬挂的自重产生的内力，一般采用分段计算法，如图 3-3-126 所示。

EB 段：按一般力法计算

AE 段：对任意截面 i

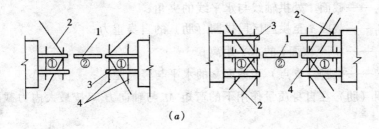

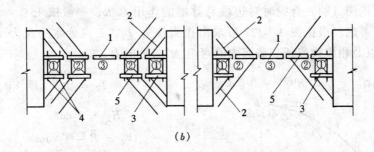

图 3-3-125　三段、五段吊装单圈（肋）合拢示意图

（图中数字为施工程序号）

（a）三段吊装单圈（肋）合拢；（b）五段吊装单圈（肋）合拢

1—基圈（肋）；2—风缆；3—边段；4—横夹木；5—次边段

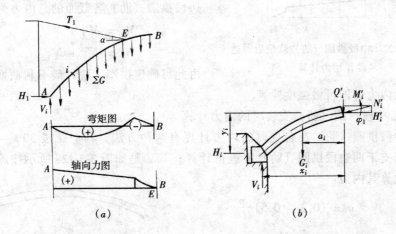

图 3-3-126　边段拱圈（肋）悬挂时自重作用下截面内力计算示意图

$$M'_i = V_1 x_i - H_1 y_i - G_i a_i$$

$$Q'_i = V_1 - G_i$$

$$H'_i = H_1$$

$$N'_i = Q'_i \sin\varphi_i + H'_i \cos\varphi_i$$

式中　φ_i——截面 i 处拱轴线与水平线的夹角；

　　　G_i——截面 i 至拱脚区段拱圈（肋）的自身重力；

　　　a_i——G_i 至截面 i 的水平距离；

　x_i、y_i——拱脚（支点）至截面 i 的水平与竖直距离；

　　拱圈（肋）在自身质量作用下的弯矩 M' 与轴向力 N' 按最大内力截面进行强度验算。

　　B. 边段拱圈（肋）由于中段拱圈（肋）搁置在悬臂端部时所产生内力计算

　　拱顶拱圈（肋）合拢时对边段悬臂端的作用力 R，一般按 15% ~ 25% 的拱顶段重力考虑。根据图 3-3-127 可求出扣索拉力 T_2、支点处水平反力 H_2、竖向反力 V_2 以及相应边段任一截面内的弯矩 M'' 与轴向力 N''。

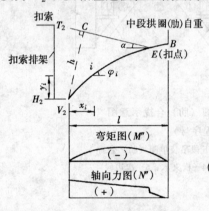

$$T_2 = \frac{Rl}{h}$$

$$H_2 = T_2\cos\alpha$$

$$V_2 = R - T_2\sin\alpha$$

$$M'' = V_2 x_i - H_2\cos\varphi_i$$

$$N'' = V_2\sin\varphi_i + H_2\cos\varphi_i$$

　　C. 边段拱圈（肋）在自重及中段拱圈（肋）部分重力作用下的内力计算

　　边段拱圈（肋）各截面的总内力为：

$$M_i = M'_i + M''_i$$

$$N_i = N'_i + N''_i$$

图 3-3-127　中段拱圈（肋）就位后对边
　　　段作用力计算

　　由此可确定拱圈（肋）最不利截面的位置和最大内力，即可做强度验算。

　　D. 中段拱圈（肋）安装时的内力计算

　　中段拱圈（肋）在合拢时的内力计算有两种方法，其一是按 30% ~ 50% 的自重简支于两边段拱圈（肋）上进行计算；其二是如图 3-3-128 所示按施工实际状态验算其内力。

$$q = (0.3 ~ 0.5)\frac{m}{l}$$

$$M_{max} = \frac{1}{8}ql^2$$

式中　q——中段拱圈（肋）的计算均布荷载；

　　　l——中段拱圈（肋）弧长；

　　　m——中段拱圈（肋）实际质量；

M_{max}——中段拱圈（肋）在合拢期间的跨中计算弯矩。

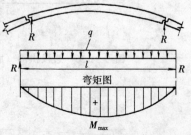

图 3-3-128　中段拱圈（肋）自身重力作用下内力计算示意图

2）裸拱内力计算

对于采用无支架施工的拱桥，必须计算裸拱自身质量产生的内力，以便进行裸拱强度和稳定性验算。取悬臂曲梁作为基本结构，如图 3-3-129 所示。对于等截面拱，任意截面 i 的恒载集度 $q_i = q_d/\cos\varphi_i$，在弹性中心作用有两个赘余力：弯矩 M_s 和水平力 H_s，由典型方程计算：

$$M_s = \frac{AFl^2}{4} V_1$$

$$H_s = \frac{AFl^2}{4(1+\mu)f} V_2$$

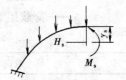

图 3-3-129　拱圈（肋）
在自身质量作用下
裸拱内力计算公式

式中　F——拱圈（肋）材料单位体积重力；

　　　A——拱圈（肋）截面积；

　　　l——计算跨径；

　　　f——计算矢高；

　　　μ——系数，查公路桥涵设计手册《拱桥》上册表（Ⅲ）-11；

V_1、V_2——系数，查公路桥涵设计手册—《拱桥》上册表（Ⅲ）-15，表（Ⅲ）-16。

由静力平衡条件，任意截面 i 的弯矩和轴向力为：

$$M_i = M_s - H_s y - \sum_n^i M$$

$$N_i = H_s\cos\varphi_i + \sum_n^i P\sin\varphi_i$$

式中　$\sum_n^i M$——拱顶至 i 截面间裸拱自身重力对 i 截面的弯矩，查公路桥涵设计手册—《拱桥》上册表（Ⅲ）-19；

　　　$\sum_n^i P$——拱顶 i 截面间裸拱自身重力的总和，查公路桥涵设计手册—《拱桥》上册表（Ⅲ）-19；

　　　n——拱顶截面编号，常用 12 或 24；

　　　y——以弹性中心为坐标原点的拱轴纵坐标，$y = y_s - y_1$；

　　　y_s——弹性中心至拱顶的距离；

　　　y_1——以拱顶为坐标原点的纵坐标。

3）裸拱纵向稳定性验算

拱的稳定性验算是将拱圈（肋）换算成相当长度的压杆，按平均轴向力计算。根据《公路砖石及混凝土桥涵设计规范》（JTJ 022—85），拱圈（肋）平均轴向力应小于或等于结构抗拉效应的设计值。即：

$$N_j = S_d(\gamma_{so}\psi\Sigma\gamma_{sl}Q) \leqslant R_d\left(\frac{R^j}{\gamma_m}, \alpha_K\right)$$

式中　N_j——拱圈（肋）平均轴向力；

S_d——荷载效应函数；

Q——荷载在结构上产生的效应；

γ_{so}——结构的重要性参数。当计算跨径 $l < 50\text{m}$ 时，$\gamma_{so} = 1.0$；当 $50\text{m} \leqslant l \leqslant 100\text{m}$ 时，$\gamma_{so} = 1.03$；当 $l > 100\text{m}$ 时，$\gamma_{so} = 1.05$；

ψ——荷载组合系数，按表 3-3-11 选用；

荷 载 组 合 系 数　　　　　　　　　　表 3-3-11

荷 载 组 合	ψ
组合 Ⅰ	1.00
组合 Ⅱ、Ⅲ、Ⅳ	0.80
组合 Ⅴ	0.77

γ_{sl}——荷载安全系数，对于结构自重，当其产生的效应与基本可变荷载产生的效应同号时，取 1.2；异号时，取 0.9；对于其他荷载，取 1.4；

R_d——结构抗力效应函数；

R^j——材料或砌体的极限强度；

γ_m——材料或砌体的安全系数，按表 3-3-12 取用；

α_K——结构的几何尺寸。

材料或砌体的安全系数　　　　　　　　表 3-3-12

材 料 或 砌 体	受 力 情 况	
	受 压	受弯、受拉、受剪
石料	1.85	
片石砌体、片石混凝土砌体	2.31	2.31
块石砌体、粗料石砌体、混凝土预制块砌体、砖砌体	1.92	
混凝土	1.54	

砖、石及混凝土拱圈的纵向稳定性验算为：

$$N_j \leqslant \frac{\varphi \alpha A R_a^j}{\gamma_m}$$

$$\phi = \frac{1}{1 + \alpha' \beta^2 \left[1 + 1.33 \left(\dfrac{e_0}{r_w} \right)^2 \right]}$$

式中　A——构件的截面面积，对于组合截面应换算成标准层面积；

R_a^j——材料的抗压极限强度，按《公路砖石及混凝土桥涵设计规范》（JTJ 022—85）取用；

N_j——拱圈（肋）平均轴向力，其中荷载在结构上产生的效应，可采用计算荷载作用下的平均轴向力，即 $N_j = H_i / \cos\varphi_{\mathrm{m}}$，如图 3-3-130 所示；

H_i——计算荷载作用下拱的水平推力；

φ_{m}——半拱的弦与水平线间的夹角，

$$\cos\varphi_{\mathrm{m}} = 1 \bigg/ \sqrt{1 + 4\left(\frac{f}{l}\right)^2}\,;$$

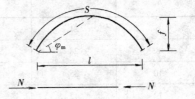

图 3-3-130　拱圈（肋）纵向稳定验算

f/l——拱圈（肋）计算矢跨比；

ϕ——构件纵向弯曲系数；

α'——与砂浆强度有关的系数，对于 M7.5、M5、M2.5 砂浆，α' 分别为 0.002、0.0025、0.004；对于混凝土，α' 取 0.002；

e_0——纵向力的偏心矩，$e_0 = \dfrac{\Sigma M}{\Sigma N}$；

ΣM、ΣN——计算荷载作用下构件截面的弯矩和轴力；

r_{w}——在弯曲平面内截面的回转半径；

$$\beta = I_0 / h_{\mathrm{w}}$$

I_0——构件计算长度。根据拱圈（肋）两端结合情况，对无铰拱、双铰拱、三铰拱分别取 $0.36S$、$0.54S$、$0.58S$；

h_{w}——矩形截面偏心受压构件在弯曲平面内的高度，对于非矩形截面可根据 I_0 / h_{w}，从表 3-3-13 中查得相应的 I_0 / h_{w} 值；

S——拱轴线弧长；

α——纵向力的偏心影响系数，按下式计算：

$$\alpha = \frac{1 - \left(\dfrac{e_0}{y}\right)^{\mathrm{m}}}{1 + \left(\dfrac{e_0}{r_{\mathrm{w}}}\right)^2}$$

m——截面形状系数；

y——截面重心至偏心方向截面边缘的距离。

对于拱圈（肋）为钢筋混凝土构件时，其验算公式应采用钢筋混凝土轴心受压构件计算公式。

中心受压构件纵向弯曲系数（ϕ）　　　　　　　　　表 3-3-13

$\dfrac{I_0}{h_{\mathrm{w}}}$	$\dfrac{I_0}{r_{\mathrm{w}}}$	混凝土构件	砌体砂浆强度		
			≥M7.5	M5	M2.5
≤3	≤10	1.00	1.00	1.00	1.00
4	14	0.99	0.99	0.99	0.98

续表

$\dfrac{l_0}{h_w}$	$\dfrac{l_0}{r_w}$	混凝土构件	砌体砂浆强度		
			≥M7.5	M5	M2.5
6	21	0.96	0.96	0.96	0.93
8	28	0.93	0.93	0.91	0.86
10	35	0.88	0.88	0.85	0.78
12	42	0.82	0.82	0.79	0.70
14	49	0.76	0.76	0.72	0.62
16	56	0.71	0.71	0.66	0.55
18	63	0.65	0.65	0.60	0.48
20	70	0.60	0.60	0.54	0.42
22	76	0.54	0.54	0.49	0.37
24	83	0.50	0.50	0.44	0.33
26	90	0.46	0.46	0.40	0.30
28	97	0.42	0.42	0.36	0.26
30	104	0.38	0.38	0.33	0.24

4）预拱度的估算与设置

在缺乏资料时，无支架施工的拱桥预拱度可按下式估算：

$$\Delta = \Delta_1 + \Delta_2$$

式中　Δ——主拱圈（肋）拱顶预拱度；

　　　Δ_1——由恒载弹性压缩、混凝土收缩徐变、降温、墩台位移等因素引起的变形，一般约为 $l^2/(4000f) \sim l^2/(6000f)$；

　　　l——计算跨径；

　　　f——计算矢高；

　　　Δ_2——无支架施工时的裸拱变形，一般约为 $l/1000$；

一般情况下，按《公路砖石及混凝土桥涵设计规范》（JTJ 022）取用。拱顶预拱度按 $l/400 \sim l/800$ 估算，矢跨比较小者应取较大值。

无支架施工时，裸拱圈（肋）往往在拱顶下挠而两边 $l/8$ 处上挠，呈"M"形状，如图 3-3-131 所示，因此可采用降低一级或半级拱轴系数法来设置预拱度，即以 $(f+\Delta)$ 作为新的矢高，以降低一级或半级

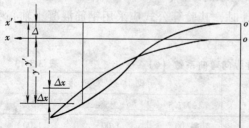

图 3-3-131　拱圈（肋）预拱度设置示意图

后的拱轴系数 m'，计算各点坐标作为施工放样的坐标。

$$y'_1 = \frac{(f + \Delta)}{(m' - 1)}(chk'\xi - 1)$$

式中　y'_1——降一级或半级后的拱轴纵坐标；

　　　m'——降一级或半级后的拱轴系数；

　　　Δ——拱顶预拱度；

　　　ξ——拱轴线上各点横坐标与 $l/2$ 的比值；

$$k' = In(m' + \sqrt{m'^2 - 1})$$

在距离 ξ 处的预拱度值 Δ_x 为：$\Delta_x = y_1 + \Delta - y'_1$。

式中　y_1——未计预拱度的拱轴纵坐标。

注意：也可按拱脚推力影响线比例来设置。

4．钢管混凝土拱桥

（1）钢管制作

钢管混凝土拱桥所用的钢管的制造有两种途径，其一是按设计施工图的要求由工厂提供；其二是施工单位自行卷制。由施工单位自行卷制的卷制工作包括：

钢板备料　钢板必须平直，不得使用表面锈蚀或受过冲击的钢板，并应有出厂说明书或试验报告。

卷管前准备工作　卷管前应根据要求将板端开好坡口，为了适应钢管拼装的轴线要求，钢管坡口端应与管轴线严格垂直。

卷管　卷管时，卷管方向应与钢板压延方向一致，在卷板过程中，应注意保证管端平面与管轴线垂直。

焊缝　焊缝质量应满足《钢结构工程施工及验收规范》（GBJ 205—83）二级质量标准的要求。

（2）钢管拼接组装

钢管或钢管格构柱的长度，可根据运输条件和吊装条件确定，一般长度以不长于 12m 为宜，也可根据吊装条件，在现场拼接加长。钢管拱圈（肋）拼接组装一般在工地进行接头、弯制、组装，最后形成拱圈（肋）。

为了确保联接处的焊接质量，可在管内接缝处设置附加衬管，其宽度为20mm，厚度为 3mm，并与管内壁保持 0.5mm 的膨胀间隙。

（3）钢管拱圈（肋）安装

钢管混凝土拱桥的拱圈（肋）形成分钢管拱圈（肋）的形成和管内混凝土的浇灌，因此，钢管拱圈（肋）既是结构的一部分，又兼作浇灌混凝土的支架和模板。拱圈（肋）的安装方法有：无支架缆索吊装；整片拱圈（肋）或少支架浮吊

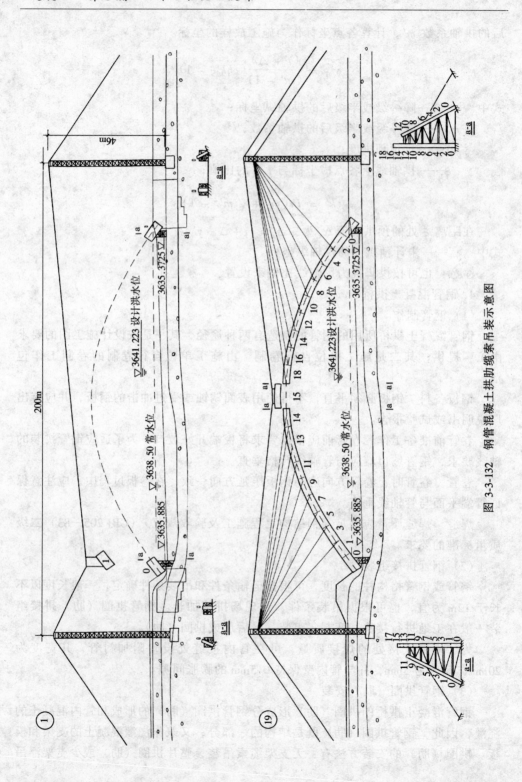

图 3-3-132　钢管混凝土拱助肋缆索吊装示意图

安装；少支架缆索吊装；吊桥式缆索吊装；转体施工；支架上组装；千斤顶斜拉扣挂悬拼等。

图 3-3-132 为钢管混凝土拱圈（肋）缆索吊装示意图。

3.4.6　斜拉桥施工

斜拉桥的施工包括墩塔施工、主梁施工、斜拉索的制作三大部分。按照立面布置的不同，斜拉桥有独塔结构、双塔结构和多塔结构。而斜拉桥主梁常采用的断面有箱形梁、双主梁和板梁等结构形式。

由于斜拉桥属于高次超静定结构，所采用的施工方法和安装程序与成桥后的主梁线形和结构恒载内力有密切的联系；其次，在施工阶段随着斜拉桥结构体系和荷载状态的不断变化，结构内力和变形亦随之不断发生变化，因此需要对斜拉桥的每一施工阶段进行详尽分析、验算，求得斜拉索张拉吨位和主梁挠度、塔柱位移等施工控制参数的理论计算值，对施工的顺序做出明确的规定，并在施工中加以有效的管理和控制。

1. 索塔施工

（1）起重设备

索塔施工属于高空作业，工作面狭小，其施工工期影响着全桥的总工期，起重设备是索塔施工的关键。而起重设备的选择随索塔的结构形式、规模、桥位地形等条件确定，必须满足索塔施工的垂直运输、起吊荷载、吊装高度、起吊范围的要求。起重设备一般采用塔吊辅以人货两用电梯，但也可以采用万能杆件或贝雷架等通用杆件配备卷扬机、电动葫芦装配的提升吊机，或采用满布支架配备卷扬机、摇头扒杆起重等。但目前一般采用塔吊辅以人货两用电梯，如图 3-3-133 所示，图中方案 1 为先在索塔正面架设一台塔吊待上横梁完成后，再利用此塔吊在上横梁上面安装另一台塔吊；方案 2 为在索塔的正面且靠近索塔处安装一台塔吊；方案 3 为在索塔的下游方向靠近索塔处安装一台塔吊；方案 4 为先在索塔正面架设一台塔吊，待主梁 0 号块完成后，利用此塔吊在 0 号块上安装另一台塔吊。

（2）模板

浇筑索塔混凝土的模板按结构形式不同可采用提升模和滑模。提升模按其吊点的不同，可分为依靠外部吊点的单节整体模板逐段提升、多节模板交替提升（简称翻模）以及本身带爬架的爬升模板（简称爬模）；滑模只适用于等截面的垂直塔柱。

（3）拉索锚固区塔柱的施工

当索塔为钢筋混凝土索塔时，拉索在塔顶部的锚固型式主要有交叉锚固、钢梁锚固、箱形锚固、固定型锚固（图 3-3-134）、铸钢索鞍（图 3-3-135）等形式。

1）交叉锚固型塔柱的施工

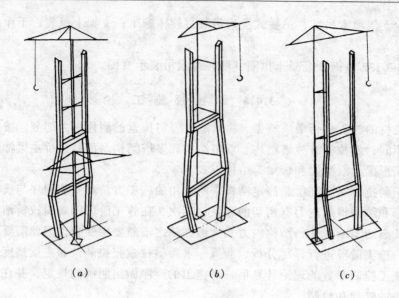

图 3-3-133　塔吊布置方案

（a）方案 1 和 4；（b）方案 2；（c）方案 3

中小跨径斜拉桥的拉索多采用此锚固型式，如图 3-3-136 所示。

交叉锚固型塔柱的施工过程为立劲性骨架〔为了便于施工时固定钢筋、拉索锚箱（也称钢套筒）定位及调模等诸多方面的需要，而在索塔锚固段中设的劲性骨架〕；钢筋绑扎；拉索套筒的制作及定位；立模；浇筑混凝土等。

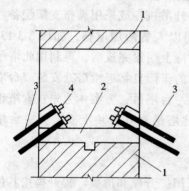

图 3-3-134　固定锚固型

1—塔柱；2—钢横梁；

3—拉索；4—锚具

2）拉索钢梁锚固型式的施工

大跨径斜拉桥多采用对称拉索锚固，其方法之一是采用拉索钢横梁锚固构造，如图 3-3-137。

施工程序为：立劲性骨架、钢筋绑扎、套筒定位、装外侧模、混凝土浇筑、横梁安装。

3）预应力箱型锚固

拉索平面预应力箱型锚固段为空心柱，如图 3-3-138 所示。其施工程序为：立劲性骨架、绑扎钢筋、套筒安装、套筒定位、安装预应力管道及钢束、模板安装、混凝土浇筑养护、施加预应力、灌浆。

2. 主梁施工

斜拉桥主梁的施工常采用支架法、顶推法、转体法、悬臂施工法等来进行。在实际施工中，混凝土斜拉桥多采用悬臂浇筑法，而结合梁斜拉桥和钢斜拉桥多

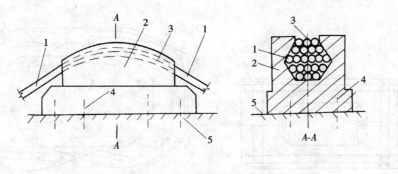

图 3-3-135　铸钢索鞍
1—拉索；2—无锚固索鞍；3—鞍槽；4—索鞍固位筋；5—拉索塔体

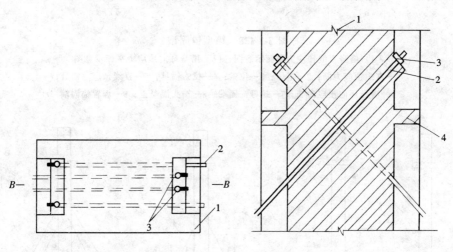

图 3-3-136　交叉锚固型
1—塔柱；2—拉索；3—锚具；4—横隔板

采用悬臂拼装法。斜拉桥主梁悬臂施工与预应力混凝土梁式桥基本相同，悬臂浇筑程序如图 3-3-139 所示。斜拉桥悬臂拼装是先在塔柱区现浇一段放置设备的起始梁段，然后用适宜的起吊设备从塔柱两侧对称安装预制节段，使悬臂不断伸长直到合拢，如图 3-3-140 所示。

3.斜拉索的制作、防护与安装

（1）斜拉索的制作

1）斜拉索的材料

斜拉索制索的材料主要有：5～7mm 的高强钢丝，其标准强度不低于 1570MPa；ϕ12mm 和 ϕ15mm 的钢绞线，其刚度与直线钢丝相接近，但较钢丝本身的弹性模量要低。制作拉索所用的钢丝均应经过稳定

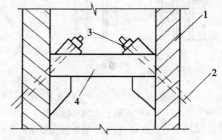

图 3-3-137　钢梁锚固型
1—塔柱；2—拉索；3—锚具；4—钢横梁

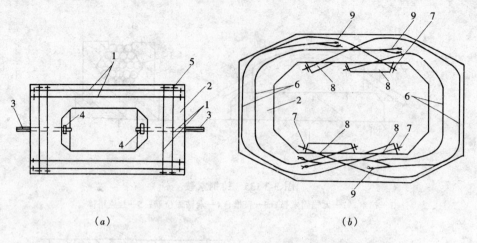

图 3-3-138 箱型锚固型

(a) 塔身直线预应力平面示意图；(b) 塔身环向预应力平面示意图

1—直线预应力筋；2—塔体；3—拉索；4—拉索锚具；5—直线预应力锚具；

6—塔身环向预应力筋；7—螺母锚固端；8—锚头混凝土；9—埋置锚固端

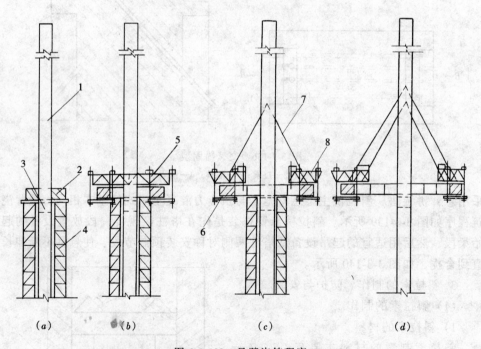

图 3-3-139 悬臂浇筑程序

(a) 支架上立模现浇 0 号 1 号块；(b) 拼装连体挂篮，对称浇筑 2 号梁段；

(c) 挂篮分解前移，对称悬浇梁段并挂索；(d) 依次对称悬浇、挂索

1—索塔；2—立支架现浇梁段；3—下横梁；4—现浇支架；

5—连体挂篮；6—悬浇梁段；7—斜拉索；8—悬浇挂篮

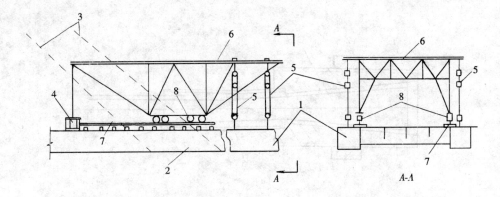

图 3-3-140 悬臂拼装示意图

1—待拼梁段；2—已拼梁段；3—拉索；4—后锚螺旋千斤顶；
5—起重滑轮组；6—钢制悬吊门架；7—运梁轨道；8—运梁平车

化处理，其各项基本指标应符合表 3-3-14 中规定。

拉索高强钢丝的基本性能   表 3-3-14

序 号	项　　目	单 位	指　　标		试 验 方 法
1	公称直径 d	mm	5.0	7.0	
2	直径允许偏差	mm	+ 0.08	+ 0.08	GB5223—95
3	椭圆度	mm	≤0.04	≤0.04	
4	抗拉强度 σ_b	MPa	≥1570	≥1570	YB39—64
5	屈服强度 σ	MPa	≥1330	≥1330	YB1339—64
6	抗拉弹性模量 E_w	MPa	≥2.0×10^5	≥2.0×10^5	GB1586—79
7	伸长率	%	≥4	≥4	YB39—64

斜拉索的锚具有：热铸锚、墩头锚、冷铸墩头锚、夹片锚，如图 3-3-141 所示。一般半平行钢丝索采用冷铸墩头锚，钢绞线拉索采用夹片群锚。

2）斜拉索的制作

A. 斜拉索的分类

各种不同的斜拉索其制作方法不同，材料也不相同。斜拉索按材料和制作方式的不同，可分为：平行钢筋索、平行（半平行）钢丝索、平行（半平行）钢绞线索、单股钢绞缆、封闭式钢缆，如图 3-3-142 所示。

平行钢筋索的材料由若干根直径为 10～16mm 的钢筋组成，其强度不低于 1470MPa，但因在大跨度斜拉桥中会有接头，而接头处要影响整根拉索的疲劳强度，故目前已很少采用。钢丝索是近年运用较多的一种拉索，其材料采用镀锌或

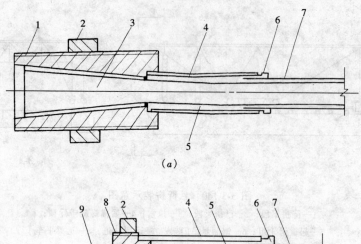

(a)

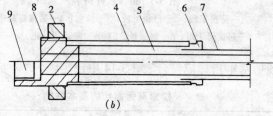

(b)

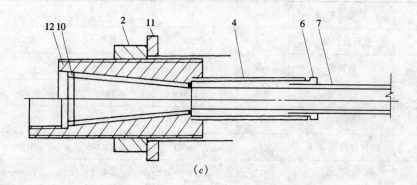

(c)

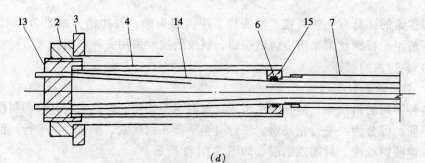

(d)

图 3-3-141　斜拉索锚具类型

(a) 热铸锚; (b) 墩头锚; (c) 冷铸墩头锚; (d) 夹片锚

1—锚环; 2—螺母; 3—热铸合金; 4—连接筒; 5—密封圈; 6—密封环; 7—塑料护套;
8—固定端锚板; 9—张拉端锚板; 10—定位板; 11—索孔垫板; 12—固定端锚环;
13—群锚锚板; 14—钢绞线; 15—约束圈

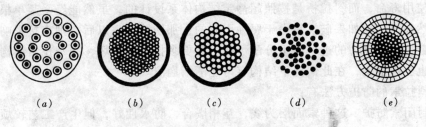

图 3-3-142　斜拉索截面形式

（a）钢筋索；（b）钢丝索；（c）钢绞线索；（d）单股钢绞缆；（e）封闭式钢缆

不镀锌的 $\phi5mm$ 或 $\phi7mm$ 的预应力钢丝，钢丝的标准强度不低于 1570MPa。钢绞线索是由钢绞线组成，通常由 7 根 $\phi5mm$ 的钢丝组成公称直径为 15mm 的钢丝股，或由 7 根 $\phi4mm$ 的钢丝组成公称直径为 12mm 钢丝股。单股钢绞缆的材料与钢绞线相似，但逐层钢丝的捻向相反。封闭式钢缆采用相互之间紧密配合的楔形和 Z 形钢丝，是以较细的单股钢绞线为缆芯，逐层地绞裹楔形钢丝，当接近外层时，再绞裹 Z 形钢丝。

B. 斜拉索制作工艺流程

为了保证钢丝索能顺利通过各个工艺流程，一般将钢丝索的断面排列成正六边形或缺角六边形，进行大捻距同心左转扭绞，同时缠包一层或两层纤维增强聚脂带，这样可以减少拉索松散的可能性，顺利通过挤塑工作。

制作成品拉索的工艺流程为：钢丝经放线托盘放出粗下料（设计索长+施工工作长度）、编束、钢束扭绞成型、下料齐头、分段抽检（成型后的直径误差和扭绞角）、焊接牵引钩、绕缠包带、热挤 PE 护套、水槽冷却、测量护套厚度及偏差、精下料（计算长度+墩头长度）、端部入锚部分去除 PE 套、锚板穿丝、分丝墩头、装冷铸锚、锚头养生固化、出厂检验（预张拉等）、打盘包装待运，如图 3-3-143 所示。

（2）斜拉索的防护

由于斜拉索是斜拉桥的主要受力构件，其防护质量决定整个桥梁的安

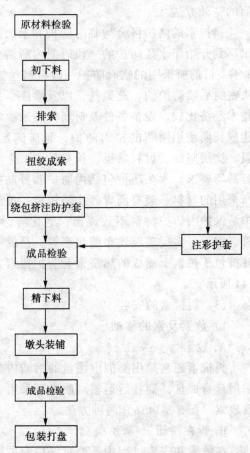

图 3-3-143　制索工艺流程图

全和使用寿命，而斜拉桥是按照超静定结构体系设计的，虽然能经受某单根拉索的突然损坏，但如果破坏是由于腐蚀引起的，那锈蚀产生以后，则直接影响钢丝的疲劳抗力，而力的进一步重分配可能引起更多拉索的破坏，剩余拉索结构的整体性也会被损害，在此情况下结构有可能渐渐崩溃。

斜拉索的防护方法有：

封闭索防护 这种索面层为线，互相嵌合，防水性好，但生产工艺较烦，费用高；

平行索用塑料罩套保护 一种是用聚乙烯薄板卷成筒状，然后用乙烯布固定；二种是用聚乙烯薄膜在聚乙烯薄板上呈绑腿状卷裹；

套管压浆法 采用聚乙烯管、钢管和铝管等，其间压注水泥浆防蚀；

采用预应力混凝土索道防护 采用这种防护技术，索的刚度大，防蚀完全可以解决，但受力复杂，施工麻烦，因而一般不采用；

直接挤压护套法 采用塑料挤出机将半熔融状态的 PE 料直接挤包于拉索表面的一种方法。

斜拉索的防护可分为临时防护和永久防护两种。临时防护是钢丝或钢绞线从出厂到开始作永久防护的一段时间内所需要的防护，临时防护的时间一般为 1~3 年，目前所采用的临时防护一般有钢丝镀锌，将钢丝纳入聚乙烯套管内安装锚头密封后喷防护油，充氮气，以及涂漆、涂油、涂沥青等，可根据防锈蚀效能、技术经济比较、设备条件及材料种类来决定。永久防护是从拉索钢材下料到桥梁建成长期使用期间的拉索防护，且应满足防锈蚀、耐日光曝晒、耐老化、耐高温、涂层坚韧、材料易得、价格低廉、生产工艺成熟、制作运输安装简便、更换容易等要求。永久防护包括内防护和外防护两种，内防护是直接防止拉索锈蚀，所采用的材料一般有沥青砂、防锈脂、黄油、聚乙烯塑料泡沫和水泥浆等；外防护是保护内防护材料不致流出、老化等，外防护所采用的材料聚氯乙烯管、铝管、钢管、多层玻璃丝布缠包套等，目前一般采用碳黑聚乙烯在塑料挤出机中旋转挤包于拉索上而成的热挤索套防护拉索方法，即 PE 套管法，PE 套管如图 3-3-144 所示。

（3）斜拉索的安装

1）放索及索的移动

A. 放索

斜拉索通常采用类似电缆盘的钢结构盘将其运输到施工现场；对于短索，可采用自身成盘，捆扎后运输。放索可采用立式转盘放索（图 3-3-145a）和水平转盘放索（图 3-3-145b）两种方法。

B. 索在桥面上移动

在放索和安索过程中，要对斜拉索进行拖移，由于索自身的弯曲，或者与桥面直接接触，因而在移动中有可能损坏拉索的防护层或损伤索股，为了避免这些

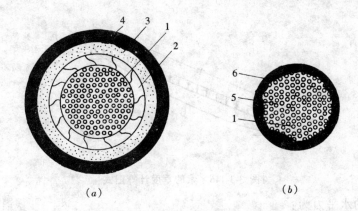

图 3-3-144　PE 套管

(a) 压浆索套；(b) 热挤索套

1—高强钢丝；2—钢丝缠绕；3—水泥浆；4—PE 套管；
5—防锈油；6—PE 热挤塑套

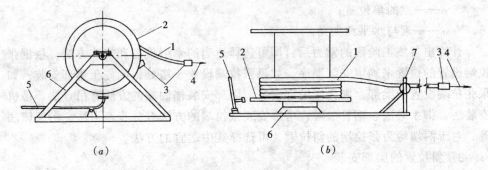

图 3-3-145　放索示意图

(a) 立式索盘放索；

1—拉索；2—索盘；3—锚头；4—卷扬机牵引；5—刹车；6—支架

(b) 水平转盘放索

1—拉索；2—索盘；3—锚头；4—卷扬机牵引；5—刹车；6—托盘；7—导向滚轮

情况的发生，可采取如果盘索是由驳船运来，放索时可以将索盘吊运到桥面上进行，或直接在船上进行；滚筒法；移动平车法；导索法；垫层法等措施来避免。

2）斜拉索的塔部安装

安装斜拉索前，应计算出克服索自重所需的拖拉力，以便选择卷扬机、吊机和滑轮组配置方式。安装张拉端时，先要计算出安装索力，由理论计算可知，当矢跨比小于 0.15 时，可用抛物线代替悬链线来计算曲线长度，如图 3-3-146 所示。

索的垂度计算公式：

$$f_\mathrm{m} = \sqrt{\frac{3(L' - L)L}{8}}$$

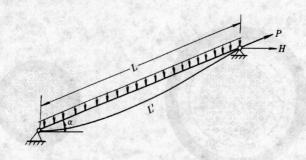

图 3-3-146   索的垂度计算图式

f_m 时的水平力为：

$$H = \frac{qL^2\cos\alpha}{8f_m}$$

式中 L——两锚固点之间的距离；

L'——索长；

q——索的单位重；

α——索与水平面夹角。

计算出各施工阶段的索力后，即可选择适当的牵引设备和安装方法。根据张拉端设置的位置来确定安装顺序，如果张拉端设置于塔处，则先于梁部安装；如果张拉端设置于梁部，则先于塔部安装。塔部安装锚固端的方法有吊点法、吊机安装法、脚手架法、钢管法等；塔部安装张拉端的方法有分步牵引法、桁架床法等；对于两端均为张拉端的斜拉索，可选择其中适宜的方法。

3）斜拉索的梁部安装

斜拉索的梁部安装与塔部安装基本相似，基本方法有吊点法（图 3-3-147a）和拉杆接长法（图 3-3-147b）两种方法。

4. 斜拉索更换

斜拉桥的拉索和锚固由于许多方面的原因而易于引起损伤，因而必须定期进行养护检查并予以记录，如果发现任一根或多根失去（或可能失去）其技术功能，不能满足设计和使用要求时，应及时对其更换。其主要原因有：

腐蚀   由于钢索与周围介质发生电化学作用，造成氧化还原反应，使拉索及锚固系统腐蚀，甚至损坏；

疲劳   由于拉索长期处于高应力状态，遭腐蚀后拉索因钢丝承受的拉应力更加速锈蚀进度，以至于失去抗疲劳的能力；

振动   由于拉索处于空气中，在风、雨、气流等的影响下，极大地危害拉索的抗疲劳性能；

活载   由于活载的作用，拉索应力变化大，索梁振动加剧，从而加速拉索防腐层的破坏；

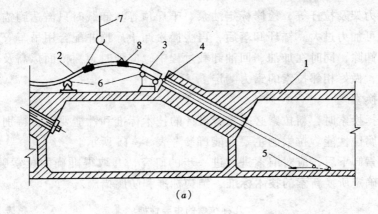

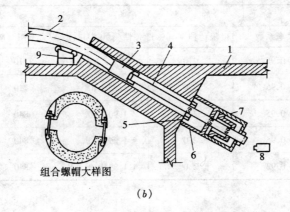

图 3-3-147 斜拉索梁部安装示意图

（a）吊点法

1—主梁梁体；2—待安装拉索；3—拉索锚头；4—牵索滑轮；

5—卷扬机牵引；6—滚轮；7—吊机；8—索夹

（b）拉杆接长法

1—主梁梁体；2—拉索；3—拉索锚头；4—长拉杆；5—组合螺母；

6—撑脚；7—千斤顶；8—短拉杆；9—滚轮

温度 由于在高温下注浆，使得聚乙烯管容易破裂，导致拉索防护层出现裂缝，或在注浆时压力过大而导致聚乙烯管破裂，而温差的反复剧变也使拉索保护层老化和破损；

蠕变 由于蠕变，拉索无法维持原有长度的应力；

徐变 由于混凝土徐变和拉索松弛的发展，使主梁发生严重下挠；

其他 如运输途中的弯折、安装过程中造成的切口、划痕、撞击、磨损等。

（1）拉索卸载

对已封的索端锚头，应先凿出，并认真清理干净，依尺寸加工制做好拉索卸载用的反力架及拉杆等，检修标定油泵、千斤顶等。卸载时只需达到锚环能转动即可，不可加力过大。锚环卸落后，再缓慢松卸千斤顶并配合用吊车等设备将旧拉索放下卸除，同时在加油、回油卸载过程中，应随时观测桥面标高及塔柱偏移量的变化，做好相邻拉索的索力测定。

（2）换索

在选择换索时，新拉索必须符合设计的技术标准和性能要求，特别是抗疲劳性能和抗腐蚀性能。拉索的主要性能可参考表 3-3-15 所示。

旧拉索卸下后，应对旧索进行进一步的研究，并取得准确的拉索破坏数据，以进一步确定所换新索的技术标准、结构标准和防腐措施。

几种拉索的主要性能　　　　　　　　　表 3-3-15

拉索类型	静　载			动　载	
	效率系数	极限延伸率（%）	弹性模量（MPa）	应力上限（MPa）	应力幅（MPa）
平行钢丝索	0.95	2.0	2.0×10^5	710	200
半平行钢丝索	0.95	2.0	1.95×10^5	710	200
钢绞线索	0.95	2.0	1.90×10^5	840	160
半平行钢绞线索	0.95	2.0	1.85×10^5	840	160
封装式钢缆	0.92	2.0	1.85×10^5	840	150

3.4.7　悬索桥施工

1. 悬索桥的施工工序

悬索桥主要是由主缆、锚碇、索塔、加劲梁、吊索组成，具有特点的细部构造有主索鞍、散索鞍、索夹等，如图 3-3-148 所示。

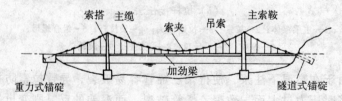

图 3-3-148　悬索桥主要构造

主缆　是悬索桥的主要承重结构，其架设方法有预制平行钢丝索股架设方法（简称 PPWS 法）和空中纺丝架设法（简称 AS 法）。

锚碇　是锚固主缆的结构，主缆的丝股通过散索鞍分散开来锚于其中。

索塔　是支承主缆的结构，主缆通过主索鞍跨于其上。

加劲梁　是供车辆通行的结构。

吊索 通过索夹把加劲梁悬挂于主缆上。

悬索桥施工一般分下部工程和上部工程，下部工程（包括锚碇基础、锚体、塔柱基础）先行施工，下部工程进行施工的同时，进行上部工程的准备工作，其准备工作包括施工工艺设计、施工设备购置或制造、悬索桥构件加工等。上部工程施工一般为主塔工程、主缆工程、加劲梁工程施工。图 3-3-149 所示为从基础施工开始到加劲梁架设的施工程序。图 3-3-150 所示为上部工程施工顺序。

2. 施工准备

由于现代大跨度悬索桥的规模大，多建于大江、大河上和跨海工程中，也有跨越深山峡谷或协调美化城市环境、避免繁忙航运干扰而修建的。因此施工准备工作包括施工场地准备和加工件的制作。而加工件的制作包括主、散索鞍和索夹；主缆的制作；吊索的制作；锚头；加劲梁的制造等工作。

（1）主、散索鞍和索夹

1）主索鞍

主索鞍是设置于悬索桥主塔塔顶，用于支撑主缆的永久性大型钢构件，如图 3-3-151 所示。主索鞍按传力方式可分为斜肋直接传力式（主要适用于柔性塔，如图 3-3-152 所示）和纵横肋间接传力式（主要适用于刚性塔，如图 3-3-153 所示）；按不同的制作方式可分为全铸式、铸焊式、全焊式、锻焊式；按结构组成可分为整体式、分体式；按上、下座板之间的摩擦副形式可分为滚动摩擦副、滑动

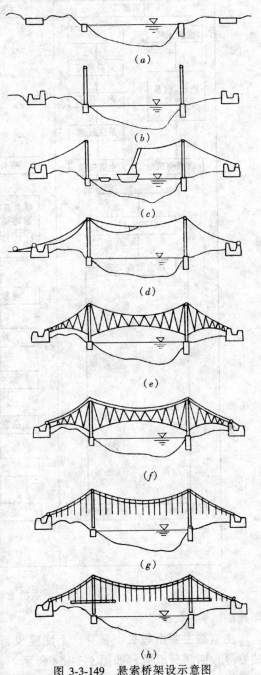

图 3-3-149 悬索桥架设示意图

（a）基础施工；（b）塔柱和锚碇施工；（c）先导索渡海工程；（d）牵引系统和猫道系；（e）猫道面层和抗风缆架设；（f）索股架设；（g）索夹和吊索安装；（h）加劲梁架设和桥面铺装

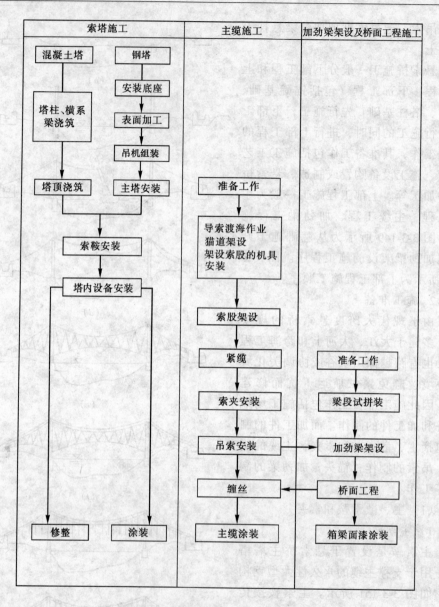

图 3-3-150　悬索桥上部工程施工顺序

摩擦副。

主索鞍主要由鞍头、鞍身、上底座板、附属装置（下底座板、摩擦副、导向装置等）四部分组成，如图 3-3-154 所示。鞍头部分的主要构造是放置主缆索股的承缆槽，如图 3-3-155 所示；鞍身是支撑鞍头的骨架；上底座板是整个鞍体的支撑。

2）散索鞍

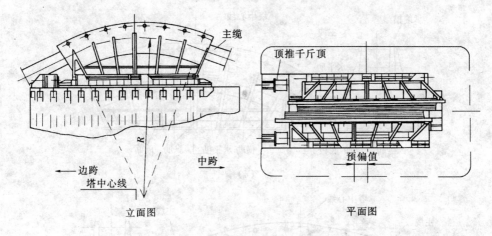

图 3-3-151　主索鞍示意图

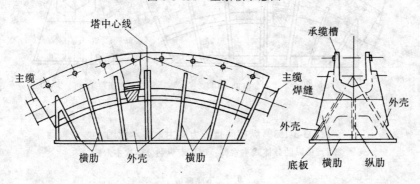

图 3-3-152　直接传力式主索鞍示意图

散索鞍设置于锚碇前段，将锚面与主索之间的主缆分为锚跨和边跨，其主要功能是将主缆索股在竖直方向散开，引入锚固点。散索鞍根据摩擦副的形式分为滚轴式（图 3-3-156a）和摆轴式（图 3-3-156b）；按照不同的制作方式可分为全铸式、全焊式、铸焊式。

3）索夹

索夹是将主缆和吊索相连接的连接件，大跨悬索桥的索夹一般为两个半圆形铸钢构件，由高强螺栓将其上紧在主缆上。索夹按索夹上是否安装吊索可分为有吊索索夹和无吊索索夹；在有吊索索夹中，又可分为骑跨式吊索索夹（图 3-3-157a）和销接式吊索索夹（图 3-3-157b）在无吊索索夹中，按其功能可分为锥形封闭索夹和普通封闭索夹。

4）主、散索鞍及索夹制造工艺流程

主、散索鞍一般是铸件、焊接件、铸焊结合件；而索夹一般是铸钢件。主、散索鞍铸焊方案工艺流程如图 3-3-158 所示。图 3-3-159 为索夹制造工艺流程示意图。

（2）主缆的制作

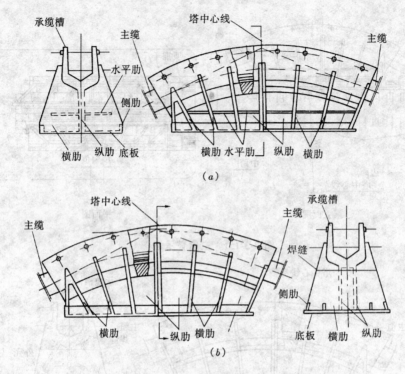

图 3-3-153 纵横间接传力式主索鞍示意图

（a）单纵肋分体式主索鞍；（b）双纵肋分体式主索鞍

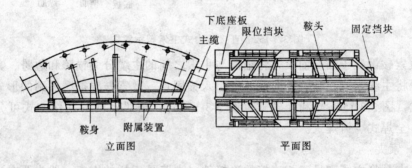

图 3-3-154 主索鞍构造示意图

主缆是悬索桥的主要承重构件，除要承受自重恒载，索夹、吊索、加紧梁等恒载外，还要承受通过索夹、吊索传来的活载以及承担一部分横向风力、温度变化的影响，并直接传递给桥塔顶部。

主缆的形成有空中纺丝法（AS法）和预制平行索股法（PPWS法）两种，两者的比较见表 3-3-16 所示。为了便于使主缆截面最终被压缩成圆形，PPWS法一般将丝股先排成六边形，这样缆内的丝股数目是 19、37、61、91、127、169、217、271 等，最后通过紧缆挤压成圆形。

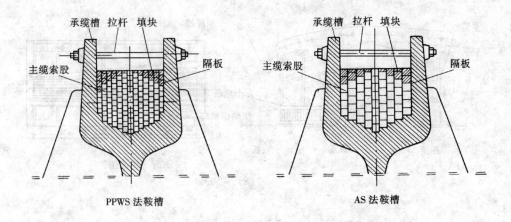

图 3-3-155　鞍头构造示意图

AS 法与 PPWS 法的比较　　　　　　　　　　　表 **3-3-16**

	AS 法	PPWS 法
制作、运输	不用预先制作索股，直接在桥上架设，不需重型吊装、运输设备	需预先制作索股，索股制作与主缆架设分步进行，需要大型卷盘的吊装和运输设备
架设	费工、费时，受风的影响大	省工、省时，受风的影响小
索股锚固面的面积	一根索股钢丝数量大，因而丝股数量少，所需锚固面小	由于运输、架设的制约，一根索股钢丝数量不能太多，因而索股数量多，所需锚固面大

1）标准丝的制作

在每一个索股中有一根标准丝，标准丝用来准确地控制索股长度。标准丝的精度要求高，因而宜在室内制作。标准丝的制作方法与制作场地和设备有关，但在室内提供长线比较困难，往往采用依靠精确测量的长线基线分次控制标准丝的下料长度的分段基线法。而标准丝在分段丈量时，以 20℃ 作为基准温度。

标准丝在制作时首先要设置生产基线，生产基线是由标记台、支承滚筒、放丝盘、收丝盘、加载系统、测温装置等组成，如图 3-3-160 所示。为了便于识别，标准丝在锚头前面（离锚头前面 1m 的点）、散索鞍中心位置、边跨中央、塔顶索鞍中心位置、中跨中点位置上加以标记。标准丝制作时的工艺流程如图 3-3-

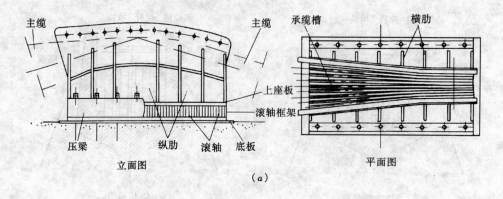

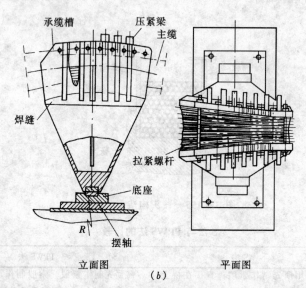

图 3-3-156 散索鞍示意图

(a) 滚轴式散索鞍；(b) 摆轴式散索鞍

161所示。

2）索股的制作

现场与工厂制索比较 表 3-3-17

项 目	工 厂 制 作	现 场 制 作
运输量	大	小
运输风险	有	无
运输条件	多次运转，需配有重载运输便道码头	无运转，无需码头，可利用一般施工便道
堆放场地	需成品堆放场，并配有大吨位起重设备	需钢丝堆放场，配一般起重设备
与施工衔接	提前制作，不易调整	可与施工协调衔接

索股一般由 61、91、127 根高强钢丝组成，根据索股制作和架设设备的能
力，目前采用 91 丝和 127 丝两种，其索股截面呈六边形。索股可以在现场制作

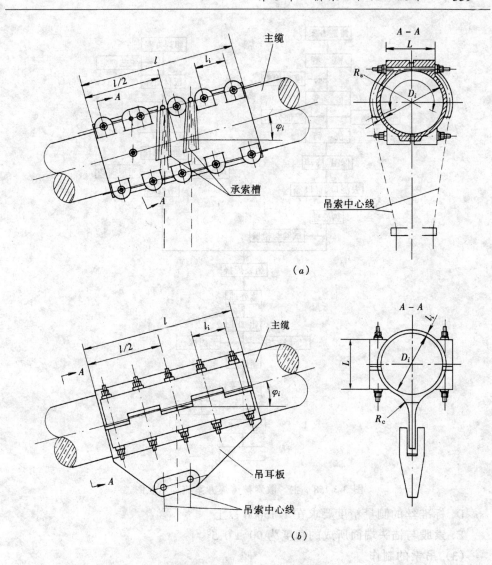

图 3-3-157　索夹构造示意图

（a）骑跨式吊索索夹；（b）销接式吊索索夹

或工厂制作，其两者的比较可见表 3-3-17。索股制作工艺示意如图 3-3-162 所示。索股制作流程为钢丝上架、引出；合股与成型；缠带；索股牵引；标识；索股切断；灌锚；打盘卷取。

3）质量要求

A. 用于索股的钢丝以全长无接头为原则，各钢丝长度尽可能一致。

B. 索股中的钢丝沿全长应平行，不能交叉。

C. 索股中不能扭转、钢丝松弛、裂纹等缺陷。

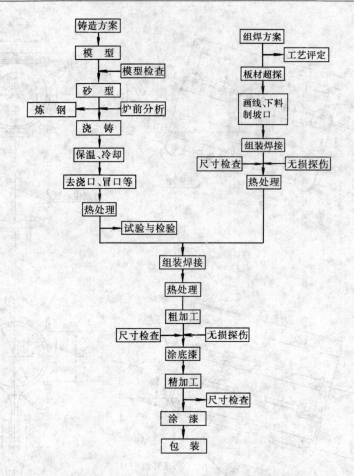

图 3-3-158 主、散索鞍铸焊方案流程示意图

D. 标准丝的测量精度要求在 1/15000 以上。

E. 索股与锚头端面所成的角度为 $90° \pm 0.5°$。

（3）吊索的制作

吊索是连接主缆和加劲梁的主要构件，分为竖直吊索和斜吊索两种形式，斜吊索在目前应用得非常少。竖直吊索中的骑跨索夹的吊索是由柔软性能较好的镀锌钢丝绳制作（也称钢丝绳吊索）；而用于销连接的吊索既可用平行镀锌钢丝制作（即平行钢丝索股吊索），也可用钢丝绳制作。

钢丝绳吊索的结构形式如图 3-3-163（a）所示；制作工艺布置如图 3-3-163（b）所示。钢丝绳吊索工艺流程为：材料准备、预张拉、弹性模量测定、长度标记、切割下料、灌铸锥形锚块、灌铸热铸锚头、恒载复核、吊索上盘。

平行钢丝索股吊索在制作时钢丝要平行、无接头，紧密地包在 H.O.P.E 套管内，套管最小厚度为 6mm；长度测量应在温度稳定、有遮盖条件下或夜间进行，索股下料时，应留有调整长度的富余量，而在基准温度下，吊索的长度误差

应小于 $l/5000$（l 为吊索长度）；采用锌铜合金灌铸锚头的要求基本与主缆索股锚头相同。

（4）锚头

悬索桥所用的锚头有主缆索股锚头（图 3-3-164）、吊索锚头。锚头铸体用锌铜合金灌铸。

灌铸锚头的施工顺序为：

1）将索股端部的适当位置绑扎钢丝（用 $\phi3.4$mm 的退火渡锌钢丝），以防止索股扭转和滑动。

2）清洗索股端部钢丝和锚杯内壁的污物，同时量测锚杯容积，以控制灌铸量。

3）将索股端部穿入锚杯并均匀散开，使其中心尽量与锚杯中心一致，用清洗剂清洗插入的钢丝和锚杯内壁，并安装定位夹具，以保证正确位置和钢丝的锚固长度。

4）将以上准备好的索股提升到灌锚架上，对锚具进行抄平、定位，以保证锚杯顶面与索股保持垂直，然后封底。

5）用预热罩对装好的锚杯进行预热，用坩埚电炉融合事先已配好的镀锌铜合金，当溶液温度为（460 ± 5）℃（其他按设计要求），锚杯预热温度达到 100℃（其他按设计要求）时，进行灌铸，并通过称量法检查合金的实际灌铸量（不得小于理论值的 92%）。

6）灌铸后待合金温度降至 80℃ 以下时，用千斤顶从锚杯后面对灌铸的合金进行预压，其变形量应符合设计要求。

（5）加劲梁的制造

加劲梁主要是直接承受和传递车辆荷载、风荷载、温度荷载和地震荷载，控制着荷载的分布和大小。在静载作用时，通过吊索与主缆变形相互谐调，互为约束；通过支座与索塔变形相互谐调，互为约束，并导致二次附加力。在动载作用时，以其结构形式和尺寸及材性为主要影响因素的动力特性，决定加劲梁的动载增幅效应和动力稳定性。

加劲梁常采用钢箱梁和钢桁梁，其构造如图 3-3-165 所示。

1）材料

公路悬索桥全焊加劲钢箱梁和钢桁梁的主体材料，可采用 16Mn、16Mnq、Q235、A_3q 钢或国外同类钢材。焊接材料应根据设计要求和焊缝等级以及入厂钢材的型号、化学成分和拟采用的焊接工艺，经比较分析后确定，所选的焊接材料可参考表 3-3-18 所列各项要求。涂装材料应兼有耐候、防腐蚀、美化结构等多种

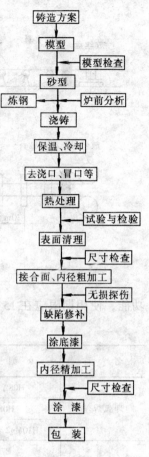

图 3-3-159　索夹制造工艺流程示意图

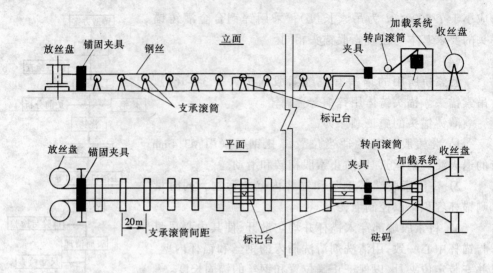

图 3-3-160 标准丝生产基线示意图

功能，使用期限应在 15 年以上。

焊 接 材 料　　　　　　　　表 3-3-18

名 称	型 号	标 准 名 称	标准号
埋弧焊丝	H08A，H08E	焊接用钢丝	GB1300
	H08MnA		
	H10Mn2，H10Mn2G		
CO_2 空芯焊丝	E71-T1	软钢、高强度钢及低温钢用	JIS3313
	E70-T1	电弧焊接空芯焊丝	AWS A5.20
CO_2 实芯焊丝	H08Mn2SIA	CO_2 气体保护焊用焊丝	GB8110
	ER70S-6	碳素钢用 CO_2 气体保护焊用焊丝	AWS A5.18
	YGW-11	低碳钢和高温钢用 MAG 实芯焊丝	JIS3312
焊剂	HJ-431	碳素钢埋弧焊用焊剂	GB5293
	HJ-350	低合金钢埋弧焊用焊剂	GB12470
	SJ101	低合金钢埋弧焊用焊剂	GB12470
焊条	E4303，E4315	低碳钢焊条	GB5117
	E4316		
	E5018，E5015	低合金钢焊条	GB5118-85
	E5016		
	D4326	软钢用涂药焊条	JIS Z3211
	D5016，D5026	高强度钢用涂药焊条	JIS Z3212
焊接用气体	CO_2，Ar	国际或相当于日本标准	JIS K1106
			JIS K1105
CO_2 保护焊衬垫	TDQ1，TDQ2	陶质焊接衬垫	GB/T 3715

2）制造工艺设计

钢箱梁和钢桁梁的工艺设计一般应包括总体工艺流程及说明文件；零部件分类、编码和运作规定及流向（含有关说明文件），典型工艺流程；零部件生产车间制造流水线及说明文件；主要质量控制点及说明文件；零件制作工艺细则；板件或杆件制作及组装工艺细则和工艺流程及说明文件；部件制作及组装工艺细则和工艺流程及说明文件；梁段组装规程和顺序及说明文件。

3）加劲梁制造

钢箱梁的制造过程为：切割；零件和部件的矫正和弯曲；部件及组拼件的制造；梁段的制造；梁段预拼及验收；焊接。

钢桁梁的制造过程为：切割；制孔；部件组装；梁段试装；焊接、栓接、铆接、栓焊接。

3. 锚碇施工

锚碇是悬索桥的主要承重构件，用来抵抗来自主缆的拉力，并传递给地基。锚碇按受力形式分为重力式锚碇和隧道式锚碇，重力式锚碇是依靠巨大的重力来抵抗主缆的拉力；隧道式锚碇的锚体嵌入基岩内，借助基岩来抵抗主缆的拉力。

锚碇的基础分为直接基础、沉井基础、复合基础、隧道基础等形式，直接基础适宜于持力层距地面较浅的情况，复合基础和沉井基础适用于持力层较深的地区，隧道基础适用于山体基岩坚实完整的情况。

（1）主缆锚固体系

锚固体系根据主缆在锚块中的锚固位置，分为后锚式和前锚式两种结构形式。后锚式是将索股直接穿过锚块，在锚块后面锚固，如图 3-3-166（a）所示；前锚式是索股锚头在锚块前锚固，通过锚固系统将缆力作用到锚体上，如图 3-3-166（b）所示，这种锚固体系具有主缆锚固容易、检修方便等特点而广泛运用于大跨度悬索桥中。前锚式锚固系统又分为型钢锚固系统和预应力锚固系统两种结构类型。

型钢锚固系统分为直接拉杆式（图 3-3-166b）和前锚梁式（图 3-3-166c）两种锚固体系。型钢锚固系统是由锚架和支架组成，锚架是主要传力构件，由锚杆、前锚梁、拉杆、后锚梁等组成；支架是安放锚杆、锚梁，并使之精确定位的

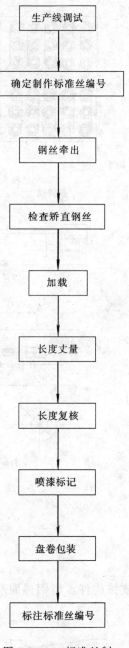

图 3-3-161　标准丝制作工艺流程图

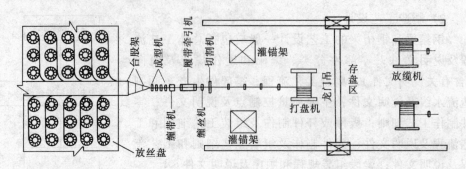

图 3-3-162   索股制作工艺示意图

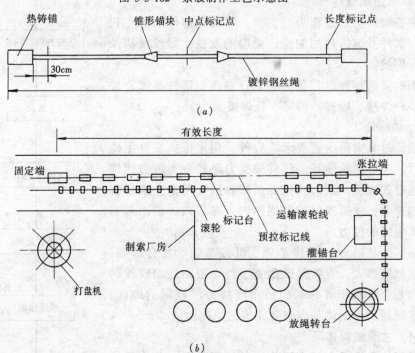

图 3-3-163   钢丝绳吊索示意图

(a) 钢丝绳吊索构造；(b) 钢丝绳吊索制作工艺布置

支撑构件。型钢锚固系统的施工程序为：锚杆、锚梁等的工厂制造；现场拼装支架；安装后锚梁；安装锚杆（与锚支架）；安装前锚梁；精确调整位置；浇筑锚体混凝土。

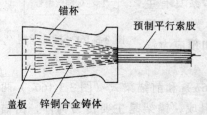

图 3-3-164   热铸锚头构造示意图

预应力锚固系统（图 3-3-167）按材料的不同分为粗钢筋锚固和钢绞线锚固两种结构形式。预应力锚固体系的传力是索股锚头由两根螺杆和锚固连接器相连，再对称穿过锚块混凝土的预应力束来施加预应力，使锚固

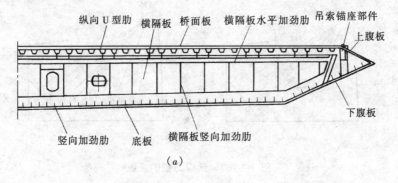

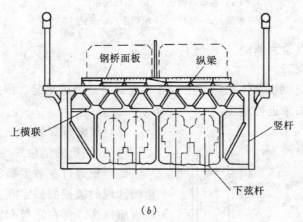

图 3-3-165 加劲梁典型构造示意图

（a）钢箱梁；（b）钢桁梁

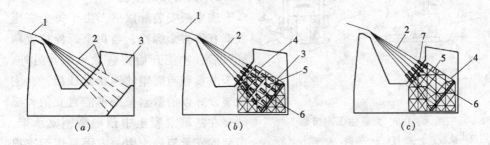

图 3-3-166 主缆锚固系统示意图

（a）后锚；（b）直接拉杆式前锚；（c）前锚梁式前锚

1—主缆；2—索股；3—锚块；4—锚支架；5—锚杆；6—后锚梁；7—前锚梁

连接器与锚块连接成整体，承受索股拉力，如图 3-3-168 所示。预应力锚固体系的施工程序为：基础施工；安装预应力管道；浇筑锚体混凝土；穿预应力筋；安装锚固连接器；预应力筋张拉；预应力管道压浆；安装与张拉索股。

隧道锚中的锚固体系类型与重力式锚碇的锚固体系基本相同，但由于洞内空间较小、坡度陡，安装难度相对较大。运送构件到洞内多采用轨道滑溜的方法，

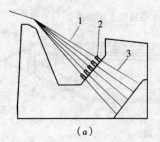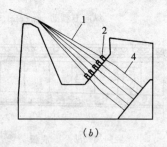

（a）　　　　　　　　　　　（b）

图 3-3-167　预应力锚固系统

（a）粗钢筋锚固；（b）钢绞线锚固

1—索股；2—螺杆；3—粗钢筋；4—钢绞线

然后用小型起吊设备安装。

（2）锚碇体施工

悬索桥的锚碇属于大体积混凝土构件，尤其是重力式锚碇。因此要按大体积混凝土的施工方法来进行施工。

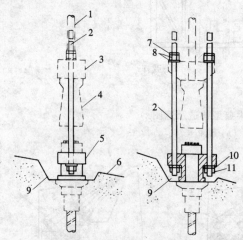

图 3-3-168　索股锚固连接器

1—索股；2—拉杆；3—锚板；4—锚杯；5—单索股连接器；6—前锚面；7—扣紧螺母；8—螺母与垫圈；9—锚面槽口；10—球面垫圈；11—球面螺母

（3）散索鞍安装

1）底座板的定位

底座板通过在散索鞍混凝土基础中精确预埋的螺栓而固定在基础上，调整好板面标高，再在底板和四周浇筑高强度膨胀混凝土，使之稳固。

2）散索鞍的安装

底座板安装好以后，由于每个底座板都有许多个螺栓，当每个螺栓位置精确以后，才能开始安装散索鞍。另外，由于散索鞍与底座的连接是铰接，在主缆架设好以前散索鞍是不能自立的，必须要在基础混凝土中预埋型钢支承架。而型钢支承架的作用一方面是用于支撑鞍体，另一方面是用于调整位置精度，准确定位。

散索鞍是重型构件，需要大型起重设备来安装。在安装时，可采用重型吊机，也可采用贝雷架或万能杆件架设的龙门架；而隧道锚的散索鞍，采用整体拖运、溜放、千斤顶顶升就位。

4．索塔

索塔从材料上分为钢筋混凝土塔和钢塔。钢筋混凝土塔一般为门式刚架结构，由两个箱形空心塔柱和横系梁组成；钢塔常见的结构形式有桁架式、刚架式和混合式等。

钢筋混凝土塔柱塔身施工的模板工程主要有滑模、爬模、翻模等；塔柱竖向主钢筋的接长常采用冷弯套管连接、电渣焊、气压焊等方法；混凝土的运输方案常采用泵送或吊罐运输。当塔身施工到塔顶时，应注意预埋索鞍钢框架支座螺栓和塔顶吊架、施工猫道的预埋件。

钢塔目前尚无先例，可根据索塔的规模、结构形式、架桥地点的地理环境以及经济性等来选择施工方案，一般采用浮吊、塔吊、爬升式吊机等施工架设方法。图 3-3-169 为爬升式吊机的施工顺序。

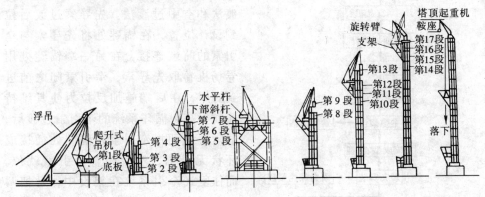

图 3-3-169　爬升式吊机施工顺序示意图

5. 主缆工程

主缆工程包括主缆架设前的准备工作；主缆架设、防护、收尾工作。主缆工程的施工程序如图 3-3-170 所示。

（1）牵引系统

牵引系统是架于两锚碇之间，跨越索塔的用于空中拽拉的牵引设备，主要承担猫道架设、主缆架设、部分牵引吊运工作。牵引系统常用的有循环式和往复式两种形式。

循环式牵引系统是把牵引索两端插接起来，形成环状无级索，通过一台驱动装置和支承滚筒作循环运动。循环式牵引系统还可分为大循环和小循环，如图 3-3-171 所示，主要适用于 AS 法的主缆架设，以及悬索桥跨径小时的 PPWS 法索股架设。

往复式牵引系统的牵引索的两端分别卷入主、副卷扬机，一端用于卷绳进行牵引，另一端用于放绳，两台驱动装置联动，使牵引索作往复运动。往复式牵引系统根据夹持索股的方式的不同，可分为门架拽拉器式和小车式两种。门架拽拉器式牵引系统是由主副卷扬机、牵引索、拽拉器、锚碇门架滑轮组、猫道门架滑轮组、猫道滚筒及塔顶滚筒组成，如图 3-3-172 所示。小车式牵引系统的牵引索

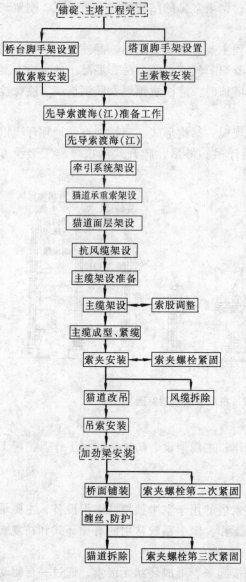

图 3-3-170　主缆工程施工程序示意图

由猫道滚筒和塔顶滚筒支承，小车直接与牵引索连接，行走于设置在猫道滚筒两侧的轨道上，适用于大（或小）循环牵引系统。

牵引系统的架设以简单经济、少占航道为原则。通常是先将比牵引索细的先导索渡江（或海、河），然后利用先导索将牵引索架设。先导索渡江、海的方法可采用水下过渡法、水面过渡法和空中过渡法。先导索过渡后拉到设计位置，在锚碇处将先导索与牵引索的前端连接，在另一端锚碇处用卷扬机卷取先导索，牵引索随之前进到对岸，在后端施加反拉力使其维持通航标高。循环系统的牵引索过渡后，通常要把两根牵引索在锚碇处插接成环状无级索，然后调整牵引索就位。而往复式牵引系统在架设中，是把两根牵引索连接在拽拉器上，另两端分别与主、副卷扬机相连，如图 3-3-173 所示。

（2）猫道

猫道是供主缆架设、紧缆、索夹安装、吊索安装以及空中作业的脚手架。猫道应适应主缆工程的需要，一般按上下游分别设置，承重索线形与主缆基本一致，作用于塔顶两侧的水平力要平衡。猫道在架设过程中要注意左右边跨、中跨的作业平衡，尽量减小对塔的变位影响，确保主缆的架设质量。

猫道的主要承重结构是猫道承重索，一般按三跨分离式设置，边跨的两端分别锚于锚碇与索塔的锚固位置上，中跨两端分别锚于两索塔的锚固位置上，承重索既可采用钢丝绳，也可采用钢绞线制造，但钢绞线比钢丝绳通用性差，猫道拆除后转为其他用途困难，因而广泛采用钢丝绳。在猫道上面有横梁、面层、横向通道、扶手绳、栏杆立柱、安全网等，如图 3-3-174 所示。

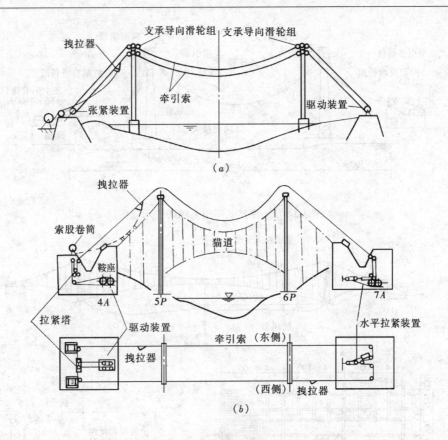

图 3-3-171　牵引系统示意图

(a) 小循环牵引系统；(b) 大循环牵引系统

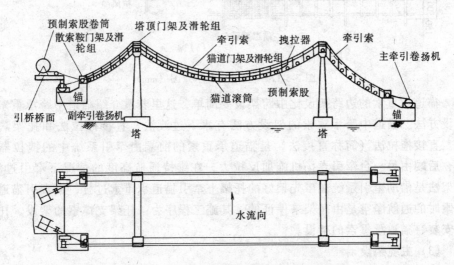

图 3-3-172　门架拽拉器式牵引系统示意图

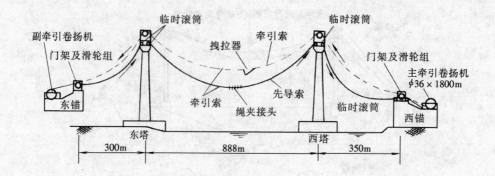

图 3-3-173 往复式牵引系统架设示意图

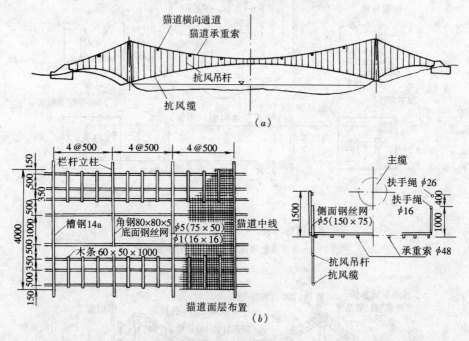

图 3-3-174 猫道构造示意图（mm）

猫道承重索的边跨架设比中跨架设要简单，这里着重介绍猫道中跨承重索的架设方法。猫道中跨承重索的架设方法有水下过渡法、直接拖拉法和托架法三种。直接拖拉法（简称直接法）是猫道承重索的前端由牵引系统中的拽拉器牵引，后端由另一台牵引卷扬机施加反拉力，在维持通航高度的情况下牵引过渡。托架法是借助牵引系统在事先架好的托架上牵引猫道承重索过渡，而牵引猫道承重索时的通航净空是由托架来保证的，其施工程序为：托架支撑索的架设、托架的安装、猫道承重索的架设。

（3）主缆架设

1）AS 法

A.AS 法的基本原理

AS 法的施工过程为：在桥两岸的锚碇和索塔等处都以架缆做好准备之后，沿主缆设计位置从一岸的锚碇到另一岸的锚碇设置好循环式牵引系统，并将纺丝轮扣牢在牵引绳的一定位置，将绕满钢丝的卷筒放在一岸的锚碇旁，从卷筒抽出一根丝头，将其固定在靴跟（锚杆上用以缠绕钢丝的构件）A 上（也称为死头），继续将钢丝向外抽，由此形成的套圈套在纺丝轮上，驱动牵引系统，则纺丝轮将带着钢丝套圈不断前进，钢丝不断从套圈上放出，钢丝的这一头称为活头，当纺丝轮将钢丝带到对岸锚碇时，便用人工将钢丝套圈从纺丝轮上取下，并套在对应的靴跟 A' 上，如图 3-3-175（a）所示，经过这一过程后就在主缆丝股位置上架

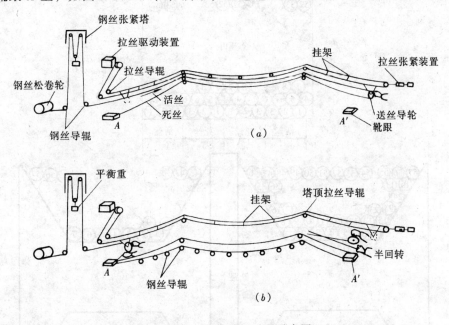

图 3-3-175　AS 法施工过程示意图

设了一对钢丝。第二步是将钢丝的活头套在靴跟 A 上，如图 3-3-175（b），继续抽丝又形成套圈再套到纺丝轮上，然后重复上述过程，又可以架设两根钢丝。经过上百次的重复，当套在两岸对应靴跟（A，A'）上的钢丝达到设计所要求的根

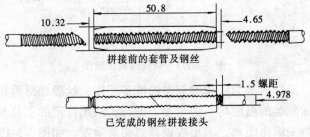

图 3-3-176　钢丝接长构造（单位：mm）

数后，将该活头剪断，并与死头用钢丝连接器连接起来（图 3-3-176），这样就完成一根丝股的空中纺丝过程。

B. AS 法的施工步骤

标准丝段的架设   应在温度稳定无风的夜间，将预先在工厂作好的标准丝段引上猫道，并按设计位置架设就位。

丝股架设   通过多次的纺丝，钢丝在散索鞍、主索鞍和猫道上的成形导具内按设计位置排列，如图 3-3-177 所示，形成丝股。

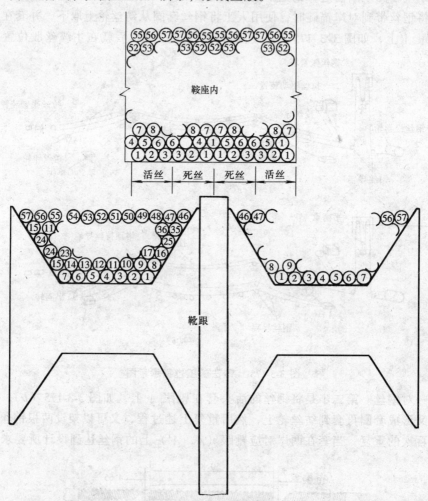

图 3-3-177   钢丝排列示意图

丝段调整   工作内容为：丝股调整的准备工作；丝股相对垂度测定（这项工作要在丝股与标准丝的温度均一的情况下进行，采用特定的工具测出被测丝段与标准丝之间的相关纵向距离，求出应该调的相对垂度，如图 3-3-178 所示）。

2）PPWS 法

A. 索股架设

将卷在卷筒上的索股放在架设地点，把锚头从卷筒上引出，连接在牵引系统上，一边施加反拉力，一边沿设置在猫道上的滚筒向对岸牵引，牵引工作以上下游平行作业的形式进行。索股的架设程序如图 3-3-179 所示。其架设顺序如图 3-3-180 所示。

索股的牵引要领为：

索股前端锚头的引出　索股前端从卷筒上引出，由吊机吊起，把

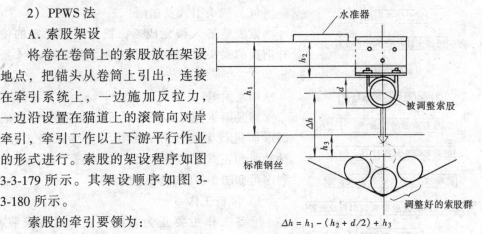

$$\Delta h = h_1 - (h_2 + d/2) + h_3$$

图 3-3-178　相对垂度调整测定

索股从卷筒上放出必要的长度，并放在卷筒的水平滚筒上。

锚头与拽拉器连接　把锚头牵引到拽拉器的位置后，与拽拉器进行连接，连接后，检查拽拉器的倾斜状况，如有必要可用平衡重进行调整。

索股牵引　把锚头连接于拽拉器上以后，把索股向对岸锚碇牵引，牵引工作应在由索股卷筒对索股施加反拉力的情况下进行。

前端锚头从拽拉器上卸下，拽拉器到达对岸锚碇所指定的位置后，用吊机把锚头吊起从拽拉器上卸下。从卷筒放出的后端锚头在吊机吊着进行移动。

锚头引入装置的安装　牵引完成后，安装锚头引入装置，锚头引入长度不应过量，否则会使散索鞍部位的索股拉力加大，增加索股整形的难度。

B. 索股横移、整形

（A）索股的横移

牵引完成后的索股放在猫道滚筒上，在塔顶索鞍部位、散索鞍部位把临时拽拉装置、握索器、葫芦安装在索股上，并把索股从猫道滚筒上提起，利用塔顶和散索鞍顶的横移装置将其横移到所规定的位置，如图 3-3-181 所示。

（B）索股整形入鞍

索股横移以后，在鞍座部位将索股整形成矩形，放入鞍座内所规定的位置，如图 3-3-182 所示。

整形是使用整形工具按在相同位置有着色丝的原则把索股整形成矩形，如图 3-3-183 所示。整形是从钢丝箍的位置开始，其整形方向为：塔顶鞍座部位是从边跨向中跨方向进行，而散索鞍部位是从锚跨向边跨方向进行。

入鞍是将鞍座部位临时吊起的索股经整形后放入鞍座内。其入鞍方向为：塔顶索鞍部位是从边跨侧向中跨侧方向进行，散索鞍部位是从锚跨侧向边跨侧方向进行。

图 3-3-179　索股架设程序图

（C）锚头引入及锚固

索股整形入鞍完成后，把引到所规定的锚杆前面的锚头引入并临时锚固，如图 3-3-184 所示。

（4）紧缆

索股架设完成以后，为了把索股群整形成圆形而进行紧缆工作，紧缆可分为准备工作、预紧缆和正式紧缆三项工作。紧缆工作的施工程序可如图 3-3-185 所示。

1）准备工作

准备工作主要是为紧缆作业、索夹安装、吊索架设提供便利的运载、起吊设备，根据具体情况而进行。

2）预紧缆

预紧缆是把架设完成的索股群大致整形成圆形的作业。预紧缆的顺序可如图 3-3-186 所示。而预紧缆的施工过程是将以下的工序沿全长反复进行、直至把索股群大致整形圆形的过程。

A. 沿全长确认索股的排列情况，对索股排列不整齐或有交叉的部位，用主缆索股分隔器进行修正。

B. 为了使索股排列不乱，将主缆索股分隔器用加压器固扎。

C. 把主缆索股分隔器邻近部位进行预紧，并用钢带临时紧固。

D. 撤除主缆索股分隔器。

E. 预紧缆应在温度比较稳定的夜间进行。预紧缆的目标是空隙率在 26% ~ 28% 之间。预紧缆时，索股应排列整齐，同时应注意尽量减少表面钢丝的移动。索股的绑扎带不能一次全部拆光，应采取边预紧边拆除的办法。

F. 在加压器邻近部位，把索股群用钢带固定，带扣放在索股群的侧下方。

3）正式紧缆

正式紧缆是用专用的紧缆机把主缆整形成圆形，并紧到所规定的空隙率，且紧缆施工一般是在白天进行。其紧缆施工程序可如图 3-3-187 所示。紧缆机是在主缆安装之前，进行试拼、试机；然后由塔顶吊机吊至塔顶，利用简易天车将紧缆机部件运至各跨中点进行拼装，紧缆机组装完成以后，调整紧缆机轴线与主缆

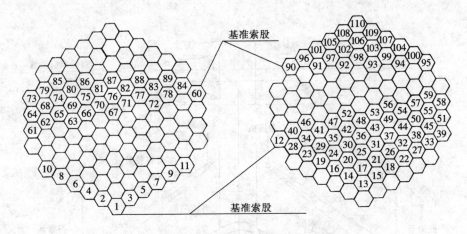

图 3-3-180　索股架设顺序示意图

中心相吻合以及紧缆机的左右平衡。

正式紧缆时是由各跨中心向索鞍方向进行，如图 3-3-188 所示。

紧缆后的主缆空隙率是根据测定主缆周长换算成直径计算得出的，而主缆周长是用 3m 钢尺在距压块 15～20cm 的地方测量。主缆空隙率的计算公式为：

$$k = 1 - \frac{nd^2}{D^2}$$

式中　　k——主缆空隙率；

　　　　n——钢丝总数；

　　　　d——钢丝直径；

　　　　D——紧缆后主缆直径。

（5）索夹安装

紧缆完成后，把猫道改吊于主缆上进行形状计测，根据形状计测的结果，在主缆上将索夹安装位置作出标记。索夹就位后，插入索夹螺栓，并按设计要求施加轴力，而轴力根据螺栓伸长量和千斤顶的读数来进行管理，因此应对螺栓预先进行检查，测定无应力长度；经过试验掌握轴力与伸长的关系；通过索夹紧固试验观察并确定螺栓由于缆重和螺栓非弹性变形、螺母弹性变形的影响所造成的应力损失量。

索夹安装的施工程序可如图 3-3-189 所示。

1）准备工作

A.索夹安装测量放样

测量方法　主要采用红外线测距法，当主缆线形定型后，在白天沿主缆曲线把索夹位置临时放样于主缆上，并做好标记；在夜间主缆空载状态下，把主缆上的临时标记作为参考进行索夹正确位置的放样。

保证精度的要点　精度取决于仪器本身的测距精度和人工置站的手动误差。

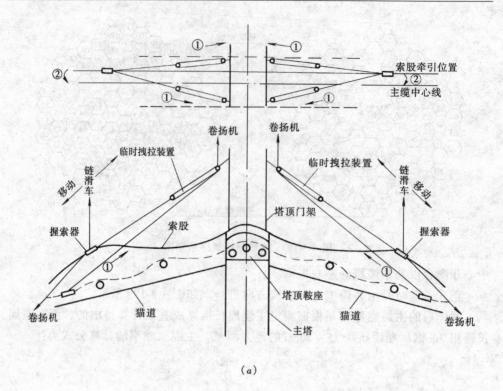

(a)

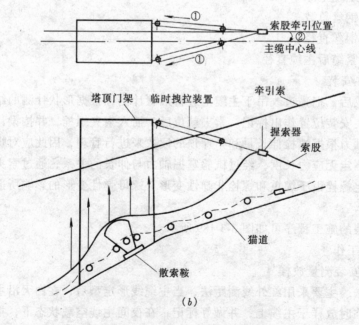

(b)

图 3-3-181　索股横移示意图

（a）塔顶索股横移；（b）散索鞍索股横移

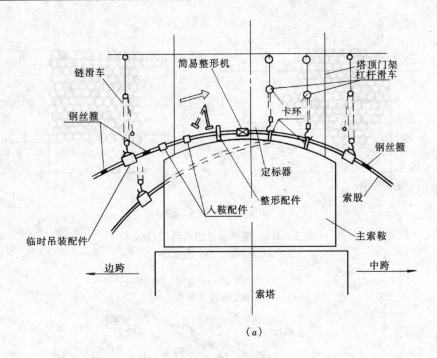

（a）

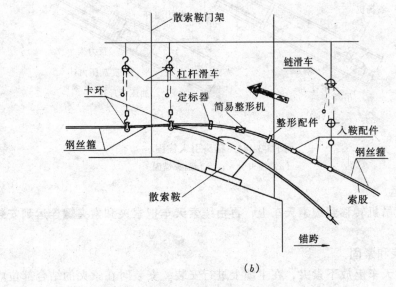

（b）

图 3-3-182　整形入鞍示意图

（a）塔顶鞍座；（b）散索鞍鞍座

　　标记　标记可采用索夹中心、从索夹两端移一段距离（一般 100m）、天顶标识（索夹两端）等方法。当标记完成后，应对正规标记位置再进行一次复查。

　　B. 索夹上架及清理

　　2）索夹安装

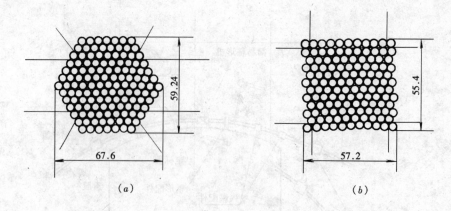

图 3-3-183   整形示意图（单位：mm）

（a）整形前；（b）整形后

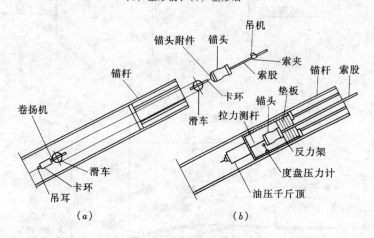

图 3-3-184   锚头引入锚固

（a）锚头引入；（b）锚头锚固

A. 搬运

由塔顶吊机转移到缆索天车上，再由缆索天车把索夹和索夹螺栓运到安装位置。

B. 安装和紧固

由缆索天车上放下索夹，在主缆上进行安装，安装时在索夹的结合部位应注意不能让钢丝发生弯曲。

C. 螺栓轴力管理

索夹螺栓的轴力是通过螺栓沿轴力方向的伸长量来管理的，根据各施工阶段以及设计要求，索夹至少要进行三次紧固，第一次是在索夹安装时，第二次是在加劲梁吊装完毕，第三次是在成桥时。

螺栓轴力计算公式为：

$$P = EI \times \frac{\Delta L}{L}$$

式中　P——螺栓轴力；

　　　EI——螺栓抗拉刚度；

　　　ΔL——伸长量；

　　　L——螺栓有效长度。

D. 索夹安装顺序

中跨是从跨中向塔顶进行，而边跨是从散索鞍向塔顶进行，如图 3-3-190 所示。

（6）吊索架设

吊索是由塔顶吊机提到索塔顶部，在各塔顶用缆索天车从放丝架上吊运到架设地点，用缆索天车移动就位。其架设程序可如图 3-3-191 所示。

在架设前，由于吊索的质量比索夹轻，因此首先要调整原天车承重索的垂度，以便吊索的安装操作；用塔顶吊机根据吊索的架设顺序来移动天车的位置，使每个工作点（全桥共有四个工作点）有两台缆索天车。吊索的搬运就位可如图 3-3-192 所示。

6. 加劲梁架设

（1）架设方法

1）桁架式加劲梁的架设

A. 按架设单元的架设方法

按架设单元可分为按单根杆件、桁片（平面桁架）、节段（空间桁架）进行架设的三种方法。单根杆件架设方法是将组成加劲桁架的杆件搬运到现场，架设安装到预定的位置而构成加劲桁架，虽然是以杆件作为架设单元，质量小，可用小型架设机械，但杆件数目多，费工费时，因而很少单独使用。桁片架设方法是将几个节间的加劲桁架按两片主桁架和上、下平联及横联等片状构件运到现场逐次进行架设。节段架设方法是将桁片在工厂组装成加劲桁架的节段，由大型驳船运至预定位置，然后垂直起吊逐次连接。

以上三种方法可以分别使用，也可以根据需要在同一座桥上采用多种方法。三种方法的比较可如图 3-3-193 所示。

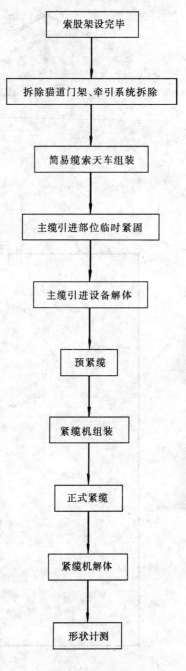

图 3-3-185　紧缆施工程序图

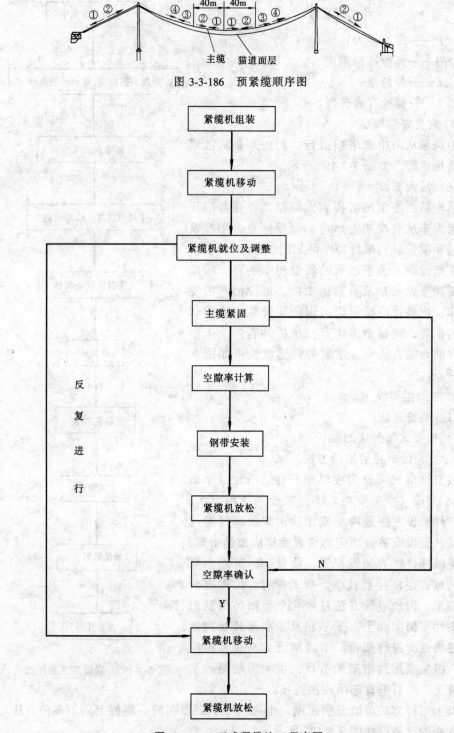

图 3-3-186　预紧缆顺序图

图 3-3-187　正式紧缆施工程序图

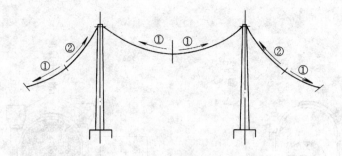

图 3-3-188　正式紧缆进行方向示意图

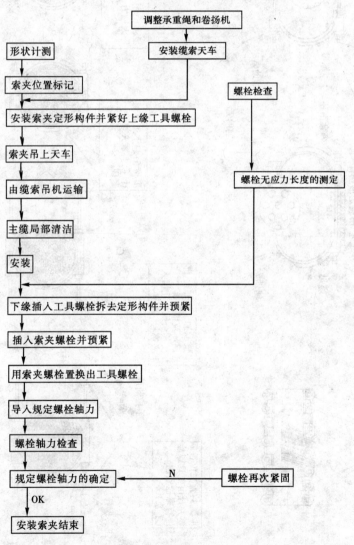

图 3-3-189　索夹安装施工程序示意图

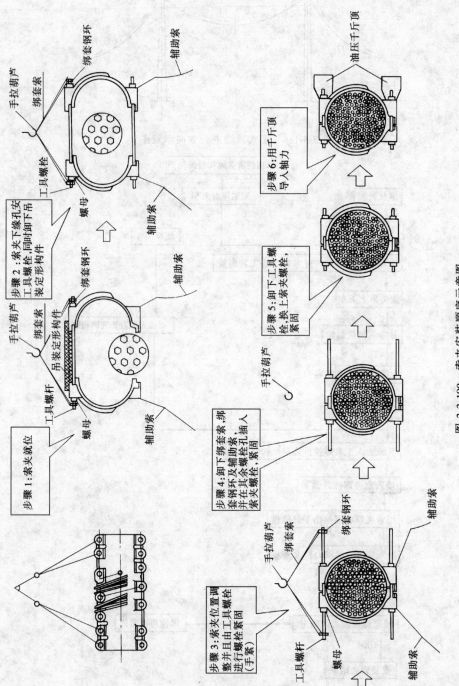

图 3-3-190 索夹安装顺序示意图

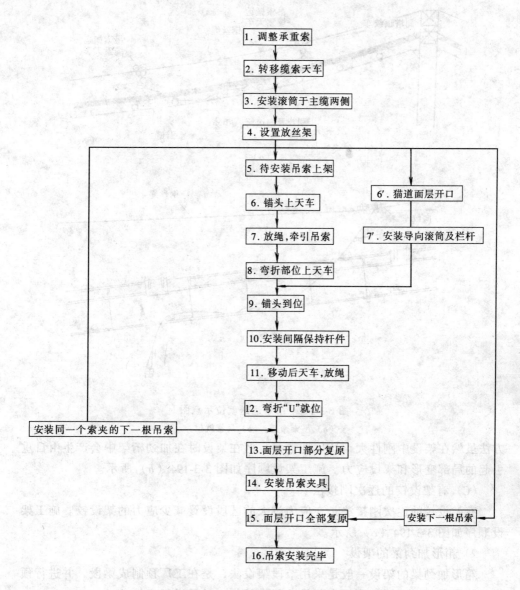

图 3-3-191 吊索架设施工程序示意图

B．按连接状态的架设方法

（A）全铰法

全铰法是加劲桁架各节段用铰连接。采用这种方法架设施工的主梁不必对构件进行特别加强，但架设过程中抗风性能差。施工架设顺序如图 3-3-194（a）所示。

（B）逐次刚接法

逐次刚接法是将节段与架设好的部分刚接后，再用吊索将其固定。采用这种

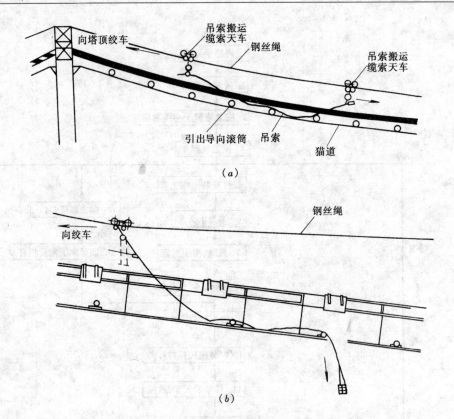

图 3-3-192　吊索运送就位示意图

（a）吊索搬运；（b）吊索就位

方法虽然在架设中刚性大，抗风性能好，但在架设时在加劲桁架中会产生由自重引起的局部变形和架设应力。施工架设顺序如图 3-3-194（b）所示。

（C）有架设铰的逐次刚接法

有架设铰的逐次刚接法是在应力过大的区段设置减少应力的架设铰。施工架设顺序如图 3-3-194（c）所示。

2）箱形加劲梁的架设

箱形加劲梁的架设一般是采用节段架设法，是在工厂预制成梁段，并进行预拼，将梁段运到现场，用垂直起吊法架设就位，最后进行焊接。

3）节段的架设顺序

加劲梁节段的架设顺序是根据架设中桥塔和加劲梁的结构特性、人员、机械配备、工作面、运输线路、海洋气候等条件综合考虑并由设计单位决定的，如图 3-3-195 所示。

（2）加劲梁节段正下方起吊的架设方法

当悬索桥的加劲梁为扁平钢箱梁、预应力混凝土箱形梁时，一般采用加劲梁节段正下方起吊的架设方法。

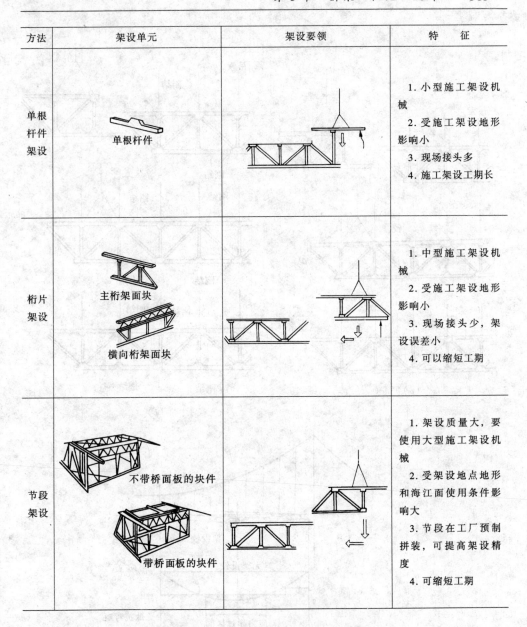

方法	架设单元	架设要领	特　征
单根杆件架设	单根杆件		1. 小型施工架设机械 2. 受施工架设地形影响小 3. 现场接头多 4. 施工架设工期长
桁片架设	主桁架面块 横向桁架面块		1. 中型施工架设机械 2. 受施工架设地形影响小 3. 现场接头少，架设误差小 4. 可以缩短工期
节段架设	不带桥面板的块件 带桥面板的块件		1. 架设质量大，要使用大型施工架设机械 2. 受架设地点地形和海江面使用条件影响大 3. 节段在工厂预制拼装，可提高架设精度 4. 可缩短工期

图 3-3-193 不同架设单元施工方法比较

1）跨缆起重机吊装工艺

根据具体情况采用不同方法将跨缆起重机在主缆上安装好，吊装时可分通航孔和非通航孔，在通航孔加劲梁节段的吊装工序可如图 3-3-196 所示。

2）加劲梁节段提升架设

如图 3-3-197 是钢箱加劲梁从跨中开始对称向两塔推进的架设顺序图。其施工过程为跨中段、标准段提升架设；端梁（端部梁段）架设；合拢段架设。

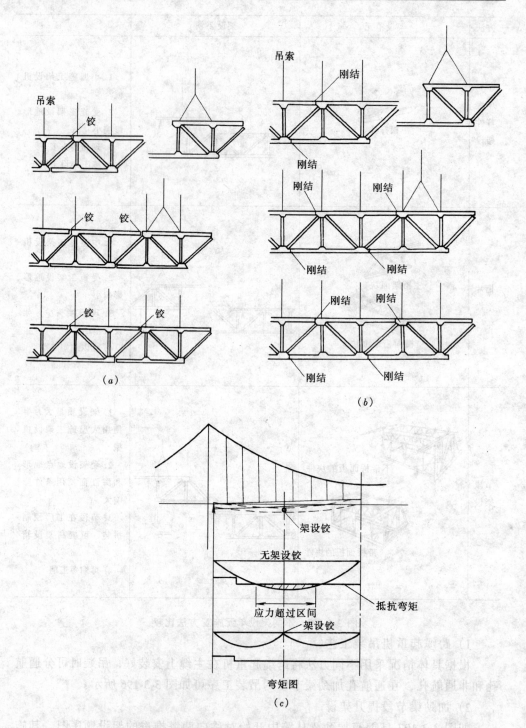

图 3-3-194　桁架式加劲梁的架设顺序示意图
（a）全铰法；（b）逐次刚接法；（c）有架设铰的逐次刚接法

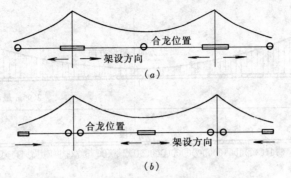

图 3-3-195　架设顺序和闭合位置示意图

（a）从主塔开始向两侧推进；（b）从中跨跨中和边跨桥台开始向主塔推进

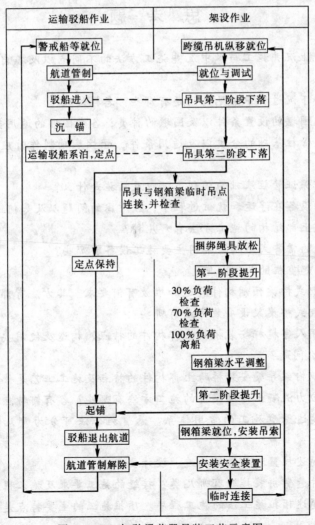

图 3-3-196　加劲梁节段吊装工艺示意图

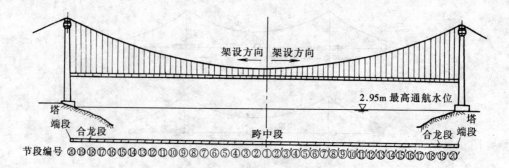

图 3-3-197　加劲梁节段提升架设顺序示意图

思 考 题

3.1　旱地上沉井施工与水中沉井施工方法的不同点以及各自的适用范围是什么？

3.2　沉井下沉过程中常见的问题有哪些？怎样处理？

3.3　试述围堰的设置条件以及围堰的种类，各类围堰的适用条件。

3.4　试述管柱基础的分类以及适用条件，管柱基础制作时应注意事项有哪些？

3.5　如何保证管柱基础的顺利下沉以及措施是什么？

3.6　导向设备在浮运和就位过程中，应考虑的问题以及如何进行定位？

3.7　桥梁上部结构的施工方法有哪几种？

3.8　桥梁的常备式结构与常用主要施工设备有哪些？

3.9　缆索起重机的构造如何？

3.10　装配式桥梁预制构件移运和堆放有何要求？其方法有哪些？

3.11　装配式桥梁架设安装方法有哪些？

3.12　利用人字桅杆安装桥梁上部构件的特点、构造及使用要求是什么？施工中应注意什么问题？

3.13　用钢桁架导梁安装桥跨上部构件的特点及施工工艺是什么？

3.14　预应力混凝土连续梁桥的施工方法有哪些？各有何特点？

3.15　试简述悬臂施工的常用体系。悬臂施工法可分为哪几类？各有何特点？

3.16　试简述挂篮和吊机的构造、设计要求。

3.17　块件悬臂拼装接缝有哪几类？接缝的施工要求及施工程序是什么？

3.18　试简述顶推施工法的施工程序。顶推施工的主要特点是什么？顶推施工的方法有哪些？

3.19　试简述悬索桥的施工程序、特点。主缆的架设方法有哪些?

3.20　试简述斜拉桥的施工程序、特点。斜拉索的更换程序是什么?

3.21　试简述拱桥的分类。

3.22　拱桥的施工方法有哪些? 各有何特点?

3.23　拱架的种类有哪些? 对拱架的要求是什么?

3.24　拱架的卸架方法有哪几种? 其卸架程序是什么?

第4章 地下工程施工设计

§4.1 土层锚杆及土钉墙

土层锚杆（亦称土锚）、土钉墙的一端锚固在稳定土体中，另一端与支护结构或其他工程结构物联结，用以承受各种外力对结构体的推力，以维持结构物或土层的稳定。土层锚杆、土钉墙在土木工程中应用广泛，如图3-4-1中房屋建筑、悬索桥、电视塔等。

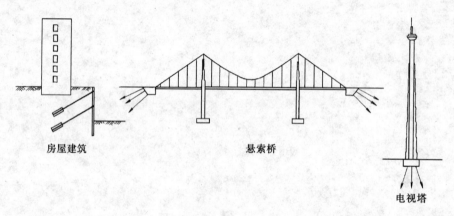

房屋建筑　　　　　　　　　　悬索桥　　　　　　　　　　电视塔

图 3-4-1　土层锚杆、土钉墙应用示意简图

4.1.1 土 层 锚 杆

土层锚杆是先用钻机在土层中钻孔（湿法或干法），将钢筋、钢丝束或钢绞线插入孔内，灌入水泥净浆或水泥砂浆，经养护，成为抵抗拉力的锚杆体系，或灌浆达到一定强度，锚杆与浆体的握裹力满足设计要求后，进行预应力张拉，使其成为预应力后张体系。土层锚杆作为受拉构件用于支护，可简化支撑工作，减少劳动量，比支撑施工能更有效地控制支护结构的位移，使得基坑开挖获得广阔的空间，加快施工进度。

1. 构造及受力机理

用于支护结构的土层锚杆通常有锚头、锚头垫座、拉杆（索）及钻孔等构成（图3-4-2）。土层锚杆根据主动滑动面，可分为自由段（l_f）和锚固段（l_a）。土层锚杆的自由段处于不稳定土体中，要使它与土体尽量脱离，可以自由伸缩。自由段的作用是将锚头所承受的荷载传递到锚固段。锚固段应处于稳定土体中，使它与周围土体牢固结合，以将拉杆（索）所受荷载传递到深层的稳定土体中。

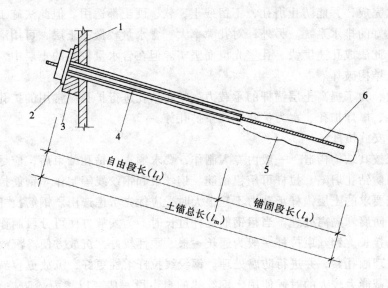

图 3-4-2　土层锚杆系统

1—支护结构；2—锚头；3—垫座；4—自由段；5—锚固段；6—拉杆（索）

土层锚杆的承载能力，主要取决于拉杆（索）的强度、拉杆（索）于锚固体之间的握裹力、锚固体与周围土体之间的摩阻力等因素。由于拉杆与锚固体之间的极限握裹力远大于锚固体与周围土体之间的摩阻力，所以在拉杆选择适当的情况下，锚杆的承载能力主要取决于后者。

2. 施工

土层锚杆的一般施工工艺为：施工准备→钻孔→安放拉杆→压力灌浆→张拉和锚固。

（1）施工准备

1）综合考虑设计要求、工程地质及环境情况、施工条件等因素，编制好施工方案；

2）做好测量工作；

3）钻孔作业空间及场地平整；

4）钻孔机械、张拉机具及材料等的准备。

（2）钻孔

土层锚杆的钻孔工艺直接影响其承载能力、施工效率及施工成本等。钻孔时，应尽量避免扰动土体，减少原来应力场的变化。

成孔时，一般应考虑土质、钻孔深度和地下水情况等因素选用专用钻孔设备。当土层锚杆处于地下水位以上时，宜选用不护壁的螺旋钻孔干作业法成孔，该法对粘土、密实性及稳定性较好的砂土等土层都适用。压水钻进成孔法是土层锚杆施工中应用较多的一种钻孔工艺，它可以把钻进、出渣、固壁、清孔等钻孔工序一次完成，并能防止坍孔，不留残土，软、硬土都适用。但此法施工要求现场具备良好的排水系统。另外，对孔隙率大、含水量较低的土层，可用潜钻成孔法成孔。此法成孔速度快，孔壁光滑而坚实。但在含水量较高的土层中，此法易使孔壁土结构破坏。

有时，为了提高土层锚杆的承载力，常对钻孔进行扩孔。常用的扩孔方法有机械扩孔、爆炸扩孔、水力扩孔和压浆扩孔等。

（3）安放拉杆

拉杆按其结构构造，一般由专人制作，要求顺直。钻孔结束后，应尽早安放拉杆，以防钻孔坍陷。拉杆可用粗钢筋、钢丝束和钢绞线等制作。钢筋拉杆易于安放，当要求的土层锚杆承载力不是很大时，应优先考虑选用。钢筋拉杆的自由段要做好防腐和隔离处理。当粗钢筋拉杆过长时，为安放方便可分段制作，用焊接等方法接长。钢丝束拉杆一般为通长一根，柔性较好，沉放方便。沉放时，其自由段需理顺扎紧，并进行防腐处理。钢绞线拉杆柔性更好，沉放更容易，一般在要求承载能力较大的时候使用。钢绞线的自由段一般套以聚丙烯防护套防腐。为将拉杆安放于钻孔的中心，防止非锚固段产生过大的挠度和入孔时不扰动孔壁，并保证拉杆有足够厚度的水泥浆保护层，通常在拉杆表面上设置定位器。定位器的间距，在锚固段多为 2m 左右，在非锚固段多位 4～5m。另外，安放拉杆时应将灌浆管与拉杆绑扎在一起，同时插入孔内，放至距孔底 50cm 处。

（4）灌浆

为了充填土层中的孔隙和裂缝，形成锚固段，将拉杆锚固在土体中，并防止钢拉杆腐蚀，应对土层锚杆进行灌浆。灌浆是土层锚杆施工中的一道关键工序，必须认真进行，并做好记录。灌浆料一般为水泥浆或水泥砂浆。要求灌浆料具有足够的强度、合适的流动性及耐久性，并要求灌浆料硬化收缩小。为保证灌浆密实，灌浆时应加压。

（5）张拉和锚固

土层锚杆灌浆后，待锚固体达到一定强度，就可以对锚杆进行张拉和锚固。锚杆张拉前，分别在拉杆上、下部位安设两道工字钢或槽钢横梁与护坡墙（桩）紧贴。张拉时宜先用小吨位千斤顶张拉，使横梁与托架贴紧，然后再换以大吨位千斤顶进行锚杆的正式张拉。张拉时宜用跳拉法或往复式拉法，以保证拉杆与横梁受力均匀。张拉设备与常规预应力混凝土结构张拉所用设备相同。

4.1.2　土钉墙

土钉墙支护技术是一种原位土体加固技术。它由被加固土体、放置于土体中的细长金属杆件（土钉）及附着于坡面的混凝土面层组成，形成一个类似重力式墙的支挡结构。土钉一般是通过钻孔、插筋、灌浆来设置，但也可直接通过打入较粗的钢筋或型钢形成土钉。钻孔灌浆土钉一般采用 $\phi16\sim\phi32$mm 的钢筋制作，

将其放置于 $\phi70 \sim \phi120\text{mm}$ 的钻孔中，再注入强度等级不低于 M10 的水泥浆或水泥砂浆。打入式土钉一般采用钢管等材料打入土中形成。打入式土钉一般较短，施工简单，但不易施工于密实胶结土中。面层是土钉墙的重要组成部分，一般由 $\phi6 \sim \phi10\text{mm}$、间距 $150 \sim 300\text{mm}$ 的钢筋网及强度等级不低于 C20 的喷射混凝土组成，面层厚度一般为 $80 \sim 150\text{mm}$。为保证土钉与面层的有效连接，可采用加强钢筋与土钉连接，也可采用承压垫板连接。土钉沿通长与周围土体接触，依靠接触界面上的粘结摩阻力，与其周围土体形成复合土体，土钉在土体发生变形时被动受力，并主要通过其受拉工作对土体进行加固。而土钉间土体变形则通过混凝土面层予以约束。

土钉墙与土层锚杆在施工工艺上有相似之处，但二者在构造、受力机理及使用条件等方面均有不同。锚杆一般较长，放置较稀，每个杆件都非常重要，而土钉一般较短，较密，靠土钉的相互作用形成复合整体受力，其中个别土钉发生破坏或不起作用，对整个体系影响不大；锚杆安放后，通常施加预应力，主动约束挡土结构的变形，而土钉一般不施加预应力，须借助土体的小量变形被动受力；与锚杆相连的挡墙或其他构件受力较大，要求锚头特别牢固，而土钉面层则受力较小，其锚头用一小块钢板连接即可。

4.1.3 工 程 示 例

1. 土层锚杆

（1）工程概况

某大厦基坑深 13m，采用 $\phi800$ 人工挖孔桩，间距 1.5m，锚杆位于地面下

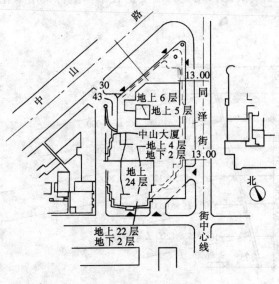

图 3-4-3　总平面图

4.5m 的砂层内，倾角 13°，锚固段长 12m，总长 17m。其平面如图 3-4-3，地质情况及锚杆位置如图 3-4-4 所示。

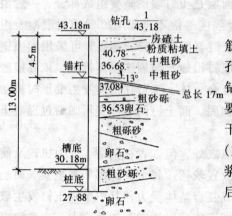

图 3-4-4   地质情况及锚杆位置

（2）施工

锚杆采用 Φ40 钢筋，用钢片或 Φ8 钢筋做成中位架，使拉杆定位准确。锚杆钻孔采用 MZ-Ⅰ 型钻机，其钻头较短，接长钻头后可使锚杆实际锚固段达 12m，满足要求。灌浆料为水泥砂浆：P·O42.5 水泥、干净中砂、自来水，水泥：砂：水 = 1:1:0.4（重量比），添加三乙醇胺和食盐，压力灌浆。待锚固体达到 95% 设计强度标准值后，对锚杆进行张拉和锚固。

2．土钉墙

（1）工程概况

某小区住宅楼，主楼地上 18 层，地下 2 层，裙房地上、地下均为 2 层，剪力墙结构体系。基坑深度为 9.5m，该建筑物周边有四栋在建建筑，场地狭窄。

地层依上而下为：人工堆积层，主要为房渣土、碎石填土及粘质粉土填土，厚约 4.0m；新近沉积层，主要为粉质粉土、砂质粉土及细粉砂，厚约 2.0m；新近沉积层，主要为圆砾卵石，含砂 30%，厚约 6.0m。

考虑土钉墙支护施工可随土方开挖分层进行，节省工期，其造价也较护坡桩—锚杆方案低，本工程决定采用土钉墙支护技术。土钉采用梅花形布置，详见图 3-4-5。

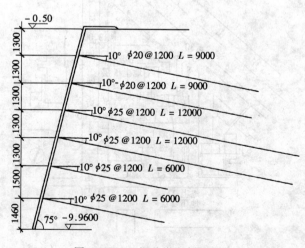

图 3-4-5   土钉墙布置剖面图

（2）施工

土钉墙随着工作面开挖分层施工。主要采用洛阳铲人工成孔，孔径为 110mm。面层 C20 混凝土厚 80mm，分两次喷射。面层结构钢筋网片为 $\phi 6@250mm$，钢筋网片上加水平和斜向的直径为 16mm 的加强钢筋。灌浆采用 1:0.5 水泥净浆，强度大于 20MPa。灌浆管插至距孔底 250～500mm 处开始灌浆。为保证浆体与周围土体的紧密结合，施工中掺入一定量的微膨胀剂。土钉墙施工中连续监测基坑周边的位移，工程效果良好。

§4.2　地　下　连　续　墙

4.2.1　地下连续墙的基本概念

1. 地下连续墙施工工艺原理

地下连续墙施工工艺，即在工程开挖土方之前，用特制的挖槽机械在泥浆（又称触变泥浆、安定液、稳定液等）护壁的情况下每次开挖一定长度（一个单元槽段）的沟槽，待开挖至设计深度并清除沉淀下来的泥渣后，将在地面上加工好的钢筋骨架（一般称为钢筋笼）用起重机械吊放入充满泥浆的沟槽内，用导管向沟槽内浇筑混凝土。混凝土由沟槽底部开始逐渐向上浇筑，并将泥浆置换出来，待混凝土浇至设计标高后，一个单元槽段即施工完毕。各个单元槽段之间由特制的接头连接，形成连续的地下钢筋混凝土墙。若地下连续墙为封闭状，则基坑开挖后，地下连续墙既可挡土又可防水，为地下工程施工提供条件。地下连续墙也可以作为建筑的外墙承重结构，两墙合一，则大大提高了建筑的经济效益。在某些条件下，地下连续墙与"逆筑法"技术共同使用是施工深基础很有效的方法，将大大提高施工工效。

2. 地下连续墙的适用范围

地下连续墙施工起始于 20 世纪 50 年代的意大利，目前已成为地下工程和深基础施工中的有效技术。我国的一些重大地下工程和深基础工程是利用地下连续墙工艺完成的，取得了很好的效果。如广州白天鹅宾馆、花园饭店、上海电信大楼、国际贸易中心、新上海国际大厦、金茂大厦、北京王府井宾馆等高层建筑深基础工程中都应用了地下连续墙。我国目前施工的地下连续墙。最深的达 65.4m，最厚的达 1.30m，最薄的为 0.45m。国外施工的地下连续墙，最深的已达 131m，垂直精度可达 1/2000。

从地下连续墙的功能看有的地下连续墙单纯用作支护结构，有的既作支护结构又作为地下室结构外墙。上海 88 层的金茂大厦，其地下连续墙厚 1m，既作支护结构又作为地下室结构外墙，收到了很好的效果。

地下连续墙施工工艺所以能得到推广，主要是因为它有下述优点：

（1）适用于各种土质。在我国目前除岩溶地区和承压水头很高的砂砾层必须结合采用其他辅助措施外，在其他各种土质中皆可应用地下连续墙。

（2）施工时振动小、噪声低，除了产生较多泥浆外，对环境影响相对较少。

（3）在建筑物、构筑物密集地区可以施工，对邻近的结构和地下设施没有什么影响。国外在距离已有建筑物基础几厘米处就可进行地下连续墙施工。这是由于地下连续墙的刚度比一般的支护结构刚度大得多，能承受较大的侧向压力，在基坑开挖时，由于其变形小，因而周围地面的沉降少，不会或较少危害邻近的建筑物或构筑物。

（4）可在各种复杂条件下进行施工。如已经塌落的美国 110 层的世界贸易中心大厦的地基，在哈得孙河河岸，地下埋有码头、垃圾等，且地下水位较高，采用地下连续墙是一种适宜的支护结构。

（5）防渗性能好。地下连续墙的防渗性能好，能抵挡较高的水头压力，除特殊情况外，施工时坑外不再需要降低地下水位。

（6）可用于"逆筑法"施工。将地下连续墙方法与"逆筑法"结合，就形成一种深基础和多层地下室施工的有效方法，地下部分可以自上而下施工，这方面我国已有较成熟的经验。

但是，地下连续墙施工法亦有其不足之处，比如地下连续墙如只是施工期间用作支护结构，则造价可能稍高，不够经济，如能将其用作建筑物的承重结构，则可解决造价高的问题。如果施工现场管理不善，会造成现场潮湿和泥泞，且需对废泥浆进行处理；现浇的地下连续墙的墙面虽可保证一定的垂直度但不够光滑，如对墙面的光滑度要求较高，尚需加工处理或另作衬壁。

地下连续墙主要用于：建筑物的地下室、地下停车场、地下街道、地下铁道、地下道路、泵站、地下变电站和电站、盾构等工程的竖井、挡土墙、防渗墙、地下油库，各种基础结构等。

4.2.2　地下连续墙作为支护结构时的内力计算

1. 荷载

用作支护结构的地下连续墙，作用于其上的荷载主要是土压力、水压力和地面荷载引起的附加荷载。若地下连续墙用作永久结构，还有上部结构传来的垂直力、水平力和弯矩等。作用于地下连续墙主动侧的土压力值，与墙体刚度、支撑情况及加设方式、土方开挖方法等有关。

当地下连续墙的厚度较小，开挖土方后加设的支撑较少、较弱，其变形较大，主动侧的土压力可按朗肯土压力公式计算。我国有关的设计单位曾对地下连续墙的土压力进行过原体观测，发现当位移与墙高的比值 Δ/H 达到 $1‰ \sim 8‰$ 时，在墙的主动侧，其土压力值将基本上达到朗肯土压力公式计算的土压力值。所以，当地下连续墙的变形较大时，用其计算主动土压力基本能反映实际情况。

对于刚度较大，且设有多层支撑或锚杆的地下连续墙，由于开挖后变形较小，其主动侧的土压力值往往更接近于静止土压力。如日本的《建筑物基础结构设计规范》中做了如此规定。

至于地下连续墙被动侧的土压力就更加复杂。由于产生被动土压力所需的位移（我国实测位移与墙高比值 Δ/H 需达到 1%～5% 才会达到被动土压力值）往往为设计和使用所不允许，即在正常使用情况下，基坑底面以下的被动区，地下连续墙不允许产生使静止土压力全部变为被动土压力的位移。因而，地下连续墙被动侧的土压力也就小于被动土压力值。

目前，我国计算地下连续墙多采用竖向弹性地基梁（或板）的基床系数法，即把地下连续墙入土部分视作弹性地基梁，采用文克尔假定计算，基床系数沿深度变化。

2. 内力计算

作为支护结构的地下连续墙，其内力计算方法国内采用的有：弹性法、塑性法、弹塑性法、经验法和有限元法。

根据我国的情况，对设有支撑的地下连续墙，可采用竖向弹性地基梁（或板）的基床系数法（m 法）和弹性线法。应优先采用前者，对一般性工程或墙体刚度不大时，亦可采用弹性线法。此外有限元法，亦可用于地下连续墙的内力计算。

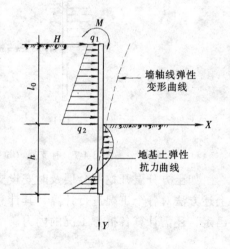

用竖向弹性地基梁的基床系数法计算时，假定墙体顶部的水平力 H、弯矩 M 及分布荷载 q_1 和 q_2 作用下，产生弹性弯曲变形，坑底面以下地基土产生弹性抗力，整个墙体绕坑底面以下某点 O 转动（图 3-4-6）、在 O 点上下地基土的弹性抗力的方向相反。

图 3-4-6　竖向弹性地基梁
基床系数法计算简图

地下连续墙视为埋入地基土中的弹性杆件，假定其基床系数在坑底处为零，随深度成正比增加。当 $\alpha_2 h \leqslant 2.5$ 时，假定墙体刚度为无限大，按刚性基础计算；当 $\alpha_2 h > 2.5$ 时，按弹性基础计算，其中变形系数：

$$\alpha_2 = \sqrt[5]{\frac{mb}{EJ}} \tag{3-4-1}$$

式中　m——地基土的比例系数，有表可查，参阅有关地下连续墙设计与施工规程。如流塑粘土，液性指数 $I_L \geqslant 1$，地面处最大位移达 6mm 时，$m = 300～500$；

E——地下连续墙混凝土的弹性模量；

J——地下连续墙的截面惯性矩；

b——地下连续墙的计算宽度（一般取 $b = 1\mathrm{m}$）。

根据弹性梁的挠曲微分方程，可得坑底以下墙体的表达式为：

$$\frac{\mathrm{d}^4 x}{\mathrm{d} y^4} + \frac{mb}{EJ}xy = 0 \tag{3-4-2}$$

解上述微分方程，可得各截面处的弯矩和剪力。

如地下连续墙上有支撑或拉锚时，如图 3-4-7 所示。则先根据支点处水平变形等于零，用力法求出支撑或拉锚的内力 R_a、R_b、R_c。再将支撑（拉锚）内力 R_a、R_b、R_c 作为集中荷载作用在墙上，然后用上述方法计算墙的内力和变形。

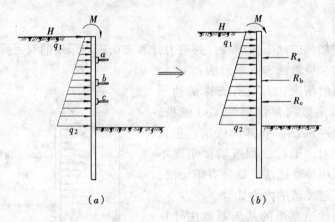

图 3-4-7 有支撑（拉锚）的地下连续墙计算简图

如土方分层开挖并分层及时安设支撑，则需根据实际分层挖土情况，分别用上述方法对各个工况进行计算，其计算简图如图 3-4-8 所示。如拆除支撑的方案已定，还需计算各拆撑工况的内力。

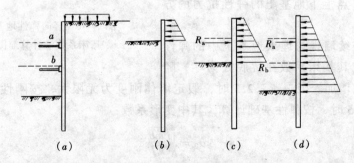

图 3-4-8 分层挖土和安设支撑时的计算简图

（a）分层挖土和支撑安设图；（b）地下连续墙为悬臂墙；

（c）地下连续墙为单支撑的墙；（d）地下连续墙为两个支撑的墙

3. 沉降计算

作为支护结构使用的地下连续墙，一般不需进行沉降计算。如果要计算，则可按下述方法进行。

地下连续墙的底端为承受荷载的作用面，假定该作用面内的荷载为均布。在此均布荷载 q 作用下产生的土中应力的竖向分量，按下式计算：

$$\sigma_z = \frac{q}{2\pi}\left[\frac{m \cdot n}{\sqrt{m^2+n^2+1}} \cdot \frac{m^2+n^2+2}{(m^2+1)(n^2+1)} + \sin^{-1}\frac{m \cdot n}{\sqrt{(m^2+1)(n^2+1)}}\right]$$

(3-4-3)

式中　σ_z——墙底端长方形荷载面角点下离荷载面深 Z（m）处的竖向应力（kN/m²）；

　　m、n——墙底端长方形荷载面的两个边长与 Z 之比。

沉降量按下式计算：

$$s = \int \frac{e_1 - e_2}{1 + e_1}d_z$$

(3-4-4)

式中　s——沉降量（cm）；

　　z——荷载作用的深度（cm）；

　　e_1——应力等于 σ_{1z} 时土的孔隙比；

　　e_2——应力等于 σ_{2z} 时土的孔隙比；

　　σ_{1z}——用式（3-4-3）算得的地下连续墙修建前 z 处的有效应力（kN/m²）；

　　σ_{2z}——用式（3-4-3）算得的地下连续墙修建后 z 处的有效应力（kN/m²）。

4. 构造处理

Ⅰ. 混凝土强度及保护层

现浇钢筋混凝土地下连续墙，其设计混凝土强度等级不得低于 C20，考虑到在泥浆中浇筑，施工时要求提高到不得低于 C25。水泥用量不得少于 370kg/m³，水灰比不大于 0.6，坍落度宜为 180～210mm。

混凝土保护层厚度，根据结构的重要性、骨料粒径、施工条件及工程和水文地质条件而定。根据现浇地下连续墙是在泥浆中浇筑混凝土的特点，对于正式结构其混凝土保护层厚度不应小于 70mm，对于用作支护结构的临时结构，则不应小于 40mm。

Ⅱ. 接头设计

总的来说地下连续墙的接头分为两大类：施工接头和结构接头。施工接头是浇筑地下连续墙时在墙的纵向连接两相邻单元墙段的接头；结构接头是已竣工的地下连续墙在水平向与其他构件（地下连续墙和内部结构，如梁、柱、墙、板等）相连接的接头。

（1）施工接头（纵向接头）

确定槽段间接头的构造设计时应考虑以下因素：

1）对下一单元槽段的成槽施工不会造成困难。

2）不会造成混凝土从接头下端及侧面流入背面。

3）能承受混凝土侧压力，不致严重变形。

4）根据结构设计的要求，传递单元槽段之间的应力，并起到伸缩接头的作用。

5）槽段较深需将接头管分段吊入时应装拆方便。

6）在难以准确进行测定的泥浆中能够较准确的进行施工。

7）造价低廉。

常用的施工接头有以下几种：

1）接头管（亦称锁口管）接头。这是当前地下连续墙施工应用最多的一种施工接头。施工时，待一个单元槽段土方挖好后，于槽段端部用吊车放入接头管，然后吊放钢筋笼并浇筑混凝土，待浇筑的混凝土强度达到 0.05 ~ 0.20MPa 时（一般在混凝土浇筑后 3 ~ 5h，视气温而定），开始用吊车或液压顶升架提拔接头管，上拔速度应与混凝土浇筑速度、混凝土强度增长速度相适应，一般为 2 ~ 4m/h，应在混凝土浇筑结束后 8h 以内将接头管全部拔出。接头管直径一般比墙厚小 50mm，可根据需要分段接长。接头管拔出后，单元槽段的端部形成半圆形，继续施工即形成两相邻单元槽段的接头，它可以增强整体性和防水能力，其施工过程如图 3-4-9 所示。此外，还有"注砂钢管接头工艺"等施工方法。

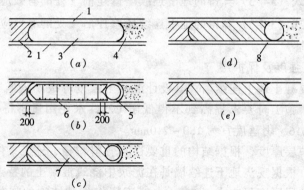

图 3-4-9 接头管接头的施工顺序

（a）开挖槽段；（b）吊放接头管和钢筋笼；

（c）浇筑混凝土；（d）拔出接头管；（e）形成接头

1—导墙；2—已浇筑混凝土的单元槽段；3—开挖的槽段；

4—未开挖的槽段；5—接头管；6—钢筋笼；7—正浇筑

混凝土的单元槽段；8—接头管拔出后的孔洞

2）接头箱接头。接头箱接头可以使地下连续墙形成整体接头，接头的刚度较好。

接头箱接头的施工方法与接头管接头相似，只是以接头箱代替接头管。一个单元槽段挖土结束后，吊放接头箱，再吊放钢筋笼。接头箱在浇筑混凝土的一面是开口的，所以钢筋笼端部的水平钢筋可插入接头箱内。浇筑混凝土时，接头箱的开口面被焊在钢筋笼端部的钢板封住，因而浇筑的混凝土不能进入接头箱。混凝土初凝后，与接头管一样逐步吊出接头箱，待后一个单元槽段再浇筑混凝土时，由于两相邻单元槽段的水平钢筋交错搭接，形成整体接头，其施工过程如图 3-4-10 所示。

此外，图 3-4-11 所示用 U 形接头管与滑板式接头箱施工的钢板接头，是另一种整体式接头的做法。这种整体式钢板接头是在两相邻单元槽段的交界处，利用 U 形接头管放入开有方孔且焊有封头钢板的接头钢板，以增强接头的整体性。接头钢板上开有大量方孔，其目的是为增强接头钢板与混凝土之间的粘结。滑板式接头箱的端部设有充气的锦纶塑料管，用来密封止浆，防止新浇筑混凝土浸透。为了便于抽拔接头箱，在接头箱与封头钢板和 U 形接头管接触处皆设有聚四氟乙烯滑板。

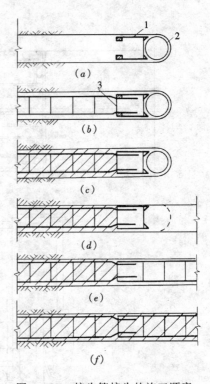

图 3-4-10　接头箱接头的施工顺序
（a）插入接头箱；（b）吊放钢筋笼；
（c）浇筑混凝土；（d）吊出接头管；
（e）吊放后一槽段的钢筋笼；（f）浇筑后一槽段的混凝土，形成整体接头
1—接头箱；2—接头管；
3—焊在钢筋笼上的钢板

施工这种钢板接头时，由于接头箱与 U 形接头管的长度皆为按设计确定的定值，不能任意接长，因此要求挖槽时严格控制槽底标高。吊放 U 形接头管时，要紧贴半圆形槽壁，且其下部一直插到槽底，勿将其上部搁置在导墙上。这种整体式钢板接头的施工过程如图 3-4-12 所示。

3）隔板式接头。隔板式接头按隔板的形状分为平隔板、榫形隔板和 V 形隔板（图 3-4-13）。由于隔板与槽壁之间难免有缝隙，为防止新浇筑的混凝土渗入，要在钢筋笼的两边铺贴维尼龙等化纤布。化纤布可把单元槽段钢筋笼全部罩住，也可以只有 2~3m 宽。要注意吊入钢筋笼时不要损坏化纤布。

带有接头钢筋的榫形隔板式接头，能使各单元墙段形成一个整体，是一种较好的接头方式。但插入钢筋笼较困难，且接头处混凝土的流动亦受到阻碍，施工

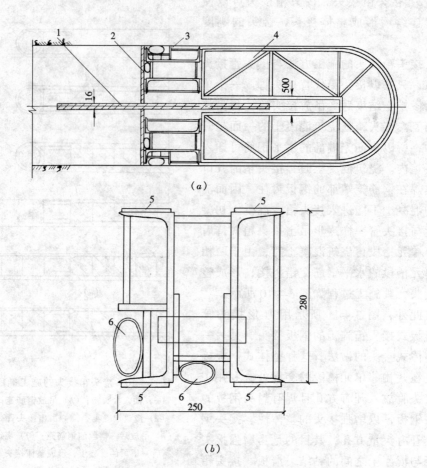

图 3-4-11 U 形接头管与滑板式接头箱

(a) U 形接头管；(b) 滑板式接头箱；

1—接头钢板；2—封头钢板；3—滑板式接头箱；4—U 形接头管；

5—聚四氟乙烯滑板；6—锦纶塑料管

时要特别加以注意。

（2）结构接头

地下连续墙与内部结构的楼板、柱、梁、底板等连接的结构接头，常用的有下列几种：

1）预埋连接钢筋法。预埋连接钢筋是应用最多的一种方法，它是在浇筑墙体混凝土之前，将加设的设计连接钢筋弯折后预埋在地下连续墙内，待内部土体开挖后露出墙体时，凿开预埋连接钢筋处的墙面，将露出的预埋连接钢筋弯成设计形状，与后浇结构的受力钢筋连接（图 3-4-14）。为便于施工，预埋的连接钢筋的直径不宜大于 22mm，且弯折时加热宜缓慢进行，以免连接筋的强度降低过多。考虑到连接处往往是结构的薄弱处，设计时一般使连接筋有 20% 的富余。

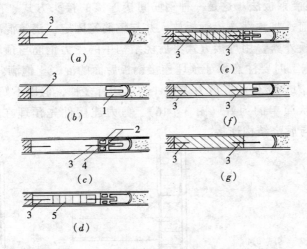

图 3-4-12　U 形接头管与滑板式接头箱的施工程序

（a）单元槽段成槽；（b）吊放 U 形接头管；（c）吊放接头钢板和接头箱；

（d）吊放钢筋笼；（e）浇筑混凝土；（f）拔出接头箱；（g）拔出 U 形接头管

1—U 形接头管；2—接头箱；3—接头钢板；4—封头钢板；5—钢筋笼

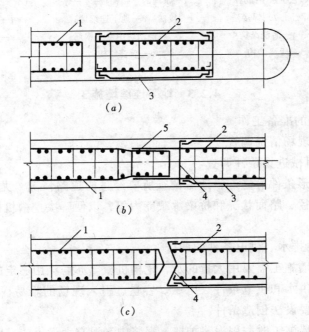

图 3-4-13　隔板式接头

（a）平隔板；（b）榫形隔板；（c）V 形隔板

1—正在施工槽段的钢筋笼；2—已浇筑混凝土槽段的钢筋笼；

3—化纤布；4—钢隔板；5—接头钢筋

2）预埋连接钢板法。这是一种钢筋间接连接的接头方式，在浇筑地下连续墙的混凝土之前，将预埋连接钢板放入并与钢筋笼固定。浇筑混凝土后凿开墙面使预埋连接钢板外露，用焊接方式将后浇结构中的受力钢筋与预埋连接钢板焊接（图 3-4-15）。施工时要注意保证预埋连接钢板后面的混凝土饱满。

3）预埋剪力连接件法。剪力连接件的形式有多种，但以不妨碍浇筑混凝土、承压面大且形状简单的为好（图 3-4-16）。剪力连接件先预埋在地下连续墙内，然后弯折出来与后浇结构连接。

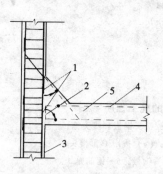

图 3-4-14　预埋连接钢筋法

1—预埋的连接钢筋；2—焊接法；

3—地下连续墙；4—后浇结构中

受力钢筋；5—后浇结构

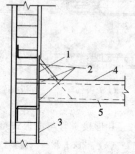

图 3-4-15　预埋连

接钢板法

1—预埋的连接钢板；2—焊

接法；3—地下连续墙；

4—后浇结构中受力钢筋；

5—后浇结构

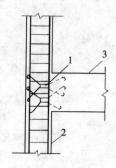

图 3-4-16　预埋剪

力连接件法

1—预埋剪力连接件；

2—地下连续墙；3—

后浇结构

4.2.3　地下连续墙施工

1. 施工前的准备工作

（1）施工现场情况调查

1）有关机械进场条件调查

除调查地形条件等之外，还需调查所要经过的道路情况，尤其是道路宽度、坡度、弯道半径、路面状况和桥梁承载能力等，以便解决挖槽机械、重型机械等进场的可能性。

2）有关给排水、供电条件的调查

地下连续墙施工需要用大量的水，挖槽机械等亦需耗用一定的电力，因而需要调查现有的供水和供电条件（电压、容量、引入现场的难易程度），如现场暂时不具备，则要设法创造条件。

地下连续墙施工时需用泥浆护壁，泥浆中又混有大量土碴，因此排出的水容易引起下水道堵塞和河流污染等公害，在这方面应给予充分的注意。

3）有关现有建（构）筑物的调查

当地下连续墙的位置靠近现有建（构）筑物时，要调查其结构及基础情况，还要了解其基础埋置深度及其以下的土质情况，以便确定地下连续墙的位置、槽段长度、挖槽方法、墙体刚度及土体开挖后墙体的支撑等。同时还要研究现有建（构）筑物产生的侧压力是否会增大地下连续墙体的内力和影响槽壁的稳定性。

4）地下障碍物对地下连续墙施工影响的调查

埋在地下的桩、废弃的钢筋混凝土结构物、混凝土块体和各种管道等是地下连续墙施工时的主要障碍物。应在开工前进行详细的勘查，并尽可能在地下连续墙施工之前加以排除，否则会给施工带来很大的困难。

5）噪声、振动与环境污染的调查

防止噪声、水体、泥浆等造成环境污染。

（2）水文、地质情况调查

确定钻孔位置，钻孔深度、深槽的开挖方法、决定单元槽段长度、估计挖土效率、考虑护壁泥浆的配合比和循环工艺等，都与地质情况密切有关。如深槽用钻抓法施工，目前钻导孔所用的工程潜水电钻是正循环出土，当遇到砂土或粉砂层时，要注意不要因钻头喷浆冲刷而使钻孔直径过大，或造成局部坍方，从而影响地下连续墙的施工质量。又如遇到卵石层，由于泥浆正循环出土不能带出卵石而使其积聚于孔底，会造成不能继续钻孔的困难。

导板抓斗的挖槽效率也与地质条件有关，由于在深槽内挖土的工作自由面比地面上挖土少，工作条件差；另外抓斗在槽内是靠自重切入土内，以钢索或液压设备闭斗抓土，因此在土质坚硬时挖土的效率会降低，甚至会导致不能抓土。此外，地质条件对于反循环出土的泥浆处理方法的选择亦有很大关系。

槽壁的稳定性也取决于土层的物理力学性质、地下水位高低、泥浆质量和单元槽段的长度。在制订施工方案时，为了验算槽壁的稳定性，就需要了解各土层土的重力密度 γ、内摩擦角 φ、内聚力 c 等物理力学指标。

基坑坑底的土体稳定亦和坑底以下土的物理力学指标密切有关，在验算坑底隆起和管涌时，需要土的重力密度 γ、土的单轴抗压强度 q_u、内摩擦角 φ、内聚力 c、地下水重力密度和地下水位高度等数据，这些都要求在进行地质勘探时提供。

地质勘探中应注意收集有关地下水的资料，如地下水位及水位变化情况、地下水流动速度、承压水层的分布与压力大小，必要时还需对地下水的水质进行水质分析。另外，在研究地下连续墙施工用泥浆向地层渗透是否会污染邻近的水井等水源时，亦需利用土的渗透系数等指标参数。根据上述分析可以清楚地看出，全面而正确地掌握施工地区的水文、地质情况，对地下连续墙施工是十分重要的。

2. 制订地下连续墙的施工方案

在详细研究了工程规模、质量要求、水文地质资料、现场周围环境是否存在施工障碍和施工作业条件等之后，应编制工程施工组织设计。地下连续墙的施工组织设计，一般应包括下述内容：

（1）工程规模和特点，水文、地质和周围情况以及其他与施工有关条件的说明。

（2）挖掘机械等施工设备的选择。

（3）导墙设计。

（4）单元槽段划分及其施工顺序。

（5）预埋件和地下连续墙与内部结构连接的设计和施工详图。

（6）护壁泥浆的配合比、泥浆循环管路布置、泥浆处理和管理。

（7）废泥浆和土碴的处理。

（8）钢筋笼加工详图，钢筋笼加工、运输和吊放所用的设备和方法。

（9）混凝土配合比设计，混凝土供应和浇筑方法。

（10）动力供应和供水、排水设施。

（11）施工平面图布置：包括挖掘机械运行路线；挖掘机械和混凝土浇灌机架布置；出土运输路线和堆土处；泥浆制备和处理设备；钢筋笼加工及堆放场地；混凝土搅拌站或混凝土运输路线；其他必要的临时设施等。

（12）工程施工进度计划，材料及劳动力等的供应计划。

（13）安全措施、质量管理措施和技术组织措施等。

3．地下连续墙的施工工艺过程

地下连续墙按其填筑的材料，分为土质墙、混凝土墙、钢筋混凝土墙（又有现浇和预制之分）和组合墙（预制钢筋混凝土墙板和现浇混凝土的组合，或预制钢筋混凝土墙板和自凝水泥膨润土泥浆的组合）；按其成墙方式，分为桩排式、壁板式、桩壁组合式；按其用途分为临时挡土墙、防渗墙、用作主体结构一部分兼作临时挡土墙的地下连续墙、用作多边形基础兼作墙体的地下连续墙。

目前，我国建筑工程中应用最多的还是现浇的钢筋混凝土壁板式地下连续墙，多为临时挡土墙，亦有用作主体结构一部分同时又兼作临时挡土墙的地下连续墙。在水利工程中有用作防渗的地下连续墙。

对于现浇钢筋混凝土壁板式地下连续墙，其施工工艺过程通常如图 3-4-17 所示。其中修筑导墙、泥浆制备与处理、深槽挖掘、钢筋笼制备与吊装以及混凝土浇筑，是地下连续墙施工中主要的工序。

4．地下连续墙施工

（1）修筑导墙

1）导墙的作用

A．挡土墙。在挖掘地下连续墙沟槽时，接近地表的土极不稳定，容易坍陷，而泥浆也不能起到护壁的作用，因此在单元槽段挖完之前，导墙就起挡土墙作用。

B．作为测量的基准。它规定了沟槽的位置，表明单元槽段的划分，同时亦

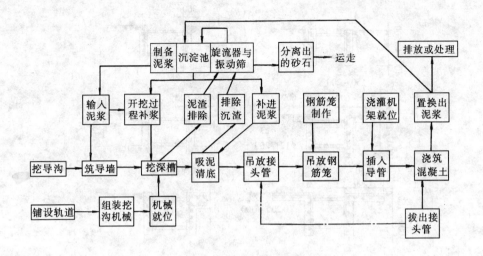

图 3-4-17　现浇钢筋混凝土地下连续墙的施工工艺过程

作为测量挖槽标高、垂直度和精度的基准。

C. 作为重物的支承。它既是挖槽机械轨道的支承，又是钢筋笼、接头管等搁置的支点，有时还承受其他施工设备的荷载。

D. 存储泥浆。导墙可存蓄泥浆，稳定槽内泥浆液面。泥浆液面应始终保持在导墙面以下 20cm，并高于地下水位 1.0m，以稳定槽壁。

此外，导墙还可防止泥浆漏失；防止雨水等地面水流入槽内；地下连续墙距离现有建筑物很近时，施工时还起一定的补强作用；在路面下施工时，可起到支承横撑的水平导梁的作用。

2）导墙的形式

导墙一般为现浇的钢筋混凝结构。但亦有钢制的或预制钢筋混凝土的装配式结构，可多次重复使用。在确定导墙形式时，应考虑下列因素：

A. 表层土的特性。表层土体是密实的还是松散的，是否回填土，土体的物理力学性能如何，有无地下埋设物等。

B. 荷载情况。挖槽机的重量与组装方法，钢筋笼的重量，挖槽与浇筑混凝土时附近存在的静载与动载情况。

C. 地下连续墙施工时对邻近建（构）筑物可能产生的影响。

D. 地下水的状况。地下水位的高低及其水位变化情况。

E. 当施工作业面在地面以下时（如在路面以下施工），对先施工的临时支护结构的影响。

图 3-4-18 所示是适用于各种施工条件的现浇钢筋混凝土导墙的形式：

3）导墙施工

现浇钢筋混凝土导墙的施工顺序为：平整场地→测量定位→挖槽及处理弃土

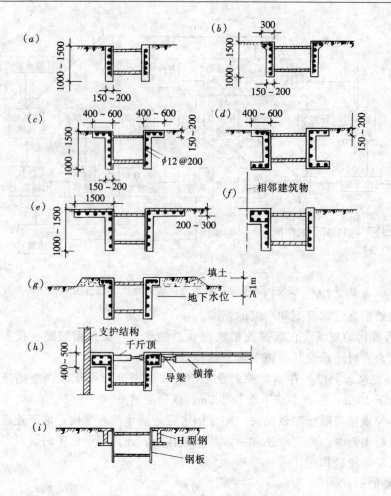

图 3-4-18　各种导墙的形式

→绑扎钢筋→支模板→浇筑混凝土→拆模并设置横撑→导墙外侧回填土（如无外侧模板，可不进行此项工作）。

当表土较好，在导墙施工期间能保持外侧土壁垂直自立时，则以土壁代替模板，避免回填土，以防槽外地表水渗入槽内。如表土开挖后外侧土壁不能垂直自立，则外侧亦需设立模板。导墙外侧的回填土应用黏土回填密实，防止地面水从导墙背后渗入槽内，引起槽段坍方。

导墙的厚度一般为 0.15～0.20m，墙趾不宜小于 0.20m，深度一般为 1.0～2.0m。导墙的配筋多为 $\phi 12@200$，水平钢筋必须连接起来，使导墙成为整体。导墙施工接头位置应与地下连续墙施工接头位置错开。

导墙面应高于地面约 10cm，可防止地面水流入槽内污染泥浆。导墙的内墙面应平行于地下连续墙轴线，对轴线距离的最大允许偏差为 ±10mm；内外导墙面的净距，应为地下连续墙名义墙厚加 40mm，净距的允许误差为 ±5mm，墙面应垂直；导墙顶面应水平，全长范围内的高差应小于 ±10mm，局部高差应小于 5mm。导墙的基底应和土面密贴，以防槽内泥浆渗入导墙后面。

现浇钢筋混凝土导墙拆模以后，应沿其纵向每隔 1m 左右加设上、下两道木支撑（常用规格为 5cm×10cm 和 10cm×10cm），将两片导墙支撑起来，在导墙的混凝土达到设计强度之前，禁止任何重型机械和运输设备在旁边行驶，以防导墙受压变形。

导墙的混凝土强度等级多为 C20，浇筑时要注意捣实质量。

（2）泥浆护壁

1）泥浆的作用

地下连续墙的深槽是在泥浆护壁下进行挖掘的。泥浆在成槽过程中有下述作用：

A. 护壁作用。泥浆具有一定的相对密度，如槽内泥浆液面高出地下水位一定高度，泥浆在槽内就对槽壁产生一定的静水压力，可抵抗作用在槽壁上的侧向土压力和水压力，可以防止槽壁倒坍和剥落，并防止地下水渗入。

另外，泥浆在槽壁上会形成一层透水性很低的泥皮，从而可使泥浆的静水压力有效地作用于槽壁上，能防止槽壁剥落。泥浆还从槽壁表面向土层内渗透，待渗透到一定范围，泥浆就粘附在土颗粒上，这种粘附作用可减少槽壁的透水性，亦可防止槽壁坍落。

B. 携碴作用。泥浆具有一定的黏度，它能将钻头式挖槽机挖下来的土碴悬浮起来，既便于土碴随同泥浆一同排出槽外，又可避免土碴沉积在工作面上影响挖槽机的挖槽效率。

C. 冷却和滑润作用。冲击式或钻头式挖槽机在泥浆中挖槽，以泥浆作冲洗液，钻具在连续冲击或回转中温度剧烈升高，泥浆既可降低钻具的温度，又可起滑润作用而减轻钻具的磨损，有利于延长钻具的使用寿命和提高深槽挖掘的效率。

泥浆性能对槽壁稳定的影响，可由 G.G.Meyehof 公式表现出来：

$$H_{cr} = \frac{NC_u}{K_0 \gamma' - \gamma'_1} \tag{3-4-5}$$

式中　H_{cr}——沟槽的临界深度（m）；

　　　N——条形基础的承载力系数，对于矩形沟槽 $N = 4(1 + B/L)$；

　　　B——沟槽宽度（m）；

　　　L——沟槽的平面长度（m）；

　　　C_u——土的不排水抗剪强度（N/mm²）；

　　　K_0——静止土压力系数；

　　　γ'——土扣除浮力的重力密度（N/mm³）；

　　　γ'_1——泥浆扣除浮力的重力密度（N/mm³）。

沟槽的倒坍安全系数，对于黏性土为：

$$K = \frac{NC_u}{P_{0m} - P_{1m}} \qquad (3\text{-}4\text{-}6)$$

对于无粘性的砂土（内聚力 $c = 0$），倒坍安全系数则为：

$$K = \frac{(2\gamma - \gamma_1)^{\frac{1}{2}} \mathrm{tg}\varphi}{\gamma - \gamma_1} \qquad (3\text{-}4\text{-}7)$$

式中 P_{0m}——沟槽开挖面外侧的土压力和水压力（MPa）；

P_{1m}——沟槽开挖面内侧的泥浆压力（MPa）；

γ——砂土的重力密度（N/mm²）；

γ_1——泥浆的重力密度（N/mm²）；

φ——砂土的内摩擦角（°）。

沟槽壁面的横向变形 S 按下式计算：

$$S = (1 - \nu^2)(K_0\gamma' - \gamma_1)\frac{hL}{G_0} \qquad (3\text{-}4\text{-}8)$$

式中 ν——土的泊松比；

h——从地面算起至计算点的深度（mm）；

G_0——土的压缩模量（MPa）；

其他符号同前。

2）泥浆的成分

地下连续墙挖槽用护壁泥浆（膨润土泥浆）的制备，有下列几种方法：

制备泥浆——挖槽前利用专用设备事先制备好泥浆，挖槽时输入沟槽；

自成泥浆——用钻头式挖槽机挖槽时，向沟槽内输入清水，清水与钻削下来的泥土拌合，边挖槽边形成泥浆。泥浆的性能指标要符合规定的要求；

半自成泥浆——当自成泥浆的某些性能指标不符合规定的要求时，在形成自成泥浆的过程中，加入一些需要的成分。

此处所谓的泥浆成分是指制备泥浆的成分。护壁泥浆除通常使用的膨润土泥浆外，还有聚合物泥浆、CMC 泥浆和盐水泥浆，其主要成分和外加剂见表 3-4-1。

护壁泥浆的种类及其主要成分   表 3-4-1

泥浆种类	主要成分	常用的外加剂
膨润土泥浆	膨润土、水	分散剂、增黏剂、加重剂、防漏剂
聚合物泥浆	聚合物、水	
CMC 泥浆	CMC、水	膨润水
盐水泥浆	膨润土、盐水	分散剂、特殊黏土

3）泥浆质量的控制指标

在地下连续墙施工过程中，为检验泥浆的质量，使其具备物理和化学的稳定性、合适的流动性、良好的泥皮形成能力以及适当的相对密度，需对制备的泥浆和循环泥浆利用专用仪器进行质量控制，控制指标如下：

A. 相对密度。泥浆相对密度越大，对槽壁的压力也越大，槽壁也越稳固。但如泥浆相对密度过大，泥浆中的水因受压而渗失增多，使附着于槽壁上的泥皮增厚而疏松，不利固壁；同时也影响混凝土浇筑质量；而且由于流动性差而使泥浆循环设备的功率消耗增大。测定泥浆相对密度可用泥浆比重计。

泥浆相对密度宜每 2h 测定一次。膨润土泥浆相对密度宜为 1.05~1.15，普通黏土泥浆相对密度宜为 1.15~1.25。

B. 黏度。黏度大，悬浮土碴、钻屑的能力强，但易糊钻头，钻挖的阻力大，生成的泥皮也厚；黏度小，悬浮土碴、钻屑的能力弱，对防止泥浆漏失和流砂不利。

泥浆黏度的测定方法，有漏头黏度计法和黏度-比重计（V·G 计）法。

C. 含砂量。含砂量大，相对密度增大，黏度降低，悬浮土碴、钻屑的能力减弱，土碴等易沉落槽底，增加机械的磨损。

泥浆的含砂量愈小愈好，一般不宜超过 5%。含砂量一般用 ZNH 型泥浆含砂量测定仪测定。

D. 失水量和泥皮厚度。失水量表示泥浆在地层中失去水分的性能。在泥浆渗透失水的同时，其中不能透过土层的颗粒就粘附在槽壁上形成泥皮。泥皮反过来又可阻止或减少泥浆中水分的漏失。薄而密实的泥皮，有利于槽壁稳固和挖槽机具（钻具、抓斗）的升降。厚而疏松的泥皮，对槽壁稳固不利，且易形成泥塞使挖槽机具升降不畅。

失水量大的泥浆，形成的泥皮厚而疏松。合适的失水量为 20~30mL/30min，泥皮厚度宜为 1~3mm。

E. pH 值。膨润土泥浆呈弱碱性，pH 值一般为 8~9，pH 值 > 11 泥浆会产生分层现象，失去护壁作用。泥浆的 pH 值可用石蕊试纸的比色法或酸度计测定，现场多用石蕊试纸测定。

F. 稳定性。常用相对密度差试验确定。即将泥浆静置 24h，经过沉淀后，上、下层的相对密度差要求不大于 0.02。

G. 静切力。泥浆的静切力大，悬浮土碴和钻屑的能力强，但钻孔阻力也大；静切力小则土碴、钻屑易沉淀。

静切力指标一般取两个值，静止 1min 后测定，其值为 2~3kPa；静止 10min 后测定，其值应为 5~10kPa。

H. 胶体率。泥浆静置 24h 后，其呈悬浮状态的固体颗粒与水分离的程度，即泥浆部分体积与总体积之比为胶体率。

胶体率高的泥浆，可使土碴、钻屑呈悬浮状态。要求泥浆的胶体率高于96%，否则要掺加碱（Na_2CO_3）或火碱（NaOH）进行处理。

在确定泥浆配合比时，要测定黏度、相对密度、含砂量、稳定性、胶体率、静切力、pH 值、失水量和泥皮厚度。

在检验黏土造浆性能时，要测定胶体率、相对密度、稳定性、黏度和含砂量。

新生产的泥浆、回收重复利用的泥浆、浇筑混凝土前槽内的泥浆，主要测定黏度、相对密度和含砂量。

4）泥浆的制备与处理

此处着重介绍膨润土泥浆的制备与处理方法。

A. 制备泥浆前的准备工作。制备泥浆前，需对地基土、地下水和施工条件等进行调查。

对于土的调查，包括土层的分布和土质的种类（包括标准贯入度 N 值）；有无坍塌性较大的土层；有无裂缝、空洞、透水性大易于产生漏浆的土层；有无有机质土层等。

对于地下水的调查，要了解地下水位及其变化情况，能否保证泥浆液面高出地下水位 1m 以上；了解潜水层、承压水层分布和地下水流速；测定地下水中盐分和钙离子等有害离子的含量；了解有无化工厂的排水流入；测定地下水的 pH 值。

对于施工条件的调查，要了解槽深和槽宽；最大单元槽段长度和可能空置的时间；适合采用的挖槽机械和挖槽方法；泥浆循环方法、泥浆处理的可能性、能否在短时间内供应大量泥浆等。

B. 泥浆配合比。确定泥浆配合比时，首先根据为保持槽壁稳定所需的黏度来确定膨润土的掺量（一般为 6% ~ 9%）和增黏剂 CMC 的掺量（一般为 0.05% ~ 0.08%）。

分散剂的掺量一般为 0 ~ 0.5%。在地下水丰富的砂砾层中挖槽，有时不用分散剂。为使泥浆能形成良好的泥皮而掺加分散剂时，对于泥浆黏度的减小，可用增加膨润土或 CMC 的掺量来调节。我国最常用的分散剂是纯碱。为提高泥浆的相对密度，增大其维护槽壁稳定能力可掺加加重剂。

至于防漏剂的掺量，不是一开始配制泥浆时就确定的，通常是根据挖槽过程中泥浆的漏失情况而逐渐掺加。常用的掺量为 0.5% ~ 1.0%，如遇漏失很大，掺量可能增大到 5%，或将不同的防漏剂混合使用。

配制泥浆时，先根据初步确定的配合比进行试配，如试配制出的泥浆符合规定的要求，可投入使用，否则需修改初步确定的配合比。试配制出的泥浆要按泥浆控制指标的规定进行试验测定。

C. 泥浆制备。

泥浆制备包括泥浆搅拌和泥浆贮存。泥浆搅拌机常用的有高速回转式搅拌机和喷射式搅拌机两类。选用的原则是：①能保证必要的泥浆性能；②搅拌效率高，能在规定的时间内供应所需的泥浆；③使用方便、噪声小、装拆方便。

制备膨润土泥浆一定要充分搅拌，如果膨润土溶胀不充分，会影响泥浆的失水量和黏度；一般情况下膨润土与水混合后 3h 就有很大的溶胀，可供施工使用，经过一天就可达到完全溶胀。

制备泥浆的投料顺序，一般为水、膨润土、CMC、分散剂、其他外加剂。由于 CMC 溶液可能会妨碍膨润土溶胀，宜在膨润土之后投入。

为了充分发挥泥浆在地下连续墙施工中的作用，最好在泥浆充分溶胀之后再使用，所以泥浆搅拌后宜贮存 3h 以上。贮存泥浆宜用钢的贮浆罐或地下、半地下式贮浆池、其容积应适应施工的需要。如用立式储浆罐或离地一定高度的卧式贮浆罐，则可自流送浆或补浆，无需使用送浆泵。如用地下或半地下式贮浆池，要防止地面水和地下水流入池内。

D. 泥浆处理。在地下连续墙施工过程中，泥浆要与地下水、砂、土、混凝土接触，膨润土、掺合料等成分会有所消耗，而且也混入一些土碴和电解质离子等，使泥浆受到污染而质量恶化。

被污染后性质恶化了的泥浆，经处理后仍可重复使用，如污染严重难以处理或处理不经济者则舍弃。

泥浆处理分土碴分离处理（物理再生处理）和污染泥浆化学处理（化学再生处理）。

（A）土碴的分离处理（物理再生处理）：泥浆中混入大量土碴，会给地下连续墙施工带来下述问题：①由于泥浆中混入土碴，所形成的泥皮厚而弱，槽壁的稳定性较差；②浇筑混凝土时易卷入混凝土中；③槽底的沉碴多，将来地下连续墙建成后沉降大；④泥浆的黏度增大，循环较困难，而且泵、管道等磨损严重。分离土碴可用机械处理和重力沉陷处理，两种方法共同使用效果最好。

（B）污染泥浆的化学处理（化学再生处理）：浇筑混凝土置换出来的泥浆，因混入土碴并与混凝土接触而恶化。因为当膨润土泥浆中混入阳离子时，阳离子就吸附于膨润土颗粒的表面，土颗粒就易互相凝聚，增强泥浆的凝胶化倾向。如水泥浆中含有大量钙离子，浇筑混凝土时亦会使泥浆产生凝胶化。泥浆产生凝胶化后，泥浆的泥皮形成性能减弱，槽壁稳定性较差；黏性增高，土碴分离困难，在泵和管道内的流动阻力增大。

对上述恶化了的泥浆要进行化学处理。化学处理一般用分散剂，经化学处理后再进行土碴分离处理。

泥浆经过处理后，用控制泥浆质量的各项指标进行检验，如果需要可再补充掺入材料进行再生调制。经再生调制的泥浆，送入贮浆池（罐），待新掺入的材料与处理过的泥浆完全溶合后再重复使用。

（3）挖深槽

挖槽是地下连续墙施工中的关键工序。挖槽约占地下连续墙工期的一半，因此提高挖槽的效率是缩短工期的关键。同时，槽壁形状基本上决定了墙体外形，所以挖槽的精度又是保证地下连续墙质量的关键之一。

地下连续墙挖槽的主要工作包括：单元槽段划分；挖槽机械的选择与正确使

用；制订防止槽壁坍塌的措施与工程事故和特殊情况的处理等。

1）单元槽段划分

地下连续墙施工时，预先沿墙体长度方向把地下墙划分为许多某种长度的施工单元，这种施工单元称为"单元槽段"。地下连续墙的挖槽是一个个单元槽段进行挖掘，在一个单元槽段内，挖土机械挖土时可以是一个或几个挖掘段。划分单元槽段就是将各种单元槽段的形状和长度标明在场地平面图上，它是地下连续墙施工组织设计中的一个重要内容。

单元槽段的最小长度不得小于一个挖掘段（挖土机械挖土工作装置的一次挖土长度）。从理论上讲单元槽段愈长愈好，因为这样可以减少槽段的接头数量和增加地下连续墙的整体性，又可提高其防水性能和施工效率。但是单元槽段长度受许多因素限制，在确定其长度时除考虑设计要求和结构特点外，还应考虑下述各因素：

A. 地质条件。当土层不稳定时，为防止槽壁倒塌，应减少单元槽段的长度，以缩短挖槽时间，这样挖槽后立即浇筑混凝土，消除或减少了槽段倒塌的可能性；

B. 地面荷载。如附近有高大建筑物、构筑物，或邻近地下连续墙有较大的地面荷载（静载、动载），在挖槽期间会增大侧向压力，影响槽壁的稳定性。为了保证槽壁的稳定，亦应缩短单元槽段的长度，以缩短槽壁的开挖和暴露时间；

C. 起重机的起重能力。由于一个单元槽段的钢筋笼多为整体吊装（过长时在竖直方向分段），所以要根据施工单位现有起重机械的起重能力估算钢筋笼的重量和尺寸，以此推算单元槽段的长度；

D. 单位时间内混凝土的供应能力。一般情况下一个单元槽段长度内的全部混凝土，宜在4h内浇筑完毕，所以：

$$单元槽段长度（m）= \frac{4h\,内混凝土的最大供应量（m^3）}{墙宽（m）\times 墙深（m）}$$

E. 工地上具备的泥浆池（罐）的容积，应不小于每一单元槽段挖土量的2倍，所以泥浆池（罐）的容积亦影响单元槽段的长度。

此外，划分单元槽段时尚应考虑单元槽段之间的接头位置，一般情况下接头避免设在转角处及地下连续墙与内部结构的连接处，以保证地下连续墙有较好的整体性。单元槽段划分还与接头形式有关。单元槽段的长度多取5~7m，但也有取10m甚至更长的情况。

2）挖槽机械

地下连续墙施工用的挖槽机械，是在地面上操作，穿过泥浆向地下深处开挖一条预定断面深槽（孔）的工程施工机械。由于地质条件十分复杂，地下连续墙的深度、宽度和技术要求也不同，目前还没有能够适用于各种情况下的万能挖槽机械，因此需要根据不同的地质条件和工程要求，选用合适的挖槽机械。

目前，在地下连续墙施工中国内外常用的挖槽机械，按其工作机理分为挖斗式、冲击式和回转式三大类，而每一类中又分为多种。

$$
挖槽机械
\begin{cases}
挖斗式
\begin{cases}
蚌式抓斗
\begin{cases}
吊索式 \\
导杆式
\end{cases} \\
铲斗
\end{cases} \\
冲击式
\begin{cases}
冲击式 \\
凿刨式
\end{cases} \\
回转式
\begin{cases}
单头钻 \\
多头钻
\end{cases}
\end{cases}
$$

我国在地下连续墙施工中，目前应用最多的是吊索式蚌式抓斗、导杆式蚌式抓斗、多头钻和冲击式挖槽机，尤以前三种最多。

3）防止槽壁塌方的措施

地下连续墙如发生塌方，不仅可能造成埋住挖槽机的危险，使工程拖延，同时可能引起地面沉陷而使挖槽机械倾覆，对邻近的建筑物和地下管线造成破坏。如在吊放钢筋笼之后，或在浇筑混凝土过程中产生塌方；塌方的土体会混入混凝土内，造成墙体缺陷，甚至会使墙体内外贯通，成为产生管涌的通道。因此，槽壁塌方是地下连续墙施工中极为严重的事故。

与槽壁稳定有关的因素是多方面的，但可以归纳为泥浆、地质条件与施工三个方面。

通过近年来的实测和研究，得知开挖后槽壁的变形是上部大下部小，一般在地面以下 7～15m 范围内有外鼓现象，所以绝大部分的塌方发生在地面以下 12m 的范围内，塌体多呈半圆筒形，中间大两头小，多是内外两侧对称地出现塌方。此外，槽壁变形还与机械振动的存在有关。

通过试验和理论研究，还证明地下水愈高，平衡它所需的泥浆相对密度也愈大，即槽壁失稳的可能性也愈大。所以地下水位的相对高度，对槽壁稳定的影响很大，同时它也影响着泥浆相对密度的大小。地下水位即使有较小的变化，对槽壁的稳定亦有显著影响，特别是当挖深较浅时影响就更为显著。因此，如果由于降雨使地下水位急剧上升，地面水再绕过导墙流入槽段，这样就使泥浆对地下水的超压力减小，极易产生槽壁塌方。故采用泥浆护壁开挖深度大的地下连续墙时，要重视地下水的影响。必要时可部分或全部降低地下水位，对保证槽壁稳定会起很大的作用。

泥浆质量和泥浆液面的高低对槽壁稳定亦产生很大影响。泥浆液面愈高所需的泥浆相对密度愈小，即槽壁失稳的可能性愈小。由此可知泥浆液面一定要高出地下水位一定高度。从目前计算结果来看，泥浆液面宜高出地下水位 0.50～1.0m。因此，在施工期间如发现有漏浆或跑浆现象，应及时堵漏和补浆，以保证泥浆规定的液面，防止出现坍塌。这一点在开挖深度 15m 以内的沟槽时尤为重要。

地基土的条件直接影响槽壁稳定。试验证明，土的内摩擦角 φ 愈小，所需泥浆的相对密度愈大；反之所需泥浆相对密度就愈小。所以在施工地下连续墙时，要根据不同的土质条件选用不同的泥浆配合比，各地的经验只能参考不能照搬。尤其在地层中存在软弱的淤泥质土层或粉砂层时。

施工单元槽段的划分亦影响槽壁的稳定性。因为单元槽段的长度决定了基槽的长深比（H/l），而长深比的大小影响土拱作用的发挥，而土拱作用影响土压力的大小。一般长深比越小，土拱作用越小，槽壁越不稳定；反之土拱作用大，槽壁趋于稳定。研究证明，当 $H/l > 9$ 时可把基槽的土拱作用作为二维问题处理，如 $H/l < 9$ 则宜作为三维问题处理，以 $H/l = 9$ 作为分界线。另外，单元槽段的长度亦影响挖槽时间，挖槽时间长，使泥浆质量恶化，亦影响槽壁的稳定。

根据上述分析可知，能够采取避免坍塌危险的措施有：缩小单元槽段长度；改善泥浆质量，根据土质选择泥浆配合比，保证泥浆在安全液位以上；注意地下水位的变化；减少地面荷载，防止附近的车辆和机械对地层产生振动等。

当挖槽出现坍塌迹象时，如泥浆大量漏失，液位明显下降，泥浆内有大量泡沫上冒或出现异常的扰动，导墙及附近地面出现沉降，排土量超过设计断面的土方量，多头钻或蚌式抓斗升降困难等，应首先及时地将挖槽机械提至地面，避免发生挖槽机械被塌方埋入地下的事故，然后迅速采取措施避免坍塌进一步扩大，以控制事态发展。常用的措施是迅速补浆以提高泥浆液面和回填黏性土，待所填的回填土稳定后再重新开挖。

（4）清底

槽段挖至设计标高后，用钻机的钻头或超声波等方法测量槽段断面，如误差超过规定的精度则需修槽，修槽可用冲击钻或锁口管并联冲击。对于槽段接头处亦需清理，可用刷子清刷或用压缩空气压吹。此后就应进行清底（有的在吊放钢筋笼后，浇筑混凝土前再进行一次清底）。

挖槽结束后，悬浮在泥浆中的土颗粒将逐渐沉淀到槽底，此外，在挖槽过程中未被排出而残留在槽内的土碴，以及吊放钢筋笼时从槽壁上刮落的泥皮等都堆积在槽底。在挖槽结束后清除以沉碴为代表的槽底沉淀物的工作称为清底。

如果槽底的沉碴未清除，则会带来下述危害：

1）在槽底的沉碴很难被浇筑的混凝土置换出来，它残留在槽底会成为地下连续墙底部与持力层地基之间的夹杂物，使地下连续墙的承载力降低，墙体沉降加大。沉碴还影响墙体底部的截水防渗能力，成为产生管涌的隐患，有时还需进行注浆以提高防渗能力。

2）沉碴混进浇筑的混凝土内会降低混凝土的强度。如在混凝土浇筑过程中，由于混凝土的流动将沉碴带至单元槽段接头处，则严重影响接头部位的抗渗性。

3）沉碴会降低混凝土的流动性，降低混凝土的浇筑速度，还会造成钢筋笼上浮。

4）沉碴过多时，会使钢筋笼插不到设计位置，使结构的配筋发生变化。

5）在浇筑混凝土过程中沉碴的存在会加速泥浆变质，沉碴还会使浇筑混凝土上部的不良部分（需清除者）增加。

挖槽结束后开始清底的时间取决于土碴的沉降速度。它与土碴的大小、土碴的形状、泥浆和土碴的相对密度、泥浆的黏滞系数有关。用斯托克斯公式表示则为：

$$v = \frac{(d_s - d_m)gd^3}{18\mu} \qquad (3\text{-}4\text{-}9)$$

式中　v——土碴的沉降速度（cm/s）；

d_s——土碴的相对密度；

d_m——泥浆的相对密度；

g——重力加速度（cm/s^2）；

d——土碴的粒径（cm）；

μ——泥浆的黏滞系数（g/cm·s）。

根据土碴的沉降速度和挖槽深度，可以计算挖槽结束后开始清底的时间：

$$T = \frac{H}{v} \qquad (3\text{-}4\text{-}10)$$

式中　T——挖槽结束后开始清底的时间（s）；

H——挖槽深度（cm）；

v——土碴的沉降速度（cm/s）。

可沉降土碴的最小粒径，取决于泥浆的性质。当泥浆性质良好时，可沉降土碴的最小粒径约为 0.06~0.12mm。一般认为挖槽结束后静置 2h，悬浮在泥浆中要沉降的土碴，约 80% 可以沉淀，4h 左右几乎全部沉淀完毕。

清底的方法，一般有沉淀法和置换法两种。沉淀法是在土碴基本都沉淀到槽底之后再进行清底；置换法是在挖槽结束之后，对槽底进行认真清理，然后在土碴还没有再沉淀之前就用新泥浆把槽内的泥浆置换出来，使槽内泥浆的相对密度在 1.15 以下。我国多用置换法进行清底。

清除沉碴的方法，常用的有：①砂石吸力泵排泥法；②压缩空气升液排泥法；③带搅动翼的潜水泥浆泵排泥法；④抓斗直接排泥法。前三种应用尤多，其工作原理图如图 3-4-19 所示。

单元槽段接头部位的土碴会显著降低接头处的防渗性能。这些土碴的来源，一方面是在混凝土浇筑过程中，由于混凝土的流动推挤到单元槽段的接头处；另一方面是在先施工的槽段接头面上附有泥皮和土碴。因此，宜用刷子刷除或用水枪喷射高压水流进行冲洗。

（5）钢筋笼加工和吊放

1）钢筋笼加工

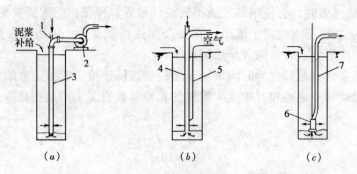

图 3-4-19   清底方法

（a）砂石吸力泵排泥；（b）压缩空气升液排泥；（c）潜水泥浆泵排泥

1—接合器；2—砂石吸力砂；3—导管；4—导管或排泥管

5—压缩空气管；6—潜水泥浆泵；7—软管

钢筋笼根据地下连续墙墙体配筋图和单元槽段的划分来制作。钢筋笼最好按单元槽段做成一个整体。如果地下连续墙很深或受起重设备起重能力的限制，需要分段制作，吊放时再连接时，接头宜用绑条焊接，纵向受力钢筋的搭接长度，如无明确规定时可采用 60 倍的钢筋直径。

钢筋笼端部与接头管或混凝土接头面间应留有 15～20cm 的空隙。主筋净保护层厚度通常为 7～8cm，保护层垫块厚 5cm，在垫块和墙面之间留有 2～3cm 的间隙。由于用砂浆制作的垫块容易在吊放钢筋笼时破碎，又易擦伤槽壁面，近年多用塑料块或用薄钢板制作，焊于钢筋笼上。

制作钢筋笼时要预先确定浇筑混凝土用导管的位置，由于这部分要上下贯通，因而周围需增设箍筋和连接筋进行加固。尤其在单元槽段接头附近插入导管，由于此处钢筋较密集，更需特别加以处理。

横向钢筋有时会阻碍导管插入，所以纵向主筋应放在内侧，横向钢筋放在外侧（图 3-4-20）。纵向钢筋的底端应距离槽底面 100～200mm，底端应稍向内弯折，以防止吊放钢筋笼时擦伤槽壁，但向内弯折的程度亦不应影响插入混凝土导管。纵向钢筋的净距不得小于 100mm。

地下连续墙与基础底板以及内部结构的梁、柱、墙的连接，如采用预留锚固钢筋的方式，锚固筋一般用光圆钢筋，直径不超过 20mm。锚固筋的布置还要确保混凝土自由流动来充满锚固筋周围的空间。

如钢筋上贴有泡沫苯乙烯塑料块等预埋件时，一定要固定牢固。如果泡沫苯乙烯塑料块在钢筋笼上安装过多，或由于泥浆相对密度过大，对钢筋笼会产生较大的浮力，阻碍钢筋笼插入槽内，在这种情况下有时须对钢筋笼施加配重。如钢筋笼单面装有过多的泡沫材料块时，会对钢筋笼产生偏心浮力，钢筋笼插入槽内时会擦落大量土碴，此时亦应增加配重加以平衡。

2）钢筋笼吊放（图 3-4-21）

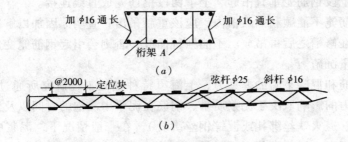

图 3-4-20　钢筋笼构造示意图
（a）横剖面图；（b）纵向桁架的纵剖面图

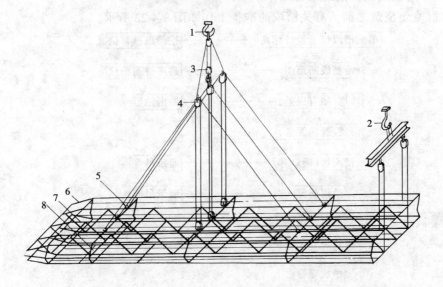

图 3-4-21　钢筋笼的构造与起吊方法
1、2—吊钩；3、4—滑轮；5—卸甲；6—端部向里弯曲；
7—纵向桁架；8—横向架立桁架

　　钢筋笼起吊应用横吊梁或吊架，吊点布置和起吊方式要防止起吊时引起钢筋笼变形。起吊时不能使钢筋笼下端在地面上拖引，以防造成下端钢筋弯曲变形。为防止钢筋笼吊起后在空中摆动，应在钢筋笼下端系上曳引绳用人力操纵。

　　插入钢筋笼时，最重要的是使钢筋笼对准单元槽段的中心，垂直而又准确地插入槽内。钢筋笼进入槽内时，吊点中心必须对准槽段中心，然后徐徐下降，此时必须注意不要因起重臂摆动而使钢筋笼产生横向摆动，造成槽壁坍塌。

　　钢筋笼插入槽内后，检查其顶端高度是否符合设计要求，然后将其搁置在导墙上。

　　如果钢筋笼是分段制作，吊放时需要接长，下段钢筋笼要垂直悬挂在导墙上，然后将上段钢筋笼垂直吊起，上下两段钢筋笼成直线连接。

如果钢筋笼不能顺利插入槽内，应该重新吊出，查明原因加以解决。如果需要修槽，则在修槽之后再吊放。不能强行插放，否则会引起钢筋笼变形或槽壁坍塌，产生大量沉碴。

至于钢筋和混凝土间的握裹力，上海市特种基础工程研究所通过试验证明，泥浆对握裹力的影响取决于泥浆质量、钢筋在泥浆中浸泡的时间以及钢筋接头的形式（焊接、退火铁丝绑扎或镀锌钢丝绑扎）。在一般情况下，泥浆中的钢筋与混凝土间的握裹力比正常状态下降低 15％左右。

（6）混凝土浇筑

1）混凝土浇筑前的准备工作

混凝土浇筑之前，有关槽段的准备工作如图 3-4-22 所示。

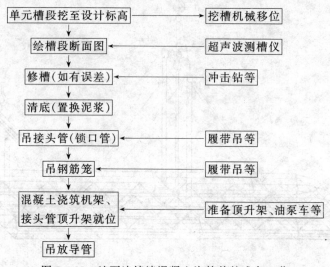

图 3-4-22 地下连续墙混凝土浇筑前的准备工作

2）混凝土配合比

地下连续墙施工所用之混凝土，除满足一般水工混凝土的要求外，尚应考虑泥浆中浇筑混凝土的强度随施工条件变化较大，同时在整个墙面上的强度分散性亦大，因此，混凝土应按照比结构设计规定的强度等级提高 5MPa 进行配合比设计。

混凝土的原材料，为避免分层离析，要求采用粒度良好的河砂，粗骨料宜用粒径 5～25mm 的河卵石。水泥应采用强度等级 425～525 的普通硅酸盐水泥和矿渣硅酸盐水泥，单位水泥用量，粗骨料如为卵石应在 370kg/m³ 以上，如采用碎石并掺加优良的减水剂，应在 400kg/m³ 以上，如采用碎石而未掺加减水剂时，应在 420kg/m³ 以上。水灰比不大于 0.60。混凝土的坍落度宜为 18～20cm。

3）混凝土浇筑

地下连续墙混凝土用导管法进行浇筑。在混凝土浇筑过程中，应随时掌握混凝土的浇筑量、混凝土上升高度和导管埋入深度，防止导管下口暴露在泥浆内，造成泥浆涌入导管。

在浇筑过程中需随时量测混凝土面的高程，量测的方法可用测锤，由于混凝土面非水平，应量测三个点取其平均值。亦可利用泥浆、水泥浮浆和混凝土温度不同的特性，利用热敏电阻温度测定装置测定混凝土面的高程。

导管的间距取决于其浇筑有效半径和混凝土的和易性。当浇筑速度 $v \leqslant 5\mathrm{m/h}$ 时，浇筑有效半径可参考下述经验公式确定：

$$R = 6.25sv \tag{3-4-11}$$

式中　　R——混凝土浇筑有效半径（m）；

　　　　s——混凝土的坍落度（m）；

　　　　v——混凝土浇筑（上升）速度（m/h）。

单元槽段端部易渗水，导管距槽段端部的距离不得超过 2m。如一个单元槽段用两根或两根以上的导管同时进行浇筑，应使各导管处的混凝土面大致处于同一标高。

每个单元槽段的浇筑时间，一般为 4～6h，混凝土浇筑速度一般为 30～35m³/h，快的可达到甚至超过 60m³/h。

混凝土面上存在一层与泥浆接触的浮浆层，需要凿去，为此混凝土高度需超浇 300～500mm，以便在混凝土硬化后查明强度情况，将设计标高以上的部分用风镐凿去。

§4.3　"逆筑法"施工技术

4.3.1　"逆筑法"的工艺原理与优缺点

"逆筑法"是施工高层建筑多层地下室和其他多层地下结构的有效方法。传统的施工多层地下室的方法是开敞式施工，即大开口放坡开挖，或用支护结构围护后垂直开挖，挖至设计标高后浇筑钢筋混凝土底板，再由下而上逐层施工各层地下室结构，待地下结构完成后再进行地上结构施工。

对于深度大的多层地下室，用上述传统方法施工存在一些问题。首先支护结构的设置存在一定困难，由于基坑很深，支护结构的挡墙长度很大，费用增加，尤其是基坑内部支护结构的支撑用量大，一方面需用大量大规格的钢材，另一方面也增加了地下结构施工的难度；其次如用井点设备降低地下水时，水位的降低会引起土体固结，使周围地面产生沉降，如不采取特殊措施，亦会危及基坑附近的建筑物、地下管线和道路。深基坑的开挖，基坑的变形和周围地面的沉降是施工中急待解决的问题之一。

实践证明，利用"逆筑法"施工开挖深度大的多层地下结构是十分有效的。

"逆筑法"的工艺原理是：先沿建筑物地下室轴线（地下连续墙也是地下室结构承重墙）或周围（地下连续墙等只用作支护结构）施工地下连续墙或其他支护结构，同时在建筑物内部的有关位置（柱子或隔墙相交处等，根据需要计算确定）浇筑或打下中间支承柱，作为施工期间在底板封底之前承受上部结构自重和施工荷载的支撑。然后施工地面一层的梁板楼面结构，作为地下连续墙刚度很大的支撑，随后逐层向下开挖土方和浇筑各层地下结构，直至底板封底。与此同时，由于地面一层的楼面结构已完成，为上部结构施工创造了条件，所以可以同时向上逐层进行地上结构的施工。这样地面上、下同时进行施工（图 3-4-23），直至工程结束。但在地下室浇筑钢筋混凝土底板之前，地面上的上部结构允许施工的层数要经计算确定。

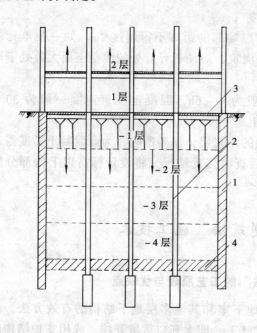

图 3-4-23　"逆筑法"的工艺原理
1—地下连续墙；2—中间支撑柱；
3—地面层楼面结构；4—底板

"逆筑法"施工，以地面一层楼面结构是封闭还是敞开，分为"封闭式逆筑法"和"开敞式逆筑法"。前者可以地面上、下同时进行施工；后者上部结构不能与地下结构同时进行施工，只是地下结构自上而下逐层施工。

与传统施工方法比较，用"逆筑法"施工多层地下室有下述优点：

1. 缩短工程施工的总工期

带多层地下室的高层建筑，如采用传统方法施工，其总工期为地下结构工期加地上结构工期，再加装修等所占的工期。而用"逆筑法"施工，一般情况下只有地下 1 层占绝对工期，其他各层地下室可与地上结构同时施工，不占绝对工期，因此可以缩短总工期。如日本读卖新闻社大楼，地上 9 层，地下 6 层，用"封闭式逆筑法"施工，总工期只有 22 个月，比传统施工方法缩短工期 6 个月。又如有 6 层地下室的法国巴黎拉弗埃特百货大楼，用逆筑法施工，工期缩短1/3。地下结构层数愈多，用逆筑法施工则工期缩短愈显著。

2. 基坑变形小，相邻建筑物等沉降少

采用"逆筑法"施工，是利用逐层浇筑的地下室结构作为周围支护结构地下连续墙的内部支撑。由于地下室结构与临时支撑相比刚度大得多，所以地下连续墙在侧压力作用下的变形就小得多。此外，由于中间支承柱的存在使底板增加了支点，浇筑后的底板成为多跨连续板结构，与无中间支承柱的情况相比跨度减小，从而使底板的隆起也减少。因此，"逆筑法"施工能减少基坑变形，使相邻的建（构）筑物、道路和地下管线等的沉降减少，在施工期间可保证其正常使用。表 3-4-2 是用"逆筑法"施工的德意志联邦银行大楼与相同深度、用地下连续墙作支护结构、用五层土锚拉结的以传统方法施工的原联邦德国国家银行总部大楼的施工变形比较，由此可以清楚地看出，用"逆筑法"施工的结构变形小得多。

"逆筑法"施工与传统方法施工的变形比较　表 3-4-2

施工方法	变形量（mm）		
	地下连续墙的水平变形	底板隆起	邻近建筑物的沉降
"逆筑法"	26～35	≤8	4～12
传统施工方法	20～60	60	25～50

3. 使底板设计趋向合理

钢筋混凝土底板要满足抗浮要求。用传统方法施工时，底板浇筑后支点少，跨度大，上浮力产生的弯矩值大，有时为了满足施工时抗浮要求而需加大底板的厚度，或增强底板的配筋。而当地下和地上结构施工结束，上部荷载传下后，为满足抗浮要求而加厚的混凝土，反过来又作为自重荷载作用于底板上，因而使底板设计不尽合理。用"逆筑法"施工，在施工时底板的支点增多，跨度减小，较易满足抗浮要求，甚至可减少底板配筋，使底板的结构设计趋向合理。

4. 可节省支护结构的支撑

深度较大的多层地下室，如用传统方法施工，为减少支护结构的变形需设置强大的内部支撑或外部拉锚，不但需要消耗大量钢材，施工费用亦相当可观。如上海电信大楼深 11m、地下 3 层的地下室，用传统方法施工，为保证支护结构的稳定，约需用临时钢围檩和钢支撑 1350t。而用"逆筑法"施工，土方开挖后利用地下室结构本身来支撑作为支护结构的地下连续墙，可省去支护结构的临时支撑。

"逆筑法"是自上而下施工，施工时上面已覆盖，施工条件较差，故需采用一些特殊的施工技术，保证施工质量的要求。

4.3.2　"逆筑法"施工技术

根据上述"逆筑法"的工艺原理可知，"逆筑法"的施工程序是：中间支承柱的地下连续墙施工→地下 1 层挖土和浇筑其顶板、内部结构→从地下 2 层开始地下室结构和地上结构同时施工（地下室板浇筑之前，地上结构允许施工的高度根据地下连续墙和中间支承柱的承载能力确定）→地下室底板封底并养护至设计强度→继续进行地上结构施工，直至工程结束。

地下连续墙前面已详述，此处只简单介绍中间支承柱和地下室结构的施工特点。

1. 中间支承柱施工

中间支承柱的作用，是在"逆筑法"施工期间，于地下室底板未浇筑之前与地下连续墙一起承受地下和地上各层的结构自重和施工荷载；在地下室底板浇筑后，与底板连接成整体，作为地下室结构的一部分，将上部结构及承受的荷载传递给地基。

中间支承柱的位置和数量，要根据地下室的结构布置和制定的施工方案详细考虑后经计算确定，一般布置在柱子位置或纵、横墙相交处。中间支承柱所承受的最大荷载，是地下室已修筑至最下一层、而地面上已修筑至规定的最高层数时的荷载。因此，中间支承柱的直径一般比设计的较大。由于底板以下的中间支承柱要与底板结合成整体，多做成灌注桩形式，其长度亦不能太长，否则影响底板的受力形式，与设计的计算假定不一致。亦有的采用预制桩（钢管桩等）作为中间支承柱。采用灌注桩时，底板以上的中间支承柱的柱身，多为钢筋混凝土柱或H型钢柱，断面小而承载能力大，而且也便于与地下室的梁、柱、墙、板等连接。

由于中间支承柱上部多为钢柱，下部为混凝土柱，所以，多采用灌注桩方法进行施工。

在泥浆护壁下用反循环或正循环潜水电钻钻孔时（图 3-4-24），顶部要放护筒。钻孔后吊放钢管，钢管的位置要十分准确，否则与上部柱子不在同一垂线上对受力不利，因此钢管吊放后要用定位装置调整其位置。钢管的壁厚按其承受的荷载计算确定。利用导管浇筑混凝土，钢管的内径要比导管接头处的直径大 50 ~ 100mm。而用钢管内的导管浇筑混凝土时，超压力不可能将混凝土压上很高，所以钢管底端埋入混凝土不可能很深，一般为 1m 左右。为使钢管下部与现浇混凝土柱能较好的结合，可在钢管下端加焊竖向分布的钢筋。混凝土柱的顶端一般高出底板面 30mm 左右，高出部分在浇筑底板时将其凿除，以保证底板与中间支承柱联成一体。混凝土浇筑完毕吊出导管。由于钢管外面不浇筑混凝土，钻孔上段中的泥浆需进行固化处理，以便在清除开挖的土方时，防止泥浆到处流淌，恶化施工环境。泥浆的固化处理方法，是在泥浆中掺入水泥形成自凝泥浆，使其自凝固化。水泥掺量约 10%，可直接投入钻孔内，用空气压缩机通过软管进行压缩空气吹拌，使水泥与泥浆很好地拌合。

中间支承柱亦可用套管式灌注桩成孔方法（图 3-4-25），它是边下套管、边用抓斗挖孔。由于有钢套管护壁，可用串筒浇筑混凝土，亦可用导管法浇筑，要边浇筑混凝土边上拔钢套管。支承柱上部用 H 型钢或钢管，下部浇筑成扩大的桩头。混凝土柱浇至底板标高处，套管与 H 型钢间的空隙用砂或土填满，以增加上部钢柱的稳定性。中间支承柱亦有用挖孔桩施工方法进行施工的。

在施工期间要注意观察中间支承桩的沉降和升抬的数值。由于上部结构的不

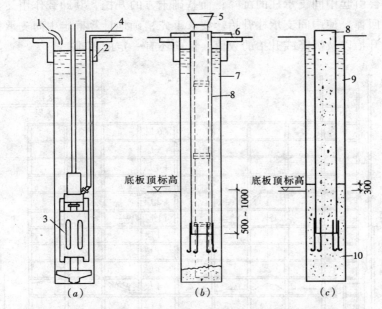

图 3-4-24　泥浆护壁用反循环钻孔灌注桩施工方法浇筑中间支承柱

（a）泥浆反循环钻孔；（b）吊放钢管、浇筑混凝土；（c）形成自凝泥浆

1—补浆管；2—护筒；3—潜水电钻；4—排浆管；5—混凝土导管；6—定位装置；
7—泥浆；8—钢管；9—自凝泥浆；10—混凝土桩

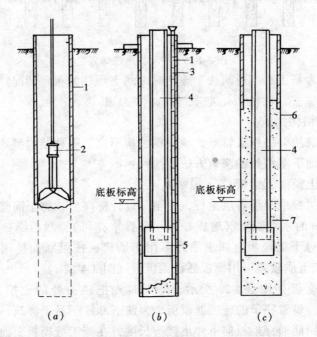

图 3-4-25　中间支承柱用大直径套管式灌注桩施工

（a）成孔；（b）吊放 H 型钢、浇筑混凝土；（c）抽套管、填砂

1—套管；2—抓斗；3—混凝土导管；4—H 型钢；5—扩大的桩头；6—填砂；7—混凝土桩

断加荷，会引起中间支承柱的沉降；而基础土方的开挖，其卸载作用又会引起坑底土体的回弹，使中间支承柱升抬。要求事先精确地计算确定中间支承柱最终是沉降还是升抬以及沉降或升抬的数值，目前还有一定的困难。

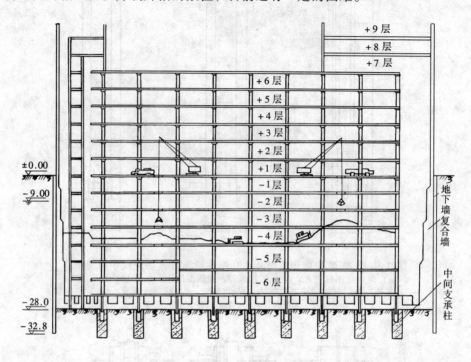

图 3-4-26 中间支承柱布置

图 3-4-26 为某工程"逆筑法"施工时中间支承柱的布置情况。其中支承柱为大直径钻孔灌注桩，桩径 2m，桩长 30m，共 35 根。

2. 地下室结构浇筑

根据"逆筑法"的施工特点，地下室结构不论是哪种结构型式都是由上而下分层浇筑的。地下室结构的浇筑方法有两种：

（1）利用土模浇筑梁板

对于地面梁板或地下各层梁板，挖至其设计标高后，将土面整平夯实，浇筑一层厚约 50mm 的素混凝土（地质好抹一层砂浆亦可），然后刷一层隔离层，即成楼板模板。对于梁模板，如土质好可用土胎模，按梁断面挖出槽穴（图 3-4-27b）即可，如土质较差可用模板搭设梁模板（图 3-4-27a）。

至于柱头模板如图 3-4-28 所示，施工时先把柱头处的土挖出至梁底以下 500mm 左右处，设置柱子的施工缝模板，为使下部柱子易于浇筑，该模板宜呈斜面安装，柱子钢筋通穿模板向下伸出接头长度，在施工缝模板上面组立柱头模板与梁模板相连接。如土质好柱头可用土胎模，否则就用模板搭设。下部柱子挖出后搭设模板进行浇筑。

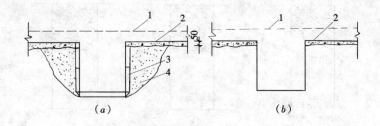

图 3-4-27　逆筑法施工时的梁、板模板

（a）用钢模板组成梁模；（b）梁模用土胎膜

1—楼板面；2—素混凝土层与隔离层；3—钢模板；4—填土

施工缝处的浇筑方法，国内外常用的方法有三种，即直接法、充填法和注浆法。

直接法（图 3-4-29a）即在施工缝下部继续浇筑混凝土时，仍然浇筑相同的混凝土，有时添加一些铝粉以减少收缩。为浇筑密实可做一假牛腿，混凝土硬化后可凿去。

充填法（图 3-4-29b）即在施工缝处留出充填接缝，待混凝土面处理后，再于接缝处充填膨胀混凝土或无浮浆混凝土。

注浆法（图 3-4-29c）即在施工缝处留出缝隙，待后浇混凝土硬化后用压力压入水泥浆充填。

在上述三种方法中，直接法施工最简单，成本亦最低。施工时可对接缝处混凝土进行二次振捣，以进一步排除混凝土中的气泡，确保混凝土密实和减少收缩。

（2）利用支模方式浇筑梁板

用此法施工时，先挖去地下结构一层高的土层，然后按常规方法搭设梁板模板，浇筑梁板混凝土，再向下延伸竖向结构（柱或墙板）。为此，需解决两个问题，一个是设法减少梁板支撑的沉降和结构的变形；另一个是解决竖向构件的上、下连接和混凝土浇筑。

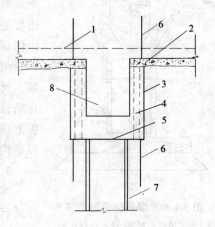

图 3-4-28　柱头模板与施工缝

1—楼板面；2—素混凝土层与隔离层；
3—柱头模板；4—预留浇筑孔；5—施工缝；
6—柱筋；7—H 型钢；8—梁

为了减少楼板支撑的沉降和结构变形，施工时需对土层采取措施进行临时加固。加固的方法：可以浇筑一层素混凝土，以提高土层的承载能力和减少沉降，待墙、梁浇筑完毕，开挖下层土方时随土一同挖去，这就要额外耗费一些混凝土；另一种加固方法是铺设砂垫层，上铺枕木以扩大支承面积（图 3-4-30），这

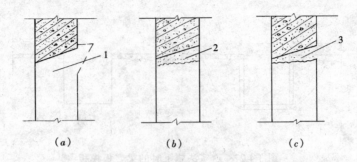

图 3-4-29　施工缝处的浇筑方法
(a) 直接法；(b) 充填法；(c) 注浆法
1—浇筑混凝土；2—充填无浮浆混凝土；3—压入水泥浆

样上层柱子或墙板的钢筋可插入砂垫层，以便与下层后浇筑结构的钢筋连接。有时还可用其他吊模板的措施来解决模板的支撑问题。

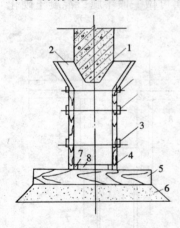

图 3-4-30　墙板浇筑时的模板
1—上层墙；2—浇筑入仓口；3—螺栓；4—模板；5—枕木；6—砂垫层；7—插筋用木条；8—钢模板

至于"逆筑法"施工时混凝土的浇筑方法，由于混凝土是从顶部的侧面入仓，为便于浇筑和保证连接处的密实性，除对竖向钢筋间距适当调整外，构件顶部的模板需做成喇叭形。

由于上、下层构件的结合面在上层构件的底部，再加上地面土的沉降和刚浇筑混凝土的收缩，在结合面处易出现缝隙。为此，宜在结合面处的模板上预留若干压浆孔，以便用压力灌浆消除缝隙，保证构件连接处的密实性。

3. 垂直运输孔洞的留设

"逆筑法"施工是在顶部楼盖封闭条件下进行，在进行地下各层地下室结构施工时，需进行施工设备、土方、模板、钢筋、混凝土等的上下运输，所以需预留一个或几个上下贯通的垂直运输通道。为此，在设计时就要在适当部位预留一些从地面直通地下室底层的施工孔洞。亦可利用楼梯间或无楼板处做为垂直运输孔洞。

此外，还应对"逆筑法"施工期间的通风、照明、安全等采取应有的措施，保证施工顺利进行。

4.3.3　"逆筑法"施工实例

上海基础工程科研楼的逆筑法施工是我国第一个按"封闭式逆筑法"施工的工程。该建筑物地下两层，地上 5 层（塔楼为 6 层），平面轴线尺寸为 39.85m×

13.8m，地上部分为框架结构、钢管柱和预制梁板。地下室是由地下连续墙作外墙，墙厚为 500，墙深 13.5～15.5m，开挖深度 6m，局部 10m。中间支承柱为直径 900mm 的钻孔灌注桩，上部为直径 400mm 的钢管，桩长 27m。

　　该工程的施工程序是：

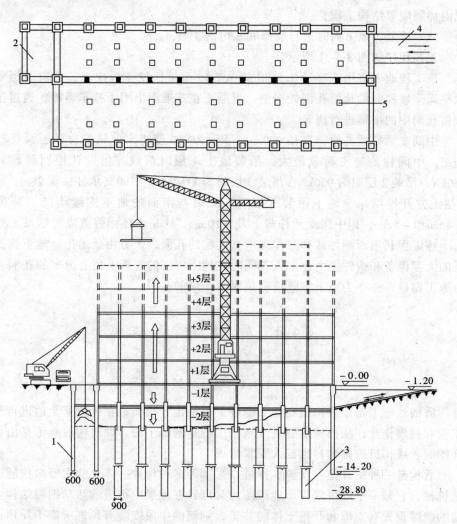

图 3-4-31　科研楼逆筑法工艺程序

1—地下连续墙；2—垂直运输孔洞；3—钻孔灌注桩中间支承柱；

4—斜车道；5—分布的孔洞

　　（1）施工地下连续墙和中间支承柱钻孔灌注桩；

　　（2）开挖地下一层土方，构筑顶部圈梁、杯口、腰圈梁、纵横支撑梁和吊装地下一层楼板；

（3）吊装地上 1～3 层的柱、梁、板结构，同时交叉进行地下 2 层的土方开挖。土方完成后，进行底板垫层、钢筋混凝土底板的浇筑。因为经过计算，在底板未完成之前，地下连续墙和中间支承柱只能承受地面上三层的荷载；

（4）待底板养护期满，吊装地上 4～5 层的柱、梁、板结构。地下平行地完成内部隔墙等结构工程；

（5）地上、地下同时进行装修和水电等工程。

工艺程序如图 3-4-31 所示。

该工程地下室用斗容量 0.15m³ 的 WY-15 型液压挖土机挖土，用机动翻斗车水平运至楼梯间的预留孔洞处出土。混凝土在基准面上用手推车运输，通过挂在预留孔洞中的串桶进行浇筑。

中间支承柱共九根，直径 900mm，用 CZQ-80 型潜水电钻配合砂石泵反循环施工。中间柱的施工荷载最大，吊装地上 1 层时荷载（指设计控制荷载）为 550kN，吊装 2 层时为 950kN，吊装 3 层时为 1180kN。中间支承柱钻深 28m。地下 2 层土方开挖结束、地上吊装 3 层后，北面与南面的地下连续墙的沉降值为 −4mm 和 −5mm，但中间支承柱却上升 +10mm，这是土体回弹造成的结果。

该工程利用西端外楼梯间作为垂直运输的孔洞，土方由此吊出，地下施工所需的大型设备和构件也由此吊入。同时在地下 1 层的底板上留有分布的孔洞，作为施工窗口，亦作为地下室隔墙浇筑混凝土用的孔洞。

§4.4　盾 构 法 施 工

4.4.1　概　　述

盾构法施工是以盾构机在地下掘进，边稳定开挖面边在机内安全地进行开挖作业和衬砌作业，从而构筑隧道（地下工程）的施工法，即盾构法施工是由稳定开挖面、盾构机挖掘和衬砌三大要素组成。

盾构是一种集开挖、支护、推进、衬砌等多种作业一体化的大型暗挖隧道施工机械，它是一个既可以支承地层压力又可以在地层中推进的活动钢筒结构。钢筒的前端设置有支撑和开挖土体的装置，钢筒的中段安装有顶进所需千斤顶；钢筒尾部可以拼装预制或现浇隧道衬砌环。盾构每推进一环距离，就在盾尾支护下拼装（或现浇）一环衬砌，并向衬砌环外围的空隙中压注水泥浆，以防止隧道及地面下沉。盾构推进的反力由衬砌环承担。盾构施工前应先修建一竖井，在竖井处安装盾构，盾构开挖出的土体由竖井通道送出地面。盾构法施工工艺如图 3-4-32 所示。

当代城市建筑、公用设施和各种交通日益繁杂，市区明挖隧道施工对城市生活的干扰问题日趋严重，特别在市区中心遇到隧道埋深较大，地质复杂的情况，

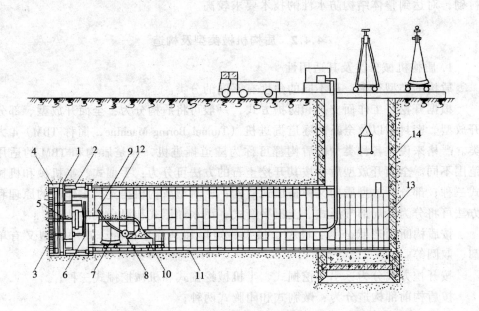

图 3-4-32　盾构法施工示意

1—盾构；2—盾构千斤顶；3—盾构正面网格；

4—出土转盘；5—出土皮带运输机；6—管片拼装机；7—管片；

8—压浆泵；9—压浆孔；10—出土机；11—管片衬砌；12—盾尾空隙中的压浆；

13—后盾管片；14—竖井

若用明挖法建造隧道则很难实现。在这种条件下采用盾构法对城市地下铁道、上下水道、电力通讯、市政公用设施等各种隧道建设具有明显优点。此外，在建造穿越水域、沼泽地和山地的公路和铁路隧道或水工隧道中，盾构法也往往因它在特定条件下的经济合理性而得到采用。

　　盾构法施工的主要优点体现在：①除竖井施工外，施工作业均在地下进行，既不影响地面交通，也可减少对附近居民的噪声和振动影响；②盾构推进、出土、拼装衬砌等主要工序循环进行，施工易于管理；③土方量较少；④穿越河道时不影响航运；⑤施工不受风雨等气候条件影响；⑥在土质差水位高的地方建设埋深较大的隧道，盾构法有较高的技术经济优越性。

　　盾构法施工的缺点主要表现在：①当隧道曲线半径过小时，施工较为困难；②在陆地建造隧道时，如隧道覆土太浅，则盾构法施工困难很大，而在水下时，如覆土太浅则盾构法施工不够安全；③盾构施工中采用全气压方法以疏干和稳定地层时，对劳动保护要求较高，施工条件差；④盾构法隧道上方一定范围内的地表沉陷难于完全防止，特别是在饱和含水松软的土层中，要采取严密的技术措施才能把沉陷限制在很小的限度内；⑤在饱和含水地层中，盾构法施工所用的拼装衬砌，对达到整体结构防水性的技术要求较高。

4.4.2　盾构机械类型及构造

1. 盾构机械分类及其适用性

盾构的类型很多，从不同的角度有不同的分类。

根据开挖、工作面支护和防护方式，一般可将盾构分为：全面开放型、部分开放型、密封型以及全断面隧道掘进机（Tunnel Boring Machine，简称 TBM）4 大类。严格来说，各种类型的盾构都可称为隧道掘进机，只是盾构和 TBM 的适用范围不同。全面开放型盾构按其开挖土石的方法可分为：手掘式、半机械和机械式三种；部分开放型盾构又称挤压式盾构；密封型盾构根据支护工作面的原理和方法可将分为：局部气压式、土压平衡式、泥水加压式和混合式等几种。

按盾构断面形状分为：圆型、拱型、矩形和马蹄形四种，其中圆型又有单圆、双圆等；

按开挖方式分为：手工挖掘式、半机械挖掘式和机械挖掘式三种；

按盾构前部构造分为：敞胸式和闭胸式两种；

按排除地下水与稳定开挖面的方式分为：人工井点降水、泥水加压、土压平衡式的无气压盾构，局部气压盾构，全气压盾构等。

随着隧道与地下工程的发展，盾构机械的种类越来越多，适用范围也更加广泛，各类盾构机械性质及其适用性如表 3-4-3 所示。

2. 盾构机械的基本构造

（1）手工挖掘式盾构

手工挖掘式盾构是盾构的最基本形式，主要由盾壳、支护结构、推进机构、拼装机构和附属设备等五部分组成（图 3-4-33），多用于开挖面基本能自稳的土层中。

各种盾构类型及其适用性　　　　　　　　　　表 3-4-3

挖掘方式	构造类型	盾构名称	开挖面稳定措施	适用地层	附注
手工掘式	敞胸	普通盾构	临时挡板支撑千斤顶	地质稳定或松软均可	辅以气压，人工井点降水及其他地层加固措施
		棚式盾构	将开挖面分成几层，利用砂的休止角和棚的摩擦	砂性土	
		网格式盾构	利用上和钢制网状格棚的摩擦	黏土淤泥	
	闭胸	半挤压盾构	胸板局部开孔，依靠盾构千斤顶推力土砂自然流入	软可塑粘土	
		全挤压盾构	胸板无孔，不进土	淤泥	

挖掘方式	构造类型	盾构名称	开挖面稳定措施	适用地层	附注
半机械挖掘式	敞胸	反铲式盾构	手掘式盾构装上反铲式挖土机	土质紧硬，稳定面能自立	辅助措施
		旋转式盾构	手掘式盾构装上软岩掘进机	软岩	
机械挖掘式	敞胸	旋转刀盘式盾构	单刀盘加面板多刀盘加面板	软岩	辅助措施
		插刀式盾构	千斤顶支撑挡上扳	硬土层	
		局部气压盾构	面板与隔板间加气压	含水松软地层	不再另设辅助措施
		泥水加压盾构	面板与隔扳间加有压泥水	含水地层冲积层、洪积层	
	闭胸	土压平衡盾构	面板隔板间充满土砂产生的压力和开挖处的地层压力保持平衡	淤泥，淤泥夹砂	辅助措施
		网格式挤压盾构	胸扳为网格，土体通过网格孔挤入盾构	淤泥	

1）盾壳

盾壳为钢板焊成的圆形壳体，由切口环、支承环和盾尾三部分组成（图3-4-34）。

A．切口环

位于盾构的前部，前端设有刃口，施工时可以切入土中。刃口大都采用耐磨钢材焊成，加劲肋也制成坡形，从而减少切入阻力。在稳定的地层中切口环上下长度可以相等，在开挖面不能自稳的地层（淤泥、流砂）中切口环顶部比底部长，长出部分称前檐，以掩护工人在开挖面安全地开挖。有的盾构设活动前檐靠千斤顶操纵可以向前伸长，以增加掩护长度。一般切口环不易过长，否则将使盾构稳定性变差，增大盾构推进阻力。

B．支承环

位于盾构的中部，是盾构受力的主要部分，它由外壳、环状加强肋和纵向加强肋组成，盾构千斤顶就布置在此间并将千斤顶推力传给壳体。为增加盾构刚度须加固支承环，在支承环内安设竖向和水平向隔板形成井字型隔架，二层水平隔板上设置工作平台。

C．盾尾

位于盾壳尾部，由环状外壳与安装在内侧的密封装置构成。其作用是支承坑

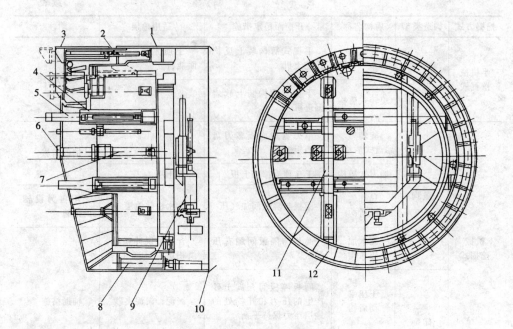

图 3-4-33   手工挖掘式盾构

1—盾壳；2—前檐千斤顶；3—活动前檐；4—工作平台；

5—活动平台；6—支护挡板；7—支护千斤顶；8—盾构千斤顶；

9—举重臂；10—盾尾密制装置；11—井字型隔梁；12—锥形切口

道周边防止地下水与注浆材料被挤入盾构隧道内。同时也是进行隧道衬砌组装的地方。

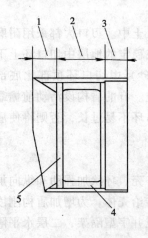

图 3-4-34   盾壳

1—切口环；2—支承环；3—盾尾；

4—纵向加强肋；5—环状加强肋

盾尾密封材料，一般安装在盾尾钢板和管片外表面之间，除了具有防止注浆材料和地下水漏入盾构的作用外，在泥水加压盾构和土压平衡盾构中，还有保持其各自泥浆压力的作用。为了提高密封性，有时要安装几段密封材料，安装的段数，必须根据盾构外径、地质条件和施工中是否更换密封材料等条件决定。密封材料有橡胶、树脂、铜、不锈钢或由它们组合而成。密封材料的形状有板状、刷子状等。密封材料的寿命依其材质、构造而定，此外还与管片材质及组装精度有关。手工挖掘式盾构的盾尾密封装置，多采用如图 3-4-35 所示的双级密封装置结构。

2）支护结构

支护结构一般由活动前檐、活动工作平台和支护挡板构成。

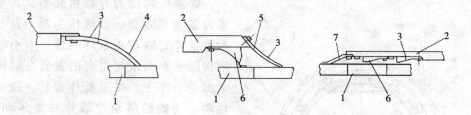

图 3-4-35　盾尾密封装置

1—管片；2—盾尾；3—钢板；4—合成橡胶；
5—氯丁橡胶；6—泡沫尿烷；7—尿烷橡胶

A. 活动前檐

由多块扇形体组成，位于切口环拱部的滑槽和滚轮滑道内。扇形体的前端带有特殊的刃口，后端与千斤顶一端相连，千斤顶的另一端被固定在支承环后部的横向隔板上。当千斤顶伸出时，推动活动前檐向前伸出，伸出长度为千斤顶的行程。

B. 活动平台

安置于横向两层工作平台内。后端与固定在工作平台内的千斤顶相连。当千斤顶伸出时，活动平台沿着工作平台内的轨道向前伸出，伸出长度和千斤顶的伸出行程相同。

C. 支护挡板

由挡板与其相连的框架和支护千斤顶构成。支护挡板安装在框架的前端，支护千斤顶一端安装在框架内，另一端固定在盾构的环形隔板上或纵向隔板上（图 3-4-33）。千斤顶伸出时，推动框架在支座上滑动，将挡板向前推进，伸出长度同千斤顶行程。由于切口环为倾斜式，上下两层的支护挡板伸出长度将有不同。

支护挡板可根据开挖面情况，每开挖一块就支护一块，根据需要可在较大区域内对开挖面进行支护。为确保盾构在推进过程中，不影响支护的作用，支护千斤顶的行程都比盾构千斤顶长出 100 ~ 300mm。

3）推进机构

推进机构主要由盾构千斤顶和液压设备组成。盾构千斤顶沿支承环周周均匀分布，千斤顶的台数和每个千斤顶推力要根据盾构外径、总推力大小、衬砌构造、隧道断面形状等条件而定。

盾构千斤顶支座一般用铰接形式与千斤顶端部连接，尤其在曲线段施工，以使千斤顶推力能均匀分布在衬砌端面上。

推进机构的液压设备主要由液压泵、驱动马达、操作控制装置、油冷却装置和输油管路组成。除操作控制装置安装在支承环工作平台上外，其余大多数都安装在盾构后面的液压动力台车上。

4）拼装机构

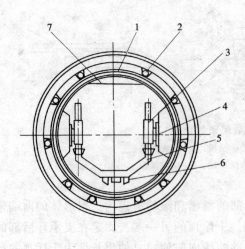

图 3-4-36　环形拼装器

1—转盘；2—支承滚轮；3—径向伸缩臂；

4—纵向伸缩臂；5—举重臂；6—爪钩；7—平衡重

拼装机构即为衬砌拼装器，其主要设备为举重臂，以液压为动力。一般举重臂安装在支承环后部。中小型盾构因受空间限制也有的安装在盾构后面的台车上。举重臂作旋转、径向运动，还能沿隧道中线作往复运动，完成这些运动的精度应能保证待装配的衬砌管片的螺栓孔与已拼装好的管片螺栓孔对好，以便插入螺栓固定。

常用的衬砌拼装器有环形式、中空轴式、齿轮齿条式三种，其中以环形拼装器（图 3-4-36）最多。

5）附属设备

手工挖掘式盾构的附属设备较简单，主要为液压动力台车、排水注浆设备台车以及真圆保持器等。

真圆保持器是为把衬砌环组装在正确位置上设置的调整设备，以顶伸（图 3-4-37）式为最多。

手工挖掘盾构施工的工作过程为：开启全部或大部分盾构千斤顶，盾构在千斤顶推力作用下向前推进，切口环切入土层中，如开挖面自稳性好，开挖作业即可在切口环的保护下进行。当开挖面自稳性较差时，可开启活动前檐千斤顶使前檐贯入土层中，或同时开启支护千斤顶与活动平台一齐顶住开挖面，保证开挖作业的正常进行。盾构千斤顶不断地伸出，盾构切口环不断地切入土层，直到盾构千斤顶伸出全部行程为止，这时盾构向前移动一个衬砌环的宽度。此时即可用拼装机进行管片衬砌作业和其他辅助作业，完成一个工作循环。

（2）半机械化盾构

半机械化盾构是在手工挖掘式盾构的基础上发展起来的一种盾构，主要结构如图 3-4-38 所示。它保留了手工挖掘式盾构的优点，克服了劳动强度大、效率低的缺点，将下半部的手工开挖改为机械开挖，减轻了劳动强度，提高了劳动效率。它具有结构简单、造价较低、施工效率较高等特点。

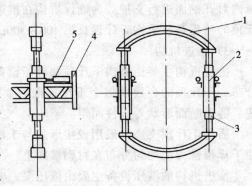

图 3-4-37　真圆保持器

1—扇形顶块；2—支撑臂；3—伸缩千斤顶；

4—支架；5—纵向滑动千斤顶

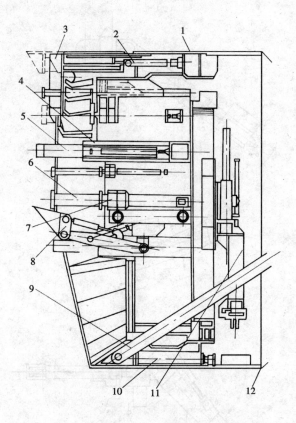

图 3-4-38　半机械化盾构

1—盾壳；2—活动前檐千斤顶；3—活动前檐；

4—固定工作平台；5—活动工作平台；

6—支护挡板；7—支护千斤顶；8—挖掘机；9—刮板运输机；

10—盾构千斤顶；11—拼装机构；12—盾尾密封装置

　　半机械化盾构主要用于开挖面基本上能自稳且又无水的土层中。下部的开挖机械根据不同地质条件可采用不同的挖掘机（图 3-4-39），其技术特点见表 3-4-4。

几种挖掘机的技术特点　　　　　　　　　　　表 3-4-4

形　　式		适应地层	优　　点	缺　　点
旋转刀头式	刀头式	洪积黏土 硬黏土 软岩	1. 不扰动围岩 2. 一般可用皮带运输机	开挖机的铲斗容量较小
	螺旋式	洪积黏土黏土质砂	可耙、楼石渣	开挖机的铲斗容量较小
铲斗式		砂砾 砂 洪积黏土	1. 铲斗容量大 2. 开挖速度快	易扰动围岩

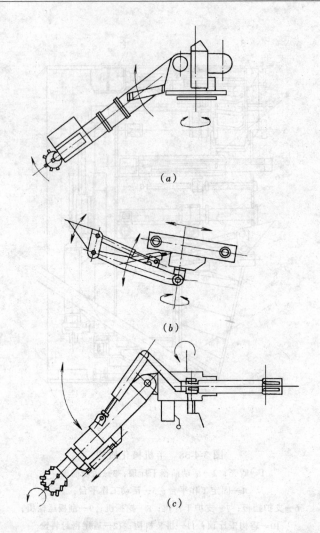

图 3-4-39　半机械化盾构用挖掘机

(a) 刀头式；(b) 铲斗式；(c) 螺旋式

(3) 泥水加压盾构

泥水加压盾构以机械盾构为基础，由盾壳、开挖机构、推进机构、送排泥浆机构、拼装机构、附属机构等组成其主要结构如图 3-4-40 所示。

1) 盾壳

泥水加压盾构的盾壳基本上同手工挖掘式盾构。不同之处在于切口环为平直式，环口呈内锥形切口。支承环两端无井字型支撑架。盾尾密封装置为多级密封结构（图 3-4-41）。

2) 开挖机构

开挖机构由切削刀盘、泥水室、泥水搅拌装置、刀盘支承密封系统、刀盘驱

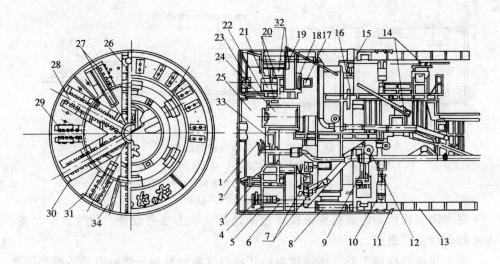

图 3-4-40　泥水加压盾构

1—中部搅拌器；2—切削刀盘；3—转鼓凸台；4—下部搅拌器；5—盾壳；

6—排泥浆管；7—刀盘驱动马达；8—盾构千斤顶；9—举重臂；

10—真圆保持器；11—盾尾密封；12—闸门；13—衬砌环；14—药液注入装置；

15—支承滚轮；16—转盘；17—切削刀盘内齿圈；18—切削刀盘外齿圈；

19—送泥浆管；20—刀盘支承密封装置；21—轮鼓；22—超挖刀控制装置；

23—刀盘箱形环座；24—进入孔；25—泥水室；26—切削刀；27—超挖刀；

28—主刀梁；29—副刀梁；30—主刀槽；31—副刀槽；32—固定鼓；33—隔板；34—刀盘

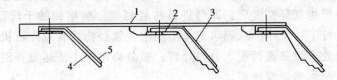

图 3-4-41　盾尾三级密封装置

1—盾尾；2—钢丝刷密封；3—钢板；4—人造橡胶密封；5—防护板

动系统等部分组成。大型泥水加压盾构常用周边支承式支承刀盘。这种支承式具有作业空间大，受力较好等特点。中小型泥水加压盾构的刀盘多用中心支承式。常用刀盘支承型式如图 3-4-42 所示。

3）推进机构、拼装机构、真圆保持器

泥水加压盾构的推进机构、拼装机构、真圆保持器基本上同手工挖掘式盾构，仅结构尺寸大小、数量、行程、功率大小不同而已。

4）送排泥机构

送、排泥机构由送泥水管、排泥浆管、闸门、碎石机、泥浆泵、驱动机构、流量监控机构等组成。该机构大部分设备都安装在盾构后端的后续台车上。

5）附属机构

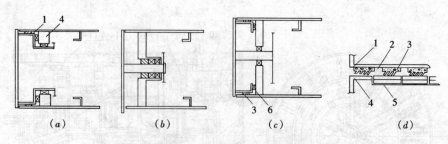

图 3-4-42   刀盘支承与密封结构

（*a*）周边支承式；（*b*）中心支承式；（*c*）混合支承式；（*d*）密封结构

1—转鼓；2—润滑油脂腔；3—多唇密封环；4—固定鼓；

5—润滑油注入管道；6—轴承

泥水加压盾构的附属机构由操作控制设备、动力变电设备、后续台车设备、泥水处理设备等组成。

泥水加压盾构施工的工作过程为：开启刀盘驱动液压马达，驱动转鼓并带动切削刀盘转动。开启送泥泵，将一定浓度的泥浆泵入送泥管压入泥水室中。再开启盾构千斤顶，使盾构向前推进。此时切削刀盘上的切削刀便切入土层，切下的土渣与地下水顺着刀槽流入泥水室中，土渣经刀盘与搅拌器的搅拌而成为浓度更大的泥浆。随着盾构不断的推进，土渣量不断的增加，泥水不断的注入，泥水室内的泥浆压力逐渐增大，当泥水室的泥浆压力足以抵抗开挖面的土压力与地下水压力时，开挖面就能保持相对的稳定而不致坍塌。只要控制进入泥水室的泥水量和土渣量与从泥水室中排出去的泥浆量相平衡，开挖工作就能顺利进行。当盾构向前推进到一个衬砌环宽度后，即可进行拼装衬砌。将缩回的千斤顶继续伸出，重新推进，进行下一工序。从泥水室排出的浓泥浆经排泥管及碎石机，由排泥泵运至地面泥水处理设备进行泥水分离处理，被分离出的土渣运至弃渣场，处理后的泥水再送入泥水室继续使用。

泥水加压盾构的优点为：适用范围较大，多用于含水率较高的砂质、砂砾石层、江河、海底等特殊的超软弱地层中。能获得其他类型盾构难以达到的较小的地表沉陷与隆起。由于开挖面泥浆的作用，刀具和切削刀盘的使用寿命相应地增长。泥水加压盾构排出的土渣为浓泥浆输出，泥浆输送管道较其他排渣设备结构简单方便。泥水加压盾构的操作控制亦比较容易，可实现远距离的遥控操作与控制。由于泥水加压盾构的排渣过程始终在密闭状态下进行，故施工现场与沿途隧道十分干净而不受土渣污染。

泥水加压盾构的缺点为：由于切削刀盘和泥水室泥浆的阻隔，不能直接观察到开挖面的工作情况，对开挖面的处理和故障的排除都十分困难。泥水加压盾构必须有泥水分离设备配套才能使用，而泥水分离设备结构复杂，规模较大，尤其在粘土层中进行开挖时，泥水分离更加困难。庞大的泥水处理设备占地面积也较大，在市内建筑物稠密区使用较困难。泥水加压盾构在目前各类盾构中是最为复杂的，也是价格最贵的。

（4）土压平衡盾构

土压平衡盾构是在总结泥水加压盾构和其他类型盾构优缺点的基础上发展起来的一种新型盾构，在结构和原理上与泥水加压盾构有很多相似之处。

土压平衡盾构由盾壳、开挖机构、推进机构、拼装机构和附属机构等组成。其主要结构如图 3-4-43 所示。

1）盾壳：土压平衡盾构的盾壳结构同泥水加压盾构。

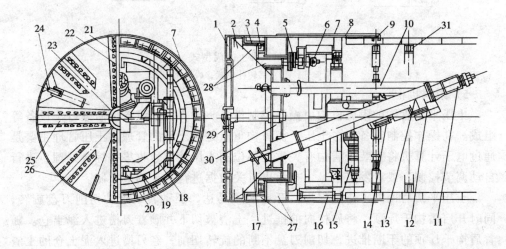

图 3-4-43　土压平衡盾构

1—切削刀盘；2—泥土仓；3—密封装置；4—支承轴承；5—驱动齿轮；
6—液压马达；7—注浆管；8—盾壳；9—盾尾密封装置；10—小螺旋输送机；
11—大螺旋输送机驱动液压马达；12—排土闸门；13—大螺旋输送机；14—闸门滑阀；
15—拼装机构；16—盾构千斤顶；17—大螺旋输送机叶轮轴；18—拼装机转盘；19—支承滚轮；
20—举升臂；21—切削刀；22—主刀槽；23—副刀槽；24—超挖刀；25—主刀梁；26—副刀梁；
27—固定鼓；28—转鼓；29—中心轴；30—隔板；31—真圆保持器

2）开挖机构：开挖机构由切削刀盘、泥土仓、切削刀盘支承系统、切削刀盘驱动系统等部分组成。除泥土仓不同于泥水室外，其余基本上同泥水加压盾构。

土压平衡盾构的泥土仓是由刀盘、转鼓、中间隔板所围成的空间，转鼓呈内锥形，前端与切削刀盘外缘连成一体，后端与中间隔板相配合。泥土仓与开挖面之间的唯一通道是刀槽，其余处于完全封闭状态。

土压平衡盾构的刀盘支承系统如图 3-4-42（c）所示的混合支承式，既有周边支承，也有中心支承，这是大型土压平衡盾构常用的刀盘支承形式。

3）推进机构、拼装机构、真圆保持器

土压平衡盾构的推进机构、拼装机构及真圆保持器同手工挖掘式盾构。

4）排土机构

土压平衡盾构的排土机构由大螺旋输送机、小螺旋输送机、排土闸门、闸门滑阀、驱动马达等组成。排土闸门是土压平衡盾构的关键部位，常用的排土闸门型式如图 3-4-44 所示。

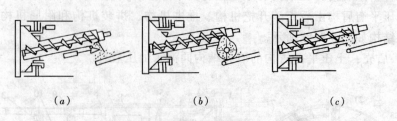

（a）   （b）   （c）

图 3-4-44   排土闸门型式
（a）活瓣式；（b）回转叶轮式；（c）闸门式

5）附属机构

土压平衡盾构的附属机构由操作控制设备、动力变电设备、后续台车设备等组成。在操作控制设备中，土压平衡盾构重点是对土压的管理，土压管理主要是通过电子计算机将安装于盾构有关重要部位的土压计信号收集并综合处理，进行自动调节控制。或者发出信号，指示出有关数据进行人工调节控制。

土压平衡盾构的工作过程为：开启液压马达，驱动转鼓带动切削刀盘旋转，同时开启盾构千斤顶，将盾构向前推进。土渣被切下并顺着刀槽进入泥土仓。随着盾构千斤顶的不断推进，切削刀盘不断的旋转切削，经刀槽进入泥土仓的土渣不断增多。这时开启螺旋输送机，调整闸门开度，使土渣充满螺旋输送机。当泥土仓与螺旋输送机中的土渣积累到一定数量时，开挖面被切下的土渣经刀槽进入泥土仓内的阻力加大，当这个阻力足以抵抗土层的土压力和地下水的水压力时，开挖面就能保持相对稳定而不致坍塌。这时，只要保持从螺旋输送机与泥土仓中输送出去的土渣量与切削下来流入泥土仓中的土渣量相平衡，开挖工作就能顺利进行。土压平衡盾构就是通过土压管理来保持土压力或土渣量的相对平衡与稳定来进行工作的。

土压平衡盾构的优点为：能适应较大的土质范围与地质条件，能用于粘结性、非粘结性，甚至含有石块、砂砾石层、有水与无水等多种复杂的土层中，土压平衡盾构无泥水处理设备，施工速度较高，比泥水加压盾构价格低廉，能获得较小的沉降量，也可实现自动控制与远距离遥控操作。

土压平衡盾构的缺点为：由于有隔板将开挖面封闭，不能直接观察到开挖面变化情况，开挖面的处理和故障排除较为困难。切削刀头、刀盘盘面磨损较大，刀头寿命比泥水加压盾构短。

（5）网格挤压式盾构

网格挤压式盾构是上海隧道工程设计院研制的，它是我国目前用的较为成功，也是用的数量最多的一种盾构。上海穿越黄浦江的打浦路隧道和延安东路隧道及宝钢的排水隧道等均采用这种网格式盾构。盾构最大直径达 11.32m。

盾构主要由盾壳、开挖机械、排渣机构、拼装机构组成，其主要结构如图 3-4-45 所示。

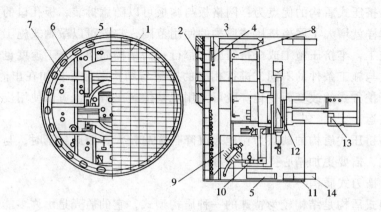

图 3-4-45　网格式挤压盾构

1—网格；2—网格胸板；3—盾壳；4—闸门千斤顶；5—盾构千斤顶；
6—竖梁；7—横梁；8—水枪；9—密封隔舱；10—泥浆系统；
11—盾尾密封；12—管片拼装机；13—操纵台；14—衬砌管片

网格挤压式盾构除某些个别结构与型式不同于前述几种盾构的结构型式外，其余大同小异。其中开挖机构较为独特，在它的切口环内设置了网格加胸板。网格由网格板和大梁组成、网格板可随意拆装组合，改变开口大小。胸板装在网格大梁上，分大小两种。大胸板设有可随意开闭的液压闸门。小胸板可随意拆装，供观察与进入开挖面之用。

在切口环与支承环之间设有隔舱板，使切口环成为泥水室，高压水枪就装在隔舱板上并伸入泥水室中。工人可在隔舱板后操作，将进入泥水室中的泥块冲成泥浆。

拼装机构为中心固定的框架支承式，与齿轮齿条式相似。由提升、平移、回转三套机构组成。整个拼装机构装在盾构中心的固定框架上，由液压马达驱动进行回转。

网格挤压式盾构在稳定的软土地层中掘进时，一般采取大网格推进，以开口挤压为主。这时网格板及网格大梁直接插入土中，土体即通过网格孔被挤入盾构内。同时也可改变网格板开孔大小，以适应不同土质的需要。只有在推进阻力较大时，才用高压水枪冲刷网格边缘，减少推进阻力。挤入泥水室中的泥块在高压水枪的冲刷下变成泥浆，并由泥浆泵经管道输送至地面的泥水处理设备，进行泥水分离。

网格挤压式盾构闭胸式施工时的工作过程为：首先在网格大梁上装上大小胸

板，通过调节液压闸门的开度大小，放进部分泥土，减小推进阻力，或者根本不进土，将盾构前方的泥土挤向盾构上方或盾构的四周。闭胸挤压开挖会引起地层隆起，必须有选择地使用。

网格挤压式盾构的优点为：网格板与胸板可以随意拆装，板孔口的大小可以改变，这样就增大了网格挤压式盾构的使用范围，它既可以敞胸式施工，也可以闭胸式施工，半挤压施工或全挤压施工都行；构结构简单，施工速度也较快；能根据土质与施工条件的不同，进行相应的措施与结构转换。例如在出渣方式上，可以随开挖方式的改变而变化。既可采用泥浆输送出渣，也可以使用皮带输送机和斗车装运。

网格挤压式盾构的缺点为：地表沉降与隆起较大，因此施工时，与其他类型盾构相比，需要更加精心操作与管理。

（6）插刀式盾构

插刀式盾构是结构较为特殊的一种盾构型式，它的盾壳是由许多能够活动的插刀组成，这些插刀可以组合成不同的断面形状和尺寸。插刀盾构推进时是用设在插刀和支承框架之间的液压千斤顶将插刀以单插刀或成组插刀的方式进行，当所有插刀都推进了一个行程时，将所有千斤顶收缩，把支承框架向前拖动。插刀推进和拖动支承框架的力是由盾构插刀与围岩间的摩擦力来平衡，故它不需要管片环为支承后座。

插刀式盾构可自由选择衬砌类型，它既可采用预制管片，也可采用喷射混凝土支护，还可采用现浇泵送混凝土衬砌。图 3-4-46 所示的用于泵送混凝土衬砌的插刀式盾构是一个带有后续盾构的组合插刀盾构，其插刀尾板搁置在后续盾构上，后续盾构有一盾尾壳，用液压千斤顶与插刀盾构相联结，用伸缩式挖掘机挖土。

使用插刀式盾构不需在终点设置拆装竖井，这种盾构可以将框架部分和插刀

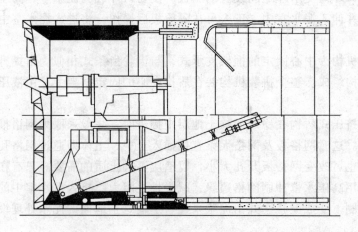

图 3-4-46　用于泵送混凝土插刀式盾构

收折起来，从已衬砌好的隧道内退出。由于插刀式盾构是敞口的，所以它适用在开挖面稳定的土层中施工。

3. 盾构尺寸和盾构千斤顶推力的确定

盾构，特别是大型盾构，是针对性很强的专用施工机械，每个用盾构法施工的隧道都需要根据地质水文条件、隧道断面尺寸、建筑界限、衬砌厚度和衬砌拼装方式等专门设计制造专用的盾构，很少几个隧道通用一个盾构。在盾构设计时，首先是拟定盾构几何尺寸，同时要计算盾构千斤顶的推力。盾构几何尺寸主要是拟定盾构外径 D 和盾构本体长度 L_M 以及盾构灵敏度 L_M/D。

（1）盾构外径 D

盾构外径应根据管片外径、盾尾空隙和盾尾板厚进行确定，按图 3-4-47 所示，盾构外径 D 可以按下式计算：

$$D = D_0 + 2(x + t) \tag{3-4-12}$$

式中　D_0——管片外径；

　　　t——盾尾钢板厚度。此厚度应能保证在荷载作用下不致发生明显变形，通常按经验公式或参照已有盾构盾尾板厚选用。经验公式：$t = 0.02 + 0.01 (D - 4)$，当 $D < 4m$ 时，D 取 4m 进行计算；

　　　x——盾尾空隙，按以下方法确定：①管片组装时的富余量，以装配条件出发，按 $0.008D_0 \sim 0.01D_0$ 考虑；②盾构在曲线上施工和蛇行修正时必须最小的富余量，可参照图 3-4-48 按下式计算：

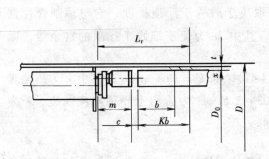

图 3-4-47　盾构外径和盾尾长度计算

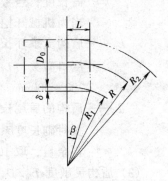

图 3-4-48　在曲线上
施工时的盾尾空隙

$$x = \frac{\delta}{2} = \frac{R_1 (1 - \cos\beta)}{2} \approx \frac{L_M^2}{4 (R - 0.5D_0)}$$

根据日本盾尾空隙的实践，多取 20 ~ 30mm，盾构推进之后，盾尾空隙和盾尾板厚之和，原封不动的保留下来，形成衬砌背后的空隙，再行压浆。

（2）盾构长度 L

盾构长度为图 3-4-49 所示的 L 值，此长度为盾构前端至后端的距离，其中

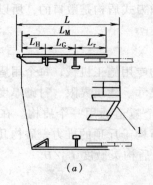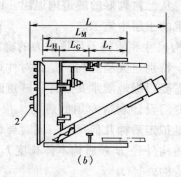

图 3-4-49　盾构长度

(a) 敞胸式；(b) 闭胸式

1—后方平台；2—切削刀盘

盾构本体长度 L_M 按下式计算：

$$L_M = L_H + L_G + L_r \qquad\qquad (3\text{-}4\text{-}13)$$

式中　L_H——盾构切口环长度，对手掘式盾构，$L_H = L_1 + L_2$，其中 L_1 为盾构前檐长度，此前檐长度在盾构插入松软土层后，能使地层保持自然坡度角 φ（一般取 $45°$），还应使压缩空气不泄漏（采用气压法时），L_1 大致取 $300 \sim 500\mathrm{mm}$，视盾构直径大小而定；L_2 为开挖所需长度，当考虑人工开挖时，其最大值为 $L_2 = D/\mathrm{tg}\varphi$ 和或 $L_2 < 2\mathrm{m}$，当为机械开挖时要考虑在 L_2 范围内能容纳开挖机具；

　　　L_G——盾构支承环长度，主要取决于盾构千斤顶长度，它与预制管片宽度口有关，$L_G = b + bc$，其中 bc 为便于维修千斤顶的富余量，取 $200 \sim 300\mathrm{mm}$；

　　　L_r——盾构的盾尾长度（图 3-4-47），取 $L_r = kb + m + c$，其中 k 为盾尾遮盖衬砌长度系数，取 $1.3 \sim 2.5$；m 为盾构千斤顶尾座长度；c 为富余量，取 $100 \sim 300\mathrm{mm}$。

(3) 盾构灵敏度 L_M/D

在盾构直径和长度确定以后，通过盾构本体长度 L_M 与直径 D 之间的比例关系，可以衡量盾构推进时的灵敏度，以下一些经验数据可作为确定普通盾构灵敏度的参考。

小型盾构　$D = 2 \sim 3\mathrm{m}$，$L_M/D = 1.50$；

中型盾构　$D = 3 \sim 6\mathrm{m}$，$L_M/D = 1.00$；

大型盾构　$D = 6 \sim 9\mathrm{m}$，$L_M/D = 0.75$；

特大型盾构　$D > 9 \sim 12\mathrm{m}$，$L_M/D = 0.45 \sim 0.75$。

这些数据除了能保证灵敏度外，还能保证盾构推进时的稳定性。

（4）盾构千斤顶推力的确定

盾构千斤顶应有足够的推力克服盾构推进时所遇到的阻力。这些推进阻力主要有：

1）盾构四周与地层间的摩阻力或粘结力 F_1；

2）盾构切口环刃口切入土层产生的贯入阻力 F_2；

3）开挖面正面阻力 F_3；

A.采用人工开挖，半机械开挖盾构对工作面支护阻力；

B.采用机械化开挖盾构时，作用在切削刀盘上的推进阻力；

4）曲线施工，蛇行修正施工时的变向阻力 F_4；

5）在盾尾处盾尾板与衬砌间的摩阻力 F_5；

6）盾构后面台车的牵引阻力 F_6。

此外，还有盾构自重引起的摩阻力、纠偏时的阻力和阻板阻力等，将以上各种推进阻力累计起来，并考虑一定的富余量，即为盾构千斤顶的总推力。

$$\Sigma F = F_1 + F_2 + F_3 + F_4 + F_5 + F_6 \tag{3-4-14}$$

式中　ΣF——推进阻力总和；

$\quad F_1$——砂性土时为 $\mu_1 (\pi D L_M P_m + G_1)$；粘性土时为：$c\pi D L_M$；

$\quad F_2$——$utK_p P_m$；

$\quad F_3$——$\dfrac{\pi}{4} D^2 P_f$；

$\quad F_4$——RS；

$\quad F_5$——$\mu_2 G_2$；

$\quad F_6$——$\mu_3 G_3$（在隧道纵坡段应考虑纵坡的影响）；

$\quad \mu_1$——钢盾壳与土层的摩擦系数；

$\quad \mu_2$——钢盾尾板与衬砌的摩擦系数；

$\quad \mu_3$——台车车轮与钢轨间的摩擦系数；

$\quad D$——盾构外径；

$\quad L_M$——盾构本体长度；

$\quad G_1$——盾构重量；

$\quad G_2$——一个衬砌环重量；

$\quad G_3$——盾构后面台车重量；

$\quad P_m$——用在盾构上的平均土压力；

$\quad P_f$——开挖面正面阻力（支护千斤顶压力，作用在盾构隔板上的土压力和泥浆压力等）；

$\quad c$——土的粘结力；

$\quad K_p$——被动土压力系数；

　　R——地层抗力；

　　μ——开挖面周长；

　　t——切口环刃口贯入深度；

　　S——阻力板（与盾构推进方向垂直伸出的板，依地层抗力控制盾构方向）在推进方向的投影面积。

盾构千斤顶总推力也可按以下经验公式计算

$$P = pA \qquad\qquad (3\text{-}4\text{-}15)$$

式中　p——单位面积工作面总推力：当为人工开挖盾构和半机械化开挖、机械化开挖盾构时，取 $700 \sim 1100 \text{kN/m}^2$；当为闭、胸式盾构、土压平衡盾构和泥土加式盾构时，取 $1000 \sim 1300 \text{kN/m}^2$；

　　　　A——开挖面的面积。

　　盾构千斤顶台数的确定与盾构断面大小有关，一般小断面盾构采用 $20 \sim 30$ 台，大断面盾构采用 $31 \sim 38$ 台。每台千斤顶推力，小断面盾构为 $1000 \sim 1500 \text{kN}$，大断面盾构为 $1600 \sim 2500 \text{kN}$。

　　为了给确定盾构的几何尺寸及盾构总推力提供参考，表 3-4-5 列出了曾经使用过的几个水底道路隧道一览表。

已建水底道路隧道盾构的几何尺寸及盾构总推力一览表　　　　表 3-4-5

隧道名称	直径 D (m)	长度 L_M (m)	灵敏度 L_M/D	重量 G_1 (t)	盾构千斤顶只数 (个)	盾构总推力 (kN)	盾壳厚度
荷兰 Vehicular	9.17	5.73	0.63	400	30	60000	70
美国林肯隧道	9.63	4.71	0.49	304	28	64400	63 + 12.7
美国 Brooklyn—Battery	9.63	4.71	0.49	315	28	64400	63 + 12.7
美国 Queens—Midtown	9.65	5.70	0.59		28	56000	
比利时 Ahtwerpen	9.50	5.50	0.576	275	32	64000	70
Rotherhite	9.35	5.49	0.586		40	67000	
原苏联莫斯科地铁	9.50	4.73	0.50	340	36	35000	
上海打浦路隧道	10.20	6.63	0.65	400	40	80000	
上海延安东路隧道	11.26	7.80	0.69	480	40	88000	

4.4.3　盾构施工的准备工作

　　盾构施工的准备工作主要有：盾构竖井的修建，盾构拼装的检查，盾构施工附属设施的准备。

　　1. 盾构竖井的修建

　　盾构施工是在地面（或河床）以下一定深度进行暗挖施工的，因而在盾构起始位置上要修建一竖井进行盾构的拼装，称为盾构拼装井；在盾构施工的终点位置还需拆卸盾构并将其吊出，也要修建竖井，这个竖井称盾构到达井或盾构拆卸井。此外，长隧道中段或遂道弯道半径较小的位置还应修建盾构中间井，以便盾构的检查和维修以及盾构转向。竖井一般都修建在隧道中线上，当不能在隧道中线上修建竖井时，也可在偏离隧道中线的地方建造竖井，然后用横通道或斜通道与竖井连接。盾构竖井的修建要结合隧道线路上的设施综合考虑，成为隧道线路上的通风井、设备井、排水泵房、地铁车站等永久结构，否则是不经济的。

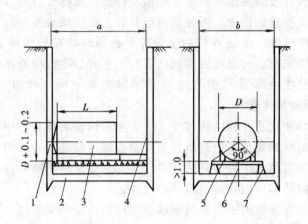

图 3-4-50　盾构拼装井（单位：m）

1—盾构进口；2—竖井；3—盾构；4—后背；5—导轨；

6—横梁；7—拼装台基础；

D—盾构直径；L—盾构长度；A—拼装井长度；B—拼装井宽度

构拼装井，是为吊入和组装盾构、运入衬砌材料和各种机具设备以及出渣、作业人员的进出而修建的。盾构拼装井的形式多为矩形，也有圆形。矩形断面拼装井的结构及有关尺寸要求如图 3-4-50 所示。

拼装井的长度要能满足盾构推进时初始阶段的出渣，运入衬砌材料、其他设备和进行连续作业与盾构拼装检查所需的空间。一般拼装井长度 a 为 $L + (0.5 \sim 1.0) L$，在满足初始作业要求的情况下，a 值越小越好，拼装井的宽度 b，一般取：$D + (1.5 \sim 2)$ m。

盾构拼装外内设置盾构拼装台，盾构拼装台一般为钢结构与钢筋混凝土结构。台上设有导轨，承受盾构自重和盾构移动时的其他荷载，支承盾构的两根导轨，应能保证盾构向前推进时，方向准确而不发生摆动，且易于推进。两根导轨的间距，取决于盾构直径的大小，两导轨的支承夹角多选为 $60° \sim 90°$。导轨平面的高度一般由隧道设计和施工要求及支承夹角大小来决定。

当盾构在拼装台上安装完，并把掘进准备工作完成后，盾构就可以进洞。竖井井壁上给盾构的预留进口比盾构直径稍大（图 3-4-50），进口事先用薄钢板与混凝土做成临时性封门，临时封门既能方便拆除又能满足承受土、水压力和止水要求。临时封门拆除后就可逐步推进盾构进洞。

盾构刚开始挖掘推进时，其推进反力要靠竖井井壁承担，为确保盾构推进时，不致因后部竖井壁面的倾斜而引起盾构起始轴心线的偏移，为此必须保证竖井后部壁面（后背）与隧道中心线的垂直度。在盾构与后背间通常采用废衬砌管片（管片预部预留孔，作为垂直运输进出口）作为后座传力设施，为保证后座传力管片刚度，管片之间要错缝，连接螺栓要拧紧，顶部开口部分在不影响垂直运输的区段须加支撑拉杆拉住。盾尾脱离竖井后，在拼装台基座与后座管片表面之间要及时用木楔打好，使拼好的后座管片平稳地座落在盾构拼装台基座的导轨上，以保证施工安全。一般在盾构到达下一个竖井后才拆除后座管片，若隧道较长，盾构推力已能由隧道衬砌与地层间摩阻力来平衡（此时盾构至少要推进200m），也可拆除后座管片。

盾构中间井和到达井的结构尺寸，要求与盾构拼装井基本相同，但应考虑盾构推进过程中出现的蛇行而引起盾构起始轴心线与隧道中心线的偏移，故应将盾构进出口尺寸做得稍大于拼装井的开口尺寸，一般是将拼装井开口尺寸加上蛇形偏差量作为中间井和到达井进出口开口尺寸。

竖井的施工方法取决于竖井的规模、地层的地质水文条件、环境条件等，常用的施工方法有：明挖法、沉井法、地下连续墙法等。但施工中要注意以下问题：①必须对盾构的出口区段地层、进口区段地层和竖井周围地层采取注浆加固措施，以稳定地层；②当地下水较大时，应采取降水措施，防止井内涌水、冒浆及底部隆起；③随着竖井沉入深度的增加，对井底开挖工作要特别小心，以防地下水上涌，造成淹井事故。

2. 盾构拼装的检查

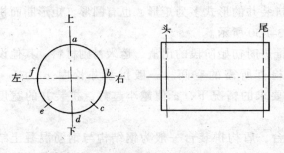

图 3-4-51　圆度误差检查部位

盾构的拼装一般在拼装井底部的拼装台上进行，小型盾构也可在地面拼好后整体吊入井内。拼装必须遵照盾构安装说明书进行，拼装完毕的盾构，都应做如下项目的技术检查，检查合格后方可投入使用。

（1）外观检查

检查盾构外表有无与设计图不相符的部件、错件和错位件；与内部相通的孔眼是否畅通；检查盾构内部所有零部件是否齐全，位置是否准确，固定是否牢靠；检查防锈涂层是否完好。

（2）主要尺寸检查

盾构的圆度与不直度误差的大小，对推进过程中的蛇行量影响很大，因此圆度和直度偏差应满足表3-4-6和表3-4-7的要求。圆度误差检查部位如图3-4-51所示，直度误差检查部位如图3-4-52所示。

圆度允许误差	表 3-4-6	
盾构直径 D （m）	内径误差（mm）	
	最小	最大
D < 2	0	+ 8
2 < D < 4	0	+ 10
4 < D < 6	0	+ 12
6 < D < 8	0	+ 16
8 < D < 10	0	+ 20
10 < D < 12	0	+ 24

直度允许误差	表 3-4-7
盾构全长 L （m）	弯曲误差（mm）
L < 3	± 5.0
3 < L < 4	± 6.0
4 < L < 5	± 7.5
5 < L < 6	± 9.0
6 < L < 7	± 12.0
L > 7	± 15.0

（3）液压设备检查

1）耐压试验：以液压设备允许的最高压力，在规定的时间里，进行加压，检查各设备、管路、阀门、千斤顶等有无异常。

2）在额定压力下，检查液压设备的动作性能是否良好。

（4）无负荷运转试验检查

1）盾构千斤顶的动作试验检查；

2）拼装机构的动作试验检查；

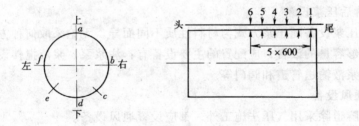

图 3-4-52　直度误差检查部位

3）刀盘的回转试验检查；

4）螺旋输送机的运转试验检查；

5）真圆保持器的运转试验检查；

6）泵组和其他设备的运转试验检查。

（5）电器绝缘性能检查

检查各用电设备的绝缘阻抗值是否在有关说明规定之内，对无明确规定的用电设备，应保证其绝缘阻抗值在 5MΩ 以上。

（6）焊接检查

检查盾构各焊接处的焊缝有否脱、裂现象，必要时进行补焊。具体规定可参见有关焊接规范。

3. 盾构施工附属设备的准备

盾构施工所需的附属设备，随盾构类型、地质条件、隧道条件不同而异。一般来说，盾构施工设备分为洞内设备和洞外设备两部分。

（1）洞内设备

洞内设备是指除盾构外从竖井井底到开挖面之间所安装的设备。这些设备的配置必须根据土质条件、施工方式、施工计划、开挖速度、洞外设备进行均衡考虑。

1）排水设备

隧道内的排水设备主要是排除开挖面的涌水，洞内漏水和施工作业后的废水。常用的有水泵、水管、闸阀等。这些设备最好能随开挖面移动，以便迅速及时地清除开挖面积水。

2）装渣设备

人工挖掘盾构是人工装渣；半机械化盾构由机械装渣；除泥水加压盾构用排泥泵出渣外，其余盾构的装渣设备一般都与皮带运输机配合使用。

3）运输设备

盾构法的洞内运输，大多采用电力机车有轨运输方式。在进行配套时应考虑开挖土量、衬砌构件、压浆材料、临时设备、各类机械设备的运输情况和运送的循环时间，一般有：电瓶机车、装渣斗车、平板车、轨道设备等。

4）背后压浆设备

背后压浆设备随压浆方式与材料性质不同而异。无论采取何种方式压浆，都得配置足够容量的设备，应配置的主要设备有：注浆泵、浆液搅拌设备、浆液运输设备、浆液输送管道和阀门等。

5）通风设备

长大隧道除采用气压法施工外，都应设置通风设备。

6）衬砌设备

衬砌设备由一次衬砌设备和二次衬砌设备构成。一次衬砌设备主要指管片组装设备，由设置在盾尾的拼装机、真圆保持器及管片运输和提升机构组成。二次衬砌设备有混凝土运输设备、衬砌模板台车、混凝土灌筑设备、振捣器等。

7）电器设备

洞内电器设备由动力、照明、输电、控制等设备组成。

8）工作平台设备

工作平台紧跟盾构并与其相连接，是一次衬砌、背后注浆及排水设备、配电控制设备和盾构液压系统泵组的安装固定场所，随盾构前进安放在后续台车上，为减少后续台车对盾构的影响，也可采用独立自行式的台车。

（2）洞外设备

在洞外必须设置所需的容量足够的设备，并确保设备用地。

1）低压空气设备

采用气压法施工时，需提供干净、适宜的湿度及温度、气压和气量符合要求的空气。这些设备有：低压空气压缩机、鼓风机及相应的气体输送管道、阀门、消声除尘器、净化装置等辅助设备。

2）高压空气设备

主要为开挖面的风动设备提供所需高压空气，这类设备有：高压空气压缩机及相应辅助设备。

3）土渣运输设备

包括洞内运至地面的设备、运至弃渣场的设备两部分。

从洞内向地面运输应配的设备由运输和提升方法确定，一般为：渣斗的提升起重设备；转运土渣的渣仓或漏斗，皮带运输机其他垂直运输设备。

运至弃渣场的设备，根据土渣的物理性状与状态确定运输方式后再作选择。

4）电力设备

洞外电力设备的重点是配备自用电源。盾构施工时，除采用双回路电源供电外，还应设置容量足以维持排水、照明、送气的自备发电机组的"自发电"最小电源。

5）通讯联络设备

这部分设备由保持正常工作时的联络设备与发生紧急情况的警报设备构成。这些设备除具有较好的防潮性能外，可靠性要高，而且还能安置备用通讯联络设备。

4.4.4　盾构的开挖和推进

1. 盾构的开挖

盾构的开挖分敞胸（口）式开挖、挤压式开挖和闭胸切削式开挖三种方式。无论采取什么开挖方式，在盾构开挖之前，必须确保出发竖井的盾构进口封门拆除后地层暴露面的稳定性，必要时应对竖井周围和进出口区域的地层预先进行加固。拆除封门的开挖工作要特别慎重，对敞胸式开挖的盾构要先从封门顶部开始拆除，拆一块立即用盾构内的支护挡板进行支护，防止暴露面坍塌。对于挤压开挖和闭胸切削开挖的盾构，一般由下而上拆除封门，每拆除一块就立即用土砂充填，以抵抗土层压力。盾构通过临时封门后应用混凝土将管片后座与竖井井壁四周的间隙填实，防止土砂流入，并使盾构推进时的推力均匀传给井壁。有时还要立即压浆防止土层松动、沉陷。

（1）敞胸（口）式开挖

敞胸开挖必须在开挖面能够自行稳定的条件下进行，属于这种开挖方法的盾构有人工挖掘式、半机械化挖掘式盾构等。在进行敞胸开挖过程中，原则上是将盾构切口环与活动的前檐固定连接，伸缩工作平台插入开挖面内，插入深度取决于土层的自稳性和软硬程度，使开挖工作自始至终都在切口环的保护下进行。然后从上而下分部开挖，每开挖一块便立即用开挖面支护千斤顶支护，支护能力应能防止开挖面的松动，即使在盾构推进过程中这种支护也不能缓解与拆除，直到推进完成进行下一次开挖为止。敞口开挖时要避免开挖面暴露时间过长，所以及时支护是敞口开挖的关键。采用敞口式开挖，处理孤立的障碍物、纠偏、超挖均比其他方式容易。

在坚硬的土层中开挖面不需要其他措施就能自稳，可直接采用人工或机械挖掘。但在松软的含水层中采用敞口式开挖，则可采用人工井点降水盾构施工法或气压盾构施工法来稳定开挖面。

1）人工井点降水盾构法

以人工井点降水来排除地下水稳定开挖面是一种较经济的方法，尤其适用于漏气量较大的砂性土。井点降水法可在盾构两侧土层中先打入井点管，通过井点汲水滤管把地下水抽出使井点附近形成一个降水漏斗，从而降低地下水位，疏干开挖面地层，增加土质强度，保证了开挖面的稳定。这样就使盾构在地下水位以上通过，工人就能在干燥的工作条件下进行施工。

人工井点降水开挖的最大优点是可以不用气压施工。但也有局限性，对水底隧道水中段就不能使用人工井点降水盾构法，它只能用在两岸的岸边段，且埋置深度不能太深，若太深因降水效果不好有时可能引起盾构突然下沉。此外在两岸建筑物密集地区也不宜采用人工井点降水法，否则因降水不匀会引起建筑物不均匀沉降。

2）气压盾构施工法

盾构在地下水位以下开挖时，由于地下水的压力，大量的水由开挖面涌出，为防止土体的流动及开挖面的坍塌，在盾构掘进时，用压缩空气的压力来平衡水压力，进而疏干开挖面附近的地层，便于盾构掘进工作的正常进行，这种施工方法称气压盾构施工法。

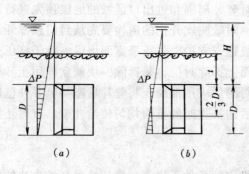

图 3-4-53 气压盾构气压值的确定

（a）按盾构底部计算气压；

（b）按盾构底部上面 1/3D 处计算气压

A. 气压和耗气量的确定

气压大小主要取决于地下水位的高低，理论上每 10m 水头必须用 0.1MPa 的空气压力来平衡。但实际上，平衡压力的大小还与周围地层的性质，开挖面土层的干湿程度有关。如上海软土层的透气系数很小以及一部分水头压力消耗在土体孔隙的阻力上，实际施工中所需空气压力，仅为理论压力的 50～80%，所需空气量仅为理论空气量的 10%～50%。

理论上气压的压力值，若以盾构顶点作计算点，水仍有进入盾构的可能；若以盾构底部为计算点（图 3-4-53a），虽可将开挖面全面疏干，但在盾构顶部就可能出现超压（ΔP 过大），从而存在气流冲出地层导致整个隧道被水淹没的危险。故一般按盾构底部以上在 1/3 盾构直径处的地下水压力，来确定气压的压力值（图 3-4-53b），其计算式为：

$$P = \left(H + \frac{2}{3}D\right)\gamma_{\mathrm{w}} \tag{3-4-16}$$

式中　P——压缩空气压力值（kPa）；

　　　H——盾构顶部至计算水位高高（m）；

　　　D——盾构外径（m）；

　　　γ_{w}——水的容重，取 $10\mathrm{kN/m^3}$。

对于中小型盾构，可采用 1/2 盾构直径处的地下水压力来确定其气压压力值，即：

$$P = \left(H + \frac{1}{2}D\right)\gamma_{\mathrm{w}} \tag{3-4-17}$$

按上述方法确定的气压值，在盾构顶部仍有 $(1/2 \sim 1/3)D$ 的水头超压（ΔP），施工时为了防止压缩空气泄出，盾构顶部必须有足够厚的覆盖土层，即：

$$t = \frac{\Delta P}{\gamma_{\pm}}K \tag{3-4-18}$$

式中　t——覆盖土层厚度（m）；

　　　$\gamma_{\pm}$——土的浮容重；

　　　K——安全系数，在砂质土层中 ≥ 1.5。

用气压盾构施工法修建水底隧道时，该 t 值过大则直接影响到隧道埋置深度，增大隧道度、造价、工期也相应增加；t 值过小则覆盖层厚度不足，往往容易发生喷发事故，造成隧淹人亡，损失惨重。日本隧道规范规定：水底隧道的最小覆盖层厚度必须大于或等于盾构直径，造成隧淹人亡，损失惨重。日本隧道规范规定：水底隧道的最小覆盖层厚度必须大于或等于盾构直径，覆盖层宽度应大于或等于盾构直径的 6 倍。若覆盖层较薄，应预先在河床底部加填粘土或在河上停泊装有粘土的驳船，以便隧道大量跑气时应急之用。实际上在粘性土层中或用粘土人工加厚覆层时，大直径盾构能满足 $2/3D$ 就可以了，上海打浦路隧道盾构直径为 $10.2\mathrm{m}$，覆土深度为 $7.0\mathrm{m}$ 就是一例。

耗气量主要取决于盾构开挖面的漏气量、衬砌与盾尾间的漏气量、管片接缝和人员材料进出气闸时变气压的消耗量等，一般可参照已施工实践、相似地质条件用类比法确定，也可采用经验公式计算耗气量：

$$Q = \alpha D^2 \tag{3-4-19}$$

式中　Q——压气耗气量（$\mathrm{m^3/min}$）；

　　　　D——盾构外径（m）；

　　　　α——土质系数，当压力大于 0.1MPa 时，粘性土 α = 3.65，砂性土 α = 7.30。

　　此外，根据气压施工劳动保护要求，规定在任何情况下应保证每人的供气量不少于 25～30m³/h。在炎热夏季施工时，应布置压缩空气的冷却设备，使送人作业区的空气温度低于 22℃。

　　B. 气压盾构施工

　　气压盾构施工作业如图 3-4-54 所示。气压盾构施工时，需在靠近开挖面一段长度的隧道内通人高压空气来平衡水压力，因此在隧道内要设置闸墙和气闸。

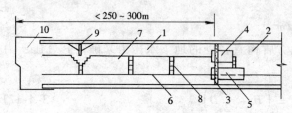

图 3-4-54　气压盾构施工作业示意图
1—气压段；2—常压段；3—闸墙；4—人行闸；
5—材料闸；6—水平运输轨道；7—人行安全通道；
8—安全梯；9—安全隔板；10—盾构

　　闸墙的作用是把作业区和常压区隔开，使作业区保持工作气压。

　　气闸是人员、土石、材料和工具设备进出气压段的变压闸门，气闸为圆筒形钢结构，其直径和长度依用途而定，通常分为材料闸与人行闸。所有气闸结构强度均应满足最大工作压力的 1.5 倍的要求，气闸室的门应向高压一边开启。沿门孔或闸门四周要嵌密封橡胶圈，当气压降至 0.01MPa 以下时，垫圈仍可保持良好的气密性。气闸上应安装观察窗和压力计。

　　C. 气压盾构施工的安全措施和医疗保护

　　采用气压施工时，既要防止压缩空气冲出隧道，又要防止因劳动保护不当给工人健康带来不良影响及火灾事故。因此，在施工前及施工中都必须对可能发生的情况采取严格的安全措施和医疗保护。

　　（2）挤压式开挖

　　挤压式开挖属闭胸式盾构开挖方式之一，当闭胸式盾构胸板上不开口时称全挤压式，当闭胸式盾构胸板上开口时称部分挤压式。挤压式开挖适合于流动性大而又极软的粘土层或淤泥层。

　　全挤压式开挖，依靠盾构千斤顶的推力将盾构切口推入土层中，使切口环前方区域中的土碴被挤向盾构的上方和周围，而不从盾构内出碴，这种全封闭状态下进行的开挖工作取决于盾构千斤顶的推力并依靠千斤顶推力的不同组合来调整控制盾构的开挖作业。

　　部分挤压式开挖又称局部挤压式开挖。它与全挤压式开挖不同之处，在于闭胸盾构的胸板上有开口，当盾构向前推进时，一部分土碴从这个开口进入隧道内，进入的土碴被运输机械运走。其余大部分土碴都被挤向盾构的上方和四周。

开挖作业是通过调整开口率与开口位置和千斤顶推力来进行的。

无论是全挤压开挖或部分挤压开挖，都会造成地表隆起，但地表隆起程度随盾构埋深而异，尤其是砂质地层随着推进阻力增大，地表隆起与盾构的方向控制都较困难。

（3）密闭切削式开挖

密闭切削式开挖也属闭胸式开挖方式之一，这类闭胸式盾构有泥水加压盾构和土压平衡盾构。密闭切削开挖主要靠安装在盾构前端的大刀盘的转动在隧道全断面连续切削土体，形成开挖面。密闭切削开挖是对开挖面进行全封闭状态下进行的。其刀盘在不转动切土时正面支护开挖面而防止坍塌。密闭切削开挖适合自稳性较差的土层。密闭切削开挖在弯道施工或纠偏时不如敞口式便于超挖，清除障碍物也较困难。但密闭切削开挖速度快，机械化程度高。

（4）网格式开挖

网格式开挖的开挖面由网格梁与隔板分成许多格子。开挖面的支撑作用是由土的粘聚力和网格厚度范围的阻力（与主动土压力相等）而产生的，当盾构推进时，克服这项阻力，土体就从格子里呈条状挤出来。要根据土的性质，调节网格的开孔面积，格子过大会丧失支撑作用，格子过小会引起对地层的挤压扰动等不利影响。网格式开挖一般不能超前开挖，全靠调整盾构千斤顶编组进行纠偏。

2. 盾构推进和纠编

盾构进入地层后，随着工作面不断开挖，盾构也不断向前推进。盾构推进过程中应保证盾构中心线与隧道设计中心线的偏差在规定范围内。而导致盾构偏离隧道中线的因素很多，如土层不均匀，地层中有孤石等障碍物造成开挖面四周阻力不一致，盾构千斤顶的顶力不一致，盾构重心偏于一侧，闭胸挤压式盾构上浮，盾构下部土体流失过多造成盾构叩头下沉等，这些因素将使盾构轨迹变成蛇行。因此在盾构推进过程中要随时测量，了解偏差，及时纠偏。纠偏主要靠以下几个方面来综合控制。

（1）正确调整盾构千斤顶的工作组合

一个盾构四周均匀分布有几十个千斤顶负责盾构推进，一般应对这几十个千斤顶分组编号，进行工作组合。每次推进后应测量盾构的位置，再根据每次纠偏量的要求，决定下次推进时启动哪些编号千斤顶，停开哪些编号千斤顶，一般停开偏离方向相反处的千斤顶，如盾构已右偏，应向左纠偏，故停开左边千斤顶，开启右边千斤顶。停开的千斤顶要尽量少，以利提高推进速度，减少液压设备的损坏。盾构每推进一环的纠编量应有所限制，以免引起衬砌拼装困难和对地层过大的扰动。

盾构推进时的纵坡和曲线也是靠调整千斤顶的工作组合来控制。一般要求每次推进结束时盾构纵坡应尽量接近隧道纵坡。

（2）调整开挖面阻力

人为的调整开挖面阻力也能纠偏。调整方法与盾构开挖方式有关：敞胸式开挖可用超挖或欠挖来调整；挤压式开挖可用调整进土孔位置及胸板开口大小来实现；密闭切削式开挖是通过切削刀盘上的超挖刀与伸出盾构外壳的翼状阻力板来改变推进阻力。

（3）控制盾构自转

盾构在施工中由于受各种因素的影响，将会产生绕盾构本身轴线的自转现象，当转动角度达到某一限值后，就会对盾构的操纵、推进、衬砌拼装、施工量测及各种设备的正常运转带来严重的影响。盾构产生旋转的主要原因有：盾构两侧土层有明显的差别；施工时对某一方位的超挖环数过多；盾构重心不通过轴线；大型旋转设备（如举重臂、切削大刀盘等）的旋转等。控制盾构自转一般采用在盾构旋转的反方向一侧增加配重的办法进行，压重的数量根据盾构大小及要求纠正的速度，可以从几十吨到上百吨。此外，还可以在盾壳外安装水平阻力板和稳定器来控制盾构自转。

盾构到达终点进入竖井时，应注意的问题与加固地层的方法完全与出发井情况相同。须在离终点一定距离处，检查盾构的方向，平面位置，纵向位置，并慎重修正，小心推进。否则会造成盾构中心轴线与隧道中心线相差太多，出现错位的严重现象。

此外，采用挤压式盾构开挖时，会产生盾构后退现象，导致地表沉降，因此施工时务必采取有效措施，防止盾构后退。根据施工经验，每环推进结束后采取维持顶力（使盾构不进）拼压 5~10min。可有效防止盾构后退。在拼管片时，要使一定数量千斤顶轴对称地轮流维持顶力，防止盾构后退。

4.4.5　盾构衬砌施工，衬砌防水和向衬砌背后压浆

1. 盾构衬砌施工

盾构法修建隧道常用的衬砌类型有：预制的管片衬砌、现浇混凝土衬砌、挤压混凝土衬砌以及先安装预制管片外衬后再现浇混凝土内衬的复合式衬砌。其中，以管片衬砌最为常见。下面对这几种常用的衬砌的施工简单介绍一下。

（1）管片衬砌施工

管片衬砌就是采用预制管片，随着盾构的推进在盾尾依次拼装衬砌环，由衬砌环纵向依次连接而成的衬砌结构。

预制管片的种类很多，按预制材料分有：铸铁管片、钢

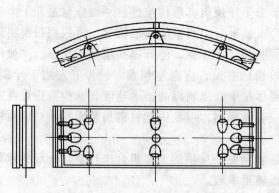

图 3-4-55　平板形管片（钢筋混凝土）

管片、钢筋混凝土管片、钢与钢筋混凝土组合管片。按结构型式分有：平板形管片（图 3-4-55）、箱形管片（图 3-4-56）。

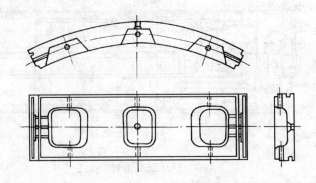

图 3-4-56　箱形管片（钢筋混凝土）

管片接头一般可用螺栓连接。但有的平板形管片不用螺栓连接，而采用榫槽式接头或球铰式接头，这种不用螺栓连接的管片也称砌块。

管片衬砌环一般分标准管片、封顶管片和邻接管片三种，转弯时将增加楔形管片。

管片拼装可通缝拼装，亦可错缝拼装。通缝拼装是每环管片的纵向缝环环对齐，错缝拼装是每环管片的纵向缝环环错开 1/3 ~ 1/2 宽度。前者拼装方便，后者拼装麻烦但受力较好。管片拼装方法分先纵后环和先环后纵两种：先纵后环是管片按先底部后两侧再封顶的次序，逐次安装成环，每装一块管片，对应千斤顶就伸缩一次。先环后纵是管片依次安装成环后，盾构千斤顶一齐伸出将衬砌环推向已完成的隧道衬砌进行纵向连接。先环后纵法用得较少，尤其在推进阻力较大，容易引起盾构后退的情况下不宜采用。

管片拼装前，应做好管片质量的检查工作，检查外观、形状、裂纹、破损、止水带槽有无异物，检查管片尺寸误差是否符合要求。管片拼装结束后，除按规定拧紧每个连接螺栓外，还应检查安装好的衬砌环是否真圆，必要时用真圆保持器进行调整，以保证下一拼装工序顺利进行。盾构推进时的推力反复作用在临近几个衬砌环上，容易引起已拧紧的螺栓松动，必须对推力影响消失的衬砌环进行第二次拧紧螺栓工作，以保证管片的紧密连接与防水要求。

（2）现浇混凝土衬砌施工

采用现浇混凝土进行盾构隧道衬砌施工可以改善衬砌受力状况，减少地表沉陷，同时可节省预制管片的模板及省去管片预制工作和管片运输工作。

目前采用挤压式现浇混凝土衬砌施工（图 3-4-57）是盾构隧道衬砌施工的发展新趋势。这种方法采用自动化程度较高的泵送混凝土用管道输送到盾尾衬砌施工作业面，经盾构后部专设的千斤顶对衬砌混凝土进行挤压施工，在施工中必须恰如其分地掌握好盾构前进速度与盾尾内现浇混凝土的施工速度及衬砌混凝土凝固的快慢关系。采用挤压混凝土衬砌施工时要求围岩在施工时保持稳定，不致在挤压时变形。

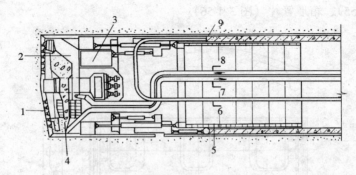

图 3-4-57　挤压混凝土衬砌施工

1—护壁支撑面；2—空气缓冲器；3—空气闸；4—碎石土碴；5—混凝
土模板；6—混凝土输送管；7—土渣运输管；8—送料管；9—结束端模板

2. 衬砌防水

隧道衬砌除应满足结构强度和刚度要求外，还应解决好防水问题，以保证隧道在运营期间有良好的工作环境，否则会因为衬砌漏水而导致结构破坏、设备锈蚀、照明减弱，危害行车安全和影响外观。此外，在盾构施工期间也应防止泥、水从衬砌接缝中流入隧道，引起隧道不均匀沉降和横向变形而造成事故。

隧道衬砌防水施工主要解决管片本身的防水和管片接缝防水问题。

（1）管片本身防水

管片本身防水施工主要满足管片混凝土的抗渗要求和管片预制制作精度要求。

1）管片混凝土的抗渗要求

隧道在含水地层内，由于地下水压力的作用，要求衬砌应具有一定的抗渗能力，以防止地下水的渗入。为此，在施工中应做到以下几方面：首先，应根据隧道埋深和地下水压力，提出经济合理的抗渗指标；对预制管片混凝土级配应采取密实级配：设计有规定时按设计要求办理，设计无明确规定时一般按高密实度（B_g）标准施工。此外还应严格控制水灰比（一般不大于0.4），且可适当掺入减水剂来降低混凝土水灰比；在管片生产时要提出合理的工艺要求，对混凝土振捣方式、养护条件、脱模时间、防止温度应力而引起裂缝等均应提出明确的工艺条件对管片生产质量要有严格的检验制度，并减少管片推放、运输和拼装过程的损坏率。

2）管片制作精度要求

在管片制作时，采用高精度钢模，减少制作误差，是确保管片接头面密贴不产生较大初始缝隙的可靠措施。此外，由于管片制作精度不够，容易造成盾构推进时衬砌的顶碎和崩落并导致漏水。过去钢筋混凝土管片不如铸铁或钢制管片，其主要原因就在于钢筋混凝土管片制作精度不够引起隧道漏水。

为保证钢筋混凝土管片制作精度，在制造钢模时要采用高精度机械加工。为了保证钢模有足够刚度，以保证在长期使用过程中不变形，一般要求钢模应比管片重。

管片各部分制作精度的尺寸误差（图 3-4-58），参照日本隧道规范应符合表 3-4-8 的要求。

管片尺寸误差表   表 3-4-8

管片种类		铸　铁				混　凝　土				钢　制			
	管片外径（m）	$D < 4$	$4 \leqslant D < 6$	$6 \leqslant D < 8$	$D \geqslant 8$	$D < 4$	$4 \leqslant D < 6$	$6 \leqslant D < 8$	$D \geqslant 8$	$D < 4$	$4 \leqslant D < 6$	$6 \leqslant D < 8$	$D \geqslant 8$
水平组装时的不圆度	螺孔中心半径（mm）	± 5	± 7	± 8	± 12	± 7	± 10	± 10	± 15	± 7	± 10	± 10	± 15
	外径误差（mm）	± 7	± 10	± 15	± 20	± 7	± 10	± 15	± 20	± 7	± 10	± 15	± 20
各部最小厚度（a）		− 1.0				0							
宽　度（b）		± 0.5				± 1.0				± 1.5			
弧长或弦长（c）		± 0.5				± 1.0				± 1.5			
螺孔间距 d（d'）		± 0.5				± 1.0				± 1.0			

（2）管片接缝防水

前述确保管片的制作精度的目的主要使管片接缝接头的接触面密贴，使其不产生较大的初始缝隙。但接触面再密贴，不采取接缝防水措施仍不能保证接缝不漏水。目前管片接缝防水措施主要有密封垫防水、嵌缝防水、螺栓孔防水、二次衬砌防水等。

1）密封垫防水

管片接缝分环缝和纵缝两种。采用密封垫防水是接缝防水的主要措施，如果防水效果良好，可以省去嵌缝防水工序或只进行部分嵌缝。密封垫要有足够的承压能力（纵缝密封垫比环缝稍低）、弹性复原力和粘着力，使密封垫在盾构千斤顶顶力的往复作用下仍能保持良好的弹性变形性能。因此密封垫一般采用弹性密封垫，弹性密

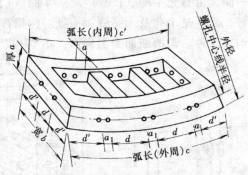

图 3-4-58 管片尺寸

封防水主要是利用接缝弹性材料的挤密来达到防水目的。弹性密封垫有未定型和定型制品两种，未定型制品有现场浇涂的液状或膏状材料，如焦油聚氨脂弹性体。定型制品通常使用的材料是各种不同硬度的固体氯丁橡胶、泡沫氯丁橡胶、丁基橡胶或天然橡胶、乙丙胶改性的橡胶及遇水膨胀防水橡胶等加工制成的各种不同断面的带形制品，其断面形式有抓斗形、齿槽形（梳形）等品种。一般使用

的弹性密封垫有以下两类：

A．硫化橡胶类弹性密封垫

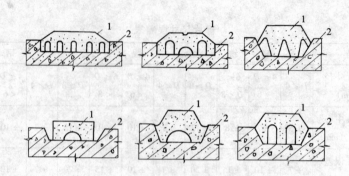

图 3-4-59   硫化橡胶类弹性密封垫
1—硫化橡胶弹性密封垫；2—钢筋混凝土衬砌

图 3-4-59 所示的各种型式硫化橡胶类弹性密封垫具有的高度的弹性，复原能力强，既使接头有一定量的张开，仍处于压密状态，有效地阻挡了水的渗漏。由于它们设计成不同的形状，不同的开孔率和各种宽度、高度，以适应水密性要求的压缩率和压缩的均匀度，当拼装稍有误差时密封垫的一定长度可以保证有一定的接触面积防水。为了使弹性密封垫正确就位，牢固固定在管片上，并使被压缩量得以储存，应在管片的环缝及纵缝连接面上设有粘贴及套箍密封垫的沟槽，沟槽在管片上的位置、形式等对防水密封效果有直接关系，沟槽可沿管片肋面四周兜一圈，也有兜半圈（L 型）及 3/4 圈（门型）的，一般来说兜一圈的水密效果好，尤其是 T 缝及十字缝接头处。沟槽按防水要求，又分为单密封沟槽与双密封沟槽二种。沟槽断面为倒梯形，槽宽一般为 30～50mm，槽深为 15～30mm。沟槽尺寸要与密封垫相适应，如图 3-4-60 所示。弹性密封垫对管片的粘结面清洁度标准要求严格，本身制作成本较高，特别是带齿槽的密封垫。

B．复合型弹性密封垫

复合型密封垫是由不同材料组合而成的，它是用诸如泡沫橡胶类，且具有高弹性复原力材料为芯材，外包致密性、粘性好的覆盖层而组成的复合滞状制品。芯材多用氯丁胶、

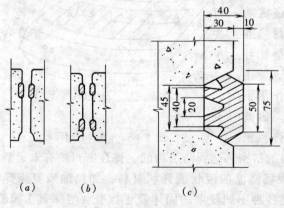

图 3-4-60   密封沟槽（单位：mm）
（a）单密封沟槽；（b）双密封沟槽；（c）密封沟槽详图

丁基胶做得的橡胶海棉（也称多孔橡胶、泡沫胶），覆盖层多用未硫化的丁基胶或异丁胶为主材的致密自粘性腻子胶带、聚氯乙烯胶泥带等材料。复合型弹性密封垫的优点是集弹性、粘性于一身，芯材的高弹性使其在接头微张开下仍不失水密性，覆盖层的自粘性使其与接头面的混凝土之间和密封垫之间的粘结紧密牢固。如图 3-4-61 所示几种类型的复合型弹性密封垫。

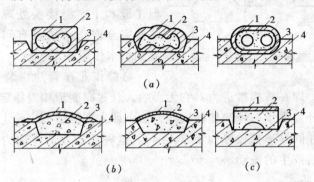

图 3-4-61　复合型弹性密封垫

（a）完全包裹式；（b）局部外仓式；（c）双层叠加式

1—自粘性腻子带；2—海绵橡胶；

3—粘合涂层；4—混凝土或钢筋混凝土衬砌

当施工中遇环缝错动变形时，接头产生比较大的张角和间隙，上述这些无粘结性能的定型橡胶就难以保证理想的水密性能。日本 1977 年推广一种单一材质的自粘性密封带弥补了这一缺陷。橡胶工厂成卷供应这种带有离型纸的半圆形密封带制品。在管片运入隧道之前，由专门负责的工人将密封带手工填嵌压贴到密封沟内及管片角部（图 3-4-62），然后立即运去拼装，以保证管片在拼装过程中对初始缝隙起到填平补齐，对局部集中应力也有一定的缓冲和抑制作用。

2）嵌缝防水

嵌缝防水足以接缝密封垫防水作为主要防水措施的补充措施。即在管片环缝、纵缝中沿管片内侧设置嵌缝槽（图 3-4-63），用止水材料在槽内填嵌密实来达到防水目的，而不是靠弹性压密防水。

嵌缝填料要求具有良好的不透水性、粘结性、耐久性、延伸性、耐药性、抗老化性、适应一定变形的弹性，特别要能与潮湿的混凝土结合好，具有不流坠的抗下垂性，以便于在潮湿状态下施工。目前采用环氧树脂系、聚硫橡胶系、聚氨脂或聚硫改性的环氧焦油系及尿素系树脂材料较多。若采用两次衬砌，仅要求暂时止水，可用无弹性的价廉水泥、

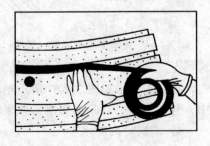

图 3-4-62　手工压贴密封带

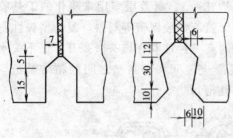

图 3-4-63　嵌缝槽形式（尺寸：mm）

石棉化合物。环氧焦油系材料嵌缝效果好，对管片接缝变形有 定的适当性。此外也有采用预制橡胶条来作嵌缝材料的，此法适用于拼装精确的管片环上，具有更换方便、作业环境不污染等优点。但 T 缝和十字缝接头处理困难，而且要靠此完全嵌密止水也有问题，一般只能起到引水作用。

嵌缝作业在管片拼装完成后过一段时间才能进行，即在盾构推进力对它无影响，且衬砌变形相对稳定时进行。

目前，国外发展了一种简便的嵌缝方法，即先在嵌缝槽内涂上树脂胶浆，然后嵌填适当尺寸的异形橡胶条（图 3-4-64）。这种凭橡胶的复原力，可以吸收隧道竣工运营之后产生的振动。

3）螺栓孔防水

管片拼装完之后，若在管片接缝螺栓孔外侧的防水密封垫止水效果好，一般就不会再从螺栓孔发生渗漏。但在密封垫失效和管片拼装精度差的部位上的螺栓孔处会发生漏水，因此必须对螺栓孔进行专门防水处理。

目前普遍采用橡胶或聚乙烯及合成树脂等做成环形密封垫圈，靠拧紧螺栓时的挤压作用使其充填到螺栓孔间，起到止水作用（图 3-4-65）。在隧道曲线段，由于管片螺栓插入螺孔时常出现偏斜，螺栓紧固后使防水垫圈局部受压，容易造成渗漏水，此时可采用图 3-4-66 所示的防水方法，即采用铝制杯形罩，将弹性嵌缝材料束紧到螺母部位，并依靠专门夹具挤紧，待材料硬化后，拆除夹具，止水效果很好。

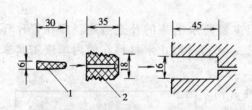

图 3-4-64　异形橡胶条嵌缝（尺寸：mm）
1—橡胶皮制穿心楔；2—异形空心橡胶条

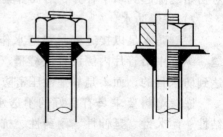

图 3-4-65　接头螺栓孔防水

在日本采用如图 3-4-67 所示塑料螺栓孔套管，在浇筑混凝土时预埋在螺栓孔中，与密封圈结合起来防水，效果较好。

4）二次衬砌防水

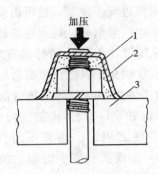

图 3-4-66　铝杯罩螺栓孔防水
1—嵌缝材料；2—止水铝质罩壳；3—管片

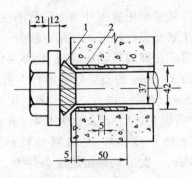

图 3-4-67　螺栓孔套管（尺寸：mm）
1—密封圈；2—塑料套管（厚 4mm）

以拼装管片作为单层衬砌，其接缝防水措施仍不能完全满足止水要求时，可在管片内侧再浇筑一层混凝土或钢筋混凝土二次衬砌，构成双层衬砌，以使隧道衬砌符合防水要求。在二次衬砌施工前，应对外层管片衬砌内侧的渗漏点进行修补堵漏，污泥必须冲洗干净，最好凿毛。当外层管片衬砌已趋于基本能时，方可进行二次衬砌施工。二次衬砌做法各异，有的在外层管片衬砌内直接浇筑混凝土内衬砌；有的在外层衬砌内表面先喷注一层 15～20mm 厚的找平层后粘贴油毡或合成橡胶类的防水卷材，再在内贴式防水层上浇筑混凝土内衬。混凝土内衬砌的厚度应根据防水和混凝土内衬砌施工的需要决定，一般约为 150～300mm。

二次衬砌混凝土浇筑一般在钢模台车配合下采用泵送混凝土浇筑。每段浇筑长度大约 8～10m，由于浇筑时隧道拱顶部分质量不易保证，容易形成空隙，故在顶部必须预留一定数量的压浆孔，以备压注水泥砂浆补强。此外也有用喷射混凝土来进行内衬砌施工的。

单层与双层衬砌防水各有其特点。由于采用了二次衬砌，内外两层衬砌成为整体结构，从而达到抵抗外荷载与防水的目的。但却导致了开挖断面增大，增加了开挖土方量，施工工序也复杂；使工期延长；材料增多；造价增大。目前大多数国家都致力于研究解决单层衬砌防水技术，逐步以单层衬砌防水取代二次衬砌防水，以提高建造隧道的经济效益。

3. 向衬砌背后压浆

在盾构隧道施工过程中，为了防止隧道周围土体变形，防止地表沉降和地层压力增长等，应及时对盾尾和管片衬砌之间的建筑空隙进行充填压浆，压浆还可以改善隧道衬砌的受力状态，使衬砌与周围土层共同变形，减小衬砌在自重及拼装荷载作用下的椭圆率。用螺栓连接管片组成的衬砌环，接头处活动性很大，故管片衬砌属几何可变结构。此外，在隧道周围形成一种水泥连结起来的地层壳体，能增强衬砌的防水效能。因此只有在那些能立即填满衬砌背后空隙的地层中施工时，才可以不进行压浆工作，如在淤泥地层中闭胸挤压施工。

压浆可采用盾壳外表上设置的注浆管随盾构推进同步注浆，也可由管片上的预留注浆孔进行压浆。压浆方法分一次压浆和二次压浆两种，后者是指盾构推进一环后，立即用风动压浆机（0.5~0.6MPa）通过管片压浆孔向衬砌背后压浆，粒径为 3~5mm 的石英砂或卵石，形成的孔隙率为 69%，以防止地层坍塌。继续推进 5~8 环后，进行二次压浆，注入以水泥为主要胶结材料的浆体（配合比为水泥:黄泥 = 1:1，水灰比为 0.4，或水泥:黄泥:细砂 = 1:2:2，水灰比为 0.5，坍落度为 15~18cm），充填到豆粒砂的孔隙内，使之固结，注浆压力为 0.6~0.8MPa。一次压浆是在地层条件差，盾尾空隙一出现就会发生坍塌，故随着盾尾的出现，立即压注水泥砂浆（配合比为水泥:黄砂 = 1:3），并保持一定压力。这种工艺对盾尾密封装置要求较高，盾尾密封装置极易损坏，造成漏浆。此外，相隔 30m 左右还需进行一次额外的控制压浆。压力可达 1.0MPa，以便强迫充填衬砌背后遗留下来的空隙。若发现明显的地表沉陷或隧道严重渗漏时，局部还需进行补充压浆。

压浆要左右对称，从下向上逐步进行，并尽量避免单点超压注浆，而且在衬砌背后空隙未被完全充填之前，不允许中途停止工作。在压浆时，除将正在压浆的孔眼及其上方的压浆孔的塞子取掉外（用来将衬砌背后与地层之间的空气挤出），其余压浆孔的塞均需拧紧。一个孔眼的压浆工作一直要进行到上方一个压浆孔中出现灰浆为止。

4.4.6　地面下沉和隧道沉降

在软土中采用盾构法进行隧道施工时，一般会引起隧道上方地面下沉，并且在隧道施工阶段和运营阶段还会产生隧道沉降。当地面下沉和隧道沉降达到一定程度时就会影响周围的地面建筑、地下设施和隧道本身的正常使用。因此，必须认真研究盾构施工中地面下沉和隧道沉降的规律和原因，分析影响地面下沉和隧道沉降的各种因素。在设计和施工中采取合理的措施，减少和控制地面下沉和隧道沉降。同时对盾构经过的上面建筑物的基础进行加固，以做好对地面各种建筑和地下设施的加固保护，以使隧道正常运营不受影响。

1. 地面下沉的规律和原因

（1）地面下沉的规律

在饱和软黏土地层中采用盾构法施工时，在隧道纵轴线所产生的地面变形（图 3-4-68）一般可分为三个阶段：盾构前方地面隆起或沉降、施工沉降和固结沉降。

通常，当盾构前方土体受到挤压时，盾构前方的地面有微量隆起；但当开挖面土体因支护力不足时，盾构前方土体发生向下向后移动，从而使地面下沉。当盾构推进时，盾构两侧的土体向外移动，在隧道衬砌脱离盾尾时，由于衬砌外壁与土壁之间有建筑空隙，地面会有一个较大的下沉，且沉降速率也较大，同时隧

道两侧土体向隧道中线移动，这一阶
段沉降为施工沉降，常在 1～2 个月
内完成。由于施工过程中对周围土体
的扰动，土中孔隙水压力上升，随着
孔隙压力的消散，地层会发生主固结
沉降；在孔隙水压力趋于稳定后，土
体的骨架仍会蠕变，即次固结，地层
还会产生次固结沉降。主固结与次固
结沉降为第三阶段沉降即固结沉降。

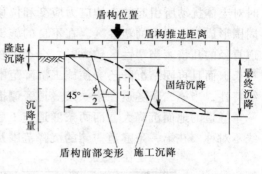

图 3-4-68　地面变形一般规律

　　地面沉降是与施工条件和地质条
件密切相关的。施工条件的差异往往会引起地面沉降的差异。如盾构正面支撑与
开挖面密贴程度、支撑是否及时，向盾尾空隙中压浆是否及时等都会引起地面沉
降的差异。但在一定施工条件下由于地质条件不同引起地面沉降差异，往往是在
施工前无法改变的，可以认为地质条件是形成地面沉降的内因。

　　例如，在无黏性粒状土层（粉土、砂土、砾石等）采用普通敞胸式或网格式
盾构施工时，必须将开挖面全部严密支撑，并小心分块随挖随撑，而且需用降水
法或气压法或注浆法以疏干或加固地层，否则开挖面的稳定及地面沉降是无法控
制的。如果土层密实且精心施工，土层损失和地面沉降可减少至忽略不计的程
度。但在松散砂性土，特别是松散的粗颗粒土层中，开挖面很容易发生土体滑
动，使地面产生不规则的沉降，在这种土层中用普通盾构施工时，地面沉降很难
预计。在地下水位以下的砂性土中，采用泥水加压式盾构或加泥浆的土压平衡式
盾构，并具有可靠的盾尾密封装置和良好的压浆工艺，可严格控制开挖面及盾尾
空隙中的上体松动或塌落，从而把地面沉降控制在极小的程度内。在此条件下，
盾构施工在含水砂性土层中施工所引，起的地面沉降具有数量最小、沉降稳定最
快的特征。

　　又如，在硬黏土层中采用盾构施工时，由于硬黏土不易剥落，也不会发生渗
流，对盾构施工特别有利，由于这类土自立时间长，隧道衬砌可在盾尾后面开挖
的土坑道中拼装，并用千斤顶或楔块使隧道直径胀大，以紧贴于坑道周边上，这
样既可以取消盾尾后的压浆，又有利于减小地面沉降。在这类土层中用普通盾构
施工，地面沉降可以控制到极小的程度。如伦敦 10.9m 外径盾构隧道，隧道顶上
覆盖层 7.62m，其中隧道顶土层为 1.5m 厚黏土，其上为潮湿的粒状硬黏土，用
手掘式盾构，地面沉降量仅 9mm。

　　再如，在饱和软黏土中采用盾构施工时，首先会产生较大的施工沉降，当开
挖面支护压力小于原始侧压力，开挖面土体就向盾构内发生塑性流动。饱和软黏
土虽不像粒状黏土层易于剥落，但其塑性流动特性在不适当的盾构条件下，会使
地面产生较大的沉降范围和沉降量。由于饱和软黏土抗剪强度较低，在盾构施工

时对土体扰动所引起的土体应力应变和位移可足以破坏土的抗剪强度，而在隧道周围形成一定范围的塑性区。在不良的施工条件下，受扰动塑性区的直径可达隧道直径的几倍。当塑性区较大时，会产生较大的再固结沉降，且稳定的时间也相当长，而且再固结沉降还会使施工沉降范围扩大。由于饱和软黏土受扰动后的固结特性，当第二条隧道在第一条隧道旁侧推过后，第二条隧道的地面沉降要比第一条隧道的地面沉降大，而两条隧道施工后引起的地面沉降槽与两条隧道的中心线不对称。在第一条隧道一侧的沉降范围及沉降量均较大（图 3-4-69）。

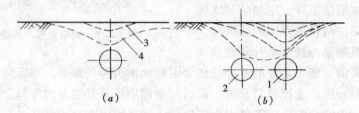

图 3-4-69   盾构施工横断面沉降示意
（a）单只盾构；（b）双线盾构
1—先推盾构；2—后推盾构；3—良好地层；4—冲积层地层

上海地下铁道工程的盾构试验段的地质是处于地下水位以下的饱和含水淤泥质粉质黏土中，盾构外径 6.4m，隧道轴线在地面以下约 10～11m，用 68.6kPa 气压及网格支承开挖面土体，在盾构穿越公园中古建筑物时，采用多次压浆把地面沉降控制在 100mm 左右，其纵向沉降曲线及横向沉降槽如图 3-4-70 和图 3-4-71 及表 3-4-9 所示。由于盾构正面网格开孔为 40%，推进时有挤压作用，使盾构前方地面有一定隆起，当气压增大至 78.4kPa 时地面隆起更大。地面先隆起后沉降，使土体扰动较大。从纵向沉降曲线可以看出对土层进行压浆处理可以大大减小地面沉降。从横向沉降槽可以看出施工沉降约为总沉降的 63%，固结沉降占 37%。

沉 降 实 测   表 3-4-9

图中实测曲线	离开挖面距离	最大沉降	备注	图中实测曲线	离开挖面距离	最大沉降	备注
1	前方0.6m	+14mm		3	通过后62m	−47mm	施工阶段
2	通过后8m	−25mm		4	通过后217天	−75mm	固结阶段

（2）地面下沉的原因

盾构施工时，导致地面下沉的原因是多方面的，主要有以下几方面原因。

1）地层原始应力状态的变化

当采用敞胸式盾构，在盾构掘进时，开挖面应力处于释放状态，开挖面土体受到水平支护应力小于原始侧向应力，则开挖面上方土体失去平衡向盾构内侧移动，引起盾构正方地面的沉降。盾构推进时，如作用于土体正面推应力大于原始

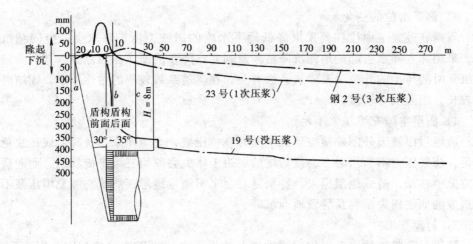

图 3-4-70　上海地铁盾构试验隧道地面纵向沉降

侧向应力，则正面土体受到盾构挤压作用，使其向上向前移动，造成欠挖引起盾构前方土体隆起。对于闭胸式挤压盾构，由于出土过多或过少，或工作面上土压力和泥浆压力不稳定时，都会对工作面土体造成松弛或挤压，使工作面土体原始应力状态改变而导致地面下沉或隆起。此外，盾构为修正蛇行和曲线上推进而进行超挖，也会使周围土体松弛范围扩大助长了地面下沉。有时，由于盾构千斤顶漏油回缩可能引起盾构后退，开挖面土体失去支撑造成土体坍落或松动，也会引起地面沉降。

2）受扰动土体的固结

盾构隧道周围土体受到盾构施工的扰动后，便在盾构隧道周围形成超孔隙水压力区，在盾构离开后的地层中，由于土体表面的应力释放，隧道周围的超孔隙水压力便下降，孔隙水排出，引起了地层移动和地面沉降。此外，由于盾构推进中的挤压作用和盾尾后的压浆作用等施工因素，使周围地层形成超孔隙水压力区，超孔隙水压力在盾构隧道

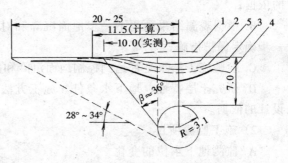

图 3-4-71　上海地铁盾构试验隧道
地面横向沉降（尺寸：m）

施工后的一段时间内消散复原，在此过程中地层发生排水固结变形，引起地面沉降，即主固结沉降。土体受到扰动后，土体骨架还会发生持续很长时间的压缩变形。在此土体蠕变过程中产生的地面沉降为次固结沉降。在孔隙比和灵敏度较大的软塑和流塑性黏土中，次固结沉降往往要持续几年以上，它所占总沉降量比例可高达 35% 以上。

3）地下水位的变化

盾构隧道施工中往往要采取降低地下水位的措施，由于降水会产生固结沉降，采用井点降水引起的地面沉降将涉及到井点降水的漏斗曲面范围，其沉降量和沉降时间与土的孔隙比及渗透系数有关，在渗透系数较小的粘性土中，固结时间较长，因而沉降较慢。

4）盾尾空隙充填压浆不足

盾尾后面隧道外围建筑空隙必须及时充填压浆，充填压浆不及时，或压浆量不足，压浆压力不适当时，会使盾尾后周边土体失去原始三维平衡状态，而向盾尾空隙中移动，造成地层损失，特别是对含水不稳定地层，盾尾空隙充填压浆不足造成的地层损失很容易导致地面沉降。

5）衬砌变形

隧道衬砌脱离盾尾后，作用于衬砌上的土压力和水压力将使衬砌产生变形，也会导致地面少量的沉降。

2. 地面沉降的监测与控制

盾构施工期间由于上述各种原因引起的地面沉降对周围环境有一定影响，为了保护周围环境的地面建筑、地下设施的安全，必须要进行施工监测，在监测的基础上提出控制地面沉降的措施和保护周围环境的处理方法。

（1）地面沉降的监测

1）施工监测的作用

A. 监测和诊断各种施工因素对地面变形的影响，提供改进施工，减少沉降的依据；

B. 根据观测结果预测下一步地面沉降和对周围建筑及其他设施的影响，进一步确定保护措施；

C. 检验施工结果是否达到控制地面沉降和隧道沉降的要求；

D. 研究土层特性、地下水条件、施工方法与地面沉降的关系，以作为改进设计的依据。

2）施工监测项目

A. 监测地下水位的变化

地下水位的变化是影响地面沉降的重要因素，特别是对埋置在地下水位以下的隧道尤为重要。应在隧道中心线和隧道两侧设置水位观测井进行观测。还应监测井点降水效果和监测隧道开挖面等渗水处渗流情况。

B. 监测土体变形

在控制地面沉降要求较高的地区，往往在盾构推出竖井的起始阶段进行以土体变形为主的监测，以合理确定和调整盾构的施工参数。土体变形观测主要有以下内容。

（A）地面变形观测

用水准仪对隧道中线及其两侧预埋的地面桩进行沉降观测，根据观测数据绘制隧道纵、横断面地面沉降观测图，如图 3-4-70 和图 3-4-71 所示。根据测量反馈资料，调整控制盾构正面推力，推进速度，出土量，盾尾压浆的压力、数量和时间等施工参数，从而使地面建筑基础处的土体垂直和水平位移得到有效控制。

(B) 地下土体沉降观测

观测盾构顶部正上方土体中一点的沉降量和盾构正上方的垂线上几点的沉降量，以诊断地层损失的因素。有时还要观测盾构中心线以外的深层土体的沉降量。

(C) 隧道各衬砌环脱出盾尾后的沉降观测

在各衬砌环设测量标志点，按时测量其高程变化，根据各环沉降曲线的沉降速率大小及沉降速率的变化，结合土体变形观测数据，分析不利施工因素，提出改进意见。衬砌环的沉降也会增加地面沉降。

(D) 盾尾空隙中坑道周边向内移动观测

通过衬砌环上的压浆孔，在衬砌环外的土体中埋置观测桩，观测坑道周边土体自开始脱离盾尾后的位移发展过程，以便了解土体挤入盾尾空隙的速度。根据观测结果调整隧道内的气压或改进压浆工艺，从而减少盾尾空隙坑道周边的内移，使对周围土体的扰动及地面沉降减少。

(E) 对邻近建筑物的观测

主要观测地面沉降对邻近建筑物的影响，观测邻近建筑物在盾构穿越前后的高程变化，位移变化，裂缝变化等。

(2) 地面沉降的控制

1) 减少对开挖面地层的扰动

A. 施工中采取灵活合理的正面支撑或适当的气压值来防止土体坍塌，保持开挖面土体的稳定。条件许可时，尽可能采用泥水加压盾构、土压平衡盾构等先进的基本上不改变地下水位的施工方法，以减少由于地下水位变化而引起的土体扰动。

B. 在盾构掘进时，严格控制开挖面的出土量，防止超挖，即使是对地层扰动较大的局部挤压盾构，只要严格控制其进土量，仍有可能控制地面变形。根据上海在软黏土中的盾构施工经验，当采用挤压式盾构时，其进土量控制在理论土方量的 80% ~ 90% 时，地面可不发生隆起现象。

C. 控制盾构推进一环时的纠偏量，以减少盾构在地层中的摆动和对土层的扰动。同时尽量减少纠偏需要的开挖面局部超挖。

D. 提高施工速度和连续性。实践证明，盾构停止推进时，会因正面土压力的作用而产生后退。因此，提高隧道施工速度和连续性，避免盾构停搁，对减小地面变形有利。若盾构要中途检修或其他原因必须暂停推进时，务必作好防止后退的措施，正面及盾尾要严密封闭，以尽量减少搁置期间对地面沉降的影响。

2）做好盾尾建筑空隙的充填压浆

A.确保压浆工作的及时性，尽可能缩短衬砌脱出盾尾的暴露时间，以防地层塌陷。

B.确保压浆数量，控制注浆压力。注浆材料会产生收缩，因此压浆量必须超过理论建筑空隙的体积，一般超过10%左右，但过量的压浆会引起地面隆起及局部跑浆现象，对管片受力状态也有影响。由于盾构纠偏、局部超挖、地层存在空隙等原因，往往使实际的建筑空隙无法正确估计，为此，还应控制注浆压力，作为充填程度的标准，当压力急骤升高时，说明已充填密实，此时应停止压浆。

C.改进压浆材料的性能。施工时，地面拌浆站要严格掌握压浆材料的配合比，对其凝结时间、强度、收缩量要通过试验不断改进，提高注浆材料的抗渗性，这样有利于隧道防水，相应也会减少地面沉降。

3）隧道选线时，要充分考虑地面沉降可能对建筑群的影响

选择盾构施工法的隧道段的线路要尽可能避开建筑群或使建筑物处于地面均匀沉陷区内。对双线盾构隧道还应预计到先后掘进产生的二次沉降，最好在盾构出洞后的适当距离内，对地面沉降和隆起进行量测，取得资料，作为后掘盾构控制地面变形的依据。

3.隧道沉降

当隧道穿越饱和软黏土采用盾构法施工时，会产生隧道沉降，引起隧道沉降的主要原因是盾构掘进时对下卧层的扰动和隧道上方荷载的变化，如地下水位的变化、水底隧道上方河道水位的变化、隧道渗漏等。

盾构开挖方法不同，对下卧层扰动的大小也小一样，因而对隧道沉降的影响也不一样。而下卧土层分布的不均匀性还会导致隧道沉降的不均匀性。

一般来说，从理论上分析隧道衬砌环脱离盾尾后的沉降发展过程大致有三个阶段：

（1）初始沉降；

（2）下卧层超孔隙水压力消散引起的主固结沉降；

（3）下卧层长期压缩变形的次固结沉降。

一条隧道大多要在盾构推进完毕后半年至一年后才开始作用，因此，一般在施工阶段已大体完成了初始沉降和主固结沉降，而在运营阶段则缓慢地进行次固结沉降。

为避免由于隧道沉降使竣工后的隧道轴线往下偏离设计位置，通常按经验确定一个沉降值，抬高盾构施工轴线，使沉降后的隧道接近设计轴线。

§4.5　地下工程顶管法

4.5.1　概　　述

顶管法又称顶进法，是将预先造好的管道，按设计要求分节用液压千斤顶支承于后墩上，将管道逐渐压入土层中去，同时，将管内工作面前的泥土，在管内开挖、运输的一种现代化的管道敷设施工技术。顶管施工是继盾构施工之后而发展起来的一种地下管道施工方法，它不需要开挖面层，并且能够穿越公路、铁道、河川、地面建筑物、地下构筑物以及各种地下管线等，是一种短距离、小管径类地下管线工程施工方法，许多国家广泛采用。可以应用于水利水电工程、市政、供水、公路、铁路、电力和电讯等部门，顶管材料可以是混凝土预制管、钢管、现代工程塑料管等，也可以是有压管、无压管。

顶管法施工受到地质条件的限制，顶进时顶进管既承受很大的推进力又承受使用时的荷载，应力非常复杂，为了保证正常使用寿命施工前必须了解管路所通过的土层及管路承受的荷载，土层的性质对顶管设备组成、挖土和运土方式、力学计算条件以及推顶方法都起决定作用。顶管法施工技术主要适用于土层，在软岩和其他松软地层中也有使用。

顶管法的使用已有百余年历史，最早始于 1896 年美国的北太平洋铁路铺设工程的施工中。美国于 1980 年曾创造了 9.5 小时顶进 49m 的记录，施工速度快，施工质量比小盾构法好。日本最早的一次顶管施工是在 1948 年，施工地点是在尼崎市的一条铁路下面。当时顶的是一根内径为 $\phi600mm$ 的铸铁管，顶距只有 6m，主顶是一种手摇液压千斤顶。直到 1957 年前后，日本才采用液压油泵来驱动油缸作为主顶动力。

我国的顶管施工最早始于 20 世纪 50 年代。但一开始都是些手掘式顶管，设备也比较简陋。在 1964 年前后，上海一些单位已进行了大口径机械式顶管的各种试验。当时，口径在 2m 的钢筋混凝土管的一次推进距离可达 120m，同时，也开创了使用中继间的先河。在此以后，又进行了多种口径、不同形式的机械顶管的试验，其中土压式居多。其中，也搞了一些水冲顶管的试验。

1967 年前后上海已研制成功人不必进入管子的小口径遥控土压式机械顶管机，口径有 $\phi700\sim\phi1050mm$ 多种规格。在施工实例中，有穿过铁路、公路的，也有在一般道路下施工的。这些掘进机，全部是全断面切削，采用皮带输送机出土。同时，已采用了液压纠偏系统，并且纠偏油缸伸出的长度已用数字显示。到 1969 年为止，这类掘进机累计施工距离已达 400 余米。

1978 年前后，上海又开发成功挤压法顶管，这种顶管特别适用于软黏土和淤泥质黏土，但要求覆土深度须大于两倍的管外径。采用挤压法顶管，比普通手掘式顶管效率提高一倍以上。

我国浙江镇海穿越甬江工程，于1981年4月完成直径2.6m的管道采用五只中继环从甬江的一岸单向顶进581m，终点偏位上下、左右均小于1cm。

1984年前后，我国的北京、上海、南京等地先后引进国外先进的机械式顶管设备，从而使我国的顶管技术上了一个新台阶。尤其是上海市政公司引进了日本伊势机公司的 ϕ800mm Telemale 顶管掘进机以后，随之也引进了一些顶管理论、施工技术和管理经验。随后，诸如土压平衡理论、泥水平衡理论、管接口形式和制管新技术都慢慢地流行起来。

1986年，上海基础工程公司用4根长度在600m以上的钢质管道先后穿越黄浦江，其中黄浦江上游引水工程关键之一的南市水场输水管道，单向一次顶进1120m，并成功地将计算机控制中继环指导纠偏，陀螺仪激光导向等先进技术应用于超千米顶管施工中。

1988年，上海研制成功我国第一台 ϕ2720mm 多刀盘土压平衡掘进饥，先后在虹漕路、浦建路等许多工地使用，取得了令人满意的效果。

1992年，上海研制成功国内第一台加泥式 ϕ1440mm 土压平衡掘进机。用于广东省汕头市金砂东路的繁忙路段施工，施工结束所测得的最终地面最大沉降仅有8mm，该点位于出洞洞口前上方。其余各点的沉降均小于4mm。该类型的掘进机目前已成系列，最小的为 ϕ1440mm，最大的为 ϕ3540mm。该机中的 ϕ1650mm 机种荣获了上海市1995年科技成果三等奖。

1997年我国上海又成功地完成了2条长756m穿越黄浦江的倒虹管，管径2.2m，从浦西至浦东处于黄浦江底 - 26m深的位置。这表明我国长距离顶管技术已进入到世界先进水平行列。

到目前为止，顶管施工随着城市建设的发展已越来越普及，应用的领域也越来越宽。顶管施工从最初主要用于下水道施工。发展到近来运用到自来水管、煤气管、动力电缆、通信电缆和发电厂循环水冷却系统等许多管道的施工中。并在顶管的基础上发展成一门非开挖施工技术，还成立了各种非开挖施工协会，创办了有关的专业刊物。

随看顶管施工的普及和专业化，它的理论也日臻完善。即使最简单的手掘式顶管施工，也需要从理论上来论证其挖掘面是否稳定的问题。该稳定包括两个方面的内容：第一是工具管前方挖掘面上的土体是否稳定；第二是工具管前上方的覆土层是否稳定。如果发现有不稳定的现象，就必须采用有效的辅助措施使其保持稳定。

目前，在顶管施工中最为流行的有三种平衡理论：气压平衡、泥水平衡和土压平衡理论。

所谓气压平衡又有全气压平衡和局部气压平衡之分。全气压平衡使用得最早，它是在所顶进的管道中及挖掘面上都充满一定压力的空气，以空气的压力来平衡地下水的压力。而局部气压平衡则往往只有掘进机的土舱内充以一定压力的空气，达到平衡地下水压力和疏干挖掘面土体中地下水的作用。

所谓泥水平衡理论就是以含有一定量黏土的且具有一定相对密度的泥浆水充满掘进机的泥水舱，并对它施加一定的压力，以平衡地下水压力和土压力的一种顶管施工理论。按照该理论，泥浆水在挖掘面上能形成泥膜，以防止地下水的渗透，然后再加上一定的压力就可平衡地下水压力，同时，也可以平衡土压力。该理论用于顶管施工始于 20 世纪 50 年代末期。

所谓土压平衡理论就是以掘进机土舱内泥土的压力来平衡掘进机所处土层的土压力和地下水压力的顶管理论。

从目前发展趋势来看，土压平衡理论的应用已越来越广，因而采用土压平衡理论设计出来的顶管掘进机也应用得越来越普遍。

4.5.2　顶管施工的分类及特点

顶管施工的分类方法很多，而且每一种分类方法都只是从某一个侧面强调某一方面，不能也无法概全，所以，每一种分类方法都有其局限性。下面介绍几种使用最为普通的分类方法。

按照前方挖土方式的不同，顶管可分为 3 种：①普通顶管——管前用人工挖土，设备简单，能适应不同的土质，但工效较低；②机械化顶管——工作面采用机械挖土，工效高，但对土质变化的适应性较差，该方法又分为全面挖掘式和螺旋钻进式 2 种。亦可与人工挖土相结合；③水射顶管——使用水力射流破碎土层，工作面要求密闭，破碎的土块与水混合成泥浆，用水力运输机械运出管外。多用于穿越河流的顶管，现场要求有供水源和排水道。这种顶管的机头是密封的。

按所顶管子口径之大小。顶管可分为大口径、中口径、小口径和微型 4 种：①大口径多指 $\phi2000$mm 以上的顶管，人能在这样口径的管道中站立和自由行走。大口径的顶管设备也比较庞大，管子自重也较大，顶进对比较复杂。最大口径可达 $\phi5000$mm，比小型盾构还大。②中口径是指人猫着腰可以在其内行走的管子，但有时不能走得太远。这种管子口径为 $\phi1200 \sim \phi1800$mm。在顶管中占大多数。③小口径是指人只能在管内爬行，有时甚至于爬行也比较困难的管子。这种管子口径在 $\phi500 \sim \phi1000$mm 之间。④微型顶管其口径很小，人无法进入管子里，通常在 $\phi400$mm 以下，最小的只有 $\phi75$mm。这种口径的管子一般都埋得较浅，所穿越的土层有时也很复杂，已成为顶管施工的一个新的分支，技术发展很快，这种顶管在形式上也不断创新。

按推进管前工具管或掘进机的作业形式来分。推进管前只有一个钢制的带刃口的管子，具有挖土保护和纠偏功能的被称为工具管。人在工具管内挖土，这种顶管则被称为手掘式。如果工具管内的土是被挤进来再做处理的就被称为挤压式。挤压式顶管只适用于软黏土中，而且覆土深度要求比较深。通常条件下，不用任何辅助施工措施。手掘式只适用于能自立的土中，如果在含水量较大的砂土中，则需要采用降水等辅助施工措施。如果是比较软的黏土则可采用注浆以改善土质，或者在工具管前加网格，以稳定挖掘面。手掘式的最大特点是在地下障碍较多且较大的条件下，排除障碍的可能性最大、最好。

按推进管的管材，顶管可分为钢筋混凝土管顶管和钢管顶管以及其他管材的顶管。

按顶进管子轨迹的曲直，顶管可分为直线顶管和曲线顶管。曲线顶管技术相当复杂，是顶管施工的难点之一。

按工作坑和接收坑之间的距离的长短，顶管可分为普通顶管和长距离顶管。而长距离顶管是随顶管技术不断发展而发展的。过去把 100m 左右的顶管就称为长距离顶管。而现在随着注浆减摩技术水平的提高和设备的不断改进，百米已不成为长距离了。现在通常把一次顶进 300m 以上距离的顶管才称为长距离顶管。

顶管施工是一门涉及知识面广、施工管理要求高、施工作业要求严的综合性施工技术。近十余年来，随着各国经济的不断发展、城市化进程的加速和下水道普及率的提高以及旧城区的改造，公用事业的发展，顶管施工也越来越普及。

顶管施工有一个最突出的特点就是适应性问题。针对不同的土质、不同的施工条件和不同的要求，必须选用与之适应的顶管施工方式，这样才能达到事半功倍的效果；反之则可能使顶管施工出现问题，严重的会使顶管施工失败，给工程造成巨大损失。

在特殊地层和地表环境下施工，顶管法具有很多优点。与明挖管方法相比，其主要优点在于：①减少土方工程的开挖量，可以减少对路面、绿化等设施的破坏，减少建筑垃圾集中搬运的污染；②节约沟管基座材料，可以减少水泥、砂石料的用量；③不干扰地面交通，对穿越交叉路口、铁路道口、河堤尤为显著；④不必搬迁地面建（构）筑物，顶管法可穿越地面和地下建筑；⑤施工场地少，有利于市区建筑密集地段新管道的铺设和旧管道的维修；⑥施工噪声小，减少对沿线环境的影响；⑦直接在松软土层或富水松软地层中敷设中、小型管道，无须挖槽或开挖土方，可避免为疏干和固结土体而采用降低水位等辅助措施，从而大大加快了施工进度。但也有以下不足之处：①曲率半径小而且多种曲线组合在一起时，施工就非常困难；②在软土层中容易发生偏差，而且纠正这种偏差又比较困难，管道容易产生不均匀下沉；③推进过程中如果遇到障碍物时处理这些障碍物则非常困难；④在覆土浅的条件下显得不很经济。

与盾构施工相比，顶管法主要优点在于：①推进完了不需要进行衬砌，节省材料，同时也可缩短工期；②工作坑和接收坑占用面积小，公害少；③挖掘断面小，渣土处理量少；④作业人员少；⑤造价比盾构施工低；⑥与盾构相比，地面沉降小。但也有如下缺点：①超长距离顶进比较困难，曲率半径变化大时施工也比较困难；②大口径，如 $\phi5000mm$ 以上的顶管几乎不太可能；③在转折多的复杂条件下施工则工作坑和接收坑都会增加。

4.5.3　顶管法的基本设备构成

顶管法主要由顶进设备，工具管、中继环、工程管及吸泥设备等构成。下面分别介绍各部分的功能。

1. 顶进设备

顶进设备主要包括后座立油缸、顶铁和导轨等，其具体布置如图 3-4-72 所示。

后座设置在主油缸与反力墙之间，其作用是将油缸的集中力分散传递给反力墙。通常采用分离式，即每个主油缸后各设置一块后座。

主油缸是顶进设备的核心，有多种顶力规格。常用行程 1.1m，顶力 400t 的组合布置方式，对称布置四只油缸，最大顶力可达 1600t。

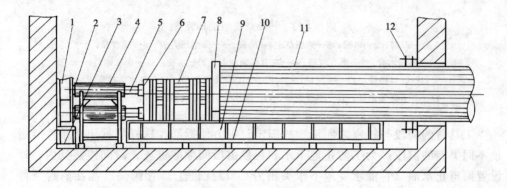

图 3-4-72　顶进设备布置图

1—后座；2—调整垫；3—后座支架；4—油缸支架；5—主油缸；6—刚性顶铁；
7—U（弧型、马蹄型）型顶铁；8—环型顶铁；9—导轨；10—预埋板；11—管道；12—穿墙止水

顶铁主要是为了弥补油缸行程不足而设置的。顶铁的厚度一般小于油缸行程，形状为 U 型，以便于人员进出管道，其他形状的顶铁主要起扩散顶力的作用。

导轨在顶管时起导向作用，在接管时作为管道吊放和拼焊平台。导轨的高度约 1m，顶进时，管道沿橡皮导轨滑行，不会损伤外部防腐涂层。

2. 工具管（又称顶管机头）

工具管安装于管道前端是控制顶管方向、出泥和防止塌方等多功能装置。外形与管道相似，它由普通顶管中的刃口演变而来，可以重复使用。目前常用三段双铰型工具管。如图 3-4-73 所示。前段与中段之间设置一对水平铰链，通过上下纠偏油缸，可使前段绕水平铰上下转动；同样垂直铰链通过左右纠偏油缸可实现

（由中段带动）前段绕垂直铰链作左右转动。由此实现顶进过程的纠偏。

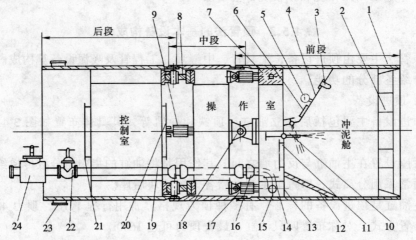

图 3-4-73　三段双铰型工具管

1—刃脚；2—格栅；3—照明灯；4—胸板；5—真空压力表；6—观察窗；
7—高压水仓；8—垂直铰链；9—左右纠偏油缸；10—水枪；11—小水密门；
12—吸口格栅；13—吸泥口；14—阴井；15—吸管进口；16—双球活接头；
17—上下纠偏油缸；18—水平铰链；19—吸泥管；20—气闸门；21—大水密门；
22—吸泥管闸阀；23—泥浆环；24—清理阴井

　　工具管的前段与铰座之间用螺栓固定，可方便拆卸，这样根据土质条件可更换不同类型的前段。为了防止地下水和泥砂由段间隙隙进入，段间连接处内，外设置两道止水圈（它能承受地下水头压力），以保证工具管纠偏过程在密封条件下进行。

　　工具管内部分冲泥舱、操作室和控制室三部分。冲泥舱前端是刃脚及格栅，其作用是切土和挤土，并加强管口刚度，防止切土时变形，冲泥舱后是操作室，由胸板隔开。工人在操作室内操纵冲泥设备。泥砂从格栅被挤入冲泥舱，冲泥设备将其破碎成泥浆，泥浆通过吸泥口、吸泥管和清理阴井被水利吸泥机排放到管外。工具管的后部为控制室，是顶管施工的控制中心，用以了解顶管过程，操纵纠偏机械，发出顶管指令等。

　　工具管尾部设泥浆环，可向管道与土体间隙压注泥浆，用以减少管壁四周摩擦阻力。

　　3. 中继环

　　长距离顶管，采用中继环接力顶进技术是十分有效的措施，中继环是长距离顶管中继接力的必需设备。

　　其实质是将长距离顶管分成若干段，在段与段之间设置中继接力顶进设备（中继环），如图 3-4-74，以增大顶进长度，中继环内成环形布置有若干中继油

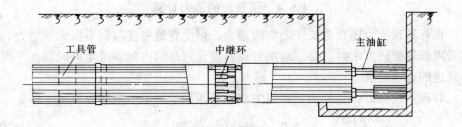

图 3-4-74　中继顶管示意图

缸，中继油缸工作时，后面的管段成了后座，前面的管段被推向前方。这样可以分段克服摩擦阻力，使每段管道的顶力降低到允许顶力范围内。

常用中继环的构造如图 3-4-75 所示。前后管段均设置环形梁，于前环形梁上均布中继油缸，两环形梁间设置替顶环，供拆除中继油缸使用。前后管段间采用套接方式，其间有橡胶密封圈，防止泥水渗漏。施工结束后割除前后管段环形梁，以不影响管道的正常使用。

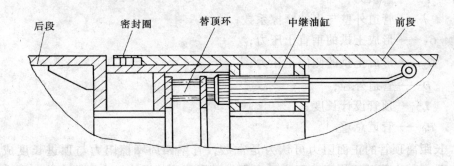

图 3-4-75　中继环构造

4. 工程管

工程管是地下工程管道的主体，目前顶进的工程管主要是根据地下管道直径确定的圆形钢管，通常管径为 1.5 ~ 3.0m，当管径大于 4m 时，顶进困难，施工不一定经济。美国用顶管法施工地下人行通道的管道直径已达 4m，顶进距离超过 400m，并认为是经济的。

5. 吸泥设备

管道顶进过程中，正前方不断有泥砂进入工具管的冲泥舱，通常采用水枪冲泥，水力吸泥机排放，由管道运输。

水力吸泥机的优点是结构简单，其特点是高压水走弯道，泥水混合体走直道，能量损失小，出泥效率高，可连续运输。

4.5.4 顶管法的顶力计算

顶管的顶推力随顶进长度增加而增大，但受管道强度限制不能无限增大，因此采用管尾推进方法时，必须解决管道强度允许范围内的顶进距离问题和中继接力顶进的合理位置。

管道顶进阻力，主要由正面阻力和管壁四周摩擦阻力两部分组成，即：

$$P = \frac{1}{4}\pi aD^2 + \pi fDL \tag{3-4-20}$$

式中　D——管道的外径；

　　　L——管道顶进长度；

　　　a——正面阻力系数，与工具管构造有关，施工时一般控制在 $a = 30 \sim 50 t/m^2$；

　　　f——管壁四周的平均摩擦系数，t/m^2。

根据工程情况，也可按下列公式估算顶力：

$$P = f \times [2 \times (G_V + G_Z) \times D \times L + P_0] \tag{3-4-21}$$

式中　P——总顶力；

　　　f——管道外壁与土的摩擦系数；

　　G_V——形成土拱的垂直土压力；

　　G_Z——形成土拱的侧向土压力；

　　　D——管道外径；

　　　L——顶管设计长度；

　　P_0——管道总重。

长距离顶管的正面阻力可认为是常数，管壁四周摩擦阻力与顶进长度成正比。为了减少管壁四周摩擦阻力，工程中采用管壁外压注触变泥浆方法，即在工具管尾部将触变泥浆压送至管壁外在管周围，形成一定厚度的泥浆套，使顶进的管道在泥浆套中向前滑移。实践证明，采用泥浆减阻后，摩擦阻力可大幅度下降。当采用触变泥浆后，管壁四周的摩擦系数，基本与管道的覆土深度无关，与土层的物理力学性质关系也不大。

管道弯曲是管道摩擦阻力增大的主要原因，此处管壁局部对土体产生附加压力，管壁与土体间的触变泥浆被挤掉。在长距离顶管施工中，由于工期较长，触变泥浆容易失水，沿顶进管程适当设置补浆孔，及时补给新配制的泥浆，对于减小阻力是很必要的。

顶管法设计时，应首先根据管道大小和地层特性估算顶力，根据顶进设备的能力确定中继接力长度及其他辅助措施。

顶管顶推力计算是顶管施工中最常用的、最基本的计算之一，不同的顶管方法，其顶推力的计算方法也有所不同，应根据具体工程分析计算。

4.5.5　顶管施工的基本原理

顶管施工就是借助于主顶油缸及管道间中继间等的推力，把工具管或掘进机从工作坑内穿过土层一直推到接收坑内吊起。与此同时，也就把紧随工具管或掘进机后的管道埋设在两坑之间，这是一种非开挖的敷设地下管道的施工方法，如图 3-4-76 所示，共有 19 部分。

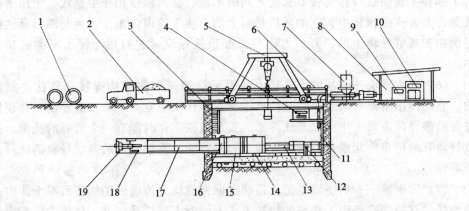

图 3-4-76　顶管施工图

1—混凝土管；2—运输车；3—扶梯；4—主顶油泵；5—行车；

6—安全扶栏；7—润滑注浆系统；8—操纵房；9—配电系统；10—操纵系统；

11—后座；12—测量系统；13—主顶油缸；14—导轨；15—弧形顶铁；

16—环形顶铁；17—混凝土管；18—运土车；19—机头

一个比较完整的顶管施工大体包括以下十六大部分：

（1）工作坑和接收坑——工作坑也称基坑。工作坑是安放所有顶进设备的场所，也是顶管掘进机的始发场所。工作坑还是承受主顶油缸推力的反作用力的构筑物。接收坑是接收掘进机的场所。通常管子从工作坑中一根根推进，到接收坑中把掘进机吊起以后，再把第一节管子推出一定长度后，整个顶管工程才基本结束。有时在多段连续顶管的情况下，工作坑也可当接收坑用，但反过来则不行，因为一般情况下接收坑比工作坑小许多，顶管设备是无法安放的。

（2）洞口止水圈——洞口止水圈是安装在工作坑的出洞洞口和接收坑的进洞洞口，具有制止地下水和泥砂流到工作坑和接收坑的功能。

（3）掘进机——掘进机是顶管用的机器，它总是安放在所顶管道的最前端，它有各种形式，是决定顶管成败的关键所在。在手掘式顶管施工中是不用掘进机而只用一个工具管。不管哪种形式，掘进机的功能都是取土和确保管道顶进方向的正确性。

（4）主顶装置——主顶装置由主顶油缸、主顶油泵、操纵台及油管等四部分构成。主顶油缸是管子推进的动力，它多呈对称状布置在管壁周边。在大多数情况下都成双数，且左右对称。主顶油缸的压力油由主顶油泵通过高压油管供给。常用的压力在 32～42MPa 之间，高的可达 50MPa。主顶油缸的推进和回缩是通过操纵台控制的。操纵方式有电动和手动两种。前者使用电磁阀或电液阀，后者使用手动换向阀。

（5）顶铁——顶铁有环形顶铁和弧形或马蹄形顶铁之分。环形顶铁的主要作用是把主顶油缸的推力较均匀地分布在所顶管子的端面上。弧形或马蹄形顶铁是为了弥补主顶油缸行程与管节长度之间的不足。弧形顶铁用于手掘式、土压平衡式等许多方式的顶管中，它的开口是向上的，便于管道内出土。而马蹄形顶铁则是倒扣在基坑导轨上的，开口方向与弧形顶铁相反。它只用于泥水平衡式顶管中。

（6）基坑导轨——基坑导轨是由两根平行的箱形钢结构焊接在轨枕上制成的。它的作用主要有两点：一是使推进管在工作坑中有一个稳定的导向，并使推进管沿该导向进入土中；二是让环形、弧形顶铁工作时能有一个可靠的托架。基坑导轨有的用重轨制成，但重轨较脆，容易折断。重轨制成的基坑导轨的优点是耐磨性好。

（7）后座墙——后座墙是把主顶油缸推力的反力传递到工作坑后部土体中去的墙体。它的构造会因工作坑的构筑方式不同而不同。在沉井工作坑中，后座墙一般就是工作井的后方井壁。在钢板桩工作坑中，必须在工作坑内的后方与钢板桩之间浇筑一座与工作坑宽度相等的厚度为 0.5～1m 的钢筋混凝土墙，目的是使推力的反力能比较均匀地作用到土体中去，尽可能地使主顶油缸的总推力的作用面积大些。由于主顶油缸较细，对于后座墙的混凝土结构来讲只相当于几个点，如果把主顶油缸直接抵在座墙上，则后座墙极容易损坏。为了防止此类事情发生，在后座墙与主顶油缸之间，我们再垫上一块厚度在 200～300mm 之间的钢结构件，称之为后靠背。通过它把油缸的反力较均匀地传递到后座墙上，这样后座墙也就不太容易损坏。

（8）推进用管及接口——推进用管分为多管节和单一管节两大类。多管节的推进管大多为钢筋混凝土管，管节长度有 2～3m 不等。这类管都必须采用可靠的管接口，该接口必须在施工时和施工完成以后的使用过程中都不渗漏。这种管接口形式有企口形、T 形和 F 形等多种形式。单一管节口是钢管，它的接口都是焊接成的，施工完工以后变成一根刚性较大的管子。它的优点是焊接接口不易渗漏，缺点是只能用于直线顶管，而不能用于曲线顶管。除此之外，也有些 PVC 管可用于顶管，但一般顶距都比较短。铸铁管在经过改造后也可用于顶管。

（9）输土装置——输土装置会因不同的推进方式而不同。在手掘式顶管中，大多采用人力劳动车出土；在土压平衡式顶管中，有蓄电池拖车、土砂泵等方式出土；在泥水平衡式顶管中，都采用泥浆泵和管道输送泥水。

（10）地面起吊设备——地面起吊设备最常用的是门式行车，它操作简便、工作可靠，不同口径的管子应配不同吨位的行车。其缺点是转移过程中拆装比较困难。汽车式起重机和履带式起重机也是常用的地面起吊设备。其优点是转移方便、灵活。

（11）测量装置——通常用得最普遍的测量装置就是置于基坑后部的经纬仪和水准仪。使用经纬仪来测量管子的左右偏差，使用水准仪来测量管子的高低偏差。有时所顶管子的距离比较短，也可只用上述两种仪器的任何一种。在机械式顶管中，大多使用激光经纬仪。它是在普通的经纬仪上加装一个激光发射器而构成的。激光束打在掘进机的光靶上，观察光靶上光点的位置就可判断管子顶进的高低和右左偏差。

（12）注浆系统——注浆系统由拌浆、注浆和管道三部分组成。拌浆是把注浆材料兑水以后再搅拌成所需的浆液。注浆是通过注浆泵来进行的，它可以控制注浆的压力和注浆量。管道分为总管和支管，总管安装在管道内的一侧。支管则把总管内压送过来的浆液输送到每个注浆孔去。

（13）中继站——中继站亦称中继间，它是长距离顶管中不可缺少的设备。中继站内均匀地安装有许多台油缸，这些油缸把它们前面的一段管子推进一定长度以后，如 300mm，然后再让它后面的中继站或主顶油缸把该中继站油缸缩回。这样一只连一只，一次连一次就可以把很长的一段管子分几段顶。最终依次把由前到后的中继站油缸拆除，一个个中继站合拢即可。

（14）辅助施工——顶管施工有时离不开一些辅助的施工方法，如手掘式顶管中常用的井点降水、注剂等。又如进出洞口加固时常用的高压旋喷施工和搅拌桩施工等。不同的顶管方式以及不同的土质条件应采用不同的辅助施工方法。顶管常用的辅助施工方法有井点降水、高压旋喷、注剂、搅拌桩、冻结法等多种，都要因地制宜地使用才能达到事半功倍的效果。

（15）供电及照明——顶管施工中常用的供电方式有两种：在距离较短和口径较小的顶管中以及在用电量不大的手掘式顶管中，都采用直接供电。如动力电用 380V，则由电缆直接把 380V 电输送到掘进机的电源箱中。另一种是在口径比较大而且顶进距离又比较长的情况下，都是把高压电如 1000V 的高压电输送到掘进机后的管子中，然后由管子中的变压器进行降压，降至 380V 再把 380V 的电送到掘进机的电源箱中去。高压供电的好处是途损耗少而且所用电缆可细些，但高压供电危险性大，要慎重，更要做好用电安全工作和采取各种有效的防触电、漏电措施。照明通常也有低压和高压两种：手掘式顶管施工中的行灯应选用 12V～24V 低压电源。若管径大的，照明灯固定的则可采用 220V 电源，同时，也必须采取安全用电措施来加以保护。

（16）通风与换气——通风与换气是长距离顶管中不可缺少的一环，不然的话，则可能发生缺氧或气体中毒现象，千万不能大意。顶管中的换气应采用专用的抽风机或者采用鼓风机。通风管道一直通到掘进机内，把混浊的空气抽离工作

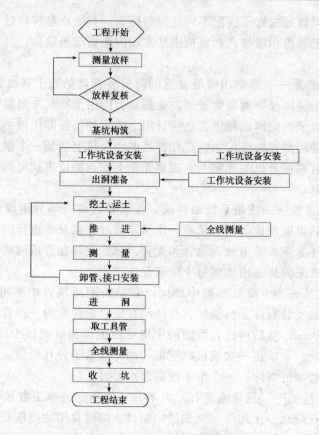

图 3-4-77   顶管施工流程图

井，然后让新鲜空气自然地补充。或者使用鼓风机，使工作井内的空气强制流通。

顶管施工的流程大体如图 3-4-77 所示。

4.5.6   顶管法施工技术

顶管法施工包括顶管工作坑的开挖、穿墙管及穿墙技术、顶进与纠偏技术。局部气压与冲泥技术和触变泥浆减阻技术。顶管施工目前已基本形成一套完整独立的系统。

1. 顶管工作坑的开挖

工作坑主要安装顶进设备，承受最大的顶进力，要有足够的坚固性。一般选用圆形结构，采用沉井法或地下连续墙法施工。沉井法施工时，在沉井壁管道顶进处要预设穿墙管，沉井下沉前，应在穿墙管内填满黏土，以避免地下水和土大量涌入工作坑中。

采用地下连续墙法施工时，在管道穿墙位置要设置钢制锥形管，用楔形木块填塞。开挖工作井时，木块起挡土作用。井内要现浇各层圈梁，以保持地下墙各槽段的整体性。在顶管工作面的圈梁要有足够的高度和刚度，管轴线两侧要设置两道与圈梁嵌固的侧墙，顶管时承受拉力，保证圈梁整体受力。工作坑最小长度的估算方法如下：

（1）按正常顶进需要计算

$$L \geqslant b_1 + b_2 + b_3 + l_1 + l_2 + l_3 + l_4 \qquad (3\text{-}4\text{-}22)$$

式中　b_1——后座厚度，$b_1 = 40 \sim 65\text{cm}$；

　　　b_2——刚性顶铁厚度，$b_2 = 25 \sim 35\text{cm}$；

　　　b_3——环形顶铁厚度，$b_3 = 12 \sim 30\text{cm}$；

　　　l_1——工程管段长度；

　　　l_2——主油缸长度；

　　　l_3——井内留接管最小长度，一般取 70cm；

　　　l_4——管道回弹及富余量。一般取 30cm。

近似计算为：$L \geqslant 4.2\text{m} + l_1$

（2）按最初穿墙状态需要计算

$$L \geqslant b_1 + b_2 + b_3 + l_2 + l_4 + l_5 + l_6 \qquad (3\text{-}4\text{-}23)$$

式中　l_5——工具管长度；

　　　l_6——第一节管道长度；

近似计算为：$L \geqslant 6.0\text{m} + l_5$

工作坑长度应按上述两种方法计算并取其较大者。

2．穿墙管及穿墙技术

穿墙管是在工作坑的管道顶进位置预设的一段钢管，其目的是保证管道顺利顶进，且起防水挡土作用。穿墙管要有一定的结构强度和刚度，其构造如图 3-4-78 所示。

从打开穿墙管闷板，将工具管顶出井外，到安装好穿墙止水，这一过程称为穿墙。穿墙是顶管施工中一道重要工序，因为穿墙后工具管方向的准确程度将会给以后管道的方向控制和管道拼接工作带来一定影响。

为了避免地下水和土大量涌入工作坑，穿墙管内事先填满经过务实的黄黏土。打开穿墙管闷板，应立刻将工具管顶进，这时穿墙管内的黄黏土被挤压，堵住

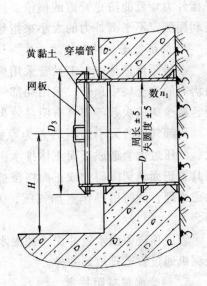

图 3-4-78　穿墙管构造图

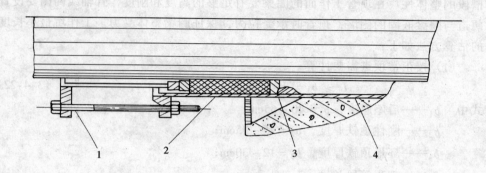

图 3-4-79　穿墙管止水装置

1—扎兰；2—盘根；3—挡墙；4—穿墙管

穿墙管与工具管之间的环缝，起临时止水作用。当其尾部接近穿墙管，泥浆环尚未进洞时，停止顶进，安装穿墙止水装置，如图 3-4-79 所示。止水圈不宜压得太紧，以不漏浆为准，并留下一定的压缩量，以便磨损后仍能压紧止水。

3. 顶进与纠偏技术

工程管下放到工作坑中，在导轨上与顶进管道焊接好后，便可启动千斤顶。各千斤顶的顶进速度和顶力要确保均匀一致。

在顶进过程中，要加强方向检测，及时纠偏。纠偏通过改变工具管管端方向实现，必须随偏随纠，否则，偏离过多，造成工程管弯曲而增大摩擦力，加大顶进困难。一般讲，管道偏离轴线主要是工具管受外力不平衡造成，事先能消除不平衡外力，就能防止管道的偏位。因此，目前正在研究采用测力纠偏法。其核心是利用测定不平衡外力的大小来指导纠偏和控制管道顶进方向。

4. 局部气压与冲泥技术

在长距离顶管中，工具管采用局部气压施工往往是必要的。特别是在流砂或易坍方的软土层中顶管，采用局部气压法，对于减少出泥量，防止坍方和地面沉裂，减少纠偏次数等都具有明显效果。

局部气压的大小以不坍方为原则，可等于或略小于地下水压力，但不宜过大，气压过大会造成正面土体排水固结，使正面阻力增加。局部气压施工中，若工具管正面遇到障碍物或正面格栅被堵，影响出泥，必要时人员需进入冲泥舱排除或修理，此时由操作室加气压，人员则在气压下进入冲泥舱，称气压应急处理。

管道顶进中由水枪冲泥，冲泥水压力一般为 15～20MPa，冲下的碎泥由水力吸泥机通过管道排放到井外。

5. 触变泥浆减阻技术

管外四周注触变泥浆，在工具管尾部进行，先压后顶，随顶随压，出口压力应大于地下水压力，压浆量控制在理论压浆量的 1.2~1.5 倍，以确保管壁外形成一定厚度的泥浆套。长距离顶管施工需注意及时给后继管道补充泥浆。

4.5.7　工程应用实例——顶管法施工技术在大秦水库输水管重建施工中的应用

大秦水库的地下输水管道重建工程，曾提出多种施工方案进行比较，最后确定采用顶管法施工方案。重建的地下输水管道设计内径为 1.2m 钢管道，设计要求 1/100 的坡降，工程实际顶进 92.78m，仅用了 36 天完成，收到较好的效果。现将该工程的设计和施工做法简述如下。

1. 管线布置

顶管法施工技术既适用于直线敷设管线，也适用转弯的管线。管线应布置在土质比较坚实的原生土中，如果条件所限，也可以布置在较密实的填土中，但均须满足一个条件，即挖洞土体必须要形成土拱。布置管线时，应考虑两端易连接相应的建筑物，尽量建在宜利用原土和已有建筑物作为顶管后座，以减少工程量。同时还应考虑满足布置工作坑，废土运输、排水、通风、管道运输和容易就位施工现场的地方。本工程管线布置在土坝下原两小山岗的原生土中，并布置为直线，管线总长为 100m。

2. 顶力计算

目前对顶力的计算尚无精确的公式，据文献按下列公式估算顶力：

$$P = f \times [2 \times (G_V + G_Z) \times D \times L + P_0] \tag{3-4-24}$$

式中　P——总顶力；

　　f——管道外壁与土的摩擦系数；

　　G_V——形成土拱的垂直土压力；

　　G_Z——形成土拱的侧向土压力；

　　D——管道外径；

　　L——顶管设计长度；

　　P_0——管道总重。

本工程按上述公式计算总顶力为 456t，施工时在管道底垫了钢板而减少了顶力，实际总顶力为 255t。

3. 管道设计

（1）结构分析

主要荷载有：施工压力、土压力、水压力、自重等；管道的结构分析按普通管道计算，但需要验算在顶力作用下管道轴向受压（假定管道四周可自由变形）时，管道是否满足稳定要求，如果不能满足轴向受压稳定要求，必须在中间设置加劲环（可起导向与加劲作用），以缩短轴向的计算长度。本工程管道主要受稳定条件控制，中间设置了两道加劲环才满足要求。

（2）顶制管道

应考虑制作、运输、工作坑的大小等因素考虑。本工程采用工厂制管：每节管长度 3.5～3.8m，管壁厚度 12mm。

（3）管径

管径有一定的限制。主要受管道的使用功能，管内作业和总顶力等因素影响，管径首先应满足使用要求，同时，管径越小，作业空间窄，效率低；管径越大，总顶力就越大。因此，管径要求一般取下限 0.8m，上限 3m 为宜。本工程考虑输水要求，取管内径 1.2m。

4. 后座设计

后座的作用是支承千斤顶的反力，承受反力时，必须保证不变形、不移位。因此后座的设计要考虑地质和地形条件。根据经验，后座重量一般为设计总顶力的 1.2～1.5 倍，本工程后座采用 M5.0 水泥砂浆砌块石，后座重量初开始时为 200t，当顶进 65.2m 时，后座发生了位移变形；后来加大到 465t，顶管工程才完成。

后座支承千斤顶处墙体采用 C20 钢筋混凝土捣制，以保证有足够强度，它的工作面浇筑成与顶管轴线垂直，保证顶管管道按设计方向顶进。

5. 工作坑设计

工作坑的设计，主要受管道内外交通、运土、管道就位、千斤顶位置、测量、通风、排水等因素影响。

一般工作坑的设计按下述公式考虑：

$$L_工 = L_管 + L_顶 + L_余$$

式中 $L_工$——工作坑长度；

　　$L_管$——管道分节的最大长度；

　　$L_顶$——千斤顶长度；

　　$L_余$——富余长度。

$$B_工 = D + B_安 + b$$

式中 $B_工$——工作坑宽度；

　　D——管道外径；

　　$B_安$——通风、排水等机械安装位置；

　　b——工作位置。

根据实践经验，工作坑采用长度 10～15m，宽 4～5m 为宜。本工程工作坑采用长度 9m，宽 4m。

6. 开挖、顶进与偏差控制

（1）开挖

有机械开挖和人工开挖两种方法，本工程采用人工开挖。人工开挖的特点是工具少、工艺简单、操作方便、劳动强度大,但可采用轮班作业。

开挖管洞的质量是进度的关键,挖洞大小和方向要准确。本工程的管洞开挖首先是将土体圆心以下三分之一的土体挖成管外径一样大小,但不超挖;圆心以上三分之一的土体按管外径超挖 1~2mm,以减少顶力。遇到塌方时,采用强行顶管,然后在管内挖土。本工程挖洞时曾出现了离洞口 7.47m 和 85.02m 处出现塌方,都是采用强制顶进通过。为了保证挖洞规格,随时用水平仪、经纬仪检查方位和误差。

(2) 顶进

管洞挖好,并检查高程、方位无误差后,铺贴薄钢板,用作导向并减少摩擦力作用,才可进行顶管。顶管程序为:首先检查导轨中线间距,安装高度;把合格的预制管道放下工作坑就位;把千斤顶施力加至管园心以下三分之一处,若检查无误后,则放进横梁、顶铁,启动液压千斤顶,将管道逐段顶进;等油泵走完一行程后,关闭轴泵,然后加顶梁、顶铁,再次启动液压千斤顶,继续顶进至剩余接头段。

(3) 偏差控制

顶管施工时,要使顶进的管线与设计管线完全一致是不可能的,因此,测量纠偏是顶管施工技术的一项重要工序,当发现顶管偏位时,要及时纠正,绝忌累计纠偏。顶管出现偏差的因素有:洞挖不合格,千斤顶加力不均匀、力点偏移,土壤的局部变化等。当发生顶管偏差时,可采用木支撑或小千斤顶顶管头,边支撑边顶进,如果管头偏左,先将左边洞壁挖宽少许,再用支撑或小千斤顶一边支于左管道头,另一边支于右洞壁;如果管头偏右,调偏方法则相反;如果管头偏低,用木支撑或千斤顶一边支于洞底,一边支于管道头顶部;如果管头偏高,则要挖低洞底部。本工程顶管全部顶完时偏差;偏离轴线 10mm,高程偏差 37mm,均在允许范围内。

7. 接头与灌浆

(1) 接头

管道接头也是顶管施工中的一个重要工序,其作用是:顶进时在管与管之间传递纵向力,在管线改变方向时传递横向力。根据本工程的管道使用功能要求,管道与管道接头之间要求密封。本工程管道接头在工作抗内进行焊接,顶管完成后,焊缝按国家验收规范标准,用 X 光及磁探探伤检测,焊缝均符合验收标准。

(2) 灌浆

顶管施工中的灌浆有防渗、固结、回填作用。灌浆孔的布置为管顶每隔 10m 造一孔,管道两侧每隔 5m 造一孔,造孔时采用品字形。灌浆程序:先灌两侧,后灌顶部;先灌稀液(水泥:水为 1:3),后灌浓液(水泥:水为 1:1~1:2)。

大秦水库采用顶管法施工技术改建输水管道实践证明,采用顶管法施工与挖埋法比较，顶管法实际工程开支比挖埋法节约工程投资 56%，工期缩短 54 天，工程投入运用后未发现渗漏水现象。取得了良好的经济效益和社会效益。

顶管法毕竟有它的局限性，对于城市地下管线工程，一定要根据地质条件、地层特征和经济性等多种因素综合分析，切忌盲目使用。

顶管法施工技术仍在不断改进和发展之中，例如：①减少顶力的方法，可以在洞底铺设薄钢板等，使原来管道对土的摩擦变为对钢的摩擦，这样摩擦力会大力减少；在管壁外灌注泥浆或润滑剂，以减少摩擦力。②管道较长或顶力较大时设中继站，采用分段顶进或两头顶进。③依靠高新科技和计算机应用技术，在顶管头装置精密测量和自动导航仪表，来控制导向管掌握和控制顶管方向；现场管理人员可以在操作室控制，依靠计算机监控装置，采用三维仿真专家系统软件，指导工作面机械人完成工程指令。随着科学技术的发展，顶管法施工的工艺、方法也不断发展改进；并随社会经济发展的同时，人们对资源、环境、污染等因素的重视，已认识到必须走可持续发展的道路。因此，顶管法施工仍会是现代地下管线施工的一项重要施工技术。

思 考 题

4.1　试叙述土层锚杆的主要构造及其施工工艺。

4.2　试叙述土钉墙支护技术的原理及施工工艺。

4.3　试比较土钉墙与土层锚杆的异同。

4.4　简述地下连续墙的工艺原理及使用范围。

4.5　地下连续墙的施工接头和结构接头分别有哪几类？各有什么特点？

4.6　地下连续墙施工前的准备工作有哪些？其施工工艺包含哪些过程？

4.7　地下连续墙导墙的作用是什么？简述其施工顺序。

4.8　泥浆的作用是什么？泥浆质量的控制指标有哪些？

4.9　泥浆处理的方法有哪些？各有什么特点？

4.10　简述防止槽壁塌方的措施。

4.11　简述沉渣的危害及清底的方法。

4.12　简述"逆筑法"的原理及施工特点。

4.13　"逆筑法"地下室结构的浇筑方法有哪些，各有什么特点？

4.14　何为盾构法施工？盾构法施工在隧道工程及地下工程施工中有何特点？

4.15　简述盾构机械的类型及其基本构造组成。

4.16　简述各类盾构的施工工作过程要点及其适用范围、优缺点。

4.17　盾构法施工的准备工作主要有哪些？

4.18　盾构的开挖方式可分为哪几种？各种开挖方式又有何特点？

4.19 盾构在推进过程中如何控制盾构中心线与隧道设计中心线的偏差在规定范围内？

4.20 为什么要解决隧道衬砌防水问题？隧道衬砌防水方法有哪些？

4.21 简述盾构施工引起地面下沉的规律、原因及其控制方法。

4.22 什么是顶管法？它有什么优点？

4.23 顶管法主要由哪些设备等构成？各部分的功能是什么？

4.24 顶管法施工主要包括哪些内容？试简述之。

参 考 文 献

1 建筑施工手册（第三版）编写组．建筑施工手册（第三版）．北京：中国建筑工业出版社，1997

2 建筑施工手册（第二版）编写组．建筑施工手册（第二版）．北京：中国建筑工业出版社，1992

3 中国计划出版社编著．建筑工程施工及验收规范汇编．北京：中国计划出版社，1995

4 江正荣，杨宗放编著．特种工程结构施工手册．北京：中国建筑工业出版社，1998

5 萧绍统主编．《建设工程施工方法选用指南》．北京：中国计划出版社，1997

6 全国造价工程师考试培训教材编委会《建设工程技术与计量》．北京：中国计划出版社，2000

7 王明怀主编．高等级公路施工技术与管理．北京：人民交通出版社，2000

8 胡长顺、黄辉华主编．高等级公路路基路面施工技术．北京：人民交通出版社，1999

9 高等级公路丛书．高速公路路基设计与施工．北京：人民交通出版社，2000

10 中华人民共和国行业标准．公路工程技术标准（JTJ 001—97）．北京：人民交通出版社，1989

11 中华人民共和国行业标准．公路路基施工技术规范（JTJ 033—95）．北京：人民交通出版社，1996

12 中华人民共和国行业标准．公路工程质量检查评定标准（JTJ 071—94）．北京：人民交通出版社，1994

13 中华人民共和国行业标准．公路软土地基路堤设计与施工技术规范（JTJ 017—96）．北京：人民交通出版社，1997

14 中华人民共和国行业标准．公路沥青路面施工技术规范（JTJ 032—94）．北京：人民交通出版社，1994

15 中华人民共和国行业标准．水泥混凝土路面设计规范（JTJ 012—94）．北京：人民交通出版社，1994

16 中华人民共和国行业标准．公路桥涵施工技术规范（JTJ 041—89）．北京：人民交通出版社，1989

17 凌志平主编．基础工程．北京：人民交通出版社

18 杨文渊等编著．桥梁工程师施工手册．北京：人民交通出版社

19 中国公路学会桥梁与结构工程学会论文集．北京：人民交通出版社，1999

20 公路桥涵施工技术规范（JTJ 041—2000）．北京：中华人民共和国交通部发布

21 公路施工手册—桥涵（下册）．北京：人民交通出版社，2000

22 钢与混凝土组合结构设计施工手册．北京：中国建筑工业出版社，1994

23 王肇民主编．建筑钢结构设计．上海：同济大学出版社，2002

24　宋曼华主编．钢结构设计与计算．北京：机械工业出版社，2001

25　建筑钢结构焊接与验收规程（JGJ 81—91）

26　钢结构高强度螺栓连接的设计、施工及验收规程（JGJ 82—91）

27　钢管混凝土结构设计与施工规程 CECS 28：90；

28　钢结构工程施工质量验收规范 GB 50205—2001；

29　混凝土结构工程施工质量验收规范 GB 50204—2002

30　向中富主编．桥梁施工控制技术．北京：人民交通出版社，2001

31　程骁，潘国庆．盾构施工技术．上海：上海科学技术出版社，1990

32　刘建航，侯学渊．盾构法隧道．北京：中国铁道出版社，1991

33　施仲衡．地下铁道设计与施工（当代土木建筑科技丛书．西安：陕西科学技术出版社，1997

34　于书翰，杜谟远．高等学校试用教材．隧道施工．北京：人民交通出版社，1999

35　尹旅超，朱振宏，李玉珍等编译．日本隧道盾构新技术．武汉：华中理工大学出版社，1999

36　黄成光主编．公路隧道施工．北京：人民交通出版社，2001

37　陶龙光，巴肇伦．城市地下工程．北京：科学出版社，1996

38　李夕兵，冯涛．岩石地下建筑工程．长沙：中南工业大学出版社，1999

39　江汝平，林建安．顶管法施工技术在大秦水库输水管重建施工中的应用．广东水利水电，2000（2）：32 ~ 34

40　王军．顶管法施工在市政工程中的应用．建筑机械化，2001（2）：39 ~ 40

41　崔京浩，陈肇元，宋二祥，林炎新．一个顶管法穿越高速公路的施工方案．特种结构，2001，18（3）：44 ~ 47

42　余彬泉，陈传灿．顶管施工技术．北京：人民交通出版社，1998

43　杨林德．软土工程施工技术与环境保护．北京：人民交通出版社，2000

44　广东省水利厅．利用顶管法重建土坝放水涵管．北京：水利出版社，1980